AF801192

# PLANETEN, MONDE, ASTEROIDEN

Die neue Biografie

BRANDON Q. MORRIS

BRANDON Q.
MORRIS
HARD SCIENCE FICTION

Brandon Q. Morris

Sieglgut 51, 94034 Passau

hardsf.de, brandon@hardsf.de

Lektorat: Dr. Ulrike Bunge

Korrektorat: Alexandra Gentara

Druck: Amazon, Leipzig

Brandon Q. Morris und das zugehörige Logo sind beim DPMA eingetragene Warenzeichen des Autors.

# Inhalt

# Vorwort

Liebe Leserinnen und Leser,

Das Universum steckt voller Wunder: Enceladus, ein Eismond, der in den Tiefen seines Ozeans vielleicht Leben beherbergt. Titan, ein Riesenmond, den man fast mit der Erde verwechseln könnte – würde hier nicht Methan statt Wasser vom Himmel regnen. Io, der Vulkanmond, der Besucher mit Lavaflüssen und Seen aus flüssigem Schwefel empfängt. Die Sonne, die uns allen Leben spendet und uns dereinst umbringen wird. Millionen Asteroiden, die unser Sonnensystem durchstreifen. Faszinierende Exoplaneten, die kleinen und großen Geschwister der Erde. Außerirdisches Leben – gibt es das, und wo? Und schließlich die Dunkle Materie, die mehr als vier Fünftel der Masse des Universums ausmacht. Ich lade Sie ein: Gehen Sie mit mir diesen geheimnisvollen Phänomenen auf den Grund.

Ihr

*Brandon Q. Morris*

# Die neue Biografie des Universums

# Gestatten: Das Universum

Darf ich vorstellen: Das Universum (von lateinisch „universus“, „gesamt“). Auch bekannt als Kosmos, Weltall, Weltraum. Geboren vor 13,75 Milliarden Jahren. Heute etwa 92 Milliarden Lichtjahre groß (wohl trotzdem unendlich und topologisch flach) und $10^{53}$ Kilogramm schwer (eine 1 mit 53 Nullen), aber trotzdem noch nicht ausgewachsen.

**Auf der Flucht** – Weil das Universum dauernd wächst, scheinen sich all seine Bestandteile von uns weg zu bewegen. Dabei gilt: Je weiter ein Objekt von der Erde entfernt ist, desto schneller flieht es. Bei einer Distanz von einem Megaparsec (gut drei Millionen Lichtjahren) beträgt diese Hubble-Geschwindigkeit 72 Kilometer pro Sekunde.

Knapp minus 270 Grad Celsius warm – was zum absoluten Nullpunkt fehlt, trägt die kosmische Hintergrundstrahlung bei.

**Leer** – zwar ist unser Nachthimmel reich bevölkert. Doch das täuscht darüber hinweg, dass das Universum im Grunde aus leerem Raum besteht. Baute man ein riesiges Haus, 30 mal 30 mal 30 Kilometer groß, bräuchte man nur ein einziges Sandkorn darin zu platzieren, um eine ähnliche mittlere Dichte zu erreichen. Jeder Kubikmeter des Kosmos enthält im Mittel 0,3 Protonen.

**Elektrisch neutral** – es scheint genauso viele positive wie negative Ladungsträger zu geben.

**Arm an Antimaterie** – ein Beweis dafür, dass die Naturgesetze für Teilchen und ihre Antiteilchen nicht symmetrisch gelten.

**Ohne Mitte** – zwar besitzt unsere Milchstraße einen Kern, aber das Weltall als Ganzes hat kein Zentrum.

**Bevölkert** von 100 Milliarden Galaxien, zu denen sich 130 Trilliarden Sterne mit ungefähr ebenso vielen Planeten zusammengefunden haben. Im Weltall existieren mehr Sterne als es Sandkörner an allen Stränden der Erde gibt.

**Bestehend** aus vier Prozent bekannter Materieformen wie etwa je 1,57 x $10^{79}$ Protonen und Elektronen sowie noch eine Milliarde Mal mehr Photonen. Dazu kommen 23 Prozent Dunkle Materie und 73 Prozent Dunkle Energie. Zwischen 90 und 99 Prozent der neutralen Atome des Universums sind Wasserstoffatome.

**Heimat** von Schwarzen Löchern, Riesensternen, Pulsaren, Quasaren, Galaxienhaufen, Nebeln – aber auch von Planeten und deren Monden sowie von Lebewesen wie dem Menschen.

Woher kommt das Universum? Unter welchen Umständen vollzog sich seine Geburt, welche faszinierenden Prozesse spielen sich seitdem in ihm ab? Wann und wie wird es sterben? Was die Wissenschaft darüber weiß, hat sich in den vergangenen Jahren dramatisch verändert. Lassen Sie sich in eine Welt entführen, die alle Vorstellungen sprengt – den Kosmos, in dem Sie leben.

# Die Zeit vor der Zeit

Warum die Existenz von allem womöglich nicht zur Stunde 0 begonnen hat: Eine Biografie beginnt normalerweise bei der Geburt – beim Universum also nach allgemein akzeptierter Theorie dem Urknall. Doch manchmal lohnt es sich, auch die Eltern zu betrachten, oder ganz allgemein die Abstammung des Gegenstands der Biografie.

Beim Weltall ist damit nicht der Schöpfer gemeint: In "Der große Entwurf" zeigt Stephen Hawking sehr anschaulich, dass das Universums keines Schöpfers bedarf. Zwar muss das niemanden hindern, an einen Gott zu glauben. Doch aus wissenschaftlicher Sicht ist das Vorhandensein einer Struktur, die zum Funktionieren der physikalischen Gesetze, ja der Welt insgesamt, nicht nötig ist, im besten Fall irrelevant. Sie ist jedenfalls kein Forschungsgegenstand, sondern eben einer des menschlichen Glaubens.

Trotzdem lohnt es sich, nach Vorgängern, Ahnen, Eltern des Universums, wie wir es kennen, zu fahnden. Denn der Urknall hat ein im Wortsinn kleines Problem: Er muss sich auf winzigstem Raum abgespielt haben. Je näher man ihm kommt, desto stärker muss sich die komplette Energie des Kosmos in einer Raumeinheit zusammengedrängt haben, bis alles in einem Punkt unendlicher Dichte konzentriert war. Dieser Zustand ist mit der Allgemeinen Relativitätstheorie nicht fassbar, Einsteins Werk versagt hier. Physiker betrachten den Urknall deshalb mit einer Theorie, die Großes (das Weltall) und Kleines (die Quantenwelt) vereint.

## Eine Welt aus Saiten

Dafür haben wir zwei Kandidaten: Zum einen die Stringtheorie, nach der der Raum aus winzigen, Klaviersaiten ähnlichen Objekten aufgebaut ist. Diese „strings“ sind eindimensional, sie vibrieren mit einer bestimmten Frequenz, der sich eine Energie zuordnen lässt. Inzwischen haben Physiker diese Idee zur „M-Theorie“ um andere Strukturen ausgebaut: Punktteilchen und vor allem Membranen, die bis zu 9 Dimensionen besitzen können. Um zu den Elementarteilchen und den Naturgesetzen zu kommen, wie wir sie kennen, muss man die überzähligen Dimensionen auf ganz bestimmte Art „aufwickeln“, wie die Forscher diesen Vorgang nennen. Es gibt ganz unterschiedliche Möglichkeiten, die Membranen und Strings aufzuwickeln, und je nachdem, welche man wählt, entsteht ein andersartiges Universum. Insgesamt sind so 10 hoch 100 verschiedene Universen möglich, eine unvorstellbare Zahl. Allerdings kann ein großer Teil dieser Universen aus den Grundstrukturen bestanden haben oder bestehen, den Membranen, ohne dass es je zur Entstehung von Elementarteilchen kam.

Natürlich können auch viele dieser Universen gleichzeitig existieren, ohne dass die Bewohner des einen irgend etwas von den im anderen Universum existierenden Lebewesen mitbekommen würden. Wenn sich allerdings, sie die Idee der Forscher, bei der Bewegung über eine zusätzliche elfte Dimension hinweg zwei dreidimensionale Welten zu nahe kamen, könnten diese kollidiert sein – wodurch im Urknall unser Universum geboren wurde. Was dann passiert, hängt mit dem weiteren Verhalten der kollidierten Membranen zusammen: Nähern diese sich irgendwann erneut, könnte ein Zyklus entstehen.

## Schleifen über Schleifen

In Sachen Welt vor der Welt noch ergiebiger ist der Konkurrent der Stringtheorie, die Schleifenquantengravitation. Nach ihr ist das Universum nur scheinbar kontinuierlich. Tatsächlich aber ist alles, wirklich alles, quantisiert, das heißt in kleine Häppchen aufgeteilt, auch die Gravitation. Der Raum ist nicht mehr der Behälter für das Universum, sondern er ist ein Teil davon, der ebenfalls zerstückelt ist und die Form eines Netz aus Linien und Knoten annimmt. Die Elementarteilchen entsprechen dann verschiedenen Knotentypen, zwischen den Linien und Knoten befindet sich: nichts. Kein leerer Raum, sondern ganz und gar nichts. Die Theorie der Schleifenquantengravitation führt zu einigen seltsam anmutenden Folgerungen, beschreibt aber einige interessante Phänomene besser als andere Theorien.

Was sich aus ihr für den Urknall ergibt, hat erstmals 2004 der deutsche Physiker Martin Bojowald simuliert. Zunächst vermeidet man das Konzept der Singularität, denn das Schleifenquanten-Universum hat eine bestimmte Mindest-Strukturgröße, die es nicht unterschreiten kann. Rechnet man sich immer näher an den Urknall heran, erscheint dieser nicht mehr als unüberwindbare Schranke. Stattdessen erreicht man mit einem „Plopp" die Minuszeit – ein neues, anderes oder auch Vorgänger-Universum, in dem alle Richtungen (auch die der Zeit) umgekehrt sind. Für die Physiker ist das kein großes Problem, weil die Naturgesetze praktischerweise symmetrisch sind. Dieses Universum vor dem Universum zieht sich in Richtung des Urknalls zusammen.

Die Theorie hat damit den früher schon einmal populären „Big Bounce" wiederbelebt, der das Universum sich periodisch zusammenziehen und ausdehnen sieht. Hat sich das Weltall unter dem Einfluss der Gravitation sehr weit zusammengezogen, zerreißt irgendwann das aus den Quantenschleifen bestehende Gewebe der Raumzeit – und die Gravitation verwandelt sich unter dem Einfluss dieses „Quanten-Rückstoßes" in eine stark abstoßende Kraft, die das Universum wieder auseinander treibt.

## Wiedergeburt aus dem Nichts

Einen dritten Mechanismus für ein sich zyklisch veränderndes Universum hat der britische Mathematiker Roger Penrose 2011 vorgeschlagen. In seinem Buch „Zyklen der Zeit" widmet er sch dem Phänomen Zeit. Eine gängige Vorstellung vom Ende des Universums besteht darin, dass sich irgendwann sämtliche Materie in Energie umgewandelt hat, in Photonen, die sich mit auf ewig Lichtgeschwindigkeit bewegen – und für die deshalb die Zeit stillsteht (auch ein Astronaut, der lichtschnell fliegt, altert nicht). Der Raum verliert damit seine Bedeutung, denn seine Ausdehnung ist nicht messbar, wenn es keine Zeit mehr gibt. Wer könnte widerlegen, dass die Milliarden Lichtjahre nicht doch nur ein paar Zentimeter sind?

Es mag seltsam erscheinen, aber ganz genau so sah das Universum ganz kurz nach dem Urknall aus: Es bestand aus purer Energie, für die kein Zeitbegriff existierte. Nur ein Mathematiker traut sich aber wohl, scheinbar so weit auseinander liegende Zustände zu einem einzigen zusammenzusetzen: Wenn die räumliche Ausdehnung nicht definiert ist, könnte das gerade in ewiger Energie verendete Universum auch den Keim für einen neuen Urknall darstellen.

## Nichts als Theorien?

Lässt sich eine dieser Theorien irgendwie beweisen? Bisher handelt es sich im Grunde um plausible Fiktion. Die Forscher haben aber Ideen, wie Hinterlassenschaften des Vorgänger-Universums ausfindig machen könnte. Denn nicht alles muss beim „Big Crunch" vergänglich sein. Im vergangenen Jahr haben Bernard Carr und Alan Coley gezeigt, dass eine bestimmte Art Schwarzer Löcher die ungemütlichen Bedingungen beim Urknall überstehen könnte. Leider wird die Suche nach solchen, dann uralten Objekten dadurch erschwert, dass auch während des Urknalls massearme Schwarze Löcher entstehen können. Ihre Existenz hat erstmals Stephen Hawking in den 70ern hergeleitet.

Gefunden hat man diese „primordialen" Schwarzen Löcher bisher ebenso wenig wie ihre noch älteren Vettern aus dem Vorgänger-Universum – ein solches Objekt ist umso schwerer nachzuweisen, je weniger Masse es besitzt. Auch im Penrose-Universum kann es Überbleibsel des Vorgängers geben. Dessen Masse muss nicht komplett zerstrahlt worden sein, es genügt, wenn die Energie bei weitem das Übergewicht hat.

# Der Urknall

Die entscheidenden Sekunden des Universums beginnen im Dunklen. Bisher haben die Forscher nicht einmal die theoretischen Mittel, um bis zum Anfang des Universums vorzudringen – und doch haben sie schon sehr konkrete Ideen darüber.

## Die Stunde 0

Was am Anfang der Zeit passierte, vor ungefähr 13,8 Milliarden Jahren, wissen Forscher bis heute nicht mit Sicherheit. Sämtliche Materie des Universums, heute $10^{53}$ Kilogramm, befand sich in diesem Moment in einem Punkt, einer Singularität, in der die heutigen Naturgesetze noch keine Wirkung hatten. Man stellt sich deshalb eine Art unendlich dichten Urbreis vor, der aus heute nicht mehr bekannten Teilchen bestand. Eine Kraft, die Urkraft, beschreibt die Bewegungen dieser Teilchen. Die Temperatur des Urbreis, wenn der Begriff der Temperatur überhaupt anwendbar war, muss bei $10^{32}$ Grad gelegen haben. Es gibt weder Elektronen noch Photonen, also auch kein Licht. Hätte es ein „außen" gegeben – ein Beobachter von dort hätte gar nicht gemerkt, was sich da gerade abspielt.

Das ultraheiße Etwas steht unter ungeheurem Druck – der Kosmos dehnt sich aus. Die Länge dieser Zeitspanne ergibt sich aus den bekannten Naturgesetzen: Sie entspricht der Planck-Zeit, also der Zeit, die das Licht braucht, um eine Planck-Länge zurückzulegen. Das sind $10^{-43}$ oder auch 0,0000000000000000000000000000000000000000001 Sekunden. Allerdings gibt es zu diesem Zeitpunkt auch die Zeit noch nicht –

hier genügt die deutsche Sprache nicht, das Paradoxon korrekt darzustellen.

## Die Physik beginnt

Erst $10^{-43}$ Sekunden nach dem Urknall haben wir überhaupt die Chance, die Physik zur Erforschung der Welt einzusetzen. Der winzige Materietropfen steht noch immer unter unglaublichem Druck. Doch er ist ein bisschen kälter geworden, weil er sich ausgedehnt hat. Aus der Urkraft friert zunächst die Schwerkraft aus, die sich als Anziehungskraft der Ausdehnung des Weltalls entgegen stellt.

Sie ist allerdings viel schwächer als der Druck des Urknalls – das Universum dehnt sich weiter mit rasanter Geschwindigkeit aus. Da dadurch die mittlere Energiedichte des Urbreis sinkt, enthält dieser immer weniger der exotischen Teilchen des Anfangs. Nach Ablauf von $10^{-38}$ Sekunden spalten sich auch die Starke Kernkraft und die elektroschwache Kraft aus der Urkraft ab.

## Die Welt - ein Fußball

Es folgt eine Phase, die so genannte Inflationsphase, in der sich das Universum um einen Faktor zwischen $10^{30}$ und $10^{50}$ ausdehnt. Ist es zunächst noch so groß wie ein Proton, hat es danach die Ausdehnung eines Fußballs. Diese Inflation, die Forscher zwischen $10^{-38}$ und $10^{-35}$ Sekunden nach dem Urknall ansiedeln, braucht für eine vernünftige (das heißt ins kosmologische Weltbild passende) Erklärung die so genannten Inflatonen. Diese später nie wieder auftauchenden Teilchen werden von der Schwerkraft nicht zueinander hin gezogen, sondern stoßen sich ab.

Nur so kann das All in diesem kurzen Zeitraum so stark wachsen. Dass die Erklärung nicht an den Haaren herbeigezogen ist, erkennt man daran, dass sie auch andere Phänomene des heutigen Kosmos gut erklärt, wie etwa die Homogenität des Universums und seine geringe Krümmung.

## Die ersten Teilchen

Die Dichte des Universums ist nun, $10^{-35}$ Sekunden nach dem Urknall, groß genug, dass erste der heute noch bekannten Teilchen entstehen können. Etwa Elektronen und Positronen, Quarks (die sich später zu Protonen und Neutronen zusammensetzen) und Antiquarks, Neutrinos, Vorläufer der Photonen sowie die Gluonen, die für die Vermittlung der Starken Kernkraft zuständig sind.

Teilchen und Antiteilchen sind in gleicher Zahl vorhanden,

treffen sie sich, annihilieren sie sich gegenseitig. Es herrscht ein ständiges Kommen und Gehen. Die neu entstandenen Teilchen verhalten sich unter Einfluss der Gravitation normal: Sie ziehen sich an, wodurch die Ausdehnung des Universums etwas gebremst wird. Dominierend ist zu dieser Zeit ein Quark-Gluonen-Plasma, das sich heute zumindest schon im Computer simulieren lässt.

## Alle Kräfte sind schon da

Die Forscher sind sich da heute noch nicht einig, aber falls die Naturgesetze je der Supersymmetrie unterlagen, dann wird diese nun gebrochen. Die Theorie der Supersymmetrie nimmt an, dass es zu jedem bekannten Teilchen einen Super-Partner gibt, der sich um einen halben Spin davon unterscheidet. Die Supersymmetrie würde auf elegante Weise Teilchen und Kraft-Teilchen (die die bekannten Wechselwirkungen vermitteln) vereinen.

Solche Superpartner müssten so schwer sein, dass sie nur in der Anfangszeit des Universums existieren konnten. Heute hingegen beobachtet man nur noch die gewöhnlichen Teilchen, die Supersymmetrie ist gebrochen. Im Moment des Aufbrechens der Super-Symmetrie, nimmt man an, bekommen die Teilchen über das (ebenfalls noch hypothetische) Higgs-Boson ihre Masse verliehen.

Etwa $10^{-10}$ Sekunden nach dem Urknall entstehen endlich die letzten beiden der heute bekannten Kräfte, die Schwache Kernkraft (spielt bei der Kernfusion eine große Rolle) und die Elektromagnetische Kraft. Etwas später ist der Raum nun mit nur noch zwei Billionen Grad so abgekühlt, dass Quarks nicht mehr allein existieren können und sich Protonen, Neutronen, Antiprotonen oder Antineutronen zusammenschließen. Als Klebstoff dienen dabei die Gluonen.

Noch immer stehen Materie und Antimaterie im Gleichgewicht. Doch dieser Zustand hält nicht lange an: Teilchen und Antiteilchen zerstrahlen zu Photonen, das nun 10 Billionen Kilometer (etwa ein Lichtjahr) große und eine Billion Grad heiße Universum leert sich zusehends. Dass wir trotzdem existieren, verdanken wir einem kleinen Überschuss an Materie: Auf eine Milliarde Teilchen-Antiteilchen-Paare kam damals ein Überschuss von einem Teilchen, das nicht zerstrahlt wurde. Woher diese Asymmetrie kommt, darüber gibt es bisher nur Vermutungen. Offenbar wirken die Naturgesetze nicht in jeder Hinsicht symmetrisch.

## Die nächste Vernichtungswelle

Eine Fünftelsekunde nach dem Urknall ist das Universum schon 500 Billionen Kilometer (grob gerechnet 50 Lichtjahre) groß. Sein

Inneres hat sich auf 20 Milliarden Grad abgekühlt. Nun geht es Neutronen und Elektronen an den Kragen: Die in freiem Zustand instabilen Neutronen werden von der Schwachen Kernkraft in ein Elektron, ein Proton und ein Neutrino zerrissen. Elektronen und Positronen annihilieren sich gegenseitig, dabei trägt erneut der Materieüberschuss den Sieg davon.

Etwa eine Sekunde nach dem Urknall ist die Schwache Wechselwirkung, auf die inzwischen großen Entfernungen des Kosmos bezogen, nicht mehr stark genug, dass es noch zu Wechselwirkungen zwischen Neutrinos und gewöhnlicher Materie kommen könnte. Seitdem durcheilen die damals freigewordenen Neutrinos fast ohne jede Wechselwirkung als messbarer, konstanter Neutrino-Hintergrund das Universum.

Von nun an vollzieht sich die Entwicklung deutlich langsamer. Die Rettung der verbliebenen Neutronen erfolgt, als sich etwa zwei bis drei Minuten nach T-Zero Deuterium- und schließlich Helium-Kerne bilden. Hier schützt die Starke Kernkraft die Neutronen vor der Zerstörung. Das Universum wächst und wächst unterdessen, wobei es sich ständig weiter abkühlt.

Nach etwa 17 Minuten ist es dann zu kalt, so dass es zu keinen weiteren Kernfusionen kommen kann. Zu diesem Zeitpunkt sind alle noch vorhandenen Neutronen dann in Atomkernen gebunden. Etwa drei Viertel der Kerne sind Wasserstoffkerne, der Rest Helium – schwerere Kerne sind nur in Spuren zu finden.

Als es noch etwas kälter wird, binden sich auch Elektronen elektromagnetisch an positiv geladene Atomkerne. Sie werden aber von den Photonen der immer noch heißen Ursuppe dauernd aus der Bahn geworfen. Das Universum, dessen Zusammensetzung von den Lichtteilchen dominiert wird, muss auf den Beobachter zu diesem Zeitpunkt wie ein glühender Nebel wirken.

Das ändert sich für verhältnismäßig lange Zeit nicht. Ab etwa 70.000 Jahren nach dem Urknall liegt das Verhältnis von atomarer Masse und Strahlung bei 1:1. Nach dem so genannten Lambda-CDM-Modell wird das Universum nun von Dunkler Materie beherrscht, über deren Natur man heute nur Theorien hat. Sie führt dazu, dass von der Inflationsphase übrig gebliebene inhomogene Bereiche noch stärker kontrahieren, eine Voraussetzung für die spätere Entstehung von Sternen.

# Das klare All

Etwa 380.000 Jahre nach dem Urknall entsteht die Grundlage für einen der ersten Beweise, den die Menschen für ihre Theorie von der Entstehung des Universums gefunden haben: die kosmische Hintergrundstrahlung.

Bei einer Temperatur von gut 2700 Grad besitzen die Photonen nicht mehr genug Energie, Elektronen aus ihren Umlaufbahnen um Atomkerne zu stoßen. Das Licht wird so auch nicht mehr gestreut, das Weltall wird plötzlich klar und das Zeitalter der neutralen Atome beginnt. Noch heute finden sich in jedem Kubikzentimeter kosmischen Vakuums etwa 400 Lichtteilchen der kosmischen Hintergrundstrahlung. Dieses Ereignis in der Geschichte des Kosmos nennen die Forscher „Rekombination“.

Allerdings ist das Universum noch nicht völlig klar – nur sichtbares Licht kann sich ungehindert ausbreiten, nicht aber ultraviolettes Licht, das von den Wasserstoffkernen absorbiert wird, die das Weltall zu dieser Zeit zum großen Teil füllen. Durch die Expansion des Universums verschiebt sich die Wellenlänge des sichtbaren Lichts. Der zunächst hell gleißende Kosmos färbt sich allmählich rötlich. Das Rot wird dunkler und dunkler, purpur und schließlich infrarot, also für das Auge schwarz – 13,7 Milliarden Jahre später wird die kosmische Hintergrundstrahlung im Mikrowellenbereich liegen. Forscher sprechen deshalb nun vom „Dunklen Zeitalter“.

## Die ersten Leuchtfeuer

Mitten in dieser Zeit flackern jedoch die ersten Sterne. Schon sehr früh hat die Dunkle Materie Inhomogenitäten in der Struktur des Weltalls so verstärkt, dass es Bereiche mit einer höheren Konzentration an Wasserstoff gibt. Es kommt zur Bildung riesiger Blasen, so genannter Halos, noch weit vor der Entstehung von Galaxien, die die dem Universum durch die Inflation und die Dunkle Materie aufgeprägte Struktur umsetzen.

Die Dunkle Materie ist zwar unsichtbar, wirkt aber durch eine Kraft auch auf die uns bekannte Materie – durch die Gravitation nämlich. In den Halos Dunkler Materie ballt sich deshalb auch der interstellare Wasserstoff zusammen. Je näher sich die Teilchen kommen, desto mehr steigt der Druck in dem Gas – bis Druck und Gravitation im Gleichgewicht sind. Die Wolke kühlt durch die bei Teilchenkollisionen abgegebene Strahlung ab. Dadurch sinkt der Druck und die Wolke kann weiter kontrahieren. Je mehr Masse sich auf kleinem Raum sammelt, desto stärker wirkt sie anziehend auf die Atome im Umkreis. Erneut wachsen Temperatur und Druck im Inneren der Wolke, die im Infrarotbereich zu strahlen beginnt.

Damit ist das Stadium des Protosterns erreicht – noch vollziehen sich aber keine Kernreaktionen. Der künftige Stern besteht aus ionisierten Atomen, aus Plasma. Je schwerer die Wolke wird, desto schneller zieht sie sich zusammen – und irgendwann sind Temperatur und Druck so hoch (nämlich 3 Millionen Kelvin), dass ein atomarer Fusionsprozess gezündet wird: Jeweils zwei Protonen prallen aufeinander und verwandeln sich dabei unter Energieabgabe in einen Deuteriumkern aus einem Proton und einem Neutron. Das Deuterium reagiert dann mit einem weiteren Proton zu einem Heliumkern ($^3$He), wobei erneut Energie frei wird. Wenn das Sterninnere schon heiß genug ist (ab 10 Millionen Kelvin) können die $^3$He-Kerne später auch noch zu 4He verschmelzen, wobei zwei Protonen freiwerden. Der Effekt: Etwa 100 Millionen Jahre nach dem Urknall leuchten nacheinander die ersten Sterne auf.

## Sie sterben jung

Mit unserer Sonne sind diese allerersten kosmischen Leuchtfeuer, die man heute als „Population III“ bezeichnet, kaum vergleichbar. Sie müssen vor allem aus Wasserstoff und Helium bestanden haben – schon deshalb, weil es im frühen Universum gar keine anderen Elemente gab. Daran sollten diese Sterne auch zu erkennen sein – das Spektrum eines Sterns verrät uns seinen Aufbau. Demgegenüber bestehen etwa 1,8 Prozent der Masse unserer Sonne aus schweren Elementen. Wegen der geringeren Masse der Bestandteile musste ein Stern der Population III jedoch viel größer sein als die Sonne – man schätzt, dass die frühen Sterne wenigstens 100 Sonnenmassen wogen. Sie brannten schnell und heiß und dürften deshalb inzwischen längst in einer Supernova vergangen sein. Trotzdem ist es möglich, sie zu beobachten: In weit entfernten Galaxien, deren

Licht so lange zu uns braucht, dass wir tief in die Vergangenheit blicken können.

Das Licht dieser ersten Sterne hat einen Nebeneffekt: die Strahlung ionisiert das Wasserstoffgas in der Umgebung. Das interstellare Gas kann dadurch kein ultraviolettes Licht mehr aufnehmen – und das Weltall wird erneut heller. Diese Reionisationsphase muss etwa 200 Millionen Jahre nach dem Urknall begonnen haben. Sie vollzog sich zunächst in Blasen, es sollte noch bis zu 800 Millionen Jahre dauern, bis das Universum wieder komplett durchsichtig war. Noch heute gibt es aber (wieder) so genannte Molekularnebel, deren Bestandteile nicht ionisiert sind. Wissenschaftler vermuten, dass es sogar zwei Reionisationsphasen gab: Die ersten, wohl riesenhaften und schnell brennenden Sterne beendeten ihr Leben irgendwann in einer gigantischen Explosion, einer Supernova, die die umgebende Gaswolke zunächst ins Nichts blies. Das erschwerte die Bildung von Nachfolgern. Die Wasserstoff- und Heliumkerne hatten nun wieder Gelegenheit, sich Elektronen einzufangen. Erst später, etwa nach einer Milliarde Jahren, konnten die bis dahin gezeugten neuen Sterne diesen Effekt wieder wettmachen.

## Ein faszinierender Tod

Spannend ist auch, wie die allerersten Sterne wohl ihr Leben aushauchten. Wenn sie über 130 bis 250 Sonnenmassen verfügten, konnte es nämlich zu einer Paarinstabilitäts-Supernova kommen. Weil die Sterne so arm an schweren Elementen waren, reichte trotz der hohen Masse der Druck im Kern nicht aus, nach dem Verbrennen von Helium mit dem Synthetisieren weiterer Elemente zu beginnen. Stattdessen steigt die Temperatur im Kern weiter und weiter, bis die entstehenden Photonen energiereich genug sind, dass es zur Entstehung von Elektron-Positron-Paaren kommt. Diese annihilieren sich zwar schnell wieder, der Prozess hat aber zur Folge, dass die Strahlung nicht schnell genug das Innere des Sterns verlassen kann. Der Kern heizt sich dadurch weiter auf, es kommt zu noch mehr Elektron-Positron-Reaktionen, bis die Feedback-Schleife irgendwann dazu führt, dass der Stern komplett zerrissen wird. Anders als bei gewöhnlichen Supernovas bleibt kein Rest als Schwarzes Loch zurück. Die komplette Masse des Sterns wird ins All geschleudert. Eine Paarinstabilitäts-Supernova setzt hundertmal mehr Energie frei als eine normale Supernova (die selbst auch kein gewöhnliches Lagerfeuer am Himmelszelt ist).

Falls der Sternen-Erstling sogar mehr als 250 Sonnenmassen schwer war, konnte es zu einer anderen Form der Supernova kommen: zur Photodesintegration. Photonen mit besonders hoher Energie können aus Atomkernen ganze Protonen herausschlagen.

Dabei handelt es sich um einen endothermen Prozess, dem Stern wird also Energie entzogen. Der Kern wird plötzlich kälter und kann dem Druck der Umgebung nicht mehr standhalten – er bricht in sich zusammen und verwandelt sich schließlich in ein Schwarzes Loch. Während die herausgerissenen Protonen zur Bildung schwererer Elemente führen können, wird ein Teil der Masse des sterbenden Riesensterns als Jet in die Umgebung abgeleitet.

## Gruppen-Dynamik

Beide Prozesse führen letztlich dazu, dass sich die Zusammensetzung des Weltalls allmählich ändert. Die nächste Sternengeneration profitiert bereits davon. Man rechnet sie deshalb auch schon zur Population II. Sie brauchen weniger Grundstoff, um die Kernfusion zu zünden, und sie brennen dadurch zwar nicht so hell, aber deutlich ausdauernder. Auch sie werden irgendwann wieder zu Asche, aus der sich dann Population I formt – zu diesen noch jungen Sternen gehört auch unsere 4,57 Milliarden Jahre alte Sonne.

Doch zurück in die Vergangenheit: Die ersten Sterne wirken nicht nur auf ihre direkte Umgebung. Über die Gravitation beeinflussen sie auch andere Vertreter ihrer Art. Etwa 500 Millionen Jahre nach dem Urknall haben sich bereits die ersten Galaxien formiert.

Im Vergleich zur heutigen Zeit ging es im frühen Universum sehr lebhaft zu. Kleinere Galaxien schlossen sich zu größeren zusammen. Es kam zu Zusammenstößen und feindlichen Übernahmen. Heute weiß man, dass die Entwicklung nicht rein zufällig abläuft. Vielmehr konzentriert sich die Sternenbildung auf feine, von Dunkler Materie vorgezeichnete Strukturen im Universum, so genannte Filamente. Wo sich diese Filamente treffen, entstehen Galaxien und Galaxienhaufen – insgesamt zählt das beobachtbare Universum heute einige Millionen dieser Galaxien-Superhaufen. Einer davon, der Virgo-Superhaufen, vereint zum Beispiel bei einem Durchmesser von 110 Millionen Lichtjahren ein paar Tausend Galaxien, darunter als Teil der Lokalen Gruppe auch die Milchstraße.

## Fragile Spiralen

Wie sich die verschiedenen Typen von Galaxien bilden, das weiß man heute nicht mit Sicherheit. Bei den häufigen Spiralgalaxien, zu denen auch unsere Milchstraße gehört, vermutet man, dass die Dunkle Materie eine Rolle spielt. Sie interagiert ja nur über die Gravitation, während die gewöhnliche Materie auch vom Strahlungsdruck der Sterne beeinflusst wird. Deshalb dürfte sich die

Dunkle Materie in den Außenbereichen der Galaxis konzentrieren, dort, wo sie das Halo gebildet hat. Das interstellare Gas, gleichzeitig vom Kern der Galaxis (stark) und von ihrem Äußeren (schwach) angezogen, bewegt sich deshalb auf einer Spiralbahn auf den Kern zu, quasi als würde man eine Katze an ihrem Schwanz festhalten.

Das Problem bei diesem Modell: Die Kontraktion stoppt irgendwann, und die Kosmologen wissen noch nicht, warum. Außerdem sind Spiralgalaxien sehr fragile Gebilde – durch Galaxienkollisionen müssten sie sich eigentlich längst stärker verformt haben als es den Anschein hat. Als Endpunkt der Entwicklung sehen die Wissenschaftler inzwischen die Elliptische Galaxis. Sie entstand meist in Folge der Verschmelzung kleinerer Galaxien. Das könnte, so eine Simulation, auch der Milchstraße und unserem Nachbarn M31, Andromeda, bevorstehen: In etwa 3 bis 4,5 Milliarden Jahren wird es eine Kollision zwischen den beiden etwa gleich schweren Systemen geben. In ihrer Folge dürfte eine gigantische Elliptische Galaxis entstehen.

Die besondere Zusammensetzung der ersten Galaxien ist es wohl auch, die ein Phänomen produziert, das Astronomen zunächst für eine besondere Art von Stern hielten: einen Quasar. Inzwischen sind sich die Forscher einig, dass es sich dabei um aktive Kerne von Galaxien handelt, wohl in Form riesiger Schwarzer Löcher. Zwar besitzt auch unsere Milchstraße in ihrem Zentrum ein beeindruckendes Schwarzes Loch, doch im Vergleich zu einem Quasar ist es geradezu ärmlich.

Den Quasar 3C 273 etwa kann man von der Erde aus noch durch ein Amateur-Fernrohr beobachten, obwohl er sich fast am Rand des sichtbaren Universums befindet. Noch aus 33 Lichtjahren Entfernung würde er so hell leuchten wie die Sonne, von der Erde aus betrachtet. Der Quasar erscheint etwa hundertmal so hell wie alle Sterne unserer Milchstraße zusammengenommen. Entsprechend groß muss das Schwarze Loch in seiner Mitte sein. Die Tatsache, dass Quasare nur in großer Entfernung zu beobachten sind, belegt, dass die Bedingungen zu ihrer Entstehung heute nicht mehr existieren.

## Planeten im Abfall

Auch heute noch zünden, im gesamten Weltall verteilt, immer wieder neue Sterne. Die Geburtenrate ist zwar seit der Frühzeit deutlich gesunken: Schon die Expansion des Raums verringert die Dichte des interstellaren Gases. Besonders schwierig sind die Bedingungen rund um Sternenbabys. Allerdings findet sich hier fast immer als Abfall der Sternengeburt eine Art Nachgeburt: eine heiße Scheibe aus Gas und Staub rings um den Stern.

Auch darin gibt es Inhomogenitäten, die sich unter der Wirkung der Schwerkraft verstärken. Die Moleküle klumpen zusammen und bilden immer größere Brocken, die sich gegenseitig anziehen. Wenn der Prozess lange genug ungestört abläuft, entsteht schließlich ein noch heißer Protoplanet. Je nach Ausgangsmaterial kann das ein Gasriese sein oder ein Gesteinsplanet wie die Erde. Der Himmelskörper kühlt irgendwann ab und beherbergt vielleicht später Leben.

# Das Ende des Universums

Stirbt das Universum einen Kältetod, wird es von seiner eigenen Expansion zerrissen, zermalmt es eine Umkehrung des Urknalls oder legt die Dunkle Energie plötzlich eine Vollbremsung hin? Die Theorien über das Sterben des Weltalls sind so vielfältig wie das Wissen der Forscher darüber begrenzt ist.

Wer zum genauen Ablauf des Urknalls forscht, hat einen Vorteil: Es ist ja immerhin sichtbar, was 13,8 Milliarden Jahre später daraus geworden ist. Deshalb ist sich die Forschergemeinde in diesem Bereich einigermaßen einig. Vorhersagen jedoch haben die unangenehme Eigenschaft, dass sie die Zukunft betreffen. Einfach vom jetzigen Zustand zu extrapolieren, funktioniert beim Kosmos nicht so gut. Denn die Forschung kommt hier erneut an die Grenzen des aktuellen Wissens, die auch bei der Annäherung an den Urknall deutlich werden. So sollte es nicht wundern, dass bis zu sechs Todesarten mit noch mehr dahinter stehenden Theorien ernsthaft diskutiert werden.

## Tod durch Erfrieren

Nach dieser Theorie, auch „Big Freeze" genannt, dehnt sich das Universum immer stärker aus. Das hat zur Folge, dass die Temperatur stetig sinkt. Im Kühlschrank nutzt man diesen Effekt, der letztlich dazu führt, dass die Temperatur im ganzen Universum irgendwann nur noch knapp über dem absoluten Nullpunkt liegt. Damit ist aber keine freie, nutzbare Energie mehr vorhanden, wie sie physikalische und chemische Prozesse benötigen.

Wenn sich die Teilchen nicht mehr bewegen, bleibt auch die Zeit stehen. Alternativ wäre es möglich, dass sich die Temperatur einem im ganzen Weltall gleichen Mittelwert näher. Auch dann fehlen die Temperaturunterschiede, die Leben erst möglich machen. Diese dem Kältetod eng verwandte Todesart nennt man Hitzetod.

## Tod durch Zerreißen

Schon seit rund 6 Milliarden Jahren beschleunigt sich die Expansion des Universums messbar. Von der dafür verantwortlichen Dunklen Energie weiß man noch sehr wenig. Möglich ist, dass sie eine Komponente enthält, die Forscher Phantom-Energie nennen. Sie hat die Eigenschaft, falls sie denn existiert, die Beschleunigung der Expansion noch zu beschleunigen.

Als würde ein Rennfahrer nicht gleichmäßig auf das Gaspedal treten, sondern in einer beschleunigten Bewegung. Das Auto (oder das Universum) beschleunigt dann auf einer späteren Wegstrecke stärker als auf einer früheren. Als praktische Konsequenz ergäbe sich aus diesem Modell, dass alles, wirklich alles, inklusive der kleinsten Bausteine der Materie in einem „Big Rip“ irgendwann auseinander gerissen wird.

## Tod durch Zerquetschen

Die „Big Crunch“-Theorie nimmt an, dass die Expansion des Universums irgendwann stoppt (danach sieht es derzeit nicht aus) und sich das Weltall danach wieder zusammenzieht. Der Ablauf wäre dann ähnlich wie beim Urknall – nur liefe die Zeit in die andere Richtung.

Für Leben und schließlich auch für die Physik, wie wir sie kennen, wäre irgendwann kein Platz mehr, das Universum würde in einer Singularität zerquetscht. Womöglich folgt anschließend ein neuer Urknall – und immer so weiter, eine Idee, die die „Big Bounce“-Theorie aufgreift.

## Tod durch Zerstrahlen

Es wäre möglich, dass unser Universum nicht das einzige ist – stattdessen gibt es ein ganzes Multiversum mit den verschiedensten Universen, manche aus Materie bestehend, andere aus Antimaterie. Jedes einzelne kann irgendwann in aller Ruhe den Kältetod erleiden, so wie viele Menschen eines natürlichen Todes sterben.

Es kann aber ebenso passieren, dass es zufällig von einem Auto überfahren wird – genauer gesagt: auf ein Geschwister aus Antimaterie trifft. Eine komplette Vernichtung des Universums, ohne Vorwarnung, vom einen Moment auf den anderen, wäre die Folge.

## Tod durch Zerfallen

Womöglich sitzen wir auch einem gigantischen Trick der Natur auf. Was wir für Raum im Grundzustand halten, das Vakuum, könnte sich auch in einem quantenphysikalisch höheren Zustand befinden. Wir sind also einem so genannten "falschen Vakuum" aufgesessen. Messen können wir das nicht, da unser Ausgangspunkt ja immer das Vakuum ist. Falls das zutreffen sollte, könnte sich das Vakuum eines Tages, mir nichts, dir nichts, in einen energetisch niedrigeren Zustand bewegen.

Im günstigsten Fall ändern sich dadurch nur ein paar Naturgesetze. Was für den gegenwärtigen Zustand der Materie vermutlich auch ungünstig wäre. Man stelle sich nur vor, eine der vier Grundkräfte wirkte plötzlich anders: Atome könnten dann ihre Form ändern, Moleküle zerfallen, das Sonnensystem sich auflösen. Im ungünstigsten Fall zerfällt einfach das komplette Universum.

## Tod durch Einfrieren

Diese Todesart klingt zwar so ähnlich wie der Kälte- oder Hitzetod, sie hat aber einen etwas anderen Hintergrund. Es wäre nämlich im Grunde möglich, dass die Menge Dunkler Energie schneller zunimmt als das Universum expandiert. Dann würde sich die Dichte des Weltalls stetig erhöhen. Irgendwann wäre der Raum zähflüssig, alle Bewegungen werden gebremst, auch die der Photonen. Später würde das Weltall dann in einem festen Zustand verharren, wie eingefroren.

## Jeder nur ein Kreuz!

Das Universum ist selbst dafür zuständig, seine Todesart zu wählen – genauer gesagt wird sie von den Eigenschaften des Weltalls festgelegt. Dazu gehört zum Beispiel seine geometrische Form. Da das Weltall von der vierdimensionalen Raumzeit aufgespannt wird, muss man sich zum leichteren Verständnis davon eine Dimension wegdenken. Eine Linie erscheint dem Bewohner eines gekrümmten Blattes Papier zum Beispiel gerade, obwohl das Blatt für den Bewohner von außen eine Krümmung besitzt.

Da wir uns das Universum aber nicht von außen ansehen können, fällt es sehr schwer, die tatsächliche Form des Weltalls zu bestimmen. Neuere Messungen mit dem WMAP-Satelliten haben ergeben, dass das Universum höchst wahrscheinlich flach ist – doch die Fehlerwahrscheinlichkeit ist noch hoch genug, dass auch andere Lösungen möglich sind.

Der zweite Faktor ist die Dunkle Energie. Kurz nach dem

Urknall hat sie das Universum in der Inflationsphase schnell auseinander getrieben. Auch jetzt scheint sie wieder dabei zu sein, die Expansion zu beschleunigen – und zwar stärker, als die Gravitation sie bremsen kann.

Wie wird sie sich in Zukunft verhalten? Das ist schwer zu sagen, weil wir fast nichts über sie wissen. Eine Theorie geht zum Beispiel davon aus, dass sie in 24 Milliarden Jahren ihre Wirkung umkehren könnte.

Ausgehend von unserem aktuellen Kenntnisstand über die Form des Universums und die Menge und das Verhalten der Dunklen Energie gehen die meisten Forscher davon aus, dass das "Big Freeze"-Szenario am wahrscheinlichsten ist.

## Die künftige Biografie des Universums

Wir befinden uns gerade in der Sternen-Ära des Weltalls. Wenn wir der derzeit wahrscheinlichsten Theorie folgen, dem „Big Freeze“, erwartet das Universum das folgende Schicksal. Aber keine Sorge – die Zeit bis zum Tod des Universums ist noch weit länger als seine bisherige Existenz.

**In 3 Milliarden Jahren**

Die Milchstraße, unsere Heimatgalaxis, und der benachbarte Andromeda-Nebel verschmelzen. Schon heute bewegen sich die beiden Galaxien mit 120 Kilometern pro Sekunde aufeinander zu.

**In 100 Milliarden bis 1 Billion Jahren**

Alle 54 Galaxien der lokalen Gruppe verschmelzen miteinander, darunter auch die Andromeda-Milchstraße.

**In 2 Billionen Jahren**

Durch die Expansion des Universums und die daraus folgende Rotverschiebung des Lichts entfernter Objekte können wir von der Erde aus keine Galaxis mehr beobachten, die nicht der lokalen Supergruppe angehört.

**In 100 Billionen Jahren**

Die Geburt neuer Sterne endet, weil der Rohstoff dafür sich im Universum verteilt hat. 10 Billionen Jahre später sind auch die langlebigsten Sterne, die Roten Zwerge, erloschen. Nur noch ab und zu erhellen Lichtblitze das All – wenn etwa Weiße Zwerge oder Neutronensterne verschmelzen.

**In 1 Billiarde Jahren**

Die Planetensysteme lösen sich auf, weil sie allmählich ihre Gravitations-Energie verlieren oder von Nachbarsternen gestört werden.

**In 10 bis 100 Trillionen Jahren**

Die Galaxien lösen sich auf, weil die Sterne von den Schwarzen

Löchern im Zentrum geschluckt werden oder aus den Galaxien heraus wandern.

**In $10^{34}$ Jahren** (100 Billionen mal 100 Trillionen)

Protonen und Neutronen und damit alle Atome und die Sterne, die sie bilden, beginnen zu zerfallen – falls Protonen, wie es die Theorie vorhersagt, tatsächlich instabil sind.

**In $10^{40}$ Jahren** (100 Trillionen mal 100 Trillionen)

Die normale Materie des Universums besteht komplett aus Photonen und Leptonen (unter anderem Elektronen). Schwarze Löcher sind die einzigen größeren stabilen Objekte.

**In $10^{100}$ Jahren** (eine 1 mit 100 Nullen)

Alle Schwarzen Löcher sind verdampft – sie geben stets etwas thermische Hawking-Strahlung ab. Elektronen und Positronen dominieren die normale Materie. Sie begegnen sich ab und zu, formen Positronium-Atome oder annihilieren sich gegenseitig. Der Raum ist so leer, dass es fast keine Aktivität gibt.

Falls die Protonen nicht instabil sind, braucht das Universum etwa $10^{10}$ hoch 76 Jahre (eine 1 mit 10 hoch 76 Nullen), bis alle Materie in Schwarze Löcher konvertiert ist.

Tipp: Wenn Sie sich hier …

www.hardsf.de/fortsetzung

eintragen, schicke ich Ihnen die **farbige PDF-Version** der Biografie des Universums zu, die mit faszinierenden Fotos bebildert ist.

Die neue Biografie der Sonne

# Einführung

Die Sonne (von althochdeutsch »sunna«) ist der Stern, den Sie am besten kennen. Er begleitet Sie seit Ihrer Geburt. Wenn Sie zu wenig von seinen Strahlen abbekommen, erkranken Sie. Setzen Sie sich seiner Strahlung zu viel aus, werden Sie ebenfalls krank. Der Lauf der Sonne bestimmt Ihren Tagesablauf, selbst wenn der moderne Mensch ohne Sonnenlicht nicht mehr im Dunkeln existieren muss. Seine biologische Uhr ist trotzdem noch an das Auf- und Untergehen dieses Sterns am Himmel seines Planeten gebunden. Das wird sich vermutlich nicht mal dann verändern, wenn wir längst andere Welten besiedelt haben.

So wie für jedes Individuum ist die Sonne auch für das Leben auf der Erde unverzichtbar. Ihre Energie treibt das Klima an, von ihr ernährt sich das Leben, indem Pflanzen mit Hilfe der Photosynthese aus anorganischen Rohstoffen organische Stoffe erzeugen, die Tiere und Menschen als Energiezufuhr brauchen. Verändert sich die Aktivität der Sonne, dann hat das gewaltige Auswirkungen auf unseren Planeten. Kalt- und Warmzeiten verschieben die Klimazonen, fruchtbare Gebiete verwandeln sich in Wüsten, im ewigen Eis ist mit einem Mal Landwirtschaft möglich. Im Extremfall, wie er etwa auf dem Mars herrscht, wird Leben gänzlich unmöglich, weil der Planet die bewohnbare Zone um die Sonne verlassen hat.

Trotz ihrer umfassenden Bedeutung weiß die Wissenschaft noch überraschend wenig über unseren Mutterstern. Das liegt daran, dass die Verhältnisse in seiner Nähe in jeder Hinsicht extrem sind. Was wir als Oberfläche wahrnehmen, ist eine relativ dünne Schicht. Was darunter vor sich geht, darauf können die Forscher nur indirekt schließen. Was sie herausgefunden haben und wo noch Fragen offen sind, verraten Ihnen die folgenden Kapitel.

## Welche Farbe hat die Sonne?

Das hängt davon ab, wie man sie betrachtet. Wenn Sie jetzt aus dem Fenster schauen, sehen Sie je nach Tageszeit eine gelbe oder vielleicht auch orangefarbene Scheibe am Erdhimmel. Die Sonne gibt aber nicht mehr gelbes oder rotes Licht ab als solches in anderen Bereichen. Tatsächlich müsste ihr Licht dem menschlichen Auge weiß erscheinen. Das ist im All tatsächlich so. Die Atmosphäre jedoch lenkt die einzelnen Bestandteile des Sonnenspektrums unterschiedlich stark ab. Der kurzwellige Anteil (blau bis violett) wird stärker abgelenkt und erreicht das Auge indirekt – darum ist der Himmel blau. Direkt treffen nur die längerwelligen Anteile (gelb bis rot) das Auge, was zur gelb-orangen Färbung führt. Am Abend muss das Licht der Sonne einen besonders langen Weg durch die Atmosphäre zurücklegen. Darum verstärkt sich dieser Effekt noch, und Sie sehen einen wunderschön roten Sonnenuntergang. Über Planeten mit anderer Zusammensetzung der Atmosphäre kann sich übrigens durchaus ein andersfarbiger Himmel spannen.

In der Nomenklatur der Sterne gilt die Sonne als gelber Hauptreihenstern der Spektralklasse G2V. »Gelb« deshalb, weil ihr eine Farbtemperatur von rund 5800 Kelvin zugeordnet wird.

# Unser Muttergestirn und seine Nachbarschaft

WENN IHNEN DIE ERDE SCHON GROß VORKOMMT, STELLT EIN Vergleich mit der Sonne die Verhältnisse wieder gerade. Sie wiegt etwa zwei Milliarden Milliarden Milliarden Tonnen und ist damit 700 Mal so schwer wie alle Planeten des Sonnensystems zusammen, was der 330.000-fachen Masse der Erde oder 99,86 Prozent der Gesamtmasse des Sonnensystems entspricht. Ihr Durchmesser beträgt 1,39 Millionen Kilometer, das ist das 109-fache des Erddurchmessers. In die Sonnenkugel würde die Erdkugel 1,3 Millionen Mal hineinpassen, ihre Oberfläche ist 12.000 Mal so groß wie die der Erde. Die hohe Masse erzeugt eine entsprechend starke Gravitation. Auf der Oberfläche beträgt die daraus resultierende Fallbeschleunigung 274 Meter pro Quadratsekunde, während es auf der Erde 9,81 $m/s^2$ sind. Ein 70 Kilogramm schwerer Mensch würde sich auf der Sonnenoberfläche fühlen, als wäre er zwei Tonnen schwer.

Die mittlere Dichte der Sonne liegt bei 1,4 Gramm pro Kubikzentimeter. Das deutet schon darauf hin, dass der Stern aus deutlich anderem Material besteht als unser Planet. Fast drei Viertel (73 Prozent) ihrer Masse macht Wasserstoff aus. Ein Viertel ist Helium. Die restlichen Prozent teilen sich schwerere Elemente wie Sauerstoff, Kohlenstoff, Neon und Stickstoff.

Ihre Metallizität, also der Anteil an schwereren Elementen, ist relativ hoch. Das macht sie zu einem Mitglied der Gruppe der Population-I-Sterne. Die allerersten Sterne, die nach dem Urknall entstanden, gehören zur Population III. Sie enthielten noch keinerlei Elemente mit höheren Ordnungszahlen, sind aber inzwischen längst erloschen. Aus ihren Überresten entstand Population II, die mit einem Alter von über 6 Milliarden Jahren heute vor allem in den

Randgebieten der Galaxien zu finden ist. Erst aus den Resten von Population-II-Sternen entstehen noch immer Population-I-Sterne wie die Sonne.

Von der Erde ist die Sonne rund 150 Millionen Kilometer entfernt. Diese Distanz nennt man auch eine Astronomische Einheit (AE).

Bis zum Kern der Milchstraße beträgt ihre Entfernung 27.200 Lichtjahre. Das komplette Sonnensystem bewegt sich mit 220 Kilometern pro Sekunde (!) um das galaktische Zentrum. Trotz der enormen Entfernung dauert ein kompletter Umlauf etwa 230 Millionen Jahre.

Die galaktische Nachbarschaft der Sonne ist mit ihr nicht verwandt; sie befindet sich quasi auf Wanderschaft in der Fremde. Ihr Wandertempo liegt relativ zu den Sternen in der Umgebung bei 20 Kilometern pro Sekunde. Ihre Wanderung hat sie gerade in ein 30 Lichtjahre durchmessendes Gebiet mit etwas höherer Dichte geführt, das »lokale Flocke« genannt wird und zu dem Sterne wie Altair, Wega, Arktur, Fomalhaut und Alpha Centauri gehören. Die lokale Flocke stellt quasi eine Oase in einer ziemlich staubarmen Region dar, der lokalen Blase mit 300 Lichtjahren Durchmesser. Sie wurde womöglich von einer oder mehreren Supernovae in den Raum geblasen. In Frage kommen der Supernova-Überrest Geminga oder mehrere solcher Ereignisse in der Pleiaden-Gruppe. Die lokale Blase wiederum hat sich im Gouldschen Gürtel ausgebreitet, einem Sternenkindergarten mit vielen jungen Sternen von 20 bis 60 Millionen Jahren Alter, die allesamt mit der viel älteren Sonne nicht verwandt sind.

Blickt man von außen auf die Milchstraße, findet man die Sonne am inneren Rand des Orionarms. Der benachbarte Perseusarm ist 6500 Lichtjahre entfernt. Da sich auch die Milchstraße durch das All bewegt, reist die Sonne unausweichlich mit ihr mit. Wohin geht die Reise? Das hat ein internationales Astronomenteam jetzt erstmals für unsere lokale »Hood« herausgefunden – nämlich für die 1400 Galaxien, die sich in 100 Millionen Lichtjahren Umkreis um die Milchstraße befinden. Die Forscher haben die Bewegungen dieser Galaxien für die vergangenen 13 Milliarden Jahre analysiert und verglichen. Dabei ergab sich zwar nichts, worüber wir uns Sorgen machen müssten, aber doch ein paar interessante Trends. Der gravitative Schwerpunkt in dem Gebiet ist eindeutig der Virgohaufen, 50 Millionen Lichtjahre von uns entfernt, der mit der Masse seiner 600 Billionen Sonnen alle Materie in seinem näheren Umkreis an sich reißt. Über tausend Galaxien sind bereits in diese Falle geraten, und alle anderen bis in 40 Millionen Lichtjahren Entfernung werden dieses Schicksal teilen. Milchstraße und Andromeda-Galaxie liegen außerhalb dieser Zone.

Glück gehabt, aber nur halb, denn die beiden je 2 Billionen Sonnen zählenden Spiral-Galaxien werden in etwa fünf Milliarden Jahren miteinander kollidieren und irgendwann eine elliptische Galaxie bilden. Die Forscher fanden auch zwei übergreifende Muster. Zum einen bewegen sich alle Galaxien in der einen Hälfte des erfassten Gebiets (inklusive unserer Milchstraße) auf dieselbe flache Ebene zu. Zum anderen »fließt« der komplette Rauminhalt, also alle 1400 Galaxien, wie Blätter im Wind auf einen fernab gelegenen, viel größeren gravitativen Anziehungspunkt zu.

# Wie die Sonne funktioniert

Eine Oberfläche im eigentlichen Sinne besitzt die Sonne nicht, denn sie ist ein riesiger Ball aus Gas. Genauer gesagt besteht sie aus Ionen, Atomen, denen man ihre Elektronen entrissen hat. Diesen Aggregatzustand nennt man »Plasma«. Den Radius der Sonne misst man deshalb von der Mitte des Kerns bis zum Rand der Photosphäre. Die Photosphäre ist eine recht dünne Schicht, in der die Sonne ihre Energie als sichtbares Licht abstrahlt. Hier ist es etwa 6000 Grad Celsius heiß. Die "Luft" ist in der Photosphäre allerdings schon sehr dünn. Im Vergleich zur Erdatmosphäre auf Seehöhe liegt die Teilchendichte gerade einmal beim Drittel eines Prozents.

Es hat lange gedauert, bis der Mensch herausfand, wie die Sonne ihre Energie gewinnt. In der Antike stellte man sie sich als riesigen, brennenden Ball vor. William Thomson (Lord Kelvin, nachdem die Kelvin-Skala benannt ist) nutzte im 19. Jahrhundert die Thermodynamik als Erklärung: Nimmt man an, dass die Sonne eine flüssige Kugel ist, die sich langsam zusammenzieht und dabei abkühlt, lässt sich die Stärke ihrer Strahlung aus der Umwandlung von Gravitationsenergie berechnen. Allerdings zeigt sich, dass die Sonne dann maximal 20 Millionen Jahre alt sein kann – während schon damals etwa Charles Darwin geologischen Ablagerungen ein Alter von 300 Millionen Jahren zugeschrieben hatte. 1904, nach der Entdeckung des radioaktiven Zerfalls, schlug Ernest Rutherford diesen als Erklärung vor. Erst in den 1930er Jahren kamen die Physiker schließlich darauf, dass die Bedingungen im Inneren der Sonne auch eine Fusion von Wasserstoff-Kernen ermöglichen müssten.

Dieser Vorgang, der heute schon in der Schule gelehrt wird, war zur damaligen Zeit schwer annehmbar, führt er doch weit zurück ins Mittelalter, als Alchemisten versuchten, ein Element in ein anderes (vorzugsweise Gold) zu verwandeln. Bei der Kernfusion passiert genau das: Aus zwei Wasserstoffkernen wird ein Heliumkern. Dabei bleibt so viel Energie übrig, dass sich ein komplettes Sonnenkraftwerk damit betreiben lässt. Da die Wasserstoffkerne allerdings beide positiv geladen sind und sich damit abstoßen, bedarf es sehr hoher Temperaturen und großen Drucks, um die beiden Kandidaten eng genug zusammenzubringen, sodass es tatsächlich zu einer Verschmelzung kommen kann. Auf der Erde ist das den Physikern bisher stets nur für kurze Zeit gelungen – ein Fusionskraftwerk könnte, gelingt seine Konstruktion, anders als ein auf Kernspaltung von Uran basierendes Atomkraftwerk saubere Energie liefern.

Im Kern der Sonne liegen die nötigen Bedingungen vor, seit sich die Molekularwolke vor fast fünf Milliarden Jahren dicht genug zusammengezogen hatte. Seitdem laufen die Reaktionen stabil ab, und daran wird sich auf absehbare Zeit nichts ändern – so lange, bis der Sonne irgendwann das Brennmaterial ausgeht. In der Zeit ihrer bisherigen Existenz hat die Sonne in ihrem Kern immerhin schon rund 14.000 Erdmassen Wasserstoff durch Kernfusion in Helium verwandelt, wobei 90 Erdmassen in Form von Energie frei wurden. Pro Sekunde liefert unser Stern damit mehr Energie als alle im Jahr 2011 vorhandenen Kernkraftwerke der Erde, würde man sie für 750.000 Jahre betreiben. Auf der Erde kommen davon pro Quadratmeter 1,36 Kilowatt an – man müsste also über jedem Quadratmeter Erdoberfläche einen kleinen Heizstrahler aufstellen, um denselben Effekt zu erreichen.

# Der Kern der Sonne

Der Kern der Sonne nimmt etwa ein Viertel ihres Durchmessers ein. Er hat eine Dichte von 150 Gramm pro Kubikzentimeter – die Dichte von Blei liegt bei 11,3 Gramm pro Kubikzentimeter. Ein Zuckerwürfel aus Sonnenmaterie des Kerns würde 150 Gramm wiegen, für einen 10-Liter-Eimer (1500 Kilogramm) bräuchten Sie einen Kran.

Die Temperatur im Innersten der Sonne beträgt 15,6 Millionen Kelvin, der Druck liegt bei 200 Milliarden Bar. Platzierte man die gesamte Cheops-Pyramide auf einem Stecknadelkopf, würde man einen ähnlichen Druck erreichen. Der Kern rotiert etwas schneller um seinen Mittelpunkt als der Rest der Sonne. Seine Ausdehnung wird über den Bereich definiert, in dem die Fusionsreaktion stattfindet.

Über 99 Prozent der Energie gewinnt die Sonne, indem zwei Protonen zunächst zu einem Deuterium-Kern verschmelzen. Dieser wird mit einem weiteren Proton zu einem leichten Heliumkern, der über einen von vier möglichen Wegen zu einem »richtigen« Heliumkern (auch als Alpha-Teilchen bekannt) wird. Bei dieser Proton-Proton-Kette genannten Reaktion entsteht in der Summe aus vier Protonen ein Heliumkern.

Ein zweiter Prozess, der so genannte Bethe-Weizsäcker-Zyklus, lässt vier Protonen mit Hilfe von Kohlenstoff-, Stickstoff- und Sauerstoff-Kernen als Katalysatoren (deshalb auch CNO-Zyklus genannt) zu einem Heliumkern verschmelzen. Auf diese Weise produziert die Sonne immerhin noch 0,8 Prozent ihrer Energie. Egal, wie der Prozess abläuft, am Ende entsteht stets Helium.

Pro Sekunde laufen im Kern der Sonne etwa $10^{38}$ solcher Reaktionen ab – eine 1 mit 38 Nullen. Die Sonne ist ein fleißiger Alchemist: Pro Sekunde werden damit 600 Millionen Tonnen Wasserstoff in Helium verwandelt. Dabei verliert der Stern 0,7 Prozent dieser Masse in Form von Energie. Die Sonne büßt also pro Sekunde über vier Millionen Tonnen an Masse ein. Dass sie trotzdem nicht sichtbar schrumpft, liegt an dem riesigen Brennstoffvorrat, den sie nach wie vor beherbergt.

Trotzdem ist die pro Volumeneinheit erzeugte Energiemenge überraschend gering. Eine heiße Herdplatte produziert auf dem selben Raum deutlich mehr Hitze: Mit 276 Watt pro Kubikmeter ist die Sonne in Sachen Wärmeproduktion eher mit dem Organismus eines Reptils vergleichbar. Würde man ungefähr $10^{28}$ Krokodile in den Himmel schießen und dort in eine Kugel vom Durchmesser der Sonne packen, könnte man damit eine vergleichbare Wärmequelle erzeugen.

Allerdings gibt es erstens auf der Erde viel zu wenig Krokodile und müsste man zweitens die Riesen-Herde dann auch irgendwie füttern... Der zugegebenermaßen etwas skurrile Vergleich soll auch nur zeigen, dass das riesige Ausmaß der Sonne entscheidend ist für ihre Energieproduktion, nicht die Energiedichte pro Raumeinheit.

Die Sonne hat auch ein Problem gelöst, das die Konstrukteure von Fusionskraftwerken auf der Erde noch beschäftigt: Wie hält man die Reaktion stabil? In der Sonne ist das ganz einfach. Steigt die Reaktionsrate, dann dehnt sich durch das Mehr an Energie der Kern aus. Dadurch sinkt die Konzentration der Protonen, die Reaktionsrate fällt, es entsteht weniger Energie und der Kern schrumpft wieder. Die Sonne stabilisiert sich also selbst.

## Die äußeren Schichten

Falls die Fusionsreaktion im Kern jemals zum Stillstand kommen sollte (was physikalisch in dieser Form ausgeschlossen ist), würden wir davon erst 10.000 Jahre später erfahren. So lange dauert es nämlich mindestens, bis die Energie aus dem Kern an die Oberfläche gelangt.

Zunächst muss sie dazu einen Teil der Sonne durchqueren, der Strahlungszone genannt wird. Der größte Teil der Energie wird dabei von Photonen im Bereich weicher Röntgenstrahlung übertragen, die jedoch nach einem sehr kurzen Weg schon wieder auf Hindernisse treffen. So ergibt sich eine Art Staffellauf in alle möglichen Richtungen, der die insgesamt zurückzulegende Weglänge auf über zehntausend Lichtjahre treibt.

Am Ende der Strahlungszone, bei etwa 70 Prozent des Sonnenradius, ist die Dichte auf 0,2 Gramm pro Kubikzentimeter gesunken, das ist nur noch ein Fünftel der Dichte von Wasser. Deshalb übernimmt nun die Konvektion (Durchmischung) den primären Energietransport, wie sie sich etwa auch in einem Topf Wasser abspielt, den man auf dem Herd zum Kochen bringt. Das heiße Material steigt von unten herauf, kühlt sich ab und wird als kühleres Material wieder nach unten befördert. Diesen Bereich nennt man denn auch Konvektionszone.

Den Übergangsbereich bildet die Tachocline, eine dünne Grenzschicht. Das Sonneninnere, das darunter liegt, rotiert wie ein starrer Körper um das Zentrum. Das Sonnenäußere hingegen rotiert abhängig vom Längengrad: Während die Rotationsperiode der Sonne an ihrem Äquator bei 25,4 Tagen liegt, beträgt sie kurz vor dem Nordpol 36 Tage. In dem schmalen Bereich der Tachocline liegen die beiden Schichten quasi aufeinander. Sie wird deshalb als

Quelle für das starke Magnetfeld der Sonne angesehen, das ähnlich wie bei einem Dynamo durch die starke Relativbewegung zweier Magnetfelder erzeugt wird.

Innerhalb der Konvektionszone sinkt die Temperatur weiter. Zunehmend liegen Atome hier nicht mehr ionisiert vor, besitzen also ihre Elektronen noch. An der Grenze, der einige Hundert Kilometer dicken Photosphäre, ist die Sonne noch 5500 Grad Celsius heiß.

Erst hier ist die Dichte gering genug, dass die freigesetzten Photonen die restlichen Schichten weitgehend ungehindert durchdringen können, um schließlich als sichtbares Licht die Erde zu erreichen. Das liegt vor allem daran, dass die Dichte negativ geladener Wasserstoffionen hier schnell sinkt, die nur allzu gern Photonen aufnehmen, um ihr Elektron schnell loszuwerden. Das Licht, das wir von der Sonne sehen, entsteht denn auch bei der Reaktion von Elektronen mit Wasserstoffkernen zu $H^-$-Ionen.

# Heiße Atmosphäre

Über der Photosphäre erstrecken sich noch die verschiedenen Schichten der Sonnen-Atmosphäre. Das kühlste Gebiet der Sonne liegt direkt über der Photosphäre: Im Temperatur-Minimum ist das Gas nur noch 3900 Grad Celsius heiß. Dadurch können sich sogar schon einfache Moleküle bilden. Aber während die Erdatmosphäre mit zunehmender Höhe immer kälter wird, sieht es auf der Sonne anders aus: Nach dem Temperatur-Minimum folgt eine etwa 2000 Kilometer dicke Schicht, die Chromosphäre, in der die Temperatur allmählich auf bis zu 20.000 Grad steigt. Das war aber längst nicht alles: In der nun folgenden, nur 200 Kilometer durchmessenden Übergangsschicht kommt es zu einem rapiden Temperaturanstieg auf bis zu eine Million Grad.

Hier beginnt die Korona der Sonne, die bei einer totalen Sonnenfinsternis gut mit dem bloßen Auge zu sehen ist. Sie erstreckt sich weit in den Weltraum hinein und geht dort allmählich in den Sonnenwind über. Mit Temperaturen von bis zu 20 Millionen Grad ist sie an den heißesten Punkten heißer als der Kern der Sonne. Allerdings ist die Teilchendichte bereits recht gering, die schon in den unteren Schichten nur noch bei $10^{10}$ Teilchen pro Kubikdezimeter liegt, das ist etwa ein Milliardstel der Dichte der Erdatmosphäre bei Normaldruck.

# Sonnenflecken und solare Tsunamis

Schon 1610 beobachtete Galileo Galilei erstmals mit dem Fernrohr seltsame Flecken auf der Oberfläche der Sonne. Diese Flecken, die sich mit der Rotation der Sonne bewegen, brachten die Forscher schnell auf den Gedanken, dass es sich bei der Sonne um eine Kugel handeln muss. Hervorgerufen werden die Flecken, die etwa 1500 Grad kühler als ihre Umgebung sind, von der unterschiedlichen Rotation des Kerns und der äußeren Schichten der Sonne.

Im Physikunterricht haben wir gelernt, dass bewegte elektrische Ladungen Magnetfelder erzeugen (induzieren). Die unterschiedlichen Rotationsgeschwindigkeiten führen nun dazu, dass sich diese Magnetfelder dauernd verändern, verzerren und sogar alle elf Jahre ihre Richtung ändern. Probieren Sie am besten, einen Schnipsgummi ein paar Mal um seine Achse zu drehen, er entwickelt dann die seltsamsten Formen (meine Lektorin behauptet ja, der Begriff "Schnipsgummi" sei ein Relikt meiner Kindheit und der Allgemeinheit unbekannt, aber Sie können sich doch bestimmt etwas darunter vorstellen?). Ähnlich ergeht es auch den Magnetfeldern innerhalb der Sonne. Die sich verdrehenden Magnetfeldlinien behindern die Bewegung der Gasströme, die die Hitze aus dem Inneren an die Oberfläche transportieren. Dadurch kühlt sich die Oberfläche an den Stellen ab, an denen Magnetfeldlinien aus der Sonne austreten.

Wo das Plasma kühler ist, macht sich dies in Form der Flecken bemerkbar. Die Sonnenflecken treten dabei in der Regel paarweise auf. Die austretenden Feldlinien müssen ja auch wieder in die Sonne eintreten, es handelt sich stets um geschlossene Linien. Auch am Eintrittspunkt entsteht deshalb ein Fleck. Oft entstehen auch ganze Gruppen, die dann miteinander verschmelzen und das Flächenmaß mehrerer Erdscheiben erreichen können. Einzelne Flecken können zwar mehrere Monate alt werden. Etwa die Hälfte ist jedoch schon nach zwei Tagen wieder verschwunden, nur zehn Prozent werden älter als elf Tage. Die Anzahl der entstehenden Sonnenflecken unterliegt einem ungefähr elfjährigen Zyklus, dem womöglich ein mehrere hundert Jahre langer Ober-Zyklus aufgeprägt ist (derzeit gehen Forscher von 400 Jahren aus). In Zeiten geringer Flecken-Aktivität strahlt die Sonne auch etwa 1 Promille weniger Energie ab. Sie könnten deshalb die Entstehung kleiner Eiszeiten auf der Erde begünstigen.

Ebenfalls bei uns spürbar sind die Auswirkungen so genannter Flares. Sie entstehen, wenn sich benachbarte, gegenteilig gepolte Feldlinien sprunghaft neu verbinden. Wenn Sie etwa zwei Permanentmagnete aneinander haften lassen und sie dann gegeneinander verdrehen, werden Sie zunächst eine gegenläufige Kraft spüren. Wenn Sie jedoch weit genug drehen, schnappen die Magnete wieder in der neuen Lage ein. Das passiert den Magnetfeldlinien auf der Sonne ähnlich, vor allem in Zeiten hoher Fleckenaktivität.

Bei dem Sprung werden große Mengen solarer Materie mit Geschwindigkeiten von bis zu 1000 Kilometern pro Sekunde in den Raum geschossen. Der Strahlungsausbruch, auch koronaler Massenauswurf oder Protuberanz genannt, kann auf der Erde die Funktion von Satelliten beeinträchtigen und vermehrt Polarlichter hervorrufen.

Protuberanzen entstehen bogenförmig auch entlang von über die Sonnenoberfläche hinausreichenden Magnetfeldern. Solche Protuberanzen bleiben teilweise über Monate stabil.

## Kann man die Sonne hören?

Wenn das Wasser in einem Topf kocht, dann hören Sie das. Was Ihr Ohr da vernimmt, sind die von den an die Wasseroberfläche drängenden Strömungen (der Konvektion) verursachten Druckschwankungen. Dasselbe passiert auf der Sonne. Allerdings ist die Sonne ein viel größerer Kochtopf. Die Strömungen sind relativ zur Größe des Gefäßes langsamer, Schall entsteht dadurch in einem tieferen Bereich bei zwei bis sieben Millihertz. Das menschliche Gehör hingegen kann Schwingungen erst ab 16 Hertz wahrnehmen.

# Die Probleme der Sonne

Die Sonne hält uns nicht nur am Leben, sie hilft auch der Wissenschaft mit unbequemen Fragen. Als man zum Beispiel die Funktionsweise der Kernfusion im Inneren des Sterns weit genug verstanden hatte, wollten die Forscher natürlich nachmessen, ob ihre Theorien korrekt sind. Dazu wählten sie eines der Abfallprodukte, das Neutrino, ein Teilchen, das mit anderer Materie sehr selten wechselwirkt und elektrisch neutral ist.

Es stellte sich heraus, dass auf der Erde nur ein Drittel der Neutrinozahl ankommt, die eigentlich zu erwarten wäre. Sollte also unsere Vorstellung von der Sonne falsch sein? Tatsächlich erwies sich das Neutrino als wandlungsfähiger als gedacht. Auf dem Weg zur Erde wechseln die Teilchen nämlich ihre Gestalt und werden vom ursprünglichen Elektron-Neutrino zum Tau- oder Myon-Neutrino. Die letzteren beiden Formen werden von den Detektoren der Wissenschaftler jedoch nicht erfasst.

Ein zweites Problem stellt die Erwärmung der Korona dar. Es gibt bis heute kein allgemein akzeptiertes Modell, das ihre hohen Temperaturen erklärt. Zunächst hatten die Wissenschaftler vermutet, dass aus der Konvektionszone entstehende Schall-, Gravitations- oder Magnetwellen die Korona aufheizen könnten, ähnlich wie ein Mikrowellengerät eine Suppe wärmt. Allerdings zeigte sich, dass sich die in Frage kommenden Wellen schon deutlich vor der Korona im Material der Sonne zerstreuen. Inzwischen hat man deshalb die oben beschriebenen Flares im Verdacht, zur Aufheizung der Korona beizutragen.

Ein drittes Problem hat wiederum mit der in »Silent Sun« beschriebenen Konstruktion zu tun. Theoretisch – also basierend auf den aktuellen Modellen der Sternenentwicklung – müsste die

Sonne in ihrer Jugend, also vor 3,8 bis 2,5 Milliarden Jahren, wesentlich weniger Energie produziert haben als heute. Dabei geht es um immerhin ein Viertel der Strahlungsleistung, was eine deutlich kühlere Erdoberfläche zur Folge gehabt haben müsste – was dem Leben sicher nicht zuträglich gewesen wäre. Obwohl die Erde damals also deutlich weniger Sonnenenergie aufnehmen konnte, war es schon ungefähr so warm wie heute – das wissen die Paläontologen aus ihren Funden. Tatsächlich sollte jedoch die Kraft der Sonne nicht einmal gereicht haben, die Ozeane über den Gefrierpunkt von Wasser zu erwärmen: keine optimalen Voraussetzungen für die Entwicklung der ersten Lebewesen. Nun könnten die Modelle falsch sein. Sie sind aber an vielen anderen Sternen bestätigt.

Wie lässt sich das Dilemma lösen? Zum einen hängt die Energieaufnahme natürlich davon ab, welcher Teil der eingestrahlten Sonnenenergie wieder reflektiert wird. Wenn die Erde damals, warum auch immer, eine besonders niedrige Albedo besaß, weil es etwa eine kaum ausgeprägte Wolkendecke und große, dunkle Ozeane ohne Eisbedeckung gab, dann wäre damit eine größere Energieaufnahme erklärbar.

Oder die Atmosphäre war schuld: Klimagase könnten geholfen haben, unseren Planeten zu heizen. Ein Hoch auf die Klimaerwärmung? Welche der beiden Theorien in welchem Ausmaß recht hat, ist schwer herauszufinden. Der Mensch zeichnet die Zusammensetzung der Atmosphäre erst seit kurzem auf. Mit Bohrkernen etwa im Antarktis-Eis gelangt man in die in diesem Zusammenhang wichtigen Zeiträume noch nicht. Ein Forscherteam der University of Washington schilderte im Fachmagazin Nature eine clevere Idee, Licht ins Dunkel zu bringen. Die Wissenschaftler nutzen dazu ein alltägliches und zugleich uraltes Phänomen: Regentropfen. Tatsächlich haben schon vor Jahrmillionen Niederschläge ihre Spuren hinterlassen, die sich heute noch untersuchen lassen.

Regentropfen erreichen in der Erdatmosphäre eine bestimmte Maximalgröße. Das liegt daran, dass ab einer bestimmten Geschwindigkeit der Tropfen zerreißt, weil Oberflächenspannung und interne hydrostatische Kräfte gegen die Aerodynamik nicht mehr ankommen. Diese Effekte haben sich über die Geschichte der Erde hinweg nicht verändert, noch immer sind Regentropfen nicht größer als 6,8 Millimeter (Durchmesser). Mit welcher Energie sie auf dem Boden aufschlagen, hängt von ihrer Größe und ihrer Endgeschwindigkeit ab. Letztere ist ein Maß für die Dichte der Atmosphäre – das ist der Punkt, an dem es für die Forscher interessant wurde. Je nach Energie des Aufschlags und nach den Eigenschaften des Untergrunds haben die Tropfen unterschiedlich große Spuren hinterlassen. Diese Spuren kann man ausmessen. Und wenn man das Material kennt, das den Boden bildet, kann man auf die Geschwindigkeit der Tropfen und damit auf die Dichte der Atmosphäre schließen.

Die Wissenschaftler können auf diese Weise zeigen, dass sich der Luftdruck vor 2,7 Milliarden Jahren nicht wesentlich von den heutigen Werten unterschied. Das löst zwar das Rätsel der jungen Sonne noch nicht ganz – es schließt aber ein paar Lösungen aus. Insbesondere die Erklärung mit Hilfe einfacher Klimagase. Letztere setzt voraus, dass die Dichte der Atmosphäre damals ein ganzes Stück höher gewesen sein müsste. Damit bleiben nur die besonders effizienten Klimaveränderer übrig: Methan, Ethan oder Carbonylsulfid. Sie könnten zum Beispiel durch Vulkanausbrüche in der Atmosphäre freigesetzt worden sein.

Theoretisch könnte aber eben auch eine gigantische Konstruktion die Sonne damals ein wenig angekurbelt haben, wie ich es in »Silent Sun« beschreibe.

# Die Geburt der Sonne

Die allerersten Sterne, die nach dem Urknall entstanden, gehören zur sogenannten Population III. Sie enthielten noch keinerlei Elemente mit höheren Ordnungszahlen, sind aber inzwischen längst erloschen. Aus ihren Überresten entstand Population II, die mit einem Alter von über 6 Milliarden Jahren heute vor allem in den Randgebieten der Galaxien zu finden ist. Erst aus den Resten von Population-II-Sternen entstehen noch immer Population-I-Sterne wie die Sonne.

Damit das Sonnensystem geboren werden konnte, musste anscheinend ein Riesenstern in einer gigantischen Supernova verenden.

4,5682 Milliarden Jahre – so alt sind die bisher ältesten Spuren, die man in außerirdischem Material gefunden hat. Und so alt muss denn auch das Sonnensystem mindestens sein. Obwohl es demnach ganz gewiss keine lebenden Zeitzeugen mehr gibt, gelingt es den Forschern, erstaunlich viele Details über die Frühgeschichte des Sonnensystems herauszufinden. Dabei können sie sich im wesentlichen auf drei Quellen stützen, die sich ergänzen:

1. Die heutigen Eigenschaften des Sonnensystems: Diese Tatsachen fielen schon den ersten Betrachtern des Himmels auf. Die Planeten bewegen sich zum Beispiel alle in derselben Richtung um die Sonne, und zwar ungefähr in der gleichen Bahnebene – das Sonnensystem bildet also eine Scheibe. Obwohl die Sonne den Großteil der Masse in sich vereint, steckt der meiste Drehimpuls in den Planeten. Die inneren Planeten sind terrestrisch, die äußeren Gasriesen. All diese Fakten (und noch einige mehr) sprechen dafür, dass das Sonnensystem aus einer rotierenden Gaswolke entstand.

Aus einem bestimmten Grund (dazu später) begann diese Wolke irgendwann, sich unter der eigenen Anziehung in sich selbst zusammenzuziehen. 99 Prozent der Masse bildeten das Zentrum, die Sonne, während aus dem restlichen Prozent die Planeten und alle anderen Körper im Sonnensystem entstanden.

2. Noch heute existierende Himmelsobjekte, die ähnliche Bedingungen aufweisen wie die molekulare Wolke, in der die Sonne entstand: Der Orionnebel, auch mit bloßem Auge als Teil des Schwertes des Orion sichtbar, ist hier das prominenteste Beispiel. Es handelt sich um ein etwa 30 Lichtjahre durchmessendes Sternentstehungsgebiet, in dem sich ein erst eine Million Jahre alter Sternhaufen befindet. Der Nebel, aus dem sich unter anderem die Sonne formte, war mit 65 Lichtjahren Durchmesser vermutlich noch deutlich größer. Im Orionnebel hat das Hubble-Weltraumteleskop protoplanetare Scheiben identifiziert, die einige Hundert Astronomische Einheiten groß und dabei vergleichsweise kühl sind – so, wie man sich das junge Sonnensystem vor Zündung der Kernfusion vorstellt. Die Sonne selbst war in diesem Stadium noch ein so genannter T-Tauri-Stern: ein Gebilde, das die bei der gravitationellen Kontraktion freiwerdende Energie abstrahlt.

3. Steinerne Zeugen – das Material, aus dem Meteoriten geformt sind, insbesondere seine atomare Zusammensetzung: Schon das ungefähre Alter des Sonnensystems geht auf die Analyse von Meteoriten-Fragmenten zurück. Doch die Boten aus dem All tragen noch weitere spannende Informationen in sich. In einem Artikel in den Veröffentlichungen der US-Akademie der Wissenschaften analysieren Forscher den Gehalt bestimmter schwerer radioaktiver Isotope wie etwa 92Nb, 129I, 146Sm oder 182Hf, die besonders lange Halbwertszeiten im Bereich von Millionen Jahren besitzen. Diese müssen dementsprechend auch schon im frühen Sonnensystem vorhanden gewesen sein – natürlich in entsprechend größerer Menge. Nun braucht man nur noch die Frage zu beantworten, wie diese Elemente entstanden sein könnten – und schon ist wieder ein neues Puzzleteil an der richtigen Stelle.

Das gelingt den Forschern in ihrer Arbeit gut. Sie können zeigen, dass sehr wahrscheinlich eine Kernkollaps-Supernova für die konkrete Verteilung der Nuklide verantwortlich sein muss – andere Sternexplosionen hätten zu anderen Anteilen geführt. Dabei bricht der Stern unter seiner eigenen Gravitation zusammen, weil in seinem Inneren das Brennmaterial ausgegangen ist und damit der Gegendruck fehlt. Voraussetzung muss hier ein Stern von wenigstens acht bis 25 Sonnenmassen gewesen sein. An der spezifischen Verteilung der Nuklide können die Forscher aber auch zeigen, dass von der Supernova bis zur Bildung des Sonnensystems mindestens zehn Millionen Jahre vergangen sein müssen. Wenn die molekulare Wolke so lang existiert hat, folgern sie, dann müsse sie auch überraschend massiv gewesen sein. Tatsächlich gehen die Kosmologen davon aus, dass etwa zeitgleich mit der Sonne zwischen 1000 und 10.000 weitere Sterne mit einer Gesamtmasse von 3000 Sonnenmassen in einem Gebiet von 20 Lichtjahren Durchmesser entstanden. Dieser wilde Haufen soll sich dann 100 bis 500 Millionen Jahre später aufgelöst haben.

Der Prozess, der zur Bildung eines Sterns führt, ist im Grunde immer gleich. Das Ergebnis hängt allerdings von den Ausgangsbedingungen ab. Vor 4,6 Milliarden Jahren befand sich, wie schon geschildert, im Gebiet des heutigen Sonnensystems eine riesige molekulare Wolke – eine Zusammenballung aus interplanetarem Gas in molekularer, also nicht ionisierter Form.

Die Ur-Wolke muss einige Lichtjahre groß gewesen sein; sie gebar vermutlich außer der Sonne auch weitere Sterne. Sie bestand vorwiegend aus Wasserstoff, Helium und Spuren schwererer Elemente. Sie sollten sich die Wolke allerdings nicht in Form eines irdischen Nebels vorstellen. Tatsächlich war sie mit 10.000 Atomen pro Kubikzentimeter von äußerst geringer Dichte – die normale Raumluft ist billiardenfach dichter. Außerdem war die Wolke mit minus 250 bis 260 Grad Celsius sehr kalt.

Durch die enorme Ausdehnung befand sich trotzdem sehr viel Material in diesem Teil des Weltalls – einige tausend Sonnenmassen, schätzen die Forscher. Die Materieverteilung innerhalb der Wolke war dabei nicht völlig gleichmäßig. Die Inhomogenitäten, etwas dichtere Klumpen, zogen mit der Zeit durch ihre eigene Gravitation weitere Masse an sich, eventuell wurde dieser Prozess auch durch die Schockwelle einer Supernova in der Nähe ausgelöst. Einer dieser riesigen Klumpen sollte zur Geburtsstätte der Sonne werden.

Die einzelnen Teilchen darin bewegten sich zwar weitgehend zufällig, doch der Nebel an sich besaß bereits eine Netto-Rotation. Durch das von der Gravitation bewirkte Schrumpfen des Nebels beschleunigte sich diese Rotation – ähnlich wie bei einem Eisläufer, der bei einer Pirouette die Arme an den Körper nimmt. Nun begann sich die Wolke zu einer Scheibe zu formen. Die Teilchen in der Rotationsebene nämlich wurden nicht nur von der Gravitation angezogen, sondern auch durch die mit ihrer Bahnbewegung verbundene Zentrifugalkraft nach außen beschleunigt. Die Teilchen oberhalb der Bahnebene jedoch spürten die Anziehungskraft der Scheibe stärker, sodass diese sich immer mehr abplattete. In diesem Stadium hatte sie eine Ausdehnung von etwa 200 Astronomischen Einheiten (also 200 Mal die Entfernung von der Sonne zur Erde).

Mit dem Kollaps der Materiescheibe bewegten sich die Teilchen in ihr immer schneller. Die Moleküle erhielten also mehr kinetische Energie (Bewegungsenergie), die sich bei Zusammenstößen als Wärme äußerte. Das Zentrum der Scheibe heizte sich stärker auf als ihr Rand. Die Temperatur im Kern, der 99,8 Prozent der Masse enthielt, stieg auf bis zu 10 Millionen Kelvin. Irgendwann waren Hitze und Dichte groß genug, dass atomare Fusionsreaktionen zündeten. Wasserstoffkerne vereinten sich zu Heliumkernen und setzten dabei Energie frei. Der Protostern, den wir heute als Sonne kennen, hatte gezündet. Zu unserem Glück war seine Masse groß genug, ein Sternenfeuer zu zünden – und doch nicht so groß, dass sich ein kurzlebiger Riesenstern gebildet hätte.

Die Hitze der Kernreaktionen im Inneren der Ursonne bremste mit der Zeit die Zusammenballung der Scheibe ab. Nach etwa 50 Millionen Jahren stellte sich ein Gleichgewicht ein zwischen der Anziehungskraft der Sonne und dem nach außen wirkenden Strahlungsdruck. Ein stabiler Stern war entstanden.

Vermutlich hatte die Sonne bei ihrer Entstehung einen Bruder oder eine Schwester, das nehmen Astronomen schon länger an. Der bislang unbekannte Zwilling hat sogar einen Namen bekommen: Nemesis, weil man davon ausgeht, dass seine Gravitation dafür verantwortlich gewesen sein könnte, einen Riesen-Meteoriten auf Kollisionskurs zur Erde geschickt und damit die Saurier ausgerottet zu haben.

Gefunden hat man Nemesis allerdings bisher nicht. Das erscheint umso seltsamer, weil sich die Hinweise häufen, dass Sterne generell immer als Doppelsysteme geboren werden. In einem Artikel in den Notices of the Royal Astronomic Society begründen das Forscher anhand von Beobachtungen zahlreicher sehr junger Sternsysteme innerhalb der 600 Lichtjahre von der Erde entfernten Perseus-Molekularwolke. Dabei zeigte sich, dass sich die dortige Sternverteilung nur mit einem mathematischen Modell erklären lässt, bei dem Sterne immer paarweise geboren werden.

Die beiden Geschwister befinden sich dabei zunächst in einer relativ großen Entfernung voneinander, die etwa der 500-fachen Entfernung von der Erde zur Sonne entspricht oder dem 17-fachen des Abstands vom äußersten Planeten Neptun zur Sonne. Erst nach ein paar Millionen Jahren entscheidet sich das Schicksal des Systems: Entweder sie rücken näher zusammen – oder sie trennen sich ein für allemal.

Letzteres scheint in unserem Sonnensystem passiert zu sein – so wie in etwa 60 Prozent aller Systeme. Nemesis hat sich irgendwann auf den Weg gemacht und sich unter die restlichen Sterne des Alls gemischt, sodass wir ihn nicht mehr identifizieren können. Die These der Forscher muss nun allerdings noch an weiteren Molekularwolken getestet werden.

# Die Zukunft der Sonne

Wie das ganze Universum altert auch unser Zentralgestirn. Dabei nimmt seine Leuchtkraft jedoch nicht ab, sondern zu. Das führt dazu. dass in etwa 900 Millionen Jahren die mittlere Temperatur auf der Erdoberfläche bei 30 Grad Celsius liegen wird – Klimaerwärmung hin oder her. Eine Konstruktion wie in »Silent Sun« beschrieben könnte deshalb in ein paar hundert Millionen Jahren sehr nützlich sein, um die Aktivität der Sonne etwas zu dimmen.

Eine weitere Milliarde Jahre später kochen die Ozeane, weil die mittlere Temperatur bei 100 Grad Celsius liegen wird.

In 4,8 Milliarden Jahren kommt dann der Anfang vom Ende: Dann wird der Wasserstoff im Sonneninneren verbraucht sein. Die Fusionsreaktion findet ab diesem Zeitpunkt primär in den äußeren Schalen statt.

Da nun im Kern, wo keine Energie mehr freigesetzt wird, die Hitze abnimmt, schrumpft dieser allmählich. Gleichzeitig erhöht sich in der äußeren Schale die Temperatur, die Reaktionsrate steigt und die Sonne bläht sich mehr und mehr auf. Ihr Spektrum ändert sich parallel ins Rötliche.

Wirklich kritisch wird die Lage allerdings erst, wenn die Sonne ein Alter von 11 Milliarden Jahren erreicht hat. Dann steigen Leuchtkraft und Durchmesser des Sterns in vergleichsweise kurzer Zeit dramatisch, auf das 2300-fache im Vergleich zu heute. Merkur und Venus werden auf jeden Fall von der Sonne verschluckt, die nun ein Roter Riese ist. Wie stark die Erde betroffen ist, ist nicht ganz klar. Leben kann sie jedenfalls dann nicht mehr beherbergen. In der Roter-Riese-Phase verliert die Sonne weitaus stärker an Masse als heute – was schließlich dazu führt, dass die Planeten ihre

Umlaufbahnen erweitern, weil sie nicht mehr so stark angezogen werden.

Da die Temperatur im Sonnenkern weiter sinkt, zieht dieser sich unter dem Einfluss der eigenen Gravitation zusammen. Das ist von außen erst dann zu bemerken, wenn seine Dichte Werte erreicht, die eine Helium-Fusion zu Kohlenstoff ermöglicht. Diese zündet mit einem gigantischen Blitz, der der Sonne zur zehnmilliardenfachen Leuchtkraft verhilft. Spätestens jetzt wissen auch unsere außerirdischen Nachbarn Bescheid, denn die Sonne scheint zumindest für ein paar Sekunden so hell wie ein Zehntel der Sterne der Milchstraße zusammen. Anschließend schrumpft die Sonne auf etwa das Zehnfache ihrer heutigen Größe, wobei sie etwa 50-mal so hell ist wie jetzt und langsam das Helium in ihrem Kern verbrennt.

Auch dieser Vorrat ist irgendwann aufgebraucht. Danach wiederholt sich, was bei der Wasserstoff-Verbrennung passiert ist: Die Sonne wächst erneut, wird zum Riesen und landet schließlich in einer instabilen Phase, in der sie mehrfach schrumpft und wieder expandiert. Spätestens dann reicht ihre Hülle bis zur heutigen Erdbahn. Die Erde selbst bleibt gerade so verschont, weil sich ihre Bahnebene durch die geringere Masse der Sonne vergrößert.

Am Ende dieser Phase, die Sonne ist dann etwa 12,45 Milliarden Jahre alt, wirft sie den Rest ihrer Hülle ab. Der verbliebene Kern, ein Weißer Zwerg, ist zunächst noch 100.000 Grad heiß und etwa so groß wie die Erde. Er besteht vor allem aus stark verdichtetem Kohlenstoff und Sauerstoff (ein Zuckerwürfel des Materials wiegt dann eine Tonne) und erzeugt in seinem Inneren keine Energie mehr. Dadurch kühlt er sich zunächst schnell und dann immer langsamer ab, sodass seine verbliebene Hitze noch für einige Billionen Jahre ausreicht, nach denen die Sonne dann als Schwarzer Zwerg gänzlich erlischt.

In etwa zehn Milliarden Jahren wird die Sonne ihre Existenz beenden, so viel ist klar. Aber die Astronomen denken natürlich schon weiter: Sie fragen sich, was aus unserem Muttergestirn danach wird. Neun von zehn Sternen hinterlassen beim Übergang vom Roten Riesen zum Weißen Zwerg einen planetaren Nebel, eine massive, leuchtende Blase aus interstellarem Gas und Staub. Diese kann fast die halbe Masse des ehemaligen Sterns enthalten; sichtbar ist sie für etwa 10.000 Jahre, solange der Kern noch heiß genug ist, sie von innen anzuleuchten. Doch die Sonne hatte man bisher für zu leicht für ein solches bleibendes Denkmal gehalten – man ging davon aus, dass mindestens die doppelte Sonnenmasse nötig sei.

In einer neuen Arbeit, 2018 in *Nature Astronomy* veröffentlicht, gehen Forscher der University of Manchester dieser Frage auf den Grund. Sie nutzen dazu ein neues, auf vorhandenen Daten vieler Sterne beruhendes Modell. Dieses Modell zeigt, dass sich nach dem

Abwurf des Nebels der ehemalige Stern in seinem Zentrum dreimal schneller aufheizt als gedacht. Damit kann er seine geringere Masse kompensieren. Es ergibt sich, dass die Sonne genau am unteren Rand der notwendigen Masse liegt. Unsere fernen Nachfahren werden, wenn sie der dann ausgebrannten Erde einen Besuch abstatten, auf ihrem Friedhof also einen schönen planetaren Nebel bewundern können.

Tipp: Wenn Sie sich unter www.hardsf.de/fortsetzung registrieren, informiere ich Sie rechtzeitig über weitere HardSF-Neuerscheinungen. Außerdem bekommen Sie die illustrierte PDF-Version der Biografie, die zahlreiche beeindruckende Bilder bietet.

# Die neue Biografie der Venus

Die Venus kennen die Menschen schon seit der Frühzeit, denn nach dem Mond ist sie das hellste Objekt am Nachthimmel. Dabei zeigt sie eine Besonderheit: Sie taucht nur als Morgen- oder als Abendstern auf. Woran das liegt, haben die Astronomen relativ spät erkannt.

## Ihr Platz im All

Das ist ein bisschen typisch für den nach der römischen Liebesgöttin benannten Planeten – ihre Geheimnisse verhüllt die Venus gern. Was die Astronomen und Weltraumforscher trotzdem herausgefunden haben, erfahren Sie auf den folgenden Seiten.

Die Venus umkreist unser Zentralgestirn auf einer fast exakt kreisförmigen Bahn mit einem mittleren Abstand von 108 Millionen Kilometern (Abstand Erde – Sonne: 150 Millionen Kilometer). Die Abweichung vom idealen Kreis ist bei keinem anderen Planeten geringer; nur einige Asteroiden weisen noch geringere Abweichungen auf. Allerdings bewegt sich die Venus nicht in derselben Ebene wie die Erde um die Sonne; ihre Bahn ist gegen die Erdbahn um etwa 3,4 Grad geneigt.

Wie der Planet am Erdhimmel zu sehen ist, leitet sich direkt aus der Venusbahn ab. Die Venus muss nämlich aus der Sicht der Erde immer in der Nähe der Sonne bleiben, deshalb taucht sie entweder als Morgen- oder als Abendstern auf, aber nie um Mitternacht. Wussten Sie, dass die Venus der einzige Planet ist, der auf der Erde einen Schatten werfen kann? Das funktioniert allerdings nur in Gebieten ohne Lichtverschmutzung und nur dann, wenn der Mond sie nicht überstrahlt. Auch am Taghimmel kann der Planet, wenn er dicht über dem Horizont steht, schon auffindbar sein.

Die Venus ist es auch, die unserem Heimatplaneten am nächsten kommt. Ein solcher Moment tritt ein, wenn die Venus sich auf dem sonnenfernsten Punkt ihrer Bahn befindet, die Erde auf dem sonnennächsten und sich beide Planeten dann treffen. Das passiert allerdings recht selten. 1850 hatten wir die letzte Venusnähe mit 39.514.827 Kilometern; 2101 werden es 39.541.578 Kilometer sein. Das ist aber immer noch mehr als das Hundertfache der Entfernung zum Erdmond. Zum Vergleich: Der kleinste Abstand zum Mars liegt bei etwa 54 Millionen Kilometern.

Wie hell die Venus am Erdhimmel zu sehen ist, hat relativ wenig mit ihrer absoluten Entfernung zu tun. Ähnlich wie der Mond zeigt sie nämlich Phasen, die allerdings nur im Teleskop gut sichtbar sind. Ihre größte scheinbare Helligkeit liegt bei -4,3. Dann sind 30 Prozent der von der Sonne beschienenen Oberfläche zu sehen. Ihre scheinbare Größe schwankt zwischen zehn und 60 Bogensekunden.

Interessanterweise haben sich mit der Zeit die Bahnen von Erde und Venus aneinander angepasst. Ihre Umlaufzeiten verhalten sich wie 13:8; nach acht Erdumläufen oder 13 Venusumläufen befinden sich beide wieder am selben Ort.

Einen echten Sonderweg geht die Venus bei der Drehung um ihre eigene Achse. Die Erde rotiert bekanntlich einmal am Tag und wälzt sich dabei ihre Umlaufbahn entlang – ganz so, als würde man eine Kugel um die Sonne rollen. Die Venus hingegen rotiert rückwärts! Man müsste die Kugel also um die Sonne schieben und dabei pro Umkreisung einmal rückwärts drehen. Es liegt allerdings keine gebundene Rotation vor: Während eine Umkreisung der Sonne 224 Tage dauert, braucht die Venus für eine Umdrehung um sich selbst 243 Tage. Da sie sich dabei aber auch um die Sonne bewegt, ergibt das eine Tageslänge von knapp 117 Erdtagen – das heißt, alle 117 Tage befindet sich die Sonne an der gleichen Stelle des Venushimmels. Dabei geht sie wegen der Rückwärts-Rotation im Westen auf und im Osten unter. Der einzige andere Planet, der sich falsch herum dreht, ist Uranus.

Warum der Planet nicht schneller rotiert, ist derzeit offen. Astronomen vermuten, dass ein »Streifschuss« durch einen Asteroiden die Ursache gewesen sein könnte. Denkbar – und wissenschaftlich begründbar – wäre aber auch, dass die dichte Atmosphäre hier eine Rolle spielt, die von der Sonne aufgeheizt wird.

## Planet ohne Mond

Wie auch der sonnennächste Planet Merkur besitzt die Venus keinen Mond. Warum das so ist, ist nicht ganz klar. Einige Forscher vertreten die These, dass der Merkur ein früherer Mond der Venus sein könnte. Andere meinen, der Venusmond (oder die Monde) sei – vielleicht in Folge eines Asteroiden-Einschlags – schon vor langer Zeit auf den Planeten gestürzt.

Von der Venus selbst aus gesehen hat der Planet allerdings durchaus einen Begleiter. Der 2002 entdeckte Asteroid 2002 VE68 »umkreist« die Venus scheinbar, das heißt, er befindet sich mal vor, mal hinter, mal neben ihr. Tatsächlich jedoch läuft der etwa 400 Meter große Asteroid auf einer Bahn um die Sonne, die mit der Venusbahn in einer 1:1-Resonanz steht. Von der Venus aus betrachtet, ergibt sich dadurch eine nierenförmige Bahn, auf der sich 2002 VE68 um jeweils etwa 30 Millionen Kilometer von dem Planeten entfernt. Das muss schon seit mindestens 7000 Jahren der Fall sein und wird sich wohl noch 500 Jahre lang fortsetzen. Womöglich war es die Gravitation der Erde, die ihn auf seine jetzige Bahn gebracht hat. Forscher sprechen in diesem Fall von einem Quasisatelliten. Auch die Erde wird es dann sein, die ihn bei einer Annäherung wieder auf eine andere Bahn befördert.

## Die Atmosphäre - der Mantel der Venus

Die Venus ist stets schamhaft in eine dichte Wolkendecke gehüllt. Einige ihrer Eigenschaften lassen sich aber schon aus ihrer Bahn ermitteln. So hat der Planet etwa 81 Prozent der Erdmasse und 0,95 Prozent des Erdradius. Da es sich wie bei der Erde um einen Gesteinsplaneten handelt, kann man zurecht von der kleinen Schwester der Erde sprechen.

Allerdings beschränkt sich die Ähnlichkeit auf Größe und Gewicht. Während die Erde jedem Betrachter gern ihre Kontinente und Ozeane zeigt, ist die Venus von einer dichten, undurchsichtigen Atmosphäre bedeckt. Und die hat es in sich. Sie besteht hauptsächlich aus 96,5 Prozent Kohlendioxid und 3,5 Prozent Stickstoff. Hinzu kommen Spuren von Schwefeldioxid. Ihre Masse ist 93 Mal so groß wie die der Erdatmosphäre, was an der Oberfläche zu einem Druck von 92 bar (1 bar ist der Druck der Erdatmosphäre) führt. Die dichte Atmosphäre erzeugt einen starken Treibhauseffekt, der Temperaturen von 462 Grad Celsius an der Oberfläche zur Folge hat – höher als der Schmelzpunkt von Blei, Zinn oder Zink. Damit ist es dort heißer als auf dem Merkur, der der Sonne noch deutlich näher ist, und das, obwohl bei der Venus nur ein Viertel der Sonnenenergie ankommt, die den Merkur erreicht, und obwohl die äußeren Schichten der Atmosphäre auch noch einen großen Teil des Sonnenlichts zurückwerfen.

Der hohe Druck an der Oberfläche bringt das Kohlendioxid von seinem normalen, gasförmigen Zustand in den Zustand einer superkritischen Flüssigkeit. Die Grenze hierfür liegt bei 74 bar und 31 Grad Celsius; beides ist auf der Venus erfüllt. Superkritisches $CO_2$ bedeckt den Venusboden quasi wie ein planetenumspannender Ozean. Seine Dichte ist allerdings weitaus geringer als die von Wasser, sodass es sich für einen Wanderer nicht so anfühlen würde, wie durch Wasser zu waten. Die superkritische Flüssigkeit leitet Wärme besonders gut, was beim Temperaturausgleich zwischen Tag- und Nachtseite hilft. Auf der jeweils dunklen und der hellen Seite der Venus ist es deshalb stets ungefähr gleich heiß.

Die Struktur der Venus-Atmosphäre ist ebenfalls ungewöhnlich. Am Boden beginnt die Troposphäre, die sich etwa bis 65 Kilometer Höhe erstreckt und 99 Prozent der Masse der Atmosphäre enthält. Unten ist es noch fast windstill, doch die oberen Teile der Troposphäre bewegen sich mit enormer Geschwindigkeit um den Planeten. Hier herrscht ein ständiger Superorkan mit Windgeschwindigkeiten von 360 km/h. Forscher nennen das Super-Rotation – die Atmosphäre braucht nur vier Erdtage für eine Rotation, während der Gesteinskern der Venus viel länger benötigt. Es ist, als würde die Venus ihren Mantel ganz schnell um ihren Körper wirbeln, den sie langsam dreht.

Dabei unterscheiden sich die Windgeschwindigkeiten je nach geographischer Breite. Am Äquator rotieren die Wolken langsamer als in den mittleren Breiten. Nördlich der mittleren Breiten gibt es starke Abwinde, die mit hoher Geschwindigkeit zur Oberfläche gerichtet sind.

An den Polen zeigen sich ebenfalls Strukturen, die wir von der Erde nicht kennen: zweiäugige Wirbelstürme, die zudem viermal stärker als auf der Erde wehen. Die Stürme besitzen zwei Rotationszentren, die Augen, die ein S-förmiges Wolkenband verbindet. Man nennt sie auch polare Dipole.

Die Troposphäre enthält auch den Bereich auf der Venus, in dem erdähnliche Verhältnisse herrschen. In einer Höhe von 50 Kilometern beträgt der Druck noch eine Erdatmosphäre. Die Temperatur sinkt in 52 bis 54 Kilometern Höhe auf 20 bis 31 Grad Celsius. Hier bewegt sich das Airship des Romans, das einem tatsächlichen NASA-Projekt nachempfunden ist. Da Kohlendioxid schwerer als Sauerstoff ist, könnte man es mit Sauerstoff füllen und diesen gleichzeitig als Atemgas nutzen.

Über der Troposphäre erstreckt sich zunächst die Mesosphäre (in 65 bis 120 km Höhe) und dann die Thermosphäre (120 bis 350 km). Die Wolken reichen bis zur unteren Mesosphäre, wo es dann schon -43 Grad kalt ist. Darüber sinken die Temperaturen zunächst weiter. Die Thermosphäre hingegen ist auf der Nachtseite kalt (-173 Grad) und auf der Tagseite warm (27-127 Grad). In der Mesosphäre bildet sich auf der Tagseite zudem eine Ionosphäre aus, eine Schicht mit einer hohen Konzentration geladener Teilchen. Auf der Erde macht die Ionosphäre den interkontinentalen Funkverkehr möglich.

Dass wir von der Oberfläche der Venus nichts sehen, liegt an zahlreichen Schwefelsäuretröpfchen, die mindestens drei Viertel der Wolken ausmachen. Sie reflektieren so viel Sonnenlicht, dass es an der Oberfläche so hell wie an einem wolkigen Tag auf der Erde ist. Die Schwefelsäure entsteht unter dem Einfluss des Sonnenlichts aus Reaktionen von Kohlendioxid, Schwefeldioxid und Wasserdampf. An der Oberfläche kommt wegen der Hitze allerdings von der Feuchtigkeit nichts an – wenn es regnet, verdampfen die Tropfen bereits in großer Höhe. Manchmal gibt es in der Wolkenschicht auch Gewitter. Zumindest hat man bereits zahlreiche Blitze beobachtet, wobei es noch keine Einigkeit darüber gibt, wie diese Blitze entstanden sein könnten. Denn eigentlich müsste die Atmosphäre zu stark elektrisch leitfähig sein, was Blitze effektiv verhindern würde. Manche Forscher vermuten deshalb auch eine vulkanische Ursache dafür.

## Die Oberfläche - die Haut der Venus

Durch die dichte Atmosphäre war lange kein direkter Blick auf die Oberfläche möglich. Die russischen Venera-Lander schickten dann in den 1970er-Jahren erste Fotos, und die Magellan-Sonde kartografierte Anfang der 1990er-Jahre die Oberfläche mit einer Auflösung von 120-300 m (horizontal) mal 30 m (vertikal) zu 98 Prozent per Radar. Es zeigte sich, dass die Venus zu 80 Prozent von Vulkanebenen bedeckt ist, die sanft gewellt sind und Höhenunterschiede von weniger als tausend Metern besitzen. Es gibt einen kleineren Anteil an Niederungen (bis zu 2 km tief) und einen noch kleineren Teil an Hochländern (1,5 km über Normalniveau). Vom niedrigsten zum höchsten Punkt der Venusoberfläche beträgt die Höhendifferenz nur 12 km, auf der Erde sind es fast 20 km. Fast alle Formationen haben weibliche Namen bekommen – einzige Ausnahmen sind die Maxwell Montes und die Alpha und Beta Regio.

Die beiden Hochländer entsprechen ungefähr den Kontinenten der Erde. Aphrodite Terra ist immerhin so groß wie Südamerika und liegt als Teil des äquatorialen Hochlandgürtels am Äquator. Ishtar Terra liegt zwischen dem 45. und dem 80. Breitengrad und ist etwa so groß wie Australien. Hier befinden sich die 10.800 Meter hohen Maxwell Montes. Im Westteil von Ishtar Terra breitet sich die für Venus-Verhältnisse ungewöhnlich flache Hochebene Lakshmi

Planum aus. Sie liegt etwa vier Kilometer hoch und wird von mehreren, bis zu 6,5 km hohen Gebirgsketten umsäumt. Diese sehen ganz wie Faltengebirge aus. Allerdings ließ sich für die Venus bisher keine Plattentektonik nachweisen, sodass sie keine Auffaltungen sein können. Womöglich handelt es sich um vulkanische Auffaltungen direkt unter Ishtar Terra.

Die Gipfel mancher Venus-Berge wirken im Radarbild hell, wie von Schnee bedeckt. Der »Schnee« besteht allerdings wohl nicht aus gefrorenem Wasser, sondern aus Resten von Blei- oder Bismutsulfid enthaltenden Niederschlägen. Auf der Venus regnet es gewissermaßen Blei(-sulfid).

Originell ist auch die »Würfelwelt« auf der Venusoberfläche. Die sogenannten Tesserae bestehen aus 20 Kilometer großen Blöcken, die vermutlich durch tektonische Spannungen entstanden. Die dadurch hervorgerufenen Verwerfungen schneiden sich beinahe rechtwinklig, sodass der Betrachter den Eindruck hat, es mit Kacheln zu tun zu haben. Die Tesserae ragen teilweise direkt aus den Tiefländern empor.

Natürlich besitzt die Venus angesichts ihres hohen Alters auch schon jede Menge Narben: Meteoritenkrater. Nur große Brocken haben es dabei durch die dichte Atmosphäre geschafft; dementsprechend dominieren die großen Krater. Der größte, Mead, hat einen Durchmesser von 270 Kilometern. Noch größere Krater, wie man sie etwa auf dem Mond findet, fehlen. Das liegt vermutlich daran, dass die Kruste der Venus dank der vulkanischen Aktivität insgesamt noch relativ jung ist. Vom »großen Bombardement« der Frühzeit des Sonnensystems wurden demnach alle Spuren getilgt.

85 Prozent der Venus-Oberfläche sind von vulkanischer Tätigkeit gekennzeichnet. Man hat weit über 50.000 vulkanische Erhebungen gefunden. 167 Vulkane haben eine mindestens 100 km durchmessende Basis. Das ist wirklich auffällig. Der 4,5 Kilometer hohe Theia Mons besitzt sogar eine Basis mit 700 Kilometern Durchmesser (Strecke von München nach Hannover). Er ist damit breiter als der höchste Vulkan des Sonnensystems, der Olympus Mons auf dem Mars. Wie auch der höchste Vulkan der Venus, der Maat Mons, liegt er im äquatorialen Gürtel. Warum ist die Venus so aktiv? Forscher vermuten, dass die Wärme aus dem Inneren des Planeten nicht kontinuierlich wie auf der Erde, sondern in Schüben hervordringt, der Vulkanismus also phasenweise besonders intensiv abläuft. Auch derzeit gibt es Anzeichen für Vulkanismus. So hat man etwa plötzliche Temperaturerhöhungen am Boden und Erhöhungen des Anteils von Schwefeldioxid in der Atmosphäre gemessen.

Eine Spezialität der Venus sind Pancake Domes (Pfannkuchenkuppeln). Sie haben meist einen Durchmesser von 25 km und sind

700 Meter hoch und enthalten eine zentrale Öffnung und viele radiale Einschnitte. Man vermutet, dass sie aus einer besonders zähen Lava entstanden.

Passend zur hohen vulkanischen Aktivität findet man auch zahlreiche Lavaströme (»Fluctus«). Mylitta Fluctus etwa ist 1000 Kilometer lang und mehrere hundert Kilometer breit. Andererseits findet man auch Erosionstäler, durch die einmal nicht Wasser, sondern dünnflüssige Lava geströmt sein muss. Sie sind bis zu 150 Kilometer lang und besitzen hundert Meter hohe Wände, die sich durch die Ebenen schlängeln, um irgendwann zu verschwinden. Eine etwas größere Tal-Variante sind die Rinnen, Fossae, die meist etwa 1,5 Kilometer breit und gut hundert Meter tief sind. Das Rekordexemplar, Hilde Fossa, ist etwa 6800 Kilometer lang und damit sogar länger als der irdische Nil. Wahrscheinlich haben extrem dünnflüssige, salzhaltige Lavamassen diese Rinnen ausgewaschen. Alternativ kommen auch pyroklastische Ströme aus Gas und Staub dafür in Betracht.

## Das Innere – der Körper der Venus

Die Venus besitzt eine der Erde vergleichbare Dichte (5,24 zu 5,52 g / $cm^3$) und ist in einem ähnlichen Teil der protoplanetaren Scheibe entstanden. Deshalb geht man davon aus, dass auch ihr Inneres ähnlich aussieht. Allerdings besitzt die Venus einen größeren Anteil an leichten Elementen als die Erde – was eigentlich unlogisch ist, ist sie doch näher zur Sonne entstanden, wo zunächst die schwereren Elemente kondensierten. Die Erde könnte hier allerdings einen Sonderfall darstellen, wenn man den Mond und dessen mögliche Entstehung durch eine Kollision mit einem marsgroßen Protoplaneten einbezieht.

Die Venus sollte jedenfalls einen Eisen-Nickel-Kern mit einem Radius von rund 3000 Kilometern besitzen, der etwa 5000 Grad Celsius heiß und flüssig ist. Forscher schätzen, dass darin maximal acht Prozent Verunreinigungen (insbesondere $MgO$ und $MgSiO_3$) enthalten sind. Der darüber liegende Mantel aus Eisen- und Magnesiumsilikat könnte 3000 Kilometer dick sein. Da der Temperaturunterschied zwischen Oberfläche und Kern sowie die Gravitationskraft geringer als bei der Erde sind, gibt es auch weniger Antrieb für die Mantel-Konvektion, was das Fehlen einer Plattentektonik und eines Magnetfelds erklären würde. Zu letzterem trägt aber auch die langsame Rotation des Planeten bei. Möglicherweise ist auch die oberste Schicht, die Lithosphäre, dicker als bei der Erde, was den periodenweisen Vulkanismus erklären könnte. Hier geht man von 30 bis 50 Kilometern aus, die durch Basalt geprägt werden. Besonders dick ist die Kruste unter den Tesserae.

## Geburt und Kindheit: Die Geschichte der Venus

Wie auch die Erde entstand die Venus vor 4,5 Milliarden Jahren in der protoplanetaren Scheibe der Sonne. In dieser Scheibe war es in Sonnennähe heißer als fern der Sonne. Deshalb kondensierten im inneren Sonnensystem die schwereren Elemente zu den Gesteinsplaneten, während sich weiter außen die leichteren Elemente an die Kerne von Protoplaneten anlagerten.

Die Venus hatte dabei von Beginn an etwas schlechtere Karten als die Erde, denn sie befand sich deutlich näher an der Sonne als unser Heimatplanet. Welche Folgen das hatte, dafür gibt es unterschiedliche Szenarien. Es wäre durchaus möglich, dass auch die Venus zunächst einen guten Start hatte, womöglich sogar mit tropischen Lebensbedingungen an der Oberfläche. Irgendwann, vielleicht nach 500 Millionen Jahren oder auch erst nach einer Milliarde Jahren, setzte dann ein Treibhauseffekt ein, der noch viel schneller als bei der Klimaerwärmung auf der Erde zu der heutigen Situation führte. Auf der Erde wusch Regen das Kohlendioxid aus der Luft und band es als Karbonate im Gestein. Auf der Venus hingegen, die kein schützendes Magnetfeld besitzt, wurde der sehr leichte Wasserstoff schnell ein Opfer des Sonnenwinds. Dass die Sonne in ihrer Frühphase besonders ungestüm strahlte, half noch dabei. Am heutigen Gehalt von schwerem Wasserstoff in der Atmosphäre (der vom Sonnenwind nicht ganz so einfach mitgerissen wird und deshalb eher übrig bleibt) lässt sich ablesen, dass die Venus einst deutlich mehr Wasser als heute besessen haben muss.

NASA-Forscher meinen sogar, dass die fruchtbare Phase der Venus noch viel länger gedauert haben könnte. Sie gehen davon aus, dass die Venus zunächst ebensoviel Wasser besaß wie die Erde. Wenn man dann die klimatische Entwicklung simuliert, bleibt es zunächst für überraschend lange Zeit kühl, mindestens für zwei Milliarden Jahre. Selbst vor 715 Millionen Jahren könnte die Oberfläche der Venus noch bewohnbar gewesen sein. Schutz vor der hohen Sonneneinstrahlung hätten demnach Wasserwolken geboten, die durch die langsame Rotation des Planeten in besonders großer Dichte entstanden sein müssten. Die Wolkenschicht wirkte demnach wie ein Sonnenschirm; am Boden könnte es sogar etwas kälter als am Erdboden gewesen sein. Irgendwann jedoch waren alle Ozeane verdampft und Kohlendioxid begann aus dem Gestein auszugasen – das Ergebnis sehen wir heute. Den Wasserdampf, von dem nun fast nichts mehr übrig ist, verlor die Venus ans All.

Es könnte aber auch ganz anders gewesen sein, das sagen jedenfalls japanische Forscher. Ihrer Meinung nach brauchte der kurz nach der Entstehung des Planeten noch vorhandene Magmaozean auf der Oberfläche der Venus wegen der deutlich größeren Sonneneinstrahlung viel länger zum Abkühlen als auf der Erde. Dadurch konnte der Wasserdampf in der Atmosphäre nicht wie bei unserem Heimatplaneten kondensieren und als Regen Ozeane bilden, sondern er entwich in den Weltraum und ließ Kohlendioxid zurück, das durch den Treibhauseffekt zur heutigen Situation führte. Auf der Erde hingegen entstand in den Ozeanen Leben, das schließlich das $CO_2$ in Sauerstoff umwandelte und die heutige, atembare Atmosphäre schuf.

Oder trifft vielleicht ein ganz anderes Modell zu? Der Planetologie Huw Davies meint begründen zu können, dass die Venus aus der Kollision zweier etwa gleich großer Protoplaneten hervorging, die vorher beide separat die Sonne umkreist hätten. Diese Theorie würde zumindest die langsame Rückwärts-Rotation des Planeten erklären. Die Venusmeere seien bei der Kollision verdampft und Kohlendioxid in großer Menge aus dem Gestein ausgetreten, wodurch sich die heutige Atmosphäre gebildet habe.

## Besucher und Betrachter: Die Beobachtung der Venus

Als Morgen- und Abendstern fiel die Venus den Menschen schon in der Frühzeit auf. Bereits die Sumerer wussten wohl, dass es sich jeweils um das gleiche Objekt handelt. Sie benannten den »Stern« nach ihrer Göttin Inanna. Bei den Babyloniern wurde die Göttin zu Ishtar; sie fertigten etwa 1600 v. Chr. eines der ältesten Dokumente zur Venus, einen über 21 Jahre laufenden Venus-Kalender. Die alten Ägypter betrachteten Morgen- und Abendstern wieder getrennt, so auch die frühen Griechen. Später jedoch bekam das Objekt von ihnen den einheitlichen griechischen Namen Aphrodite – den der Liebesgöttin, den dann auch die Römer nutzten, nur mit ihrer eigenen Göttin, der Venus.

Für die Maya stellte der von ihnen Chad Ek (Großer Stern) genannte Planet eines der wichtigsten Himmelsobjekte dar. Im Dresden-Codex ist der komplette, 584 Tage umfassende Zyklus der Venus verzeichnet. Die Maya waren bereits in der Lage, den Venus-Zyklus auf einen hundertstel Tag genau zu berechnen.

Galileo Galilei war 1610 der erste, der im Fernrohr die Phasen der Venus erkannte – was das heliozentrische Weltbild unterstützte. Außerdem fiel ihm eine Größenänderung auf, aus der er schloss, dass die Venus der Erde mal näher und mal ferner sein musste. 1639 beobachteten britische Astronomen den ersten Transit der Venus vor der Sonnenscheibe. 1761 fand Michail Lomonossow bei einem solchen Transit erste Hinweise auf eine Atmosphäre, und im 19. Jahrhundert gelang es, die Entfernung zur Venus zu berechnen.

Lange nahmen die Astronomen an, dass auch die Venus in 24 Stunden einmal rotiert. Giovanni Schiaparelli schlug als erster vor, dass die Venus gebunden um die Sonne orbitieren könnte. Eine erste Messung der Rotationsperiode gelang aber erst 1961 mit zwei Radioteleskopen.

Sehr lange erwartete man für die Venus auch eine bewohnbare Oberfläche, eine tropische Ausgabe der Erde, vielleicht mit Ozeanen aus Petroleum oder $CO_2$-reichem Wasser. Nach ersten Hinweisen (1958) auf hohe Temperaturen war man dann doch enttäuscht, als die Mariner-2-Sonde Temperaturen von 220 bis 320 Grad maß.

Die ersten Daten aus der Atmosphäre lieferte am 18. Oktober 1967 die sowjetische Sonde Venera-4. Sie maß 95 Prozent $CO_2$ in der Atmosphäre und einen Druck von 75 bis 100 Atmosphären. Venera-5 und Venera-6 bestätigten diese Daten. Doch erst Venera-7 erreichte am 15. Dezember 1970 tatsächlich die Oberfläche und sendete von dort aus 23 Minuten lang Daten, bis Hitze und Druck ihr den Garaus machten. Venera-8 vermaß 1972 die Wolkenschicht und stellte fest, dass sie in 35 Kilometern Höhe endet. Mariner 10 (USA) entdeckte 1974 die hohen Windgeschwindigkeiten.

Im Oktober 1975 lieferten Venera-9 und 10 die ersten Fotos von der Oberfläche. 1978 erreichte die Pioneer Venus Multiprobe der NASA die Oberfläche des Planeten und überlebte dort 45 Minuten. 1981 sendete Venera-13 die ersten Farbbilder von unten. Die Sonde stellte den aktuellen Rekord für die Überlebenszeit auf: 127 Minuten. 1985 setzten Vega-1 und 2 außer einem Lander auch jeweils einen Ballon ab. Die fliegenden Proben schafften es, in einer Höhe von 53 Kilometern für 46 bzw. 60 Stunden zu überleben.

Danach passierte eine Weile nichts mehr. Was wir heute über die Oberfläche der Venus wissen, hat der Radarsensor der NASA-Sonde Magellan ab 1990 geliefert. Zwischen 2006 und 2014 lieferte die ESA-Sonde Venus Express weitere Daten. Ihr folgte ab 2015 die japanische Sonde Akatsuki, die unter anderem Daten zur Zirkulation in der Atmosphäre lieferte.

Ob die Venus in Zukunft weitere Besucher bekommen wird, ist derzeit unklar. Aber zwei Zaungäste haben sich schon angemeldet: Die Parker Solar Probe der NASA wird bis 2024 insgesamt sieben Mal an der Venus vorbeigeflogen sein. Und die zum Merkur gestartete ESA-JAXA-Sonde BepiColombo wird die Venus 2020 und 2021 nutzen, um mit Hilfe ihrer Schwerkraft abzubremsen.

Indien plant immerhin etwa für 2023 einen Shukrayaan-1 genannten Orbiter, der sich gerade in der Prüfphase befindet. Russland will Ende der 2020er-Jahre den Venera-Proben der 1970er eine »Venera-D«-Mission folgen lassen, deren Lander deutlich länger auf der Oberfläche überleben soll. Derzeit steht die Mission allerdings nur auf der Liste der Langzeitplanung.

Ideen, die Venus zu erforschen, gibt es allerdings genug. VAMP (Venus Atmospheric Maneuverable Platform) sticht dabei heraus.

Dabei handelt es sich um ein aufblasbares Flugzeug mit, je nach Version, 6 bis 55 Metern Spannweite und 90 bis 900 Kilogramm Masse, dessen Antrieb es mit 110 km/h durch die obere Venus-Atmosphäre fliegen lassen könnte. Schaltet man den Motor ab, sinkt VAMP auf eine Höhe von etwa 55 Kilometern, wo der Auftrieb dann groß genug wäre, um es schweben zu lassen.

Ganz ohne Antrieb könnte HAVOC auskommen, das High Altitude Venus Operational Concept, das von NASA-Forschern vorgeschlagen wurde. Dabei handelt es sich um ein Luftschiff, das für beliebig lange Zeit die Venus-Atmosphäre erforschen könnte. Sie kennen das Konzept ja schon aus dem Roman. Die NASA-Forscher können sich aber nicht nur eine bemannte Version vorstellen, sondern auch eine mit 31 Metern Länge deutlich kleinere robotische Variante. Der kritische Punkt für ein solches Luftschiff ist der Eintritt in die Atmosphäre: Hier muss es gleichzeitig bremsen und sich selbst aufblasen. Aber auch dafür haben die NASA-Forscher schon einen Plan parat, den Sie hier nachlesen können (hardsf.de/links/492231).

## Tot oder lebendig? Leben auf der Venus

Dass die Oberfläche der Venus kein guter Ort für Leben ist, wie wir es kennen, steht wohl außer Frage. Aber die Einschränkung steckt schon in der Feststellung: Wir kennen bisher nur ein einziges Beispiel für Leben, und das basiert auf Kohlenstoff-Chemie und Wasser. Aber selbst auf der Erde gibt es extreme Orte, an denen Leben gedeiht. Die ganze Erde war einmal ein solcher Ort, weil ihre Atmosphäre zunächst keinerlei Sauerstoff enthielt. Was wir heute als Kennzeichen von Leben betrachten, haben erst Einzeller per Photosynthese produziert. Der neue Stoff in der Atmosphäre löschte denn auch einen ganzen Zweig des Lebens aus, für den Sauerstoff sich als giftig erwies.

Heute existieren noch Nischen etwa an unterseeischen Vulkanen, in heißen Quellen oder auch tief in der Erdkruste, wo das Leben andere Wege nutzt als im heutigen Normalfall. Auch dort ist es meist kohlenstoffbasiert, aber das heißt natürlich nicht, dass Leben im ganzen Universum auf dieser Grundlage funktionieren muss.

Nun ist Kohlenstoff allerdings wirklich ein sehr flexibles Element, das jedes andere übertrifft, wenn es darum geht, unterschiedlich strukturierte Verbindungen zu bilden. Wenn wir nach Leben suchen, ist es deshalb eine gute Idee, erst einmal nach kohlenstoffbasierten Formen Ausschau zu halten. Aber wenn die sich nicht finden lassen, muss ein Planet deshalb noch lange nicht tot sein. Es wäre allerdings pure Spekulation, diesen Gedanken auf die Venusoberfläche zu übertragen. Das überlasse ich dann lieber dem Roman, dessen Vorrecht ja die Spekulation ist.

Auch auf der Venus gibt es jedoch Bereiche, in denen die Bedingungen jenen auf der Erde ähneln. Sie wissen es schon: in den Wolken. Oberhalb von 50 Kilometern Höhe haben wir Erd-Normaldruck und erträgliche Temperaturen. Hier wurden auch schon die verschiedensten Bausteine für Leben nachgewiesen. Kohlenstoff steht ja in Form von $CO_2$ wahrlich ausreichend zur Verfügung. Sehr knapp sind allerdings Wasser bzw. Wasserstoff. Aber Wasserdampf muss vorhanden sein, denn nur damit kann in den Wolken die Schwefelsäure entstehen, die einen wesentlichen Teil der Wolken ausmacht. Falls sich hier Mikroorganismen gebildet (oder hierhin zurückgezogen) haben, könnten sie ultraviolette Strahlung der Sonne als Energiequelle nutzen. Diese Bakterien würden mit Hilfe der Strahlung Kohlendioxid umsetzen und dabei Schwefelsäure herstellen. Tatsächlich kennen Astronomen schon seit den 1960er-Jahren dunkle Streifen in der Venus-Atmosphäre, die ultraviolettes Licht absorbieren und sich in Höhen von 50 bis 62 Kilometern befinden. Zudem haben Venera-Sonden einen Mikrometer große Teilchen in den Wolken gefunden, bei denen es sich um Ringe aus acht Schwefelatomen handelt, Octasulfur. Die Verbindung könnte aus einem Kohlenstoffring entstanden sein, bei dem Schritt für Schritt ein Kohlenstoff- durch ein Schwefelatom ersetzt wurde (etwa in einem biologischen Prozess). Octasulfur entsteht aber auch nichtbiologisch aus Schwefelsäure und nimmt UV-Strahlung auf – die Ringmoleküle könnten deshalb auch die Verursacher der dunklen Streifen sein. Genau werden wir das erst wissen, wenn wir nachgesehen haben.

Sollten die Wolken der Venus wirklich Leben beherbergen, muss es nicht einmal dort entstanden sein: So, wie immer wieder Mars-Bruchstücke als Meteoriten die Erde treffen, sind auf der Venus auch schon Bruchstücke der Erde niedergegangen. Bakterien, die robust genug waren, die Reise zu überstehen, könnten in den Wolken gute Lebensbedingungen gefunden haben.

Tipp: Wenn Sie sich hier …

www.hardsf.de/fortsetzung

eintragen, erhalten Sie rechtzeitig einen Hinweis, sobald neue Hard-Science-Fiction-Titel erscheinen. Außerdem schicke ich Ihnen die **farbige PDF-Version** der Biografie der Venus zu, die mit faszinierenden Fotos bebildert ist.

# Die neue Biografie der Erde

*Was ein Grosnopf über die Erde wissen sollte*

Darf ich vorstellen? Das Sonnensystem. 4,6 Milliarden Jahre alt, mit einem Zentralgestirn der Hauptreihenklasse G2, bestehend aus acht Planeten, einigen Zwergplaneten, Hunderttausenden Kleinplaneten und zahllosen Kometen, die es auf eine Gesamtmasse von etwa $2 \times 10^{30}$ Kilogramm bringen.

Das ist mehr als 300.000-mal so schwer wie der dritte Planet, die Erde. 99,86 Prozent dieser Masse stecken in der Sonne. Vom verbleibenden Rest machen die vier Gasplaneten Jupiter, Saturn, Uranus und Neptun noch einmal 99 Prozent aus, wobei neun Zehntel davon in Jupiter und Saturn stecken.

Die Gravitationswirkung der Sonne reicht etwa zwei bis vier Lichtjahre in das umgebende Weltall. Das ist auch die Ausdehnung, die die Astronomen dem Sonnensystem zuschreiben. Der interstellare Raum beginnt allerdings schon vorher: Ab der sogenannten Heliopause ist nicht mehr der von der Sonne ausgehende Teilchenstrom, der Sonnenwind, dominierend, sondern das interstellare Medium.

## Unsere Heimatadresse

Wenn wir außerirdischen Besuch erwarteten, müssten wir unsere Heimatadresse etwa so angeben – in der Hoffnung, dass der Gast mit unseren Begriffen überhaupt etwas anfangen kann: Beim Virgo-Superhaufen von der intergalaktischen Autobahn abbiegen. Passanten nach der 47 Galaxien umfassenden Lokalen Gruppe fragen. Dort angekommen, eine Milchstraße mit einem balkenförmigen Kern und zwei dominierenden Spiralarmen suchen.

Zwischen den 200 bis 400 Milliarden Sternen der Milchstraße den Orionarm ausfindig machen. Er befindet sich etwa 15.000 Lichtjahre nördlich der Symmetrieachse der Galaxis beziehungsweise etwa 25.000 Lichtjahre entfernt von ihrem Kern und gehört zu den sekundären Spiralarmen zwischen Perseus-Arm und Scutum-Centaurus-Arm, etwas näher am Perseus-Arm.

Sobald Ihnen hier eine etwa 2000 Lichtjahre große, elliptische Häufung von jungen Sternen und Sternentstehungsgebieten auffällt, sie wird Gouldscher Gürtel genannt, bitte etwas näher heranfliegen. Mitten darin werden Sie eine einige Hundert Lichtjahre große, sanduhrförmige und besonders materiearme Blase im interstellaren Medium bemerken, die von einer Supernova verursacht wurde. Keine Sorge, die Gefahr ist seit 300.000 Jahren gebannt. Damals explodierte vermutlich der 800 Lichtjahre vom Sonnensystem entfernte Geminga, den Radioastronomen heute noch als Pulsar nachweisen können (andere Theorien meinen, dass die Lokale Blase schon vor 10 bis 20 Milliarden Jahren durch mehrere Supernovae entstand).

Jetzt bitte aufpassen und genauer hinsehen. Dann sollte Ihnen die Lokale Flocke auffallen, die etwa 30 Lichtjahre groß ist und deutlich mehr kosmische Materie (vor allem Wasserstoffgas) als die Umgebung enthält. Die Sonne durchwandert dieses Gebiet seit 100.000 Jahren und wird wohl noch einmal mindestens dieselbe Zeit brauchen, um wieder sauberes Gebiet zu erreichen. Sie ist nicht der einzige Stern in der Umgebung. Am besten suchen Sie nach einem Dreifachstern, den die Menschlinge Alpha Centauri nennen. Er besteht aus einem eng gebundenen, gelben Doppelstern (Alpha Centauri A und B), der in größerer Entfernung von einem roten Zwerg (Alpha Centauri C oder Proxima Centauri) umkreist wird. Nur 4,4 Lichtjahre weiter sollten Sie die Sonne finden.

Falls sich niemand meldet (die Menschen sind manchmal sehr mit ihren eigenen Angelegenheiten beschäftigt. Sie kennen das ja, Familienstreit, der manchmal laut wird), klingeln Sie einfach bei den nächsten Nachbarn Barnards Stern (5,9 Lichtjahre entfernt), Wolf 359 (7,8 Lichtjahre), Lalande 21185 (8,3 Lichtjahre), Luyten 726-8 (8,7 Lichtjahre) oder Ross 154 (9,7 Lichtjahre) und hinterlassen Sie Ihre Botschaft dort. Alle drei sind als Rote Zwerge längst im Rentenalter. Alternativ können Sie es auch bei Sirius (8,6 Lichtjahre entfernt) probieren, der etwa doppelt so groß wie die Sonne ist und von dem weißen Zwergstern Sirius B umkreist wird.

## Welche fremden Zivilisationen uns sehen können

Zur Entdeckung von Exoplaneten nutzen Astronomen meist eines von zwei Verfahren: die Transitmethode oder die Radialgeschwindigkeitsmethode. Wenn man an die Drehung der Erde um die Sonne denkt, stellt man sich das Bild gern so vor, als stünde die Sonne fest und zöge die Erde quasi an einem Faden um sich herum. Dieses Bild ist falsch. Tatsächlich bewegen sich beide, Erde und Sonne, Planet und Stern, um einen gemeinsamen Schwerpunkt. Auch der Stern dreht also – wenn auch kleine – Kreise, weil er von den Planeten beeinflusst wird. Diese Kreisbewegung können wir von der Erde aus nicht sehen. Aber wir sehen, dass sich der Stern nach nach vorn und nach hinten bewegt, von uns weg und auf uns zu.

Die Geschwindigkeit, mit der das passiert, nennt man Radialgeschwindigkeit. Sie führt über den Doppler-Effekt dazu, dass sich die Spektrallinien des Sterns haarfein verschieben. Diese Verschiebung können wir mit Spezialinstrumenten messen und daraus berechnen, wie schwer der Planet oder die Planeten sein müssen, die am Stern zerren – das ist dann die so genannte Radialgeschwindigkeitsmethode. Bei alleiniger Anwendung dieser Technik lässt sich aber nur eine Untergrenze für die Planetenmasse angeben.

Um die genaue Masse (und damit die Dichte) auszurechnen, müsste man den Planeten zusätzlich mit der Transitmethode nachweisen. Die Transitmethode setzt voraus, dass die Bahn des Planeten so verläuft, dass dieser genau in der Achse zwischen der Erde und seinem Stern vorüberzieht. Dadurch verringert sich in bestimmten Zeitabständen die Helligkeit des Sternes, was man mit Teleskopen messen kann.

Wenn eine fremde Zivilisation die Erde als terrestrischen Planeten entdecken will, braucht sie also, um wirklich alle nötigen Informationen zu erhalten, beide Methoden. Das heißt, dass sich aus Sicht ihrer Heimatwelt die Erde und die Sonne auf einer Ebene befinden müssen (siehe Grafik unten) – anderenfalls bewegt sich die Erde ja nicht vor der Sonnenscheibe vorbei, bedeckt diese also nicht.

In einer spannenden Forschungsarbeit haben Astronomen unter anderem des Max-Planck-Instituts für Sonnensystem-Forschung in Garching nun ermittelt, für welche fremden Welten diese Bedingung denn erfüllt ist. Tatsächlich gilt das nur für sehr wenige. Grundsätzlich ist es so, dass die terrestrischen Welten (Merkur, Venus, Erde, Mars) trotz ihrer geringeren Größe leichter zu entdecken sind als die Gasriesen – je näher ein Planet seiner Sonne ist, desto öfter bedeckt er sie. Zudem gibt es keinen Ort im All, von dem aus mehr als drei Planeten des Sonnensystems per Transitmethode zu entdecken sind. Im Mittel beträgt die Chance, wenigstens einen der Planeten zu finden, etwa 1:40, bei zwei Planeten nur noch 1:400 und bei drei Planeten gar 1:4000. Unter den über 3600 bekannten Exoplaneten gibt es 68, von denen wenigstens einer der Planeten des Sonnensystems zu entdecken wäre. Neun dieser Planeten haben direkte Sicht auf die Erde, doch keine dieser Welten befindet sich selbst in der habitablen Zone. Insgesamt, schätzen die Forscher, sollte es zehn (bisher noch unentdeckte) Welten im All geben, die sowohl die Erde vermessen könnten als auch im habitablen Bereich kreisen. Das ist nicht eben viel – und vielleicht ist das ja der Grund, warum bisher noch kein Anruf von E.T. kam?

## Die Erde - ein Glücksfall

Weder zu heiß noch zu kalt, nicht zu trocken und auch nicht zu feucht, gerade groß genug, aber doch nicht überdimensioniert, mit den perfekten Inhaltsstoffen und an der richtigen Stelle platziert: Man muss im Universum eine Weile suchen, um eine zweite Heimat wie die Erde zu finden.

Ein Himmel, der die Farben verfälscht. Flüssiges Wasserstoffdioxid, das plötzlich aus riesigen Wolken tropft. Festes H2O, das den Boden bedeckt und die Fortbewegung erschwert. Temperaturen zwischen minus 70 und plus 60 Grad Celsius. Meere, die je nach Tageszeit ihre Küstenlinie verändern und unvorsichtige Forscher verschlingen. Eine unbarmherzige Sonne, die die Haut verbrennt.

Grüne, auf Kohlenwasserstoffen basierende Strukturen, die krebsgleich aus der Oberfläche brechen, sich ausbreiten und vermehren, bis alles damit kontaminiert ist. Unsichtbare Keime. Sichtbar primitive Lebewesen, die in Metallungetümen sitzend durch die Gegend rasen und dabei ihre eigene Lebensgrundlage vernichten: Ein außerirdischer Forscher, der auf der Erde landet, dürfte jede Menge merkwürdiger Eindrücke sammeln. Was uns also normal, vielleicht sogar als optimal erscheint, ist im kosmischen Zusammenhang womöglich ein Kuriosum.

## Die Gestalt der Erde

Die Betrachtungsweise von außen kann nützlich sein, diese Welt sachlicher zu bewerten. Was hat die Erde, was andere nicht haben, wenn man sich uns Menschen wegdenkt? Der dritte Planet des Sonnensystems ist ein Gesteinsplanet. Er umkreist sein Zentralgestirn mit einer Geschwindigkeit von 107.200 Kilometern pro Stunde einmal in 365,26 Tagen, und zwar in einer Entfernung, die seine Bewohner in ihrer üblichen Überheblichkeit als Lebenszone definiert haben. Pro Tag rotiert er genau einmal um sich selbst, was kein Zufall ist, denn die Menschlinge haben die Rotationsdauer ihrer Heimat zum Zeitmaß erkoren.

Genau genommen torkelt die Erde um die Sonne, denn die Achse, um die sie sich dreht, ist um rund 23 Grad gegen die Bahnebene geneigt. Nur deshalb gibt es überhaupt Jahreszeiten – anderenfalls wäre es an den Polen immer gleich eisig und in unseren Breiten stets gleich lauwarm. Die Entfernung zur Sonne beträgt etwa 150 Millionen Kilometer (1 Astronomische Einheit). Die Erde bewegt sich beinahe auf einer Kreisbahn.

Der sonnennächste Punkt liegt bei 147 Millionen Kilometern (dort befindet sich die Erde stets am 3. Januar), der sonnenfernste bei 152 Millionen Kilometern (4. Juli). Im sonnennächsten Punkt empfängt die Erde ein wenig (6,9 Prozent) mehr Energie als im sonnenfernsten. Wegen der Achsenneigung kommt diese zusätzliche Energie vor allem auf der Südhalbkugel an.

Durch ihre vergleichsweise schnelle Rotation hat sich die Erdkugel leicht verformt. Geometrisch stellt sie ein gestauchtes Rotationsellipsoid dar. Formen Sie aus Knete eine perfekte Kugel, drucken Sie dann leicht darauf – und schon haben Sie die Form der Erde. Sie dürfen aber wirklich nur ganz, ganz leicht drücken, denn die Abplattung ist minimal und macht insgesamt nur 43 Kilometer aus (von fast 13.000). Eine Knetekugel von 5 Zentimetern Durchmesser dürfte entsprechend nur um sechzehn Hundertstel eines Millimeters abgeflacht sein.

Die kuriose Folge: Wenn Sie den Ort mit dem größten Abstand zum Erdmittelpunkt suchen, dürfen Sie nicht etwa den Mount Everest in Nepal besteigen. Auf dem 6268 Meter hohen Chimborazo in den ecuadorianischen Anden sind Sie durch den Erdbauch um den Äquator weiter vom Erdmittelpunkt entfernt.

## Die Bausteine der Erde

Gesteinsplaneten wie die Erde bilden sich vor allem aus schwereren Elementen. Die fast $6 \times 10^{24}$ Kilogramm der Erde bestehen zum größten Teil aus Eisen (32 Prozent), Sauerstoff (30 Prozent), Silizium (15 Prozent) und Magnesium (14 Prozent).

Die Stoffe sind im Erdinneren allerdings unterschiedlich verteilt. Die Erde besitzt einen rund 6.000 Grad heißen Kern, der vor allem Eisen (fast 90 Prozent) und Nickel enthält.

Der innere Teil des Kerns ist dabei fest, da dort auch ein sehr hoher Druck herrscht. Der äußere Kern hingegen ist flüssig. Der innere Kern, vermutet man, rotiert ein wenig schneller als die gesamte Erde – da er für das Magnetfeld verantwortlich ist, wandern dadurch auch die Pole mit der Zeit.

Die Hitze im Erdinneren ist nur zu einem Fünftel ein Überbleibsel aus der Zeit, als sich unser Planet formte. 80 Prozent entstehen aus dem radioaktiven Zerfall kurzlebiger Elemente, vor allem Kalium, Uran und Thorium. Ohne diese Kernzerfalls-Energiequelle im Inneren gäbe es auf der Erde kein Leben. Vor drei Milliarden Jahren, als es noch weit mehr radioaktive Isotope gab, muss die Energieproduktion deutlich stärker als heute gewesen sein.

## Erde und Wasser

Über dem Erdkern beginnt der Mantel. Er besteht vor allem aus verschiedenen Gesteinsformen, die mehr oder wenig flüssig sind. Erst in den obersten Schichten des Mantels und in der dünnen Kruste ist das Gestein fest. Die Kruste, die aus einzelnen Platten besteht, schwimmt dabei auf dem flüssigen Material darunter. So kommt es zu den Wanderungen der Kontinente.

Wenn zwei der Platten sich treffen, kommt es zu Spannungen, die sich in Form von Erdbeben entladen. Die Aufteilung hat allerdings den Vorteil, dass sich Druck aus dem Erdinneren ohne absolut katastrophale Folgen (wie auf der Venus) abbauen kann. Also besser ein Vulkanausbruch hie und da als eine komplette Erneuerung der Erdkruste alle 300 bis 600 Millionen Jahre...

Der größte Teil der Erde, 70,8 Prozent, ist von Wasser bedeckt. Das ist im Sonnensystem einzigartig. Wasser macht immerhin den 4400sten Teil der Erdmasse aus. Die mittlere Tiefe der Ozeane liegt bei 3682 Metern, wobei die tiefsten Gräben tiefer als die höchsten Berge sind: Der Marianengraben reicht zum Beispiel 10911 Meter tief hinab. 97,5 Prozent des Wassers sind Salzwasser. Vom Rest sind 68,7 Prozent gefroren – bleibt also gar nicht mehr so viel Trinkwasser übrig. Das Salz im Meerwasser stammt aus dem Gestein am Grund und an den Ufern der Meere. Bei der Entstehung der Erde trug aus dem Gestein entweichender Wasserdampf ebenso zur Bildung der Ozeane bei wie Eis, das Kometen und Asteroiden auf die Erde brachten.

## Mehr als Luft

Die Luft zum Atmen liefert uns die Atmosphäre der Erde. Sie besteht zum größten Teil (78 Prozent) aus Stickstoff und zu 21 Prozent aus Sauerstoff. Der Rest ist vor allem Wasserdampf. Dazu kommt noch ein winziger, aber wichtiger Anteil Kohlendioxid, der zurzeit noch unter 0,04 Prozent liegt. Wasserdampf und Kohlendioxid tragen hauptsächlich zum Treibhauseffekt bei: Er sorgt dafür, dass nicht alle von der Sonne eingestrahlte Energie wieder in das Weltall abgestrahlt wird.

Ohne diesen Effekt läge die Durchschnittstemperatur auf der Erde bei minus 18 Grad Celsius – unser Planet wäre nicht blau, sondern eisgrau, und Leben wäre kaum möglich. Der Mensch ist allerdings derzeit dabei, den Anteil an Kohlendioxid und anderen Gasen (Methan) in der Atmosphäre zu erhöhen und den Effekt damit zu verstärken.

Dadurch erhöht sich perspektivisch die Durchschnittstemperatur um zwei bis vier Grad. Das ist mit einem allgemeinen Abschmelzen der Eisvorräte und einem Anstieg des Meeresspiegels verbunden, der zu unterschiedlichen Auswirkungen für die einzelnen Klimazonen führt.

Die Erdatmosphäre besteht aus vier Schichten: Der Troposphäre bis in etwa 11 Kilometer Höhe, dazu der Stratosphäre, der Mesosphäre und der Thermosphäre. Der größte Gewichtsanteil konzentriert sich in der Troposphäre. Hier spielt sich auch der für das Leben auf der Erde wichtige Wasserkreislauf ab. Innerhalb der Stratosphäre befindet sich die fragile Ozonschicht, die einen Teil der ultravioletten Strahlung des Sonnenlichts abschirmt. Üblicherweise definiert man eine Höhe von 100 Kilometern als Grenze zwischen Atmosphäre und Weltall.

Die Thermosphäre reicht allerdings bis in über 500 Kilometer Höhe. Sie besteht aus stark verdünntem Gas, das hier von der kosmischen Strahlung ionisiert vorliegt. Abhängig von der Sonnenaktivität kann sie Temperaturen bis zu 2.000 Grad Celsius erreichen, daher auch der Name. Ein niedrig fliegender Erdsatellit spürt den Einfluss der Thermosphäre, da er durch die Kollisionen mit den Luftmolekülen gebremst wird. Wasserstoff, der diese Höhen erreicht, kann hier so viel Energie aufnehmen, dass er die Erde verlässt. Zum Glück hat sich das pflanzliche Leben auf der Erde schnell genug entwickelt, sodass genügend Sauerstoff zur Verfügung stand, um den meisten freien Wasserstoff zu binden. Anderenfalls wäre die Erde wohl längst ähnlich trocken wie der Mars.

## Wo die Polarlichter herkommen

Die Erde besitzt ein für ihre Größe starkes Magnetfeld, das seinen Ursprung in ihrem teils flüssigen, rotierenden Kern hat, ähnlich wie bei der Sonne. Dieses Feld ist überaus nützlich, denn es schirmt die Planetenoberfläche vor einem großen Teil des elektrisch geladenen Sonnenwinds ab. An der Stelle, an der der Sonnenwind auf das Erdmagnetfeld trifft, bauen sich die Van-Allen-Strahlungsgürtel auf, die sich mit Sensoren nachweisen lassen. An den Polen, wo die Magnetfeldlinien ins Erdinnere zusammenfließen, reicht der Sonnenwind am nächsten an die Erdoberfläche heran. Sein Zusammentreffen mit dem Erdfeld produziert die wunderschönen Polarlichter.

Die magnetischen Pole der Erde fallen nicht genau mit den geographischen Polen zusammen. Sie wandern im Jahr mehrere Kilometer, in längeren Zeitabständen tauschen sie sogar ihre Polarität. Aus physikalischer Sicht ist der magnetische Nordpol eigentlich ein Südpol, denn er zieht den Nordpol eines Dauermagneten (der Kompassnadel) an. Gleiche Pole hingegen stoßen sich ab. Das Magnetfeld ist an den Polen deutlich stärker als am Äquator. Das ist nachvollziehbar, denn hier konzentrieren sich die Magnetfeldlinien, während ihre Dichte am Äquator geringer ist.

## Der Mond

Schon fast seit Anbeginn, ganze 50 Millionen Jahre nach der Formung der Erde, begleitet sie der Mond. Der Himmelskörper, den nachts schon unsere Vorfahren bewundert und teilweise angebetet haben, entstand wohl durch einen Streifschuss: Ein etwa doppelt marsgroßer Protoplanet müsste damals mit einer Geschwindigkeit von ein paar Kilometern pro Sekunde die junge Erde angeschossen haben. Dabei wurden große Teile der Erdmasse in eine Umlaufbahn geschleudert, in der sich schließlich der Mond formte. Der Schuldige hingegen integrierte seine Masse (inklusive Eisenkern) in die Erde.

Der komplette Vorgang dürfte höchstens ein Jahr gedauert haben – in der Astronomie ein Augenblick. Der Mond schwebte damals noch in sehr niedriger Höhe (30.000 bis 50.000 Kilometer) über der Erde, erst später wanderte er in mehreren Schritten auf seine heutige Bahn.

Das Ergebnis ist ein im Sonnensystem sonst unbekanntes System, das eher einem Doppelplaneten ähnelt. Kein Mond ist im Vergleich zu seinem Planeten so groß wie der unsere; im gesamten Sonnensystem nimmt der Mond immerhin den fünften Platz ein, und sogar der Planet Merkur ist nicht viel größer. Das Massenverhältnis liegt allerdings bei immerhin 81:1. Der Schwerpunkt des Systems aus Erde und Mond liegt deshalb sehr nahe am Erdmittelpunkt, etwa 1.600 Kilometer unter der Erdoberfläche. Von außen sieht es darum so aus, als kreise allein der Mond um die Erde.

Die Bahn des Mondes ist relativ elliptisch: Mal ist er 356.410, mal 406.679 Kilometer von der Erde entfernt. Das ist für Raumfahrtmissionen zum Mond nicht unwichtig. Auf die wahrgenommene Größe der Mondscheibe am Himmel hat die Entfernung jedoch keinen Einfluss. Dass sie über dem Horizont manchmal riesig wirkt, ist eine optische Täuschung.

Natürlich beeinflusst auch der Mond die Erde – und das auf ganz und gar unesoterische Weise. Wer am Meer wohnt oder Urlaub macht, kennt die Gezeiten, die aus der anziehenden Wirkung des Mondes entstehen. Die Gezeiten entstehen, weil sich im Ozean dort, wo der Mond gerade steht, ein Wulst bildet. Ein zweiter Wulst wächst auf der Rückseite der Erde, weil dort die Fliehkraft des Erde-Mond-Systems besonders groß ist.

Ebbe und Flut haben den Übergang des Lebens vom Meer aufs Land wohl deutlich vereinfacht. Es gäbe sie allerdings auch ohne Mond, denn die Sonne trägt durch ihre riesige Masse ebenfalls zu den Gezeiten bei, und zwar fast halb so stark wie der Mond. Auf den Mond direkt gehen übrigens nur 30 Zentimeter Gezeitenhub zurück – der Rest entsteht durch die mit Ebbe und Flut verbundenen Strömungen, die sich zu stärkeren Fluten aufschaukeln können. Besonders hoch ist die Flut, wenn Sonne und Mond in einer Linie stehen, also bei Voll- und Neumond.

Der Mond stabilisiert aber auch die Lage der Rotationsachse der Erde, die gegenwärtig mit nur plus/minus 1,3° um den Mittelwert von 23,3° schwankt. Gäbe es den Mond nicht, geriete die Erde, wie Computersimulationen zeigen, auf Dauer erheblich ins Taumeln. Binnen zwei Millionen Jahren könnte die Achsneigung dann zwischen 0 und 60° wechseln.

Schnee am Äquator, 80 Grad Hitze an den Polen, jahreszeitliche Temperaturschwankungen von minus 25 bis plus 45 Grad Celsius in den bisherigen gemäßigten Breiten – das Leben sähe ohne Mond zumindest anders aus.

## Warum es keine Supererden im Sonnensystem gibt

In vielen Sonnensystemen, in denen Astronomen Gesteinsplaneten entdecken, sind diese deutlich größer als die Erde – es handelt sich um sogenannte Super-Erden. Aber warum ist das ausgerechnet in unserem Heimatsystem anders, wo die Erde der größte Gesteinsplanet ist? Im Wissenschaftsmagazin PNAS zeigen Forscher jetzt, dass Jupiter schuld ist.

Der Gasriese hat sich schon ungewöhnlich früh gebildet: Als das Sonnensystem erst eine Million Jahre alt war, war Jupiter schon so schwer wie zwanzig Erden. Dadurch konnte kein Gesteinsmaterial mehr von außerhalb seiner Umlaufbahn ins Innere gelangen, um dort Gesteinsplaneten zu bilden – die Anziehungskraft des Gasplaneten wirkte als unsichtbare Barriere.

Auf die Spur gekommen sind die Forscher dieser Diagnose anhand der Zusammensetzung von Meteoriten. Diese kommen offenbar aus zwei verschiedenen Reservoiren, die ab 1 Million Jahre nach der Entstehung des Sonnensystems räumlich getrennt gewesen sein müssen. Der einzige sinnvolle Verursacher dafür scheint Jupiter zu sein. Für die Menschheit war das jedenfalls eine gute Entscheidung – auf einem Planeten mit weitaus höherer Anziehungskraft sähe Leben sicher anders aus, wenn es welches gäbe.

Tipp: Wie immer erhalten Sie eine illustrierte Version dieses Abschnitts, wenn Sie sich auf hardsf.de/fortsetzung/ dafür eintragen.

# Die neue Biografie des Mondes

SCHON FAST SEIT ANBEGINN, GANZE 50 MILLIONEN JAHRE NACH der Formung der Erde, begleitet sie der Mond. Der Himmelskörper, den nachts schon unsere Vorfahren bewundert und teilweise angebetet haben, entstand wohl durch einen Streifschuss: Ein etwa doppelt marsgroßer Protoplanet müsste damals mit einer Geschwindigkeit von ein paar Kilometern pro Sekunde die junge Erde angeschossen haben. Dabei wurden große Teile der Erdmasse in eine Umlaufbahn geschleudert, in der sich schließlich der Mond formte. Der Schuldige hingegen integrierte seine Masse (inklusive Eisenkern) in die der Erde.

Der komplette Vorgang dürfte höchstens ein Jahr gedauert haben – in der Astronomie ein Augenblick. Der Mond schwebte damals noch in sehr niedriger Höhe (30.000 bis 50.000 Kilometer) über der Erde, erst später wanderte er in mehreren Schritten auf seine heutige Bahn.

## Ein Doppelplanet

Das Ergebnis ist ein im Sonnensystem sonst unbekanntes System, das eher einem Doppelplaneten ähnelt. Kein Mond ist im Vergleich zu seinem Planeten so groß wie der unsere; im gesamten Sonnensystem nimmt der Mond immerhin den fünften Platz ein, und auch der Planet Merkur ist nicht viel größer. Das Massenverhältnis liegt allerdings bei immerhin 81:1. Der Schwerpunkt des Systems aus Erde und Mond liegt deshalb sehr nahe am Erdmittelpunkt, etwa 1600 Kilometer unter der Erdoberfläche. Von außen sieht es darum so aus, als kreise allein der Mond um die Erde.

Die Bahn des Mondes ist relativ elliptisch: Mal ist er 356.410

Kilometer, mal 406.679 von der Erde entfernt. Das ist für Raumfahrtmissionen zum Mond nicht unwichtig. Auf die wahrgenommene Größe der Mondscheibe am Himmel hat die Entfernung jedoch keinen Einfluss. Dass sie über dem Horizont manchmal riesig wirkt, ist eine optische Täuschung.

## Der Aufbau des Mondes

Der innere Aufbau des Mondes leitet sich aus seiner Entstehung ab. Nach der Abspaltung war seine Oberfläche durch die freigewordene Energie vollständig geschmolzen. Dadurch konnten die leichteren Stoffe an die Oberfläche gelangen, wo sie eine dünne Kruste bildeten, während die schwereren ins Innere absanken. In der Frühzeit durchschlugen immer wieder größere Asteroiden die Kruste, die dann aufplatzte und neues Magma nachfließen ließ. Zudem heizte sich der Mond durch die starken Gezeitenkräfte auf, die die nahe Erde auf ihn ausübte.

Seit über drei Milliarden Jahren hat der Beschuss aufgehört. Durch die veränderte Bahn entfällt auch die Aufheizung durch die Gravitation. So bleibt nur die Restwärme im 800 bis 1400 Grad Celsius heißen Kern. Es ist inzwischen auch kein Vulkanismus an der Oberfläche mehr nachweisbar. Der Kern des Mondes ist relativ klein, deshalb bildet er kein starkes Magnetfeld, wie es die Erde besitzt.

Die anziehende Wirkung der Erde ist auf dem Mond jedoch noch immer zu spüren: zum einen durch die Mondbeben, die in Stärken von bis zu 5 auf der Richter-Skala auftreten und durch die Gravitation verursachte Spannungen abbauen.

Zum anderen hat sich die Gestalt des Mondes leicht verändert: Wie die Erde ist er am Äquator dicker als an den Polen. Hinzu kommt, dass auch an der der Erde zugewandten Seite etwas mehr Masse konzentriert ist als an der abgewandten Seite.

## Wie der Mond die Erde beeinflusst

Natürlich beeinflusst auch der Mond die Erde – und das auf ganz und gar unesoterische Weise. Wer am Meer wohnt oder Urlaub macht, kennt die Gezeiten, die aus der anziehenden Wirkung des Mondes entstehen. Die Gezeiten entstehen, weil sich im Ozean dort, wo der Mond gerade steht, ein Wulst bildet. Ein zweiter Wulst wächst auf der Rückseite der Erde, weil dort die Fliehkraft des Erde-Mond-Systems besonders groß ist.

Ebbe und Flut haben den Übergang des Lebens vom Meer aufs Land wohl deutlich vereinfacht. Es gäbe sie allerdings auch ohne Mond, denn die Sonne trägt durch ihre riesige Masse ebenfalls zu den Gezeiten bei, und zwar fast halb so stark wie der Mond. Auf den Mond direkt gehen übrigens nur 30 Zentimeter Gezeitenhub zurück – der Rest entsteht durch die mit Ebbe und Flut verbundenen Strömungen, die sich zu stärkeren Fluten aufschaukeln können. Besonders hoch ist die Flut, wenn Sonne und Mond in einer Linie stehen, also bei Voll- und Neumond.

Der Mond stabilisiert aber auch die Lage der Rotationsachse der Erde, die gegenwärtig mit nur plus/minus 1,3° um den Mittelwert von 23,3° schwankt. Gäbe es den Mond nicht, geriete die Erde, wie Computersimulationen zeigen, auf Dauer erheblich ins Taumeln. Binnen zwei Millionen Jahren könnte die Achsneigung dann zwischen 0 und 60° wechseln.

Schnee am Äquator, 80 Grad Hitze an den Polen, jahreszeitliche Temperaturschwankungen von minus 25 bis plus 45 Grad Celsius in den gemäßigten Breiten – das Leben sähe ohne Mond zumindest anders aus.

## Spaziergang am Meer

Auf dem Mond gelandet, können Sie Ihren Helm leider nicht abnehmen. Der Mond konnte durch sein geringes Gewicht nur eine sehr bescheidene Atmosphäre halten, die aus Helium, Neon, Wasserstoff und Argon besteht. Antransportiert hat sie vor allem der Sonnenwind. Das Edelgas Argon kommt als Zerfallsprodukt radioaktiver Kalium-Isotope auch aus dem Mondinneren. Der Druck auf der Mondoberfläche liegt billiardenfach niedriger als auf der Erde.

Da der Mond nur etwa ein Sechstel der Schwerkraft der Erde besitzt, könnten Sie sich theoretisch mit Riesensprüngen über die Oberfläche bewegen. In der Praxis sieht das leider anders aus. Das liegt daran, wie das Phänomen "Springen" funktioniert. Die maximale Sprunghöhe ist nämlich von der Hocktiefe, der Körperkraft, der Masse und der Anziehung des Himmelskörpers abhängig.

Könnten Sie sich im Jogginganzug in eine Mondbasis beamen lassen und wären auf der Erde in der Lage, aus dem Stand 50 Zentimeter hoch zu springen, dann müsste der Raum auf dem Mond wenigstens fünf Meter hoch sein, damit Sie nicht gegen die Decke stoßen würden.

Wenn allerdings ein Raumanzug (den Sie auch wegen der Temperaturunterschiede zwischen minus 160 Grad Celsius und plus 130 Grad Celsius brauchen) die Beweglichkeit einschränkt und weitere Masse hinzufügt (mit mindestens 50 Kilogramm müssen Sie rechnen – doch keine Sorge, die fühlen sich ja nur wie acht Kilogramm an), dann können Sie sich schon glücklich schätzen, wenn Sie zumindest Ihre Sprunghöhe auf der Erde erreichen.

## Wasser auf dem Mond

Das frühe Bombardement des Mondes ist noch gut an den Kratern erkennbar, die wie das 13 Kilometer tiefe Südpol-Aitken-Becken bis zu 2240 Kilometer groß sind. Auf der Rückseite des Mondes ist deren Anzahl weit höher als auf der Vorderseite. Die Kraterwände wirken auf Bildern von Raumsonden oft steil. Das liegt aber an Schatten, die die Wirkung verstärken. Tatsächlich sind sie um wenige Grad geneigt. Sie zu befahren, wird unser Mondmobil also nicht vor Probleme stellen. Nicht auf der Erde zu beobachten sind die Rillen: Hier dürfte es sich um Lavaflüsse handeln, die mit der Zeit aufgebrochen sind. Noch länger (bis zu 400 Kilometer) sind die Mondfurchen, für deren Entstehung Spannungen in der Mondkruste verantwortlich sind, die durch die Abkühlung des Himmelskörpers auftraten.

In den Mondkanälen ist nie Wasser geflossen. Erosion erzeugt auf dem Mond nur der ständig auftreffende Sonnenwind. Der Mond ist trotzdem nicht völlig trocken, wie das LCROSS-Experiment der NASA 2010 zeigte. Damals ließ man zwei Flugkörper in polnahen Bereichen abstürzen, die von der Sonne nicht beschienen werden. Im aufgewirbelten Material ließen sich Wassereis-Kristalle nachweisen, die wohl von Meteoriten auf dem Mond abgelagert wurden – ähnlich wie auch auf dem Merkur. Da sich aus dem Regolith auch Sauerstoff gewinnen lässt, stehen für den Aufbau einer dauerhaften Mondbasis zumindest die wichtigsten Stoffe bereit.

Wer es länger auf dem Mond aushalten will (zum Beispiel in einer eigenen Basis dort) braucht Wasser. Zwar wusste man schon länger, dass in den Tiefen des Mondgesteins Wasser zu finden ist, aber direkt an der Oberfläche ist es natürlich bequemer zu erreichen. Dass es in den Kratern von Süd- und Nordpol nur darauf wartet, gewonnen zu werden, zeigte ein Forscherteam, das von Shuai Li von der University of Hawaii und der Brown University geleitet wurde, mit Hilfe von Daten des Moon Mineralogy Mapper (M3) -Instruments der NASA.

M3 wurde schon 2008 an Bord der indischen Chandrayaan-1-Sonde gestartet. Das meiste Eis befindet sich demnach an den Polen, und zwar in Kratern, in die das Licht der Sonne nie hineinreicht. Dort steigen die Temperaturen nie über 110 Kelvin (minus 163 Grad Celsius). Insgesamt fanden die Forscher allerdings überraschend wenig Eis. Das, vermuten sie, liegt daran, dass sehr selten wasserreiche Körper dort einschlagen. Vorhandene Eisvorkommen könnten bei einer Polwanderung vernichtet worden sein.

## Keine dunkle Seite

Eine dunkle Seite des Mondes gibt es übrigens nicht. Er wendet zwar der Erde stets dieselbe Seite zu. Man spricht auch von einer gebundenen Rotation: Der Mond dreht sich bei einem Umlauf um die Erde genau einmal um sich selbst. Doch die dem Blick des Menschen lange verborgene Rückseite ist nicht dunkler, sondern eher etwas heller als die Vorderseite. Denn sie wird von der Sonne ebenso oft beschienen, besitzt aber eine deutlich dickere Kruste. So kam es hier in der Frühzeit seltener dazu, dass sich die dunklen Meere bilden konnten: Viele Asteroidentreffer konnten der Oberfläche nichts anhaben. Aus der Ferne wirkt die dunkle Seite deshalb heller.

Doch nicht nur das: Auf dem Mond finden Sie sogar das ewige Licht. Die Ränder des Peary-Kraters in Polnähe werden immer und ewig von der Sonne beschienen.

## Die Erforschung des Mondes

Der Mond ist bisher der einzige fremde Himmelskörper, den Menschen betreten haben. Der Wettlauf zum Mond, den schließlich die Amerikaner gewannen, ist legendär.

## Mit Apollo auf den Mond

Im Juli 1960 hatte noch kein Amerikaner die Erde umkreist. Trotzdem trafen sich bereits NASA und Weltraum-Industrie in Washington, um an weiteren Plänen für die Raumfahrt zu arbeiten. Zunächst dachte man nur an eine Umrundung des Mondes. Abe Silverstein von der NASA schlug dafür den Namen des Gottes Apollo vor.

Als dann am 12. April 1961 Juri Gagarin ins All startete und damit die Sowjetunion den Kampf der Systeme gewonnen hatte, wurde der Mond schnell zur Chefsache. Am 25. Mai hielt Präsident John F. Kennedy vor dem Kongress seine berühmte Rede mit der Forderung, im selben Jahrzehnt einen Menschen zum Mond und wieder zurückzubringen: »I believe that this nation should commit itself to achieving the goal, before this decade is out, of landing a man on the moon and returning him safely to the earth. No single space project in this period will be more impressive to mankind or more important for the long-range exploration of space; and none will be so difficult or expensive to accomplish.«

Wie ein Mond-Raumschiff aussehen konnte, stand nicht von Anfang an fest. Zunächst dachte man an ein einzelnes Raumschiff für Hin- und Rückflug und Landung, denn die Technologien für

Kopplungsmanöver im All standen noch nicht zur Verfügung. Diese Konzepte standen zur Wahl:

- Direktflug mit einer Rakete von der Erdoberfläche zur Mondoberfläche und zurück
- Montage des Schiffs in der Erdumlaufbahn, dann Direktflug
- Flug mit Rendezvous-Manöver im Mondorbit
- Direktflug mit Auftanken auf der Mondoberfläche – vorher hätte ein automatisiertes Versorgungsschiff den Treibstoff dort gelandet

Keines der Konzepte erwies sich als realisierbar. Fur den Direktflug war die Saturn-V-Rakete zu schwach, die Montage im All hätte viele Starts erfordert (bis zu 15). Also trennte man schließlich Raumschiff und Landefähre. So ließen sich beide auch besser für ihren jeweiligen Zweck optimieren.

Zunächst sah die NASA bis zur ersten Landung sieben Missionen vor, die die Buchstaben A bis G zugewiesen bekamen, später kamen noch H bis J dazu.

A: Unbemannter Test von Saturn V und Apollo-Raumschiff (Apollo 4 + Apollo 6)

B: Unbemannter Test des Lunar Module (Apollo 5)

C: Bemannter Test des Apollo-Raumschiffs (Apollo 7).

C': Erste Mondumkreisung Ende 1968, außerplanmäßig (Apollo 8)

D: Test von Kommandomodul und Landefähre in einem erdnahen Orbit (Apollo 9).

E: Test von Kommandomodul und Landefähre in einem erdfernen Orbit (zu Gunsten von C' gecancelt)

F: Test von Kommandomodul und Landefähre in Mondorbit (Apollo 10).

G: Erste Mondlandung (Apollo 11)

H: Mondlandung mit zusätzlichen Experimenten (Apollo 12 und 14).

I: Bemannte Flüge in der Mondumlaufbahn zu Forschungszwecken ohne Landung (gecancelt)

J: Mondlandung mit Rover (Apollo 15, 16 und 17)

Apollo 17 beendete das Programm, obwohl die NASA es wohl gern weitergeführt hätte. Insgesamt gaben die USA dafür 23,9 Milliarden Dollar aus, was heute etwa 200 Milliarden Dollar entspräche.

Die Reihe der Apollo-Tests begann mit einer Katastrophe. Bei einem Test am Boden brach in der später »Apollo 1« genannten Kapsel ein Feuer aus. Die Astronauten Virgil Grissom, Edward H. White und Roger B. Chaffee starben dabei.

Das Programm erreichte sein Ziel am 20. Juli 1969, als Apollo 11 auf dem Mond landete und sicher zurückkehrte. Am 21. Juli um 03:56:20 Uhr MEZ betrat Neil Armstrong im Mare Tranquillitatis als erster Mensch den Mond, und zwar mit seinem berühmten Satz: »That's one small step for [a] man, one giant leap for mankind.«

Insgesamt haben bisher zwölf US-Amerikaner den Mond betreten. Eugene Cernan – Kommandant von Apollo 17 – hielt sich als bis dato letzter Mensch auf dem Mond auf.

## Wie die Sowjetunion den Mond verpasste

Mit dem Start von Sputnik-1 im Oktober 1957 und von Wostok im April 1961 mit dem ersten Mann im All, Juri Gagarin, an Bord hatte die Sowjetunion den Wettlauf der Supermächte gleich doppelt für sich entschieden. Zwei Tage nach Gagarins Rückkehr startete US-Präsident John F. Kennedy, was zu diesem Zeitpunkt noch niemand wusste, den Wettlauf zum Mond. Am 25. Mai kündigte Kennedy das neue Programm auch offiziell an.

Die sowjetische Führung reagierte darauf mit Verzögerung – vielleicht, weil man die Kosten scheute. Denn die Herausforderungen waren riesig. Bei den Trägerraketen musste man von unter zehn Tonnen Traglast auf um die hundert Tonnen kommen. Die bisherigen Raumkapseln waren viel zu klein für eine mehrtägige Reise zum Mond. Die Kopplungstechnologie steckte noch in den Kinderschuhen, und es gab kein Landemodul. Eigentlich wollten die Wissenschaftler auch lieber zum Mars, der als Forschungsobjekt deutlich attraktiver erschien als der Mond. Schon in den 1950er-Jahren planten sowjetische Ingenieure eine umfangreiche Expedition zu unserem Nachbarplaneten, unter anderem beim Konstruktionsbüro OKB-1, dem heutigen Energija-Raumfahrtkonzern. N1-Konstrukteur Koroljow erklärte später, dass die ersten Entwürfe der Schwerlastrakete im Rahmen einer möglichen Mars-Expedition erfolgten.

Die Pläne waren gewaltig: Man wollte mit 20 bis 25 N1-Starts im Erdorbit ein 1600 Tonnen schweres Marsraumschiff (»MPK«) bauen, das dann in 270 Tagen Flugzeit den Roten Planeten erreichen und dort einen Lander absetzen sollte. Nach einem weiteren Jahr wäre das Schiff zur Erde zurückgeflogen. Das Konzept wurde allerdings bald als unrealistisch eingestuft und verkleinert. Der 1959 entworfene »TMK« wäre nur noch 75 Tonnen schwer gewesen und hätte den Mars mit drei Kosmonauten bemannt umflogen. Eine Abwandlung des Konzepts sah eine zusätzliche Umrundung der Venus vor. 1966, kurz bevor man dann alle Kräfte auf den Wettlauf zum Mond konzentrierte, entwarf das Büro von Koroljow sogar noch eine umfangreiche Landemission »KK«, die etwa 1980 starten sollte.

1962 begann OKB-1 dann mit der Bewertung verschiedener Mondflug-Projekte. Basierend auf den Mars-Konzepten und der dafür spezifizierten, 75 Tonnen tragenden N1-Rakete bevorzugte man zunächst ein Szenario, bei dem mit drei N1-Starts das Mond-Raumschiff plus zwei Tanker in den Orbit gebracht würden, die das Mondschiff dann mit dem nötigen Treibstoff versorgt hätten. Aber auch eine Mond-Station (»L4«) wurde diskutiert, die als Ausgangspunkt für die weitere Erkundung des Alls dienen sollte, ein früher Vorgänger des Lunar Gateway der NASA also. Diese komplexen Vorhaben wurde dann reduziert auf das Projekt L3, das aus der N1-Rakete, einem mit zwei Antriebsblöcken versehenen Raumschiff (»LOK«) und einer Landefähre (»LK«) bestand. An Bord wären zwei Kosmonauten gewesen, einer davon wäre mit Hilfe eines Außenbord-Einsatzes (EVA) im Mond-Orbit in das LK umgestiegen und damit für 6-24 Stunden gelandet.

Parallel befasste sich das Raumfahrtbüro OKB-52 von Wladimir Tschelomei mit Konzepten für Mond-Umrundungen, die auf der Proton-Rakete und einer zweisitzigen Sojus-Kapsel basierten. Am 1. August 1964 wurde diese Aufteilung per Erlass des Ministerrats bestätigt. »Wir dürfen den Mond nicht den Amerikanern überlassen«, soll Nikita Chruschtschow gesagt haben, »Alles, was dafür gebraucht wird, werden wir bereitstellen.«

Chruschtschow jedoch war schon Geschichte, als im Februar 1965 das L3-Projekt offiziell angenommen wurde – mit geplantem Erstflug zum Mond im November 1967. Die Aufspaltung des Mondprogramms auf verschiedene Konstruktionsbüros, die längst zu eigenen Konzernen herangewachsen waren, verzögerte die Entwicklung jedoch. Insgesamt waren 500 Organisationen aus 26 Ministerien beteiligt, die alle koordiniert werden mussten. Dann starb 1966 auch noch Koroljow, der Chefkonstrukteur. Bei der Entwicklung der Schwerlastrakete erwies sich bald als Nachteil, dass man keine leistungsfähigen Triebwerke zur Verfügung hatte. Die N1 war ursprünglich auf 75 Tonnen ausgelegt gewesen. Für ein Mond-Raumschiff musste sie aber 95 Tonnen befördern können. Während die erste Stufe der amerikanischen Saturn-V nur fünf der riesigen F-1-Triebwerke brauchte, benötigte die erste Stufe der N1 30 Triebwerke, die schwierig zu koordinieren waren.

Koroljows Nachfolger Wassili Mischin fehlten offenbar politischer Einfluss und Geschick, um das Projekt schnell voranzubringen. Im Februar 1967 folgte ein neuer Regierungsbeschluss, der das Programm priorisierte – und nun vor allem das Militär einband, das die Bodenarbeiten für die Startanlagen abschloss. Doch als die Startrampe fertig war, konnte man sie nur mit einer Attrappe testen. Die erste voll ausgerüstete Rakete stand erst 1968 bereit. Am 21. Februar 1969 sollte sie zum ersten Mal abheben – es wurde ein Fehlstart. Der zweite Versuch, drei Wochen vor der amerikanischen Mondlandung, endete mit einer Explosion, die einen Teil der Startanlagen zerstörte. Auch die Starts 3 und 4 1971 und 1972 waren Fehlschläge, woraufhin 1974 die Arbeit an der N1 und das Mondlandeprogramm beendet wurden.

Der Programmteil, der für die Mond-Umkreisungen zuständig war, wurde nicht weniger von Fehlern geplagt. Mit Proton-Raketen gestartete unbemannte Raumschiffe der L1-Serie (später »Zond«) fielen immer wieder auf unterschiedlichen Stadien ihrer Reise aus. Einige Rendez-vous-Versuche mit zwei Sojus-Kapseln im All gelangen. Erst im September 1968 erreichte Zond 5 unbemannt (aber mit zwei Schildkröten an Bord) den Mond, näherte sich der erdabgewandten Seite bis auf 1960 Kilometer, flog zurück zur Erde und landete schließlich statt wie geplant in Kasachstan im Indischen Ozean. Die beiden Tiere überlebten, wurden aber 39 Tage später seziert. Zond 6 wiederholte im November 1968 das Kunststück, doch es traten so viele Probleme auf, dass ein bemannter Flug als zu risikoreich eingestuft wurde (diesmal kamen die Schildkröten bei der Landung um). Wäre Zond 6 erfolgreich gewesen, hätte man versucht, die Amerikaner bei der (angekündigten) bemannten Mondumkreisung im Dezember noch zu schlagen. Und dann war es auch schon zu spät, denn im Juli 1969 landeten Armstrong und Aldrin auf unserem Trabanten.

Ganz erfolglos waren die Anstrengungen der Sowjetunion allerdings doch nicht – das geht angesichts des Scheiterns der Landepläne manchmal unter. Luna 2 traf im September 1959 als erstes menschengemachtes Objekt den Mond. Luna 3 schickte einen Monat später erste Fotos der erdabgewandten Seite. Am 31. Januar 1966 erreichte die Sonde Luna 9 schließlich die erste weiche Landung auf dem Mond, im Oceanus Procellarum. Die Sonde vermaß die Strahlung an der Oberfläche und schickte Bilder zur Erde. Die Sonden starteten alle an Bord von Trägerraketen, die von Interkontinental-Raketen des Typs R7 abgeleitet worden waren. Selbst die heutige Sojus-Rakete gehört in diese Ahnenreihe.

Das Programm zur Mondumkreisung, das auf die Proton-Rakete setzte, zeigte ab 1970 mit von vornherein unbemannt konstruierten Sonden Erfolge. Luna 16 (September 1970) konnte das erste Mondgestein zurück zur Erde bringen. Luna 17 setzte den Rover Lunochod 1 ab, das erste Fahrzeug, das einen anderen Himmelskörper erkundete. Vom 17. November 1970 bis zum 4. Oktober 1971 legte er über zehn Kilometer zurück, fertigte 20.000 Bilder an und untersuchte 500 Bodenproben. Noch erfolgreicher war Lunochod 2, das am 15. Januar 1973 an Bord von Luna 21 am

Südrand des Kraters Le Monnier in der Übergangszone vom Mare Serenitatis zum Taurus-Gebirge landete. In nur fünf Monaten legte es ferngesteuert 39 Kilometer auf einem anderen Himmelskörper zurück – ein Rekord, den erst 2014 der Opportunity-Rover auf dem Mars brach. Lunochod 2, 1,35 m hoch, 2,20 m lang und 1,60 m breit, fuhr auf acht Rädern mit zwei bis drei km/h durch die Landschaft, untersuchte den Boden und schoss öffentlichkeitswirksam über 80.000 TV-Bilder. Wer im Ostteil Deutschlands aufwuchs, hat in der Regel eher diese Bilder als Teil seiner Jugend-Erinnerungen im Kopf als die ersten Worte eines Amerikaners auf dem Mond. Kurioses Detail: Lunochod 2 gehört heute einem Amerikaner. Das Auktionshaus Sotheby's versteigerte es samt Luna 21 im Dezember 1993 als erstes nicht auf der Erde befindliches Objekt für 68.500 Dollar. Käufer war der Spieleentwickler Richard Garriott, Sohn des US-Astronauten Owen Garriott und für 30 Millionen Dollar Privat-Astronaut auf der ISS.

Bei der jetzt geplanten Eroberung des Mondes will Russland nach dem Misserfolg der Vergangenheit nun aber wirklich dabei sein. Das erklärte Anfang 2019 der Chef des Raketenbauers Energija, Wladimir Solntzew. Einen Wettlauf will das Land aber nicht erneut anzetteln. So erteilte Andrej Ionin von der Russischen Akademie für Kosmonautik den Plänen von US-Präsident Trump, bis 2024 einen Raumfahrer auf den Mond zu bringen, eine Absage und bezeichnete die Pläne als »innenpolitisch motiviert«. Die russischen Pläne sind denn auch weniger ambitioniert. Ein in Entwicklung befindliches, viersitziges und wiederverwendbares Raumschiff namens »Federazija« (das auch die Sojus-Reihe ablöst) soll ab 2028 auf der neuen, superschweren Rakete »Jenissej« starten und ungefähr 2031 erstmals Kosmonauten auf dem Mond absetzen.

## Wo sich Mondwagen und Jadehase treffen

Nicht nur russische und amerikanische Satelliten erreichten den Mond – er hatte schon Besucher aus fünf anderen Ländern.

Am 10. April 1993 schlug der erste nicht in der Sowjetunion bzw. Russland oder den USA gebaute Satellit auf dem Mond auf: 200 Kilogramm japanische Elektronik, die künftige Besucher bei 34° 18′Süd und 55° 36′Ost am Rande eines Kraters finden dürften. Die Raumfahrtagentur JAXA hatte die 200 Kilogramm schwere Sonde »Hiten« gestartet, um spätere wissenschaftliche Missionen vorzubereiten. Sie enthielt selbst nur einen Detektor, um die Konzentration von Staub zwischen Erde und Mond zu messen. Im Orbit setzte sie die Tochtersonde »Hagoromo« aus, zu der allerdings schnell der Kontakt verlorenging.

Hiten war der Vorläufer eines neuen Rennens um den Mond,

das Anfang des neuen Jahrtausends nicht mehr die beiden alten Großmächte, sondern aufstrebende Nationen wie Japan, China und Indien austrugen. Der nächste Mondbesucher kam mit dem Lunar Prospector zwar 1999 noch aus den USA, doch dann war Europa an der Reihe. Smart-1 erreichte 2004 mit Hilfe eines Ionenantriebs einen Mond-Orbit und schlug 2006 planmäßig auf unserem Begleiter auf. Hauptziel von Smart-1 war zwar der Test des neuartigen Antriebs, die Sonde untersuchte aber auch die Zusammensetzung der Mond-Oberfläche. Selbst der Aufschlag in der Formation Lacus Excellentiae wurde noch dazu genutzt: Man ließ die Sonde so einschlagen, dass das dabei aufgeworfene Material per Teleskop von der Erde aus studiert werden konnte.

Ab 2009 begann das Zeitalter der poetischen Sonden-Bezeichnungen. »Kaguya«, eine japanische Mondprinzessin, »Chang'e«, eine chinesische Mondgöttin, und »Chandrayaan-1« (Hindi für Mondwagen) erreichten den Mond. Chandrayaan-1 befindet sich noch heute im Orbit, setzte aber eine 29 Kilogramm schwere Moon Impact Probe (MIP) ab, die am 14. November 2008, dem Geburtstag des ehemaligen indischen Ministerpräsidenten Jawaharlal Nehru, auf der Oberfläche einschlug, nachdem sie zuvor Bilder und Daten vom Abstieg gefunkt hatte. Die japanische Kaguya-Sonde lieferte die ersten HDTV-Bilder vom Mond, entdeckte Hinweise auf Mondhöhlen und vermaß die Oberfläche dreidimensional. So vermaß man etwa erstmals die Tiefe des Kraters Pythagoras exakt mit 4800 Metern.

Chang'e war der Auftakt zu einer ganzen Reihe erfolgreicher chinesischer Mond-Missionen. Chang'e-2 besuchte den Mond und den erdnahen Asteroiden Toutatis. Chang'e-3 setzte am 14. Dezember 2013 den Rover »Yutu« (Jadehase) ab. Er schaffte zwar nur 114 Meter und verweigerte dann die Weiterfahrt, blieb aber noch über Jahre in Kontakt mit der Bodenstation. Chang'e-4 landete am 3. Januar 2019 den Rover Yutu-2, und zwar erstmals auf der erdabgewandten Seite des Mondes. Außer Kameras, Radar und Spektrometer hat er auch einen Neutronen- und Strahlungsdosis-Detektor aus Deutschland an Bord.

Im April 2019 wurde mit der Sonde »Beresheet« auch Israel zur Mondnation. Das teils privat finanzierte Projekt, das unter anderem eine israelische Flagge auf dem Mond aufstellen sollte, erreichte nur eine harte Landung. Es ist aber ein Nachfolger, Beresheet-2, geplant.

Denn auch in Zukunft wird der Mond nicht ohne Besucher bleiben. Aus Indien wird Chandrayaan-2 kommen, China plant schon Chang'e-5, das auch Bodenproben zurückbringen soll. Südkorea will mit »KARI« (Korea Pathfinder Lunar Orbiter) erstmals zum Mond. Und auch Deutschland ist dabei: Das Entwicklungs-Team PTScientists mit Sitz in Berlin will 2020 mit dem Lander »Alina«

zwei Rover in der Nähe der Apollo-17-Landestelle absetzen. Sponsoren sind u.a. Audi und Vodafone. Die Rover heißen denn auch derzeit »Audi lunar quattro«.

## Meere, Berge, Flüsse

Packen Sie am besten auch ein Mondmobil ein, wenn wir zu unserer kleinen Tour starten. Achten Sie auf vernünftige Bereifung: Die Mondoberfläche ist fast komplett von einer meterdicken Staub- und Sandschicht aus aschgrauem Regolith bedeckt. Dabei handelt es sich um ein Material, das bei den zahlreichen Meteoriteneinschlägen pulverisiert und wieder zusammengebacken und zusätzlich vom Sonnenwind mit weiteren Elementen aufgeladen wurde.

Wir beginnen an einem Meer, einem Mare (Mehrzahl Maria), wie die dunklen Tiefebenen genannt werden, die frühe Himmelsforscher tatsächlich für Ozeane hielten. Hier besteht der Untergrund aus dunklem Basalt, erstarrter Lava, die vor über 3 Milliarden Jahren durch von Asteroiden geschlagene Löcher in der Mondkruste an die Oberfläche quoll.

Die Meere grenzen, wie es sich gehört, an Hochländer, am »Terra« im Namen erkennbar. Sie sind bis zu 4,5 Milliarden Jahre alt und stellen wohl die ursprüngliche Mondkruste dar. Durchzogen werden sie von Tälern (meist nur wenige hundert Meter tief) und Gebirgen, die bis zu zehn Kilometer hoch aufragen.

### Die Meere des Mondes: Ihre Schönheit – und wie sie zu ihren Namen kamen

**Mare Crisium**

In der lunaren Morgensonne präsentiert sich die weite Ebene von ihrer besten Seite.

Trotz ihres Namens handelt es sich bei den auffälligen Landschaftsmerkmalen (»Maria«; aus dem Lateinischen, Betonung auf der ersten Silbe) natürlich nicht um offene Wasserflächen. Es sind große Becken, meist Einschlagkrater, die sich vor Jahrmilliarden mit erkaltender Lava gefüllt haben. In alten Zeiten – lange vor der Erfindung des Fernrohrs – dachte man, diese von der Erde aus mit freiem Auge sichtbaren dunklen Flecken wären Meere. Seit gut vierhundert Jahren weiß man jedoch, dass es sich eindeutig um festen Boden handelt. Hier schlagen keine rauschenden Wellen an eine Küste, und kein Windhauch ist zu spüren.

Das Mare Crisium (»Meer der Krisen«, auf Deutsch auch oft »Meer der Gefahren« genannt) ist das größte in sich geschlossene Meer auf der uns zugewandten Seite des Mondes. Es ist leicht oval, 570 mal 450 Kilometer groß, mit der Längsachse in west-östlicher

Ausrichtung. Von der Erde aus gesehen liegt es am Ostrand des Trabanten. Es scheint höher als breit zu sein, weil seine Proportionen durch den schrägen Blickwinkel verzerrt werden. Dank seiner Randlage und der markanten Form ist es auch ohne Teleskop ein guter Indikator für die Libration.

Darunter versteht man das leichte Schwanken des Mondes, eine Taumelbewegung im Laufe des Monats. So bekommen wir von hier aus insgesamt 59 Prozent der Oberfläche zu sehen; nur 41 Prozent bleiben stets im Verborgenen. Auf Grund der Libration verschieben sich auch die Landschaftsdetails, was besonders an den Rändern auffällt. Beim Blick auf Mare Crisium kann ein erfahrener Beobachter sagen, in welchem Stadium der Libration sich unser Trabant gerade befindet.

Wenn die Schwankung den Ostrand mehr ins Blickfeld rückt, ist das Mare Crisium besonders gut zu erkennen. Dreht sich der Himmelskörper gerade westwärts, wird das Meer an den Rand geschoben und erscheint deutlich schmaler als sonst. Steht ein zunehmender Mond am Abendhimmel, begünstigt die Libration das Mare Crisium; beim Fortschreiten des Zyklus wird das Meer der Gefahren scheinbar immer weiter an den Rand unseres Trabanten gedrängt.

Das ovale, sauber abgezirkelte Mare Crisium wirft auf der dünnen, nach rechts gewölbten Mondsichel einen deutlichen Schatten entlang der Tag-Nacht-Grenze, gleich einer Delle. Einen Tag später, wenn es im strahlenden lunaren Morgenlicht liegt, bietet das Meer einen spektakulären Anblick – vor allem beim Blick durch ein Fernrohr. Es sieht dann aus wie ein gewaltiger, überfluteter Krater (was es ja auch ist). Im Westen erheben sich schroffe Bergketten, die im Licht glänzen.

Bei schräger Beleuchtung wird ein Muster aus konzentrischen Auffaltungen sichtbar. Diese Grate liegen rund fünfzig Kilometer vom Rand des Mare entfernt und bilden einen stückweise unterbrochenen Innenring. Die massivste Auffaltung, der 300 Kilometer lange Dorsum Oppel, erstreckt sich in einem Bogen vom aufgefüllten Krater Yerkes (36 Kilometer groß) entlang der nordwestlichen Mare-Peripherie nach oben. Im nördlichen Abschnitt wird der Dorsum von mehreren Gratlinien gekreuzt, die vom Mare-Rand her kommen.

Im Nordosten liegen kleinere Auffaltungen wie die Gruppe Dorsa Tetyaev (150 Kilometer lang) oder der Dorsa Harker (200 Kilometer). Wenn die Sonne höher steigt, spielen ihre Strahlen in unterschiedlichen Farben auf der marmorierten Oberfläche des Mare Crisium: etwa beim Lichteinfall vom hellen Einschlagkrater Proclus her (28 Kilometer groß, im Westen). Zu Mittag treten noch andere solcher Krater in Erscheinung, darunter Picard, Peirce und Greaves.

Ein paar Tage nach Vollmond beginnt das Mare Crisium am westlichen Rand Schatten zu werfen, und seine östlichen Ausläufer verschwinden allmählich im Dunkel der Tag-Nacht-Grenze. Die Berge im Westen glänzen im Sonnenlicht. Am Ostrand gibt es eine auffällige Lücke zu sehen, durch die sich einst die Lavaströme ihren Weg gebahnt haben. Sie formten unter anderem das Mare Anguis (Meer der Schlangen), eines der kleinsten lunaren Maria; es zeigt sich als unregelmäßiger, 200 Kilometer langer Fleck.

Vom südöstlichen Rand her ragt eine gebirgige Landzunge in das Mare Crisium, das Promontorium Agarum. Es gibt noch viel mehr zu sehen in diesem Meer und in der Umgebung, wahrend der zwei Wochen im Monat, in denen es hell erleuchtet ist – ein großartiges Studienobjekt.

**Tipp**

Das Mare Crisium wirkt besonders eindrucksvoll, wenn man es mit einem Fernrohr oder ähnlichem betrachtet. In der Morgensonne erscheint es als mächtiger, gefluteter Krater. Ein zusätzlicher Mondfilter erhöht den Kontrast und blendet störende Lichtreflexe aus.

**Mare Humboldtianum**

Bei günstiger Libration ist dieses Meer ein faszinierendes Studienobjekt.

Wenden wir uns nun dem äußersten Rand des Mondes zu und werfen wir einen Blick auf das Mare Humboldtianum – ein von der Erde aus gerade noch sichtbares Meer. Es liegt im nordöstlichen Teil des Trabanten, ein dunkler Fleck mit rund 270 Kilometern Durchmesser. Das Meer befindet sich auf der Tagseite, und seine östliche Ausläufer berühren bereits den 90. Längengrad.

Da der Mond für eine Drehung um seine Achse exakt so viel Zeit benötigt wie für einen Erdumlauf, wendet er uns stets die gleiche Seite zu. Man sollte also annehmen, das Mare Humboldtianum wäre stets sichtbar, wenn es von der Sonne angestrahlt wird. Dass das nicht der Fall ist, liegt an dem als Libration bezeichneten, beim Mare Crisium beschriebenen Phänomen.

Die Libration hat mehrere Ursachen, aber der Haupteffekt wird durch die elliptische Bahn in Kombination mit der monatlichen Eigendrehung des Mondes ausgelöst. Durch die Libration rücken manchmal Landschaftsmerkmale der Rückseite ins Blickfeld, und manchmal verschwinden vorübergehend Bereiche der Vorderseite aus dem Fokus des Teleskops – und dazu zählt auch das Mare Humboldtianum.

Bei ungünstiger Libration (wenn der südwestliche Abschnitt des

Mondes gut sichtbar ist), wird das Mare Humboldtianum an den nordöstlichen Rand und darüber hinaus verschoben, bis man es nicht mehr beobachten kann. Eine günstige Libration hingegen bringt (bei guter Beleuchtung) die nordöstlichen Ausläufer ins Blickfeld. Das Meer ist dann bereits mit einem Feldstecher problemlos auszumachen.

Letzteres ist zum Beispiel Anfang März der Fall; eine gute Gelegenheit, sich auch die kleineren und weniger bekannten Meere unseres Trabanten genauer anzusehen. Aber bleiben wir beim Mare Humboldtianum. Es ist ein dunkler Fleck geronnener Lava mit 273 Kilometern Durchmesser im Zentrum eines großen alten Einschlagkraters, der seinerseits rund 650 Kilometer misst und dessen östliche Ausläufer sich bis weit auf die Rückseite erstrecken. Der Einschlag fand vor ungefähr 3,8 Milliarden Jahren statt.

Spätere Einschläge zerfurchten das Mare Humboldtianum. Kleinere Treffer warfen Gestein auf, das je nach Lichteinfall in unterschiedlichen Farben spielt. An der nordöstlichen Flanke des Meeres hat der 200 Kilometer große Bel'kovich-Krater eine Bresche geschlagen. Der Name Mare Humboldtianum wurde 1837 von dem deutschen Astronomen Johann Mädler geprägt, zu Ehren seines Landsmanns Alexander von Humboldt. Dessen unermüdlicher Forschergeist, der im ausgehenden 18. und beginnenden 19. Jahrhundert zur Entdeckung bis dahin unbekannter Landstriche führte, dürfte Mädler ein Vorbild gewesen sein, dessen Mondglobus wiederum von Humboldt gelobt wurde. Nach Mädler wurde später ebenfalls ein Mondkrater (sowie einer auf dem Mars) benannt. Von oben gesehen gleicht das Mare Humboldtianum einer breiten Sichel. Es wurde erstmals im Oktober 1959 von der sowjetischen Sonde Lunik 3 fotografiert.

Eine günstige Libration rückt die Nordostregion bei zunehmendem Mond vom 3. bis zum 13. Tag ins Blickfeld. Dann ist das Mare Humboldtianum besonders gut zu sehen.

Wenn man das Mare Humboldtianum abends beobachten möchte, eignet sich die Zeit des Librationsmaximums am besten. Mit einem Fernglas ist der dunkle Fleck am Nordostrand (oben rechts) leicht aufzuspüren. Ein Teleskop zeigt noch viel mehr Einzelheiten, selbst dann, wenn die Sonne hoch steht und das lunare Landschaftsrelief keine weit ausladenden Schatten wirft.

**Tipp**

Nehmen Sie dieses Meer ins Visier, wenn die Libration den Nordostrand des Trabanten bei zunehmendem Mond hereinrückt. Ein zusätzlicher Mondfilter erhöht den Kontrast und blendet störende Lichtreflexe aus.

**Mare Undarum**

Ganz im Osten des Mondes liegen einige Meere, die nur bei günstiger Libration vollständig zu sehen sind.

Wir haben vorher einen Blick auf das Mare Crisium geworfen (das „Meer der Gefahren"), eine große ovale Ebene am nordöstlichen Mondrand – ein Mondmeer (Lateinisch: Mare) von ausreichender Größe, um es selbst mit unbewehrtem Auge als trüben Fleck ausmachen zu können. Das Mare Crisium kann man sich als großen Einschlagkrater vorstellen, dessen Innenbereich von Lava geflutet wurde, die irgendwann nach dem Einschlag aus der Kruste strömte.

Die Libration – die leichte Schwankung des Trabanten um seine Achse im Verlauf eines Monats – führt dazu, dass das Mare Crisium immer wieder deutlich ins Blickfeld rückt. So oder so liegt das Meer der Gefahren zur Gänze auf der uns zugewandten Mondseite; man kann es jederzeit betrachten, wenn die Sonne richtig steht. Es gibt aber noch Gruppe kleinerer Meere östlich des Mare Crisium. Keine dieser Formationen weist einen sauberen ovalen Umriss auf. Es sind eher unregelmäßige Flecken in verschiedenen Formen.

Ungefähr hundert Kilometer südöstlich der See der Gefahren liegt das Mare Undarum (Meer der Wellen). Es besteht aus einer Anzahl mehrerer lavagefüllter Krater. Ähnlich wie das Mare Crisium befindet sich auch das Mare Undarum stets auf der erdzugewandten Seite des Mondes. Es bleibt daher immer sichtbar, unabhängig von der jeweiligen Librationsphase. Der Umriss des Mare Undarum ist unregelmäßig. Es misst etwa hundert Kilometer von Norden nach Süden und das Doppelte von Westen nach Osten. Die einzige Auswirkung der Libration besteht darin, dass das Meer – von uns aus gesehen – in der Breite mehr oder weniger gestaucht erscheint. Noch weiter im Osten des Mare Crisium liegen zwei andere Meere von beachtlicher Größe. Sie stoßen direkt an den 90. östlichen Längengrad, der die Grenze zwischen der sichtbaren und der verborgenen Mondseite bildet. Es sind dies das Mare Marginis (Randmeer) und das Mare Smythii (Smyth-Meer).

Das Mare Marginis befindet sich östlich des Mare Crisium. Es hat einen unregelmäßigen Umriss, ist 360 Kilometer breit und liegt in der Librationszone. Bei starker Schwankung verschwindet dieses Meer fast vollständig aus dem Sichtfeld. Normalerweise kann man es aber bei zunehmendem Halbmond bis zum Vollmond am Ostrand ausmachen. Auch das Mare Smythii (benannt nach einem britischen Astronomen) liegt in dieser Gegend. Es misst rund 200 Kilometer im Durchmesser. Seine Silhouette ist annähernd kreisförmig, aber relativ schwach ausgeprägt.

Bei günstiger Libration präsentiert sich das Smyth-Meer einem Beobachter auf der Erde zwar in vollem Umfang, aber der schräge Blickwinkel lässt es schmaler erscheinen als es ist. Wie das Randmeer setzt es sich aus mehreren lavagefüllten Kratern zusammen und verschwindet manchmal hinter dem Ostrand.

**Mare Imbrium**

Das vielbesuchte Auge des Mannes im Mond.

1902 erschien einer der allerersten Science-Fiction-Filme: Die »Reise zum Mond« des Kinopioniers Georges Méliès, basierend auf den zwei themenbezogenen Romanen Jules Vernes. Eine Szene zeigt das bekümmerte Gesicht des »Mannes im Mond«, dem ein überdimensionales Projektil im rechten (für den Betrachter: linken) Auge steckt; bei Jules Verne wurde die Kapsel von einer riesigen Kanone abgefeuert. Wenn wir heute hinaufblicken, ist das Auge zum Glück unversehrt – es handelt sich um das Mare Imbrium, das Regenmeer.

Wie alle großen Mondmeere ist auch das Mare Imbrium ein Einschlagbecken – ein Krater, der in der Frühzeit des Sonnensystems geformt wurde, als ein Himmelskörper die Oberfläche traf. Die Wissenschaftler vermuten, dass es ein 250 Kilometer großer Protoplanet war, der hier vor 3,9 Milliarden Jahren einschlug. Der Aufprall hinterließ eine 1.200 Kilometer breite Grube, die wir heute Mare Imbrium nennen.

Das Regenmeer sieht schon beeindruckend aus, wenn man es nur durch ein Fernrohr betrachtet. Inzwischen sind bemannte und unbemannte Raumschiffe dort gelandet, und es zeigte sich, dass das Mare Imbrium in der Tat ein faszinierender Ort ist. Die gewaltige Ebene aus erstarrter Lava ist von zahllosen Kratern übersät. Im Osten erhebt sich das Apennin-Gebirge, im Norden liegt der Krater Plato mit seinem dunklen Boden, und im Nordwesten wölbt sich als Randmeer Sinus Iridum, die Regenbogenbucht. Wenn die Sonnenstrahlen in steilem Winkel auftreffen, erkennt man, dass der scheinbar glatte Untergrund so faltig ist wie ein ungebügeltes Leinentuch.

Da es eine höchst interessante und diversifizierte Geologie aufweist, haben im Laufe der Jahre mehrere große Missionen das Mare Imbrium als Landungsort ausgewählt. 1970 setzte die russische Sonde Luna 17 hier auf. An Bord befand sich das Mondfahrzeug Lunochod, der erste Rover, der einen fremden Himmelskörper erkundete. Im Jahr darauf landete Apollo 15 neben der Rima Hadley, einer 1,6 Kilometer langen, gewundenen Mondrille. Dave Scott und James Irwin kurvten hier mit dem Lunar Roving Vehicle (LRV) herum. Es sollte vierzig Jahre dauern, bis wieder ein Fahrzeug seine Spuren im Staub des Mare Imbrium hinterließ: der Rover Yutu (Jadehase), abgesetzt von der chinesischen Sonde Chang'e 3. Ihr Rover funktionierte 31 Monate lang und übermittelte zahlreiche spektakuläre Bilder.

Das Regenmeer liegt im Dunkeln, bis der Terminator (die Tag-Nacht-Grenze) im Osten der Ebene über die Gipfel der Apennin-Berge wandert. Ein paar Tage später ist das Mare Imbrium bereits zur Hälfte beleuchtet, und wieder ein paar Tage darauf liegt es im strahlenden Sonnenlicht.

Nun ist die beste Zeit, die markantesten Krater in der Osthälfte zu betrachten – Archimedes mit seinen kleineren, mehr nördlich gelegenen Nachbarn Autolycus und Aristillus – sowie all die vielen Grate und Bodenfalten. Zehn Tage lang präsentiert sich das Regenmeer von seiner schönsten Seite, bis der Terminator wieder über die Oberfläche streift und die Region erneut im Dunkel der Mondnacht verschwindet.

**Tipp**

Beobachten Sie das Mare Imbrium, wenn es der Terminator eben erreicht hat; dann sieht man auch alle kleinen Krater und Details.

**Mare Orientale**

Eine beeindruckende Struktur, die man nur selten zu sehen bekommt.

Die meisten landschaftlichen Sehenswürdigkeiten, die wir auf unserer Tour hier besuchen, sind recht deutlich auszumachen – tiefe Krater, lange, gezackte Bergketten, große Ebenen und so weiter. Der Ort, um den es nun geht, ist da schon etwas anspruchsvoller. Um genau zu sein, kann man ihn von der Erde aus nur an wenigen Tagen beobachten.

Das Mare Orientale bildet mit seinen umgebenden Bergen eine der größten und imposantesten Strukturen auf dem Mond. Läge es auf der erdzugewandten Seite, würde es das Antlitz unseres Trabanten dominieren und hätte sicher seinen Niederschlag in den diversen Religionen und Kulturen gefunden. Der ursprüngliche Krater wurde aber so weit im Westen herausgesprengt, dass die heutige Tiefebene unseren Blicken meist entzogen ist. Nur wenn sich die Libration – das Schwanken des Mondes um die eigene Achse – besonders stark auswirkt, können wir manchmal um seinen Westrand lugen. Was sich dort zeigt, ist eine wahrlich atemberaubende Landschaft.

Nur die staunend aufgerissenen Augen der Apollo-Astronauten und die klickenden Kameras der Rover haben das Mare Orientale in seiner ganzen Pracht erblickt. Vor ihnen breitete sich eine der jüngsten Einschlagstrukturen aus, vor fast vier Milliarden Jahren von einem über sechzig Kilometer großen Asteroiden herausgesprengt.

Der katastrophale Volltreffer hinterließ einen 327 Kilometer großen Krater, der sich später mit Lava füllte; seit ihrem Erkalten breitet sich dort eine weite Ebene aus. Nimmt man die konzentrischen Ringe der umgebenden Gebirge hinzu, hat man eine Struktur mit über 900 Kilometern Durchmesser vor sich. Stellen Sie sich vor, das Mare Orientale läge auf der uns zugewandten Mondseite – der Trabant hätte quasi ein riesiges Auge, das zyklopengleich herabstarrt. Und jetzt stellen Sie sich das Ganze während einer totalen Mondfinsternis vor, wenn die Szenerie in blutrotes Licht getaucht ist. Eine interessante Überlegung, wie Priester diverser Religionen dieses Spektakel interpretiert hätten.

Wie auch immer, die Gelegenheiten, das Meer zu erblicken, sind rar gesät, und das Beobachtungsfenster ist schmal. Wenn man einmal die Chance hat, das Mare Orientale zu sehen, sollte man sie nutzen. Dreht die Libration den Mond einmal so, dass seine Westseite weit hereinrückt, zeigt sich das „Ostmeer" (das ja eigentlich Mare Okzidentale heißen müsste) mit all seinen Bergketten ringsum. Man braucht aber schon einen guten Feldstecher, oder noch besser ein Teleskop; selbst dann ist nicht viel mehr als eine Region mit harten Kontrasten aus Licht und Schatten zu erkennen. Spannend bleibt die Entdeckung jedoch allemal.

Wo soll man nun genau Ausschau halten? Am einfachsten findet man das Mare Orientale, wenn man sich die Mondscheibe als Zifferblatt vorstellt. Das Ostmeer wird gekippt erscheinen. Richten Sie also, wenn die Libration am stärksten ist, Ihr Fernglas oder das Teleskop auf die 8-Uhr-Position; hier findet sich der dunkle Krater Garibaldi. Links unterhalb davon, ganz am Rand, werden Sie so etwas wie eine Anzahl dunkler Linien erkennen, die Kratzern auf der Oberfläche ähneln – es ist das Mare Orientale mit seinen zahlreichen Bergen.

Sicher, je stärker Sie die Vergrößerung am Fernrohr einstellen, desto mehr Details und Landschaftsmerkmale schälen sich heraus – aber selbst bei maximalem Zoom wird der kreisförmige Umriss nicht erkennbar. Aber das ist auch nicht so wichtig. Was zählt, ist die Tatsache, dass Sie etwas zu Gesicht bekommen, das unseren Blicken normalerweise verborgen bleibt. Sie können sich am Anblick einer Struktur erfreuen, die die meisten Menschen noch nie gesehen haben.

**Tipp**

Besorgen Sie sich nach Möglichkeit einen kontrastverstärkenden Mondfilter. Dadurch treten Einzelheiten deutlicher hervor.

**Mare Tranquillitatis**

In diesem Meer setzte der Mensch erstmals seinen Fuß auf den Mond.

Das »Meer der Ruhe« (wie die wörtliche Übersetzung aus dem Lateinischen lautet) ist aus zwei Gründen eine der bekanntesten Gegenden auf dem Mond: Es ist leicht zu finden, und hier fand die historische Landung von Apollo 11 statt. Das Meer – in Wahrheit eine dunkle Basaltebene – entstand vor ungefähr vier Milliarden Jahren. Damals gab es hier noch Vulkanismus, ehe unser Trabant erkaltete und sich gewissermaßen zur Ruhe begab.

Das Mare Tranquillitatis weist einen Gesamtdurchmesser von

annähernd 870 Kilometern auf. Zur Veranschaulichung: Das entspricht der Entfernung Berlin-Paris (Luftlinie). Wenn die Region im Sonnenlicht liegt, ist es nicht schwer, das Meer der Ruhe aufzuspüren; man braucht dafür nur einen guten Feldstecher.

Am besten sieht man die Gegend zu jenen Zeiten, in denen sie hell ausgeleuchtet wird. Dann hebt sich die blassgraue Umgebung deutlich von dem dunklen Basaltgrund ab. Um den Ort zu finden, kann man sich an Strukturen in der Nähe orientieren, zum Beispiel am Mare Serenitatis (Meer der Heiterkeit), das wie ein Schneemann aussieht. Auch das Mare Nectaris (Nektarmeer) grenzt an das Meer der Ruhe, es ist aber deutlich kleiner. Das Mare Tranquillitatis ist ziemlich dunkel. Das macht es schwer, einzelne Formationen zu unterscheiden, aber besonders an den Rändern spielen die Schatten in den unterschiedlichsten Farben.

Man nimmt an, dass die Region in der sogenannten pränektarischen Periode entstand, also in einem Zeitraum vor 4,5 bis 3,9 Milliarden Jahren. Wenn wir per Schnellvorlauf in die Gegenwart springen, sehen wir einen Landstrich, der von zahllosen kleinen Einschlägen zernarbt ist. Es finden sich Grate, Kerben und vulkanische Kanäle aus geologisch aktiven Zeiten. Beim Herumgehen soll man aber das Gefühl haben, sich auf einer Puderschicht zu bewegen – der Mond ist von feinem Staub bedeckt.

Weltberühmt wurde die Gegend am 20. Juli 1969, als Neil Armstrong und Buzz Aldrin mit dem Mondmodul Eagle von Apollo 11 dort landeten und ausstiegen. Es war das erste Mal in der Geschichte, dass der Mensch seinen Fuß auf einen fremden Himmelskörper setzte. Der Landeplatz bekam den Namen Tranquility Base. Sechs Stunden lang spazierten die beiden herum, sammelten Bodenproben und machten Fotos. Sie pflanzten die US-Flagge auf und ließen bei der Rückkehr die Ausstiegsleiter zurück; Letztere ist mit einer Plakette aus rostfreiem Stahl versehen, trägt die Aufschrift »Wir kamen in Frieden für die gesamte Menschheit« und u. a. die Unterschrift von Präsident Nixon.

Es macht Spaß, diesen Ort und die sonstigen Landeplätze der Apollo-Missionen aufzuspüren. Man benötigt dafür nur ein halbwegs gutes Fernrohr, das auch die Krater an der Oberfläche heranholt. Um den genauen Aufsetzpunkt von Apollo 11 zu finden, sucht man am besten den nahegelegenen Krater Theophilus. Ist der erst einmal lokalisiert, zieht man eine gedachte Linie nach oben zum Mare Tranquillitatis, dort, wo sich der kleine, aber markante Krater Moltke befindet. Gleich nordwestlich davon liegt der Landeplatz. Wenn es das Teleskop und die Augen des Benutzers hergeben, erspäht man auch drei weitere, ganz kleine Krater: Aldrin, Armstrong und Collins. Der Dritte davon wurde nach Michael Collins benannt, dem Piloten der Apollo-11-Kommandokapsel.

Das Meer der Ruhe hat auch schon vor der legendären Mondlandung Besuch von der Erde bekommen: Am 20. Februar 1965 legte die NASA-Sonde Ranger 8 hier eine (geplante) Bruchlandung hin, nachdem sie während ihres Sturzfluges 7.137 Fotos von der Mondoberfläche gemacht hatte.

Zwei Jahre darauf gelang der Sonde Surveyor 5 eine weiche Landung, obwohl sie zu spät abbremste und dreißig Kilometer neben dem geplanten Ort auftraf. Das Mare Tranquillitatis ist eine der am besten erforschten Regionen des Mondes und beflügelt die Fantasie vieler Menschen rund um den Globus, was sich in zahlreichen Büchern und Liedtexten niedergeschlagen hat.

**Tipp**

Den Landeplatz von Apollo 11 findet man am leichtesten bei direkter Sonneneinstrahlung; dann zeigen sich auch die kleinen Krater ringsum.

Der Artikel »Die Meere des Mondes« wurde mit freundlicher Genehmigung dem SPACE-Sonderheft »50 Jahre Mondlandung« entnommen, das Sie hier für 12,90 € kaufen können: hardsf.de/links/634526

Sie wissen vielleicht schon, dass Sie eine farbige PDF-Version dieser Biografie mit vielen Bildern erhalten, wenn Sie sie hier anfordern: www.hardsf.de/abonnieren

# Die neue Biografie des Mars

MÜSSTEN WIR JE DIE ERDE VERLASSEN, WÄRE DER MARS WOHL das einzig mögliche Ausweichquartier: Der Planet bietet verkraftbare Temperaturen und große Wasservorräte. Nur Sauerstoff fehlt in der Atmosphäre.

Fast 100 Jahre lang galt die Existenz einer nichtmenschlichen Zivilisation auf unserem Nachbarplaneten schon als gesichert. Nachdem der Astronom Giovanni Schiaparelli 1877 in seinem Teleskop geheimnisvolle Kanäle entdeckt hatte, die den kompletten Planeten zu überziehen schienen, stellte man sich Ende des 19. Jahrhunderts den Mars als an Trockenheit sterbende Welt vor, deren Einwohner mit solchen gigantischen Projekten ihr Überleben sichern wollen.

Es war, zufällig, auch die Zeit, in der sich die Menschheit große Kanalprojekte vorgenommen hatte. Das Bild vom Mars änderte sich mit den Zeiten. Als die Spannungen unter den Nationen zunahmen, vor dem ersten Weltkrieg, aber auch zwischen den beiden Kriegen, überwog plötzlich in der öffentlichen Meinung die Gefahr. Würden die Marsianer nicht unsere fruchtbare Erde übernehmen wollen?Als am 30. Oktober 1938 der US-Sender CBS in einem Halloween-Special das einer Live-Reportage nachempfundene Drama "Krieg der Welten" von Orson Welles ausstrahlte, führte die Sendung denn auch zu einer landesweiten Panik.

## Keine Zivilisation, vielleicht Leben

Mit der Verbesserung der Teleskope und schließlich den ersten Landungen von Sonden auf dem Mars zeigte sich, dass es weder

Kanäle noch eine Mars-Zivilisation gibt. Die Suche nach Leben auf unserem Nachbarplaneten haben die Forscher allerdings noch nicht eingestellt. Denn die Bedingungen sind zwar nicht optimal, aber auch nicht völlig ungünstig.

Der Mars ist eine Gesteinskugel wie die Erde. Er ist etwa halb so groß wie sie und bringt gut zehn Prozent der Erdmasse auf die Waage. Auf der Marsoberfläche würde ein Astronaut 62 Prozent weniger wiegen als auf der Erde. Seinen Beinamen "roter Planet" trägt er zu Recht: Er erscheint nicht nur am Himmel rötlich, sondern auch aus der Nähe.

Das liegt am relativ hohen Eisenoxid-Anteil (umgangssprachlich auch Rost genannt) in den Oberflächen-Gesteinen und im daraus entstandenen Staub. Die Sonne umkreist der Mars auf einer um den Faktor 1,52 weiter außen liegenden Bahn als die Erde. Alle zwei Jahre kommt er unserem Heimatplaneten besonders nahe, auf dann noch 56 Millionen Kilometer, der erdfernste Punkt liegt bei 401 Millionen Kilometern.

## Clever starten

Wenn Sie mit einem Raumfahrzeug zum Mars starten wollen, sollten Sie sich den Zeitpunkt deshalb auch clever aussuchen. So müssen Sie nicht allzu lange im intraplanetaren Raum bleiben, wo Sie der kosmischen Strahlung ausgesetzt sind.

Nach der Ankunft auf dem Roten Planeten bleibt diese allerdings Ihr Hauptproblem. Denn der Mars hat vor 4 Milliarden Jahren den größten Teil seines Magnetfelds eingebüßt, sodass er dem Sonnenwind ungeschützt ausgesetzt ist. Dieser trägt seinen Teil dazu bei, dass die Mars-Atmosphäre noch dünner ist, als sie es aufgrund der geringeren Masse des Planeten sein müsste.

Wenn Sie in den gemäßigten Breiten des Mars landen, wird Ihr Blick auf weite, kraterbedeckte Ebenen fallen. Der Himmel erscheint gelb-braun, weil die Luft einen hohen Anteil an Staubteilchen mit sich trägt. Wenn Sie Pech haben, landen Sie mitten in einem der Staub-Stürme, die den Planeten manchmal monatelang umkreisen. Der mittlere Atmosphärendruck entspricht auf der Erde einer Höhe von 35 Kilometern.

Ihren Helm behalten Sie am besten schon deshalb auf, weil die Atmosphäre fast keinen Sauerstoff (0,13 Prozent) enthält. Sie besteht zu 95,3 Prozent aus Kohlendioxid. 2012 konnten Forscher der DLR zeigen, dass Flechten und Bakterien für 30 Tage unter Marsbedingungen existieren können und dabei wachsen und gedeihen. Wenn Sie also eine Topfpflanze mitgebracht haben, können Sie die gern nach draußen stellen. Zumindest tagsüber, wenn es bis zu 35 Grad Celsius warm werden kann.

Nachts (ein Tag ist 24,623 Stunden lang) hingegen wird es bis zu minus 85 Grad kalt. Auch daran ist die dünne Atmosphäre schuld, die Wärme nicht gut speichern kann. Ein geheiztes Gewächshaus wäre gut, wenn Sie länger bleiben wollen.

## Frühling, Sommer, Herbst, Winter

Das bewahrt sie auch vor den Auswirkungen der Jahreszeiten, die auf dem Mars deutlich ausgeprägter und länger sind als bei uns, weil der Planet eine exzentrischere, etwa 1,9 Erdjahre dauernde Bahn um die Sonne nimmt (sich also weiter entfernt beziehungsweise näher herankommt). Vor allem auf dem sonnennahen Teil der Bahn, wenn der Mars bis zu 40 Prozent mehr Energie empfängt, kommt es zu heftigen Staubstürmen mit Windgeschwindigkeiten von 400 Kilometern pro Stunde an der Oberfläche und 650 km/h in der oberen Atmosphäre. Diese Stürme können unter Umständen den ganzen Planeten einhüllen und führen dann zu höheren Temperaturen auf der Oberfläche.

Auch ausgeprägte Windhosen (Wirbelwinde) wurden schon beobachtet, die Stürme auf der Erde deutlich übertreffen. In der sonnenfernen Zeit können sich in der Atmosphäre Wolken aus Wassereis bilden, unter denen es bis zu 10 Grad kälter ist. In den frühen Morgenstunden schneit es auch manchmal, wie Laser-Messungen gezeigt haben, und zwar sommers wie winters, also ganz wie auf der Erde.

## Der Aufbau des Mars

Der Rote Planet entstand wie die Erde aus einer Materiewolke um die Sonne. Er enthält einen etwas größeren Anteil leichterer Elemente, die vom Sonnenwind in weiter außen liegende Bereiche getrieben wurden. Vor etwa vier Milliarden Jahren müsste der Mars von einem Himmelskörper etwa in Pluto-Größe getroffen worden sein, der auf der nördlichen Hemisphäre einen riesigen Einschlagkrater von fast 10.000 Kilometern Durchmesser hinterließ.

Er ist heute noch an einem merkwürdigen Unterschied zwischen Nord- und Südhalbkugel erkennbar: Während der Norden aus relativ flachem Tiefland besteht, wird der Süden von Bergketten dominiert.

Der Kern des Mars besteht aus Eisen und Nickel mit einem relativ hohen Schwefelanteil. Er dürfte bei einer Temperatur von 1500 Grad Celsius noch immer größtenteils flüssig sein. Darüber liegt ein dicker Mantel aus Gestein, der heute kaum noch aktiv ist. Die Hochzeit des Vulkanismus auf dem Mars muss vor etwa drei Milliarden Jahren geherrscht haben. Die meisten noch heute erkennbaren Lavaströme sind zu dieser Zeit entstanden. Gewisse, schwache Zeichen von Vulkanismus scheint es allerdings auch heute noch zu geben. Die Kruste des Mars ist etwa so dick wie die Erdkruste – im Vergleich zur Größe beider Planeten damit also deutlich dicker.

## Paradies für Bergsteiger

Ein großer Teil der Marsoberfläche ist von Staub bedeckt, daran sollten Sie sich als Wanderer auf dem Mars also besser gewöhnen. Der Rote Planet bietet Ihnen aber eine ganze Reihe von Sehenswürdigkeiten, sodass sich die beschwerliche Anreise trotzdem lohnt. Wenn Sie der Grand Canyon in der Wüste Arizonas beeindruckt hat, sollten Sie unbedingt einen Blick auf die Valles Marineris werfen.

Dieses riesige Bruchsystem ist 4000 Kilometer lang, bis zu 700 Kilometer breit und bis zu 7 Kilometer tief. Im Westen geht es in das verästelte Noctis Labyrinthus über, wo die Talwände enger zusammenrücken, die Schluchten aber immer noch bis zu 5 Kilometer tief sind.

Weiter im Westen finden Sie den Tharsis-Rücken, der bis zu zehn Kilometer über das Tiefland aufragt und von den drei erloschenen Schildvulkanen Ascraeus Mons (480 Kilometer Durchmesser, 18.000 Meter Höhe), Pavonis Mons (375 Kilometer Durchmesser, 14.000 Meter Höhe) und Arsia Mons (435 Kilometer Durchmesser, 16.000 Meter Höhe) gekrönt wird. In den Flanken von Arsia Mons haben Sonden Höhlen entdeckt, die vermutlich ehemalige Lava-Kanäle darstellen. Zudem scheint es an den Hängen des Berges ausgedehnte Gletscher zu geben.

Der flächenmäßig größte Vulkan des Mars heißt Alba Patera. Er ist zwar nur 6000 Meter hoch, besitzt aber eine Grundfläche von 1200 Kilometern Durchmesser. Das ist ebenso Sonnensystem-Rekord wie die Höhe des Olympus Mons, der sich 26.000 Meter über seine Umgebung erhebt. Bezogen auf Normalhöhe ist er allerdings nur 21.000 Meter hoch – seine Goldmedaille muss er deshalb eventuell an den 22.000 Meter hohen Rheasilvia Mons auf dem Asteroiden Vesta abgeben. Der Gipfel des Olympus Mons ragt damit über die Atmosphäre des Mars hinaus in den Weltraum und wäre so der perfekte Standort für ein Teleskop. Ob der Vulkan noch aktiv ist, ist nicht ganz klar. Vor gerade einmal zwei Millionen Jahren scheint er zuletzt ausgebrochen zu sein.

Doch zurück zu den Valles Marineris. An deren Enden entspringen breite Stromtäler, die, wie die Forscher vermuten, in der Vergangenheit von Flüssen geformt wurden. Wenn sie in Krater münden, lassen sich teilweise Ablagerungen nachweisen, die an typische Flussdeltas erinnern. Womöglich gab es einen Zeitpunkt in der Vergangenheit des Mars, da die unterirdischen Eisvorräte durch globalen Vulkanismus schmolzen, sodass riesige Wassermengen abfließen mussten. Dass es sich bei den Ablagerungen tatsächlich um Sedimente handelt, konnte bisher jedoch noch nicht nachgewiesen werden. Die jüngsten dieser Stromtäler sollen sich noch vor wenigen Millionen Jahren gebildet haben. Das größte Exemplar, Ma'adim Vallis, ist bis zu 700 Kilometer lang, 20 Kilometer breit und 2000 Meter tief.

Ebenso unklar ist, worum es sich bei den dunklen Streifen handelt, die an vielen Kraterhängen zu beobachten sind und die sich jahreszeitlich verändern. Womöglich legen dort Staublawinen darunter liegende, dunkle Gesteinsschichten frei. Bei den Erosionsrinnen, die sich ebenfalls häufig an Steilhängen in der südlichen Hemisphäre finden, scheint ein Zusammenhang zu flüssigem beziehungsweise schmelzendem Wasser klarer, zumal sie sich nur in bestimmten Breiten zu bilden scheinen. Sie könnten aber auch von Kohlendioxid-Eis oder Staub-Bewegungen stammen.

Optisch besonders spannend sind die Sanddünen, die Sie in der Nähe des Nordpols besichtigen können. Auch sie verändern sich mit den Jahreszeiten. Im Winter sind sie mit einer zentimeterdicken Schicht aus Kohlendioxid-Eis bedeckt. Wenn der Frühling beginnt, bricht das Eis allmählich auf, sodass der dunkle Sand darunter sichtbar wird. Mit zunehmender Erwärmung verdampft auch tieferliegendes CO2 und trägt dabei Sand mit sich, den es auf der Oberseite der Dünen ablagert. Von dort bewegt sich der Sand mit dem Wind nach unten.

## Wasser auf dem Mars

Der größte Teil der Marsoberfläche erscheint heute als trockene Wüste. Doch wie sich bei näherer Untersuchung zeigte, ist Wasser oft näher, als der Augenschein vermuten lässt. Der Curiosity-Rover der NASA fand beispielsweise in einigen Mineralen Wasseranteile von bis zu vier Prozent. In mittleren Breiten gibt es möglicherweise unter der Oberfläche Wassereis, das Gletscher in den Vereisungs-Perioden des Mars dorthin transportiert haben.

Weitere große Wasservorräte wurden unter den Eiskappen des Nord- und des Südpols nachgewiesen. Diese bis zu 5000 Meter (Nordpol) beziehungsweise 1500 Meter (Südpol) dicken Schichten bestehen zwar zu einem großen Teil aus Kohlendioxid (Trockeneis), aber auch aus einem Wassereis-Anteil. Radarmessungen der Sonde Mars Express ergaben, dass sich um den Südpol große Eisvorkommen unter der Oberfläche befinden müssen, die bis in eine Tiefe von 3700 Metern reichen und etwa zwei Dritteln des Volumens des Grönlandeises entsprechen. Geschmolzen könnten Sie den gesamten Mars mit einem elf Meter tiefen Ozean bedecken.

Allerdings wäre es derzeit kontraproduktiv, einen riesigen Schmelzofen am Südpol zu errichten. Wegen des niedrigen Atmosphärendrucks kann flüssiges Wasser an der Marsoberfläche nicht dauerhaft existieren – es verdampft einfach zu schnell. Die Siedetemperatur von Wasser, Bergsteiger wissen das, sinkt leider mit dem Luftdruck.

## Leben auf dem Mars

Die Bedingungen klingen insgesamt nicht günstig. Mars liegt am Rand der bewohnbaren Zone unseres Sonnensystems, die anhand der Toleranzgrenzen uns bekannter Lebensformen definiert ist. Grundsätzlich können besonders extremophile Arten auch unter Marsbedingungen überleben. Den Planeten etwa mit Flechten zu begrünen, scheint gar nicht so utopisch.

Eine andere Frage ist, ob womöglich marseigene Lebensformen die Jahrmilliarden Trockenheit überlebt haben. An der Oberfläche dürften dafür kaum die nötigen Voraussetzungen bestehen: Große Temperaturunterschiede, intensive ultraviolette Strahlung und die dünne Atmosphäre ohne flüssiges Wasser sprechen dagegen. Falls der Mars tatsächlich geologisch tot ist, also über keine vulkanische Aktivität mehr verfügt, schränkt das die Möglichkeiten weiter ein – ohne Wärmequelle aus dem Marsinneren ist Leben unter der Oberfläche unwahrscheinlich. Forscher meinten allerdings bereits, aktive Quellen des Kohlenwasserstoffs Methan nachgewiesen zu haben, die entweder vulkanologischen oder bakteriellen Ursprungs sein könnten. Beides wäre eine gute Nachricht gewesen, denn in jedem Fall gäbe es damit Orte, an denen primitives Leben möglich ist.

Diese Hoffnung machen nun allerdings neueste Messungen des NASA-Rovers Curiosity zunichte. Im Wissenschaftsmagazin Science berichten Forscher, dass das Laser-Spektrometer des Rovers keinerlei Spuren von Methan nachweisen konnte. Frühere Messungen von der Erde oder der Mars-Umlaufbahn aus scheinen demnach wohl fehlerhaft, denn das Messinstrument von Curiosity ist wesentlich genauer und spezifischer auf Methan einstellbar. Die Werte liegen insgesamt so niedrig, dass sowohl die gegenwärtige als auch die frühere Existenz von Leben, wie wir es kennen, als unwahrscheinlich gelten muss. In ihrer Arbeit diskutieren die Forscher auch, was die früheren Methan-Nachweise so unglaubwürdig macht. Es scheint, als habe bisher der Wunsch, Leben außerhalb der Erde zu entdecken, die Interpretation der Ergebnisse beeinflusst.

## Die Mars-Monde

Der Mars besitzt nur zwei kümmerliche Monde, Phobos und Deimos, die eine unregelmäßige Gestalt haben und vermutlich aus dem Asteroidengürtel zugewandert sind. Phobos, mit 26,8 mal 22,4 mal 18,4 Kilometern der größere von beiden, fliegt in nur 6000 Kilometern Abstand über der Oberfläche. Durch die Gezeitenwirkung nähert er sich dem Planeten auf einer Spiralbahn; in 50 Millionen Jahren dürfte er endgültig abstürzen oder auch zerrissen werden und den Mars in Form eines Ringes umkreisen.

Der leichtere Deimos (15,0 mal 12,2 mal 10,4 Kilometer) hingegen ist auf dem besten Wege, dem Mars zu entfliehen – irgendwann in ferner Zukunft wird er sich erneut dem Asteroidengürtel zugesellen.

## Ab zum Mars?

Das groß angelegte Mars-Programm, das George W. Bush 2004 angekündigt hatte und das von einem bemannten Marsflug gekrönt werden sollte, ist längst Budgetkürzungen zum Opfer gefallen. Die NASA peilt Flüge eher in den 2030ern an, ebenso das europäische Aurora-Programm. Eine solche Reise wäre zunächst womöglich ein Flug ohne Wiederkehr.

Freiwillige scheint es genug zu geben – auf einen Aufruf der niederländischen gemeinnützigen Organisation Mars One im Frühjahr 2013 jedenfalls meldeten sich über 10000 Interessierte. Mars One möchte die für 2022 geplante Expedition aus privaten Mitteln finanzieren und schätzt, dass sechs Milliarden Dollar genügen müssten (die Spirit-Mission der NASA hat zum Beispiel 2,5 Milliarden Dollar gekostet).

Die Marsreisenden müssten sich allerdings darauf gefasst machen, durch die kosmische Strahlung während des Flugs ihr Krebsrisiko zu erhöhen. Bei einer täglichen Dosis von 1,8 Millisievert, wie die NASA sie jetzt bei der Curiosity-Mission gemessen hat, käme ein Mars-Reisender während der über 500 Tage langen Reise auf etwa ein Sievert – und damit ein Risiko von 5 Prozent, eine Krebsart zu entwickeln.

Ein moralisches Problem müsste die Menschheit zuvor ebenfalls noch lösen: Mit dem ersten Astronauten, der auf dem Mars aussteigt, ist eine Kontamination des Planeten fast nicht auszuschließen. Womöglich würden Erd-Bakterien ja die letzten Überreste des Mars-Lebens ausrotten, das nun 3,5 Milliarden Jahre unter ungünstigsten Bedingungen ausgehalten hat.

. . .

Die Biografie des Mars erhalten Sie natürlich wie immer unter hardsf.de/fortsetzung/ als bebildertes PDF – außerdem informiere ich Sie dort über neue Bücher.

# Die neue Biografie der Asteroiden

# Was sind Asteroiden?

DIE FIRMA DES FIKTIVEN RUSSISCHEN UNTERNEHMERS Schostakowitsch verdient mit Bergbau auf Asteroiden Geld – in zwanzig bis dreißig Jahren wird das nicht mehr ungewöhnlich sein. Aber was sind das für Gesteinsbrocken, wo kommen sie her, wie sind sie entstanden, und sind sie gefährlich? Das sollen die folgenden Kapitel erklären.

Der Begriff kommt aus dem Altgriechischen und bedeutet »sternähnlich«. Im Teleskop sehen die Asteroiden (im Gegensatz zu den Planeten) punktförmig aus – eben wie Sterne. Tatsächlich handelt es sich um Objekte in allen möglichen Formen und Größen, die zwei Gemeinsamkeiten vereint:

- Sie bewegen sich in einer Bahn um die Sonne.
- Sie sind nicht rund (genauer gesagt: nicht im hydrostatischen Gleichgewicht).

Objekte, die sich nicht um die Sonne, sondern um einen Planeten bewegen, heißen unabhängig von ihrer Form Monde. Runde Objekte, die sich um die Sonne drehen, sind entweder Zwergplaneten (Pluto, Ceres …) oder Planeten (Erde, Mars …). Wenn sie nicht rund sind, könnte es sich noch um Kometen handeln. Falls ihr Umfang geringer als einen Meter ist, nennt man sie Meteoroiden (nicht Meteoriten, das wäre der Rest eines Meteoroiden, der die Erdoberfläche erreicht).

Im Sonnensystem kreisen wahrscheinlich mehrere Millionen Asteroiden. Von etwa 1,3 Millionen sind Daten bekannt, über 750.000 hat man mit einer Nummer als Bezeichnung versehen. Von der Erde aus mit dem bloßen Auge sichtbar ist nur ein einziger, Vesta. Trotz ihrer großen Zahl tragen die Asteroiden kaum zur Masse des Sonnensystems bei – alle zusammen dürften sie kaum mehr als ein Tausendstel der Erde wiegen; der Erdmond wiegt mehr als zehnmal soviel.

# Wie die Asteroiden entstanden

Lange nahm man an, dass die Asteroiden die Reste eines zerstörten Planeten wären, der früher im heute »Asteroidengürtel« genannten Bereich zwischen Mars und Jupiter die Sonne umkreiste, denn scheinbar fehlt dort ein Planet. Dieser trug sogar schon einen Namen, »Phaethon«. Allerdings beträgt die Gesamtmasse der dort orbitierenden Asteroiden, wie man heute weiß, nur etwa 5 Prozent der Masse des Erdmonds, der Vorgängerplanet müsste also viel kleiner als unser Mond gewesen sein.

Dass man auf der Suche nach Phaethon dem Bereich zwischen Mars und Jupiter im 19. Jahrhundert so große Aufmerksamkeit widmete, hatte immerhin den Vorteil, dass dort recht schnell die ersten Asteroiden entdeckt wurden. Ceres, Pallas, Juno und Vesta wurden nacheinander gefunden und zunächst für Planeten gehalten. Bei seiner Entdeckung 1846 betrachtete man Neptun deshalb nicht als achten, sondern als dreizehnten Planeten. Doch bald kamen so viele Körper hinzu, dass man mit den Kleinplaneten oder Asteroiden eine neue Kategorie schuf.

Heute nimmt man an, dass die Asteroiden gewissermaßen Zwischenzustände in der Planetenentstehung darstellen: Körper, die noch dabei waren, sich zu Planeten zu entwickeln. Nur hat im Asteroidengürtel die starke gravitative Einwirkung des Jupiter dazu geführt, dass es nicht zur Entstehung eines Planeten kommen konnte. Später sind die Asteroiden dann untereinander und mit anderen Planeten kollidiert. Bruchstücke bildeten sich und kollidierten wiederum, sodass ein ganzer Zoo verschieden aufgebauter Asteroiden entstand. Nur die größten unter ihnen entwickelten dabei einen differenzierten Aufbau, indem sie aufschmolzen, wodurch sich ihre Bestandteile auf Kern oder Mantel verteilen konnten. Wenn dann einer der großen Asteroiden mit anderen kollidierte, entstanden aus seinem Kern Bruchstücke mit besonders hohem Metallanteil, aus dem Mantel hingegen solche mit einem hohen Anteil an Silikaten.

Viele Jahre vermutete man, dass die Asteroiden kompakte, monolithische Körper sind. Allerdings hat man inzwischen teilweise überraschend niedrige Dichten gemessen sowie riesige Einschlagkrater gefunden. Viele Asteroiden könnten deshalb eine Art fliegender kosmischer Schutthaufen darstellen, deren lose Bestandteile nur durch die eigene Gravitation zusammengehalten werden. Ein solcher Körper ist für Zusammenstöße relativ unempfindlich. Monolithische Objekte hingegen würden bei größeren Einschlägen durch Stoßwellen auseinandergerissen. Ein weiteres Indiz dafür sind die geringen Rotationsgeschwindigkeiten großer Asteroiden. Bei schneller Rotation um die eigene Achse würde ein lose gebundenes Objekt nämlich von Fliehkräften auseinandergerissen.

# Die Benennung der Kleinplaneten

Da es so viele dieser Objekte gibt, folgt ihre Benennung einem auf den ersten Blick komplexen Schema. Beginnen wir mit der Entdeckung eines neuen Asteroiden. Zunächst kennt man seine Bahnparameter meist noch nicht mit Sicherheit. Das Objekt erhält zunächst eine provisorische Bezeichnung. Diese beginnt mit dem Jahr der Entdeckung. Darauf folgt – durch ein Leerzeichen getrennt – zunächst ein Buchstabe, der die Monatshälfte der Entdeckung angibt (A erste Hälfte Januar, B zweite Hälfte Januar, C erste Hälfte Februar …); I lässt man aus. Danach folgt ein weiterer Buchstabe: A für den erstentdeckten dieser Hälfte, B für den zweiten … I lässt man wieder aus. 2015 AA wäre also der erste Anfang Januar 2015 entdeckte Asteroid. Nun werden heute in jeder Monatshälfte mehr als 24 Asteroiden gefunden, also zählt man erneut von A bis Z durch, dann wieder und dann wieder … Wie oft durchgezählt wurde, gibt man mit einer tiefgestellten Ziffer an. Der erste Durchlauf bekommt dabei die 0, wobei man diese ebenso weglässt wie das I. Der Asteroid 2015 $AA_{67}$ ist also der (68*24)+1=1633. Asteroid, der in der ersten Januarhälfte 2015 entdeckt wurde.

Irgendwann kennt man die Bahn des Asteroiden dann genauer, sodass man ihn bei Bedarf jederzeit wiederfindet. Der Lohn der Mühen: Er bekommt eine »richtige« Nummer (bei 1 beginnend)! In früheren Jahren konnte man an dieser Nummerierung die Entdeckungsreihenfolge ablesen, aber das funktioniert heute nicht mehr. Ebenso hat er nun das Recht auf einen Namen. Das Benennungsrecht liegt zehn Jahre lang beim Entdecker, die Internationale Astronomische Union muss ihn jedoch bestätigen, und das kann dauern. So ist zum Beispiel die Benennung nach Haustieren oder mit Werbebotschaften nicht mehr erlaubt. Die Namen sollen nicht mehr als 16 Zeichen haben, aus einem Wort bestehen, aussprechbar und existierenden Namen nicht zu ähnlich sein. Politiker oder Militär-Persönlichkeiten müssen mindestens 100 Jahre tot sein, bevor sie als Namensgeber in Frage kommen. Es gibt deshalb zahlreiche Asteroiden, die zwar bereits eine Nummer haben, aber noch keinen Namen.

# Arten von Asteroiden

Wenn man sich im Teleskop genau ansieht, welche Wellenlängenbereiche des Lichts ein Asteroid reflektiert (»Spektroskopie«), lassen sich daraus oft Aussagen über seine Zusammensetzung treffen. »Oft« heißt natürlich nicht immer und weist auf die Probleme dieser »spektralen Klassifikation« hin. Das am häufigsten genutzte, auf diese Weise entstandene Schema hat 1984 der US-amerikanische Astronom David Tholen aufgestellt. Es besteht aus drei größeren Gruppen und sechs kleineren Klassen, die sich keiner Gruppe zuordnen lassen.

Die Asteroiden der C-Gruppe enthalten einen relativ hohen (bis 3 Prozent) Anteil von Kohlenstoff-Verbindungen. Sie reflektieren deshalb oft relativ wenig Licht. Wahrscheinlich sind es die »urtümlichsten« Asteroiden; sie waren im Lauf ihres langen Lebens wenig Hitze ausgesetzt und geben die Zusammensetzung der planetaren Wolke wieder, aus der sie entstanden. Zu ihnen gehören diese Typen:

C: Mit 75 Prozent Anteil der häufigste Typ. Sie bestehen aus Silizium-Mineralien mit einem relativ hohen Anteil von Kohlenstoff und organischen Verbindungen, die zum Teil aus dem solaren Urnebel kondensiert sind, also einen Blick in die Frühzeit des Sonnensystems erlauben. (Beispiel: (10) Hygiea, (54) Alexandra, (164) Eva)

B: Reflektieren im UV-Bereich anders als der C-Typ, sonst ähnlich (Beispiel: (2) Pallas)

F: Ähnlich wie C, jedoch mit Unterschieden im UV-Bereich. Außerdem fehlen Absorptionslinien im Wellenlängenbereich des Wassers (Beispiel: (704) Interamnia)

G: Ebenfalls ähnlich wie C, jedoch im UV-Bereich unterschiedliche Absorptionslinien (Beispiel: (1) Ceres)

Die S-Gruppe ist der mit 15 Prozent zweithäufigste Typ. Das S steht für die Silikate, also Siliziumminerale wie Olivin oder Pyroxen, aus denen diese Körper bestehen. Man nimmt an, dass sie in größeren, später zerstörten Asteroiden entstanden, und zwar je nach Metallgehalt eher außen (wenig Eisen und Nickel) oder eher innen (mehr Eisen und Nickel). Der einzige Typ ist hier der S-Typ (Beispiel: (15) Eunomia, (3) Juno).

Die X-Gruppe besteht in der Tholen-Klassifikation aus Objekten, die ein sehr ähnliches Spektrum aufweisen, aber wahrscheinlich sehr unterschiedlich aufgebaut sind. Der sichtbare Unterschied besteht vor allem in der Reflektionsfähigkeit (Albedo). Asteroiden, für die dieser Wert unbekannt ist, ordnet man direkt als »X-Typ« ein. Ansonsten gehören zu der Gruppe:

M: Mittlere Albedo. Der M-Typ besitzt oft, aber nicht immer einen relativ hohen Metallanteil. Vermutlich handelt es sich um ehemalige Kerne größerer Asteroiden (Beispiel: 16 Psyche).

E: Hohe Albedo, stammen vermutlich aus der Kruste eines großen Asteroiden (Beispiel: (44) Nysa, (55) Pandora)

P: Niedrige Albedo, gehören zu den dunkelsten Asteroiden (Beispiel: (259) Aletheia, (190) Ismene)

Die sonstigen Asteroidentypen kommen vergleichsweise selten vor, zum Teil auch nur in bestimmten Bereichen des Sonnensystems.

A: Rötliches Spektrum, weniger als 20 bekannte Exemplare, wahrscheinlich aus der Kruste eines größeren Körpers stammend (Beispiel: (246) Asporina)

D: Sehr dunkel und rötlich, kommen eventuell aus dem Kuipergürtel jenseits des Neptun. Der Marsmond Phobos könnte mit ihnen verwandt sein. (Beispiel: (624) Hektor)

T: Dunkel und rötlich, nur wenige Exemplare, eventuell mit C-Typ verwandt (Beispiel: (96) Aegle)

Q: Linien von Olivin und Pyroxen sowie von Metallen im Spektrum, möglicherweise weiter verbreitet als bisher angenommen (Beispiel: (1862) Apollo)

R: Mittelhell, leicht rötlich, mit Linien von Olivin und Pyroxen im Spektrum (Beispiel: (349) Dembowska)

V: Dem S-Typ ähnlich, jedoch mit mehr Pyroxen. Da die V-Asteroiden zum großen Teil ähnliche Bahnen wie Vesta haben, vermutet man, dass sie durch Kollisionen aus der Kruste von Vesta herausgebrochen wurden (Beispiel: (4) Vesta)

# Wo Sie Asteroiden finden

Der Asteroidengürtel gilt gemeinhin als die Heimat der Asteroiden. Tatsächlich beherbergt er neun von zehn Exemplaren. Aber auch in allen anderen Bereichen des Sonnensystems flitzen die Objekte herum. Lediglich innerhalb der Merkurbahn, also relativ nah an der Sonne (näher als ein Drittel des Abstands Erde – Sonne), konnte bisher kein Asteroid gefunden werden. Man vermutet dort die sogenannten Vulkanoiden. Falls es sie gibt (worauf etwa die Meteoriteneinschläge auf Merkur hinweisen), müssten sie kleiner als 50 Kilometer Durchmesser sein, anderenfalls hätten sie schon auf Fotos auftauchen müssen. Ihre Entdeckung ist nicht einfach, weil sie der Sonne so nahekommen. Große Teleskope laufen dabei Gefahr, vom hellen Sonnenlicht zerstört zu werden. Die Asteroiden, die der Sonne am nächsten kommen, sind (1566) Icarus (bis 0,19 AE) und (3200) Phaethon (bis 0,14 AE). Beide umlaufen die Sonne auf stark elliptischen Bahnen.

Für unser alltägliches Leben am relevantesten sind zweifellos die sogenannten erdnahen Asteroiden (Near Earth Asteroid oder NEA). Dabei handelt es sich meist um Himmelskörper, die sich von der Sonne nicht viel weiter als der Mars entfernen. Man unterscheidet dabei vier Typen. Der Amor-Typ kreuzt die Marsbahn in Richtung Erde, ohne allerdings die Erde zu erreichen. Dazu gehört unter anderem (433) Eros, der sich der Erdbahn bis auf 0,15 AE nähert, sowie der Namensgeber der Gruppe, der 1932 entdeckte (1221) Amor. Amor-Asteroiden kreuzen die Erdbahn nicht, können also auch nicht auf der Erde einschlagen – genau wie Asteroiden des Apohele-Typs, die komplett innerhalb der Erdbahn um die Sonne kreisen.

Doch es gibt auch die sogenannten Erdbahnkreuzer: Asteroiden, deren Umlaufbahn die der Erde kreuzt, was irgendwann zu einer Kollision führen könnte. Sie gehören entweder zum Apollo-Typ (ihre Bahn ist weiter als die der Erde) oder zum Aten-Typ (Bahn ist enger als die Erdbahn). Eine echte Gefahr scheint derzeit von keinem der bekannten Objekte auszugehen. Trotzdem untersucht man sie intensiv. Statistisch schlägt einmal im Jahr ein Objekt mit weniger als vier Metern Durchmesser ein, alle fünf Jahre trifft uns ein Objekt mit sieben Metern Durchmesser, das in der Atmosphäre verglüht. Alle 2000 bis 3000 Jahre kommt es zu einem Treffer, der ähnliche Folgen wie das Tunguska-Event von 1908 hat. Etwa zwei Mal in einer Million Jahren müssen wir auf den Aufprall eines Asteroiden von bis zu einem Kilometer Durchmesser gefasst sein. Noch größere Objekte mit fünf Kilometern Durchmesser treffen uns alle 20 Millionen Jahre. Derzeit befindet sich zwar kein solcher Asteroid auf Kollisionskurs, aber das kann sich ändern – ab und zu gelangen Objekte aus dem Asteroidengürtel durch Störungen seitens Jupiter auf andere Bahnen.

Der Asteroidengürtel bildet damit das Reservoir für all die Asteroiden, die das innere und äußere Sonnensystem durchstreifen. Er befindet sich etwa 2 bis 3,4 Astronomische Einheiten (AE, Entfernung Erde – Sonne) von der Sonne entfernt. Der Bereich ist allerdings nicht gleichmäßig mit Objekten gefüllt, im Gegenteil: Die starke Wechselwirkung mit Jupiter führt dazu, dass manche Bahnen instabil sind, und zwar immer dann, wenn die Umlaufzeiten im Vergleich zu Jupiter in einem ganzzahligen Verhältnis stehen (»Resonanz«). Dadurch ergeben sich Lücken, die nach dem US-Astronomen Daniel Kirkwood, der sie 1866 bemerkt hat, »Kirkwoodlücken« genannt werden. Dazu gehören unter anderem die 4:1-Resonanz bei 2,06 AE, die innere Grenze des Hauptgürtels, danach die Hestia-Lücke (3:1), eine Resonanz-Zone bei 5:2 und die Hecuba-Lücke mit einer 2:1-Resonanz, an der der Hauptgürtels bei 3,4 endet. Die Mehrzahl der Asteroiden orbitiert zwischen der 4:1- und der 2:1-Resonanz.

Grundsätzlich sind die Entfernungen zwischen den Asteroiden selbst im Hauptgürtel sehr groß. Einen Asteroiden mit einem Raumschiff zu treffen, ist gar nicht so einfach; zufällige Kollisionen sind so gut wie ausgeschlossen. Über die Jahrmillionen kam es zwischen den Asteroiden aber doch immer wieder zu Zusammenstößen. Dadurch haben sich Gruppen mit ähnlichen Umlaufbahnen gebildet, die als Familien bezeichnet werden. Diese können mit der Zeit zahlenmäßig sehr groß werden, zur Flora- oder zur Eunomia-Familie gehören zum Beispiel je bis zu 5 Prozent aller Objekte im Hauptgürtel, das sind ein paar Tausend Asteroiden.

Auf der Bahn jedes Planeten gibt es Punkte, wo sich die Anziehungskräfte der Sonne und des Planeten gegenseitig aufheben. Das sind die sogenannten Lagrange-Punkte. Auch dort finden sich stabile Umlaufbahnen, die von Asteroiden genutzt werden. Zuerst fand man solche Begleiter bei Jupiter; sie laufen dem Planeten 60 Grad voraus (»Griechen«) oder hinterher (»Trojaner«). Später hat man auch bei anderen Planeten solche Asteroiden gefunden und den Begriff entsprechend erweitert. Man kennt allein schon über 6000 Jupiter-Trojaner. Ihre Zahl dürfte mit der Zahl der Asteroiden im Hauptgürtel vergleichbar sein, doch da sie sich in größerer Entfernung befinden, hat man noch nicht so viele entdeckt. Venus und Erde besitzen je einen bekannten Trojaner (2013 ND15 bzw. 2010 TK7). Beim Mars hat man neun Exemplare identifiziert. Auf der Uranus- und der Neptun-Bahn, die wegen der riesigen Entfernung schwer zu beobachten sind, konnte ebenfalls schon je ein Trojaner entdeckt werden.

Asteroiden zwischen den Umlaufbahnen von Jupiter und Neptun heißen auch Zentauren. Man vermutet, dass es sich um inaktive Kometen handelt. Der größte bekannte Zentaur ist der fast 250 Kilometer durchmessende (10199) Chariklo, er soll sogar ein Ringsystem besitzen. Der Doppelzentaur (65489) Ceto bildet mit seinem Mond Phorcys ein Doppelplanetoiden-System, in dem sich zwei Komponenten ähnlicher Größe umkreisen.

Das Sonnensystem ist hinter Neptun längst nicht zu Ende. Alles, was danach noch kommt, nennt man der Einfachheit halber »transneptunisches Objekt« (TNO). Dazu gehören vermutlich einige zehntausend Himmelskörper – Zwergplaneten wie Pluto oder Sedna, Kometen, aber auch sehr viele Asteroiden. Diese sind im Vergleich zu ihren Kollegen im Hauptgürtel eher dunkel. Viele besitzen einen Kern aus Staub und Eis – der Übergang zum Kometen ist dann fließend. Ihre Bahnen richten sich teilweise nach der des Neptun (Resonanzen), so etwa bei den Plutinos (unter anderem mit dem Pluto), die sich in einer 2:3-Resonanz mit Neptun bewegen. Andere, nämlich die Cubewanos, haben Kreisbahnen, die aber gegen die normale Drehebene der Planeten geneigt sind.

# Geisterfahrer im Sonnensystem

Im Sonnensystem herrscht Linksverkehr: Aus Richtung des Nordpols der Ekliptik gesehen, der Ebene also, in der sich das Sonnensystem befindet, bewegen sich alle Planeten und sonstigen Himmelskörper gegen den Uhrzeigersinn, also linksherum. Alle? Beinahe. Die Planeten und Zwergplaneten machen brav mit, doch von den Asteroiden sind immerhin 82 als Geisterfahrer unterwegs.

Ähnlich wie auf einer Autobahn geht das meist nicht lange gut. Wenn ein Objekt durch irgendeinen dummen Zufall aus der Oortschen Wolke ins Innere des Sonnensystems geschleudert wird und dort wie ein Sonntagsfahrer vom Land jegliche Regeln verletzt, ist damit oft schon nach ein paar Tausend Jahren Schluss. Doch wenn die Falschfahrer ihren Weg schlau wählen, können sie auch mal Millionen Jahre durchhalten.

Der Asteroid 2015 $BZ_{509}$ ist ein besonders cleverer Vertreter dieser Gruppe. Der etwa drei Kilometer große Himmelskörper bewegt sich ungefähr auf der Bahn des Gasriesen Jupiter um die Sonne. Zweimal pro Umlauf begegnet er ihm dabei sogar – ohne dass es zu einer Kollision kommt. Denn 2015 $BZ_{509}$ hat eine Bahn gewählt, die Astronomen als Trisectrix beschreiben.

Bisher kennt man keinen anderen Asteroiden, der sich auf einer solchen Bahn um die Sonne bewegt, die aus zwei ineinander übergehenden Kreisen besteht: Einmal begegnet der Asteroid dem großen Jupiter dadurch näher zur Sonne, ein anderes Mal in größerer Entfernung. Würde nur der Jupiter mit seiner Gravitation Einfluss nehmen, könnte die Bahn absolut stabil sein. Durch die Einwirkung der anderen Planeten reduziert sich diese Zeit allerdings auf ein paar Millionen Jahre.

Woher 2015 $BZ_{509}$ kommt, weiß man nicht genau. Es könnte sich um einen ehemaligen Kometen handeln, der allerdings nicht aktiv ist. Vermutlich gehört er zu den Damocloiden, dem Halleyschen Kometen ähnliche Himmelskörper, die ihr flüchtiges Material bereits verloren haben. Sie besitzen oft retrograde (linksläufige) Orbits und kommen ursprünglich als Besucher aus der Oortschen Wolke, jener Schutthalde an den äußersten Grenzen des Sonnensystems.

# Die zehn interessantesten Asteroiden

(1) Ceres ist mit 945 Kilometern Durchmesser das größte Objekt im Asteroidengürtel – und der einzige Zwergplanet innerhalb der Neptunbahn. Im gesamten Sonnensystem steht er immerhin an 33. Stelle, der Größe nach. Ceres war 1801 auch der erste neuentdeckte Planet. Anscheinend besitzt er wie die großen terrestrischen Planeten einen Kern und eine Kruste; eventuell befindet sich dazwischen ein Eis-Ozean wie auf Enceladus. 2014 hat man Wasserdampf-Emissionen entdeckt.

2014 RC hat sich der Erde 2014 auf immerhin ein Zehntel der Monddistanz genähert. Die Besonderheit des 30 bis 50 Meter großen Asteroiden ist seine Rotationsgeschwindigkeit – schneller als er dreht sich kein anderer. Eine Rotation dauert nur 15,8 Sekunden. Wegen der dadurch entstehenden Fliehkräfte muss es sich um ein massives Objekt handeln.

(216) Kleopatra sticht vor allem wegen ihrer Form heraus – der Asteroid sieht aus wie ein Knochen. Schon 1880 entdeckt, fand man 2008 sogar noch zwei Begleiter, Alexhelios und Cleoselene. Der Knochen ist etwa 217 Kilometer lang und 90 Kilometer dick. Er scheint aus lose aneinandergereihtem Gestein zu bestehen und aus 30 bis 50 Prozent Leerraum. Die beiden Satelliten sind 3 bzw. 5 Kilometer groß.

(243) Ida ist ein Asteroid im Hauptgürtel. Irregulär geformt, ist er etwa 31 Kilometer lang. Am interessantesten ist jedoch sein Begleiter Dactyl. Ida erwies sich damit als der erste Asteroid mit

eigenem Mond. Ida gehört zum S-Typ, der eiförmige Dactyl ebenfalls, ist aber etwa 20 Mal kleiner als Ida.

(1566) Icarus ist unter allen bekannten Asteroiden der, der der Sonne am nächsten kommt – daher auch der Name. Alle 9, 19 oder 28 Jahre nähert sich der etwa 1400 Meter große Asteroid aber auch der Erde, sodass er zur Gefahr werden könnte. 1968 hat er sich der Erde auf 16-fache Mondentfernung genähert. Damals konnte er als erster Asteroid von der Erde aus per Radar beobachtet werden.

(5261) Eureka war der erste vom Menschen entdeckte Mars-Trojaner. Dem Spektrum nach gehört er zum A-Typ. Allerdings scheint sich seine Zusammensetzung davon zu unterscheiden. Da er sich an der stabilsten Stelle des Lagrange-Punkts L5 befindet, ist sein Orbit so unveränderlich, dass Eureka vermutlich schon seit der Entstehung des Sonnensystems dort kreist.

(29075) $1950_{DA}$ ist der Near-Earth-Asteroid mit der größten Chance, auf der Erde einzuschlagen. Das etwa einen Kilometer durchmessende Objekt wird mit einer Wahrscheinlichkeit von 0,012 Prozent im Jahre 2880 mit unserem Planeten kollidieren. Wenn dieser unwahrscheinliche Fall überraschenderweise doch eintritt, dürfte der Einschlag die menschliche Zivilisation ernsthaft gefährden.

(21) Lutetia ist ein Asteroid des Hauptgürtels, der am 15. November 1852 von Hermann Mayer Salomon Goldschmidt von den Fenstern seiner Mansardenwohnung aus entdeckt wurde. Es handelt sich um einen der ersten Asteroiden, die als M-Typ klassifiziert wurden, allerdings mit einer ungewöhnlich niedrigen Radar-Albedo. Die etwa 100 Kilometer große (21) Lutetia ist von riesigen Kratern, Graten und Erdrutschen sowie mehrere hundert Meter großen Felsen geprägt und scheint eine bewegte Vergangenheit zu haben: Wahrscheinlich entstand der Asteroid im inneren Sonnensystem und wurde dann nach außen geschleudert.

(25143) Itokawa war der erste Asteroid, von dem eine Sonde Material auf die Erde gebracht hat. Das zur Apollo-Gruppe gehörende Objekt ist etwa 350 Meter groß. Es scheint aus zwei Hälften zu bestehen, die irgendwann aneinander gestoßen und kleben geblieben sind. Seine niedrige Dichte zeigt, dass es nur auf den ersten Blick aus massivem Stein bestehen kann. Auch die Bilder der Hayabusa-Sonde deuten darauf hin.

(469219) $2016_{HO3}$ ist ein »Fast-Mond« der Erde: Der höchstens 100 Meter große Asteroid begleitet unseren Planeten auf seinem Weg um die Sonne und schwingt sich dabei mal in Richtung Mars, dann wieder in Richtung Venus. Wenn er auf der Außenbahn ist, fällt er ein Stück zurück, wechselt auf die Innenbahn und überholt uns wieder. Damit ist $2016_{HO3}$ ein Quasi-Satellit.

# Was uns bei einem Asteroiden-Einschlag umbringen wird

Das Risiko ist gering, dass die Erde von einem zerstörerischen Asteroiden getroffen wird. Ein 60-Meter-Brocken kollidiert statistisch alle 1500 Jahre mit unserem Planeten, ein 400-Meter-Riese sogar nur alle 400.000 Jahre. Aber falls es doch passiert, was bringt uns dann um, welche Folge des Einschlags ist am gefährlichsten für den Menschen? Das haben Forscher um den Astrophysiker Clemens Rumpf von der Universität Southampton in einer Studie ermittelt, indem sie den Erdball mit 50.000 virtuellen Asteroiden zwischen 15 und 400 Metern Größe beschossen.

Grundsätzlich zeigte sich dabei, dass ein Einschlag auf dem Land um eine Größenordnung gefährlicher ist als ein Treffer im Ozean.

- Platz 1 und 2: Wind und Schockwellen fordern mit etwa 60 Prozent die meisten Leben. Die plötzlichen Veränderungen des Luftdrucks verletzen innere Organe, die Windstöße sind stark genug, Menschen durch die Luft zu wirbeln und Bäume zu entwurzeln.
- Platz 3: Hitze. Die entstehende Wärme ist für 30 Prozent aller Opfer verantwortlich. Ihr könnte man entgehen, indem man sich in Kellern und U-Bahn-Tunneln versteckt.
- Platz 4: Tsunami. Ein Einschlag im Meer könnte mit dem folgenden Tsunami für 20 Prozent der Opfer verantwortlich sein. Allerdings verteilt sich die Energie der Tsunami-Welle relativ schnell.

- Platz 5 und 6: Der Einschlagkrater und durch den Einschlag emporgeworfenes Material würden je nur weniger als 1 Prozent der Opfer fordern.
- Platz 7: Seismische Stöße hätten ebenfalls nur geringen Einfluss, mit gerade einmal 0,17 Prozent.

Tödlich wären generell nur Asteroiden mit mindestens 18 Metern Durchmesser. Wichtiger Tipp: Falls Sie den Einschlag eines Asteroiden beobachten – bleiben Sie nicht am Fenster. Beim Einschlag in Tscheljabinsk gab es die meisten Verletzungen durch von der Druckwelle berstende Fensterscheiben.

Tipp: Wenn Sie sich hier …

www.hardsf.de/fortsetzung

eintragen, erhalten Sie rechtzeitig einen Hinweis auf weitere HardSF-Titel (sowie die farbige PDF-Version der Biografie der Asteroiden kostenlos).

# Die neue Biografie des Jupiter

# Einführung

*Der fünfte Planet ist so groß, wie ein Planet überhaupt werden kann. Doch faszinierend sind nicht nur seine Ausmaße und seine gigantischen Stürme, sondern auch die rätselhaften Monde.*

Ein Besuch des Jupiter ist ein Abenteuer, noch bevor Sie angekommen sind. Wenn Sie die 5000 Kilometer dicke Atmosphäre durchquert haben (bei der Erde wären Sie jetzt schon im Kern), wartet keine feste Oberfläche auf Sie – der Druck, der bereits bei zehn Erdatmosphären liegt, nimmt einfach nur weiter zu. Wenn Sie hier eine Pause einlegen, sollten Sie Ihren Sicherheitsgurt nicht lösen. Mächtige Stürme schütteln Ihr Raumfahrzeug durch. Blitze, weitaus größer und stärker als auf der Erde, durchzucken die dichte, aus Wasserstoff und Methan bestehende Atmosphäre.

Es regnet; wenn Sie den Regen auffangen, werden Sie überrascht feststellen, dass er aus Wasser besteht. Doch selbst wenn sich die Wolkenschicht über Ihnen lockert, gibt sie nicht den Blick auf die Sonne frei, denn über ihr liegen weitere Wolken aus Ammoniumhydrogensulfid und Ammoniak. Trotz des ewigen Schattens ist es heiß hier; das Thermometer zeigt über 150 Grad Celsius.

Jupiter ist als größter Planet des Sonnensystems schon seit der Antike bekannt. Seine Besonderheit, den Großen Roten Fleck, kennen die Astronomen, seit es Fernrohre gibt. Die Erde würde 1320 Mal in die Jupiterkugel passen, die 318 Mal so viel wie die Erde wiegt. Dabei besteht der Planet fast nur aus Gas, dessen Zusammensetzung gut mit dem Aufbau der solaren Ur-Staubscheibe übereinstimmt. Die Massenanteile liegen bei etwa 75 Prozent Wasserstoff, 24 Prozent Helium und Spuren schwererer Elemente. Jupiter ist 2,5 Mal so schwer wie alle anderen Planeten zusammengenommen. Dadurch kann er es beinahe mit der noch zehnmal größeren und tausendmal schwereren Sonne aufnehmen: Das Schwerezentrum, um das Sonne und Jupiter kreisen, liegt sogar knapp über der Sonnenoberfläche. Beim System aus Mond und Erde liegt dieser Punkt noch im Erdinneren.

Jupiter hat zur Sonne einen Abstand von etwa fünf Astronomischen Einheiten (AE, die Entfernung zwischen Erde und Sonne), das sind im Mittel 778 Millionen Kilometer. Der Abstand zur Erde ändert sich je nach Position auf seiner Bahn, er liegt zwischen 588 und 968 Millionen Kilometern. Man sollte sich also sehr genau überlegen, wann man losfliegt. Für einen Umlauf um die Sonne braucht der Gasriese elf Erdenjahre und 315 Tage, also fast zwölf Jahre.

Trotz seiner Größe ist er überhaupt nicht träge. Er dreht sich von allen Planeten im Sonnensystem am schnellsten um seine Achse. Für eine Umdrehung braucht er knapp zehn Stunden. Als Gasplanet ist er ähnlich wie die Sonne einer differentiellen Rotation unterworfen, das heißt einzelne Schichten rotieren verschieden schnell. Der Äquator braucht zum Beispiel für eine Umdrehung fünf Minuten weniger als die (deutlich abgeplatteten) Polregionen.

# Der Aufbau des Jupiter

Der Planet, der 143.000 Kilometer durchmisst, besitzt die maximale Ausdehnung, die ein Planet überhaupt erreichen kann. Berechnungen zeigen nämlich, dass er mit mehr Masse aufgrund der zunehmenden Schwerkraft tatsächlich schrumpfen würde. Dieser Prozess würde bei etwa 500 Erdmassen (1,6 Jupitermassen) beginnen; dabei würde sich der Druck im Inneren des Jupiters ständig erhöhen, bis bei etwa 50 Jupitermassen Fusionsprozesse einsetzen würden, die den Planeten in einen Stern, einen braunen Zwerg, verwandeln.

Doch auch ohne Kernfusion produziert der Jupiter etwas mehr Wärme, als er durch Sonneneinstrahlung aufnimmt. Er kontrahiert nämlich allmählich unter seiner eigenen Schwerkraft. Dabei wird Wärme frei. Pro Jahr schrumpft er um etwa zwei Zentimeter. Zur Zeit seiner Entstehung muss er denn auch noch doppelt so groß wie heute gewesen sein.

## Der Aufbau des Jupiter

Was der Besucher von Jupiter sieht, sind die äußersten Schichten der Atmosphäre. Hier fallen vor allem die verschiedenfarbigen Bänder auf, die in Weiß-, Rot-, Orange-, Braun-, Gelb- und Blautönen auftreten. Sie verlaufen nach Breitengraden gestaffelt in Ost-West-Richtung um den Planeten. Dabei nennt man die helleren Bereiche Zonen, die dunkleren hingegen Gürtel. In den Zonen, die kühler und dichter sind als die Gürtel, steigen Gase aus weiter innen liegenden Schichten auf. Ihre helle Farbe gibt ihnen vermutlich Ammoniakeis. Woher die Farbe der Gürtel kommt, ist noch nicht sicher – Phosphor, Schwefel oder auch Kohlenwasserstoffe könnten die Ursache sein.

Die Bänder bewegen sich mit unterschiedlichen Geschwindigkeiten und in verschiedenen Richtungen um den Planeten. Zwischen ihnen gibt es so genannte Jets, in denen besonders hohe Windgeschwindigkeiten herrschen. An ihnen entstehen denn auch besonders oft Turbulenzen, die sich zu Wirbelstürmen auswachsen. Die Bandstruktur löst sich zu den Polen hin auf; dort gibt es meist besonders stark ausgeprägte Wirbelsturm-Felder.

Aber all dies bildet nur eine relativ dünne, fünfzig Kilometer durchmessende Schicht. Zusätzlich vermutet man unter ihr eine dünne Schicht von Wasserwolken, in denen man starke Blitze gemessen hat. Sie können tausend Mal stärker sein als Blitze auf der Erde.

In den äußeren Regionen gibt es tropfenförmige Niederschläge aus den Edelgasen Helium und Neon, die allmählich in immer größere Tiefen wandern. Auch Diamant-Regen könnten hier auftreten. Mit zunehmender Tiefe steigen Druck und Temperatur, sonst ändert sich wenig. Die Definition einer Oberfläche, wo dann die Atmosphäre beginnt, ist deshalb rein willkürlich. Man setzt als »Nullniveau« deshalb den Bereich an, wo der Druck so hoch wie auf der Erdoberfläche ist, nämlich 1 bar. Dieses Nullniveau liegt bei 71492 Kilometern Radius. Dort ist es minus 108 Grad Celsius kalt.

Ab einer Tiefe von etwa tausend Kilometern wird der primäre Bestandteil des Jupiter, der Wasserstoff, flüssig. Genau genommen ist sein Zustand superflüssig, ein Zustand, bei dem ein Stoff seine innere Reibung verliert. Ab einem Druck von einigen hundert Gigapascal (das entspricht dem millionenfachen Druck an der Erdoberfläche) und Temperaturen von über 10.000 Grad wird Wasserstoff dann elektrisch leitfähig – »metallisch« sagt man dazu auch. Mit einem herkömmlichen Metall ist das kaum zu vergleichen, da Wasserstoff gleichzeitig superfluid bleibt. Die Schichten, in denen der Wasserstoff metallisch ist, dürften bei 16.000 Kilometern Tiefe beginnen.

Zum Kern hin steigt die Temperatur auf etwa 36.000 Grad, der Druck liegt dort bei 3000 bis 4500 Gigapascal. Auch der Gasplanet Jupiter besitzt vermutlich einen festen Kern aus Gestein mit zwölf bis 45 Erdmassen, der im Laufe der Entstehung schwer genug wurde, Gas aus der Umgebung an sich zu binden. Die Zusammensetzung des Kerns ist derzeit unsicher, selbst seine Existenz lässt sich anhand der Messungen bisher nicht beweisen – sie ergibt sich lediglich aus den Theorien zur Entstehung der Gasplaneten. Vielleicht ist er im Laufe der Existenz des Jupiter auch verschwunden: Der heiße, metallische Wasserstoff, der ihn umgibt und rotiert, könnte die felsigen Bestandteile aufgelöst, davongetragen und im ganzen Planeten verteilt haben.

# Stürme und Magnetfeld

SCHON BEIM BETRACHTEN DES JUPITERS IM FERNROHR FÄLLT AUF, dass die Atmosphäre in den Planeten umlaufenden Bändern organisiert ist (siehe oben). Die Forscher sind sich noch nicht einig, ob diese Gürtel nur die Atmosphäre betreffen oder aus Bewegungsmustern des darunter liegenden festeren Mantels herrühren. Wo sich diese Zirkulationsmuster treffen, entstehen gigantische Stürme. Die Stürme gehen wie auf der Erde aus dem Aufsteigen von Wasserdampf hervor, der zu bis zu 1000 Kilometer großen Wolken kondensiert. Die heftigen Luftströmungen laden die Atmosphäre auf und es entstehen Blitze, die bis zu tausend Mal stärker als auf der Erde in die Tiefe zucken. Die normalen Jupiter-Stürme sind in der Mehrzahl kurzlebig, sie dauern meist nur wenige Tage.

Anders die Wirbelstürme: Die je nach Drehrichtung Zyklon oder Antizyklon genannten Strukturen können mehrere Jahrhunderte überdauern und resultieren aus einem etwa 70-jährigen Klimazyklus. Das bekannteste Exemplar ist der Große Rote Fleck, der etwa doppelten Erdumfang besitzt. Der mächtige Sturm reicht offenbar bis in 300 Kilometer Tiefe. Die Wurzeln des Sturms liegen damit 50 bis 100 Mal tiefer als die Erdozeane, und in der Tiefe ist es deutlich wärmer als an der Oberfläche. Das erklärt auch die Kraft, mit der der Wind weht: Wind entsteht durch Temperaturdifferenzen, und die Hitze an der Basis des Sturms ist es wohl, die ihn antreibt. Wie lange wird er noch durchhalten? Seit 1830 wird er von der Menschheit kontinuierlich beobachtet. Vermutlich existiert er bereits seit mehr als 350 Jahren. Im 19. Jahrhundert war er noch deutlich größer als zwei Erddurchmesser. Aber in neuerer Zeit scheint er zu schrumpfen, wie Messungen zeigen. Beim Vorbeiflug der Voyager-Sonden auf dem Weg zum Saturn 1979 maß er recht genau zwei Erddurchmesser. Seitdem hat sich die Breite seines Ovals um ein Drittel und die Höhe um ein Achtel verringert.

Der Rote Fleck ist bei weitem nicht der einzige Wirbelsturm auf Jupiter. Doch es gibt nur noch ein anderes Exemplar, das seit 2006 ebenfalls eine rötliche Farbe angenommen hat. Welcher Stoff für die Farbgebung verantwortlich ist, wissen die Forscher nicht. Im Verdacht stehen organische Moleküle, Phosphor oder Schwefelverbindungen. Der Große Rote Fleck scheint sich aber in etwas größerer Höhe als die anderen Wirbelstürme zu befinden.

Ein weiterer Unterschied zur Erde liegt in der Dominanz der Antizyklone. Mehr als neun von zehn Wirbelstürmen mit mehr als 1000 Kilometer Ausdehnung rotieren auf dem Jupiter bei Windgeschwindigkeiten von mehreren Hundert Kilometern pro Stunde gegen die Drehrichtung des Planeten. Diese Antizyklone sind gleichzeitig Hochdruckzentren – die Zyklone auf der Erde hingegen sind Tiefdruckgebiete. Die meisten sind allerdings nicht so stabil wie der Große Rote Fleck und lösen sich nach zwei, drei Jahren wieder auf. In Äquatornähe wurden bisher keine Wirbelstürme beobachtet. In Höhenrichtung betrachtet, sind die Wirbelstürme wohl relativ flach; sie erstrecken sich kaum mehr als 500 Kilometer in die Atmosphäre.

## Das Magnetfeld

So wie die Polarlichter auf der Erde von der Existenz eines schützenden Magnetfelds zeugen, besitzt auch der Jupiter eine polare Aurora – aber in viel größerem Ausmaß. Das Magnetfeld des Planeten ist zehn bis zwanzig Mal stärker als das der Erde und mit 400 bis 1400 Mikrotesla das stärkste aller Planeten des Sonnensystems. Seine genaue Entstehungsweise ist ungeklärt, doch die hohe Rotationsgeschwindigkeit (ein Tag ist nur zehn Stunden lang) und der metallische Wasserstoff im Mantel scheinen eine wichtige Rolle zu spielen. Immer, wenn sich leitende Stoffe schnell bewegen, werden dadurch Magnetfelder induziert – und der Jupiter beherbergt sehr, sehr viel metallischen (leitfähigen) Wasserstoff.

An den Polen des Planeten (der magnetische Nordpol befindet sich in der Nähe des geografischen Südpols) führt das zum beeindruckenden Schauspiel einer Aurora – zumal hier das Magnetfeld auch noch Teilchen vom vulkanischen Jupitermond Io einfängt. Die von dem Magnetfeld in der Atmosphäre induzierten elektrischen Ströme tragen ebenfalls ihren Teil zur Action bei, indem sie Superblitze erzeugen, die vielfach stärker als auf der Erde sind. Die Wechselwirkung des Sonnenwinds mit dem Magnetfeld des Jupiters können Sie übrigens in Form der »Jupiter-Bursts« sogar auf der Erde hören, wenn Sie ein gutes Kurzwellenradio besitzen.

Für Besucher hat die Stärke des Magnetfelds einen Nachteil: Es fängt jede Menge geladener Teilchen aus dem Sonnenwind ein, beschleunigt sie und bombardiert alle damit, die in es eindringen. Außerdem induziert es unerwünscht Strom. Bei der Galileo-Sonde, die zwischen 1995 und 2003 den Jupiter umkreiste, ließ das starke Magnetfeld manchmal Lichtbögen zwischen rotierenden und nicht rotierenden Teilen entstehen, die zu Datenverlusten bei drei Orbits führten, und es erhöhte die Fehlerrate der Gyroskope, die die Sonde stabilisieren sollten.

# Ringe und Monde

## Die Ringe des Jupiter

Ja, auch Jupiter besitzt ein Ringsystem, das aber viel bescheidener ausfällt als das des Saturn. Es besteht im wesentlichen aus Staub und hat vier Komponenten: einen dichten, inneren Torus, den »Halo-Ring«, einen relativ hellen, aber dünnen Haupt-Ring, und zwei dichte, aber nur schwer erkennbare äußere Ringe.

Gespeist wird das System wohl von den kleinen Gesteinsmonden Adrastea, Metis, Thebe und Amalthea. Diese sehen sich nämlich einem ständigen Meteoriten-Bombardement ausgesetzt. Den aufgewirbelten Staub kann ihre eigene, schwache Schwerkraft nicht halten, sodass er in den Ringen endet. Diese bewegen sich in einer spiralförmigen Bahn auf den Jupiter zu. Nach etwa 100.000 Jahren wird der meiste Staub vom Jupiter aufgesogen. Die Ringe wären also längst verschwunden, gäbe es nicht dauernd Nachschub von den Monden. Das Gesamtgewicht des Ringsystems dürfte zwischen 100 Millionen Tonnen und 10 Billionen Tonnen liegen. Die obere Grenze entspricht etwa der Masse des Marsmondes Phobos.

## Die Monde des Jupiter

Der Planet besitzt eine ganze Herde an Schäfchen, die ihn in unterschiedlichen Abständen umkreisen. Bislang haben die Astronomen 79 Monde gezählt. Die meisten sind allerdings kleinere Objekte, die sich der Jupiter wohl unter anderem aus dem Asteroidengürtel eingefangen hat. Damit besitzt der Jupiter von allen Planeten im Sonnensystem die meisten Monde. Die vier »Galileischen« Monde sind allerdings der dominante Bestandteil des Systems. Sie wurden bereits 1610 von Galileo Galilei entdeckt. Sie besitzen eine runde Gestalt und gälten, würden sie die Sonne eigenständig umkreisen, bereits als Zwergplaneten.

Die restlichen 75 Monde tragen nur 0,003 Prozent zur Gesamtmasse des Mondsystems bei. Nur einige von ihnen verhalten sich (wie die Galileischen Monde) »normal«, das heißt sie umkreisen den Planeten in dessen eigener Rotationsebene und -richtung. Die anderen orbitieren »falsch herum«, haben sehr exzentrische Bahnen oder drehen sich schräg zur Ekliptik um Jupiter. Vermutlich sind sie nicht mit dem Planeten entstanden, sondern später von ihm eingefangen worden. Der Großteil der als letzte entdeckten Begleiter besitzen noch nicht einmal Namen.

Relativ nah umkreisen ihn die oben schon genannten inneren Monde, die die drei Ringe mit Material speisen. Sie sind zwischen 20 und 131 Kilometer groß und bestehen aus Gestein. Zumindest Amalthea scheint ein zugewanderter Mond zu sein, darauf deutet jedenfalls seine Zusammensetzung hin.

Die kleineren Monde lassen sich meist bestimmten Gruppen zuordnen, deren Mitglieder auf ähnliche Weise in Jupiters Besitz gelangt sind. Von der Himalia-Gruppe (fünf Monde) nimmt man zum Beispiel an, dass sie durch das Auseinanderbrechen eines aus dem Asteroiden-Gürtel zugewanderten Asteroiden entstand. Die Carme-Gruppe (zwölf Monde) könnte aus einem Asteroiden vom D-Typ entstanden sein, der vor langer Zeit im Kuiper-Gürtel entstanden ist.

Als äußerster Mond gilt S/2003 J 2. Er durchmisst etwa zwei Kilometer und orbitiert in einem Abstand von fast 0,2 AE. Für einen Umlauf braucht er 981 Tage. Momentan haben ihn die Astronomen allerdings aus dem Blick verloren. Theoretisch könnten Orbits bis zu einem Abstand von 0,35 AE stabil sein. Es ist also absolut möglich, dass in den nächsten Jahren noch weitere Jupiter-Monde entdeckt werden.

Jupiter war mit 67 Monden lange der Rekordhalter unter allen Planeten des Sonnensystems. 2018 hat ein Astronomen-Team zwölf weitere identifiziert, was die Gesamtzahl auf 79 erhöht. Die Forscher hatten die neuen Monde erstmals 2017 gefunden, während sie auf der Suche nach Objekten am äußersten Rand des Sonnensystems waren. »Jupiter stand uns zufällig im Weg herum«, erklärt Teamleiter Scott S. Sheppard von der Carnegie Institution for Science. Die Bestätigung, dass die neuen Objekte tatsächlich einen Orbit um Jupiter besitzen, hat ein Jahr gedauert.

Neun der neuen Monde bilden einen kleinen Schwarm, der Jupiter auf einer Bahn entgegen dessen eigener Rotation, also retrograd, umkreist, und zwar mit einer Periode von zwei Erdjahren. Man vermutet, dass es sich um Bruchstücke von drei größeren Objekten handelt, die bei einem Zusammenstoß zerstört wurden.

Zwei der neuen Monde sind Teil einer inneren Gruppe mit progradem Orbit. Auch bei ihnen vermutet man, dass sie einst zu einem größeren Mond gehörten. Ihre Umlaufperiode liegt bei unter einem Erdjahr.

Eine Besonderheit ist der zwölfte Mond. Er umkreist Jupiter auf einer progradem Bahn, die die Bahn der retrograden Monde kreuzt. Er begibt sich also immer wieder in den Gegenverkehr. »Eine höchst instabile Bahn«, sagen die Forscher, die irgendwann zu weiteren Kollisionen führen wird. Sie vermuten, dass der Einzelgänger der Überrest eines Mondes ist, aus dem bei früheren Zusammenstößen bereits die anderen retrograden Monde entstanden. Der Einzelgänger, der nur etwa einen Kilometer durchmisst, soll den Namen »Valetudo« bekommen. Die Urenkelin Jupiters ist die Göttin der Gesundheit und der Hygiene.

## Der Vulkanmond Io

Io ist mit einem Durchmesser von gut 3600 Kilometern immerhin der viertgrößte Mond des Sonnensystems. Vor allem aber ist er das Himmelsobjekt mit der größten vulkanischen Aktivität. Über 400 aktive Vulkane – da muss in Relation zur Größe selbst die Venus passen. Dass Io so aktiv ist, liegt an seiner Nähe zu Jupiter. Dessen Gezeitenkräfte kneten Io nämlich so kräftig durch, dass sich der Durchmesser des Mondes je nach Position zu Jupiter um bis zu 100 Meter verändert. Die daraus resultierenden Reibungskräfte erzeugen innerhalb des Mondes enorme Temperaturen, die dazu führen, dass ein großer Teil des Mantels flüssig ist.

Der grundsätzliche Aufbau des Mondes ähnelt dabei dem Erdmond: ein fester, metallischer Kern, über dem ein Mantel aus magnesiumreichen Silikaten liegt. Etwa zehn bis 20 Prozent des Mantels müssen flüssig sein. Messungen haben ergeben, dass etwa 50 Kilometer unter der Oberfläche ein riesiger Magma-Ozean vorhanden ist, aus dem sich die vulkanische Aktivität speist. Diese ist dem Mond schon aus der Ferne anzusehen. Statt großer Einschlagskrater wie bei anderen Himmelskörpern ohne nennenswerte Atmosphäre dominieren hier glatte Basalt-Ebenen aus (wieder) geschmolzenem Gestein, hohe, von tektonischer Aktivität gefaltete Gebirgszüge, große Vulkankegel und ausgedehnte Lavaströme.

Der Mond wirkt zwar nicht einladend, aber außerordentlich farbenfroh mit Tönen von Gelb, Grün und Orange. Das liegt an den Ablagerungen verschiedener Schwefelverbindungen und von gefrorenem Schwefeldioxid, die die Vulkane in Form riesiger Wolken ausgespien haben, die sich auch aus dem Weltraum beobachten lassen. Dementsprechend besteht auch die dünne Atmosphäre vor allem aus Schwefeldioxid. Sollte es auf Io je Wasser gegeben haben, wurde dieses schon in der Frühzeit von Jupiters Anziehungskraft hinweggefegt. Die Gebirgsketten auf Io sind im Mittel 6000 Meter hoch. Rekordhalter sind die Boösaule Montes mit einer Gipfelhöhe von 17.500 Metern. Sie haben sich ähnlich wie die Alpen durch Auffaltungen von Teilen der Kruste gebildet, die enormem Druck ausgesetzt ist.

Auf dem vulkanisch sehr aktiven Jupitermond Io konnten Forscher 2017 erstmals Wellen heißer Lava direkt beobachten – und zwar dank des Eismondes Europa, der aus Sicht der Erde vor Io vorübergezogen ist. Das nur zehn Sekunden dauernde Ereignis fand bereits am 8. März 2015 vor den Augen des Large Binocular Telescope Observatory im südöstlichen Arizona statt. Der von Eis bedeckte Mond Europa reflektiert sehr wenig Licht im Infrarot-Bereich (Wärme); sein Vorüberziehen eignet sich deshalb besonders gut dazu, thermische Verteilungen zu ermitteln .

Die Forscher haben sich hierbei besonders für eine helle Fläche interessiert. Es handelt sich um Loki Patera, einen Schwefel-Vulkan mit über 200 Kilometern Durchmesser und mit über 21500 Quadratkilometern Fläche größer als der Ontariosee. Dass er regelmäßig seine Temperatur ändert, war den Astronomen schon früher aufgefallen – und sich verändernde Temperaturen bedeuten in der Regel Bewegung. Diese konnten die Wissenschaftler nun durch eine genaue Analyse der Bedeckung tatsächlich nachweisen.

Demnach bewegen sich gleich zwei Lavawellen mit einer Geschwindigkeit von etwa einem Kilometer am Tag von West nach Ost über den See. Am Westufer des Sees betrug die Temperatur an der Oberfläche demnach etwa 270 Kelvin (knapp unter 0 Grad Celsius), am Ostufer hingegen 330 Kelvin. Der Lavasee müsste, meinen die Forscher, demnach von zwei unterschiedlichen Quellen im Untergrund gespeist werden.

Dass Io derart vulkanisch aktiv ist, liegt wohl daran, dass sein Mutterplanet Jupiter ihn »durchknetet« und dabei Reibungswärme produziert. Der Lavasee von Loki Patera besteht aus geschmolzenem Schwefel. Da Io kaum Atmosphäre besitzt, stinkt es dort trotzdem nicht.

## Der Ozeanmond Europa

Falls Sie auf Ihrer Reise zum Jupiter einen Zwischenstopp einlegen, empfehle ich Ihnen Europa. Nicht nur wegen des Namens: An der Oberfläche des sechstgrößten Mondes des Sonnensystems werden Sie auch etwas finden, das außer der Erde sonst kein anderer Himmelskörper besitzt: eine Atmosphäre aus Sauerstoff. Leider ist die Atemluft dort zu dünn, als dass Sie Ihren Helm abnehmen könnten – der Druck liegt bei einem Billionstel des Atmosphärendrucks unseres Heimatplaneten. Außerdem sollten Sie Ihren Aufenthalt lieber nicht über Gebühr ausdehnen, denn die Strahlung ist stark, schon nach einem Tag erhöht sich Ihr Krebsrisiko signifikant.

Während auf der Erde primär Pflanzen unsere Sauerstoffversorgung sichern, ist auf Europa die heftige kosmische Strahlung schuld: Sie zerstört die Bindung von Wasserstoff und Sauerstoff im Wassereis, das auf der Oberfläche in großer Menge vorhanden ist. Während der leichte Wasserstoff der Anziehungskraft von Europa entflieht, verbleibt der Sauerstoff in der Atmosphäre.

Doch auch im Inneren des Mondes warten interessante Neuigkeiten. Kern und Mantel sind ähnlich wie bei der Erde aus Metall beziehungsweise Gestein aufgebaut. Darüber existiert jedoch eine bis zu 100 Kilometer dicke Schicht aus Wassereis. Die Gezeitenkräfte des Jupiter heizen den Mond stark genug auf, dass ein Teil dieser Schicht in Form eines unterirdischen, salzhaltigen Ozeans vorliegt. Forscher spekulieren bereits, ob hier womöglich Leben entstanden sein könnte. Die helle, stark reflektierende Eisschicht darüber scheint relativ dünn. Darauf deuten vor allem die zahlreichen Bruchlinien hin, die den Mond umgeben und die bis zu 20 Kilometer breit sind.

Aus den Mustern, die sie bilden, leiten Forscher eine spannende Tatsache ab: Anscheinend rotieren Europas Kern und Mantel etwas schneller als die Oberfläche. Der Wasser-Ozean bildet die Trennschicht zwischen beiden. Während auf der Oberfläche ein riesiger Jupiter stets an der gleichen Stelle hängt (Europa rotiert wie der Erdmond gebunden, wendet seinem Planeten also immer dieselbe Seite zu), dreht sich der Mantel langsam darunter hinweg. Ein voller Umlauf dauert dabei etwa 12.000 Jahre.

Die Eisschicht, die den Mond bedeckt, besteht zwar aus gefrorenem Wasser, ist dabei jedoch wegen der niedrigen Temperaturen zwischen minus 220 Grad an den Polen und minus 160 Grad am Äquator hart wie Granit.

Unter den Kräften des Jupiter kommt es zu Brüchen, den langen Gräben, an denen sich wie Magma warmes Eiswasser nach oben drücken kann. Die Lenticulae sind eine Art Eisvulkane: Bei diesen runden oder elliptischen Erhebungen oder Einbuchtungen kam es in der Vergangenheit wohl zu Durchbrüchen des wärmeren, fließfähigen Eises von unten, ähnlich wie über Magmakammern in der Erdkruste. Wo sich diese Störungen häufen, manchmal sieht es auch aus, als schöben sich riesige Eisschollen übereinander, nennen Astronomen das Gebiet "Chaos".

Ob es hier wie beim Saturnmond Enceladus Geysire gibt, ist jedoch alles andere als klar. Ein Vorteil wäre es jedenfalls, denn so könnte man recht einfach herausfinden, was sich in dem unter der Kruste von Europa vermuteten Ozean befindet. Da Europa in den 2020er-Jahren doppelten Besuch erhält (die ESA-Sonde JUICE und die NASA-Sonde Europa Clipper fliegen den Mond an), steigt die Neugier von Jahr zu Jahr.

Das Weltraumteleskop Hubble hat bereits zweimal etwas fotografiert, was man als Eis-Fontänen interpretiert hat. Allerdings haben die Beweise nicht jeden überzeugt, da sie hart an der Leistungsgrenze von Hubble erfolgten und sich nur manchmal nachvollziehen ließen. Man ist deshalb derzeit bei der Aussage »wahrscheinlich hat auch Europa Geysire« angekommen.

Dazu liefert nun ein Forscherteam neue Hinweise. Die Experten haben sich dazu alte Daten noch einmal angesehen, die die schon 2003 in den Jupiter gestürzte Galileo-Sonde geliefert hatte. Galileo hatte sich Europa auf bis zu 400 Kilometer genähert und dabei das schwache Magnetfeld des Mondes sowie die Plasmadichte vermessen, also die Teilchenzahl in dem Raum, den Galileo durchquerte. Das Ergebnis der Forscher: Kombiniert können die Messwerte nur zustande kommen, wenn es gleichzeitig den Ausbruch eines Geysirs aus dem Bereich gegeben hat, den Hubble bereits als Quelle identifiziert hatte. Galileo hat die Fontäne bei seinem Vorbeiflug 1997 also zwar nicht gesehen und fotografiert, aber mit seinen Messinstrumenten gespürt.

Bei der Erde sind Kruste und oberer Mantel immer unterwegs. Es ist zwar im Alltag nicht zu bemerken, aber die Nordamerikanische Platte und die Eurasische Platte oder die Afrikanische Platte sind in ständiger Bewegung. Wo sie aufeinandertreffen, falten sie Gebirge auf oder eine schiebt sich unter die andere. Diesen Vorgang nennt man Subduktion. Die Platte, die dabei nach unten abtaucht, wird im inneren Erdmantel geschmolzen und verändert ihre Struktur.

Der Jupitermond Europa ist der Erde zwar wenig ähnlich. Aber wäre es möglich, dass sich Teile der Eiskruste des Mondes ähnlich wie die Kontinentalplatten der Erde in Bewegung befinden? Das haben Forscher in einer Computersimulation untersucht. Damit es zum Phänomen der Subduktion kommen kann, muss es ausreichende Temperaturdifferenzen geben, wie es auf der Erde der Fall ist. Auf Europa würden offenbar die vorhandenen Temperaturunterschiede allein noch nicht genügen, wie die Rechnungen zeigen.

Wenn allerdings die Eisschichten eine nach außen wachsende Menge Salz enthalten, verändern sich die Verhältnisse. Salz besitzt eine größere Dichte als Eis und macht die äußeren Schichten schwerer, sodass sie besser untergehen. Subduktion wäre unter diesen Umständen möglich. Das Salz könnte von den auf Europa vorhandenen Kryovulkanen an die Oberfläche gebracht werden. Durch die

Plattentektonik könnte der Ozean unter dem Eis zudem mit frischen Nährstoffen für eventuell vorhandenes Leben versorgt werden.

## Der Riesenmond Ganymed

Ganymed hat Pech: Kreiste er um die Sonne und nicht um den Jupiter, ginge er leicht als Planet durch. Immerhin ist er deutlich größer als der Merkur; zum Mars fehlt ihm ein Drittel. So hat er immerhin den unanfechtbaren Status des größten Mondes des Sonnensystems.

Auch wenn man es ihm von außen nicht ansieht, hat der Mond eine Menge mit der Erde gemein. Er besitzt einen Kern aus noch immer flüssigem Eisen, der ein Magnetfeld generiert – eine echte Ausnahme unter den Monden. Im übermächtigen Magnetfeld des Jupiter fällt das zwar kaum auf, aber es ist immerhin dreimal so stark wie das des Merkur.

Über dem Eisenkern befindet sich ein Mantel aus Gestein, der von einer bis zu 200 Kilometer dicken Eisschicht überzogen ist. Womöglich befindet sich in dieser auch ein Ozean aus flüssigem Wasser – die Beweise dafür sind aber nicht ganz so schlüssig wie bei den anderen Jupiter-Monden. Dass aber die Oberfläche zum großen Teil aus Wassereis besteht, ist unzweideutig. Entsprechend finden sich darauf auch keine riesigen Gebirgszüge oder Vulkane.

Einschlagkrater sehen auf Ganymed anders aus als gewohnt: Es fehlt die typische Erhebung in der Mitte. Die Forscher vermuten, dass diese durch das Fließen des Eises schnell verschwindet. Über dem Eis entdeckte das Hubble-Teleskop eine sehr dünne Sauerstoff-Atmosphäre, ähnlich wie bei Europa. Die Oberfläche besteht zu etwa einem Drittel aus tiefliegenden Ebenen mit vielen Kratern. Ihre dunklere Farbe rührt wohl von Silikaten und organischen Verbindungen her, die diese Bereiche überziehen.

Die helleren Regionen hingegen sind von vielen Furchen und Brüchen gekennzeichnet. Wie sie entstanden, ist noch nicht ganz klar. Womöglich gab es in der Vergangenheit Zeiten, in denen Ganymed besonders starken Gezeitenkräften ausgesetzt war. Dadurch könnte er sich erwärmt haben, was zu tektonischer Aktivität in den heute hellen Bereichen führte. Heißes Wasser aus dem Inneren hätte dann die Oberfläche überflutet und die älteren, dunklen Regionen zum Teil ausgelöscht.

## Der Narbenmond Kallisto

Das Gesicht von Kallisto ist von Narben geprägt. Astronomen beschreiben die Dichte der Einschlagkrater auf seinem Antlitz als gesättigt: Jeder neue Meteorit trifft automatisch einen älteren Krater. Weitere geologische Besonderheiten gibt es nicht. Berge, Vulkane,

Becken – Fehlanzeige. Wer sich als Tourist nicht für Krater interessiert, sollte Kallisto besser auslassen.

Dabei wäre der drittgrößte Mond des Sonnensystems eigentlich ein schönes Ausflugsziel. Vom Jupiter ist er weit genug entfernt, sodass ihm Gravitation und die vom Magnetfeld ausgehenden Teilchenströme nichts mehr anhaben können. Mit einem Durchmesser fast so groß wie der Merkur, bietet Kallisto jede Menge Platz für Feriensiedlungen. Durch die geringere Dichte im Vergleich zum Merkur liegt auch die Anziehungskraft auf der Oberfläche weit darunter, was auch faulen Urlaubern die Fortbewegung erleichtert.

Wer gern den Jupiter beobachtet, muss nicht lange nach ihm suchen: Kallisto wendet dem Riesenplaneten stets dieselbe Seite zu. Durch diese gebundene Rotation verändert sich die Position des Jupiter am Himmel tagsüber und nachts kein bisschen. Allerdings sollte man sich dann auch vorher gründlich über die Lage des Kallisto-Hotels informieren – auf der falschen Seite blickt man dauerhaft in den leeren Weltraum und auf eine Sonne, die viel kleiner erscheint als bei uns zuhause.

Besonders warm ist es an der Oberfläche nicht: Mit höchstens minus 110 Grad Celsius in der Sonne braucht man schon das eine oder andere Stück warmer Kleidung. Die Atmosphäre ist äußerst dünn, aber immerhin nicht giftig. Sie enthält vor allem Kohlendioxid und sogar etwas Sauerstoff, dem man anreichern und zur Versorgung der Kolonien nutzen könnte. Wasser (in Form von Eis) gibt es an der Oberfläche in großen Mengen.

Unter der dünnen Gesteinskruste vermuten Forscher sogar einen flüssigen Ozean aus Salzwasser, der allerdings lebensfeindlich ist: Dass das Wasser flüssig ist, liegt nicht an den angenehmen Temperaturen, sondern am hohen Druck, der die Schmelztemperatur senkt. Beimischungen von Ammoniak senken die Schmelztemperatur ebenfalls – sie wirken ähnlich wie das Glykol in Frostschutz-Mittel für menschliche Autos.

## Die Erforschung des Jupiter

Jupiter ist das vierthellste Objekt am Himmel, nach Sonne, Mond und Venus (die er je nach Konstellation auch überstrahlen kann). Dadurch war er bereits in der Frühzeit bekannt. Durch seinen zwölf Jahre dauernden Orbit bewegt er sich in jedem Erdjahr im Tierkreis um ein Sternbild weiter.

1610 fand Galilei bei Fernrohr-Beobachtungen die vier nach ihm benannten Monde.

Die erste Raumsonde, die dem Planeten einen Besuch abstattete, war Pioneer 10. Sie flog am 3. Dezember 1973 in einer Entfernung von etwa 130.000 Kilometern vorbei. Genau ein Jahr später näherte sich Pioneer 11 sogar auf 43.000 Kilometer. Damit hatten die Astronomen die ersten, niedrig aufgelösten Nahaufnahmen des Königs der Planeten in der Hand. Die beiden Voyager-Sonden lieferten im März und Juni 1979 weitere Bilder. Erstmals konnten vulkanische Aktivitäten auf Io nachgewiesen werden und das Ringsystem wurde entdeckt.

1992 nutzte die europäisch-amerikanische Sonde Ulysses die Schwerkraft des Jupiter, um sich von ihm in einem Gravity-Assist-Manöver in eine Bahn schleudern zu lassen, auf der sie die Pole der Sonne überfliegen konnte (die von der Erde aus nur schwer zu studieren sind). Ulysses kam Jupiter dabei auf 450.000 Kilometer nahe, hatte allerdings keine Kamera an Bord.

Die für lange Zeit wichtigste Jupiter-Mission Galileo erreichte den Planeten 1995. Spannend: schon auf dem Anflug konnte Galileo den Einschlag des Kometen Shoemaker-Levy 9 auf dem Planeten beobachten, der Explosionen von der Größe der Erde in der Atmosphäre des Planeten hervorrief. Von der Erde aus war davon nichts zu sehen, da die Einschlagstelle auf der erdabgewandten Seite des Planeten lag.

Galileo befand sich länger als sieben Jahre im Orbit des Planeten und näherte sich dabei auch immer wieder den Galileischen Monden. Da die 4,80 Meter große Hauptantenne ausgefallen war (sie ließ sich nicht öffnen), musste man zur Datenübermittlung auf die viel schwächere Rundantenne zurückgreifen, sodass nur ein Bruchteil der Messdaten zur Erde gelangte. Trotzdem gelangen wichtige Entdeckungen. Die Sonde bestätigte die Vulkanausbrüche auf Io und fand Hinweise auf den Ozean unter der Eisdecke von Europa. Sie umkreiste Jupiter über sieben Jahre lang und führte mehrfach Vorbeiflüge an den Galileischen Monden aus. Unter anderem beobachtete Galileo Vulkanausbrüche auf Io, lieferte Hinweise auf einen verborgenen Ozean auf Europa und untersuchte die Wolkenbewegungen in Jupiters Atmosphäre. Außerdem gelang es, eine Sonde in der Jupiter-Atmosphäre abzusetzen. Diese lieferte, von einem Fallschirm gebremst, 57,6 Minuten lang Daten. Dabei gelangte sie durch die Wolkenschicht hindurch bis in eine Tiefe von 160 Kilometern, wo sie einen Druck von 22 bar und und eine Temperatur von 152 Grad Celsius maß. Am 21. September 2003 lenkte man Galileo nach dreimaliger Verlängerung der Mission schließlich in die Jupiteratmosphäre, da man einen Verlust der Steuerungsfähigkeit befürchtete, was bei einem Absturz auf Europa oder Ganymed zu einer Verunreinigung der Monde mit Erdbakterien hätte führen können.

Ende 2000 und Anfang 2001 bekam Galileo zeitweise Besuch von der Cassini-Sonde, die auf dem Weg zu Saturn war und Jupiter in einer Entfernung von 10 Millionen Kilometern passierte. Ein weiterer Besuch traf Anfang 2007 mit New Horizons ein. New Horizons beobachtete vor allem die Wolkenbewegungen und die Magnetosphäre und hielt nach Polarlichtern und Blitzen in der Atmosphäre Ausschau.

Seit Juli 2016 befindet sich die Juno-Sonde im Jupiter-Orbit. Sie liefert seitdem zahlreiche beeindruckende Bilder in nie erreichter Qualität. Die Auswertung ihrer Daten wird wohl noch Jahre dauern.

Es ist noch nicht so lange her, dass die Juno-Sonde der NASA beim Riesenplaneten Jupiter angekommen ist. Doch inzwischen macht auch die ESA ihre eigene Jupiter-Expedition startklar. »Juice« (Jupiter Icy Moons Explorer) soll 2022 starten und sieben Jahre später Jupiter erreichen. Dort wird jedoch weniger der Planet im Fokus stehen als seine Monde Ganymed, Europa und Kallisto, unter deren Oberfläche man flüssige Ozeane vermutet, ganz wie beim Saturnmond Enceladus. Die ESA meldet nun, dass die Sonde nicht mehr im reinen Entwurfsstadium ist. Damit kann Haupt-Auftragnehmer Airbus mit dem Bau von Juice beginnen. Die Sonde wird insgesamt zehn Messinstrumente mit sich führen, nämlich:

- JANUS: Jovis, Amorum ac Natorum Undique Scrutator (Kamerasystem)
- MAJIS: Moons and Jupiter Imaging Spectrometer
- UVS: UV Imaging Spectrograph
- SWI: Sub-millimeter Wave Instrument
- GALA: Ganymede Laser Altimeter (Laser-Höhenmesser)
- RIME: Radar for Icy Moons Exploration (Radar)
- J-MAG: Magnetometer for JUICE
- PEP: Particle Environment Package
- RPWI: Radio & Plasma Wave Investigation
- 3GM: Gravity & Geophysics of Jupiter and Galilean Moons

Die Raumsonde wird ein Dutzend Mal an Kallisto vorbeifliegen, dem kraterreichsten Objekt im Sonnensystem, und zwei Mal am Jupitermond Europa, um die ersten Vermessungen der Dicke seiner Eiskruste vorzunehmen. Schließlich wird JUICE in einer Umlaufbahn von Ganymed kreisen, wo sie die Eisoberfläche sowie die innere Struktur dieses Jupitermondes samt seines unter der Oberfläche verborgenen Ozeans erforschen wird.

Eine Besonderheit von JUICE sind die riesigen Solarzellen, die hundert Quadratmeter groß sind und sämtliche nötige Energie liefern sollen.

Für 2025 plant die NASA den »Europa Clipper«. Die Sonde soll die Eishülle des Mondes untersuchen, die Existenz eines Ozeans darunter bestätigen, möglichst viel über diesen herausfinden und bei der Suche nach einem Landeplatz für eine künftige Landemission helfen. Dazu hat die Sonde ein Radar mit einer 16 Meter langen Antenne an Bord, das in der Lage sein soll, die Eisschicht komplett zu durchdringen. Derzeit ist der Europa Clipper noch in der Planungsphase. Der vorgesehene Kostenrahmen liegt bei zwei Milliarden Dollar.

# Die Geburt des Riesenplaneten

Vor 4,6 Milliarden Jahren befand sich im Gebiet des heutigen Sonnensystems eine riesige molekulare Wolke – eine Zusammenballung aus interplanetarem Gas in molekularer, also nicht ionisierter Form. Die Herkunft des Materials ist heute nicht mehr zu klären. Es handelt sich jedoch nicht um schon bei der Entstehung des Universums verteilte Materie, vielmehr zeigt ihre Zusammensetzung, dass es sich um Abfallprodukte früherer Sternexplosionen gehandelt haben muss. Diese Ur-Wolke kollabierte unter ihrer eigenen Schwerkraft und gebar in ihrem Zentrum die Sonne.

Die verbliebene Gasscheibe bestand zu drei Vierteln aus Wasserstoff, dazu kamen Helium und ganze zwei Prozent schwererer Elemente. Schon zu diesem Zeitpunkt zeigten sich Inhomogenitäten, doch zunächst war das Material mit mehreren Tausend Grad noch zu heiß, um sich zu größeren Körpern zu formen. Die überschüssige Energie wurde mit der Zeit als Strahlung abgegeben, sodass sich einzelne Moleküle bei Zusammenstößen zu kleinen Tropfen und Staubkörnern zusammenfinden konnten. In der Nähe der Sonne, wo es mit über 1300 Grad Celsius noch immer am heißesten war, betraf dieser Prozess zunächst nur die schwersten Elemente – Aluminium, Titan, Eisen, Nickel und später, bei 300 bis 1000 Grad Celsius, auch Silikate. In Asteroiden finden sich noch heute Einschlüsse dieser frühen Staubklumpen, deren Alter auf 4,568 Milliarden Jahre bestimmt werden konnte – das gilt deshalb gemeinhin als das Alter des Sonnensystems.

Weiter außen in der Scheibe hingegen, bei nur noch minus 120 Grad Celsius, kondensierten wasserstoffreiche Moleküle zu gefrorenem Wasser, Methan oder Ammoniak. Wasserstoff und Helium kondensierten zu keinem Zeitpunkt, sie machten insgesamt 98 Prozent der Masse der Scheibe aus. Welche Kondensationskerne zur Bildung von Planeten bereitstanden, hing also von der Entfernung zur Sonne ab. In den äußeren Bereichen des Sonnensystems stand jede Menge Eis (aus Wasser, Methan und Ammoniak) zur Verfügung. Die Planetenkerne erreichten weit größere Massen als die Protoplaneten in Sonnennähe (etwa das 15-fache der Erdmasse) und konnten deshalb weit mehr Anteile an flüchtigem Wasserstoff und Helium aus der planetaren Scheibe an sich binden. Zudem blies hier der Sonnenwind schwächer, der den inneren Planeten das Binden von Wasserstoff erschwerte. Es entstanden die heutigen Gasgiganten mit ihren festen Kernen und der umfangreichen Gashülle.

Mindestens eine kleine Tragödie spielte sich im Bereich des heutigen Asteroidengürtels ab: Hier verhinderten die Gravitationskräfte des wachsenden Jupiter, dass sich ein größerer Planet bilden konnte. Mindestens? Es gibt Theorien, wonach Jupiter in der Geschichte des Sonnensystems mehrfach seinen Abstand zur Sonne veränderte. Demnach kam er ihr zeitweise bis auf 1,5 AE nahe und verhinderte so, dass der Mars weiter wuchs. Das ist die harmlose Variante. Es wäre auch möglich, dass statt Erde und Mars im inneren Sonnensystem zunächst sehr große Gesteinsplaneten mit drei- bis fünffacher Erdmasse geboren wurden. Die Annäherung des Jupiter hätte diese dann miteinander kollidieren lassen. Ein Teil ihrer Masse verschwand in der Sonne, ein anderer Teil bildet heute Venus, Erde und Mars. Wie kommen die Astronomen darauf? Nun, es gibt zahlreiche Sonnensysteme, bei denen genau diese Supererden gefunden wurden. Ist es bloß Zufall, dass sie bei uns fehlen, oder gibt es eine Ursache?

# Die neue Biografie der Io

# Einführung

Io ist ein ganz besonderer Mond, das erkennen Sie bereits am Titel beziehungsweise am darin verwendeten Artikel. Io ist nach einer Geliebten des griechischen Gottes Zeus benannt, der nun, in seiner römischen Version Jupiter, ihr Planet ist.

In der griechischen Mythologie hat Io ihre Liebschaft mit Zeus nur Unglück gebracht. Als (sterbliche) Tochter des Flussgottes (und ersten Königs von Argos) Inachos hätte sie sich ein schönes Leben machen können, wäre nicht ausgerechnet Chefgott Zeus in heißer Liebe zu ihr entbrannt. Unglücklicherweise bekam seine Gattin Hera Wind von der Sache. Zu Ios Schutz verwandelte Zeus sie zwar in eine silbern glänzende Kuh, doch auch das bemerkte die schlaue Hera. Sie forderte die Kuh als Geschenk, was Zeus ihr nicht abschlagen konnte. Hera ließ den hundertäugigen Riesen Argos (das ist der mit den Argusaugen) ihre Gefangene bewachen. Zeus wiederum wollte Io die Gelegenheit zur Flucht geben und ließ Argos vom Himmelsboten Hermes einschläfern und töten. Hera ließ der Flüchtenden eine Rinderdassel folgen (vielen als Bremse bekannt), ein ziemlich bösartiges Insekt, dessen Larven im Inneren der Tiere aufwachsen. Io fürchtete sich allein vor dem Geräusch derart, dass sie rund um das Mittelmeer floh und schließlich bis zum Nil gelangte, wo Hera ihr gnädigerweise die menschliche Form zurückgab.

Die Kurzversion dieser Sage ist aber nichts gegen die Qualen, die Io als Mond seit Jahrmilliarden aushalten muss – oder besser müsste, wären Monde empfindungsfähig. Durch die große Nähe zum Riesenplaneten Jupiter muss sie sich nämlich von dessen Gravitation derart durchkneten lassen, dass sie dauernd ihre Form verändert.

## Einführung

Welche Formen des Vulkanismus gibt es auf Io? Wie ist der Mond im Inneren aufgebaut? Bietet er tatsächlich Chancen für die Entstehung von Leben? Kommen Sie mit auf eine Fakten-Reise zum viertgrößten Mond des Sonnensystems.

# Bahn und Form: Jupiters Liebe

Die 3643 Kilometer durchmessende Io ist, von ihrem Planeten aus gesehen, der fünfte Mond. Er – oder sie – befindet sich 422.000 Kilometer von Jupiters Zentrum entfernt, aber 350.000 Kilometer von seinen obersten Wolkenschichten. Daran ist schon zu erkennen, wie nah Ios Orbit an dem Riesenplaneten liegt. Der Erdmond etwa rotiert zwar scheinbar etwas näher um die Erde (384.000 km), doch die Entfernung vom Mond zu den obersten Atmosphärenschichten der Erde liegt bei rund 376.000 Kilometern.

Diese Nähe hat verschiedenste Auswirkungen – auch auf die Bahn. So befindet sich Io in einer gebundenen Rotation: Wenn der Mond eine Umkreisung Jupiters vollendet hat (die dauert etwa 42,5 Stunden, wobei der Mond mit 62.000 km/h dahinrast), hat er sich auch genau einmal um sich selbst gedreht. Das führt dazu, dass Io seinem Planeten stets dieselbe Seite zuwendet. Ein Tag ist auf Io entsprechend 42,5 Stunden lang, während die Jahreslänge (die sich immer auf die Sonne bezieht) dem Jupiterjahr von 4332 Erdtagen Dauer entspricht. Weitere Bahnresonanzen weist Io mit Europa (2:1, während eines Europa-Orbits schafft Io also zwei) und mit Ganymed (4:1) auf.

Eigentlich müsste Io längst eine exakte Kreisbahn um Jupiter aufweisen, dafür hätte dessen starke Anziehungskraft sorgen sollen. Doch auch die Masse der anderen Monde zerrt an ihr. Das Ergebnis ist eine leicht exzentrische Bahn – die Grundlage für den starken Vulkanismus.

Eine besondere Rolle spielt Io im Magnetfeld des Jupiter, das bis zu 20-mal so stark wie das der Erde ist. Aus der Schule wissen Sie sicher noch, dass eine Bewegung in einem Magnetfeld eine ganz bestimmte Folge hat: Es wird ein Strom induziert. Io führt eine große Menge elektrisch geladener Teilchen mit sich – als elektrischer Generator kann sie deshalb bis zu 400.000 Volt erzeugen, die Stromstärken von bis zu drei Millionen Ampère zur Folge haben. All die geladenen Teilchen verteilen sich dann im Magnetfeld des Jupiter und blasen dieses auf die doppelte Größe auf, die es ohne Ios Anwesenheit hätte.

Diese Rolle bezahlt der Mond damit, dass ihm Jupiter auf diese Weise pro Sekunde etwa eine Tonne Material wegnimmt. Das derart von Io ins All gelangte Material wird zumindest teilweise vom Magnetfeld wie in einem Beschleunigerring auf Geschwindigkeiten gebracht, mit denen es das Jupiter-System verlassen kann. Ähnlich wie im Roman beschrieben könnten sich tatsächlich auf diese Weise staubkorngroße Teilchen auf den Weg zu anderen Planeten machen. Die Raumsonde Ulysses entdeckte 1992 einen Strom derartiger Teilchen, der von Io ausging.

Io besitzt sehr viele Geschwister – 66, um genau zu sein, wobei immer wieder neue Jupitermonde entdeckt werden. Zusammen mit Europa, Ganymed und Kallisto – alles Eismonden ähnlich wie Enceladus – gehört sie zu den sogenannten Galileischen Monden, die schon seit 1610 bekannt sind. Im Vergleich zu den Eismonden besitzt Io eine relativ niedrige Albedo: Sie reflektiert nur 61 Prozent des einfallenden Sonnenlichts.

Wenn Sie sich Io mit einem Raumschiff nähern, bemerken sie in einem günstigen Moment vielleicht eine glühende Aurora um den Mond. Diese entsteht, wenn geladene Teilchen sie entlang der Magnetfeldlinien des Jupiter bewegen und dann auf die (wenigen) Teilchen der sehr dünnen Atmosphäre treffen. Besonders gut erkennbar ist das, wenn Jupiter verhindert, dass Sonnenlicht auf den Mond fällt.

## Die Oberfläche: glühend kalt

Die Oberfläche von Io ist im ganzen Sonnensystem einzigartig. Astronomen haben bereits über 400 Vulkane gezählt. Damit ist Io das geologisch aktivste Objekt im Sonnensystem. Auf Echtfarben-Fotos wirkt das Gesicht von Zeus' Geliebter giftig und pockennarbig. Tatsächlich sind das Zeichen von Jugend. In geologischen Maßstäben besitzt Io von allen Gesteinsobjekten im Sonnensystem die jüngste Oberfläche, die im Mittel nur wenige Millionen Jahre alt ist und sich ständig verändert. Selbst wenn man Fotos der Voyager-Sonden und 20 Jahre später entstandene Bilder von Galileo vergleicht, haben sich so manche Landschaften bereits deutlich verändert.

Da Höhenunterschiede häufig durch Lavaflüsse ausgeglichen werden, ist die Oberfläche des viertgrößten Mondes des Sonnensystems im Wesentlichen eben. Als Folge tektonischer Prozesse, also wenn sich Platten gegeneinander verschieben, sind aber auch Erhebungen von bis zu neuntausend Metern Höhe entstanden. Wasser findet sich auf Io so gut wie gar nicht, dafür aber jede Menge anderer Stoffe, die vom Vulkanismus immer wieder an die Oberfläche gebracht werden. Vor allem die verschiedenen Schwefel-Formen fallen hier auf. Mit im Durchschnitt minus 143 °C ist es auf Io sehr kalt. Sie benötigen zudem unbedingt einen Raumanzug, da es keine nennenswerte Atmosphäre gibt.

Falls Sie irgendwann als Tourist zu Io reisen sollten, nehmen Sie am besten den ersten Teil der »Göttlichen Komödie« des italienischen Dichters Dante Alighieri als Reiselektüre mit. Nicht umsonst sind viele der Oberflächen-Merkmale auf Io nach Charakteren und Orten aus diesem Teil (»Die Hölle«) benannt. Nach dem Aussteigen können Sie sich stets gut an der Stellung des Jupiter am Himmel orientieren, denn dieser verändert seinen Ort nie (das ist natürlich auf der dem Planeten abgewandten Seite ein Nachteil).

Die Sonne geht an einem schwarzen Himmel auf. Je nach Lage von Mond und Planet läuft sie im Laufe eines halben Io-Orbits einmal über das Himmelszelt, manchmal wird sie dabei auch von Jupiter verdeckt. Auf der Erde ist eine solche Sonnenfinsternis eine Seltenheit, hier kommt sie häufig vor. Solange Jupiter am Himmel zu sehen ist, wird es aber nie richtig dunkel, die Helligkeit bei Nacht beträgt etwa ein Tausendstel der Tag-Helligkeit; der Erdmond hingegen schafft nur ein Millionstel, und trotzdem hat man in Vollmondnächten das Gefühl, Zeitung lesen zu können.

Sagte ich, Io besäße keine Atmosphäre? Das stimmt nicht ganz. Durch den Vulkanismus liegen dünne Gas-Schwaden über Teilen des Mondes, die zu 90 Prozent aus Schwefeldioxid bestehen. Ihnen lässt sich ein Druck zuordnen, der oft Milliardstel unter dem der Erdatmosphäre liegt. Wird es in der Nacht kalt, friert ein Teil der Atmosphäre aus und setzt sich als farbiger Belag auf der Oberfläche ab, um nach Sonnenaufgang wieder als Gas gen Himmel zu steigen.

Wanderungen könnten auf Io ganz amüsant sein, denn die Fallbeschleunigung an der Oberfläche liegt bei nur 1,796 Metern pro Quadratsekunde. Das ist weniger als ein Fünftel der Erd-Schwerkraft und etwas mehr als auf dem Erdmond. Sie können also ganz ordentliche Sprünge hinlegen – zumindest, wenn Sie einen sehr bequemen Raumanzug besitzen. Entscheidend ist hier, wie tief Sie vor dem Sprung in die Hocke gehen können, um sich dann nach oben zu beschleunigen. Falls Ihr Raumanzug da überhaupt kein Hindernis darstellt, sind bis zu fünf Meter hohe Sprünge realistisch, jedenfalls für gut trainierte Menschen, die auch auf der Erde aus dem Stand (!) auf über 40 Zentimeter kommen. Leider ist die Technik aber heute noch nicht ganz so weit. Sie können die verringerte Hocktiefe allerdings auch ausgleichen, indem Sie ordentlich Anlauf nehmen.

Bei Ihren Wanderungen werden Sie auf das ein oder andere Hindernis stoßen. Sand, gar Treibsand, wie auf Titan brauchen Sie aber nicht zu befürchten. Io besitzt kein Wetter, das zu Erosion des Gesteins führen könnte. Der Boden wird voraussichtlich von einer dünnen Schicht gefrorener Gase bedeckt. Darunter könnte sich eine ebenso dünne Staubschicht aus all den Stoffen befinden, die bei den häufigen Vulkanausbrüchen gen Himmel geschleudert werden. Die ganze Oberfläche erneuert sich aber so regelmäßig, dass der Staub einfach keine Zeit hat, sich zu dickeren Schichten zu sammeln. Vermutlich werden sie deshalb primär über hartes Vulkangestein marschieren. Das behält seine Form – also auch Zacken und Kanten – bis es irgendwann in nicht allzu ferner Zeit erneut eingeschmolzen wird. Passen Sie also auf: Die durch Brüche entstandenen Gesteinsformationen können ganz schön scharfe Kanten besitzen.

Was könnte Ihre Ausflüge sonst noch behindern? So lebensfeindlich ihre Beschreibung ist, bietet Io gar nicht so viele echte Gefahren. Da hätten wir zum einen die Schwefel-Seen. Ja, es gibt hier Seen aus flüssigem Schwefel. Früher dachte man sogar, dass diese das bestimmende Feature wären. Es handelt sich um Vertiefungen in der Oberfläche, die von unten wie eine Pfanne auf dem Kochtopf geheizt werden und, Sie ahnen es, flüssigen Schwefel enthalten. Allzu hohe Temperaturen braucht man hier nicht, denn Schwefel schmilzt schon bei 115 Grad. Chemiker dürften es besonders spannend finden, hier all die unterschiedlichen Gestalten des Schwefel (Allotrophe) aufzuspüren, die bei unterschiedlichen Temperaturen und Drücken entstehen.

Der größte Teil der Seen und Flüsse besteht auf Io aber wohl nicht aus Schwefel, sondern aus basaltischer Lava, wie man sie auch von der Erde kennt. Allerdings in weitaus größerer Ausdehnung: Lavaseen wie die der Loki Patera sind mehrere hundert Kilometer groß, Lavaströme können ebensolche Längen erreichen. Die Temperaturen liegen hier bei 500 bis 2000 Grad Celsius. Dass Io keine Atmosphäre hat, ist hier ein Glück – erstens stinkt es nicht, zweitens leitet das Vakuum die Hitze nicht. Sie können sich also relativ nah an die Hotspots heranwagen. Die Lavaströme scheinen zudem eine dünne, feste Haut zu besitzen, die sich immer wieder erneuert. Diese Lava-Wellen, die sich periodisch über die Lava-Seen bewegen, konnten Forscher sogar schon von der Erde aus beobachten.

Vulkane wie auf der Erde finden sich auf Io eher nicht, obwohl es durchaus Ähnlichkeiten gibt. Auf den existierenden Bildern haben Forscher drei Formen identifiziert. Die erste, die Intra-Patera-Eruption, erfolgt nicht an der Spitze eines Berges, sondern innerhalb einer Vertiefung, einer Patera, die meist steile Wände und einen flachen Boden besitzen. Es ist unklar, ob sie durch den Einbruch leerer Magmakammern entstehen (wie die Calderen von Erdvulkanen) oder aber durch das Aufschmelzen gefüllter, heißer Kammern, bei denen sich die Lava durch ihre Hitze bis an die Oberfläche durchfrisst. Die Paterae sind deutlich größer als Vulkankrater auf der Erde: Im Mittel durchmessen sie 41 Kilometer und sind etwa 1000 Meter tief, die größte, Loki Patera, misst sogar 200 Kilometer. Die periodische Erneuerung der Kruste liegt vermutlich daran, dass die erstarrte Lava schwerer (dichter) ist als die geschmolzene und dadurch tendenziell nach unten sinkt. So mischt sich der Lava-See selbst immer wieder gut durch.

Die zweite Form von Vulkanausbrüchen auf Io sind fluss-dominierte Eruptionen. Aus Rissen, Spalten und Löchern, oft am

Grunde von Kratern und Paterae, dringen über Jahrzehnte Lavaströme, die das angrenzende Gebiet bedecken. Aktive Lavaströme wie Amirani oder Masubi sind bis zu 300 Kilometer lang. Sie bewegen sich langsam, aber stetig nach vorn. Zwischen den Aufnahmen von Voyager (1979) und Galileo (1996) hat sich das Prometheus-Feld zum Beispiel um 75 bis 95 Kilometer verschoben. Im Mittel bedecken die Ströme pro Sekunde 35-60 Quadratmeter mit einer im Mittel einen Meter dicken Schicht. Zum Vergleich: bei Ausbrüchen des Kilauea (Hawaii) haben die Ströme pro Sekunde 0,6 Quadratmeter bedeckt. Es ist klar, dass unter solchen Umständen Einschlagskrater von Asteroiden nicht lange erkennbar bleiben.

Spektakulärer als die fluss-dominierten Eruptionen ist die explosions-dominierte Variante, mit der auch die Crew des ILSE-Landers zu tun hat. Diese kurzen, aber gewaltigen Ausbrüche sind sogar von der Erde aus zu beobachten und lassen ganz Io im Infrarot-Bereich heller strahlen. Die bisher stärkste Eruption ging 2001 von der Patera namens Surt aus. Die Ausbrüche entstehen vermutlich, wenn eine Blase besonders heißen Magmas aus dem Mantel aufsteigt und eine Bruchstelle erreicht, die irgendwann dem Druck nicht mehr standhält. Der Druck entsteht, weil das Magma umso leichter wird, je heißer es ist, dadurch muss es sich in der kälteren Umgebung nach oben begeben. Der Effekt ist im Grunde derselbe wie wenn Sie eine Colaflasche schütteln und dann öffnen. Die heiße Lava spritzt dabei nicht notwendigerweise aus einem Schlot. Bei Explosionen in der Tvashtar Patera 1999 und 2007 kam es zum Beispiel zur Ausbildung einer Art »Lava-Vorhang«, der sich in bis zu einen Kilometer Höhe entlang einer 25 Kilometer langen Bruchspalte erstreckte. Stellen Sie sich das mal vor: Vor Ihnen befindet sich eine 1000 Meter hohe Wand aus glühender, 1300 Grad heißer Lava, die sich nach links und rechts scheinbar bis zum Horizont erstreckt! Sie wird auch morgen noch da sein und übermorgen; die stärkeren Eruptionen dauern bis zu eine Woche, die schwächeren monatelang. Das alles vollzieht sich absolut still und vor einem schwarzen Himmel, Sie spüren nur das Rumoren des Lavastroms unter ihren Füßen. Weit über den Lava-Vorhang hinaus spuckt die Eruption noch heiße Gase, den so genannten Plume, der bei den Tvashtar-Explosionen 330 Kilometer Höhe erreichte. Der Gedanke, es hier mit dem Eingang zur Hölle zu tun zu haben, liegt da nicht fern.

Was hochfliegt, muss natürlich auch wieder herunter kommen. Im Falle der Tvashtar-Eruption lagerten sich die Bestandteile des Plumes in bis zu 1200 Kilometern Entfernung ab. Nicht alle Teilchen kehren jedoch zur Oberfläche der Io zurück. Mit Austrittsgeschwindigkeiten von deutlich über einem Kilometer pro Sekunde (die im Roman geschilderten Geschwindigkeiten von 70 km/s wurden allerdings noch nicht gemessen) brauchen sie nur einen kleinen Schubs, um das Schwerefeld der Io zu verlassen. Diese zusätzliche Energie erhalten sie – es handelt sich um Ionen, also elektrisch geladene Atome – aus dem Magnetfeld des Jupiter. Eventuell – noch hat niemand die Oberfläche Ios betreten – ist dieser Effekt sogar am Himmel zu beobachten: Bei einem Teil der Teilchen handelt es sich um Natrium-Ionen. Sie kennen sicher die intensiv gelben Straßenlampen: das sind Natriumdampf-Lampen. Vielleicht führt die von Io erzeugte elektrische Energie dazu, dass die eigentlich unsichtbaren Natrium-Wolken an seinem Himmel wenigstens nachts leuchtend zu sehen sind. Auf Teleskopaufnahmen ist dieses Glühen dann zu sehen, wenn Jupiter das Sonnenlicht von Io abschirmt.

Den Ablagerungen der Vulkane hat Io auch seine bunten, stets etwas giftig wirkenden Farben zu verdanken. Vor allem von Schwefeldioxid weiß man, dass es beim Abkühlen dramatische Farbveränderungen durchmachen kann: rot, orange, gelb, im gefrorenen Zustand auch blau und weiß. Es gibt aber auch grüne Bereiche, die man schon scherzhaft »Golfplätze« genannt hat. Hier kommt die Farbe entweder vom Schwefel oder von einem Olivin genannten Mineral.

Die Vulkane mögen beeindruckend sein, geradezu gigantisch, aber haben Sie schon von den wandernden Bergen der Io gehört? Die gibt es tatsächlich. Sie sind zwar nicht so hoch wie die Lava-Vorhänge oder die tektonischen Brüche. Doch sie sind im Sonnensystem einzigartig, zumindest in dieser Dimension. Ihre Entstehung ist erneut Jupiter zu verdanken. Der Riesenplanet auf der einen und die drei weiteren Galileischen Monde auf der anderen Seite zerren derartig an Io herum, dass es zur Ausbildung von Ebbe und Flut kommt – und zwar auf seiner festen Kruste! Dadurch bildet sich ein bis zu 100 Meter hoher Gezeitenberg, der mit Ios Orbit um den Mond wandert. Wenn Sie also an einem bestimmten Ort in Äquatornähe stehenbleiben, wird sich der Boden unter Ihnen im Laufe eines Io-Tages um bis zu 100 Meter heben und senken. Die genaue Höhe hängt dabei auch von der Position der anderen drei großen Monde ab. Auf den Erd-Ozeanen erreichen Gezeiten höchstens 18 Meter Höhe, auf der festen Erdkruste maximal 20 Zentimeter.

»Richtige« Berge besitzt Io ebenfalls, allerdings nicht übermäßig viele, Astronomen haben bis zu 150 gezählt. Der höchste, Boösaule Montes, erhebt sich 17500 Meter über seine Umgebung, im Mittel sind es aber nur 6000 Meter. Bei den Bergen handelt es sich durchgängig um tektonische Strukturen: Teile der Kruste werden an Bruchlinien nach oben gedrückt, weil an anderen Stellen vulkanisches Material im Inneren versinkt. Den Bergen sieht man ihre Entstehung meist an: auf der einen Seite mit steilen Abbruch-

Wänden, auf der anderen Seite mit flachen Anstiegen. Einige Berge wurden wie Stempel aus dem Untergrund nach oben gedrückt, sie bestehen also aus einer glatten Hochebene mit steilen Abbrüchen ringsum. Im seltenen Fällen haben Lavaströme Berge ausgebildet, die Schildvulkanen ähneln, sie sind aber meist nur 1000 bis 2000 Meter hoch.

## Das Innere: heiß und flüssig

Io ist kein Eismond wie viele seiner Geschwister im äußeren Sonnensystem, sondern ein Gesteinsmond. Seine Dichte liegt sogar etwas über der des Erdmondes und ist unter allen Monden des Sonnensystems am größten. Vermutlich hat das etwas mit seiner Entstehung zu tun, bei der er 99 Prozent seiner Wasservorräte frühzeitig verloren hat. Sein Inneres besteht denn auch vor allem aus Silikatgestein und Eisen.

Vermutlich sitzt im Inneren des aus der Ferne faulig wirkenden Apfels ein Kern, der reich an Eisen und vielleicht auch Eisensulfid ist. Er enthält etwa ein Fünftel der Masse des Mondes und hat einen Radius zwischen 350 und 900 Kilometern – je nachdem, welchen Schwefelanteil man dem Kern zugesteht (je mehr Schwefel, desto größer muss er sein). Die Galileo-Sonde konnte kein Io-eigenes Magnetfeld messen, also ist der Kern wohl im festen Zustand, andernfalls würde seine Bewegung ein Magnetfeld erzeugen.

Über dem Kern befinden sich Mantel und Kruste, beide primär aus Silikaten. Beim Mantel vermutet man einen 75-prozentigen Anteil des Minerals Forsterit, ein Silikat, das Magnesium enthält. Der Eisenanteil im Mantel liegt höher als bei Erdmond und Erde, aber niedriger als beim »Roten Planeten« Mars. Bis zu 20 Prozent des Mantels müssen in geschmolzener Form vorliegen. Galileo hat ein induziertes Magnetfeld gemessen, das nur mit der Existenz eines Ozeans geschmolzener Lava unter der Kruste erklärbar ist. Wo Enceladus oder Europa also ihre Ozeane haben, besitzt Io einen Lava-Ozean, der 50 Kilometer unter der Oberfläche beginnt, 50 Kilometer dick ist und bis zu 10 Prozent des Mantelgesteins ausmacht. Die Lava hier sollte etwa 1200 Grad Celsius heiß sein. Die Kruste, die erst darüber beginnt, ist je nach Region unterschiedlich dick, und zwar zwischen zwölf und 50 Kilometern. Sie setzt sich vor allem aus basaltischem Gestein und Schwefel zusammen.

Warum enthält ausgerechnet sie so viel Schwefel? Die Forscher nehmen an, dass die Löslichkeit des Schwefels mit der Tiefe abnimmt, deshalb konzentrieren sich die vorhandenen Vorräte nahe der Oberfläche.

Und woher kommt die Hitze, die den Mantel teilweise geschmolzen hält? Bei der Erde ist sie vor allem ein Überbleibsel aus der Frühzeit des Sonnensystems. Der Kern gibt nicht nur Wärme an den Mantel ab, es wird auch weitere Energie frei, wenn bislang flüssiges Material kristallisiert (Kristallisationswärme). Da zudem der allmählich erstarrende innere Kern langsam schrumpft, kommt es zu einer Kompression des Materials, die zusätzliche Energie freisetzt. Früher nahm man an, dass der Zerfall radioaktiver Stoffe eine wichtige Komponente darstellt, doch das hat sich als falsch erwiesen.

Bei Io hingegen ist der leicht exzentrische Orbit um Jupiter schuld – und zudem die anderen drei großen Monde. Io ist dadurch Kräften aus verschiedenen Richtungen gleichzeitig ausgesetzt. So, wie sich ein Klumpen Knete erwärmt, wenn Sie kräftig kneten, geschieht das auch der armen Io. Andererseits wäre sie ohne diesen Effekt so langweilig wie der Erdmond und sicher nicht Thema des Romans geworden. Auch andere Monde wie Enceladus oder Europa generieren durch die Gezeitenkräfte Energie und halten so flüssige Ozeane aufrecht, doch bei Io ist das Ausmaß viel größer.

## Die Geburt: Glück im Unglück

Die Entstehung von Io ist eng mit der Geburt ihres Planeten Jupiter verknüpft. Der Gasriese ist in der Frühzeit des Sonnensystems entstanden, also vor 4,5 Milliarden Jahren, nachdem im planetaren Nebel die Sonne gezündet hatte. Die meisten seiner heutigen Monde hat Jupiter wohl später erst eingefangen. Doch die vier Galileischen Monde sind gemeinsam mit ihm auf die Welt gekommen. Geboren wurden sie in der Gasscheibe, die damals Jupiter umgab. In dieser haben sich dann Dichteunterschiede entwickelt, aus denen schließlich die Kerne einiger Monde wurden.

Rechnet man das im Computer durch, stellt man allerdings fest, dass einiges fehlt: die Masse der Monde müsste zusammengerechnet etwa zehn Prozent der Jupitermasse ergeben. Tatsächlich sind es aber nur zwei Prozent. Das liegt vermutlich daran, dass Jupiter die ihm nächsten Kinder immer wieder aufgefressen hat. Die neu geborenen Monde wurden offenbar durch die Gasscheibe, in der sie sich bewegten, abgebremst. Dadurch kamen sie ihrem Vater Jupiter immer näher, bis sie schließlich von ihm verschluckt wurden. Das hat sich so lange wiederholt, bis das Gas im inneren Bereich der Scheibe aufgebraucht war. Neue Monde wurden dann nicht mehr abgebremst und konnten ihre Bahnen halten. Io als dann innerster Mond hatte zwar Glück, nicht ebenfalls aufgefressen zu werden, doch gleichzeitig auch das Pech, seinem damals noch viel heißeren Planeten so nahe zu sein, dass jegliches Wasser verdampfte und in das Weltall entschwand.

# Leben im Schwefelsee?

Kann es auf Io Leben geben? Im Roman entdeckt die Crew tatsächlich schwefelbasierte Lebensformen. Schwefel ist ein chemisch sehr aktives Element, das in zahlreichen Konfigurationen und Verbindungen vorkommt. Allerdings hat Schwefel die Eigenschaft, bei Kontakt mit Wasser die stark ätzende Schwefelsäure zu bilden. Auf Io gibt es fast kein Wasser, da wäre das kein Problem – doch ob sich derartiges Leben anderswo genügend abschirmen kann, ist schwer zu sagen. Dass es auf Io ein wie im Roman beschriebenes Leben gibt, ist also hoch spekulativ (wenn auch nicht rein imaginär).

Was auf Io allerdings im Übermaß vorhanden ist, sind Energieunterschiede – eine wichtige Voraussetzung für die Entstehung von Leben. Man kann sich den Mond dadurch als riesiges Chemielabor vorstellen. Wenn es eine Möglichkeit gibt, mit den auf Io vorhandenen Stoffen Leben zu erzeugen, dann hat dieses Labor diese Möglichkeit in den über vier Milliarden Jahren seiner Existenz sicher mehrfach ausprobiert. Natürlich können wir nicht wissen, ob es dabei erfolgreich war.

Auf der Erde gibt es jedenfalls durchaus Leben, das Schwefel zur Energiegewinnung nutzen kann. 138 Tage lang, von Oktober 2011 bis März 2012, hat der Unterwasservulkan Tagoro vor der Kanaren-Insel El Hierro seine Umgebung in eine lebensfeindliche Wüste verwandelt. Geschmolzene Lava und giftige Gase haben jedes Leben in mehreren Kilometern Umkreis vernichtet. Als Folge des Ausbruchs bildete sich ein Vulkankegel, der vom 363 Meter tiefen Seegrund bis auf 89 Meter Tiefe wuchs. Die Wassertemperatur stieg ebenso wie der Gehalt an Kohlendioxid und Schwefelwasserstoff, während der Sauerstoffgehalt fiel.

Der Tagoro befindet sich weit entfernt von anderen Unterwasservulkanen, an die dortigen Verhältnisse angepasstes Leben gab es hier also nicht. Umso überraschter waren Forscher, als sie 32 Monate nach dem Ausbruch die Spitze des Vulkans von einer dichten Matte bedeckt fanden, die aus bis zu drei Zentimeter langen, weißen Strängen eines bisher unbekannten Bakteriums bestanden. Die Forscher tauften es wegen seines Aussehens mit dem Populär-Namen »Venus-Haar« und gaben ihm die wissenschaftliche Bezeichnung Thiolava veneris. Das Bakterium besitzt ein paar ungewöhnliche Eigenschaften, die es für ein Überleben an lebensfeindlichen Orten wie diesem vorbestimmen: Es kann Energie gewinnen, indem es Schwefel bzw. Schwefelverbindungen oxidiert, besitzt aber zusätzlich drei verschiedene Wege, Kohlendioxid zu atmen und kann außerdem organische Stoffe zersetzen.

Verblüfft hat die Forscher dabei erstens, wie das Bakterium den Vulkan so schnell erreicht hat, und zweitens, wie schnell sich daraufhin ein neues Ökosystem gebildet hat, denn es fanden sich auch noch ungewöhnliche höhere Arten, die auf und von den Bakterienmatten lebten. Leben, so scheint es, vermag es immer wieder überraschend gut, selbst die unwirtlichsten Orte zu besiedeln.

Eine weitere Möglichkeit, wie Leben auf Io entstanden sein könnte, steckt im reichlich vorhandenen Silizium. Silizium ist vierwertig wie Kohlenstoff und baut ebenso vielfältige Verbindungen auf. Die Reaktionen laufen dabei zwar viel langsamer ab, doch wer sagt denn, dass das Leben es immer eilig haben muss? Vielleicht begegnen Besuchern der Io dereinst dort siliziumbasierte Lebensformen, die sich in der Umgebung aus heißer Lava wohlfühlen, sich am Tag zwar nur ein paar Millimeter bewegen, dafür aber 10.000 Jahre leben. Sie würden einen eilig vorbeilaufenden Menschen vermutlich nicht einmal als Schatten bemerken.

Forscher diskutieren zudem noch ein ganz anderes Szenario: In den ersten zehn Millionen Jahren seiner Existenz hatte Io wahrscheinlich noch genug Wasser für die Entstehung kohlenstoffbasierten Lebens. Dieses könnte sich mit der Zeit in das wärmere und strahlungsgeschützte Innere zurückgezogen und langsam an die Verwertung anderer chemischer Stoffe angepasst haben. Das Beispiel der Schwefelbakterien oben zeigt, woran die Forscher dabei denken.

# Die Erforschung von Io

Seit seiner Entdeckung durch Galileo Galilei 1610 und fast zeitgleich durch den deutschen Astronomen Simon Marius (latinisiert von Simon Mayr) spielte Io wie seine drei Geschwister vor allem in der Entwicklung des menschlichen Bildes des Kosmos eine wichtige Rolle – zeigten die vier Galileischen Monde doch, dass das Modell des Orbits um ein zentrales Objekt im Universum nicht ungewöhnlich ist. Galileo hatte ein Teleskop mit etwa 20-facher Vergrößerung für sich selbst konstruiert, nachdem er aus Holland eine entsprechende Beschreibung erhalten hatte. Im Januar 1610 richtete er es auf Jupiter und fand die vier großen Monde.

Lange nannte man Io nur Jupiter I, als den damals ersten (also planetennächsten) Jupitermond; erst Mitte des 20. Jahrhunderts kamen dann die Namen in Gebrauch, die schon Simon Marius vorgeschlagen hatte.

Im späten 19. und frühen 20. Jahrhundert gelang es erstmals, Details der Oberfläche im Teleskop aufzulösen, doch noch immer hielt man Io für einen gewöhnlichen Mond voller Krater. Erst der Besuch der beiden Voyager-Sonden brachte die große Überraschung ans Tageslicht: dass es sich um eine höchst aktive Welt handelt, die einzigartig im Sonnensystem ist.

Pioneer 10 und 11 fanden zum Beispiel heraus, dass Io viel mehr unserem Mond als den drei großen Eismonden ähnelt und eine recht hohe Dichte besitzt. Eigentlich sollten beide Sonden auch zahlreiche Fotos schießen, doch fast alle gingen wegen der überraschend hohen Strahlungsintensität verloren.

Umso überraschter waren die Forscher, als die beiden Voyager-Sonden ab 1979 ins Jupiter-System einflogen. Io, fanden sie heraus, hat zwar eine ähnliche Dichte wie der Erdmond, doch ansonsten ähnelt sie ihm kaum, und zwar wegen des starken Vulkanismus, der auf dem Erdmond völlig fehlt. Die Voyager-Sonden fotografierten die ersten Vulkanausbrüche, kartografierten Bergketten und fanden Lava-Seen, über deren genaue Interpretation man sich erst später einig wurde. Sie erklärten auch die ungewöhnliche Wärme-Abgabe, die man in den 1970er-Jahren bei Teleskop-Infrarotaufnahmen gefunden hatte.

Voyager 1 näherte sich dem Mond auf bis zu 20.600 Kilometer Entfernung und konnte so Bilder mit einer Auflösung von bis zu 500 Metern pro Pixel gewinnen. Einige der Fotos waren allerdings wegen der starken Strahlung verschwommen. Auf den scharfen Bildern fand man Lava-Flüsse, Vulkankrater und Berge höher als der Mount Everest. Am 8. März 1979 entdeckte Voyager 1 auch den ersten Plume, die Wolke eines Vulkanausbruchs.

Was wir heute über Io wissen, verdanken wir vor allem der Galileo-Sonde – nach holprigem Anfang, denn ihr Start musste wegen der Challenger-Katastrophe mehrfach verschoben werden, und schließlich versagte auch die leistungsfähige High-gain-Antenne komplett. Alle Bilder mussten also mit niedriger Datenrate über die Low-gain-Antenne gesendet werden. Galileo führte Ende der 1990er-Jahre dann mehrere nahe Vorbeiflüge an Io aus, vermaß unter anderem das Magnet- und das Gravitationsfeld (das auf einen Eisenkern und ein differenziertes Inneres deutete) und fertigte zahlreiche Fotos der Oberfläche an, darunter auch das klassische Bild in Echtfarben. Besonders spannend fanden die Forscher die Veränderungen, die sich seit dem Besuch von Voyager-1 ergeben hatten. So hatte sich der Prometheus-Plume etwa um 75 Kilometer nach Westen verschoben. Während des neunten Orbits entdeckte man auf Bildern eine frische Explosion in der Pillan Patera. Eine Bedeckung der Sonne durch Jupiter erlaubte es Galileo zudem, die Polarlichter am Io-Himmel zu fotografieren.

2000 kam auch Cassini auf dem Weg zu Saturn vorbei und konnte unter anderem die Polarlichter fotografieren. Der nächste Besucher war dann 2007 die Sonde New Horizons auf dem Weg zu Pluto und darüber hinaus. Sie erbrachte unter anderem Bilder der Plumes über Tvashtar.

Derzeit befindet sich Juno im Jupiter-System. Die Sonde soll vor allem den Planeten untersuchen, wird mit ihrem Infrarot-Spektrometer aber auch Ios vulkanische Aktivität im Auge behalten.

Richtig spannend könnte es ab 2030 werden: Dann soll nämlich JuIcE, der »Jupiter Icy Moons Explorer«, das System erreichen und schließlich in einem Orbit um Ios Bruder Ganymed enden. Wie der Name sagt, wird die ESA-Sonde zwar vor allem die Eismonde Ganymed und – in geringerem Maß – Kallisto und Europa untersuchen, doch ein paar intensive Blicke auf Io fallen dabei sicher ab.

Unter der Bezeichnung Io Volcano Explorer (IVO) haben zwei US-Universitäten der NASA eine Mission vorgeschlagen, die sich dem Mond auf bis zu 200 Kilometer nähern und dabei seine vulkanische Aktivität untersuchen sollte. IVO hat es schon zweimal in die engere Auswahl als Discovery-Programm der NASA geschafft. Bei der letzten Abstimmung im Januar 2017 hat man jedoch die Missionen Lucy und Psyche vorgezogen, die unterschiedliche Klassen von Asteroiden zum Ziel haben.

Bis tatsächlich einmal ein Mensch auf Io landet, werden vermutlich noch mindestens 100 Jahre vergehen. Auch die ILSE untersucht den Mond ja erst, nachdem die Crew darauf aufmerksam gemacht wurde. So spannend Zeus' Geliebte ist – sie macht es ihren Anhängern nicht leicht, deshalb wird sich die Menschheit wohl erst einmal einfachere Ziele suchen.

Tipp: über Neuigkeiten informiere ich Sie gern, wenn Sie sich unter

www.hardsf.de/fortsetzung

eintragen. Außerdem erhalten Sie dann die farbige, schön illustrierte PDF-Version der Biografie der Io.

# Die neue Biografie des Saturn

Der Saturn schmückt sich nicht nur mit einem ganzen Arsenal glänzender Ringe und mit 62 Monden: An seinem Nordpol hat sich ein sechseckiges Wolkenmuster aufgebaut, während der Besucher am Südpol einem uralten Malstrom ins Auge blickt. Von allen Planeten des Sonnensystems besitzt der Saturn die geringste Dichte und ist am stärksten abgeplattet.

Ein Kurzurlaub auf dem Saturn sollte wenigstens drei Sehenswürdigkeiten einschließen. Natürlich, die Ringe muss man gesehen haben, so wie in Berlin das Brandenburger Tor zum Standardprogramm gehört. Doch dazu später, denn die Ringe kennt der Mensch ja sowieso schon seit langer Zeit.

Von wirklichen Geheimnissen umwittert ist hingegen das Hexagon, das sich in zehn Stunden und 39 Minuten einmal um den Nordpol dreht. Jede seiner aus Wolken bestehenden sechs Seiten ist 13.800 Kilometer lang, das ist mehr als ein Erd-Durchmesser. Es hat seine Position nicht verlassen, seit es auf Bildern der Voyager-Sonden erstmals entdeckt wurde. Woher es kommt, wissen die Astronomen noch nicht mit Sicherheit. Sie vermuten, dass es sich um eine Art stehende Welle handelt – ein ähnliches Phänomen wie die Surfwellen in schnell fließenden Gewässern, etwa im Münchner Eisbach. Immerhin ist es im Labor bereits gelungen, in sich drehenden Flüssigkeiten solche Hexagon-Muster zu erzeugen.

## Das Auge des Saturn

In der Mitte des Sechsecks befindet sich ein Wirbelsturm, allerdings ein kleines Exemplar, vergleicht man es mit seinem Pendant am Südpol. Hier bietet sich dem Touristen ein besonders faszinierender

Blick, denn es scheint, als beobachte der Planet seinen Besucher mit einem Auge. Lange hatten die Forscher angenommen, dass solche Augen ein typisches Element erdgebundener Wirbelstürme seien – denn selbst in Jupiters Großem Roten Fleck lässt sich keine solche Struktur nachweisen. Saturns Auge ist zugleich der wärmste Punkt des Planeten nahe seiner Oberfläche. Während man sonst mit minus 185 Grad rechnen muss, herrschen dort laue minus 122 Grad Celsius.

Stürme sind auf dem Ringplaneten aber sowieso keine Seltenheit. Hier findet man die zweitschnellsten Wirbelwinde im Sonnensystem, mit Geschwindigkeiten von bis zu 1800 Kilometern pro Stunde. Einmal pro Saturnjahr (das 30 Erdjahre dauert), etwa zur Zeit der Sommersonnenwende, lässt sich ein Großer Weißer Fleck beobachten, der aber nicht so langlebig wie die Flecken des Jupiter ist. Besonders schnelle Stürme nehmen manchmal sogar eine bläuliche Farbe an. Das liegt wohl am Phänomen der Rayleigh-Streuung, die auch für das Blau des Erdhimmels verantwortlich ist.

## Dreierlei Wolken

Weiße Flecken und Stürme treten in der Atmosphäre des Saturn auf, die etwa 1000 Kilometer dick ist. Sie enthält vor allem Wasserstoff mit etwas Helium und Spuren weiterer Elemente. Ähnlich wie bei Jupiter besteht sie aus konzentrischen Streifen, die jedoch deutlich feiner sind. Ihre geschichtete Struktur haben Satelliten schon aufgeklärt. Im obersten Bereich, wo ungefähr ein Luftdruck herrscht wie auf der Erde, bestehen die Wolken aus Ammoniak-Eis. In der Schicht darunter gehen die Temperaturen schon gegen Null Grad Celsius, bei Drücken wie in 100 Metern Wassertiefe auf der Erde. Hier ist das Revier der Wassereis-Wolken. Kurz danach folgt eine Ebene aus Ammonium-Hydrosulfid-Wolken, die schließlich in ein Gebiet übergeht, das von Ammoniak in wässriger Lösung gekennzeichnet ist.

Ähnlich wie bei Jupiter ist dabei keine Oberfläche auszumachen. Druck und Temperatur steigen kontinuierlich, entsprechend verändern sich die Eigenschaften der Stoffe. Unter zunehmendem Druck nimmt der Wasserstoff irgendwann metallische Eigenschaften an, bis man schließlich auf den festen Kern aus Gestein trifft, der zwischen neun und zwanzig Erdmassen haben dürfte und bis zu 11.700 Grad Celsius heiß ist.

Saturn produziert etwa 2,5 Mal mehr Hitze als er über die Sonne empfängt. Den Mechanismus dafür vermutet man einerseits im allmählichen Schrumpfen des Planeten, bei dem Gravitationsenergie frei wird. Doch das reicht (anders als bei Jupiter) wohl nicht. Vermutlich tragen Heliumtropfen, die aus der Hülle langsam in

Richtung Kern wandern und dabei Reibungshitze erzeugen, zur Energiebilanz bei. Um den Kern könnte sich mit der Zeit deshalb ein Heliummantel gebildet haben.

## Saturns Ringsystem

Saturn wiegt so viel wie 95 Erdkugeln. Und doch ist er der Planet mit der geringsten Dichte im Sonnensystem. Seine mittlere Dichte liegt noch ein Drittel unter der von Wasser. Weil sich das Material so gut zusammendrücken lässt, besitzt der Ringplanet auch die größte Abplattung: Am Äquator ist sein Durchmesser zehn Prozent größer als an den Polen. Diese etwas hässliche Figur macht Saturn aber sehr leicht wieder wett: mit seinem Ringsystem. Zwar weiß man inzwischen, dass alle Gasplaneten Ringe besitzen. Doch nirgends sind sie so eindrucksvoll wie bei Saturn.

Das liegt vor allem an ihrer Zusammensetzung. Die Ringe, die im Mittel nur 20 Kilometer dick sind, bestehen zu 93 Prozent aus sehr sauberem Wassereis, das das einfallende Licht gut reflektiert. Sie erstrecken sich bis zu 120.000 Kilometer in den Weltraum hinaus. Das ist etwa ein Drittel der Entfernung von der Erde zum Mond.

Astronomen haben etwa 100.000 einzelne Ringe gezählt, die in der Regel scharf voneinander abgetrennt sind. Wo sich kleine Monde in die Scheibe schmuggelten, haben diese kleine Schneisen mit sehr niedriger Teilchendichte geschlagen.

Die Teilchen selbst sind zwischen Tausendstel Millimetern und ein paar Metern groß. Ihre Gesamtmasse liegt bei 30 Billiarden Tonnen. Das klingt viel, ist aber etwas weniger als die Masse des 396 Kilometer durchmessenden Mondes Mimas, der die deutlich sichtbare Cassini-Teilung der Ringe erzeugt. Entstanden sind die Ringe vermutlich zur selben Zeit wie der Saturn. Wahrscheinlich sind sie Überbleibsel einer weitaus massiveren Akkretionsscheibe, aus der sich auch die Saturnmonde bildeten. Das ist derzeit wohl die favorisierte Theorie. Ältere Ideen gehen davon aus, dass an dieser Stelle früher ein weiterer Mond den Saturn umkreiste, der jedoch von dessen Gravitationskräften zerrissen wurde.

## Die Monde des Saturn

Von den 62 bekannten Monden des Saturn sind nur 13 größer als 50 Kilometer. Immerhin 38 umkreisen den Planeten auf irregulären Bahnen, also etwa andersherum als der Rest oder mit einer anderen Achsneigung. Nicht alle sind vermutlich mit dem Saturn zusammen entstanden, manche wird sich der Planet auch eingefangen haben.

Da auch die Ringe teilweise durchaus aus größeren Objekten

bestehen, ist es unmöglich, die Saturnmonde genau zu zählen – schließlich gibt es keine festgelegte Grenze, wann ein Himmelskörper als Mond zählt. Die meisten der großen Monde, darunter Rhea und Dione, bestehen primär aus Wassereis, manche besitzen auch einen Gesteinskern.

## Mimas – wo sich Starwars und Pacman treffen

Mimas schafft es auf der Hitliste der Monde gerade noch unter die Top 20. Gleichzeitig ist er der kleinste Himmelskörper mit annähernd kugelförmiger Gestalt. Der etwa 400 Kilometer durchmessende Mond besteht vor allem aus Wassereis. Auf seiner Oberfläche fällt eine riesige Wunde auf: der Herschel-Krater mit einem Durchmesser von 130 Kilometer. Der Einschlag, der diesen Krater bildete, scheint Mimas beinahe zerstört zu haben. Davon erzählen jedenfalls die Bruchlinien auf der gegenüberliegenden Seite des Mondes.

Nebenbei trägt der Krater dazu bei, die Ähnlichkeit von Mimas mit dem Todesstern des Imperators aus der Starwars-Filmreihe zu vergrößern.

Auch ein anderes Symbol der Popkultur hat es bis auf Mimas geschafft: Eine Karte der Temperaturverteilung auf der Oberfläche sieht aus wie Pacman, der gerade einen Punkt frisst. Dass die Wärme anders verteilt ist als vorhergesagt, stellt die Forscher vor gewisse Rätsel. Sie vermuten, dass das Material, das die jeweilige Oberfläche bedeckt, Wärme unterschiedlich gut leitet beziehungsweise speichert.

## Enceladus – der Mond der Eisvulkane

Enceladus ist einer der hellsten Himmelskörper im Sonnensystem. Seine Albedo, sein Reflektionsvermögen, liegt bei fast 100 Prozent. Frisch gefallener Schnee wirft Licht nicht ganz so gut zurück. Dadurch ist der nur 500 Kilometer große Enceladus zwar gut zu sehen. Doch wenn er fast das gesamte Sonnenlicht zurückwirft, bleibt nicht viel, um die Oberfläche zu erwärmen. Mit 200 Grad Frost muss ein Besucher deshalb rechnen.

Das Phänomen wirft außerdem die Frage auf, warum der Mond so hell ist. Seine Geschwister sind durch kosmischen Staub aus der Umgebung mit den Jahrmillionen dunkler geworden, Enceladus offenbar nicht. Es muss also eine Quelle geben, die immer wieder frische Eiskristalle nachliefert. Sie speist auch eine dünne Atmosphäre, denn Enceladus wäre selbst nicht in der Lage, eine Luftschicht festzuhalten.

Die Quelle hat nach langem Rätseln 2005 die Cassini-Sonde ausgemacht. Sie fotografierte aus der Gegend des Südpols austretende Fontänen aus Eiskristallen. Die Gegend ist von den so genannten Tigerstreifen geprägt, tiefen Brüchen in der Kruste des Enceladus. An einigen Stellen treten hier durch einen bisher nicht vollständig erklärten Mechanismus Eisfontänen aus dem Inneren empor, deren Inhalt sich dann über den gesamten Mond verteilt.

Eine der möglichen Ursachen könnte ein warmer Ozean unter der Oberfläche sein. Erhöht sich der Druck zu sehr, spritzt das Wasser wie bei einem isländischen Geysir mit enormer Geschwindigkeit (1600 km/h) aus den unterirdischen Kammern und gefriert dabei sofort wieder. Die Kristalle erreichen dabei Höhen von bis zu 500 Kilometern und speisen auch Teile der Saturnringe. Die riesigen Fontänen müssen ein großartiger Anblick sein. Dass Enceladus nicht komplett gefroren ist, daran ist wohl Saturn schuld. Seine Anziehungskräfte kneten Gesteinskern und Eismantel des Enceladus so stark durch, dass es zu einer Erwärmung des Materials kommt. Wie sich bei einem nahen Vorbeiflug der Cassini-Sonde 2008 zeigte, ähnelt die Zusammensetzung der Fontänen auffällig der von Kometen, mit Anteilen von Kohlenstoff-Verbindungen und organischen Molekülen. Das hat die Spekulation angeheizt, ob sich im warmen Ozean nicht vielleicht Leben finden könnte – Energie und chemische Voraussetzungen wären jedenfalls gegeben.

## Titan - die Methan-Erde

Eine dichte Atmosphäre, Wetterphänomene wie Regen und Schnee, Dünen am Äquator, bis zu 2000 Meter hohe Berge, aber auch große Seen und Flüsse – der Saturnmond Titan weist eine Menge Ähnlichkeiten zur Erde auf. Obwohl nur ein wenig größer als der sonnennächste Planet Merkur, gilt er deshalb als erdähnlichster Himmelskörper in unserem Sonnensystem. Wer jetzt schon daran denkt, ein Grundstück mit Blick auf den Ontario Lacus zu erwerben, der immerhin so groß wie Schleswig-Holstein ist, sollte allerdings auch das Kleingedruckte studieren. Es gibt da nämlich auch ein paar kleinere und größere Unterschiede zu den Verhältnissen bei uns.

Das Surfbrett kann zum Beispiel auf jeden Fall zu Hause bleiben. Die Wellen auf dem See sind maximal einen Millimeter hoch – so war es jedenfalls zu dem Zeitpunkt, als die Cassini-Sonde der NASA das Gewässer mit Radar abtastete. Auch die Tauchausrüstung muss nicht ins Reisegepäck, weil der See im Mittel nur zwischen einem halben und drei Metern Tiefe aufweist. Allerdings könnte sie ganz nützlich sein, um im Freien zu überleben. Denn obwohl der Mond nur ein Siebtel der Schwerkraft der Erde aufweist, lastet seine außerordentlich dichte Atmosphäre mit ziemlicher Schwere auf ihm und all seinen Bewohnern. Auf der Oberfläche müssen Sie mit einem etwa anderthalb mal größeren Luftdruck als auf der Erde rechnen. Stellen Sie sich einfach vor, Sie müssten am Boden eines Swimming Pools leben. Statt nach Sonne und Meer duftet es vermutlich eher nach Tankstelle, denn die Luft besteht zu 98 Prozent aus Stickstoff, gemischt mit Argon, Methan und anderen Kohlenwasserstoffen. Sauerstoff zum Atmen bietet die Atmosphäre leider nicht.

Immerhin besitzt der Titan eine dichte Atmosphäre. Das kann kein anderer Mond von sich behaupten. Da er ein Stück größer als Merkur ist, ginge er aber auch gut als Planet durch.

Dass es auf dem Titan ab und zu regnet, dürfte Sylt- oder Ostsee-Urlauber nicht stören. Die mittleren Temperaturen liegen aber noch deutlich niedriger als im deutschen Hochsommer, nämlich bei rund minus 180 Grad Celsius. Was da auf den Regenschirm tröpfelt, ist bei diesen Temperaturen natürlich kein Wasser, sondern flüssige Kohlenwasserstoffe wie Methan und Ethan. Die Forscher vermuten allerdings, dass sich der Wetterkreislauf auf Titan von dem auf der Erde deutlich unterscheidet. Die Atmosphäre kann nämlich weit mehr Flüssigkeit halten. Und wegen der niedrigen Sonneneinstrahlung verdampft das flüssige Methan viel langsamer. Deshalb dürften auf jahrhundertelange Trockenzeiten vermutlich kurzfristige Überschwemmungen folgen. In der Äquatorregion jedoch fällt kein Regen: Dort kristallisieren durch Wechselwirkungen von Methan mit Sonnenlicht entstandene große Moleküle komplizierterer Kohlenstoff-Verbindungen zu den typischen Dünen aus.

Sogar die Form des Mondes könnte, wie NASA-Forscher vermuten, von der Meteorologie des Himmelskörpers bestimmt sein. Er ist nämlich deutlich stärker abgeplattet, als das aufgrund seiner Rotationsgeschwindigkeit zu vermuten wäre. Also muss er sich entweder früher etwa ein Drittel schneller um seine Achse bewegt haben – oder das in der Atmosphäre vorhandene und auf den Boden regnende Ethan hat die Polkappen zusätzlich schwerer gemacht und so die Abflachung verursacht.

Auch Oberflächenstrukturen werden vom Titan-Wetter geformt: So lassen sich zum Beispiel in Äquatornähe 100 Meter hohe, vom Wind geformte Dünen nachweisen, die zum großen Teil aus Kohlenwasserstoff-Sand bestehen und sich über Hunderte von Kilometern erstrecken. Früher hielt man diese Sandseen für flüssigkeitsgefüllt. Echte Seen finden sich näher an den Polen. Etwa der oben beschriebene Ontario Lacus mit 15.000 Quadratkilometern Fläche, oder das Kraken Mare, das die Ausmaße des Kaspischen Meeres besitzt. Wassereis zu finden, ist kein Problem: Bei den Oberflächentemperaturen ist es hart wie Stein. Sogar Vulkanismus haben die Forscher auf dem Mond nachgewiesen – nur dass statt Lava flüssiges

Wasser austritt. Dieses Wasser kommt aus einem riesigen, unterirdischen Reservoir, einem Ozean, den die Wissenschaftler in 45 bis 100 Kilometern Tiefe vermuten.

Die neueste Entdeckung der Cassini-Sonde, gemeldet im Dezember 2012, ist ein riesiges Fluss-System, das sich mit einigen Verästelungen über etwa 400 Kilometer entlang einer Bruchstelle hinzieht und schließlich in den Methansee Ligeia Mare mündet, der selbst einen Durchmesser von 500 Kilometern besitzt. Die Forscher vermuten, dass er mit einer Flüssigkeit gefüllt ist, wohl mit einem Gemisch aus Ethan und Methan, wie Cassini-Spektrometer-Daten 2008 für den Ontario Lacus nachweisen konnten. Die Bruchstelle, an der sich der Fluss entlang schlängelt, deutet nicht unbedingt auf eine Plattentektonik wie auf der Erde hin. Die Forscher vermuten jedoch, dass die Brüche im Gestein ausreichten, so große Methanseen wie den Ligeia Mare entstehen zu lassen. Statt der Plattentektonik dürfte ein andauerndes Schrumpfen des Mondes dafür zuständig sein: Sein immer noch einigermaßen heißer Kern kühlt sich ab und zieht sich dabei zusammen. Wie bei einem Luftballon wird dadurch die Außenhaut schrumpelig und bekommt Risse.

## Hyperion – der fliegende Schwamm

Hyperion könnte mit der Zeichentrickfigur Spongebob bekannt sein, denn der Mond hat viele Merkmale eines Schwamms. Ein Bild sagt dabei mehr als tausend Worte. Der Mond ist der zweitgrößte Himmelskörper im Sonnensystem mit irregulärer Gestalt. Er besteht vor allem aus Wassereis, das jedoch von einer dunklen Staubschicht bedeckt ist.

Wie ein Schwamm oder ein Schweizer Käse ist Hyperion enorm porös: Etwa 30 bis 40 Prozent seines Inneren bestehen aus Leere. Womöglich stellt er das Bruchstück eines weitaus größeren Mondes dar. Durch seine Nähe zum Mondriesen Titan könnte er nach dem Auseinanderbrechen die Atmosphäre des Titan angereichert haben.

## Iapetus – der doppelgesichtige Mond

Mit 42 Prozent der Größe des Erdmonds ist Iapetus kein Winzling. Berühmt ist er für seine ausgeprägten Farbunterschiede: Die Seite, die in "Fahrtrichtung" zeigt, also auf der Bahn des Mondes nach vorn, ist weitaus dunkler als Iapetus' Rücken. Iapetus besitzt nämlich eine gebundene Rotation, blickt also immer mit derselben Seite in Bahnrichtung. Heute weiß man, dass eine höchstens einen halben Meter dicke Schicht von Ablagerungen für den Farbunterschied verantwortlich ist.

Diese Ablagerungen blieben zurück, als sich auf der stärker

erwärmten Vorderseite Eis, aus dem Iapetus zu 80 Prozent besteht, auflöste (sublimierte). Durch die schwache Gravitation kann das gasförmige Wasser leicht auf die Rückseite migrieren, wo es kälter ist. Deshalb setzt es sich hier und an den Polen wieder als Eis ab, um so zur hellen Farbe beizutragen.

Iapetus besitzt als zweite Besonderheit einen ausgeprägten Wulst um den Äquator. Hier ragt eine den Mond umlaufende Gebirgskette bis zu 20 Kilometer über die Umgebung auf. Iapetus besitzt deshalb einige der höchsten Berge des Sonnensystems. Wie der Wulst entstanden ist, darüber sind sich die Forscher noch nicht einig.

Die Biografie des Saturn erhalten Sie natürlich wie immer unter hardsf.de/fortsetzung/ als bebildertes PDF, außerdem informiere ich Sie dort über neue Titel.

# Die neue Biografie des Enceladus

# Einführung

Dass Enceladus ein faszinierendes Reiseziel sein muss, ist den Astronomen erst relativ spät aufgefallen. Entdeckt wurde er zwar bereits 1789 vom deutsch-britischen Astronomen Wilhelm Herschel, und zwar als sechster Mond seines Planeten Saturn. Auf den ersten Blick verhält er sich auch so, wie man es von einem Mond seiner Größe erwartet. Erst Fotos der Voyager-Sonden in den 1980er Jahren änderten diese Vorstellung. Voyager 2 lieferte von ihrem Vorbeiflug am 26. August 1982 spektakuläre Aufnahmen der schneebedeckten Oberfläche, der Krater-Netzwerke und tiefer Spalten im Eis. Es zeigte sich zudem, dass Enceladus ungewöhnlich hell leuchtet, weil er 99 Prozent des einfallenden Sonnenlichts reflektiert.

Die Fotos regten die Fantasie der Astronomen gleich in mehrerer Hinsicht an. Zum einen zeigten sie große Ebenen ganz ohne Krater, was darauf schließen lässt, dass diese relativ frisch sind. Es muss also Prozesse im Inneren des Mondes geben, die die Oberfläche erneuern. Die hohe Albedo (Reflektionsfähigkeit), die höchste eines Objekts in unserem Sonnensystem, ist ebenfalls nur dann durch eine Schneebedeckung der Oberfläche erklärbar, wenn diese regelmäßig aufgefrischt wird. Doch woher soll der Schneefall kommen, wenn es keine Atmosphäre gibt? Und dann war da ja auch noch der mysteriöse E-Ring des Saturn, den das Allegheny-Observatorium der Universität Pittsburgh 1966 erstmals fotografiert hat. Spektroskopische Untersuchungen zeigen, dass er vor allem aus kleinen Eiskristallen besteht. Er unterscheidet sich auch sonst deutlich von den anderen Ringen. Enceladus kreist an der Innenkante des E-Rings um Saturn, genau dort, wo der Ring am dichtesten ist, kam also schnell als Schuldiger unter Verdacht.

Am 14. Juli 2005 ertappte ihn die Cassini-Sonde von NASA und ESA auf frischer Tat: Sie fotografierte Wolken von Wasserdampf über der Enceladus-Oberfläche, die von relativ warmen Spalten durchzogen war. Zwei Jahre später lieferte sie dann erstmals Fotos der Geysire in der Nähe des Südpols, die Wasser aus dem Inneren des Mondes ins All werfen. Ein Teil davon liefert offenbar frisches Material für den E-Ring, der Rest fällt als Schnee auf den Mond zurück und lässt ihn im weißesten Weiß erstrahlen.

Welche Geheimnisse hat Enceladus noch zu bieten? Folgen Sie mir in eine eiskalte Welt, die womöglich unbekannte Arten von Leben beherbergt.

# Enceladus' Bahn um Saturn

Enceladus ist der sechstgrößte Mond des Ringplaneten Saturn, und er wurde auch als sechster Saturnmond entdeckt. Heute kennt man bereits 62 Saturnmonde. Von innen gezählt, ist er der vierzehnte Mond. In der klassischen Zählung jedoch war er der zweite, also erhielt er von der IAU die Bezeichnung Saturn II. Mit einem Durchmesser von im Mittel 505 Kilometern (entspricht der Luftlinie Berlin-München) ist Enceladus deutlich kleiner als der Erdmond (Durchmesser 2480 Kilometer), aber unter den Monden des gesamten Sonnensystems nimmt er immer noch Platz 17 ein. »Im Mittel« deshalb, weil er von der Schwerkraft des Saturn leicht, nämlich um drei Prozent, abgeplattet wird. Diese Form nennt man Ellipsoid.

Mit dem bloßen Auge ist Enceladus von der Erde aus nicht zu beobachten. Seine scheinbare Helligkeit liegt bei 11,8 mag, bis maximal 6 mag erreicht das menschliche Auge bei besten Bedingungen.

Seine Bahn um den Planeten ist fast perfekt kreisförmig. Der mittlere Bahnradius liegt bei etwa 238.000 Kilometern. Enceladus ist, und das wird für das Verständnis der Vorgänge in seinem Inneren noch sehr wichtig, damit seinem Mutterplaneten sehr nahe. Die Bahn des Erdmond etwa ist 50 Prozent größer. Zudem ist Saturn viel, viel größer als die Erde: Die Entfernung zur »Oberfläche« des Planeten beträgt von Enceladus aus nur knapp 180.000 Kilometer, und Saturn besitzt mit rund 95 Erdmassen auch eine 95 Mal höhere Anziehungskraft.

Diese starke Anziehung hat auf Enceladus verschiedene Auswirkungen; sie betrifft auch seinen Orbit. Über die Jahrmillionen hat sie dazu geführt, dass der Mond seinem Planeten stets dieselbe Seite zuwendet (»gebundene Rotation«). Wer auf der falschen Seite von Enceladus landet, wird den Planeten also nie zu Gesicht bekommen, und vom Saturn aus ist immer nur die Vorderseite des Enceladus zu erblicken. Das ist beim Erdmond genauso.

Wie fast alle Saturn-Monde und auch die Ringe kreist Enceladus in einer Bahnebene um Saturn, die parallel zum Äquator des Planeten verläuft. Zur Ebene der Planetenbahnen um die Sonne (»Ekliptik«) ist diese um rund 27 Grad geneigt. Auch seine Geschwister beeinflussen Enceladus' Bahn, zumal sie ihm teilweise recht nahe kommen. Die Bahn des nächstinneren Mondes Pallene liegt zum Beispiel knapp 26.000 Kilometer entfernt, und der nächstäußere Tethys hat eine Entfernung von fast 57.000 Kilometern. Die dadurch entstehenden Gezeitenkräfte zwingen die Monde, eine Art kosmisches Ballett aufzuführen: Mit der mehr als doppelt so großen Dione befindet sich Enceladus in einer 2:1-Bahnresonanz; bei zwei Umläufen von Enceladus führt Dione also einen Umlauf aus. Mit Mimas, weiter innen gelegen und etwas kleiner, vereint ihn eine 3:2-Resonanz. Und mit dem oben schon erwähnten, doppelt so großen Tethys hat sich Enceladus auf eine 4:3-Bahnresonanz geeinigt.

Für einen Umlauf um Saturn braucht Enceladus einen Erd-Tag, acht Stunden und 53 Minuten. Dabei erreicht er eine Geschwindigkeit von 12,64 Kilometern pro Sekunde. Damit ist Enceladus zwölf Mal so schnell wie der Erdmond auf seinem Weg um Mutter Erde. Das liegt nicht daran, dass der Erdmond so faul ist, sondern daran, dass Saturn viel stärker an Enceladus zieht. Wäre er so langsam wie der Mond, gäbe es ihn längst nicht mehr. Der Mond, andererseits, risse sich im Nu auf ewig von der Erde los, würde er so schnell wie Enceladus seine Bahnen ziehen.

Wenn Sie den vierten Absatz richtig gelesen haben, wissen sie nun auch schon, wie schnell Enceladus sich um sich selbst dreht. Damit er Saturn immer dieselbe Seite zeigen kann, muss er nämlich bei einem Umlauf auch genau eine Rotation vollziehen. Die Achse, um die sich Enceladus dreht, steht dabei exakt senkrecht auf seiner Bahnebene. Deshalb ist Saturn an seinem Himmel auch immer fest am selben Punkt zu sehen. Die Drehachse der Erde hingegen steht schräg auf ihrer Bahnebene um die Sonne – anderenfalls gäbe es keine Jahreszeiten.

# Weiß und kalt: Die Oberfläche

DASS ENCELADUS LICHT SO GUT SPIEGELT, WIE IN DER EINLEITUNG geschildert, hat einen simplen Grund: Der Mond ist komplett von Eis bedeckt, und zwar von ganz normalem Eis, wie es jeder kennt, also Wassereis. Das reflektiert sogar noch besser als frisch gefallener Schnee auf der Erde. Enceladus wird deshalb gern als »Eismond« bezeichnet, obwohl das gar nicht wirklich zutrifft, wie wir im nächsten Kapitel sehen werden.

Es hat aber eine praktische Folge für jeden Enceladus-Reisenden. Sie kennen das ja von klaren Wintertagen: Licht, das von der Oberfläche reflektiert wird, kann diese nicht erwärmen. Nun befindet sich der Mond sowieso schon in einer riesigen Entfernung zur Sonne (über 1,4 Milliarden Kilometer), doch durch die hohe Albedo (Reflexionsvermögen) wird es auf Enceladus noch kälter, als es wegen des Abstands zur Sonne sein müsste. An der Oberfläche seiner Schwester Dione, die eine Albedo von 55 Prozent aufweist, also viel dunkler ist, wird es denn auch bis zu minus 187 Grad warm, auf Enceladus nur minus 200 Grad.

Auch wenn die Landschaft auf der Oberfläche durchgängig weiß glänzt, bietet sie doch einige Abwechslung. Ebenen (Planitia, Plural Planitiae) wechseln sich mit 500 bis 2000 Meter hohen Bergrücken (Dorsum, Plural Dorsa) ab, beide können von Gräben (Sulcus, Plural Sulci), Senken (Fossa, Plural Fossae) und Kliffs (Rupe, Plural Rupes) durchzogen oder mehr oder weniger stark von Kratern bedeckt sein.

Wer sich auf Enceladus mit Hilfe einer Karte zurechtfinden will, wird sich in die Märchen aus 1001er Nacht versetzt fühlen. Denn die Astronomenvereinigung IAU hat beschlossen, für den Mond

Ortsnamen aus diesem Stück Weltliteratur zu verwenden – bis auf die Krater, die die Namen von Protagonisten der Märchen tragen.

Die Ebenen sind oft geologisch noch relativ jung. Das erkennt man daran, dass sie – wie etwa die Sarandib-Ebene – wesentlich weniger Krater aufweisen, als man es von einem Mond erwarten würde. Man schätzt, dass viele Ebenen weniger als ein paar Hundert Millionen Jahre alt sind. Die Einschlagskrater, das zeigen Fotos der Cassini-Sonde, befinden sich in unterschiedlichen Stadien der Alterung. Während jedoch auf der Erde das Klima die Krater verwittern lässt und sie auf dem Erdmond nur durch neuere Einschläge zerstört werden, führen auf Enceladus Bewegungen des Eises zum Abtragen der Krater.

Von dieser Aktivität zeugen auch die Gräben und Canyons, die bis zu 200 Kilometer lang, fünf bis zehn Kilometer breit und 1000 Meter tief sein können. Sie schneiden oft mitten durch andere geologische Merkmale, sodass man davon ausgeht, dass es sich um relativ frische Neubildungen handelt. Während auf der Erde steinerne Kontinentalplatten aufeinanderprallen, sind es auf Enceladus offenbar Eisplatten. Manchmal entstehen dabei Kliffs, die bis zu 1000 Meter hoch sein können.

## Chaos im Süden

Eine Sonderrolle spielt das Gebiet rund um den Südpol von Enceladus. Schon auf Bildern von Voyager 2 machten Forscher hier chaotisches Terrain aus, also ein Durcheinander verschiedenster Geländeformen. Seit die Cassini-Sonde ihre spektakulären Bilder geliefert hat, wissen wir wesentlich mehr. Das Gebiet, das sich bis in eine südliche Breite von 60 Grad erstreckt (entspricht auf der Erde der Lage von Feuerland), ist von Brüchen und Kliffs gekennzeichnet, enthält aber noch weniger Krater als der Rest des Mondes. Die Oberfläche muss also noch weit jünger sein; Forscher schätzen ihr Alter im Mittel auf 500.000 Jahre. Geologisch ist das überaus jung.

Das Zentrum der Region sieht von oben besonders chaotisch aus. Zu den Brüchen und Schollen kommen hier noch riesige Eisklötze von zehn bis 100 Metern Größe. Dieser Bereich wird von vier bis zu 300 Meter tiefen Brüchen dominiert, den so genannten Tiger Stripes, die jeweils einige Hundert Kilometer lang sind. Aufnahmen zeigen, dass das Eis, das sich an ihren Rändern abgesetzt hat, eine deutlich andere Zusammensetzung besitzt als das Eis der gewöhnlichen Ebenen. Hier wurden auch organische Stoffe nachgewiesen.

Die Tiger Stripes, die bis zu 25 Grad wärmer sind als ihre Umgebung, stellen die Quelle der berühmten Enceladus-Geysire dar. Die Fotos, die Cassini davon gemacht hat, gingen um die Welt. Beinahe über die ganze Länge der Stripes werden große Mengen Wasserdampf mit hoher Geschwindigkeit von 400 bis 1250 Metern pro Sekunde (m/s) in den Weltraum geschossen. Ein Teil fällt als Schnee auf den Mond zurück, ein anderer erneuert das Material des E-Rings. Da die Fluchtgeschwindigkeit auf Enceladus unter 240 m/s (860 km/h) liegt, ist ein Ausgasen ins All problemlos möglich.

Die Aktivität der Geysire ändert sich periodisch. Man vermutet, dass die Tiger Stripes bei einer Annäherung an den Saturn unter der Schwerkraft des Planeten zusammengequetscht werden. So erhöht sich der Druck, mit dem das Material herausschießt, und die Menge verringert sich.

Der Cassini-Sonde ist es sogar gelungen, mitten durch eine solche Geysirfahne zu fliegen. Dadurch wissen wir nun, woraus sie besteht: nämlich vor allem aus Wasserdampf, aber auch aus Anteilen von Methan und Kohlendioxid sowie von einfachen bis hin zu komplexen organischen Molekülen. Die Zusammensetzung ähnelt der von Kometen. Wie sie entstehen könnte, diskutieren wir im folgenden Kapitel.

## (K)eine Atmosphäre

Eine echte Atmosphäre besitzt Enceladus nicht. Mit seiner geringen Schwerkraft könnte er sie auch nicht halten. Das hat den Nachteil, dass ein Raumschiff beim Landen nicht auf die Bremswirkung der Luft setzen kann.

In der Nähe des Südpols bleibt von den Geysir-Eruptionen aber offenbar zumindest so viel übrig, dass sich Spuren einer Atmosphäre aus 91 Prozent Wasserdampf, 4 Prozent Stickstoff, 3,2 Prozent Kohlendioxid und 1,7 Prozent Methan finden.

## Großartiger Ausblick

Ein Astronaut, der gerade auf der Oberfläche gelandet ist, wird zunächst einmal gen Himmel blicken. Der ist auf jeden Fall schwarz, da der Mond keine nennenswerte Atmosphäre hat. Immerhin können dann auch keine Wolken die Sonne verdunkeln, die mit 3,5 Bogenminuten nur ein Neuntel der Größe hat, die wir von der Erde gewohnt sind.

Saturn ist nur von der dem Planeten zugewandten Seite aus sichtbar. Hier hängt er dann in einer Höhe am Himmel, die von der geografischen Breite abhängt, in der sich der Betrachter gerade befindet. Am Äquator leuchtet Saturn also senkrecht von oben; je näher man den Polen kommt, desto niedriger steht der Planet über dem Horizont. Beeindruckend wirkt er allemal, denn seine Scheibe ist mit einem Durchmesser von 60 Grad etwa 120 Mal so groß wie der Erdmond an unserem Nachthimmel.

Einen guten Blick auf die Ringe hat der Saturn-Tourist allerdings nicht. Denn diese kreisen ja in der selben Ebene um Saturn wie der Mond. Man sieht also direkt auf ihre (sehr schmale) Kante und erkennt sie deshalb nur als Strich. Abhängig von der Stellung zur Sonne lässt sich allerdings der Schatten der Ringe verfolgen.

Falls Ihnen während des Urlaubs auf Enceladus der Mond aufgeht: keine Sorge, Sie sind nicht verwirrt, sondern haben gerade den inneren Mond Mimas gesehen, der alle 72 Stunden an Saturn vorüber zieht und am Himmel etwa die scheinbare Größe des Erdmondes besitzt. Doppelt so groß erscheint hingegen Tethys, allerdings können Sie diesen äußeren Mond nur von der dem Saturn abgewandten Seite des Enceladus beobachten.

Andere Monde erscheinen am Himmel nur sternartig oder sind gar nicht mit dem bloßen Auge zu erkennen.

# Wandern auf Enceladus

Ihnen reicht der Blick auf Saturn nicht, Sie wollen auch einmal die Rückseite des Mondes erkunden (eine dunkle Seite besitzt er ja nicht)? Kein Problem. Die geringe Schwerkraft lässt Sie beinahe schweben. Mit 86 Kilogramm Lebendgewicht bringen Sie auf Enceladus nur 1 Kilogramm auf die Federwaage (eine Balkenwaage würde 86 Kilogramm messen, weil sie mit Vergleichsgewichten arbeitet). Selbst in einem schweren Raumanzug kommen Sie also nicht einmal auf zwei Kilogramm.

Das heißt allerdings nicht, dass Sie dort auch 40 Mal höher springen können als auf Ihrem Heimatplaneten. Zum ersten behindert Sie der Raumanzug. Auf der Erde kann mit einem Raumanzug kein Mensch springen. Auf dem Mond kommt man im Raumanzug immerhin auf rund zwei Meter Sprunghöhe, wobei sich noch kein menschlicher Astronaut einen solch hohen Sprung getraut hat. Auf Enceladus können Sie einen 20-Meter-Sprung machen (ohne Raumanzug sogar 40 Meter) – zu empfehlen ist das allerdings nicht. Das Problem ist die Sicherheit: Sie kommen ja mit Ihrer Absprunggeschwindigkeit wieder auf dem Boden an. Ein Raumanzug sollte das zwar aushalten – doch das Risiko ist einfach zu groß.

Eine Wanderung auf Enceladus unterscheidet sich gar nicht allzu sehr von einem Weltraum-Spaziergang. Draußen ist (fast) ein Vakuum. Die Vorbereitung sollte also dieselbe sein wie bei einem Ausstieg im All. Dass die Atmosphäre fehlt, ist eher ein Glücksfall: Bei minus 200 Grad würde ihr Anzug in einer wie auch immer gearteten luftgefüllten Umgebung viel schneller auskühlen, als wenn er Wärme nur als Strahlung abgeben kann.

Anstrengend ist so ein Spaziergang aber trotzdem, und nur weil sie weniger wiegen, können Sie trotzdem nicht wie ein Blitz von 0 auf 100 beschleunigen. Dabei spielt nämlich Ihre so genannte träge Masse die Hauptrolle, die sich von der auf der Erde nicht unterscheidet.

# Kokosnuss mit Kern

Dass Enceladus kein reiner Eismond sein kann, war den Astronomen schon relativ früh klar. Dafür ist er angesichts seiner Größe zu schwer. Mit einer Dichte von 1,61 Gramm pro Kubikzentimeter (Wasser wiegt bloß ein Gramm pro Kubikzentimeter) steht er unter den Saturnmonden an dritter Stelle. In seinem Inneren muss sich also ein dichter Kern aus Gestein befinden. Zum Vergleich: der Erdmond hat eine Dichte von 3,3 Gramm pro Kubikzentimeter, Wassereis ist dort aber auch selten.

Doch auch in Relation zum »blauen Planeten«, zur Erde, hat Enceladus eine ganze Menge Wasser zu bieten. Würde man alles Wasser der Erde zu einer Kugel formen, hätte diese einen Durchmesser von 1384 Kilometern (Erddurchmesser: 12740 Kilometer). Formte man alles Enceladus-Eis zu einer Kugel, wäre diese immerhin fast 400 Kilometer groß (Enceladus insgesamt hat einen Durchmesser von 504 Kilometern). Oder anders gesagt: Als vor Milliarden von Jahren die noch trockene Erde ihr Wasser bekommen hat, müssen gleich mehrere Himmelskörper von der Größe des Enceladus hier aufgeprallt sein.

Der Gesteinskern des Mondes macht wahrscheinlich etwa die Hälfte der Masse des Mondes aus und erreicht einen Durchmesser von 300 bis 340 Kilometern. Er dürfte primär aus siliziumreichen Verbindungen (Silikaten) bestehen, ähnlich wie Erdkruste und -mantel.

Nicht ganz einig sind sich die Forscher, wie hoch der Anteil kurz- und langlebiger radioaktiver Stoffe war und ist. Ihr Zerfall bietet ja einen Mechanismus, mit dem ein Himmelskörper auch lange nach seiner Entstehung noch Wärme erzeugen kann. Bei der Erde nahm man früher an, dass diese Radioaktivität die Voraussetzung für alles

Leben sei. Tatsächlich ist die Hitze des Erdkerns vor allem ein Überbleibsel aus der Frühzeit des Sonnensystems. Der Kern gibt nicht nur Wärme an den Mantel ab, es wird auch weitere Energie frei, wenn bislang flüssiges Material kristallisiert (Kristallisationswärme). Da zudem der allmählich erstarrende innere Kern langsam schrumpft, kommt es zu einer Kompression des Materials, die zusätzliche Energie freisetzt.

Eine solche Rolle spielt der Gesteinskern des Enceladus nicht, aber aus ihm aufsteigende Wärme könnte zumindest dazu führen, Eis zu schmelzen.

# Das Reich von Wasser und Eis

Über dem Gesteinskern beginnt dann das Reich von Wasser und Eis. Eis ist nicht gleich Eis, es besitzt verschiedenste Phasen, deren physikalische Eigenschaften sich voneinander unterscheiden. Welche auf Enceladus vorherrschen, weiß man nicht genau. Entscheidend dafür sind Druck und Temperatur, aber auch Beimischungen anderer Stoffe können die Eigenschaften von Eis ändern. So würden zum Beispiel Spuren von Ammoniak den Schmelzpunkt senken – Wasser könnte flüssig sein, wenn es anderswo schon gefriert. Allerdings hat man solche Spuren bisher nicht gefunden. Wahrscheinlich ist, dass der größte Teil der Eisschicht aus normalem Eis besteht, wie wir es auch von der Erde kennen, Eis-I also.

Wie dick die Eisschicht genau ist, weiß man bisher ebensowenig. Die Modelle ergeben Dicken von etwa 50 bis 80 Kilometern. Irgendwo darin oder auch darunter, das haben Messungen von Enceladus' Bahnbewegung ergeben, muss sich eine flüssige Schicht befinden. Enceladus »wackelt« auf seiner Bahn nämlich ein bisschen hin und her – wie ein rohes Ei, das man in Drehung versetzt. Der Mond ist also einer Kokosnuss mit großem Kern vergleichbar: harte, dicke Schale, darunter eine mehr oder weniger nahrhafte Flüssigkeit und schließlich ein noch härterer, ungenießbarer Kern.

Der unterirdische Ozean erstreckt sich entweder nur unter dem Südpol (bis in etwa 50 bis 60 Grad südlicher Breite) oder aber rund um den gesamten Mond. Das erste Modell scheint den meisten Forschern am wahrscheinlichsten. Die Eiskruste wäre demnach 30 bis 40 Kilometer dick, in der Nähe des Südpols jedoch deutlich dünner. Französische Forscher haben berechnet, dass sie hier nur fünf Kilometer dick sein könnte.

Der Ozean selbst dürfte um die zehn Kilometer tief sein, an

seinem Grund läge der Druck zwischen 28 und 45 bar. Das entspricht auf der Erde dem Druck in einer Wassertiefe von 300 bis 400 Metern. Andere Modelle gehen sogar von einer Wassertiefe von 30 bis 40 Kilometern aus. Zum Vergleich: die Ozeane der Erde sind im Mittel 3,7 Kilometer tief.

# Heiße Streifen

Keinerlei Zweifel gibt es über die Existenz der Tiger Stripes. Cassini hat im kilometertiefen, aber nur neun Meter breiten Bagdad Sulcus eine Temperatur von -75 Grad gemessen. Das reicht eigentlich noch nicht für die Existenz von flüssigem Wasser. Man nimmt aber an, dass die Oberfläche von frischem, kaltem Schnee bedeckt ist, der die gemessene Temperatur senkt.

Aus den Tiger Stripes schießen jedenfalls ständig Wasserfontänen in die Höhe. Enceladus verliert auf diese Weise 150 bis 200 Kilogramm Wasser pro Sekunde. Im Laufe seiner Existenz muss der Mond so bis zu einem Fünftel seiner Masse eingebüßt haben und mindestens drei Viertel seines ursprünglichen Wassergehalts.

Infrarotmessungen der Gegend um den Südpol haben gezeigt, dass dieser deutlich wärmer ist als die Umgebung. Minus 200 Grad wären bei dieser Entfernung zur Sonne zu erwarten, doch es ist im Mittel 15 Grad wärmer. Das scheint wenig, heißt aber, dass hier eine Wärmeleistung von 4,7 Gigawatt abgestrahlt werden muss. Das ist mehr als doppelt so viel wie die Leistung des Kraftwerks im Hoover-Damm.

Woher kommt die Hitze? Es gibt derzeit noch keine eindeutige Erklärung, wie die nötige Wärme entsteht. Vermutlich treffen mehrere Faktoren zusammen. Zunächst einmal steht Enceladus ja unter dem Einfluss des mächtigen Saturn. Der Mond ist nicht völlig homogen (gleichmäßig aufgebaut), also greifen die Anziehungskräfte des Planeten an verschiedenen Stellen unterschiedlich stark zu und massieren Enceladus gewissermaßen kräftig durch. Dabei entsteht Reibung, und Reibung produziert Wärme. Allerdings reicht diese sogenannte Gezeiten-Wärme nicht aus, um den Ozean flüssig zu halten, selbst wenn man berücksichtigt, dass die Eisschicht wie ein isolierender Panzer wirkt.

Eine weitere wichtige Quelle neben der Physik könnte die Chemie sein. An der Grenze zwischen Ozean und Felskern stoßen Salzwasser und Gestein aufeinander. Dabei kommt es zu einer Reaktion, die Serpentinisierung genannt wird. Das Wasser reagiert dabei mit den Silikaten unter Energieabgabe. Pro Reaktions-Stoffmenge von einem Mol entsteht dabei genug Wärme, um elf Mol Wassereis zu schmelzen. Das könnte in der Geschichte des Mondes zu einer Kettenreaktion geführt haben; es würde reichen, wenn an einer Stelle Wasser mit Silikat reagiert. Danach könnte sich diese Reaktion über den kompletten Enceladus ausbreiten. Dass sie zumindest irgendwann stattgefunden haben muss, dafür spricht auch die Zusammensetzung der Wasserdampf-Fontänen von Enceladus' Kryovulkanen.

Ein gewisser Teil Wärme kann schließlich auch noch vom Zerfall langlebiger radioaktiver Stoffe im Kern beigetragen werden.

# Die Geburt des Mondes

Enceladus wurde wahrscheinlich etwa zur selben Zeit geboren wie Saturn. 9,5 Astronomische Einheiten von der Sonne entfernt kühlte sich der protoplanetare Nebel schneller ab als im Inneren des Sonnensystems, in der Nähe der heißen Ursonne, wo Wasser eher flüssig oder als Wasserdampf auftrat. Außerdem überwogen hier draußen die leichteren Elemente – deshalb auch die Bildung von Gas- statt Gesteinsplaneten.

Als die Temperatur weit genug gefallen war, kondensierten zunächst die festeren, dann die flüchtigeren Verbindungen bis hin zum Wasserdampf, der zu Eiskristallen gefror. Wenn Teilchen sich trafen, verschmolzen sie zu größeren Brocken, die sich wiederum mit anderen zu noch größeren Teilen verbanden. Daraus entstanden schließlich Planetesimale, die noch undifferenziert waren. Das heißt, sie besaßen weder Kern noch Kruste, Gestein und Eis waren bunt gemischt.

Ganz am Anfang enthielten die Brocken noch eine größere Menge radioaktiver Nuklide. Diese erhitzten das Innere des künftigen, am Anfang 600 statt heute 500 Kilometer durchmessenden Mondes und buken die einzelnen Brocken fester zusammen. Das Eis erwärmte sich, sodass sich Enceladus mit Hilfe seiner eigenen Schwerkraft zusammenziehen konnte, als würde er seinen Mantel enger ziehen. Damals muss der Mond um etwa 20 Kilometer geschrumpft sein. Die Temperatur im Inneren stieg irgendwann so weit, dass das immer noch überall verteilte Eis zu schmelzen begann und der verborgene Ozean entstand. Die ersten Serpentinisierungs-Reaktionen setzten ein. Dadurch veränderten sich die Eigenschaften der Silikate derart, dass das verbliebene Wasser nach außen gedrängt wurde, wo es wieder gefror. Als die Temperatur des Kerns schließlich 450 Grad erreicht hatte, setzte die Umkehr-Reaktion zur Serpentinisierung ein.

Dadurch verwandelte sich der Kern schließlich in das, was wir heute kennen, einen wasserarmen Silikat-Kern, umgeben von einer dicken Eisschicht. Zwischen beiden sorgt die Chemie für eine Schicht flüssigen Wassers. Gleichzeitig verliert Enceladus dadurch fortwährend Masse und schrumpft auf die heutigen 500 Kilometer Durchmesser. Der Kern kühlt sich mit der Zeit ab, er dürfte heute kaum noch wärmer sein als der Ozean, eventuell ist er sogar kälter.

Andere Eismonde sind übrigens einen anderen Weg gegangen. Mimas zum Beispiel, obwohl von ähnlicher Größe, besitzt keinen echten Kern; er ähnelt noch immer dem schmutzigen Schneeball, der er zur Zeit seiner Entstehung war. Forscher gehen davon aus, dass er zu Beginn seines Lebens weniger Gesteinsmaterial enthielt. Deshalb waren nicht genügend Radionuklide vorhanden, um durch Erwärmung des Inneren das Eis nach außen zu verdrängen.

# Die Erforschung des Enceladus

Den allerersten Blick auf Enceladus erhaschte 1789 der britisch-deutsche Astronom und Musiker Friedrich Wilhelm Herschel, als er das damals größte Teleskop (1,2 Meter) der Welt auf den Ringplaneten Saturn richtete. Seinen Namen erbte der Mond vom Giganten Enkelados (lateinisch: Enceladus) der griechischen Mythologie – eigentlich eine Verwechslung, denn Enkelados zog (als Gigant) nie gemeinsam mit den Titanen (deren Chef Kronos war, der bei den Römern Saturn hieß) gegen die Götter in den Krieg. Vielmehr erhoben sich die Giganten erst, nachdem Zeus die Söhne der Urmutter Gaia, die Titanen, in die Unterwelt gesperrt hatte.

Fast 200 Jahre lang blieb Enceladus ein unauffälliger, wenn auch ungewöhnlich heller Fleck am Himmel, wegen seiner Nähe zu Saturn und den Ringen nicht ganz leicht zu beobachten, weil von diesen überstrahlt. Voyager 1 stattete ihm den ersten vom Menschen initiierten Besuch ab. Die Sonde flog am 12. November 1980 in 202.000 Kilometern Entfernung vorbei. Ihre Bilder zeigten schon, dass Enceladus ein sehr junges Gesicht hat, das keine tiefen Krater aufweist. Voyager 2 kam am 26. August 1981 dann sogar auf 87.010 Kilometer heran und konnte dadurch wesentlich besser aufgelöste Fotos liefern. Die Bilder versetzten die Forscher in Aufregung: Wie kann ein derart kalter, kleiner Mond so unterschiedlich geformte Gegenden aufweisen, von denen einige erst ein paar Millionen Jahre alt sein können?

Die Antwort lieferte schließlich ab 2004 die Cassini-Sonde von NASA und ESA, die zuvor schon einen Lander auf dem größeren Mond Titan abgesetzt hatte. Cassini erhielt danach einen Saturn-Orbit, der die Sonde relativ oft sehr nah an Enceladus vorbei führte. Zunächst waren Anflüge bis auf 1500 Kilometer Abstand geplant, doch nachdem man dabei feststellte, dass aus der Südpolar-Region Wasserdampf ins All steigt, entschloss man sich, den Mond noch aus größerer Nähe zu betrachten. Cassini kam dann teilweise auf bis zu 25 Kilometer an die Oberfläche heran und konnte dabei wirklich spektakuläre Fotos liefern. Am 28. Oktober 2015 gelang es sogar, durch die Geysir-Eruption hindurchzufliegen. Die Sonde analysierte dabei die Zusammensetzung des ausgestoßenen Materials, das sich als so dicht erwies, dass sie davon sogar messbar gebremst wurde.

Der nächste Besuch: Derzeit gibt es bei keiner irdischen Raumfahrtagentur feste Pläne, Enceladus erneut zu besuchen. Die ESA hatte Anfang der 2000er Jahre das Konzept einer Titan-Enceladus-Mission namens TandEM auf dem Tisch. Diese verschmolz man 2009 mit einem ähnlichen Konzept der NASA zur Titan Saturn System Mission (TSSM). TSSM musste aus Budgetgründen schließlich EJSM (der Europa Jupiter System Mission, inzwischen oft »Europa Clipper« genannt) weichen, die in den 2020er Jahren den um Jupiter kreisenden Eismond Europa erforschen soll.

Ob das eine schlaue Idee ist, wird man sehen: Europa kreist innerhalb von Jupiters Strahlungsgürtel. Während Cassini ein Jahrzehnt lang Daten von Saturn und Enceladus lieferte, wird der Europa Clipper wohl nicht einmal ein Jahr durchhalten.

Parallel verfolgt die ESA die Mission JUICE (JUpiter ICy moons Explorer). Sie sieht vor, dass eine 2030 bei Jupiter eintreffende Sonde drei Jahre lang die Eismonde Ganymed, Callisto und Europa erforscht. Mindestens auf Europa erwartet man einen ähnlichen Ozean wie auf Enceladus, nur dass dort die Eisschicht noch deutlich dicker ist.

Bisher nur als Vorschlag existiert der Enceladus Life Finder. Er sollte frühestens 2021 starten und im Dampf der Geysire nach Spuren von Leben fahnden, etwa nach Amino- oder Fettsäuren. Dazu sollte die Sonde die Geysir-Eruptionen mehrfach durchfliegen. Parallel entwickelten NASA und JAXA gemeinsam LIFE (Life Investigation for Enceladus), eine Sonde, die sogar Proben von den Geysiren nehmen und zur Erde zurückbringen sollte. Beide Projekte bewarben sich 2015 um einen von fünf Plätzen im Discovery-Programm der NASA (wo eine Mission maximal 450 Millionen Dollar kosten darf). Doch bei der Entscheidung im Sommer 2016 erhielt keine der beiden Missionen den Zuschlag.

Doch es gibt durchaus Hoffnung für die Zukunft. Bei den günstigeren Discovery-Missionen ist es wichtig, dass nur erprobte Technik verwendet wird. ELF und LIFE hätten Sonnenenergie genutzt, was in derartiger Entfernung zur Sonne mutig ist. Die (ebenfalls auf Solarenergie setzende) Europa-Mission könnte nun zeigen, dass die Technik ausgereift ist.

Außerdem hat die NASA Anfang 2016 angekündigt, für das

»New Frontiers«-Programm explizit auch Vorschläge für Expeditionen zu Titan und Enceladus anzunehmen. Entscheidungen darüber werden 2017 fallen. Im New-Frontiers-Programm (die New-Horizont-Sonde zu Pluto gehört zum Beispiel dazu) sind auch neuartige Technologien willkommen, und die Missionen dürfen mit zwei bis drei Milliarden Dollar auch teurer ausfallen. Es ist also nicht unwahrscheinlich, dass ELF zu neuem Leben erweckt wird.

## Mit einer Crew zu Enceladus?

Derzeit hat die Menschheit nicht die technischen Fähigkeiten, ein bemanntes Raumschiff zu Saturn und seinen Monden zu schicken – jedenfalls realistisch betrachtet. Eine robotische Sonde kann sich so viel Zeit nehmen, wie sie braucht, und sie kann auf viele Dinge verzichten, ohne die der Mensch nicht auskommt: Lebenserhaltung (Sauerstoff, Wasser), Nahrung, Schwerkraft, Schutz vor Strahlung, Rückflugticket ... Mit heutiger Technologie ein Saturn-Raumschiff zu konstruieren, wäre zwar prinzipiell möglich, aber sehr, sehr teuer.

Die knapp vier Tonnen schwere Sonde Juno, im Herbst 2016 um Jupiter eingeschwenkt, hat etwa eine Milliarde Dollar gekostet. Ein bemanntes Raumschiff würde mindestens zehn Mal so schwer und komplex ausfallen. Es muss ja auch für den Rückweg wieder beschleunigen und dann bremsen, braucht also nicht nur doppelt so viel Treibstoff, sondern die mehrfache Menge. Berücksichtigt man alle Erfordernisse, schätzt man Kosten von 100 Milliarden Dollar und mehr. Juno, die bisher schnellste Sonde, hat bis Jupiter fünf Jahre gebraucht – Saturn ist doppelt so weit entfernt. Die Crew wäre also 20 Jahre lang unterwegs.

Es gibt allerdings bereits Triebwerks-Konzepte, die in zehn oder zwanzig Jahren eine Alternative bieten könnten.

Der magnetoplasmadynamische Antrieb (MPD) benutzt sehr starke Magnetfelder, um die Stützmasse (etwa das Edelgas Argon oder das Metall Lithium) aus der Düse heraus zu beschleunigen. Damit erreicht man hohe Austrittsgeschwindigkeiten bis 40 km/s. Den Saturn könnte ein damit ausgerüstetes Raumschiff in ein bis zwei Jahren erreichen. Eine derzeit kommerziell entwickelte Variante nennt sich VASIMR; der Hersteller Ad Astra will bis 2017 einen Prototypen gebaut haben, der 100 Stunden kontinuierlich arbeitet. Ein Nachteil des MPD ist allerdings, dass er nur mit Energiezufuhr (Strom) funktioniert. Sonnenenergie ist in Höhe des Saturn knapp, man bräuchte also einen kleinen Kernreaktor oder ein RTG (Radio-Isotopen-Generator, der aus der Zerfallswärme von Plutonium Strom erzeugt).

Eine Alternative dazu wäre ein Nuklear-Antrieb. Das Konzept stammt schon aus den 1950-ern (»Orion-Project«): Damals stellte man sich vor, eine Atombombe hinter dem (durch einen großen Spiegel abgeschirmten) Raumschiff zu zünden und es auf diese Weise anzutreiben. Mit ungefähr 1000 solcher Bombenzündungen hintereinander ließe sich Saturn in ein, zwei Jahren erreichen. Echte Atombomben per Rakete ins All zu schießen, wäre heute kaum noch akzeptabel. Das Konzept wurde zu Mini-Mag-Orion weiterentwickelt. Dabei packt man einen kleinen Brocken spaltbares Material in ein Magnetfeld und quetscht es so lange zusammen, bis es in einer Miniaturexplosion zündet. Auch das geht natürlich nicht ohne schädliche Strahlung ab, man müsste das Triebwerk also gut isolieren.

Am vielversprechendsten scheint derzeit das Direct Fusion Drive (DFD) zu sein. Die Idee, ein Raumschiff über die Kernfusion anzutreiben, wird schon seit den 1990-ern diskutiert. Kernfusion kommt im Gegensatz zur Kernspaltung ohne allzu viel radioaktiven Müll aus. Das einzige Problem können frei werdende Neutronen sein, die dann eventuell von stabilen Atomen eingefangen werden und diese in instabile Nuklide verwandeln. Derzeit ist vor allem die Firma Princeton Satellite Systems in der Forschung aktiv, die mich auch bei diesem Buch beraten hat. Im DFD-Konzept von Princeton Satellite Systems (PSS) reagiert Deuterium (schwerer Wasserstoff) mit Helium-3 (ein Isotop des Heliums) zu Helium-4. Es erreicht eine Austrittsgeschwindigkeit von 70 km/s. Den Mars würde ein Raumschiff unter diesen Bedingungen in einem Monat erreichen, Saturn in einem Jahr. Die Fusionsreaktion erzeugt relativ wenige Neutronen, das Raumschiff benötigt also keine umständliche Abschirmung. Gleichzeitig erzeugt das DFD auch Strom.

Weder Deuterium noch Helium-3 sind radioaktiv. Helium-3 ist allerdings sehr teuer, weil es sehr selten ist. In der gesamten Erdatmosphäre gibt es nur rund 3000 Tonnen. Der Jahresverbrauch auf der Erde liegt bei acht Kilogramm; ein Kilogramm des Gases kostet etwa 16 Millionen Dollar. Für einen Return-Flug zu Saturn bräuchte man 20 Kilogramm Helium-3, schätzt PSS. Hier bietet sich der Mond als Quelle an: In dessen obersten Gesteinsschichten ist der Gehalt an Helium-3 bis zu 1000 Mal größer als auf der Erde. Ein DFD-Triebwerk könnte auch als Energiequelle für all das dienen, was die menschliche Crew dereinst auf Enceladus erledigen will.

Den endgültigen Beweis für die Existenz von Leben auf Enceladus könnte wohl nur eine Expedition liefern, die den Ozean direkt erforscht. Enceladus bietet hier womöglich ganz gute Bedingungen, weil die Eiskruste zumindest teilweise dünner ist als auf anderen Monden.

Mit dem Durchbohren von Eisschichten hat der Mensch schon praktische Erfahrungen. Vorzugsweise nutzt man allerdings herkömmliche Bohranlagen, die auf Enceladus unpraktisch sind, weil man sie ja mitbringen muss.

Die Alternative wäre ein Kryobot, ein Eis-Bohr-Roboter, wie ihn der deutsche Physiker Karl Philberth schon in den 1960er Jahren entwickelte. Seine Philberth-Sonde erreichte 1968 im Grönland-Eis eine Tiefe von 1000 Metern.

Derzeit führend in diesem Gebiet ist die US-Firma Stone Aerospace mit ihrer »Valkyrie«. Der »Very deep Autonomous Laser-powered Kilowatt-class Yo-yoing Robotic Ice Explorer« wird von der NASA mitfinanziert. Er hat keine Energiequelle an Bord, sondern wird per Laser über ein Glasfaserkabel versorgt. Derzeit testet Stone Aerospace die Valkyrie mit einer Leistung von 5 Kilowatt auf der Erde. Die Version für Enceladus müsste deutlich größer sein, würde aber nach demselben Prinzip funktionieren. Sie bräuchte etwa 250 Kilowatt bis 1 Megawatt Leistung. Je mehr Leistung, desto schneller kann der Kryobot bohren, wobei das nicht der richtige Begriff ist: Der Laser erhitzt Wasser, und das heiße Wasser wird auf das Eis gerichtet, das wie Butter schmilzt. Das funktioniert schneller und vor allem wartungsärmer als ein Bohrer aus Metall, der sich abnutzt. Außerdem lässt sich das heiße Wasser auch zur Energiegewinnung verwenden. Das Glasfaserkabel wiederum dient auch zur Informationsübertragung.

Das Konzept Valkyrie funktioniert allerdings nur, wenn man eine Energiequelle mitbringt. 5 Megawatt Leistung erzeugt man nicht mal so eben mit einem Notstrom-Generator. Man bräuchte also ein kleines Kernkraftwerk. Oder man nutzt die Doppelfunktion der DFD-Triebwerke, von denen jedes eine Leistung von 10 Megawatt erbringt. Da Enceladus keine Atmosphäre besitzt, könnte man die Energie fast verlustfrei per Laser direkt aus dem Orbit zum Landemodul schicken, das sie schließlich in das Glasfaserkabel zur Valkyrie einspeist.

# Leben auf Enceladus?

Wenn es Leben auf Enceladus gibt, dann ist dieses am Grund des Ozeans beheimatet. Hier finden, wie vorn beschrieben, ständig Serpentinisierungs-Reaktionen statt, die Wärme (wichtig für Leben), Wasserstoff (wichtig für Leben) und Methan (wichtig für Leben) produzieren. Gleichzeitig können weitere Mineralien (als Nährstoffe wichtig für das Leben) sich im Wasser lösen, das zudem auch verschiedenste Salze enthält. Der Ozean existiert wahrscheinlich schon länger als es auf der Erde die passenden Bedingungen für Leben gibt, wie wir es kennen. Es war also wirklich ausreichend Zeit.

Die Organismen müssten natürlich ohne Photosynthese auskommen, denn an den Grund des Ozeans dringt kein Licht vor. Auch auf Sauerstoff müssen sie komplett verzichten. Doch schon auf der Erde haben Forscher bisher drei Lebensräume identifiziert, in denen ähnliche Bedingungen herrschen. Eines davon wurde in den Tiefen einer Mine in Südafrika gefunden. Es beruht auf der Energie radioaktiven Zerfalls und besteht aus Bakterien, die Schwefel reduzieren. Schwefel findet sich allerdings auf Enceladus kaum. Die anderen beiden fanden Forscher im vulkanischen Gestein heißer Quellen tief unter der Erde. Sie werden von Archaeen dominiert. Diese Lebewesen konsumieren den hier durch Plattenbewegungen austretenden Wasserstoff, verbrennen ihn mit Kohlendioxid und erzeugen daraus Energie, die sie für ihr Leben brauchen, sowie Methan und Wasser. Archaeen sind neben Bakterien und Eukalypten eine der drei Domänen des Lebens, und von diesen die ursprünglichste. Archaeen sind Einzeller, ihre Erbsubstanz DNS ist ringförmig. Sie besitzen einfache Fortbewegungsorgane (Flagellen) und bauen manchmal eine Art von Skelett zur Stabilisierung ihrer Form auf. Von den

Bakterien unterscheiden sie sich in der Struktur der in den Ribosomen enthaltenen RNA, die für die Umsetzung der Erbinformationen in Eiweiße zuständig ist.

Archaeen findet man auf der Erde meist unter Extrembedingungen. Manche Arten wachsen erst bei Temperaturen von über 80 Grad Celsius gut, andere leben am liebsten in hoch konzentrierten Salzlösungen oder in stark saurer oder basischer Umgebung (pH-Wert unterhalb von 0 oder oberhalb von 10). Auch der Druck am Grund des Ozeans, der bei 2,8 bis 4,5 MPa liegt, sollte kein Problem darstellen; im Marianengraben gibt es Mikroorganismen, die einen Druck von bis zu 50 MPa aushalten. Selbst multizelluläre Lebewesen wie etwa Pseudoliparis amblystomopsis, eine Fischart aus der Familie der Scheibenbäuche, können unter solchen Bedingungen überleben.

Archaeen sind übrigens zu erstaunlichen Leistungen fähig – so gehören sie zu den schnellsten Lebewesen der Erde. In der Einheit »Körperlängen pro Sekunde« kommen sie auf 400 bis 500. Ein Gepard schafft gerade einmal 20, ein Mensch nur elf, ein Pferd sieben. Ein Sportwagen müsste 6000 km/h schnell sein, um es mit den Archaeen aufnehmen zu können. Dass die Archaeen so viel schneller sind als Bakterien, liegt daran, dass sie zum einen mehr Flagellen-Auswüchse besitzen (50 versus 5 bis 7) und zum anderen diese schneller drehen können, also einen effizienteren »Motor« besitzen. Archaeen werden vom Menschen unter anderem in Biogasanlagen zur Methangewinnung eingesetzt.

Auf der Erde sind die im Mittel einen Mikrometer großen Archaeen wesentlich weiter verbreitet und für den Stoffkreislauf wichtiger als man lange annahm. Sie benötigen nämlich nicht zwangsläufig extreme Bedingungen. Im Süßwasser sind sie ebenso verbreitet wie im Meer (wo sie in einigen Bereichen bis zu 90 Prozent der Lebewesen darstellen) und im Erdboden, daneben jedoch auch als Symbionten im Darmtrakt von Tieren und Menschen. Sogar im menschlichen Bauchnabel hat man Archaeen gefunden. Insgesamt schätzt man die Zahl der Archaeen im Ozean auf größer als 10 hoch 28, also eine 1 mit 28 Nullen. Die Zahl aller Körperzellen des Menschen multipliziert mit der Zahl der Menschen ist gut sechs Dimensionen kleiner.

# Wie das Leben begonnen haben könnte

Wir wissen zwar noch nicht, ob Enceladus Leben beherbergt – aber wenn, dann muss es natürlich irgendwann in seiner Geschichte begonnen haben mit der Henne oder dem Ei. Wie das passierte, darüber ist man sich auch bei der Erde nicht sicher. Es gibt aber zwei Theorien zur Entstehung des Lebens bei uns, die auch bei Enceladus zutreffen könnten.

Theorie 1: Herkunft aus der Ursuppe

Dass sich anorganische Moleküle in einer wasserbasierten »Ursuppe« zufällig zu ersten organischen Verbindungen und schließlich zu primitivsten Zellen zusammengefunden haben könnten, hat schon Charles Darwin vorgeschlagen. 1953 haben dann Stanley Miller und Harold Urey in einem spektakulären Experiment gezeigt, wie das vielleicht auf der Erde abgelaufen ist: Sie ließen in eine Mischung aus Methan, Ammoniak, Wasserdampf und Wasserstoff künstliche Blitze einschlagen. Binnen zwei Wochen bildeten sich in der Lösung verschiedene Aminosäuren, komplexe Moleküle, die zu den Grundbausteinen des Lebens gehören. Miller und Urey haben sich zwar wohl geirrt, was die mögliche Zusammensetzung der Ursuppe angeht, und sie haben auch kein Leben erzeugt, doch das Experiment bewies, dass sich unter den richtigen Bedingungen sehr komplexe Moleküle aus einfachen Verbindungen bilden können. Diese Grundstoffe und die nötige Energiezufuhr in Form von Wärme gibt es auch auf Enceladus, und zwar seit Milliarden Jahren.

Theorie 2: Herkunft aus hydrothermalen Quellen

Am Grund der Erdozeane tritt heißes Wasser, in dem verschiedene Stoffe gelöst sind, aus der Erdkruste aus. Manche Quellen stoßen fast 500 Grad heißes Wasser aus. Womöglich sind das die

Orte, an denen auf der Erde das Leben entstanden ist: Die von den Quellen gelieferte chemische Energie in Form gelöster reduzierter Gase trifft hier auf die passenden Reaktionspartner. Falls es am Grund des Enceladus-Ozeans solche Quellen ebenfalls gibt, könnten sie ein Ausgangspunkt des Lebens sein. Nachdem das Leben in den Hotspots entstanden ist, könnte es sich mit der Zeit auch an die kältere Umgebung angepasst und über den gesamten Ozean ausgebreitet haben.

Die neue Biografie des Titan

# Einführung

TITAN IST DER GRÖßTE MOND DES RINGPLANETEN SATURN UND der zweitgrößte des Sonnensystems (nach dem Jupitermond Ganymed). Kreiste er wie Erde und Mars um die Sonne, gälte er zweifellos als Planet, ist er doch sogar etwas größer (aber deutlich leichter) als der sonnennächste Planet Merkur, dem niemand seinen Planetenstatus absprechen würde.

Die Faszination, die er auf uns ausübt, rührt jedoch aus seiner Ähnlichkeit mit der Erde. Titan hat alles, was unser Heimatplanet besitzt – Meere, Seen, Flüsse, eine dichte Atmosphäre mit Wetterphänomenen wie Regen und Sturm, Jahreszeiten, Wüsten mit Dünen… und gleichzeitig ist der Mond so anders wie ein Himmelskörper nur sein kann. Wo liegen die Gemeinsamkeiten und Unterschiede? Was wissen wir über einen der exotischsten Orte des Sonnensystems, und wo gerät unser Wissen an Grenzen? Sind Lebensformen wie die, auf die die Crew der ILSE trifft, auf Titan realistisch – oder gar zu erwarten? Begleiten Sie mich auf eine spannende Reise! Ich kann Ihnen interessante Einsichten und Ausblicke versprechen.

## Bahn und Form

TITAN HAT EINEN MITTLEREN DURCHMESSER VON 5150 Kilometern. Der sonnennächste Planet Merkur ist mit 4880 Kilometern etwas kleiner. Allerdings besteht Titan anders als Merkur nicht komplett aus Gestein und besitzt deshalb nur ein gutes Drittel seiner Masse, nämlich 134 Milliarden Milliarden Tonnen. Das ist immer noch eine sehr große Zahl, besser vorstellbar dürfte der Vergleich mit Erde und Erdmond sein: Titan hat 0,0225 Erdmassen oder die 1,8-fache Masse des Erdmondes.

Lange dachte man sogar, dass Titan der größte Mond des Sonnensystems sei. Daran ist seine hoch aufragende Atmosphäre schuld, die ihn größer erscheinen lässt als er in der Realität ist.

Die Fallbeschleunigung an der Oberfläche liegt bei 1,35 Meter pro Quadratsekunde. Ein Mensch hat dort nur ein Siebtel seines Erdgewichts. Der Wert liegt etwas niedriger als auf dem kleineren Erdmond.

Der Vergleich mit Erde und Erdmond führt allerdings auch ein gutes Stück in die Irre, denn Titan ist Teil eines ganz anderen Systems: des Saturns, der von seinen Ringen und mindestens 62 Monden umkreist wird, darunter auch Enceladus, den Sie ebenfalls kennengelernt haben und dessen Biografie Sie am Ende meines Romans »Enceladus« finden. 95 Prozent der Gesamtmasse dieser Monde stecken in Titan. Es handelt sich also um einen echten Riesen, jedenfalls im Vergleich zu seinen Geschwistern. Dass der britische Astronom John Herschel ihm den Namen eines ganzen Göttergeschlechts der Griechen gab, der Titanen, ist also durchaus gerechtfertigt. Ihr mythischer Anführer hieß Kronos, der bei den Römern dann zu Saturn wurde – und tatsächlich führt der fast 100 Erdmassen schwere Gasplanet Saturn (die klare Nummer 2 im

Sonnensystem) den Titan und seine Brüder mit seiner gigantischen Schwerkraft an der Leine herum.

Schlauerweise hält Titan einen großen Sicherheitsabstand zu seinem Planeten. Im Mittel sind es 1,2 Millionen Kilometer, während der Erdmond die Erde in gut 380.000 Kilometern Abstand umkreist. Damit liegt die Bahn des Titan deutlich außerhalb der bekannten Ringe des Saturn. Zum Vergleich: bis zum Mars sind es von der Erde aus im günstigsten Fall rund 55 Millionen Kilometer.

Obwohl Titan deutlich weiter von Saturn entfernt ist als der Mond von der Erde, braucht er für einen Umlauf nur gut halb so viel Zeit, nämlich 15 Tage. Er ist also wesentlich schneller unterwegs, mit einer Bahngeschwindigkeit von 5,57 Kilometern pro Sekunde. Pro Sekunde! Titan aus dem Stand einzuholen, ist also gar nicht so einfach. Der Erdmond ist mit 1,02 Kilometern pro Sekunde vergleichsweise geruhsam unterwegs. Die Ebene, in der Titan seinen Planeten umkreist, ist leicht, wirklich sehr leicht (nur 0,33 Grad) gegen die Ringebene verschoben. Dadurch sähe man, wenn man wie die Crew der ILSE dort sein könnte, die Saturnringe von Titan aus nur als Strich. Aber durch die dichte Atmosphäre wären sie von der Oberfläche sowieso nicht zu erkennen. Die Bahn selbst hat beinahe Ringform, jedoch nicht ganz: Saturn-nächster und -fernster Punkt unterscheiden sich um 41.000 Kilometer, das sind gut 3 Prozent der mittleren Gesamtentfernung.

In den oben genannten rund 15 Tagen dreht sich Titan genau einmal um sich selbst. Das nennt man eine gebundene Rotation – sie führt dazu, dass der Mond seinem Planeten stets dasselbe Gesicht zuwendet. Der Erdmond verhält sich ganz genauso. Von der Titan-Oberfläche aus gesehen befindet sich Saturn dadurch auch stets am gleichen Ort am Himmel. Da, wo Saturn direkt im Zenit steht, beginnt man mit der Längenzählung der Meridiane. Auf der Erde hingegen wurde der Null-Meridian auf Greenwich bei London festgelegt. Die Rotationsgeschwindigkeit am Äquator liegt bei etwa 12 Metern pro Sekunde – bei der Erde sind es 463 Meter pro Sekunde.

In der Einführung erwähnte ich, dass der Titan auch Jahreszeiten besäße. Diese entstehen durch den Umlauf um die Sonne. Mit seinem Planeten Saturn gemeinsam umkreist Titan unser Zentralgestirn innerhalb von rund 30 Jahren einmal. Auf der Erde, daran erinnern Sie sich vielleicht aus der Schule, entstehen Jahreszeiten, weil die Drehachse unseres Planeten schräg auf seiner Bahn steht. Dasselbe – sogar noch ein bisschen stärker – gilt für den Saturn und die Ebene, in der ihn all seine Ringe und Monde umkreisen. So kommt auch Titan zu seinen Jahreszeiten, die dann jeweils ein Viertel des 30 Erdjahre dauernden Saturnjahrs lang sind, also etwa 7,5 Erdjahre. 2010 ging auf der Südhalbkugel der letzte Sommer zu Ende. 37,5 Jahre danach, 2047, wird auf der

Südhalbkugel, wo die ILSE-Astronauten landen, also gerade Herbst sein.

Titan hat zwar mindestens 61 Geschwister, doch er selbst rotiert relativ einsam um Saturn, die anderen halten wohl wegen seiner Größe Abstand. Der nächstinnere Mond ist Rhea (695.000 Kilometer Bahnabstand), weiter außen folgt in 242.000 Kilometern Entfernung der schwammförmige Mond Hyperion.

# Die Atmosphäre

Als Voyager 1 im Jahre 1980 erstmals Titan aus der Nähe fotografieren konnte, waren die Forscher schwer enttäuscht. Denn sie hatten sich Blicke auf die Oberfläche erhofft, die die Kameras der NASA-Sonde wegen der dichten Atmosphäre nicht liefern konnte. Die Gasschicht ist so dicht, dass sie nie aufreißt. Stellen Sie sich das einmal auf der Erde vor – kein schöner blauer Himmel, stattdessen stets dicke graue Wolken…

Aber dass Titan überhaupt eine Atmosphäre besitzt, ist schon eine große Ausnahme. Und über so etwas freuen sich die Astronomen dann doch. Es gibt keinen anderen Mond, bei dem das in dieser Form der Fall wäre. Astronomen hatten das schon länger vermutet, aber erst Voyager 1 brachte wirklich brauchbare Erkenntnisse, die bis heute zwar verfeinert, aber nicht mehr umgeworfen wurden.

In vieler Hinsicht übertrifft die Gasschicht des Titan sogar die der Erde: sie reicht höher (1200 Kilometer statt 100 Kilometer), sie ist 1,19 Mal so schwer, und übt auf der Oberfläche einen 50 Prozent höheren Druck aus: 1,5 bar. Berücksichtigt man die niedrigere Anziehungskraft, bedeutet dies, dass über jedem Quadratmeter Titanboden zehnmal so viel Gas wie auf der Erde lastet und dass seine Dichte fünfmal so hoch wie auf unserem Planeten ist. Das hat den praktischen Vorteil, dass ein Mensch in einem Fluganzug auf Titan tatsächlich aus eigener Kraft wie ein Vogel fliegen könnte, denn sein Auftrieb ist größer und sein Gewicht geringer.

## Die verschiedenen Schichten

Was sehen wir, wenn wir langsam mit einem Landemodul auf die Titan-Oberfläche absteigen? Zunächst durchqueren wir ab einer Höhe von etwa 1200 Kilometern die Ionosphäre, die sich in zwei Schichten aus geladenen Teilchen aufteilt. Diese reflektieren Radiowellen gut.

In 450 bis 500 Kilometern Höhe folgt in der Mesosphäre die erste Dunstschicht, die aus wegen der Kälte hier oben kondensierten Methan-Molekülen besteht. Die allermeisten Luftmoleküle gehören zwar zum Stickstoff, der einen Anteil von 98,4 Prozent hat, doch chemisch interessanter ist das Methan (CH3). Es wird nämlich in großer Höhe von der Energie des Sonnenwindes in freie Radikale aufgespalten, die sich mit anderen Molekülen zu teils sehr komplizierten Verbindungen vereinen. Gefunden wurden unter anderem Ethan, Diacetylen, Methacetylen, Acetylen, Propan, Cyanoacetylen, Cyanwasserstoff und viele andere. Der Astrophysiker Carl Sagan hat für diese Reaktionsprodukte die Sammelbezeichnung »Tholine« geprägt, die sich nicht auf die Zusammensetzung, sondern auf die gemeinsame Entstehung bezieht.

Diese – relativ schweren – Verbindungen können sich in den dünnen Schichten jedoch nicht halten und sinken ab. In einer Höhe von 100 bis 200 Kilometern bilden sie dann das, woran Voyager 1 gescheitert ist, eine im optischen Bereich undurchsichtige, orangefarbene Dunstschicht, auch Tholin-Schicht genannt.

Ab einer Höhe von rund 40 Kilometern klart die Atmosphäre dann langsam auf. Vermutlich regnen von hier aus Tholine auf die Oberfläche ab. Schon Sagan hat vermutet, dass die komplexen Moleküle auf der Oberfläche einen Beitrag zur Entstehung von Vorformen des Lebens liefern könnten.

Unter der Tholinschicht ist die Luft relativ stark mit Methan angereichert, bis zu vier Prozent. Je nach Jahreszeit kann es hier auch zur Bildung von Methan- und Ethan-Wolken (letztere wurden am Nordpol nachgewiesen) kommen, die sich schließlich auf die Oberfläche abregnen. Gewitterwolken (Cumuluswolken) wie auf der Erde sind hier möglich, die aus einer Höhe von 15 Kilometern heftige Niederschläge nach unten schicken.

## Woher kommt die Atmosphäre?

Die Entstehung der Titan-Atmosphäre ist derzeit noch ein Rätsel. Die beiden großen, sehr ähnlichen Jupitermonde Ganymed und Kallisto besitzen keine nennenswerte Gasschicht, also muss Titan an irgendeinem Punkt seiner Evolution Glück gehabt haben. Schon 50 Millionen Jahre nach seiner Entstehung hätte eigentlich die Energie des Sonnenlichts sämtliche Spuren von Methan beseitigen müssen – offensichtlich entsteht das Gas also dauernd neu. Der Mond zieht auf jeden Fall Vorteile daraus, dass er so weit entfernt von der Sonne kreist. Dadurch ist er dem Sonnenwind nicht so stark ausgesetzt und kann seine Atmosphäre besser halten, als es etwa dem Planeten Mars gelingt.

Eine wichtige Rolle könnte die initiale Zusammensetzung des Mondes spielen. Er besteht wohl nur zu 50 Prozent aus Gestein, dazu kommen Eis und Ammoniak (NH3). Letzteres könnte die Quelle für den atmosphärischen Stickstoff sein. Wahrscheinlich hat Titan tatsächlich über die Jahrmillionen bereits einen großen Teil seiner Atmosphare eingebüßt nur ist eben immer noch genug davon da, weil es am Anfang sehr viel mehr war und zudem dauernd Gas aus dem Inneren nachgeliefert wird.

Ganymed und Kallisto konnten nicht auf solche Quellen zurückgreifen, weil sie weiter innen im Sonnensystem entstanden und wegen der dort höheren Temperaturen weniger Ammoniak in sich einlagern konnten.

## Die Oberfläche

Seit die Cassini-Sonde 2005 den Lander Huygens abgesetzt hat, wissen wir sehr gut, wie es auf Titan aussieht – jedenfalls in seinen südliche Breiten im Sommer. Sollten Sie sich eines Tages selbst auf den Weg machen, sollten Sie auf jeden Fall mit Kälte rechnen. Im Mittel herrschen auf der Oberfläche minus 179 Grad Celsius. Große Unterschiede zwischen den Polen und dem Äquator gibt es nicht, die Temperaturdifferenz beträgt höchstens drei Grad. Das liegt daran, dass die Sonne nie direkt auf die Oberfläche scheint, sondern ihre Energie von der Dunstschicht absorbiert (oder reflektiert) und über den ganzen Mond verteilt wird. Das führt zu einem negativen Treibhauseffekt; das heißt, es könnte an der Oberfläche wärmer sein, ließe die Dunstschicht etwas mehr Sonnenlicht hindurch.

Wenn Sie aus Ihrem Raumschiff aussteigen, sind Sie also hoffentlich warm angezogen. Und vergessen sie auch die Taschenlampe nicht: Auf Titan herrscht ewige Dämmerung. Ich empfehle, auf der Seite zu landen, die dem Saturn zugewandt ist. Sie werden den Planeten zwar genausowenig zu Gesicht bekommen wie die Sonne, doch er beleuchtet die Szenerie zumindest ein wenig, sodass Sie nie in absoluter Dunkelheit zurechtkommen müssen.

Noch ein Geheimtipp: Packen Sie auf jeden Fall ein Nachtsichtgerät ein, im Infrarot-Bereich ist die Wolkenschicht nämlich einigermaßen durchsichtig. Nur für den Fall, dass sie doch mal wieder die Sonne sehen wollen…

Der Himmel sieht im Übrigen so aus, wie der Titan auch aus der Ferne wirkt: er hat ein schmutziges Orange-Braun. Wolken werden sie nur jahreszeitlich zu sehen bekommen. Dabei kann es sich entweder um Methaneis-Wolken in großer Höhe handeln (30-

50 Kilometer) oder aber um die Wolkenberge, die Sie von Erdgewittern her kennen. Die bringen dann durchaus auch Niederschläge mit sich: flüssiges, eiskaltes Methan, dem Sie besser aus dem Weg gehen, weil es so kalt ist, dass die Heizung Ihres Raumanzugs davon garantiert überfordert ist. Wenn Sie es darauf anlegen oder einen sicheren Unterschlupf mit Fenster finden, werden Sie riesige Regentropfen sehen, groß wie Hagelkörner und weniger tropfenförmig als rund, die beeindruckend sanft zu Boden segeln. In kurzer Zeit kann dabei sehr viel Flüssigkeit herabkommen. Hoffentlich sind Sie nicht in einer Mulde gelandet! Wenn die Wolken dann abziehen, versuchen Sie doch mal, einen Blick auf den Regenbogen zu erhaschen, der aus rötlichen Streifen besteht.

Gewitter, ich habe es im Roman beschrieben, sind ebenfalls möglich, wenn auch nicht besonders häufig. Die Donnerschläge erreichen den Beobachter langsamer als auf der Erde, weil die Schallgeschwindigkeit nur bei rund 215 Metern pro Sekunde (statt 340 m/s) liegt, aber dafür klingen sie wesentlich basslastiger und breiten sich generell über größere Entfernung aus. Falls Sie also bei einer Wanderung dumpfe Schläge hören, könnte ein Gewitter im Anzug sein und Sie sollten sich schleunigst in Sicherheit bringen. Francesca berechnet die Schallgeschwindigkeit bei ihrer Wanderung im Roman übrigens etwas zu niedrig, weil sie die Temperaturabhängigkeit des Kompressionsmoduls von Stickstoff nicht im Kopf hat (ich auch nicht – ich lasse mir von einem Onlinerechner helfen, siehe bit.ly/2mQUG2k).

Besonders windig ist es am Boden meist nicht, Forscher rechnen mit lauen Lüften von maximal einem Meter pro Sekunde (auf der Erde »geringer Wind«), die westwärts wehen. Doch im Frühling und Herbst kann es zu heftigeren Luftbewegungen kommen, die bis auf den Boden reichen und auch die Titan-Dünen geformt haben. Von »Sturm« kann man allerdings auch dann noch nicht sprechen, es ist eher ein mäßiger Wind in östlicher Richtung von bis zu zehn Metern pro Sekunde.

## Nichts ist, wie es scheint

Apropos Boden: Falls Sie wie die Huygens-Sonde in der Nähe des Äquators gelandet sind, werden ihre ersten Schritte über Sand führen. Sand? Nehmen Sie doch mal eine Probe mit ins Warme, und Sie werden erkennen, dass nicht alles, was wie Sand aussieht, auch wie Erdsand aus Siliziumdioxid besteht. Die feinen Körner der Titan-Wüsten sind aus Wassereis aufgebaut mit Beimengungen all der organischen Stoffe, die aus dem Tholindunst abgeregnet sind. Entstanden ist der Sand jedoch ähnlich wie auf der Erde, nämlich durch Erosion. Die Titan-Berge bestehen wie die komplette Oberfläche des Mondes ebenfalls aus Eis, das bei diesen niedrigen Temperaturen aber genauso fest wie Granit ist. Sie verwittern genau wie Granit durch Niederschläge und Bäche, die sich ihr Bett graben. In den großen Wüsten klumpen die Sandkörner zu Dünen zusammen, die vom Wind geformt bis zu 300 Meter hoch werden können. Sie sind allerdings nicht so »weich« wie Sanddünen auf der Erde, sondern können mit der Zeit erstarren.

Dabei handelt es sich nicht um die einzigen Hindernisse, denen Sie begegnen werden. Das größere Problem dürften dabei je nach Jahreszeit die Flüsse, Seen und Meere darstellen. Die klimatischen Verhältnisse sorgen dafür, dass diese sich auf die Polargebiete konzentrieren. Die drei größten Seen Kraken Mare, Ligeia Mare und Punga Mare werden als »Mare« bezeichnet, und tatsächlich sind sie mit über 100.000 Quadratkilometern Ausdehnung irdischen Binnenmeeren vergleichbar. Der größte und bisher einzige See der Südhalbkugel heißt Ontario Lacus und ist auch etwa so groß wie der Ontario-See.

Die Gewässer sind wahrscheinlich nur wenige hundert Meter tief, Ligeia Mare, haben Radarmessungen von Cassini ergeben, erreicht zum Beispiel eine Tiefe von 170 Metern. Natürlich bestehen sie nicht aus Wasser, das gefrieren würde, sondern aus flüssigen Kohlenwasserstoffen wie Methan und Ethan. Die gesamten Vorräte des Titan übersteigen die der Erde um das Hundertfache! Wenn Sie Ihren Porsche mit auf die Reise nähmen, könnten sie ihn direkt aus den Seen betanken, müssten allerdings Sauerstoff für den Verbrennungsmotor mitbringen, denn der fehlt auf Titan fast komplett. Insofern besteht auch keinerlei Brandgefahr, obwohl die Seen reinste Treibstoff-Seen darstellen.

Wie sieht es mit Wassersport aus? Tauchen scheidet wohl von vornherein aus (es sei denn mit einem U-Boot). Die Surf-Ausrüstung können Sie ebenfalls von vornherein zu Hause lassen. Die Wellen auf Ontario Lacus sind nämlich maximal zwei Zentimeter hoch. Das liegt nicht nur am fehlenden Wind (der im Frühling und Herbst auffrischen könnte), sondern auch daran, dass flüssiges Methan zäher ist als flüssiges Wasser (es besitzt, wie die Physiker sagen, eine niedrigere Viskosität). Wenn wir das Problem der Wärmeisolierung mal beiseite lassen, könnten wir Titan-Urlaubern das Schnorcheln empfehlen. Die Seen sind nämlich so durchsichtig, dass Sie leicht bis auf den Grund sehen können.

Nur mit dem Schwimmen werden Sie Probleme bekommen. Der menschliche Körper besteht ja zum großen Teil aus Wasser, und das besitzt eine etwa doppelt so hohe Dichte wie flüssiges Methan. Sie werden also wie ein Stein untergehen, wenn Sie keinen mit Gas gefüllten Schwimmring mitbringen (ein Boot wäre eine Alternative, weil es die Verdrängung erhöht, aber Sie wollten ja Schnorcheln gehen, Sie unvernünftiger Tourist). So ähnlich schwimmen übrigens auch Eisberge auf den Titan-Seen: In das gefrierende Material lagert sich Stickstoff aus der Atmosphäre ein. Nur dadurch geht Methan-Eis in einem Methan-See nicht unter. Dass Eisberge auf der Erde im Wasser schwimmen, haben wir der Anomalie des Wassers zu verdanken, dass die Dichte von Eis geringer ist als die des flüssigen Zustands. Das gibt es bei keinem anderen Stoff. Titan-Seen frieren deshalb auch von unten her zu, nicht wie die Seen der Erde von oben.

## Kein Ziel für Bergwanderer

Bergwanderer suchen sich besser ein anderes Ziel, denn Titan bietet nichts, was dem Himalaya auf der Erde oder gar dem 20 Kilometer hohen Mons Olympus auf dem Mars vergleichbar wäre. Die Oberfläche des Titan ist allgemein eher flach, Hügel und Berge sind selten. Aber es gibt sie. Die Xanadu-Region in Äquatornähe, etwa so groß wie Australien, ist zum Beispiel von bis zu 2000 Meter hohen Bergketten durchzogen. Diese haben sich wahrscheinlich nicht wie auf der Erde durch das Verschieben der Kontinentalplatten aufgefaltet, sondern sind durch das Schrumpfen des Mondes entstanden, wie Falten auf Haut, die älter wird. Innerhalb der 4,5 Milliarden Jahre seiner Existenz könnte Titan um 7 Kilometer kleiner geworden sein. Die starre Eiskruste kann sich dabei nicht entsprechend zusammenziehen, sondern bricht auf. An den Bruchstellen schieben sich die Kanten übereinander und bilden Berge. In diesen Eisbergen haben Regen und Bäche sich wahrscheinlich auf ähnliche Weise eingegraben wie Wasserläufe im Erd-Kalkstein. Sicher werden Sie deshalb auch die eine oder andere Höhle finden.

Einschlagkrater sind auf Titan aus ähnlichen Gründen selten wie auf der Erde: Zum einen brechen große Meteoriten in der dichten Atmosphäre auf, zum anderen verwittern die übrigen Krater schnell durch das Klima. Der größte Teil der Oberfläche ist darum nur zwischen 100 Millionen und einer Milliarde Jahre alt, also geologisch jung. Der größte Krater, Menrva, hat 440 Kilometer Durchmesser. Den meisten Kratern fehlen die auf anderen Monden typischen Strukturen, etwa die Erhebung in der Mitte. Die Forscher vermuten, dass das damit zu tun hat, dass in der Hitze des Einschlags ein Teil des Eisbodens schmilzt und dann wieder erstarrt.

Radardaten von Cassini weisen zudem auf Strukturen hin, die an Vulkane erinnern. Hier könnte mit Ammoniak versetztes Wasser an die Oberfläche gelangen, was eine mögliche Stickstoff-Quelle für den Nachschub der Atmosphäre wäre. Eindeutige Beweise dafür gibt es noch nicht, doch zumindest die von Cassini entdeckte Sotra Patera halten die Forscher klar für einen solchen Kryovulkan. Das

Objekt ist Teil einer ganzen Reihe von Bergen, 1000 bis 1500 Meter hoch, an deren Gipfeln sich Krater befinden, und deren Flanken von gefrorener »Lava« bedeckt zu sein scheinen – wobei die Lava hier aus Wassereis besteht. Wundern Sie sich übrigens über die Namen? Berge werden auf Titan nach Bergen aus Tolkiens Mittelerde benannt, Hügelketten nach Charakteren aus der Buchreihe.

Wenn Sie auf Titan längere Wanderungen beabsichtigen, sollten Sie sich vielleicht Schneeschuhe mitbringen. Das Problem ist der »Sand«: Die lockere Masse besitzt nur ein Drittel der Dichte von Erdsand. Das heißt, dass Sie darin genau wie in den Methanseen weniger Auftrieb erfahren und automatisch tiefer einsinken. Sie bringen zwar nur ein Siebtel ihres Gewichts mit, sodass Ihnen jeder Schritt leichter fällt, aber Sie wissen ja, wie anstrengend schon das Laufen in losem Sand auf der Erde sein kann. Auf Titan sinken Sie dreimal so tief ein.

Besonders kompliziert dürfte die Lage werden, wenn es geregnet hat und sich der Sand mit dem Methanregen vermischt. Der im Roman beschriebene Treibsand ist eventuell nicht die Ausnahme, sondern die Regel.

## Der Wechsel der Jahreszeiten

Wann für Sie die beste Reisezeit ist, hängt von Ihren Vorlieben ab. Wer es lieber ruhig angeht und ohne große Störungen im ewigen Dämmerschatten Urlaub machen will, vielleicht mit einem hübschen Blick auf eine Düne, sollte im Sommer oder Winter in Äquatornähe reisen. Wer jedoch Action braucht, wählt besser Frühling oder Herbst oder aber die richtige Zone im Winter. Cassini ist zum Beispiel im Süd-Sommer beim Saturn angekommen. Da war es in Südpolnähe eher trocken, am Nordpol feucht (denn dort war gerade Winter). Im Moment erwärmt sich der Nordpol gerade in seinem Frühling, während der Südpol abkühlt. Den Forschern ist noch nicht ganz klar, wie stark sich die Jahreszeiten wirklich auswirken, also ob die Seen am Nordpol etwa in dessen Sommer tatsächlich komplett austrocknen. Derzeit sieht es so aus, als würden sie zumindest zum Teil erhalten bleiben. Dann kann man allen Wassersportlern raten, auf jeden Fall ein Quartier im Norden zu wählen.

Was muss der Urlauber in einer solchen Unterkunft von der Erde mitbringen? Beinahe alles. Frische Bettwäsche ist jedenfalls nicht Ihr Hauptproblem. Wasser können Sie aus dem Wassereis gewinnen und Sauerstoff aus dem Wasser, aber alles andere müssen Sie mit in Ihr Raumschiff packen. Vor allem Energie, denn die werden Sie sowohl für die Heizung als auch für die Wasser- und Sauerstoffgewinnung brauchen. Auf Solarzellen können Sie sich dabei nicht verlassen, denn die Sonne würde selbst bei klarem

Himmel nicht genug Energie liefern. Also brauchen Sie vermutlich ein Kernkraftwerk oder zumindest ein RTG, einen Radioisotopengenerator, der aus der Zerfallswärme von Plutonium Strom gewinnt. Natürlich muss ihr Häuschen gut abgeschirmt sein und eine sichere Luftschleuse bieten. Zwar sind weder Stickstoff noch Methan, die beiden Hauptbestandteile der Titan-Atmosphäre giftig, doch enthält diese auch HCN, Cyanwasserstoff – im Volksmund als Blausäure bekannt. Die wird Ihnen auf keinen Fall bekommen. Gut ist immerhin, dass um Ihr Haus herum kein Vakuum herrscht, also müssen Sie beim Aussteigen nicht immer erst umständlich eine Druckanpassung vornehmen.

## Der Untergrund

Titan hat eine mittlere Dichte von 1,88 Gramm pro Kubikzentimeter. Das ist deutlich mehr als die Dichte von Wasser – der Mond muss also einen Gesteinskern besitzen. Dieser Silikatkern ist von mehreren Schichten Wassereis in unterschiedlichem Zustand umgeben. Dann folgen sehr wahrscheinlich ein flüssiger Ozean und schließlich eine Eiskruste von etwa 100 Kilometern Dicke.

Die Existenz des Ozeans ist bisher nicht direkt nachgewiesen. Das heißt, es ist noch niemand darin geschwommen, aber das gilt für die Grundwasserschicht unter Ihrem Haus ja auch. Die Radarmessungen von Cassini zeigen die Existenz des Ozeans aber eindeutig. Die Sonde hat bei mehreren Vorbeiflogen die exakten Positionen von 50 Punkten auf der Oberfläche vermessen und dabei festgestellt, dass sich diese von Messung zu Messung verschoben haben. Das lässt sich nur über eine Eiskruste erklären, die auf einem Ozean schwimmt.

Woher kommt die Wärme, die den Ozean flüssig hält? Nun, das Wasser muss erstens nicht unbedingt 0 Grad warm sein. Wenn darin zehn Prozent Ammoniak gelöst sind, sinkt der Schmelzpunkt unter 0 Grad. Das Ammoniak hat man sowieso als Quelle des atmosphärischen Stickstoffs unter Verdacht. Zweitens könnten radioaktive Stoffe im Kern des Titan Wärme produzieren. Und drittens führt die vom Saturn verursachte Gezeitenreibung verschiedener Schichten untereinander dazu, dass Wärme entsteht. Schließlich könnten auch noch chemische Prozesse am Übergang zwischen Gestein und Wasser Energie erzeugen. Vermutlich ist es eine Kombination aus all diesen Effekten, die den Ozean flüssig hält. So außergewöhnlich ist Titan damit nicht – auch auf Enceladus oder dem Jupiter-Mond Europa geht man von der Existenz von Ozeanen unter der Eiskruste aus.

Es scheint allerdings so zu sein, dass der Eisozean von Titan allmählich zufriert. Darauf deuten neueste Messungen von Cassini hin, die das Schwerefeld des Mondes bestimmt hat. Das Wasser besitzt demnach eine hohe Dichte, was nur möglich ist, wenn weitere Stoffe darin gelöst sind. Es läuft also auf einen salzhaltigen Ozean hinaus, der es mit dem irdischen Toten Meer aufnehmen kann. Die Eiskruste reicht demnach unter den Titan-Bergen tiefer ins Innere als unter anderen Geländeformen. Auch das spricht dafür, dass wir es hier mit einem fortlaufenden Prozess des Einfrierens zu tun haben.

# Die Geburt des Mondes

Titan ist ungefähr zur selben Zeit entstanden wie sein Planet Saturn, also vor 4,5 Milliarden Jahren, nachdem im planetaren Nebel die Sonne gezündet hatte. Hier draußen, 9,5 Astronomische Einheiten von der Sonne entfernt, kühlte sich der protoplanetare Nebel schneller ab als im Inneren des Sonnensystems in der Nähe der heißen Ursonne, wo Wasser eher flüssig oder als Wasserdampf auftrat. Außerdem überwogen hier draußen die leichteren Elemente – deshalb kam es auch zur Bildung von Gas- statt von Gesteinsplaneten.

Nachdem die Temperatur weit genug gefallen war, kondensierten zunächst die festeren, dann die flüchtigeren Verbindungen bis hin zum Wasserdampf, der zu Eiskristallen gefror. Wenn Teilchen sich trafen, verschmolzen sie zu größeren Brocken, die sich wiederum mit anderen zu noch größeren Teilen verbanden. Daraus entstanden schließlich Planetesimale, die noch undifferenziert waren. Das heißt, sie besaßen weder Kern noch Kruste, Gestein und Eis waren bunt gemischt. So weit die »übliche« Theorie der Co-Akkretion, die bei den meisten Planeten und ihren Monden genügt, bei der Erde und dem Erdmond jedoch nicht. Und auch Titan macht eine Ausnahme, weil er einen so großen Teil der Masse aller Saturn-Monde auf sich vereint.

Wahrscheinlich kam es bei der Entstehung der Monde zu einem Unfall. Mehrere Proto-Monde stießen zusammen und formten schließlich Titan. Die anderen Monde hingegen entstanden aus dem Material, das übrig blieb. Das würde auch erklären, warum sich die Bahnebene des Titan von der seiner Geschwister unterscheidet.

Ein alternatives Modell nimmt an, dass Saturn sich Titan eingefangen hat, er also in einem anderen Orbit entstand. Vielleicht war er sogar ein eigener Planet? Dafür spricht die Isotopen-Zusammensetzung des Stickstoffs seiner Atmosphäre. Diese weist nämlich auf einen Ursprung in der Oortschen Wolke hin, die heute weit außerhalb unseres Sonnensystems kreist und gewissermaßen die Müllkippe der solaren Evolution darstellt. Titan wäre nach diesem Modell sogar ein wenig (100 Millionen Jahre) älter als Saturn.

# Leben auf Titan?

SATURN UND DAMIT AUCH SEIN MOND TITAN KREISEN WEIT außerhalb jenes engen Bereichs um die Sonne, den die Forscher »habitable Zone« nennen. Heißt das, dass der Mond für Leben nicht geeignet ist?

Nein.

Die habitable Zone wird dadurch definiert, dass es auf der Oberfläche von Planeten, die sich in ihr bewegen, flüssiges Wasser geben kann. Nicht mehr und nicht weniger. Unser Nachbarstern Proxima Centauri ging gerade erst durch die Medien, weil er mehrere Planeten besitzt, auf die diese Definition zutrifft. Nur heißt das noch lange nicht, dass es wirklich Leben gibt. Im Falle von Proxima b, dem Planeten von Proxima Centauri, wird das dadurch erschwert, dass er seiner Sonne stets dieselbe Seite zuwendet. Dort ist es also heiß, auf der Rückseite kalt. Außerdem wird er wahrscheinlich von seiner Sonne regelmäßig mit Strahlungsausbrüchen überschüttet.

Titan hingegen befindet sich zwar in einer kalten, aber dafür auch sehr ruhigen Gegend. Anders als der Jupiter seine Monde bombardiert ihn Saturn auch nicht mit Strahlung. Wasser kann an seiner Oberfläche zwar nicht flüssig existieren, aber es wäre anthropozentrisch zu behaupten, dass Leben stets an Wasser gebunden sein muss. Titan bietet zwar kein Wasser, aber jede Menge organische Chemie, ganz wie die Ur-Erde.

Die Astrobiologen sind trotzdem,, wie es sich gehört, grundsätzlich sehr skeptisch. Eine präbiotische Chemie sei zu erwarten, also organische Moleküle, die mit anderen reagieren, wie das auch für Leben typisch ist, aber mehr nicht. Doch es gibt ein paar Hinweise, dass tatsächlich mehr als dies passieren könnte. So haben Analysen

Quellen von Wasserstoff und Acetylen gefunden, aber in der Atmosphäre tauchen diese Stoffe nicht auf. Gäbe es methanbasierende Lebensformen, wären beide die perfekten Energiespender. Werden sie also von Titanbewohnern »konsumiert« (auf dieser Annahme baut das Titan-Leben in diesem Roman auf)? Oder sind bisher unbekannte chemische Prozesse dafür verantwortlich?

Ein oft gebrauchtes Argument gegen Leben auf Titan ist auch, dass wegen der niedrigen Temperaturen alle Reaktionen verzögert ablaufen. Doch es gibt für Leben keine vorgeschriebene Reaktionsgeschwindigkeit. Seit Titan entstanden ist, waren immerhin 4,5 Milliarden Jahre Zeit. Dort entstandenes Leben würde vielleicht etwas langsamer denken – aber es könnte existieren.

Und schließlich ist nicht auszuschließen, dass Leben auf völlig anderer Grundlage aufbauen kann, als wir es uns derzeit vorstellen. 2015 haben Forscher zum Beispiel untersucht, ob und wie Zellen in den Methanseen Membranen bilden könnten, zweifellos eine wichtige Voraussetzung für Leben. Dabei stellten sie fest, dass sich Acrylnitril dafür eignet, ein Stoff, der in der Titan-Atmosphäre schon nachgewiesen wurde.

Auch die für uns tödliche Blausäure bietet spannende Möglichkeiten: Ihre Moleküle können sich zu Polyiminen verbinden, das sind Polymere mit einer Doppelbindung zwischen Kohlenstoff- und Stickstoff-Atom. Diese Molekülketten lassen sich unter anderem über Sonnenenergie aktivieren, ähnlich wie Chlorophyll. Interessant daran ist, dass die Titan-Atmosphäre ausgerechnet für die passenden Photonen (Lichtteilchen) recht durchsichtig ist. Eine Pflanze auf Blausäure-Basis würde also die Dunstschicht gar nicht bemerken, die uns die Titan-Oberfläche als ewig düster erscheinen lässt.

Wenn es irgendwo im Sonnensystem eine Chance auf Leben gibt, dann auf Titan – darüber sind sich die Forscher jedenfalls einig. Mars oder Venus sind mit weit größerer Wahrscheinlichkeit unbelebt. Im Bewohnbarkeitsindex, den Astrobiologen entwickelt haben, steht Titan denn auch auf Platz 2.

# Die Erforschung des Titan

Der holländische Astronom Christiaan Huygens hat Titan am 25. März 1655 entdeckt – mit einem Fernrohr mit 50-facher Vergrößerung, das er gemeinsam mit seinem Bruder Constantijn Huygens entwickelte. Er bezeichnete ihn einfach als »Luna Saturni«, Mond des Saturn. Saturn war damit nach Jupiter erst der zweite Planet (außer der Erde), bei dem man Monde fand. Huygens schaffte es sogar, die Umlaufzeit des Mondes auszurechnen. Er kam auf 16 Tage und vier Stunden, was nahe am wahren Wert liegt. Als andere Astronomen später weitere Saturnmonde fanden, nannte Huygens ihn einfach »meinen Mond«, sodass sich zunächst die Bezeichnung »Huygens' Mond« verbreitete.

1847 schlug der englische Astronom Jon Herschel dann für alle Saturn-Monde mythologische Namen vor. Diese setzten sich allerdings erst gegen Ende des 19. Jahrhunderts durch.

Die dichte Atmosphäre setzt der Beobachtung von der Erde aus enge Grenzen. Immerhin gelang es Gerard Kuiper 1944, Methan in der Atmosphäre nachzuweisen.

Die ersten Besuche durch Sonden fielen denn auch etwas enttäuschend aus. Pioneer 11 wies 1979 nur nach, dass Titan sehr kalt ist. Voyager 1 konnte dann erstmals Dichte, Aufbau und Temperatur der Atmosphäre messen. Von der Oberfläche bekam man jedoch nichts zu sehen.

Das änderte sich erst 2004, als die Cassini-Sonde das System erreichte. Cassini vermaß Titan per Radar. Vor allem aber gelang es am 14. Januar 2005, das Landemodul Huygens auf der Oberfläche abzusetzen. Das erste Kapitel des Romans ist eine getreue Wiedergabe dieser Landung – bis auf den fiktiven Schluss. Auch später hat

Cassini noch viele interessante Aufnahmen und Daten von dem Mond geliefert. Fast alles, was wir über ihn wissen, haben Forscher daraus abgeleitet.

## Der nächste Besuch

Derzeit gibt es keine festen Pläne, Titan einen neuen Besuch abzustatten. Anfang der 2000er war zunächst TSSM in Planung, die Titan Saturn System Mission, ein Projekt von NASA und ESA. Bestandteil der Mission wäre ein Heißluftballon gewesen, der sechs Monate lang in der dichten Atmosphäre treiben sollte. TSSM wurde allerdings zugunsten einer Jupiter-Mission aufgegeben, aus der schließlich der JUpiter ICy moons Explorer (JUICE) der ESA geworden ist. Er hat das Ziel, die Jupiter-Monde Ganymed, Callisto und Europa zu erforschen.

Ein anderes, 2013 an Geldmangel gescheitertes Projekt war der Titan Mare Explorer (TiME), der mit einem Lander die Zusammensetzung der Titan-Seen untersuchen sollte. Das 2011 vorgeschlagene Programm Journey to Enceladus and Titan (JET) bestand aus einer Sonde, die die beiden Monde untersuchen sollte. Es fiel bei der NASA-Auswahl 2016 endgültig durch. Am weitesten fortgeschritten sind derzeit Pläne für ein U-Boot, das die Titan-Meere erkunden könnte. Die konkrete Ausarbeitung des Projekts wurde 2015 mit 500.000 Dollar finanziert. Das sagt allerdings noch nichts über die endgültige Realisierung.

Der nächste Blick auf Titan könnte deshalb ELF vorbehalten sein, dem Enceladus Life Finder, der 2021 starten könnte. Leider steht auch dessen Umsetzung derzeit auf der Kippe. Angesichts des Potenzials, das Titan nach einhelliger Meinung aller Forscher für die Entdeckung zumindest von Vorformen des Lebens bietet, scheint der Menschheit (oder denen, die über Weltraum-Missionen entscheiden) ein Besuch dort leider erstaunlich unwichtig.

Tipp: Wenn Sie sich unter

www.hardsf.de/fortsetzung

eintragen, informiere ich Sie über das Erscheinen weiterer SF-Bücher – und außerdem erhalten Sie sofort die farbig illustrierte PDF-Version von »Die neue Biografie des Titan« zugesandt.

# Die neue Biografie des Uranus

KAUM EIN HIMMELSKÖRPER IN UNSEREM SONNENSYSTEM verdient seine Beinamen »Blauer Planet« oder »Eisriese« so sehr wie Uranus. Was hat den Gasriesen so blau gefärbt, und warum liegt er umgekippt auf der Seite?

Uranus ist zwar noch mit bloßem Auge am irdischen Nachthimmel zu erkennen, doch wegen seiner großen Entfernung zur Erde blieb seine langsame Relativbewegung lange unbemerkt, er galt als Fixstern. Erst 1781 entdeckte der deutschstämmige Brite Wilhelm Herschel den siebenten Planeten als solchen mit Hilfe des Fernrohrs. Als Einwanderer besonders patriotisch, benannte ihn der Astronom zunächst nach seinem König als »Georgs Stern«. Die Franzosen hingegen, nicht sehr erfreut, gaben ihm Herschels Namen. Als Kompromiss schlug der deutsche Astronom Johann Bode schließlich vor, den griechischen Gott Uranos als Namenspaten zu wählen. Es sollte 1850 werden, ehe sich der Name (schließlich in latinisierter Schreibweise) durchsetzte.

## Ein einziger Besucher

Unser aktuelles Wissen über Uranus beziehen wir zum einen aus Bildern und Daten der Voyager-2-Sonde, zum anderen über Beobachtungen mit erdgebundenen Teleskopen und dem Hubble-Weltraumteleskop. Uranus ist ein Gasplanet wie Jupiter und Saturn. Wegen seiner chemischen Zusammensetzung jedoch gilt er wie Neptun als Eisriese. Lassen Sie sich nicht von dem Begriff verwirren: Uranus ist keineswegs ein riesiger Eisball. Vielmehr besitzt er die geringste Dichte aller Gasplaneten.

Dass der Planet aus der Ferne so blau wirkt, hat er Methanmolekülen der vorwiegend Wasserstoff und Helium enthaltenden Atmosphäre zu verdanken, aus denen seine obersten Wolkenschichten bestehen und die das Licht vor allem im blauen Bereich reflektieren. Direkt darunter haben die Forscher Schichten aus Schwefelwasserstoff-Wolken ausgemacht, unter denen sich Ammoniumhydrogensulfid-Wolken und schließlich Wolken aus gewöhnlichem Wasser befinden. In dieser Höhe beträgt der Druck allerdings schon 50 bis 100 Erdatmosphären.

Noch weiter unten beginnt (bei allmählichem Übergang) der Mantel, der aus Wasser, Ammoniak und Methaneis aufgebaut ist. Durch den hohen Druck liegen diese Stoffe hier jedoch fließfähig vor, sodass man Uranus von seinen physikalischen Eigenschaften her als Flüssigkeits-Planet beschreiben könnte. Die Schicht wird deshalb auch Wasser-Ammoniak-Ozean genannt. Im Innersten des Eisriesen dürfte sich ein fester Kern aus Gestein, Eisen und Nickel befinden, in dem eine Temperatur von etwa 5000 Grad Celsius herrscht.

## Der kälteste Planet

Der Begriff »Eisriese« hat noch einen zweiten Hintergrund: Uranus ist zweifellos der kälteste Planet des Sonnensystems. Daran ist aber nicht die geringe Sonneneinstrahlung schuld. Zwar kreist Uranus in etwa 19-facher Erdentfernung um die Sonne, die am Himmel dort als kleine Scheibe erscheinen muss. Trotzdem strahlt sie noch 1100-mal heller als der Erdmond am irdischen Nachthimmel. Anders als die anderen Planeten strahlt Uranus jedoch nicht mehr Wärme ab, als ihm auf diese Weise zugeführt wird. Der etwa gleich große Neptun strahlt zweieinhalbmal so viel Wärme ab. Seine Temperatur liegt denn auch bei nur minus 214 Grad Celsius.

## Uranus' Kindheitstrauma

Die Forscher können sich zwei Ursachen dafür vorstellen. Zum einen könnte es eine interne Schicht im Inneren des Planeten geben, die den Wärmeabfluss aus dem Kern behindert. Zum anderen könnte auch ein katastrophales Ereignis in Uranus' Jugend daran schuld sein: Damals könnte ein etwa erdgroßer Himmelskörper den Planeten getroffen haben. Dieser raubte seinem Kern einen Großteil der Wärme – und kippte gleichzeitig seine Rotationsachse auf die Seite, sodass der Uranus nun wie eine in Bewegung gesetzte Murmel um die Sonne wandert.

Die Kugel des Planeten wälzt sich quasi über die Bahn. Da der Uranus zudem rückwärts rotiert (das macht ihm sonst nur noch die Venus nach), zeigt während der Hälfte des 84 Erdjahre dauernden Uranus-Jahres die Nordhälfte zur Sonne, während der anderen die

Südhälfte. Auf dem Uranus herrschen Tag und Nacht also jeweils für sehr lange Zeit.

## Eine gemütliche Kugel

Dadurch erklärt sich auch, dass es in der Atmosphäre des Uranus eher ruhig zugeht. Es ist so viel Zeit für den Temperaturausgleich, dass so hohe Windgeschwindigkeiten wie etwa auf dem Saturn nicht erreicht werden. Als Voyager 2 den Planeten besuchte, zeigte er sich fast völlig schlafend. Inzwischen haben Teleskop-Aufnahmen allerdings bewiesen, dass auch Uranus durchaus Stürme hervorbringen kann. In der Atmosphäre liegen die Windgeschwindigkeiten bei 700 Kilometern pro Stunde. Es ist eine Bandstruktur ähnlich wie bei Saturn zu beobachten, wobei manche Wolkenschichten schneller rotieren als der Planet selbst. Wirbelstürme können sich teilweise für mehrere Monate halten.

Eine hübsche Abwechslung bieten dem Uranus-Touristen die Polarlichter an Nord- und Südpol. Sie zeugen davon, dass Uranus ein ausgeprägtes Magnetfeld besitzt. Das weist eine Besonderheit auf: Es besteht nämlich aus zwei Nord- und zwei Südpolen und baut zwischen diesen eine stark asymmetrische Struktur auf. Das zweite Polpaar besitzt seinen Ursprung nicht im Kern des Planeten, sondern bei etwa einem Drittel des Planetenradius nach außen, Richtung Süden. Für die Entstehung des Magnetfeldes dürfte die elektrisch leitfähige Flüssigkeit im Wasser-Ammoniak-Ozean verantwortlich sein.

## Ringe und Monde

Uranus schmückt sich wie die anderen Gasplaneten mit Ringen. Diese trägt er allerdings mit ausgeprägtem Geschmack; sie schwingen wie Hula-Hoop-Reifen um seine Hüften. So gleicht Uranus ein wenig aus, dass seine Ringe im Vergleich zu denen des Saturn ziemlich kümmerlich sind: Ihre Masse entspricht etwa der Masse der Teilchen in der auf den ersten Blick leeren Cassini-Teilung der Saturnringe.

Die Ringe bestehen aus Staub und Gesteinsbrocken von bis zu 10 Metern Größe, teilweise auch aus Eis. Sie sind schmal und deutlich voneinander abgegrenzt. Teilweise fungiert ein kleiner Mond als Stabilisator und Versorger mit frischem Material.

Auch mit seinen Monden kann Uranus unter seinen Gasgeschwistern kaum glänzen. Zwar sind fünf davon zumindest rund und nicht irregulär, doch ihre Gesamtmasse liegt bei weniger als der Hälfte des Neptunmondes Triton. Die meisten Uranus-Monde sind zudem nicht besonders hell und wirken eher wie schmutzige Schneebälle, die je zur Hälfte aus Gestein und aus Eis bestehen.

**Miranda – der Canyon-Mond**

Miranda umkreist den Uranus knapp außerhalb seiner Ringe. Wie der Erdmond, zeigt Miranda dem Planeten stets dieselbe Seite. Das führt dazu, dass ähnlich wie auf dem Uranus selbst im Jahresverlauf deutliche Temperaturunterschiede auftreten. Welche Bedeutung diese für die spektakuläre Oberfläche von Miranda haben, wissen die Forscher noch nicht.

Vermutlich ist das heutige Antlitz von Miranda das Ergebnis tektonischer Vorgänge vor langer Zeit, als der Mond noch eine exzentrischere Bahn um Uranus besaß und deshalb kräftig von dessen Gravitation durchgeknetet wurde. Verpassen Sie auf keinen Fall die riesigen, bis zu 20 Kilometer hohen Klippen, die Verona Rupes. Um die Ecke, in der Elsinore Corona, sehen aus, als hätten dort früher einmal Pferderennen stattgefunden. Die Coronae ähneln Rennstrecken zumindest aus der Ferne. Bei näherem Hinsehen stellt man allerdings fest, dass die Furchen, aus denen sie bestehen, ein paar hundert Meter tief sein können. Die Coronae müssen relativ jung sein, da sie in geringerem Maße als die Umgebung von Kratern übersät sind.

**Ariel – der helle Mond**

Nach dem Abstecher zu Miranda liegt Ariel auf dem Weg – das galt auch für die Voyager-2-Sonde, der wir die scharfen Bilder von Uranus' viertgrößtem Mond zu verdanken haben. Für Ariel gilt ein Aufbau von Hälfte Eis – Hälfte Gestein als wahrscheinlich. Ariel besitzt ähnliche Narben wie Miranda, doch sind diese wohl jüngeren Ursprungs.

Da die Umlaufbahn des Mondes nicht ganz konzentrisch ist, muss er sich von Uranus' Anziehungskräften durchwalken lassen. Das hat zur Bildung interessanter Formationen geführt. Wie so oft, sind die auffälligsten Features nicht die spannendsten: Die Gräben, die den ganzen Mond überziehen, sind zwar einige Kilometer breit, besitzen aber eher ein abgerundetes Profil mit Klippen, die kaum höher als 1000 oder 2000 Meter sind. Die Ebenen jedoch, die sich durch geringe Kraterzahl auszeichnen, könnten einst von einer dickflüssigen Wasser-Ammoniak-Mischung überschwemmt worden sein und Schild-Vulkane ähnlich wie auf der Erde gebildet haben – nur nicht mit Magma, sondern mit eiskaltem und doch flüssigem Material.

Ariels Oberfläche scheint weitgehend eisbedeckt, deshalb ist er wohl auch der hellste Mond des Uranus. Spektroskopisch hat man außerdem Kohlendioxid festgestellt, dessen Herkunft nicht ganz klar ist. Der Eismantel um den festen Kern ist etwa 200 Kilometer dick. Die Forscher halten es für unwahrscheinlich, dass es wie beim

Saturn-Mond Enceladus einen flüssigen Ozean in der Tiefe geben könnte.

**Titania – Uranus' größter Mond**

Titania besitzt mit die höchste Dichte unter den Uranus-Monden. Der achtgrößte Mond im Sonnensystem scheint dem Saturn-Mond Enceladus zu gleichen. Auch ihm trauen die Forscher einen flüssigen Ozean innerhalb der Kruste zu. Er läge in 50 Kilometern Tiefe und wäre minus 80 Grad Celsius kalt.

Canyons wie die Messina Chasmata, fast 1500 Kilometer lang und mit bis zu 5000 Meter hohen Wänden, sind eigentlich riesige Brüche in der Eiskruste. Sie entstanden, weil der Mond etwa 0,7 Prozent an Volumen zulegte.

# Die neue Biografie des Neptun

Der äußerste Planet des Sonnensystems ist ein Heißsporn, obwohl er in so großer Entfernung um die Sonne kreist: In seiner Atmosphäre toben Stürme mit bis zu 2100 Kilometern pro Stunde, große Wirbel-Systeme wie beim Jupiter sind keine Seltenheit. Rätsel gibt auch Neptun-Mond Triton auf, der den Planeten falsch herum umkreist.

Wer das Sonnensystem zum ersten Mal besucht, könnte seine äußersten beiden Planeten für Geschwister halten. Beide, Uranus und Neptun, sind fast gleich groß und leuchten im sichtbaren Licht blau. Neptun allerdings hat von allem ein bisschen mehr bekommen: Er ist ein wenig schwerer und deutlich dichter als Uranus, seine Kugel sieht wesentlich blauer aus und er besitzt vor allem weitaus mehr Temperament.

## Temperamentvoller Planet

Vor allem letzteres stellt die Planetenforscher allerdings vor gewisse Probleme. Denn, wie jeder Neptun-Tourist weiß: Die Sonne wärmt hier etwa tausendmal weniger als auf der Erde (und 33 mal weniger als auf dem Jupiter beziehungsweise knapp halb so stark wie auf dem Uranus). Trotzdem maßen Wissenschaftler in der Neptun-Atmosphäre die wohl schnellsten Stürme des Sonnensystems, die bis zu 2100 Kilometer pro Stunde erreichen – das ist das Sechsfache der stärksten Erdstürme. Doch schon die normalen Wolkenbänder, die sich streifenförmig um den Planeten winden, bewegen sich am Äquator mit 1500 km/h und an den Polen mit 600 km/h.

In dieser Bewegung steckt eine Menge Energie. Die Forscher rätseln noch, woher sie stammt. Denn eine Kontraktion des Planeten, wie bei Jupiter, der vor allem daraus Energie bezieht, ist nicht zu beobachten. Als Mechanismen könnte zum Beispiel Abwärme aus radioaktivem Zerfall in Frage kommen. Neptun ist dichter als Uranus, vergleichbare Schichten sind innerhalb Neptuns dadurch höheren Drücken ausgesetzt. Vielleicht wandelt sich unter diesen Bedingungen Methan auch in andere Stoffe wie Diamant und langkettige Kohlenwasserstoffe um – die schwereren Reaktionsergebnisse würden dann langsam in Richtung Planetenkern sinken und bei ihrer Bewegung durch Reibung Energie freisetzen.

Schließlich stellt man sich auch noch vor, dass durch die heftige Bewegung in der unteren Atmosphäre Gravitationswellen gebrochen werden könnten, die darüber Energie abgeben. Die genaue Funktionsweise dieser Vorgänge kennt man zwar nicht, doch ihr Ergebnis ist gut zu beobachten. In der oberen Atmosphäre wurden zum Beispiel Temperaturen von bis zu 500 Grad Celsius beobachtet. Und dann sind da die großen, langlebigen Stürme.

Voyager 2 etwa entdeckte einen Antizyklon ähnlich dem Großen Roten Fleck des Jupiter, den Großen Dunklen Fleck, der die Größe des eurasischen Kontinents hat. Bei späteren Beobachtungen mit dem Hubble-Teleskop tauchte dieser Sturm nicht mehr auf, dafür jedoch ein ähnlicher Fleck auf der Nordhalbkugel. Dann war da »Scooter«, ein Zyklon, der in 16 Stunden einmal um den Neptun raste. Und schließlich fotografierte Voyager 2 auch noch den »Kleinen Dunklen Fleck«, ebenfalls ein Zyklon. Dabei nimmt man an, dass die dunklen Stellen jeweils einen Blick auf die darunter liegende Wolkenschicht erlauben, während helle Stellen auf aus dem Inneren aufsteigendes Gas hindeuten.

## Der schöne blaue Neptun

Neptuns Atmosphäre ist ähnlich komplex wie die des Uranus. Wer versucht, den Kern des Planeten zu erreichen, trifft zunächst auf eine Schicht aus Wasserstoff und Helium, deren Dichte langsam zunimmt. Für die blaue Farbe des Planeten sind Spuren von Methan verantwortlich. Hier lauert ein weiteres Rätsel: Uranus leuchtet bei ähnlichem Methangehalt weniger himmelblau, eher blaugrün. Enthält die Neptun-Atmosphäre also einen zusätzlichen Stoff, den wir bisher nicht entdecken konnten? Ultraviolette Strahlung zerlegt das Methan teilweise in Ethan und Ethin. Auch Spuren von Kohlenmonoxid und Blausäure wurden schon registriert.

Wenn mit der Tiefe der Druck steigt, beginnt das Methan zu kondensieren und bildet die Wolken der obersten Schicht. Darunter folgen weitere Wolkenschichten aus Ammoniak, Ammoniumsulfid, Schwefelwasserstoff und schließlich Wasser. Wenn Sie die Wasserwolken erreicht haben, werden die Verhältnisse jedoch schon unangenehm, der Druck liegt hier bei 50 Atmosphären, die Temperatur um den Celsius-Nullpunkt. Je tiefer Sie nun absteigen, desto wärmer wird es. Da der Druck noch stärker steigt, liegen Wasser und Methan bald nur noch gefroren vor.

Stellen Sie sich das Eis aber bitte nicht wie die Eiswürfel in Ihrem Aperol Sprizz vor: Es handelt sich im Grunde um eine heiße, sehr dichte und zäh fließende Flüssigkeit, die von der Konsistenz her wohl eher mit Lava vergleichbar ist. Diesen Bereich nennt man denn auch den Wasser-Ammoniak-Ozean. Da die Flüssigkeit elektrisch leitfähig ist, ist sie auch für die Entstehung des Magnetfeldes verantwortlich.

## Superionisches Wasser

Womöglich wird in dieser Tiefe der Druck auch so groß, dass die Bindungen der Wassermoleküle brechen. Die Sauerstoffatome ordnen sich dann gitterförmig an, während die Wasserstoffionen (die mit Protonen identisch sind) sich frei durch das Gitter bewegen. Diesen hypothetischen (weil bisher nur in der Computersimulation hergestellten) Aggregatzustand des Wassers nennt man superionisch. Das Material wäre dabei hart wie Stahl und würde hellgelb glänzen – durch die freien Wasserstoffionen hätte es aber immer noch Merkmale einer Flüssigkeit.

## Des Neptuns Kern

Im Inneren von Neptun scheint sich ein fester Kern zu befinden, der ähnlich wie der der Erde aufgebaut ist. Er dürfte Temperaturen von 5200 Grad Celsius erreichen, aus Eisen, Nickel und Gestein bestehen und etwa 1,2-fache Erdmasse besitzen.

Da die Achse des Neptun schräg zu seiner Bahnbewegung steht, besitzt er ausgeprägte Jahreszeiten. Temperaturunterschiede von zehn Grad zwischen Sommer und Winter erscheinen uns zwar lächerlich – man muss jedoch in Betracht ziehen, dass die Sonne den Planeten weitaus weniger erwärmt. Ein Jahr dauert hier etwa 165 Erdenjahre, ein Tag (eine Rotation um die eigene Achse) jedoch nur 16 Stunden.

## Schöner wohnen

Wenn es Sie je zum Neptun verschlägt, wählen Sie Ihren Wohnort am besten danach aus, wo gerade die Sonne scheint. Wenn Sie dann noch in Polnähe bleiben, haben Sie vermutlich für den Rest Ihres Lebens rund um die Uhr Sonnenlicht. Nur eben viel weniger als auf der Erde – etwa in der Lichtstärke des Vollmonds. In welcher Höhe

Sie Ihr fliegendes Heim parken sollten, ist schwerer zu entscheiden. Zwar liegt die Schwerebeschleunigung an der Oberfläche (wo der Luftdruck so groß wie auf der Erde ist) nur etwas höher, als Sie es gewohnt sind, doch dort ist es mit minus 201 Grad Celsius auch nicht gerade heimelig.

## Die Erforschung des Neptun

Neptun war der erste Planet, der indirekt entdeckt wurde: Den Astronomen fiel schon recht früh auf, nämlich 1821, dass an der Bahn des Uranus etwas nicht stimmt. Die Berechnungen führten schließlich dazu, dass Neptun 1846 beinahe exakt an der vorhergesagten Stelle gefunden wurde. Als Entdecker gilt deshalb nicht Johann Gottfried Galle, der deutsche Astronom, der ihn zuerst im Fernrohr sah (sogar Galileo soll ihn schon registriert, aber nicht als Planeten erkannt haben), sondern der Franzose Urbain Le Verrier, der die genaue Vorhersage lieferte, über die sich Neptun schließlich aufspüren ließ.

Le Verrier selbst schlug zunächst den Namen Neptun vor, versuchte dann jedoch, dem neuen Planeten seinen eigenen Namen zu geben, was außerhalb Frankreichs nicht mit Begeisterung aufgenommen wurde. Die Engländer setzten sich dann für Oceanus ein, die Deutschen für Janus – heute heißt der Planet beinahe in allen Sprachen der Welt Neptun. Nur die Griechen machen eine Ausnahme: sie nennen Neptun nach dem griechischen Meeresgott Poseidon.

## Das Ringsystem

Auch Neptun besitzt ein Ringsystem. Wie bei Jupiter und Uranus ist es nicht sehr hell, besteht also wohl eher aus Gesteinsstaub als aus Eis und besitzt eine beinahe rötliche Farbe. Neues Material wird ihm wohl durch Asteroidentreffer auf die Neptun-Monde zugeführt.

Ungewöhnlich sind die Klumpen, Materialansammlungen innerhalb der Ringe, die Astronomen zunächst vermuten ließen, die Ringe seien gar nicht komplett. Vermutlich gehen sie auf die Gravitationswirkungen der Ringmonde zurück.

Besonders auffällig ist dabei der (nach seinem Entdecker) so genannte Adams-Ring, der am weitesten außen liegt. Er enthält fünf deutlich sichtbare Ringbögen, die französische Namen tragen (Courage, Liberté, Egalité ...).

Ihre Existenz widerspricht der Entstehungstheorie der Ringe – demnach müsste sich das Material in relativ kurzer Zeit gleichmäßig verteilen. Inzwischen macht man den nahen Mond Galatea für diese Störungen verantwortlich. Einige der Bögen scheinen tatsächlich kurzlebig zu sein: Mit der Freiheit, Liberté, könnte es in 100 Jahren schon vorbei sein.

## Neptuns Begleiter

Bisher haben die Astronomen rund um Neptun 13 Monde registriert. Der größte und spannendste ist zweifellos Triton mit seinen Eis-Geysiren. Im Wesentlichen kann man die inneren und die äußeren Monde unterscheiden. Die inneren Monde stehen in engem Zusammenhang mit dem Ringsystem. Sie bewegen sich regulär, also in Rotationsrichtung des Planeten, um den Neptun und bestehen alle größtenteils aus Eis. Trotzdem sind sie recht dunkel, weil ihre Oberfläche von dunklem Material verunreinigt ist, vermutlich von organischen Verbindungen.

Weiter außen umkreisen die irregulären Monde den Planeten, zu denen auch Triton gehört. Die Forscher vermuten, dass Triton von außen zugewandert ist. Durch seine Ankunft störte er das Mondsystem von Neptun empfindlich. Nereid, der drittgrößte Mond, wurde dadurch zum Beispiel auf seine nun sehr exzentrische Bahn gezwungen.

Triton wälzt gewissermaßen durch seine Masse alle anderen platt: Über 99 Prozent der Gesamtmasse der Monde stecken in ihm. So warf Triton wohl auch die ursprünglichen inneren Monde aus ihrer Bahn, die daraufhin kollidierten und durch ihre Bruchstücke die Ringe und die heutigen inneren Monde bildeten.

Neptun zieht aber aus seiner Außenposition im Sonnensystem auch einen Vorteil: Der Planet kann seine Monde an einer längeren Leine lassen, ohne dass sie ihm von der Konkurrenz geklaut werden. Die beiden, vermutlich durch das Zerbrechen eines früheren Himmelskörpers entstandenen Monde Psamathe und Neso bewegen sich denn auch auf einer Bahn um Neptun, die den 125-fachen Durchmesser der Mondbahn hat. Für einen Umlauf brauchen sie 25 Jahre.

## Nereid – der exzentrische Mond

Bis zur Ankunft der Voyager-2-Sonde kannte man nur zwei Neptun-Monde: den großen Triton und Nereid, der 1949 gefunden wurde. Seine Entdeckung verdankt er seiner sehr exzentrischen Bahn, die ihn mal fast auf eine Million Kilometer an den Neptun heranführt, um ihn dann wieder 10 Millionen Kilometer Abstand gewinnen zu lassen. Entweder wurde der Mond von Neptun aus dem Kuiper-Gürtel eingefangen oder von Triton auf diese Bahn geschleudert.

Nereid ist immerhin 170 Kilometer groß. Seine genaue Form kennen die Astronomen bis heute nicht, da ihm Voyager 2 nicht nah genug kam. Sein Spektrum deutet darauf hin, dass sich Wassereis an der Oberfläche befindet. Die Zusammensetzung scheint eher auf eine Herkunft aus direkter Nähe des Neptun hinzuweisen. Womöglich befindet sich Nereid in einer Art chaotischer Rotation, stolpert also wie betrunken um seine Bahn. Das wäre jedenfalls eine Erklärung dafür, dass sich seine Helligkeit bei Aufnahmen von der Erde aus manchmal deutlich verändert, dann jedoch wieder konstant bleibt.

## Proteus – der eckige Mond

Proteus ist der zweitgrößte Mond des Neptun. Mit 420 Kilometern Durchmesser ist er deutlich größer als Nereid. Da er sich so nah bei Neptun befindet, konnten ihn erdgebundene Teleskope nicht beobachten, erst Voyager 2 schickte Fotos. Die Bilder zeigen, dass Proteus trotz seiner Größe noch keine Kugelgestalt hat. Das ist ungewöhnlich – wahrscheinlich liegt er gerade an der Grenze. Himmelskörpern, die etwas größer sind, zwingt ihre eigene Gravitation automatisch eine Kugelform auf.

Proteus' Oberfläche ist von zahlreichen Kratern bedeckt, die bis zu 260 Kilometer groß sind. Die Einschläge haben außerdem zu großen Rissen und Verwerfungen geführt, die sich um den Mond ziehen. Das Innere des Mondes besteht wohl aus Gestein mit signifikanten Anteilen von Wassereis. An der Oberfläche, die sehr dunkel ist, ist davon jedoch nichts zu bemerken.

## Triton – der Geysir-Mond

Triton ging den Astronomen bereits 17 Tage nach der Entdeckung seines Planeten ins Netz – dem britischen Bierbrauer William Lassell nämlich, der sich dank seines erfolgreichen Geschäfts ein teures Observatorium leisten konnte und außerdem Saturn- und Uranusmonde gefunden hatte. Er entdeckte Triton mit einem selbstgebauten 61-cm-Teleskop.

Den Namen, den der Mond mit einem griechischen Meeresgott teilt, der oft als Sohn des Poseidon (Neptun) dargestellt wird, schlug 1880 Camille Flammarion vor. Als zunächst einziger Mond des Neptun nannte man Triton jedoch lange Zeit einfach nur »Mond des Neptun«.

Schon die Bahn des Triton offenbart eine Besonderheit: Er bewegt sich auf einer fast perfekten Kreisbahn, aber retrograd um seinen Planeten, also entgegengesetzt zur Rotationsrichtung des Neptun, wofür er 5 Tage und 21 Stunden braucht. Nach dem gängigen Modell, nach dem die Monde aus einer rotierenden Staubscheibe geformt werden, kann Triton nicht an seinem heutigen Ort entstanden sein. Vermutlich ist der immerhin siebtgrößte Mond des Sonnensystems (er besitzt so viel Masse wie alle Monde, die kleiner sind als er, zusammengenommen) von weiter außen zugewandert, wo er vielleicht lange als Kleinplanet unterwegs war. Die Forscher vermuten deshalb, dass sein Aufbau Rückschlüsse auf die Struktur anderer Objekte des äußeren Sonnensystems zulässt, wie etwa Pluto oder dessen Begleiter Charon, die etwas kleiner als Triton sind.

Der 2700 Kilometer durchmessende Triton wendet seinem Planeten stets dieselbe Seite zu. Er ist dem Neptun inzwischen deutlich näher als der Erdmond der Erde gekommen, sodass er sich unter starkem Einfluss von Neptuns Anziehungskräften befindet (Neptun ist ja auch 19 Mal schwerer als die Erde). Das erinnert sofort an den Saturn-Mond Enceladus, der sich in einer ähnlichen Lage befindet. Obwohl an Tritons Oberfläche mit minus 237,6 Grad Celsius die tiefste je im Sonnensystem gemessene Temperatur herrscht, könnte es deshalb unter der Oberfläche des Mondes wie bei Enceladus einen flüssigen Ozean geben.

Im Inneren des Mondes vermuten die Wissenschaftler einen festen Kern aus Gestein und Eisen. Darüber sollte sich ein gefrorener Mantel befinden, wohl aus Wassereis. Zwischen 15 und 35 Prozent der Masse Tritons macht das Wassereis aus. Auch die Kruste, die über dem (vorhergesagten) Ozean liegt, besteht aus Eis, das von einer Schicht aus gefrorenem Stickstoff bedeckt ist. Bilder von Voyager 2 zeigen faszinierende Oberflächen-Strukturen, die allesamt noch relativ jung sein müssen. Triton muss demnach geologisch noch immer aktiv sein, auch der Kern ist wohl groß genug, dass durch radioaktiven Zerfall die nötige Wärme geliefert wird.

Das wird an der Oberfläche durch zahlreiche, eindeutig vulkanisch beziehungsweise tektonisch entstandene Formen deutlich. Im Unterschied zum irdischen Vulkanismus speien die Triton-Vulkane jedoch keine Lava, sondern Wasser und Ammoniak. An Hotspots in der Kruste hat Voyager 2 zudem Geysire registriert, die mit Staub vermischtes Stickstoff-Gas ausstoßen. An ihrer Entstehung ist vermutlich die Sonne schuld: Ihre Strahlung dringt durch eine dünne Eiskruste und erwärmt darunter liegendes Stickstoff-Eis, bis dieses genug Druck aufgebaut hat, um über eine Öffnung entweichen zu können. Diese Eruptionen sind allerdings nicht wie bei irdischen Geysiren nach ein paar Stunden vorüber. Sie dauern bis zu ein Jahr und setzen dabei eine enorme Gasmenge frei, die in Höhen von bis zu 150 Kilometern getragen wird. Der mitgerissene Staub lagert sich in typischen Fahnen ab. Für diesen Mechanismus sprechen Beobachtungen des Gemini-Süd-Observatoriums. Den Forschern dort ist es nämlich gelungen, Signaturen aufzufangen, die eindeutig von einer Mischung aus Stickstoff- und Kohlenmonoxid-Eis kommen, nicht von den beiden Eisarten allein. Die Mixtur könnte sich auch im Laufe der Jahreszeiten, abhängig vom einstrahlenden Sonnenlicht, über die Oberfläche des Triton verteilen.

»Obwohl Triton so weit von der Sonne entfernt ist, spielt ihre Wärme immer noch eine wichtige Rolle dabei, saisonale Veränderungen an der Oberfläche und in der Atmosphäre anzutreiben«, erklärt Henry Roe vom Gemini-Forschungsteam. Weil sein Planet Neptun für einen Umlauf um die Sonne 165 Jahre braucht, dauern die Jahreszeiten auf Triton sehr lange. Den letzten Winter auf Triton haben nur Erdlinge erlebt, die wenigstens 60 Jahre alt sind. Derzeit ist also gerade Sommer; Ende der 2030er-Jahre zieht der Herbst ein, ab 2080 wird es dann erneut Winter. Falls die Geysire wirklich durch die sommerliche Wärme der Sonne entstehen, sollten Neptun-Touristen besser vor 2080 den Triton besuchen.

Nach der Besichtigung der vermutlich sehr eindrucksvollen Geysire lade ich Sie zu einem Rundflug über die Polarkappen ein, die beide Pole bedecken (beim Nordpol kann man sich nicht sicher sein, da er für Voyager 2 nicht sichtbar war). Sie bestehen aus gefrorenem Stickstoff und Methan. Immer wieder werden Sie auf weitere Geysire stoßen. Weiter in Richtung Äquator überfliegen wir dann große, flache Ebenen mit Höhenunterschieden von maximal 200 Metern, unter denen ältere Krater nur noch undeutlich zu erkennen sind. Diese Ebenen entstanden durch Ammoniak- und Wasser-Lava-Ausflüsse. Die vulkanischen Quellen sind in Form von kleinen Punkten noch gut zu erkennen. In der Osthälfte sind die Ebenen von 20 bis 30 Kilometer großen Maculae verziert, die aus einem zentralen dunklen Fleck mit hellem Halo bestehen. Wie sie entstanden sind, ist unklar.

Die Ebenen werden an manchen Stellen von Gräben und Tälern durchbrochen, die tektonischer Herkunft sind. In der Westhälfte ist das Cantaloupe-Terrain einen Besuch wert, das Sie auf keinem anderen bekannten Himmelskörper bewundern können: Hier sieht die Oberfläche aus der Ferne aus wie die Haut einer Honigmelone. Die seltsamen, aus schmutzigem Wassereis bestehenden Einbuchtungen gehören zu den ältesten Strukturen auf Triton. Auch hier ist die genaue Entstehung noch unbekannt – womöglich ist Diapirismus dafür die Ursache. Bei diesem Phänomen steigt ähnlich wie in einer Lavalampe Material aus dem Inneren des Himmelskörpers auf, das entweder eine geringere Dichte als das angrenzende Material besitzt oder von unten erwärmt wird.

Tritons Zukunft ist übrigens dunkel: Durch die Gezeitenwirkung wird er allmählich abgebremst. Dadurch kommt er seinem Planeten immer näher, bis er in etwa 3,6 Milliarden Jahren oder auch schon in 100 Millionen Jahren eine theoretische Grenze, die Roche-Grenze, unterschreitet, bei der er mit Neptun kollidieren oder zerbrechen wird. Falls Sie beabsichtigen, den Mond und seine Stickstoff-Fontänen zu besichtigen, sollten Sie also nicht zu lange warten. Danach könnte sich an Stelle des Mondes ein größeres Ring-System bilden, das sicher auch einen Besuch wert ist. Oder Triton zündet seine Triebwerke und verlässt das Sonnensystem wieder …

Konkrete Pläne, den Mond oder auch seinen Planeten zu besuchen, gibt es derzeit nicht. Im Frühjahr 2019 hat ein Forscherteam die Mission »Trident« als Teil des Discovery-Programms der NASA vorgeschlagen, dessen Kosten bei 500 Millionen Dollar gedeckelt sind. Die Sonde könnte im Frühjahr 2026 starten und nach Vorbeiflügen an Venus und Jupiter das Neptun-System im Jahr 2038 erreichen. Bei einem einzigen Vorbeiflug an Triton im New-Horizons-Stil soll die Sonde große Teile seiner Oberfläche kartografisch erfassen. Dabei würde sie sich auf etwa 500 Kilometer nähern, um auch die Atmosphäre aus der Nähe untersuchen zu können. Ob Trident auf die Liste der NASA kommt, wird sich Anfang 2020 entscheiden.

Tipp: Die *Biografie des Neptun* erhalten Sie wie immer unter hardsf.de/fortsetzung/ als bebildertes PDF.

# Die neue Biografie des Kuipergürtels

PLUTO, CHARON, SEDNA, ERIS, ZENTAUREN, CUBEWANOS, vielleicht ein weiterer Gasplanet – das äußere Sonnensystem wird von zahlreichen Objekten bevölkert, deren Herkunft bis heute nicht geklärt ist. Eine Rundreise vom Kuiper-Gürtel bis in die Oortsche Wolke.

Bevor wir zum Flug Richtung Pluto starten, müssen wir der Fairness halber einmal kurz in den Rückspiegel blicken. Zwischen Neptun und Jupiter umkreisen nämlich schätzungsweise 44.000 Objekte mit einem Durchmesser von über 1000 Metern die Sonne. Diese Gruppe von Kleinplaneten nennen die Astronomen Zentauren.

## Die Zentauren

Lassen Sie sich vom Gattungsbegriff nicht verwirren: Die deutsche Übersetzung der offiziellen Bezeichnung »minor planet« leitet etwas in die Irre, weil Zwergplaneten (Pluto und so weiter) größer als Kleinplaneten sind und zu den Kleinplaneten sowohl Asteroiden als auch Kometen gehören.

Für die Zentauren passt der Begriff jedoch wunderbar, denn aus ihnen rekrutieren sich, wenn sie durch eine Bahnstörung in Sonnennähe gelangen, gern einmal Kometen.

Der größte bekannte Zentaur ist Chariklo, der die Sonne zwischen Saturn und Uranus umkreist. Er ist etwa 250 Kilometer groß und könnte damit auch fast als Zwergplanet gelten. An seiner Oberfläche muss es Wassereis geben. Sein Kollege Pholus hingegen ist der Sonne mal näher als Saturn, dann entfernt er sich weiter als

Neptun von ihr. Er ist ähnlich rot gefärbt wie der Mars. Chiron, der als erster entdeckte Zentaur, liegt größenmäßig zwischen beiden. Als Besonderheit zeigt er auch das Verhalten eines Kometen – das typische Ausgasen in Sonnennähe. Seine Bahn liegt zwischen Saturn und Uranus. Die Zentauren wurden vermutlich durch Zusammenstöße oder die Kräfte der Gasriesen aus dem Kuiper-Gürtel gerissen. Und dort liegt nun auch endlich das Ziel unserer Weiterreise.

## Kuipergürtel - Zone der einsamen Planetoiden

Der Kuipergürtel erstreckt sich bis in die 50-fache Entfernung der Erde von der Sonne. Er ist eine vergrößerte Version des Asteroidengürtels hinter dem Mars: mit 20-fach höheren Abmessungen und einer 20- bis 200-mal so großen Masse. Über 1000 Objekte haben die Astronomen hier bereits ausgemacht. Insgesamt schätzen sie eine Population von 100.000 Himmelskörpern mit mehr als 100 Kilometern Durchmesser.

Früher hatte man den Kuipergürtel als den Herkunftsort von Kometen mit langer Umlaufdauer im Verdacht. Computersimulationen zeigen jedoch, dass er dynamisch sehr stabil ist und Kometen wohl eher aus der Scattered Disc (siehe unten) kommen. Der Gürtel ist bereits so alt wie das Sonnensystem. So weit draußen genügte die Dichte des Urnebels nicht, um größere Planeten entstehen zu lassen. Deshalb ist dieser Bereich noch immer den Planetoiden vorbehalten, die nun Zeit ihres Lebens vergeblich auf der Suche nach einem Partner sein werden, mit dem sie zu einem richtigen Planeten verschmelzen können.

## Der klassische Kuipergürtel

Etwa zwei Drittel aller Kuiper-Belt-Objekte (KBOs) residieren in einer Scheibe, die konzentrisch um die Bahnen der inneren Planeten liegt (aber nicht unbedingt in der gleichen Ebene) – und gleichzeitig weit genug von Neptun entfernt, um über die Lebenszeit des Sonnensystems nicht von diesem aus der Bahn geworfen zu werden. Astronomen sprechen hier vom klassischen Kuiper-Gürtel. Die Angehörigen dieses Bereichs heißen nach dem ersten hier entdeckten Objekt (»QB1«) auch Cubewanos (Qju-Bi-Wan-Ohs). QB1 selbst, obwohl schon 1992 entdeckt, hat noch keine richtige Bezeichnung verliehen bekommen. Als Namensgeber einer ganzen Objektklasse wird er wohl immer mit QB1 vorlieb nehmen müssen.

Der größte bekannte Cubewano ist der 2005 entdeckte Makemake, der etwa zwei Drittel der Plutogröße hat und zu den Zwergplaneten gehört. Makemake braucht fast 310 Jahre für einen

Umlauf um die Sonne. Seine minus 240 Grad Celsius kalte Oberfläche ist vermutlich von Methan-Eis bedeckt. Eine substanzielle Atmosphäre besitzt er nicht.

Quaoar (2002 entdeckt) und Varuna (2000) sind die nächstgrößeren Himmelskörper des klassischen Kuiper-Gürtels. Quaoar, etwa 1000 Kilometer durchmessend, besitzt sogar einen 80 Kilometer großen Mond. Varuna scheint eher die Form eines Baseballs zu besitzen. Die genauen Eigenschaften dieser Himmelskörper zu bestimmen, fällt den Astronomen schwer. So musste etwa Quaoars Durchmesser mit neuen Messungen immer wieder nach unten korrigiert werden. Von den KBOs Logos und Borasisi weiß man immerhin, dass sie ebenfalls Begleiter besitzen.

## Plutinos – für immer gebunden

Bestimmt haben Sie schon einmal ein Kind auf der Schaukel angestoßen. Dazu müssen Sie normalerweise nicht viel Kraft einsetzen. Es genügt, wenn Sie im richtigen Moment einen leichten Schubs geben. Krafteinwirkungen nach diesem Prinzip gibt es auch im Weltraum, wenn sich zwei Himmelskörper auf ihren Bahnen begegnen. Unter bestimmten Umständen, die als orbitale Resonanz bezeichnet werden, verstärken sich die gegenseitigen Kräfte in einer Weise, dass die Bahnen der Objekte stabilisiert werden.

Ist nun einer der beiden Partner viel stärker als der andere (und niemand ist im äußeren Sonnensystem stärker als Neptun), dann werden die kleineren Partner im günstigsten Fall an den Ober-Macker gebunden. Im ungünstigen Fall werden sie aus ihrer Bahn geworfen. Was genau passiert, hängt vom Verhältnis der Bahndurchmesser ab. In bestimmten Bereichen des Kuiper-Gürtels findet man deshalb viele Objekte, in anderen keine. Himmelskörper, die in einer solchen Resonanzebene um die Sonne kreisen, nennt man Plutinos. Warum, ist klar: weil Pluto zu diesen Objekten gehört. Es gibt allerdings auch noch weitere Resonanzperioden, etwa die »Twotinos«, die sich am Rand des Kuiper-Gürtels um die Sonne bewegen.

## Pluto – der degradierte Planet

Das erste Kuiper-Belt-Objekt (KBO), das der Mensch entdeckte (1930), war Pluto. An einen Gürtel war noch nicht zu denken, also hielt man ihn für einen Planeten, ungefähr so groß wie die Erde. Diese Schätzung musste fast von Jahr zu Jahr revidiert werden. 1948 sollte er noch ein Zehntel der Erdmasse haben, 1976 ein Hundertstel, und 1978 war man dann bei einem Fünfhundertstel angekommen, das heute noch gilt (das ist etwa ein Fünftel der Masse des Erdmondes). Dennoch konnte Pluto stolz auf seine Bezeichnung sein, bis der Mensch immer mehr seiner Brüder und Schwestern entdeckte und sich schließlich entscheiden musste, entweder das Planetensystem um zahlreiche Objekte zu erweitern oder Pluto in die Klasse der Zwergplaneten herabzustufen.

Doch auch unter den Zwergplaneten nimmt Pluto nicht mehr die Top-Position ein: Eris hat ihm die Krone streitig gemacht.

Interessant genug für einen Besuch ist er trotzdem noch, deshalb hat ihn die New-Horizons-Sonde 2015 aus der Nähe begutachtet.

Die übermittelten Bilder waren hervorragend, und auf der Erde staunte man über seine Schönheit. »Die Komplexität des Plutosystems – von seiner Geologie über den Trabanten bis hin zu seiner Atmosphäre – hätten wir uns nicht in den wildesten Träumen ausgemalt«, sagt Alan Stern. Er ist der Projektleiter von New Horizons am Southwest Research Institute. »Wo immer wir hinschauen, gibt es neue Rätsel.«

Als man zum ersten Mal die Oberfläche studieren konnte, zeigte sich eine Landschaft mit Bergen und Tälern, Ebenen und Kratern. Die weiten Flächen aus gefrorenem Stickstoff wiesen kaum Risse auf, was auf geologische Aktivität hindeutet; auf irgendeine Art muss die Oberfläche kontinuierlich ausgebessert werden. Vielleicht strömt Material aus einem unterirdischen Ozean herauf. Sogar eine hauchdünne Stickstoffatmosphäre gibt es, mit Spuren von Methan und Kohlenmonoxid.

## Himmelskörper mit Herz

Als die Sonde New Horizons 2015 am Pluto vorbeiflog, räumte sie gründlich mit der Vorstellung von einer langweiligen Felskugel auf. Die Astronomen sahen, dass sie es vermutlich mit einer aktiven Welt zu tun haben. Auf der Nordhalbkugel zeigte sich eine riesige, herzförmige Ebene aus Stickstoffeis. Sie wurde zu Ehren des Planetenentdeckers Tombaugh Regio genannt und dürfte über einem unterirdischen Ozean liegen.

»Das bedeutet, es könnte im Universum mehr Ozeane geben als angenommen, was wiederum außerirdisches Leben wahrscheinlicher macht«, sagt Shunichi Kamata von der Hokkaido University in Japan. Laut der Studie schirmt eine Lage aus Gashydraten – von Flüssigkeit umschlossene Gase in festem Aggregatzustand – diese Plutoregion thermisch ab und verhindert ein Zufrieren des Inneren. Himmelskörper, die Meere aufweisen, sind für die Forschung von größtem Interesse, weil sie eine der Grundlagen für Leben in der uns bekannten Form bereitstellen. Es könnte sein, dass sich in unserem Sonnensystem Lebensformen nicht nur auf der Erde entwickelt haben.

## Ammoniak hält ihn jung

Ammoniak – ein Molekül besteht aus einem Stickstoffatom und drei Wasserstoffatomen – gilt als einer der Grundbausteine des Lebens, wie wir es kennen. Wissenschaftler freuen sich immer, wenn sie die Verbindung auf einem fremden Himmelskörper entdecken; dann können sie quasi ein wichtiges Kästchen im Fragebogen »Bewohnbare Welt« ankreuzen. Ansonsten bietet sich Pluto ja nicht gerade für blühende Landschaften an: klein, weit weg von der Sonne, fast keine Atmosphäre. Doch der Ammoniak macht ihn für Astrobiologen interessant.

Die Verbindung kann sich auf einem derart exponierten Planeten nicht lange halten. Cristina Dalle Ore, Planetenwissenschaftlerin am Ames Research Center der NASA in Moffet Field (Kalifornien) erklärt es so: »Ammoniak ist ein fragiles Molekül, es wird von ultravioletter sowie kosmischer Strahlung zerstört. Wenn man es an der Oberfläche findet, kann es erst seit relativ kurzer Zeit aufgetreten sein, vor etwa einer Million Jahren.«

Es muss daher irgendeine Form von geologischer Aktivität auf Pluto geben, die Ammoniak an die Oberfläche bringt. Die Wissenschaftler müssen sich nun überlegen, ob die – vermutlich aus einem unterirdischen Ozean stammende – Verbindung auf jüngste Vulkanausbrüche, aktive Geysire oder anderes zurückzuführen ist; der Nachschub glättet jedenfalls die Oberfläche.

Pluto bewegt sich in 248 Jahren einmal um die Sonne. Dabei kommt er seinem Zentralgestirn für kurze Zeit sogar näher als Neptun. Wie Uranus wälzt er sich auf seiner Bahn dahin. Dadurch liegt für lange Zeit ein Viertel seiner Oberfläche dauernd im Sonnenlicht, während ein anderes Viertel eine lange Nacht vor sich hat.

Pluto besitzt fünf Monde. Charon, halb so groß wie Pluto, umkreist diesen in so geringer Entfernung, dass man auch von einem Binärsystem aus zwei Zwergplaneten sprechen könnte – der Schwerpunkt des Systems befindet sich über der Oberfläche des Pluto. Charon und Pluto wenden sich gegenseitig stets dieselbe Seite zu. Das führt zu dem interessanten Effekt, dass Charon an Plutos schwarzem Himmel stets an derselben Stelle zu finden ist. Könnten Plutos Ureinwohner zu Charon aufblicken, hätten sie vermutlich kein auf links und rechts basierendes Ortungssystem entwickelt, sondern würden sich an ihrem Mond orientieren. Von den weiteren vier Monden haben bisher nur Nix und Charon Namen bekommen, die beide um die 150 Kilometer groß sein dürften.

## Fakten zu Pluto

- Ein Plutotag dauert 153 Stunden. Der Zwergplanet rotiert – so sieht man es heute – normalläufig, bei einer Achsneigung von 120 Grad (früher ging man von einer Achsneigung von 60 Grad und gegenläufiger Reaktion aus).
- Die Sonde New Horizons hält einen Geschwindigkeitsrekord: Beim Start brachte sie es auf 16,26 Kilometer pro Sekunde.
- Auch der größte Mond Charon benötigt 153 Stunden für einen Umlauf: Von Pluto aus gesehen geht er niemals auf oder unter.
- 5,5 Stunden braucht das Licht der Sonne bis zu Pluto; er ist vierzig Mal so weit entfernt wie die Erde.
- Die Sonnenhelligkeit beträgt am Mittag im Mittel ein Neunhundertstel der irdischen. Das ist immerhin noch 300 Mal so hell wie der Vollmond auf der Erde.
- Die Gebirgszüge auf Pluto erreichen Höhen von zwei- bis dreitausend Metern. Sie bestehen zum größten Teil aus Wassereis.

## Plutos Sehenswürdigkeiten

Frühere Karten des Pluto, die anhand von Beobachtungen aus dem Erdorbit erstellt wurden, zeigen hell und dunkel kontrastierendes Terrain, Grautöne und rötliche Bereiche. Die Sonde New Horizons konnte nun eine Fülle von Details herausarbeiten. Ein Problem bleibt nach wie vor, dass große Teile der Südhalbkugel wegen der extremen Achsneigung des Zwergplaneten ständig im Dunkeln liegen.

Auf der Nordhemisphäre und in der Äquatorregion fallen besonders die helle, herzförmige Tombaugh Regio und die dunkle Cthulhu Regio ins Auge. Wie bei anderen Himmelskörpern im Sonnensystem zieht man die Dichte der Krater zur Altersbestimmung heran. Hier zeigt sich, dass die Tombaugh-Region in zwei Hälften zerfällt: Der östliche Teil ist alt und von vielen Kratern durchsetzt, während die westliche Sputnik Planitia jüngeren geologischen Ursprungs sein dürfte. Im Osten erheben sich bis zu 4.000 Meter hohe Berge. Plutos Gebirge bestehen wahrscheinlich aus Wassereis, da andere gefrorene Elemente selbst bei der geringen Schwerkraft zu wenig Festigkeit bieten würden.

Sputnik Planitia ist von einer dicken Schicht aus gefrorenem Stickstoff überzogen. Die Form der Ränder zeigt, dass es sich um eine Art Gletscher handelt, der langsam fließt und dabei Bodenunebenheiten auffüllt. Die Ebene ist von Senken und Spalten unterbrochen und mit dunklen Löchern gesprenkelt, die in parallelen Reihen verlaufen. Sie entstehen durch Sublimation – ein Vorgang, bei dem gefrorene Materie unter Wärmeeinwirkung ohne den Umweg über den flüssigen Aggregatzustand direkt zu Gas wird. Die Pluto-Atmosphäre besteht aus diesem freigesetzten Stickstoff. Dunkle Bereiche wiederum absorbieren mehr Sonnenenergie, wodurch der Prozess beschleunigt wird und sich immer tiefere Gruben in das Eis fressen. Schwache Winde tragen das Gas in südöstliche Richtung.

Die angrenzende Cthulhu-Region ist mit Kratern übersät. Seit Jahrmilliarden hat sich die Oberfläche hier nicht mehr erneuert. Die rotbraune Farbe führen Wissenschaftler auf Tholine zurück, organische Moleküle, die sich unter der Einwirkung kosmischer Strahlung bilden, wenn Methan mit Stickstoff reagiert. Bei der Namensgebung ließ man sich von H.P. Lovecraft inspirieren: Cthulhu ist ein mächtiges, grauenerregendes Wesen im düsteren Pantheon dieses Schriftstellers.

Die 160 Kilometer breite Erhebung der Wright Mons liegt im Süden der Sputnik-Ebene und weist eine zentrale Senke von 56 Kilometern Durchmesser auf. Sie ist wahrscheinlich beim Ausbruch eines Kryovulkans entstanden.

Im Sputnik-Randgebiet schiebt sich der Sputnik-Gletscher, Falten werfend, allmählich über älteres, unebenes Terrain. Eine Gegend, in der sich Blöcke von Wassereis auftürmen, wird als Al-Idrisi Montes bezeichnet.

Wo dunkle Tupfen die Ebene sprenkeln, ist Sublimation am Werk. Die Strahlen der Sonne erwärmen das Stickstoffeis; es geht in gasförmigen Zustand über und hinterlässt Löcher – Sublimationslöcher.

Die mächtigen Bergketten der Norgay- und Hillary Montes sind nach Tenzing Norgay und Edmund Hillary benannt, den ersten Menschen, die 1953 den Mount Everest bezwangen.

Plutos dünne, am Boden -223 °C kalte Gasschicht besteht hauptsächlich aus Stickstoff, enthält aber auch geringe Mengen an Methan und Kohlenmonoxid. Sie entweichen durch Sublimation. Der Atmosphärendruck ist 100.000 Mal niedriger als auf der Erde. Trotzdem gibt es eine Art Wetter. Dunkle Streifen, die von den Tholin-Lagerstätten ausgehen, deuten auf Windströmungen hin, die das Material wie feinen Schneestaub verteilen.

## Orcus – der Anti-Pluto

Der 2004 entdeckte Orcus ist mit etwa 800 Kilometern groß genug, ebenfalls Zwergplanet genannt zu werden, ist aber offiziell noch nicht als solcher anerkannt. Er bewegt sich auf einer Bahn um die Sonne, die der des Pluto sehr ähnelt. Allerdings ist er immer dann, wenn Pluto am sonnennächsten steht, am weitesten von der Sonne entfernt – und umgekehrt. Die Chance, dass die beiden sich begegnen, liegt damit bei Null.

Eine weitere Gemeinsamkeit mit Pluto besteht darin, dass Orcus einen ziemlich großen Begleiter besitzt, der Vanth getauft wurde. Orcus besteht wie viele Monde aus einem Gesteinskern mit Eismantel.

## Die Scattered Disc – unter der Fuchtel Neptuns

Während der klassische Kuiper-Gürtel als sicher vor dem Zugriff Neptuns gilt und die Plutinos in festen Resonanzen mit dem Eisriesen gebunden sind, gibt es eine dritte Kategorie von Objekten, die ständig damit rechnen müssen, von Neptun aus der Bahn geworfen zu werden.

Sie bilden die »Scattered Disc«, eine zerstreute Scheibe verschiedenster Objekte also, die sich meist jenseits der Pluto-Bahn befinden. Die Himmelskörper entfernen sich teilweise auf über 100-fache Erde-Sonne-Entfernung (AU), um der Sonne dann wieder auf 30 bis 35 AU nahe zu kommen.

Ihre Bahnen sind zudem in den unterschiedlichsten Winkeln gegen die Erdbahn geneigt. Objekte, die etwa der Neptun aus der Scattered Disc reißt, bekommen wir manchmal als Kometen zu sehen. Die oben schon erwähnten Zentauren, meinen manche Forscher, könnten auch Scattered-Disc-Objekte sein, die ins Innere des Sonnensystems gezogen wurden.

## Eris – der größte unter den Zwergen

Wenn es Winter wird auf Eris, fällt zunächst jede Menge Schnee. Die Atmosphäre des Planeten kristallisiert aus und lagert sich auf der Oberfläche ab. Die kleine Sonnenscheibe, die zunächst noch so viel Licht wie der Vollmond geliefert hatte, wird der bei weitem hellste Stern am Himmel.

Zur Wintersonnenwende ist Eris fast 100 Astronomische Einheiten von der Sonne entfernt, doppelt so weit wie Pluto. An der Oberfläche ist es dann minus 243 Grad Celsius kalt, nur 30 Grad über dem absoluten Nullpunkt. Im Teleskop erscheint der Zwergplanet größer, als er wirklich ist, denn der Schnee reflektiert fast das komplette Sonnenlicht.

Viele Jahre später (ein kompletter Umlauf dauert 560 Jahre) erwacht Eris wieder. Methan und Stickstoff sublimieren, das heißt, sie werden wieder zu Gas, das eine dünne Atmosphäre bildet. Die Sonne heizt den Zwergplaneten zunehmend auf – im Sommer wird es an der Oberfläche bis zu minus 217 Grad Celsius warm. Eris, erst 2005 entdeckt, ist einen Hauch größer als Pluto, dabei jedoch etwas schwerer – und gilt somit als derzeit größter Zwergplanet. Eris besitzt einen Mond namens Dysnomia, der einige Hundert Kilometer groß ist.

## Detached Objects – ganz weit draußen

Auch hinter der Scattered Disc ist das Weltall nicht zu Ende. Die Astronomen diskutieren noch, wie die bereits entdeckten und vermuteten Himmelskörper außerhalb des Kuiper-Gürtels einzuordnen sind. Eine Möglichkeit besteht darin, sie als »Detached Objects« zu klassifizieren – Körper also, die allein aufgrund ihrer Entfernung von den meisten Vorgängen im Inneren des Sonnensystems abgekoppelt sind.

Detached Objects sind auch im sonnennächsten Punkt deutlich weiter von der Sonne entfernt als der Neptun auf irgendeinem Punkt seiner Bahn. Eine klare Abgrenzung zur Scattered Disc ist auf dieser Grundlage nicht möglich. Die Herkunft dieser Objekte kann höchst unterschiedlich sein: Vielleicht wurden sie von einer weiter innen liegenden Bahn nach außen geschleudert, womöglich sind sie aber auch aus der Oortschen Wolke eingewandert.

## Sedna – der einsame Wanderer

Bei Sedna ist die Klassifizierung als Detached Object einfach: Der Zwergplanet, 2003 entdeckt, entfernt sich bis auf fast 1000 Astronomische Einheiten von der Sonne. Im nächsten Punkt seiner Bahn ist er immer noch sonnenferner als Pluto. Damit ist Sedna bisher eindeutiger Rekordhalter – und der am weitesten entfernte Himmelskörper mit einem richtigen Namen.

Im Teleskop-Foto zeigt sich, dass Sedna den Beinamen »roter Planet« mindestens ebenso verdienen würde wie Mars – nur dass es sich nicht um einen Planeten handelt. Sedna misst maximal 1600 Kilometer, nach neuesten Messungen ist er sogar nur 1000 Kilometer groß. Forscher vermuten, dass seine rote Oberfläche durch Tholine verursacht wird, komplexe organische Moleküle, die bei der Wechselwirkung von ultravioletter Strahlung mit Methan entstehen. Tholine wurden auch als Bestandteil von Kometen nachgewiesen. Womöglich spielten sie in der Frühzeit eine Rolle bei der Entstehung des Lebens, zumal Bakterien sie als Kohlenstoffquelle nutzen können.

Für einen Umlauf um die Sonne braucht Sedna etwa 11400 Jahre. Für einige Hundert Jahre ist es dabei auf seiner Oberfläche warm genug, dass eine Stickstoff-Atmosphäre entstehen könnte, die allerdings sehr dünn wäre.

Dem Methan jedoch, das auf seiner Oberfläche als Schnee abgelagert ist, scheint die Maximaltemperatur nicht zu genügen, sich als Gas in der Atmosphäre aufzulösen.

Falls der Kern einen ausreichend großen Vorrat radioaktiver Elemente enthält, könnte es innerhalb eines Eismantels auch einen flüssigen Ozean geben, wie ihn einige Eismonde besitzen.

Wie Sedna auf seine jetzige Bahn gelangte, weiß die Wissenschaft noch nicht. Um an Ort und Stelle geboren worden zu sein, hätte die Urwolke um die Sonne einen Radius von mindestens 75 AU haben müssen.

Wahrscheinlicher ist, dass Sedna durch die Gravitation eines anderen Objekts verlagert wurde.

In Frage kommen zum Beispiel ein vorbeiziehender Stern oder aber ein in Sonnennähe gleichzeitig mit der Sonne entstandener junger Stern. Auch ein hypothetischer Planet noch weiter zum Rand des Sonnensystems könnte dafür verantwortlich sein.

## Die Oortsche Wolke

Am äußersten Rand des Sonnensystems, fast auf halbem Weg zum nächsten Nachbarstern, zwischen 5000 AU und bis zu 1,6 Lichtjahren (100.000 AU) Entfernung, soll sie die Sonne umkreisen: die Oortsche Wolke, unter anderem als Quelle langperiodischer Kometen im Verdacht. Noch hat niemand ihre Existenz nachgewiesen, auch wenn Astronomen bereits einige Objekte entdeckt haben (von Kometen abgesehen), die zur Oortschen Wolke gehören könnten.

Die Oortsche Wolke wäre demnach ein Überbleibsel der Urwolke. Ihre Bestandteile, man schätzt sie auf einige Billionen Himmelskörper mit über 1000 Metern Durchmesser, wären Planetesimale, die nicht zu größeren Planeten verschmolzen sind und mit der Zeit unter anderem durch den Einfluss der Nachbarsterne nach außen wanderten. Ihre Gesamtmasse dürfte bei etwa fünf Erdmassen liegen.

Wegen des riesigen Umfangs der Wolke sollte man sie sich nicht als eine Art Asteroidenfeld vorstellen, sondern eher als ein Stück leeren Weltraums, in dem sich ab und zu einmal ein schmutziger Eisbrocken findet. Der mittlere Abstand der Objekte dürfte bei vielen Millionen Kilometern liegen – das innere Sonnensystem ist im Vergleich dazu äußerst dicht besiedelt.

Die große Mehrheit der Objekte hier besteht aus gefrorenen Gasen – Wasser, Methan, Ethan, Kohlenmonoxid, Blausäure … Ein Teil der Planetesimale könnte auch über den Austausch mit anderen Sonnensystemen zu uns gelangt sein, würde also Auskünfte über unsere Nachbarn erlauben. Einige Computersimulationen gehen sogar davon aus, dass bis zu 90 Prozent der Mitglieder der Oortschen Wolke von anderen, damals ebenfalls in der Entstehung begriffenen Sonnensystemen stammen. In der Frühzeit muss es demnach auch deutlich mehr nahe Begegnungen mit anderen Sonnen gegeben haben.

## Planet X - existiert er doch?

Nicht nur Astronomen, auch Esoteriker aller Lager suchen seit langem nach einem zehnten (nach der Abwertung Plutos nur noch neuntem) Planeten, der das Sonnensystem komplettieren sollte. Derzeit gibt es allerdings keine Beobachtungen, die darauf hindeuten.

1984 etwa schlug der Physiker Richard Muller vor, dass etwa in der Entfernung der Oortschen Wolke ein Brauner Zwerg die Sonne umkreisen könnte, der für die damals vermutete periodische Wiederkehr von Naturkatastrophen auf der Erde verantwortlich wäre. Der Planet, Nemesis getauft, wäre ein riesiger Gasplanet, der es nie zur Zündung als Stern geschafft hätte. Inzwischen sind die Nachweismethoden der Astronomen jedoch so fein geworden, dass ihnen die Existenz eines Riesenplaneten nicht mehr entgehen würde (immerhin hat man sogar den nur 1000 Kilometer großen Sedna gefunden).

Ein weiterer Kandidat für einen Planeten am Rand des Sonnensystems ist Tyche. US-Astrophysiker schließen aus Bahnparametern langperiodischer Kometen die Existenz eines Gasriesen in etwa 15.000 AU (ein Viertel Lichtjahr) Entfernung. Ihr Argument: Kometen müssten in das Sonnensystem eigentlich aus allen möglichen Richtungen einfliegen. Tatsächlich konzentrieren sich ihre Bahnen jedoch auf bestimmte Bereiche. Die Idee geht allerdings von der (unbewiesenen) Annahme aus, dass die Oortsche Wolke völlig homogen ist. Außerdem ist die Datenbasis entsprechend langperiodischer Kometen relativ dünn. Die meisten Astronomen sind deshalb skeptisch.

Tyche müsste, um die Wirkung auszuüben, die ihm zugeschrieben wird, vier oder fünf Jupitermassen schwer sein. Trotz seiner Sonnenferne wäre er noch immer minus 73 Grad Celsius warm. Sein Bahnradius läge bei mindestens 10.000 AU, die Bahn selbst wäre stark geneigt zur Ebene der anderen Planeten. In 1,8 Millionen Jahren würde er einmal um die Sonne kreisen.

Tipp: Wie immer erhalten Sie kostenlos eine farbige PDF-Ausgabe, wenn Sie sich unter hardsf.de/fortsetzung dafür anmelden. Gerade bei Pluto lohnt es sich, der Zwergplanet hat wirklich tolle Ansichten zu bieten.

# Die neue Biografie der Kometen

Eigentlich war es Zufall, dass Rosetta ausgerechnet Komet 67P, nach seinen Entdeckern Tschurjumow-Gerassimenko genannt, besucht hat. Der Zufall hat den Forschern ein spannendes Beobachtungsobjekt beschert – und uns großartige Fotos. Wie typisch ist 67P für seine zahlreichen Geschwister? Wie entstanden Kometen, wo kommen sie her, und was wird aus Ihnen? Das erklärt die folgende kleine Biographie.

Ein Komet ist ein Himmelskörper, der in den sonnennahen Teilen seiner Bahn eine Koma und meist auch einen leuchtenden Schweif entwickelt – deshalb wird er manchmal auch »Schweifstern« genannt. Der Name kommt von altgriechisch κομήτης komḗtēs (»Haarstern«), abgeleitet von κόμη kómē (»Haupthaar, Mähne«).

## Einteilung und Benennung

Je nach ihrem Erscheinungsintervall teilt man Kometen in aperiodische und periodische ein, letztere zusätzlich in langperiodische und kurzperiodische. Aperiodische Kometen kehren auf Grund ihrer parabolischen oder hyperbolischen Bahn prinzipiell nicht wieder. Als periodische Kometen gelten dagegen solche, deren Wiederkehr mit Hilfe ihrer gemessenen Bahndaten gesichert ist, die also auf einer – zumindest für einen gewissen Zeitraum – stabilen Umlaufbahn die Sonne umkreisen.

Langperiodische Kometen mit einer Umlaufzeit von mehr als 200 Jahren kommen vermutlich aus der Oortschen Wolke ganz am Rand des Sonnensystems. Ihre Bahnneigungen sind statistisch um das ganze Sonnensystem herum verteilt, während sich die Planeten alle ungefähr in derselben Ebene um die Sonne bewegen. Sie umlaufen die Sonne manchmal im gleichen Umlaufsinn wie die Planeten (prograd), manchmal aber auch in Gegenrichtung (retrograd). Die Exzentrizitäten ihrer Bahnen liegen nahe 1, es handelt sich also um sehr langgestreckte Ellipsen. Die langperiodischen Kometen sind in der Regel aber noch durch die Schwerkraft an die Sonne gebunden, wobei sie für einen Umlauf bis zu 100 Millionen Jahre benötigen können.

Exzentrizitäten größer als 1 (Hyperbelbahnen) sind bei Kometen selten – was logisch ist, denn diese Kometen sehen wir nie wieder, weil sie als aperiodische Kometen das Sonnensystem verlassen. Grund dafür sind meist Bahnstörungen beim Passieren der großen Planeten. Allerdings genügen im Außenbereich des Planetensystems schon geringe Kräfte, um einer Bahn auch wieder elliptische Form zu geben. Pro Jahr werden etwa 10 bis 20 Kometen mit hyperbolischer Bahn entdeckt.

Kurzperiodische Kometen mit Umlaufzeiten kleiner als 200 Jahre stammen oft aus dem Kuipergürtel, in dem sich etwa auch der Zwergplanet Pluto bewegt. Sie orbitieren meist im üblichen Umlaufsinn. Ihre Bahnneigung liegt im Mittel bei etwa 20 Grad, die Orbits befinden sich also in der Nähe der Ekliptik, der Ebene der Planetenbahnen.

Bei mehr als der Hälfte der bekannten kurzperiodischen Kometen, der »Jupiter-Familie«, liegt der größte Sonnenabstand (Aphel) nicht im Kuipergürtel, sondern in der Nähe der Jupiterbahn, also bei fünf bis sechs Astronomischen Einheiten. 67P/Tschurjumow-Gerassimenko gehört dazu. Die Umlaufzeit um die Sonne beträgt bei ihnen nur fünf bis elf Jahre. Es handelt sich hier, meinen die Forscher, um ursprünglich längerperiodische Kometen, deren Bahn durch den Einfluss der Gravitation des Riesenplaneten verändert wurde.

Wie kam es zu einem Namen wie »67P/Tschurjumow-Gerassimenko«? Neu entdeckte Kometen erhalten von der Internationalen Astronomischen Union zuerst eine Bezeichnung, die sich aus dem Entdeckungsjahr und einem großen Buchstaben zusammensetzt, der sich beginnend mit A am 1. Januar und B am 16. Januar im Halbmonatsrhythmus (bis Y am 16. Dezember, der Buchstabe I wird übersprungen) nach dem Zeitpunkt der Entdeckung richtet. Dazu kommt noch eine Zahl, damit man auch mehrere in einem halben Monat gefundene Kometen unterscheiden kann. 67P hieß denn auch zuerst 1969 R1, er wurde also in der ersten Septemberhälfte (R) des Jahres 1969 als erster Komet entdeckt.

Sobald die Bahnelemente des Kometen genauer bestimmt sind, wird dem Namen nach der folgenden Systematik ein weiterer Buchstabe vorangestellt:

- P: die Umlaufzeit ist kleiner als 200 Jahre bzw. mindestens zwei bestätigte Beobachtungen des Periheldurchgangs an der Sonne (Periodischer Komet)
- C: Die Umlaufzeit ist größer als 200 Jahre
- X: Die Bahn ist nicht bestimmbar
- D: Periodischer Komet, der verloren ging oder nicht mehr existiert
- A: Man stellt nachträglich fest, dass es sich nicht um einen Kometen, sondern um einen Asteroiden handelt
- I: Steht für »interstellar« – der Komet stammt nicht aus unserem Sonnensystem

Der Komet Hyakutake zum Beispiel wird auch unter der Bezeichnung C/1996 B2 geführt. Hyakutake war also der zweite Komet, der in der zweiten Hälfte des Januars 1996 entdeckt wurde. Seine Umlaufzeit ist größer als 200 Jahre.

Üblicherweise wird ein Komet zusätzlich nach seinen Entdeckern benannt. So wird zum Beispiel D/1993 F2 auch unter der Bezeichnung Shoemaker-Levy 9 geführt – es handelt sich hierbei um den neunten Kometen, den Eugene und Carolyn Shoemaker zusammen mit David H. Levy entdeckt haben.

Wenn ein Komet zum zweiten Mal beim Passieren der Sonne beobachtet wurde, erhält er meist eine feste Nummerierung und einen Namen. So erging es auch P/1969 R1: Er erhielt die Nummer »67P« und den Namen seiner Entdecker, Klim Tschurjumow und Swetlana Gerassimenko. Gerassimenko hatte das Foto aufgenommen, Tschurjumow später darauf den neu entdeckten Kometen entdeckt.

Die Zahl neu entdeckter Kometen lag bis in die 1990er Jahre bei etwa zehn pro Jahr und stieg seither durch automatische Suchprogramme und Weltraumteleskope merklich an. Die meisten der neuen Kometen und der schon bei früheren Umläufen beobachteten sind aber nur im Fernrohr sichtbar. Mit Annäherung an die Sonne beginnen sie stärker zu leuchten, doch lässt sich die Entwicklung von Helligkeit und Schweif nicht genau voraussagen. Wirklich eindrucksvolle Erscheinungen gibt es nur etwa alle zehn Jahre.

## Aufbau der Kometen

### Der Kern

In großer Entfernung von der Sonne bestehen Kometen nur aus dem Kern. Er ist im Wesentlichen aus Wasser-Eis, Trockeneis ($CO_2$), CO-Eis, anderen gefrorenen Stoffen wie Methan und Ammoniak und Beimengungen aus kleinen Staub- und Mineralienteilchen (zum

Beispiel Silikate oder Nickeleisen) aufgebaut. Man bezeichnet Kometen deshalb gern als »schmutzige Schneebälle«. Die Beobachtungen der Deep-Impact-Mission haben allerdings gezeigt, dass (zumindest in den Außenbereichen des Kerns des untersuchten Kometen Tempel 1) die festen Bestandteile gegenüber den flüchtigen Elementen auch überwiegen können, sodass dann die Bezeichnung »eisiger Schmutzball« zutreffender erscheint. Aus Beobachtungen der Raumsonde Giotto am Kometen Halley weiß man, dass Kometen meist von einer schwarzen Kruste umgeben sind, die nur etwa vier Prozent des Lichts reflektiert. Obwohl Kometen am Himmel als spektakuläre Leuchterscheinungen zu sehen sind, gehören ihre Kerne zu den schwärzesten Objekten des Sonnensystems. Zum Vergleich: Asphalt reflektiert ca. sieben Prozent des Lichts.

Da nur kleine Regionen des Kerns ausgasen, geht man nach neueren Vorstellungen davon aus, dass die Oberfläche von einer Art Gesteinsschutt gebildet wird, der aus Gesteinsbrocken besteht, die zu schwer sind, um die gravitative Anziehung des Kerns zu überwinden und davonzufliegen. Giotto entdeckte auch winzige Partikel, die reich an den Elementen Kohlenstoff (C), Wasserstoff (H), Sauerstoff (O) und Stickstoff (N) sind und deswegen auch CHON-Partikel genannt werden. Diese könnten aus einer dünnen Rußschicht stammen, die die Oberfläche des Kerns überzieht, was die niedrige Reflektionsrate erklären würde.

## Die Koma

Sobald ein Komet bei der Annäherung an die Sonne in einem Abstand von etwa fünf AE ungefähr die Jupiterbahn kreuzt, bildet sich durch die Wechselwirkung zwischen Sonnenwind und Komet eine schalenförmige Koma, die in Kernnähe auch strahlenartige Strukturen zeigt. Sie entsteht, weil flüchtige Substanzen auf der sonnenzugewandten Seite sublimieren (also vom festen in den gasförmigen Zustand übergehen) und dabei die ins Eis eingebetteten Staubteilchen mitreißen. Nach den Beobachtungen der Sonde Giotto findet diese Sublimation nur an etwa zehn bis 15 Prozent der Kometenoberfläche statt. Die flüchtigen Substanzen entweichen wohl nur an brüchigen Stellen der schwarzen Kruste. Die an diesen Stellen freigesetzten Moleküle bilden die innere Koma.

Durch weitere Aufheizung, Ionisation und Zerreißen der Moleküle (Dissoziation) vergrößert sich die Koma weiter und bildet schließlich die sichtbare Koma aus Ionen und Molekülgruppen. Ein im Ultravioletten strahlendes Halo aus atomarem Wasserstoff umgibt sie, das auch UV-Koma genannt wird und etwa beim Kometen Hale-Bopp 1997 einen Durchmesser von 150 Millionen

Kilometern erreichte. Da die Ozonschicht der Erde für UV-Strahlung undurchlässig ist, lässt sich die UV-Koma nur aus dem Weltraum untersuchen.

## Der Schweif

Die Bestandteile der Koma werden durch den von der Sonne ausgehenden Strahlungsdruck und den Sonnenwind »weggeblasen«, sodass sich meist innerhalb der Marsbahn ein Schweif ausbildet, genauer gesagt zwei Schweife, die teils auch in verschiedene Richtungen zeigen können:

- ein schmaler, langgestreckter Schweif (Typ-I-Schweif), der im Wesentlichen aus Molekülionen besteht, immer von der Sonne weg zeigt und Plasmaschweif genannt wird
- ein diffuser, gekrümmter Schweif aus Staubteilchen (Typ-II-Schweif), auch Staubschweif genannt

Wie groß beide Schweife werden, hängt davon ab, wie viel Material der Komet freisetzt und wie nahe er der Sonne kommt. Wie gut wir sie am Himmel sehen, hängt allerdings eher von der Position der Erde und des Kometen ab. Wenn wir Pech haben, sehen wir den schönsten Schweif nicht, weil wir direkt von vorn darauf blicken.

Warum ist der Staubschweif krumm? Die kleinen Staubteilchen, die den Staubschweif bilden, werden vor allem vom Strahlungsdruck der Sonne beeinflusst. Dieser besteht aus zwei Komponenten: Die radiale Komponente ist der Gravitationskraft entgegengerichtet und nimmt wie diese quadratisch mit der Entfernung zur Sonne ab. Das fühlt sich für die Staubteilchen wie eine effektive Abnahme der solaren Gravitationskraft an, und sie bewegen sich deshalb auf eigenen Bahnen (»Pseudo-Keplerbahnen«), die sich auch noch für Staubteilchen verschiedener Größe unterscheiden, da der Strahlungsdruck von der Teilchengröße abhängig ist. Dies führt zu einer relativ starken Auffächerung des Staubschweifs im Vergleich zum Plasmaschweif.

Die zweite Komponente des Strahlungsdruckes ist der Bewegungsrichtung der Staubteilchen entgegengerichtet und bremst damit all jene Teilchen ab, die größer als die Wellenlänge der Strahlung sind (etwa 0,5 μm). Diese Teilchen bewegen sich langfristig genau wie der sonstige interplanetare Staub auf Spiralbahnen Richtung Sonne.

Nur bei besonderen Bahnkonstellationen ist ein Gegenschweif (Typ-III Schweif, Antischweif) sichtbar. Hierbei handelt es sich jedoch nicht um einen eigenständigen Schweif, sondern nur um einen geometrischen Projektionseffekt: Wenn sich die Erde zwischen Sonne und Komet hindurch bewegt, ragt ein Teil des Staubschweifs, bedingt durch seine Krümmung, scheinbar über den Kometenkern hinaus. Der Antischweif kann dann scheinbar in Richtung Sonne zeigen.

Dass Kometen Koma und Schweif bilden, wirkt sich natürlich auf ihre Zusammensetzung aus. Der Inhalt des Schweifs geht ja verloren. Der Materialverlust eines Kometen wird bei Kometen, die zum ersten Mal in Sonnennähe kommen, auf etwa 10 bis 50 Tonnen pro Sekunde (t/s) geschätzt, nach mehrfacher Sonnenannäherung sinkt er auf weniger als 0,1 t/s. Diese überraschend geringen Materiemengen von maximal 0,03 bis 0,2 Prozent der Kometenmasse pro Sonnendurchgang zeigen, dass die Schweife nur eine sehr geringe Dichte aufweisen können. Ihre teils enorme Helligkeit erklärt sich im Falle des Staubschweifs durch die große Oberfläche der mikroskopisch kleinen Staubteilchen. Im Plasmaschweif trägt sogar jedes Atom beziehungsweise Molekül zur Leuchtkraft bei. Dies führt im Vergleich zur Größe des Kometenkerns zu einem Anstieg der Leuchtkraft um viele Größenordnungen.

## Entstehung der Kometen

Kometen sind, so viel ist sicher, Überreste aus der Entstehung des Sonnensystems (primordiale Objekte) – und nicht jüngere Fragmente, die aus späteren Kollisionen anderer, größerer Himmelskörper entstanden sind. Das macht sie für die Forscher besonders interessant, denn sie erlauben einen Blick in die Vergangenheit.

Der hohe Anteil an leicht flüchtigen Substanzen in den Kometenkernen, wie zum Beispiel Wasser und Kohlenmonoxid, bedeutet, dass sie in äußerst kalten Umgebungen und damit im äußeren Bereich des Sonnensystems entstanden sein müssen. Die meisten Planetesimale im Bereich der äußeren Planeten wurden in der Frühzeit des Sonnensystems wohl von den vier Gasriesen aufgesammelt. Durch die auf die übrigen Brocken wirkenden Bahnstörungen wurden viele von ihnen so stark gestreut, dass sie das Sonnensystem verließen. Man vermutet, dass etwa ein Zehntel dieser gestreuten Körper die weit entfernte Oortsche Wolke bildeten. Die näheren, aber jenseits der Neptunbahn kreisenden Objekte unterlagen diesem Streuprozess weniger und bildeten den Kuipergürtel.

Die Oortsche Wolke und teilweise der Kuipergürtel sind das Reservoir der meisten Kometen, deren Zahl im Milliardenbereich liegen könnte. Da langperiodische Kometen beim Durchqueren des inneren Bereichs des Sonnensystems von den großen Planeten, vor allem durch Jupiter, stark gestreut werden, sind sie nur für wenige

Durchgänge als ehemalige Mitglieder der Oortschen Wolke identifizierbar. Es ist also ein Mechanismus notwendig, der die heute noch sichtbaren Kometen aus ihren sonnenfernen Bahnen in Sonnennähe bringt. Für die kurzperiodischen Kometen aus dem Kuipergürtel vermutet man Kollisionen von Kuipergürtelobjekten untereinander, wobei Bruchstücke ins Innere des Sonnensystems gestoßen werden. Der Streuprozess langperiodischer Kometen ist noch nicht exakt bekannt. Schwache Gravitationswirkungen naher Sterne oder die Anziehung größerer transneptunischer Objekte könnten allmähliche Bahnänderungen bewirken und die fernen, kalten Kometenkerne in eine langgestreckte Bahn zur Sonne hin ablenken, was alljährlich zur Entdeckung neuer Kometen führt. Manche verschwinden später auf Nimmerwiedersehen, andere bleiben auf periodischen Umlaufbahnen. Es wird allerdings auch der Einfluss vorbeiziehender Sterne oder noch nicht entdeckter Planeten (»Planet X«) oder die inzwischen widerlegte Idee eines Begleitsterns der Sonne (»Nemesis«) als Ursache diskutiert.

Wenn die in das innere Sonnensystem einfliegenden Kometen viel Eis enthalten und sich der Sonne stark nähern, können manche auch mit bloßem Auge sichtbar werden – wie es sehr ausgeprägt bei Ikeya-Seki (1965) oder Hale-Bopp (1997) der Fall war.

Wie oben erklärt, verlieren Kometen mit jedem Umlauf um die Sonne einen Teil ihrer Masse, vor allem flüchtige Bestandteile der äußeren Schicht des Kerns. Je näher das Perihel der Bahn an der Sonne liegt, desto schneller läuft dieser Prozess ab, weil das Eis rascher sublimiert und durch das Ausgasen des Gesteins auch größere Teilchen mitgerissen werden. Daher ist der Kometenkern nach einigen tausend Sonnenumläufen kaum noch als solcher zu erkennen. Diese Zeitspanne ist deutlich kürzer als das Alter des Sonnensystems.

Die Folge: durch das Verdampfen des Eises verliert das Gestein des Kerns seinen Zusammenhalt und der Komet löst sich allmählich auf. Dies kann durch Teilung (wie beim Komet Biela 1833), durch Jupiters Einfluss (Shoemaker-Levy 9 1994) oder durch allmähliche Verteilung der Teilchen längs ihrer ursprünglichen Bahn erfolgen. Letzteres ist die Ursache der meisten Sternschnuppenschwärme.

## Interessante Kometen

Mit einem einfachen Teleskop lassen sich heute am Nachthimmel täglich Kometen beobachten. »Große Kometen«, die auch einem Laien mit bloßem Auge am Nachthimmel auffallen, treten allerdings nur etwa alle zehn Jahre auf.

- Der Halleysche Komet war der erste Komet, der (1705 von Edmond Halley) als periodisch erkannt wurde und dessen Kern von Raumsonden fotografiert werden konnte (1986). Er war sogar mehrfach als »Großer Komet« sichtbar.
- Der Enckesche Komet (entdeckt 1818) hat mit 3,31 Jahren die kürzeste Umlaufzeit aller bekannten Kometen.
- Komet Biela (1845/46) war der erste Komet, dessen Zerfall beobachtet wurde.
- Am Kometen Donati (1858) wurde erstmals das Ausgasen in die Koma beobachtet. Er war nach Künstlermeinung das schönste Objekt des Jahrhunderts.
- Der Johannesburger Komet machte – fast gleichzeitig mit Halley – 1910 zum einmaligen Jahr zweier Großer Kometen.
- Der Komet Ikeya-Seki gilt als einer der hellsten Kometen des letzten Jahrtausends. Er erreichte im Oktober 1965 die rund 60-fache Helligkeit des Vollmondes und war tagsüber deutlich neben der Sonne sichtbar.
- Der Komet Shoemaker-Levy 9 zerbrach in der Nähe des Jupiter. Seine 21 Bruchstücke schlugen zwischen dem 16. und 22. Juli 1994 auf dem Planeten auf, ihre Spuren waren mehrere Wochen zu sehen.
- Der Komet Hale-Bopp war von 1996 bis 1997 mehr als 18 Monate mit bloßem Auge sichtbar und hält damit den Rekord unter allen bekannten Kometen.
- Der Komet Tempel 1 war das Ziel der Deep-Impact-Mission der NASA, bei der am 4. Juli 2005 ein 372 kg schweres, hauptsächlich aus Kupfer bestehendes Projektil mit einer relativen Geschwindigkeit von 10 km/s auf dem Kometen einschlug. Die Sonde selbst und zahlreiche erdgestützte Teleskope, aber auch das Weltraumteleskop Hubble und die ESA-Raumsonde beobachteten die entstandene Staubwolke.
- Der Komet Wild 2 war der erste Komet, aus dessen Koma von einer Sonde (»Stardust«) Teilchen eingesammelt wurden. Die Proben wurden im Jahre 2006 zur Erde zurückgebracht.
- Der Komet 17P/Holmes steigerte Ende Oktober 2007 seine scheinbare Helligkeit innerhalb von etwa 36 Stunden von 17 auf 2,5 mag. Der Komet, der plötzlich 500.000-mal heller als gewöhnlich erschien, war als auffälliges Objekt mit bloßem Auge am Himmel sichtbar.

- 67P/Tschurjumow-Gerassimenko ist der Komet, auf dem 2014 im Zuge der Rosetta-Mission erstmals eine Sonde sanft landete.

## Komet 'Oumuamua

Als der Astronom Robert Weryk ein ungewöhnliches Objekt an der Erde vorbeisausen sah, hätte er nie eine Herkunft von außerhalb des Sonnensystems vermutet. In den Stunden nach dem 19. Oktober 2017 sichtete Weryk die Bilder, die Pan-STARRS1 – ein Teleskop mit 1,8 m Durchmesser auf dem Gipfel des Schildvulkans Haleakalā auf der hawaiianischen Insel Maui – angefertigt hatte. Auf seiner Suche nach erdnahen Objekten sah er plötzlich einen Himmelskörper zwischen Erd- und Marsumlaufbahn, der schnell unterwegs war. »Er bewegte sich anders als ein typischer Asteroid oder Komet«, sagt der an der University of Hawaii at Manoa beschäftigte Astronom. »Ich kontaktierte einen Kollegen von der ESA, der das Objekt bereits beobachtet hatte.«

Bald versuchten auch andere Astronomen mit Instrumenten wie dem Canada-France-Hawaii Telescope die Flugbahn des bizarren Objekts zu bestimmen; andere sahen sich Daten von den Teleskopen VLT, Gemini South und Keck II an, um Zusammensetzung, Helligkeit, Form und Farbe zu ermitteln.

Man stellte bald fest, dass sich das Objekt 40 Tage zuvor der Sonne auf 38 Millionen Kilometer angenähert und dabei wegen der Gravitation unseres Muttergestirns eine Richtungsänderung vorgenommen hatte. Die Forscher beeilten sich, mit den empfindlichsten Instrumenten so viele Daten wie möglich zu sammeln, weil die Zeit knapp war. »Dabei stellten wir fest, dass das Objekt von außerhalb des Sonnensystems gekommen war«, bestätigt Dr. Weryk.

»Wir nehmen die Existenz solcher interstellarer Objekte seit Jahrzehnten an«, sagt Thomas Zurbuchen, Wissenschaftsdirektor des Science Mission Directorate der NASA in Washington. »Jetzt hatten wir endlich einen Beweis dafür. Diese historische Entdeckung gibt uns die Chance, die Entstehung anderer Sonnensysteme zu erforschen.«

Die Beobachtungsdaten lieferten den Astronomen Einblicke in Aussehen und mögliche Zusammensetzung des faszinierenden Objekts. Auf Bildern vom Focal Reducer and Low Dispersion Spectrograph (FORS), einem Instrument des Very Large Telescope, waren beispielsweise ungewöhnliche Helligkeitsänderungen zu erkennen. »Die sich aufhellende und abdunkelnde Lichtkurve schwankt um einen Faktor 10, wenn sich das Objekt alle 7,3 Stunden um seine Achse dreht«, sagt Karen Meech vom Institut für Astronomie an der Universität Hawaii. »Viele Forscher glauben, das solche Objekte jedes Jahr bei uns vorbeikommen, aber meist so klein und lichtschwach sind, dass wir sie nicht sehen.«

Das neue Objekt unterscheidet sich mit seiner langgestreckten Form von sämtlichen Kometen oder Asteroiden unseres Sonnensystems. Der zigarrenförmige, bis zu 400 m lange Gesteinsbrocken dürfte zehn mal so lang wie breit sein. »Ein derartiges Verhältnis konnte bisher in unserem Sonnensystem nie beobachtet werden«, staunte die NASA.

Es überrascht nicht, dass sich das auch auf die Klassifizierung des Objekts auswirkte. Da es keine Koma – die Gaswolke um einen Kometenkern – aufweist, verwarf man die ursprüngliche Annahme, dass es sich um einen Kometen (als C/2017 UI bezeichnet) handelt. Also stufte man es wegen der charakteristischen rötlichen Färbung und schwankenden Helligkeit als Asteroiden (A/2017 UI) ein.

Die Erkenntnis, dass die hyperbolische Bahn des Objekts aus dem Sonnensystem führt und es – laut Daten von Weryk und seinem Institutskollegen Marco Micheli – so schnell unterwegs ist, dass nicht einmal die Anziehungskraft der Sonne es einfangen konnte, erforderte jedoch ein Umdenken. Der nunmehr als interstellarer Asteroid bezeichnete Eindringling erhielt am 14. November 2017 von der Internationalen Astronomischen Union offiziell die neue Kennzeichnung I und heißt jetzt 1I/2017 U1.

Er trägt aber auch den Namen 'Oumuamua – hawaiisch für »einen Boten von weither, der zuerst eintrifft«. Nun wollten die Forscher herausfinden, woraus 1I/2017 U1 besteht und woher er kommt. Diesen Fragen widmete man in den vergangenen Monaten viel Aufmerksamkeit, obwohl die Forscher damit leben mussten, dass das Objekt für eine direkte Beobachtung längst zu lichtschwach ist.

Eine Möglichkeit – wenn auch eine ziemlich unwahrscheinliche – wäre, dass es sich bei 'Oumuamua um ein Alien-Raumschiff handelt. Seine ungewöhnliche Form und die Tatsache, dass das Objekt mit 315.431 km/h dahinraste, veranlassten das Forschungsprojekt Breakthrough Listen, das nach Signalen außerirdischer Zivilisationen lauscht, es mit dem Green-Bank-Radioteleskop genauer zu beobachten.

Die Wissenschaftler horchten mit der Teleskopantenne auf vier Funkfrequenzbändern ins All und hofften, nicht natürliche elektromagnetische Signale aufzufangen. Sie gingen von der Annahme aus, dass Weltraumreisen über große Entfernungen ein zigarrenförmiges Raumschiff erfordern würden, das möglichst unempfindlich gegen Reibung und Beschädigungen durch Gas und Staub im interstellaren Raum wäre (ähnlich wie das Schiff in Arthur C. Clarkes SF-Roman Rendezvous mit 31/439). Leider wurden aber keine Signale aufgefangen, also legte man die Theorie erst einmal ad acta, obwohl das Objekt weiterhin überwacht und analysiert wird.

Damit stellt sich aber wieder die Frage, wie 'Oumuamua seine Form bekam und warum es eher ein Asteroid denn ein Komet zu sein scheint (2018 wurde er wegen seines Masseverlusts in Sonnennähe endgültig als Komet klassifiziert). Gerade letztere Frage ist von Bedeutung, weil viele Astronomen bisher der Ansicht waren, dass Objekte von außerhalb des Sonnensystems Kometen sein müssten.

Aus diesem Grund befasste Professor Alan Fitzsimmons von der nordirischen Queen's University Belfast sich näher mit dieser Ansicht. Er ist Hauptautor einer im Fachjournal Nature Astronomy veröffentlichten Studie, die eine innere eisige Zusammensetzung von 'Oumuamua nicht ausschließen will, da das Objekt von »einer isolierenden Hülle bedeckt sein könnte, die durch kosmische Strahlung entstanden ist«.

Es sollen also die Interaktionen des Himmelskörpers mit interstellarer Materie gewesen sein, die 'Oumuamua seine heutige Form verliehen haben. Das würde auch erklären, warum weder Gas noch Staub von der Oberfläche des Objekts wegströmen und es auch keinen Schweif hat – nicht einmal dann, als es der Sonne relativ nahekam. Ebenso wäre es eine Erklärung dafür, warum 'Oumuamua nicht wie ein typischer Asteroid aussieht, sondern eher wie eines der eisigen Objekte im äußeren Sonnensystem. Eine 50 cm dicke Kruste würde laut Berechnungen der Forscher schon reichen, das Eis im Kern 'Oumuamuas vor der Sonne zu schützen. Diese Kruste könnte im Lauf von Jahrmillionen entstanden sein und 1I/2017 U1 seine tiefrote Farbe verliehen haben.

Wenn diese Theorie stimmt, hat 'Oumuamua seine Existenz vielleicht als eisiges Objekt in seinem eigenen Sonnensystem begonnen, bevor er sich auf den Weg zu uns machte. Sie zeigt zudem, wie schnell die Erforschung des Objekts voranschreitet, seit Meech es als chemisch inert einstufte. Die NASA gab bekannt, dass 'Oumuamua dicht sei, aus Gestein und eventuell Metallen bestehe, aber weder Wasser noch Eis beinhalte.

Über eines ist man sich mittlerweile einig: 'Oumuamua dreht sich chaotisch. Dr. Wesley Fraser von der Queen's University Belfast gelangte mit seinem Team zu diesem Schluss, nachdem er die Helligkeitsveränderungen des Objekts studiert hat. »Irgendwann muss 1I/2017 U1 in einer Kollision gewesen sein«, sagt er – wann genau, das weiß man aber nicht. Der Zusammenstoß könnte im eigenen System des Himmelskörpers erfolgt sein, und das Taumeln wird sicher noch mindestens eine Milliarde Jahre anhalten: »Die Taumelbewegung erzeugt interne Spannungen, die das Objekt zusammenquetschen und auseinanderzerren wie die Gezeiten die Erde. Nur dadurch verlangsamt sich die Drehung.« Leider gibt es keine hochauflösenden Bilder des Objekts, die einen möglichen Einschlagkrater zeigen würden.

Die Astronomen hatten nur zwei Wochen Zeit zur Datensammlung, bevor ‘Oumuamua mit optischen Teleskopen nicht mehr zu sehen war. Es besteht aber die Chance, dass sie sich in Zukunft mit ähnlichen Objekten befassen können – zumindest nach Fertigstellung des Large Synoptic Survey Telescope mit seinem 8,4-m-Primärspiegel in Chile. Eine neue, für eine Veröffentlichung in The Astrophysical Journal vorgesehene Studie legt nahe, dass es in unserem Sonnensystem tausende durchreisende interstellare Asteroiden geben könnte, die nur ihrer Entdeckung harren. Manasvi Lingam und Abraham Loeb, die Autoren der Studie, bezeichnen unser Sonnensystem als »Fischernetz« und glauben, dass man interstellare Kometen »möglicherweise anhand der Verhältnisse ihrer Sauerstoffisotope von systemeigenen Objekten unterscheiden kann. Dazu braucht man nur eine hochauflösende Spektroskopie des Wasserdampfs in ihren Schweifen anzufertigen.«

Wie ‘Oumuamua entstanden ist, bleibt noch rätselhaft. Meech vermutet, dass der Himmelskörper bei der Explosion einer Supernova oder durch die Kollision und Verschmelzung zweier Objekte geschaffen worden sein könnte. Man untersucht auch, wie 1I/2017 U1 aus seinem Heimatsystem hinausfliegen konnte. Ursprünglich schien seine Herkunftsrichtung auf das Sternbild Leier und dessen Hauptstern Wega hinzudeuten; damit wäre das Objekt mehr als 300.000 Jahre zu uns unterwegs gewesen. Sicher ist das allerdings noch nicht – ebenso wenig wie Antwort auf die Frage, ob vielleicht auch Teile unseres Sonnensystems im interstellaren Raum herumflitzen.

Bald wird auch ‘Oumuamua wieder weg sein. Im November 2017 passierte er Sonne und Mars, 2019 querte er den Jupiterorbit, und 2022 erreicht er die Neptun-Bahn. Wegen seines Tempos kann ihn keine irdische Sonde einholen, bevor er in sieben Jahren den äußeren Rand des Kuipergürtels hinter sich lassen wird. Die Astronomen freuen sich trotzdem über seinen Kurzbesuch – und hoffen auf ähnliche Objekte in der Zukunft. Wie etwa:

## Komet 2I/Borisov

Mit manchen Rätseln schlagen sich die Astronomen schon seit langem herum, andere wieder können ganz kurzfristig auftauchen. Letzteres trifft zweifellos auf den neuesten Gast unseres Sonnensystems zu. Am 30. August 2019 richtete der Amateurastronom Gennadi Borissow sein Teleskop auf der Krim zum Firmament. Was er sah, erstaunte nicht nur ihn; die Wissenschaftler liefen scharenweise zu den Fernrohren.

»Es war die aufregendste Entdeckung des Jahres 2019«, begeistert sich Paul Kalas, Assistenzprofessor an der University of California in Berkeley. Was Borissow in dieser Nacht entdeckte, dampfte: Es war ein interstellarer Komet, der 2I/Borisov getauft wurde (»2I« für 2. interstellarer; »Borisov« ist die englische Schreibweise). Wo er genau herkommt und was er über das Universum zu erzählen hat, wird nun von Astronomen auf der ganzen Welt untersucht.

Interstellare Besucher werden selten entdeckt. Um genau zu sein, hat man erst einen einzigen vor die Linse bekommen – den seltsam zigarrenförmigen 'Oumuamua, der im Oktober 2017 der Erde am nächsten kam. Die Flugbahn des Kometen sagte den Astronomen, dass er von außerhalb des Sonnensystems kam. Wie man sich vorstellen kann, führte das prompt zu wilden Spekulationen.

»Ein interstellarer Komet ist aufregend genug, da muss man keine Spekulationen draufsetzen«, erklärt Mutchler. Daher wird viel Arbeit investiert, Borisovs Bahn und seine genaue Zusammensetzung zu bestimmen. Die Zeit spielt dabei eine wesentliche Rolle. Da der Komet mit 177.000 Kilometern pro Stunde unterwegs ist, muss man sich mit dem Studium beeilen. Denn eines ist sicher: Die Visite von 2I/Borisov wird ebenfalls nur ein Kurzbesuch im Sonnensystem.

Was wissen wir bis jetzt? Wie es aussieht, dürfte der Komet gewöhnlicher als zunächst angenommen sein. Laut europäischen Astronomen ähnelt Borisov stark den Kometen, die innerhalb unseres Sonnensystems entstanden sind – etwa denen, die aus der Kuipergürtelregion kommen, wo Pluto kreist, oder denen aus der Oortschen Wolke, die bis zu ein Lichtjahr von der Sonne entfernt liegt.

Tatsächlich hat Borisov genau wie die einheimischen Kometen eine rötliche, kohlenstoffreiche Oberfläche und stößt ebenfalls pro Sekunde rund 170 Gramm Cyanidgas aus, da das Sonnenlicht seinen Eismantel verdampfen lässt. Weitere Forschungsergebnisse besagen, dass der Kern unter dem Halo von Gas und Staub eine Größe zwischen eineinhalb und sechseinhalb Kilometern aufweist – ebenfalls nicht ungewöhnlich.

Trotzdem unterscheidet er sich stark von dem vorigen interstellaren Eindringling. »Er weist die Merkmale eines Kometen auf – eine Koma und einen Staubschweif –, was auf einen hohen Eisanteil hinweist, der von der Sonne aufgeheizt wird. 'Oumuamua hatte keines dieser Merkmale«, erläutert Kalas den grundlegenden Unterschied.

»Man nimmt an, dass 'Oumuamua vielen anderen Asteroiden und Kuipergürtelobjekten in unserem Sonnensystem ähnelt, nur dass er nicht gravitativ an die Sonne gebunden ist.« Dass wir nun zwei verschiedene Objekttypen von außerhalb vorliegen haben, macht die Entdeckung des Kometen 2I/Borisov besonders spannend.

Die Astronomen hatten großes Glück, den interstellaren Kometen schon zu sehen, als er sich der Erde näherte, und nicht erst, als er bereits hier war wie 'Oumuamua. Im Dezember 2019 zog Borisov in 300 Millionen Kilometern Entfernung an der Erde vorbei, und laut NASA wird er Mitte 2020 wieder verschwinden. Insgesamt stand den Astronomen also relativ viel Zeit zur Verfügung, um ihre Untersuchungen durchzuführen. Auch das Hubble-Teleskop wird zur Beobachtung eingesetzt.

»Die schönen Bilder, die wir im Oktober gesehen haben, waren die ersten Beobachtungen mit dem Hubble-Weltraumteleskop, und sie sind gestochen scharf«, sagt Kalas. »Mit diesen Daten können wir sehen, dass die Koma [der umgebende Staub] wie eine Sanduhr geformt ist, so wie auch bei manchen Kometen des Systems, wenn sie sich der Sonne nähern. Weitere Beobachtungen könnten Gasstrahlen entdecken, die in verschiedene Richtungen vom Kern ausgehen. Besonders interessant ist aber die Möglichkeit, dass der Kern in viele Einzelteile zerbricht.«

Die Chancen dafür liegen zwar nur bei zehn Prozent, aber das ist immer noch genug. In der Zwischenzeit – vorläufig bleibt der Komet ganz – werden die Hubble-Informationen mit Daten abgeglichen, die von bodenstationären Teleskopen stammen. Die Wissenschaftler hoffen, dann die Form und Größe des Kerns besser abschätzen zu können. Messungen auf verschiedenen Wellenlängen werden den Forschern zeigen, woraus der Komet besteht. Einer von Kalas' Studenten in Berkeley arbeitet daran, die Bahn exakt zu bestimmen, was seine Zeit dauert.

»Der Komet interagiert nicht viel mit dem System«, bekräftigt Mutchler. »Die Anziehungskraft der Sonne verändert seinen Kurs kaum, und er kommt nicht in die Nähe irgendwelcher Planeten. Die Bahn ist insofern interessant, als sie Hinweise auf die Herkunft des Objekts liefert, aber das ist eine schwierige Aufgabe, die auf Mutmaßungen basiert.«

Einige Studien haben sich bereits genauer damit befasst. Polnische Forscher glauben, die Bahn von 2I/Borisov bis zu einem Doppelsternsystem mit zwei Roten Zwergen zurückverfolgen zu können: Kruger 60 ist 13,14 Lichtjahre von der Sonne entfernt. Die Studie besagt, dass der Komet vor einer Million Jahren mit gut 12.000 km/h in einer Distanz von 5,7 Lichtjahren am Zentrum des Kruger-60-Systems vorbeizog.

Sie schlossen aus der eher geringen Relativgeschwindigkeit, dass der Komet den Doppelstern nicht bloß passierte. Vielmehr halten sie es für wahrscheinlich, dass er in dem System entstanden ist. Ihre Ergebnisse sind aber noch nicht bestätigt.

Eine der Schwierigkeiten beim Beobachten von Kometen besteht darin, brauchbare Daten zu bekommen. Es ist nicht leicht, den Kern eines Objektes zu lokalisieren, wenn es im Teleskop verschwommen aussieht. Und um die Herkunft eines interstellaren Kometen zu bestimmen, muss man die genaue Position der Sterne zur fraglichen Zeit kennen; wir haben aber noch keine vollständige Karte der Galaxis. Was man weiß, ist, dass er eine stark hyperbolische Bahn hat. Das weist auf einen fernen Ursprung hin; einheimische Kometen folgen elliptischen Orbits.

Aber wir haben hervorragende Aufnahmen. Das erste Farbbild wurde in der Nacht vom 9. auf den 10. September geschossen; zum Einsatz kam der Multi-Object Spectrograph des Gemini North Telescope am Mauna Kea in Hawaii. Es zeigt den erwähnten, auffälligen Schweif sehr gut. Die Aufnahme zu machen, war gar nicht so leicht. »Wir mussten uns beeilen. Wir bekamen die Positionsdetails um 3:00 Uhr und hatten ihn bis 4:45 Uhr im Visier«, erzählt Andrew Stephens, der am Observatorium arbeitet.

Er fügt hinzu, dass die Aufnahme nur möglich war, weil sich das Gemini schnell einstellen lässt, sodass man Objekte wie 2I/Borisov innerhalb des kurzen Zeitfensters ihrer Sichtbarkeit studieren kann. Hubble begann mit der Beobachtung am 12. Oktober, als der Komet 418 Millionen Kilometer von der Erde entfernt war. Es behält ihn seither auf seinem Weg durch das Sonnensystem im Fokus.

Einer der Gründe, weshalb der Besuch so spannend ist, liegt in dem Umstand, dass wir etwas darüber erfahren können, wie sich Kometen außerhalb des Sonnensystems bilden. Daraus können sich neue Erkenntnisse über Objekte in unserer Nähe ergeben.

»Wir wissen nicht genau, wie sich Planeten in unserem System oder anderswo bilden«, sagt Mutchler. »Daher ist es interessant, dass dieser Komet denen in unserem eigenen System ähnelt, zumal sie zu den Grundbausteinen der Planeten zählen. Das bedeutet vielleicht, dass die Planetenformierung in anderen Systemen genauso abläuft. Wir würden aber gern noch mehr Beispiele sehen, bevor wir Schlüsse ziehen.«

Die Tatsache, dass es zwei unterschiedliche interstellare Objekte zu studieren gibt, freut die Wissenschaftler natürlich, wirft aber zugleich neue Fragen auf. »Es ist seltsam, dass sie so unterschiedlich sind«, sagt David Jewitt von der University of California in Los Angeles, der das Hubble-Team bei der Beobachtung des Kometen leitet.

»Sie haben wahrscheinlich unterschiedliche Herkunftsorte und könnten uns ganz eigene Geschichten erzählen«, erklärt Mutchler. »Aber es sind nur zwei der Billiarden Objekte, die von ihrem Heimatstern in den interstellaren Raum geworfen wurden, wir können also nicht einmal annehmen, dass sie die Mehrheit gut repräsentieren. Wir müssen noch tausende untersuchen, ehe wir eine Vorstellung davon bekommen, was sich da draußen befindet.«

Es wird erwartet, dass wir schon bald mehr solcher Objekte zu Gesicht bekommen. Schließlich haben wir binnen zwei Jahren zwei davon entdeckt, die man studieren konnte. »Der technische Fortschritt ermöglicht es den Astronomen, das gesamte Firmament nach Objekten wie interstellaren Kometen abzusuchen, die durch unser System sausen«, erläutert Kalas. »Amateurastronomen wie Borissow können ihre eigene Ausrüstung verwenden, und die wird immer besser.« Der Russe arbeitete mit einem 650mm-Teleskop, das er selbst entworfen und gebaut hat.

Es zeigt, dass jeder begabte Astronom, der sich bemuht und über ein gutes Instrument verfügt, am Nachthimmel nach weiteren merkwürdigen Objekten suchen kann, wenn auch viele davon die Möglichkeiten der Teleskope übersteigen. Die Suche ist jedenfalls nicht zu Ende.

»Niemand weiß, wie viele da draußen sind. Aber die Planetenentstehungsmodelle besagen, dass die meisten der kleinen Objekte hinausgedrängt werden, sobald Planeten entstehen und migrieren«, sagt Mutchler. »Es muss viel mehr solcher wandernder Kometen und Asteroiden geben als die, die immer noch ihren Heimatstern umkreisen, aber sie sind über einen riesigen Bereich des Weltalls zwischen den Sternen verstreut und entsprechend selten. Wir haben allerdings weitere Himmelsdurchmusterungen laufen und in Planung, die viele weitere Asteroiden und Kometen in unserem eigenen System aufspüren werden. Es werden weitere interstellare Besucher erwartet.«

## Komet 67P/Tschurjumow-Gerassimenko

Kurz nach dem Ende der Mission berichtet das ESA-Team exklusiv für SPACE, wie der Kometenjäger »Rosetta« das Rätsel des Sonnensystems gelöst hat.

Kometen sind wie Zeitkapseln oder eine Flaschenpost: Als sich unser Sonnensystem vor 4,6 Milliarden Jahren aus einer Staub- und Gasscheibe um die Protosonne bildete, sammelte sich der Staub zuerst zu Kleinkörpern, die sich dann zu den Planeten vereinten. Kometen sind Überbleibsel dieses Vorgangs, weil sie nicht in Planeten aufgenommen wurden. Den Großteil ihrer Zeit verbringen sie in großer Sonnenentfernung; nur selten führt ihre Umlaufbahn ins innere Sonnensystem, wo wir sie beobachten können. Da sie sich normalerweise in der kalten Außenzone des Systems aufhalten, wurden sie nicht stark verändert, sondern sind ähnlich beschaffen wie vor Jahrmilliarden – stellen also Überbleibsel aus der Entstehungszeit des Sonnensystems und somit interessante Studienobjekte dar.

Als wir Rosetta 2004 auf den Weg zum Kometen 67P/Tschurjumow-Gerassimenko brachten, wollten wir konkrete Fragen über Kometen im allgemeinen beantworten. Was können uns Kometen aus der Frühzeit des Sonnensystems über die Verhältnisse im protoplanetaren, um die Sonne kreisenden Gas-Staub-Nebel erzählen, der später zu Planeten wurde? An welchem Punkt der Entwicklung des Nebels reichten Temperatur und Druck aus, um kleine Himmelskörper wie Kometen und dann die Planeten zu bilden? Wie groß waren die Körner oder Trümmer, die von den Kometen und Planeten akkretiert wurden? Gibt es eine fundamentale Größe dieser Bausteine?

Und dann: Sind Kometen primordiale Objekte, die in der protosolaren Staubscheibe geformt wurden, oder sind die heutigen Kometen aus späteren Kollisionen im äußeren Sonnensystem entstanden? Das Wissen, wann und wo Kometen entstanden, könnte die Frage nach dem Ursprung des Wassers auf der Erde klären. Wir wissen, dass sich die Erde nahe der Sonne bildete, wo die Temperaturen im Sonnennebel zu hoch waren, als dass das Wasser hätte kondensieren können. Wurde unser Wasser also von Kometen aus dem äußeren Sonnensystem auf unseren Planeten gebracht? Auch manche organische Materialien, aus denen sich das Leben auf der Erde gebildet hat, sind höchst unbeständig und dürften im inneren Teil des protoplanetaren Nebels nicht zur Verfügung gestanden haben. Spielten Kometen also bei der Entstehung des Lebens eine Rolle?

Wenn Kometen sich der Sonne nähern, sehen sie spektakulär aus, weil ihre äußere Atmosphäre – die Koma – sich dann Millionen Kilometer als Schweif hinter dem Kern erstreckt. Wir wissen, dass Koma und Schweif aus Gas und Staub bestehen; das Gas stammt vom Eis im Kometenkern (dem festen Teil des Kometen), das von der Sonne erwärmt wird und sublimiert; der Staub wird vom entweichenden Gas mitgetragen. Wir wissen aber noch nicht, wie dieser Prozess eingeleitet und aufrechterhalten wird. Wie kann der minimale Druck des vom Kern entweichenden Gasstroms die Staubteilchen lösen und von der Oberfläche wegtragen? Wie wird die Aktivität des Kometen aufrechterhalten? Sollte die Sublimation des Gases nicht eine trockene, staubige Deckschicht bilden, die das darunterliegende Eis vor dem Sonnenlicht schützt, die Sublimation des Eises verhindert und die Schweifbildung drosselt?

Jahrhundertelang beobachtete man Kometen durch Teleskope; die erste Raumfahrtmission zu einem so kleinen Himmelskörper erfolgte 1986 zum Halleyschen Kometen. Damals wurden die ersten Bilder eines Kometenkerns gemacht. Sie zeigten ein dunkles, kartoffelförmiges Objekt, bei dem sich die meiste Aktivität auf deutlich erkennbare Regionen konzentrierte. Diese schnellen Vorbeiflüge waren zwar große Leistungen, lieferten aber nur Schnappschüsse, durch die sich grundlegende Fragen der Kometenforschung nicht beantworten ließen. So kam es also zur Idee eines Rendezvous mit einem Kometen und der Landung darauf, vielleicht sogar mit Entnahme einer Bodenprobe. Letzteres erwies sich als zu kompliziert, doch das Konzept einer Kombination aus Lander und Orbiter setzte sich durch: »Wenn wir den Kometen nicht in ein Labor bringen können, bringen wir eben das Labor zum Kometen.«

2014, fast 30 Jahre nach den Halley-Vorbeiflügen, kam Rosetta beim Kometen 67P/Tschurjumow-Gerassimenko an. Zuvor hatte man diverse Missionskonzepte diskutiert und sich schließlich für Rosetta entschieden – also den Orbiter mit zwölf wissenschaftlichen Instrumenten, deren eines der Lander Philae war. Nach zehn Jahren interplanetaren Flugs mit drei Swing-bys an der Erde, einem Swing-by am Mars, zwei Asteroiden-Vorbeiflügen, zweieinhalb Jahren Schlafmodus in großer Sonnenentfernung (die Missionsmitarbeiter erlitten beinahe Herzinfarkte, als der autonome Aufwachmodus sich leicht verzögerte) und jeder Menge Treibstoff (mehr als der Hälfte des Startgewichts) erreichte Rosetta endlich den Kometen. Dann kam aber erst die wahre Herausforderung. Die Anflugoperationen begannen in mehr als 600 Mio. km Sonnendistanz (der vierfachen Entfernung Erde–Sonne), der damals größten Distanz für ein solarbetriebenes Raumschiff. Wir standen vor der beängstigenden Aufgabe, in einen Orbit um den nur 4 km durchmessenden Kern von 67P einzuschwenken; vor Rosetta war noch nie eine Sonde im Orbit um ein derart kleines Objekt mit so niedriger Gravitation. Rosetta schaffte es im September 2014.

Wenn wir Philae landen lassen wollten, bevor der Kometenkern auf dem Weg zur Sonne zu aktiv wurde, hatten wir nach dem Eintritt in den Orbit nur drei Monate. In dieser Zeit mussten wir eine vollständige Karte des Kerns anfertigen, sein Schwerefeld analysieren und einen geeigneten Landeplatz auf dem unregelmäßigen, entenförmigen und unwegsamen Kometen finden. Philae wurde am 12. November 2014 von Rosetta abgeworfen und erreichte nach acht spannenden Stunden die Oberfläche. Leider blieb der Lander nicht am vorgesehenen Platz, sondern prallte zweimal ab und landete hart in einer dunklen Felsspalte. Trotzdem konnte Philae noch mit dem Orbiter kommunizieren und eine modifizierte Version des ersten dreitägigen wissenschaftlichen Versuchsablaufs mit vielen der geplanten Messungen durchführen.

Als der Komet immer aktiver wurde, da es durch die Sonnenerwärmung zu Gas- und Staubausbrüchen kam, störte der Gaswiderstand die Rosetta-Umlaufbahn und war mit einem Schwerefeld vergleichbar. Rosetta konnte auch unter diesen Umständen noch navigieren, musste sich dazu aber in dutzenden Kilometern Höhe über der Oberfläche bewegen. Als der Komet sich dem Perihel (= sonnennächsten Punkt) näherte, den er im August 2015 erreichte, wurden die zur Positionsbestimmung gedachten Startracker durch Kometenpartikel verwirrt, die sie für Sterne hielten. Um die Höhensteuerung und den Kontakt zur Erde aufrechtzuerhalten, zog sich Rosetta in mehrere hundert Kilometer Entfernung zurück.

Die Rosetta-Mission endete im September 2016 in einer Phase abnehmender Kometenaktivität, weil 67P sich dann wieder immer weiter von der Sonne wegbewegte. Nach zwei Jahren kontinuierlicher Messungen am Kometen sehen wir uns nach dem Missionsende an, was wir über Kometen und deren Rolle in unseren Ursprüngen gelernt haben. Rosetta hat im Gas, das aus dem Kometenkern austrat, hochflüchtige Moleküle wie Kohlenmonoxid, Sauerstoff, Stickstoff und Argon entdeckt. Sie verraten uns, dass der Komet in einer kalten Umgebung in der Außenzone der protoplanetaren Scheibe entstanden sein muss. Bilder zeigen uns zudem, dass der Kern strukturiert ist und Oberflächenmerkmale in vielen Größenordnungen aufweist: er hat einen Doppelkörper, der durch eine halsartige Struktur verbunden ist. Auf manchen Teilen des Kerns sind »Beulen« mit ein paar Meter Durchmesser zu sehen, und die Staubkoma besteht zu einem signifikanten Teil aus zentimetergroßen Körnern und Geröllbrocken, während die Kometenteile Schichtstrukturen aufweisen. Wir wissen noch nicht, welche dieser Merkmale primordiale Überreste der Kometenentstehung sind und welche sich erst später entwickelt haben.

Viele der Eigenschaften von 67P deuten darauf hin, dass er sich in seiner derzeitigen Form in der protoplanetaren Scheibe bildete und nicht etwa als Ergebnis einer heftigen Kollision im äußeren Sonnennebel – dem Vorläufer unseres Sonnensystems – entstand. Seine äußerst geringe Dichte (535 $kg/m^3$, also ein wenig mehr als 50 Prozent der Dichte von Wasser) und entsprechend hohe Porosität unterscheiden ihn von den meisten Objekten im Kometenreservoir des äußeren Sonnensystems. Die Doppelstruktur ist höchstwahrscheinlich auf eine Kollision der beiden Teile mit nur wenigen Metern pro Sekunde Geschwindigkeit (sonst wären die Teile nicht erhalten geblieben) zurückzuführen. Solche langsamen Kollisionen sind typisch für die Zustände in der protoplanetaren Scheibe, aber nicht für das äußere Sonnensystem nach der Planetenbildung. Eine Entstehung des Kometen im äußeren Sonnensystem hätte außerdem zum Verlust der hochflüchtigen Moleküle geführt, die wir in 67P gefunden haben.

Messungen zufolge ist das Verhältnis von »schwerem Wasser« (= Wasser mit einem Deuterium- und einem Wasserstoffatom statt zwei

Wasserstoffatomen) zu normalem Wasser ($H_2O$) im Kometen 67P/Tschurjumow-Gerassimenko drei- bis viermal höher als auf der Erde. Das weist darauf hin, dass Kometen wie 67P doch nicht für unsere Ozeane verantwortlich sein können. Vor einigen Jahren maß das Herschel-Weltraumteleskop jedoch das Verhältnis im Kometen 103P/Hartley 2, als sich dieser in Erdnähe befand – und fand genau dasselbe vor wie in unserem Meerwasser. Da das Verhältnis zwischen Deuterium und Wasserstoff die Gegebenheiten bei Entstehung und Entwicklung eines Kometen widerspiegelt, können wir daraus den Schluss ziehen, dass nicht alle Kometen der »Jupiter-Familie« (also solche wie 67P/Tschurjumow-Gerassimenko und 103P/Hartley 2, deren Orbit nach Eintritt ins innere Sonnensystem vor allem vom Jupiter bestimmt wird) aus demselben Material gebildet wurden. Asteroiden dürften für das Vorhandensein von Wasser auf der Erde eine größere Rolle gespielt haben.

Massenspektrometer im Orbiter und im Lander fanden auf 67P viele organische Moleküle, u. a. Glycin, die einfachste Aminosäure, aber keinerlei Hinweis auf flüssiges Wasser. Das weist darauf hin, dass einige der organischen Moleküle, aus denen das Leben entstand, aus dem All stammten. Auf der Erde könnten sich dann durch das dort vorhandene Wasser komplexere Verbindungen wie größere Aminosäuren entwickelt haben. Auf Bildern und Spektralaufnahmen erkennt man, dass es auf einem großen Teil des Kerns Kometenaktivität gibt, die durch den Sonneneinfluss angeregt wird; das zeigt wiederum, dass die Sublimation wahrscheinlich vor allem nahe der Oberfläche passiert. Der freigesetzte Staub besteht zu einem bedeutenden Teil aus größeren, lockeren Teilchen, die sich relativ leicht von der Oberfläche lösen können. Ob der Staub wirklich so leicht ist, dass der Gasdruck dazu ausreicht, oder ob ein anderer – bisher unerkannter Vorgang – dabei mitspielt, muss noch erforscht werden. Gegen Ende der Mission näherte sich Rosetta dem Kometen immer mehr an und schoss hochauflösende Bilder, die weitere Hinweise auf die Kometenaktivität liefern werden.

Es war nicht einfach, nach mehr als zwei Jahren beim Kometen und entscheidenden Fortschritten in der Kometenforschung von Rosetta Abschied zu nehmen. Doch mit zunehmender Entfernung von der Sonne stand nicht mehr genug Solarenergie zur Verfügung, also ließen wir den Orbiter am 30. September 2016 gezielt auf den Kometen fallen.

Vielleicht denken sich irgendwelche Visionäre ja schon die nächste Kometenmission aus, die in ein paar Jahrzehnten stattfinden wird …

Wie immer, erhalten Sie diese Biografie mit vielen Bildern im PDF-Format, wenn Sie sich hier eintragen:

hardsf.de/fortsetzung/

Die Artikel zu Rosetta, ›Oumuamua und 2I/Borisov stammen – mit freundlicher Genehmigung – aus dem im renommierten Heise-Verlag erscheinenden Magazin SPACE, an dem ich selbst mitarbeite. Sie können es hier abonnieren:

shop.heise.de/space-abo-shop-flexabo

# Die neue Biographie von Planet 9

Auf der Jagd nach dem Phantom unseres Sonnensystems

Wie viele Planeten hat unser Sonnensystem? Das klingt nach einer Fangfrage. Der Merksatz »Mein Vater Erklärt Mir Jeden Sonntag Unsere Neun Planeten«, bei dem die Anfangsbuchstaben jenen der Himmelskörper in der Reihenfolge von der Sonne aus entsprechen – Merkur, Venus, Erde, Mars, Jupiter, Saturn, Uranus, Neptun und Pluto –, hat seit 2006 ausgedient. Damals entschied die Internationale Astronomische Union (IAU) in Prag bei ihrer 26. Generalversammlung, dass Pluto in die neu erfundene Kategorie »Zwergplanet« einzuordnen sei.

Dass ein Wunsch nach Neudefinition auf der Tagesordnung stand, war insofern nichts Spektakuläres, als Astronomen regelmäßig ihre Meinung ändern, um mit der Entwicklung Schritt zu halten. Nach der Entdeckung des Uranus 1781 durch Wilhelm Herschel hatten sich im folgenden 19. Jahrhundert die Funde gehäuft. Erst kamen Ceres, Pallas, Juno, Vesta und Astraea dazu (alle im Bereich zwischen Mars und Jupiter); dann spürte Johann Gottfried Galle auch noch den Neptun auf, und die Zahl der Planeten war auf 13 gestiegen. Schließlich sah man sich zum Aufräumen gezwungen. Nur der Neptun durfte als achter Planet bleiben.

Bezogen auf die jüngste Zeit war auch die Idee, Pluto neu zu kategorisieren, nicht neu. Schon 1998 hatte der britische Astronom Brian Marsden vorgeschlagen, Pluto eine Art Doppelstatus als Planet und Asteroid zu verleihen; es war schließlich damit zu rechnen, dass mit zunehmender Präzision der Teleskope immer mehr Objekte ähnlicher Größe gefunden würden, und dann könnte die Gesamtzahl unserer Planeten erneut aus dem Ruder laufen.

Was die Entscheidung der IAU bis heute so umstritten macht, ist unter anderem das neu eingeführte Kriterium, dass ein Planet – wenn er so genannt werden will – seine Bahn bereinigt haben muss: Auf seinem Orbit dürfen sich keine weiteren Himmelskörper tummeln. Das ist manchen Astronomen zu spitzfindig. Schließlich haben außer Merkur und Saturn alle Planeten sogenannte Trojaner – Asteroiden, die den jeweiligen Himmelskörper auf einem der Lagrangepunkte begleiten. Hinzu kommt, dass Pluto fast 250 Jahre für eine Sonnenumkreisung benötigt (wodurch ihm auf seiner langen Bahn wenig Zeit bleibt, gravitativ »aufzuräumen«) und überdies die Neptunbahn kreuzt; wer wäre denn hier wofür genau zuständig?

Dass die Rückstufung anno 2006 durchging, lag hauptsächlich am Antragsteller. Der US-amerikanische Astronom Michael (Mike) E. Brown ist nämlich nicht nur ein sehr eloquenter Redner, er hatte drei Jahre zuvor außerdem eine aufsehenerregende Entdeckung gemacht, die seinem Wort in Wissenschaftlerkreisen seitdem Gewicht verleiht.

Die Rede ist von Sedna, einem sogenannten transneptunischen Objekt (TNO). Der Himmelskörper kreist auf einer stark exzentrischen Bahn, die ihn am sonnennächsten Punkt – dem Perihel – bis auf 76 AE an den Zentralstern heranführt (1 Astronomische Einheit entspricht ca. 150 Millionen Kilometern). Sedna braucht gut 10.000 Jahre für eine Sonnenumkreisung und dürfte von den Parametern her in die neue Kategorie Zwergplanet fallen.

Mike Brown gilt heute als Spezialist für TNOs und twittert unter dem Namen @plutokiller – eine Anspielung auf sein Buch »Wie ich Pluto zur Strecke brachte. Und warum er es nicht anders verdient hat« (Springer, Heidelberg 2012). Sein Name ist mit dem »Planeten Neun« jedoch auch aus einem weiteren Grund untrennbar verbunden: 2016 präsentierten er und sein russischstämmiger Kollege Konstantin Batygin eine Abhandlung, in der die Existenz eines weiteren, sozusagen echten Planeten postuliert wurde.

Das Objekt wird in den Medien oft auch als »Planet X« bezeichnet. Das ist in mehrfacher Hinsicht irreführend. Manchmal steht ein solches X für die römische Zahl 10 – Sedna selbst etwa wurde längere Zeit als zehnter Planet gehandelt. Vor allem aber benennt dieses Kürzel einen Himmelskörper, der Anfang des zwanzigsten Jahrhunderts von dem Astronomen Percival Lowell angekündigt worden war.

Um hier nicht die Übersicht zu verlieren, lohnt sich ein kurzer Rückblick auf die Geschichte der Planetenentdeckungen. Die sechs Planeten, die man mit freiem Auge gut erkennen kann – also alle bis einschließlich Saturn –, sind bereits seit der Antike bekannt. Es dauerte jedoch bis zum Jahr 1690, ehe Uranus katalogisiert wurde.

Sein Entdecker, der englische Astronom John Flamsteed,

bezeichnete ihn als 34 Tauri (nach dem Sternbild Stier – lat. Taurus –, wo er ihn sah). Erst 1781 wurde der Eisriese von Wilhelm Herschel wiedergefunden. Der Astronom hielt das Objekt zunächst für einen Kometen; bald darauf erkannte man jedoch, dass es sich um einen Planeten handeln musste, und Herschel war mit einem Schlag berühmt.

Bis zu diesem Zeitpunkt hatte man mögliche Planetenkandidaten schlicht daran erkannt, dass sie sich relativ zum Fixsternhimmel bewegten. Was im nächsten Jahrhundert folgte, war ein entscheidender Sprung in der Forschungsgeschichte, der letztlich bis zu Planet Neun führen sollte.

Alexis Bouvard, ein Bauernbub aus Savoyen, hatte es – anscheinend unbehelligt von den blutigen Wirren der französischen Revolution – zum Direktor der Pariser Sternwarte gebracht. Er ging ganz in seinem Metier auf, erledigte die mathematische Arbeit für Laplaces Himmelsmechanik, entdeckte acht neue Kometen und berechnete sorgfältig die Bahnen der äußeren Planeten. Dabei fiel ihm auf, dass der Uranus hin und wieder ein bisschen aus der Reihe tanzte; die Beobachtungen zeigten ihn oft nicht dort, wo er eigentlich hätte sein müssen. Methodisch wie er war, zog Bouvard daraus den logischen Schluss, es müsse eben noch einen weiteren Planeten geben, der weiter draußen seine Bahn zog und die Nummer Sieben gravitativ beeinflusste.

Und beließ es offenbar dabei, was doch irgendwie erstaunlich ist. Vielleicht war er einfach zu selbstgenügsam, um eine große Sache daraus zu machen. Als der Savoyer 1843 verstarb, fielen seine penibel ausgefüllten Tabellen einem Kollegen in die Hände, der ihre wissenschaftliche Bedeutung erkannte.

Es war Urbain Le Verrier, der anhand dieser Aufzeichnungen die Bahn des Unbekannten berechnete und nachwies, dass die Störungen nicht von den bekannten Planeten herrühren konnten. 1846 präsentierte er seine Arbeit der Pariser Akademie.

Die ehrwürdige Gelehrtenschaft folgte seinem Vortrag mit Interesse und applaudierte höflich; man gratulierte ihm zu seiner schönen Beweisführung – und ging nach Hause. Wenn Le Verrier erwartet hatte, dass sich die Astronomen nun begeistert auf die Suche machen würden, wurde er ziemlich enttäuscht. Kein einziger französischer Himmelskundler fand es der Mühe wert, ernsthaft nach einem achten Planeten Ausschau zu halten.

Vor lauter Ärger wandte sich Le Verrier schließlich an einen Deutschen, der ihm unlängst seine vorzügliche Doktorarbeit zugeschickt hatte: den Sohn eines Pechhüttenbetreibers namens Galle. Der Junior Johann Gottfried setzte sich noch am selben Abend (der Brief Le Verriers erreichte ihn am 23. September 1846) an den 22cm-Fraunhofer-Refraktor der Berliner Sternwarte, wo er arbeitete … und fand den Himmelskörper binnen einer halben Stunde.

Das Glück kam der Wissenschaft in diesem Augenblick insofern zu Hilfe, als die Bahnbestimmung eigentlich nicht korrekt war. Man sollte nie vergessen, dass Forscher vor der Erfindung des Taschenrechners – oder gar des Computers – auf mühselige Handarbeit angewiesen waren: Eine Schreibfeder, ein Blatt Papier und eigenständige Gehirnleistung waren die Zutaten, um komplexe Formeln mit Variablen zu füllen und das Resultat festzuhalten.

An jenem Abend stimmte die errechnete Position zufällig bis auf ein Bogengrad mit der tatsächlichen überein. Die Größe passte sowieso; und auch die Bewegungsrichtung, wie sich in der folgenden Nacht erwies. Das Objekt wurde nach dem römischen Meeresgott benannt. Galle war nobel genug, die Entdeckung des Neptun zeitlebens Le Verrier zuzuschreiben.

Die bahnbrechende Methode, neue Planeten quasi auszurechnen, indem man Bahnabweichungen bekannter Himmelskörper analysierte, machte Schule. Zunächst versuchte sich Le Verrier selbst ein weiteres Mal in dieser Kunst, indem er den Merkur unter die Lupe nahm. Dass die Bahnellipse des Kleinen nicht an Ort und Stelle bleibt, sondern sich langsam um den einen Brennpunkt (die Sonne) dreht, war bekannt. Ebenso der Grund: der gravitative Einfluss seiner Nachbarn. Das ergaben schon die Himmelsmechanikgesetze Isaac Newtons. Le Verrier stellte jedoch fest, dass jene Drehung 5,74 Bogensekunden im Jahr betrug, obwohl der Ellipsenscheitel gemäß Newtons Gleichungen nur um 5,32 hätte vorrücken dürfen.

Er schloss daher auf die Existenz eines weiteren Planeten, der ganz innen um die Sonne kreiste, und gab ihm den Namen Vulkan. Damit lag er zur Abwechslung einmal falsch, denn so ein Himmelskörper konnte bis heute nicht aufgespürt werden. Völlig gestorben ist die Idee aber noch nicht, denn laut aktuellem Stand der Dinge könnte es dort einen spärlich besetzten »inneren Asteroidengürtel« geben. Seine hypothetischen Bestandteile heißen Vulkanoiden; sie zu beobachten wäre schwierig, und eine Sonde, die sich näher an den Stern heranwagt, ist jetzt erst gerade unterwegs: Die Parker Solar Probe hob 2018 ab und soll ihre Bestimmungsposition zu Weihnachten 2024 erreichen.

Gegen Ende des 19. Jahrhunderts – Le Verrier hatte bereits das Zeitliche gesegnet – registrierte man bei der Bahn des via Uranus berechneten Neptun seinerseits Störungen und postulierte prompt wieder einen neunten Planeten; diesmal am anderen Rand, also hinter allen bekannten.

Percival Lowell, Sohn einer der reichsten Familien Bostons, hatte die Sternguckerei anfänglich zu seinem Hobby auserkoren, beschäftigte sich aber zunehmend ernsthaft mit der Materie. Er ließ sich ein Observatorium bauen, bestückt mit einem mächtigen Spiegelteleskop, und befasste sich mit den »Marskanälen«. Nachdem sich diese als optische Täuschung herausgestellt hatten, suchte er (vergeblich) nach Planet X. Doch vierzehn Jahre nach Lowells Tod wurde an seiner Sternwarte tatsächlich etwas entdeckt.

Es war Clyde Tombaugh, ein Bauernsohn aus Illinois, der sich Geometrie und Trigonometrie selbst beigebracht hatte, der ein Objekt aufspürte, das bis vor nicht allzu langer Zeit als neunter Planet des Sonnensystems bekannt war: den Pluto.

Wie sich bald herausstellte, war der Neue allerdings viel zu klein, um für die Bahnstörungen des Neptun verantwortlich zu zeichnen. Der Name Planet X wanderte prompt zum Nächsten, der nun seinerseits hinter der Plutobahn vermutet wurde. Der Astronom Henry Lee Giclas verbrachte ab 1957 achtzehn Jahre damit, an Lowells Observatorium – das kontinuierlich mit neuesten Instrumenten aufgerüstet wurde – nach dem Zehnten zu suchen. Er blieb diesbezüglich erfolglos. 1978 entdeckten Kollegen von ihm den Plutomond Charon, aber ein »Transpluto«, wie das Objekt heute in Nachschlagewerken heißt, wurde nie gefunden.

Dafür machte man eine andere Entdeckung. Unter den bis heute bekannten TNOs gibt es nämlich eine Gruppe, die den Beteiligten wegen ihrer langgestreckten Bahnen den Zusatz »hochextrem« eingetragen hat. Und noch etwas fiel auf: Die Ellipsen der meisten fächern sich als Bündel auf, als würden sie in annähernd die gleiche Richtung zielen, und die Bahnebenen schienen sich an einen gemeinsamen Horizont zu schmiegen – allesamt in unübersehbar ähnlicher Neigung gegen die Systemekliptik.

Um Mike Brown zu zitieren: »That's when I thought something funny is going on here.« Also ging er zu Konstantin Batygin, der auf die Verarbeitung astronomischer Daten spezialisiert ist. Der Russe stellte seine Berechnungen an und erklärte rundweg, die einfachste Erklärung wäre ein noch unbekannter Planet, dessen gravitativer Einfluss die Objekte auf ihren Bahnen stabil halte.

An diesem Punkt wurde es heikel.

Wie die Geschichte lehrt, haben sich die meisten Wissenschaftler, die einen neuen Planeten postulierten, am Ende blamiert; es mussten eindeutige und belastbare Indizien her. Den zwei Forschern kam zugute, dass sie beide am Caltech arbeiten. Das California Institute of Technology ist eine private Eliteuniversität in Pasadena und betreibt nicht nur mehrere Sternwarten, sondern verfügt auch über ein beachtliches Aufgebot an Hochleistungscomputern.

Brown und Batygin verwendeten sie, um die Zeit vier Milliarden Jahre zurückzudrehen und zu simulieren, wie sich das Sonnensystem unter Einbeziehung eines unbekannten Planeten entwickeln würde. Nur, wo sollte man seine Bahn anordnen?

Mike Brown erzählt dazu gern die Geschichte, wie er seine damals zehnjährige Tochter fragte, wo sie den fraglichen Himmelskörper positionieren würde. Man sieht ein halbes Dutzend Kleinplaneten, deren Orbits anscheinend aus der Hauptekliptikebene heraus und in eine bestimmte Richtung gezogen werden. Die logische Antwort des Mädchens lautete: außen herum. Der Massekörper musste sie umkreisen wie ein Schäferhund seine Herde. Der Zug seiner Gravitation hielt sie auf ihren unkonventionellen Bahnen und sorgte bis in die Gegenwart dafür, dass sie nicht in alle Himmelsrichtungen davonliefen.

Also bevölkerten die Forscher das frühe System mit zahllosen Brocken, wie sie damals noch umhergeschwirrt sein mussten, fügten einen Extraplaneten hinzu und ließen die Simulationen laufen. In der bei Vorträgen gezeigten Animation verdeckt zunächst eine kugelförmige Wolke aus blau eingefärbten Trümmern das System fast völlig, nur links lugt die rote Bahn von Planet Neun hervor. Im Schnellvorlauf beginnt die Kugel zu pulsieren; binnen überraschend kurzer Zeit werden die meisten blauen Punkte hinausgeschleudert. Wenn sich der Zeitfilm dann unserer Gegenwart nähert, sind fast alle Brocken verschwunden; nur ein knappes halbes Dutzend hat sich stabilisiert und gehorcht offensichtlich dem gravitativen Diktat der roten Ellipse.

Die Sache hat bloß einen Schönheitsfehler: Die Bahnen der Verbliebenen liegen nur in Sonnennähe noch knapp innerhalb des Reviers von Planet Neun und ragen fast exakt in die Gegenrichtung. Der Hund hatte die Herde davongejagt, oder, mit den Worten der beiden Physiker: »We were completely wrong.«

Allerdings so »völlig falsch«, dass sich die Sache einrenken ließ, indem man einfach den Schäferorbit um 180 Grad drehte, also seine Ellipse um den inneren Brennpunkt (die Sonne). Ein paar Gigawattstunden Stromverbrauch der Caltech-Computer später kreisten die Probanden mehr oder weniger genau dort, wo sich heute die fraglichen TNOs befinden.

Was die Dimension betrifft, so soll Planet Neun mindestens doppelt so groß und etwa sechsmal so schwer wie die Erde sein. Hinsichtlich seiner Zusammensetzung lässt sich wenig voraussagen. Brown tippt darauf, dass es sich um ein Gas-Eis-Objekt ähnlich dem Neptun handelt – in der Annahme, der Planet wäre in der Region unseres Systems entstanden, wo sich auch die Gasriesen formten. Andere Szenarien sind jedoch ebenfalls denkbar. Wie man heute weiß, wanderten die Himmelskörper in der Anfangszeit herum (Stichwort Planetenmigration); es könnte sich beim neuen Neunten genauso gut um ein Gesteinsobjekt handeln, das aus der Bahn geworfen wurde.

Oder aber er stammt gar nicht von hier, sondern wurde als Einzelgänger – engl.: rogue planet – einst von der Gravitation unseres Zentralsterns eingefangen. Dann sind hinsichtlich seiner Struktur alle Optionen offen, was nicht zuletzt das Interesse privater Bergbaufirmen wecken dürfte, die auf gewinnbringende, seltene Bodenschätze aus sind.

Wie auch immer, seine Bahn führt ihn am Perihel bis auf 80 AE an die Sonne heran, und am fernsten Punkt ist er schätzungsweise 400 AE von ihr entfernt. Das ist achtmal mehr als beim Pluto, aber quasi noch in unserem Hinterhof. Warum wurde er also bislang nicht gesichtet?

Zwei offensichtliche Gründe dafür lauten, dass er viel zu blass ist, um ihn mit bloßem Auge wahrnehmen zu können, und – bei einer angenommenen Umlaufzeit von etwa 10.000 Jahren – zu langsam, um auf Teleskopbildern durch deutliche Bewegung aufzufallen. Ausschlaggebend ist jedoch, so paradox es klingt, seine relative Nähe. Von unserer Warte aus könnte er fast überall am Firmament sein.

Seine Bahn konnte ermittelt werden, aber an welchem Punkt dort er sich gerade aufhält, ist unbekannt. Brown und Batygin ist es in den letzten Jahren immerhin gelungen, den Suchbereich auf Teile der Sternbilder Jäger und Stier einzugrenzen. Sie setzen – neben der Durchforstung ungesichteter Daten – auf die Leistungsfähigkeit des japanischen Subaru-Teleskops.

Alles in allem ist die Wahrscheinlichkeit hoch, dass unser Sonnensystem noch im Laufe dieses Jahrzehnts Zuwachs bekommt. Wir dürfen gespannt sein; was heimische Planetenentdeckungen betrifft, waren die letzten Dekaden ja, wie Brown sagt, ziemlich langweilig.

## Was ist die Planetenmigration?

Theorien wie das Nizza- oder das Grand-Tack-Modell gehen davon aus, dass die Planeten nicht dort entstanden, wo sie heute kreisen, sondern in der Frühzeit des Sonnensystems einige Ortsveränderungen durchmachten. Dadurch lassen sich gewisse Besonderheiten in der Systemzusammensetzung oder das angenommene Große Bombardement (engl. Late Heavy Bombardment, LHB) erklären.

Bei der Grand-Tack-Hypothese wanderte der Jupiter zunächst bis auf die Höhe des Marsorbits, ehe er wieder kehrtmachte (engl. tack = Wende) und gemeinsam mit dem Saturn weit nach außen driftete. Auch die Eisriesen veränderten ihre Position.

Ungeklärt ist noch, weshalb der massereiche Jupiter so schnell zurückkam. 2011 präsentierte David Nesvorny vom Southwest Research Institute eine interessante Lösung. Fügt man dem Rechenmodell nämlich einen hypothetischen fünften Riesen hinzu, geht die Gleichung auf. Im Gegensatz zu den anderen seiner Art wurde er jedoch aus dem System getragen.

Theoretisch könnte Planet Neun der fehlende fünfte Gasplanet sein. Es wäre unter Umständen auch denkbar, dass es sich um ein mächtiges Gesteinsobjekt handelt, welches im Zuge der Migrationsbewegungen in seinen fernen Orbit geworfen wurde.

### Wann entstand Amphitrite?

In der Frühzeit des Sonnensystems befanden sich auch Uranus und Neptun viel näher an der Sonne. Weiter draußen, dort, wo sie heute kreisen, könnte sich damals in einem bis zu 35 Erdmassen umfassenden Gürtel von Planetenkernen ein Gesteinsplanet von bis zu zwei Erdmassen gebildet haben, den Astronomen Amphitrite nennen. Amphitrite ist eine Nereide der griechischen Mythologie, Beherrscherin der Meere und Gemahlin Poseidons (röm. Neptun). Sie ist die Mutter des Meeresgottes Triton.

Und so sehen die Forscher auch ihre Funktion am Himmel. Als sich nämlich die Gasplaneten nach außen bewegten, ist entweder Neptun oder Uranus mit Amphitrite kollidiert. Amphitrites Mond Triton soll dabei von Neptun eingefangen worden sein. Was danach mit Amphitrite geschah, ist unklar. Wurde sie einfach geschluckt? Oder hat vielleicht doch ein Rest überlebt, der nun auf einer ganz exzentrischen Bahn um die Sonne kreist?

Die Hypothese bekommt durch Tritons ungewöhnliche Eigenschaften Nahrung. Er umkreist Neptun nämlich falsch herum (retrograd), also entgegen dessen eigener Drehrichtung und auf einer stark geneigten Bahn. Dabei muss er Neptun vor langer Zeit bis auf 7 Neptunradien nahegekommen sein. Triton ist dabei nicht nur außergewöhnlich groß, auch seine Zusammensetzung zeigt, dass er weiter außen entstanden sein müsste, nicht zusammen mit Neptun. Das funktioniert jedoch nur, wenn es zuvor einen größeren Zusammenstoß gegeben hat, bei dem Triton gebremst wurde (das würde die noch heute ungewöhnlich hohe Energieabstrahlung Neptuns erklären). Noch einfacher hätte Neptun es gehabt, wenn er einem anderen Planeten den Mond stehlen konnte. Falls Amphitrite mit Uranus kollidierte, wäre Triton als herrenloses Objekt ein leichter Fang gewesen. Für diese Hypothese spricht, dass Uranus quasi über seine Bahn »rollt«. Die Drehachse des Planeten steht nicht mehr oder weniger senkrecht auf der Ekliptik, wie bei allen anderen Planeten, sondern verläuft parallel zu ihr. Dafür wird ebenfalls eine

Kollision mit einem Objekt mit etwa doppelter Erdmasse als Ursache vermutet.

Mein Kollege Marcus Stöger, der diesen Text verfasst hat, hat zum Thema »Planet Neun« ein ganzes Buch geschrieben, das Sie hier als E-Book und Taschenbuch kaufen können:

hardsf.de/links/1349470

Wie immer, erhalten Sie diese Biografie mit vielen Bildern im PDF-Format, wenn Sie sich hier eintragen:

hardsf.de/fortsetzung/

# Die neue Biografie der Exoplaneten

# Einführung

Das Raumschiff »Messenger« ist in »Proxima Rising« unterwegs zu Proxima b, dem ersten (und bisher einzigen) bekannten Planeten des sonnennächsten Sterns Proxima Centauri. Ist es Zufall, dass in unserer direkten kosmischen Nachbarschaft bereits ein erdähnlicher Planet gefunden wurde? Nein, überhaupt nicht – es wäre seltsam, hätten wir ohne Erfolg gesucht. Denn die Astronomen wissen heute, dass die meisten Sterne im Lauf ihres Lebens ein Planetensystem entwickeln. Insgesamt schätzt man, dass die Zahl der Planeten die der Sterne übertrifft. Im Mittel besitzt jeder Stern zwischen einem und zwei Planeten. Die Milchstraße mit ihren 200 Milliarden Sternen könnte demnach etwa 300 Milliarden Planeten aufweisen.

Dabei existiert eine große Variabilität. Es gibt Gasriesen, die sich in enger Umlaufbahn um ihren Mutterstern drehen und fast so heiß wie dieser sind. Es gibt Eisplaneten weit draußen, wie etwa Neptun im Sonnensystem, es gibt Planeten, die mit der Erde vergleichbar sind, und es gibt sogar eine große Zahl kosmischer Einzelgänger, die ganz ohne Stern durch die Einsamkeit des Alls rasen. Wie all diese Systeme konkret aussehen und ob dort dann auch Leben entstehen kann, das hängt von den näheren Umständen ab. Mögliche Ausprägungen und Variationen wollen wir uns in Folge ansehen. Ich werde dabei die Begriffe »Planet« und »Exoplanet« synonym verwenden – eigentlich ist jeder Planet, der sich nicht um die Sonne dreht, ein Exoplanet. Aber das ist eine sehr »menschistische« Betrachtungsweise: Mars, Venus oder Erde gehörten für jeden Außerirdischen ganz klar in die Kategorie der Exoplaneten.

# Benennung von Exoplaneten

Üblicherweise heißen alle Planeten nach ihrer Entdeckung erst einmal so wie die Sterne, um die sie kreisen – allerdings mit einem zusätzlichen Buchstaben. Die Benennung beginnt dabei mit b (a ist der Stern selbst). Entdeckt man mehrere Planeten in einem System gleichzeitig, bekommt der innerste das b, dann geht es nach außen mit c, d, … weiter. Planeten, die ein Doppelsternsystem umkreisen, bekommen ihren Buchstaben den beiden Sternen-Buchstaben nachgestellt. HD202026AB b zieht seine Bahnen zum Beispiel um das Binärsystem aus HD202206A (sonnenähnlich) und HD202206B (Brauner Zwerg).

2014 hat die International Astronomical Union einer Reihe von Exoplaneten »richtige« Namen gegeben, nämlich: AEgir, Amateru, Arion, Arkas, Brahe, Dagon, Dimidium, Draugr, Dulcinea, Fortitudo, Galileo, Harriot, Hypatia, Janssen, Lipperhey, Majriti, Meztli, Orbitar, Phobetor, Poltergeist, Quijote, Rocinante, Saffar, Samh, Smertrios, Sancho, Spe, Tadmor, Taphao Kaew, Taphao Thong und Thestias.

# Arten von Planeten

Bevor ein Planet entsteht, wächst in einer kosmischen Gas- und Staubscheibe zunächst ein junger Stern heran (oder auch zwei oder drei, was die Regel ist). Die Wolke verdichtet sich im Zentrum immer stärker, bis sie dort irgendwann so heiß und dicht ist, dass die Fusion von Wasserstoffkernen (Protonen) startet. Dadurch ist aber noch nicht das komplette Material der Wolke verbraucht. In der Regel bleiben deutlich weniger als zehn Prozent der Gesamtmasse übrig, die sich nach wie vor in der rotierenden Gas- und Staubscheibe befinden. Die Hitze des jungen Sterns sorgt dafür, dass im inneren Bereich nur Stoffe mit hoher Ordnungszahl kondensieren können (Eisen, Nickel, Silizium und so weiter – daraus werden dann die Gesteinsplaneten). Weiter außen, wo es kälter ist, können dann auch die leichten Wasserstoff- und Heliumatome kondensieren. Die hier entstehenden Planeten enthalten dann natürlich mehr vom reichlich vorhandenen Gas.

So erklärt sich die grundlegende Einteilung der Planeten in Gesteins- und Gasplaneten. Später kann es durchaus noch zu Verschiebungen kommen: Gasplaneten wandern vielleicht nach innen und schubsen kleinere Gesteinsplaneten in die Sonne oder auch ganz aus dem System heraus. Manchmal reicht die Masse in einer bestimmten Umlaufbahn nicht, dass sich ein kompletter Planet bildet – das Ergebnis ist dann ein Asteroidengürtel wie zwischen Mars und Jupiter. An den äußeren Grenzen des jeweiligen Systems ist die Wolke zu dünn, als dass sich noch größere Objekte bilden könnten. Hier entstehen dann Zwergplaneten oder auch Kometen. Im Sonnensystem bilden der Kuipergürtel und die Oortsche Wolke diesen Müllplatz.

Die Planeten verändern sich allerdings auch während ihrer

Lebenszeit. Ein Gasplanet kann zum Beispiel unter dem Einfluss seines Sterns sein Gas verlieren – zurück bleibt dann nur sein Kern, ein Gesteinsplanet.

Es mag ein bisschen erdzentriert sein, aber gern klassifiziert man Exoplaneten nach ihren Vorbildern aus dem Sonnensystem.

### Gasriesen (Jupiters)

Gasriesen bestehen überwiegend aus leichten Gasen und Wasserstoff und Helium. Sie besitzen keine feste Oberfläche; vielmehr wird das Gas mit der Tiefe immer dichter und erreicht irgendwann einen festen Zustand. Wasserstoff kann sogar metallisch werden. Das erschwert es, die Größe des Planeten exakt anzugeben. Oft behilft man sich, indem man den Punkt, an dem der Druck so hoch wie am Erdboden ist, als Oberfläche bezeichnet. Alles, was darüber liegt, ist dann die Atmosphäre.

Gasriesen können nicht schwerer als 13 Jupitermassen sein (was etwa 1,2 Prozent der Sonnenmasse entspricht). Wenn ein Planet schwerer wird, ist der Druck in seinem Inneren so hoch, dass erste Fusionsprozesse einsetzen – er wird zum Braunen Zwerg. Braune Zwerge besitzen eine Sonderstellung zwischen Planeten und Sternen, weil in ihnen noch keine Wasserstoff-Helium-Fusion stattfindet, die ein Merkmal eines richtigen Sterns ist. Sie tritt erst ab etwa 70 Jupitermassen auf.

### Heiße Gasriesen (Hot Jupiters)

Heiße Gasriesen sind Gasriesen mit einer Besonderheit: Sie umkreisen ihren Mutterstern in einem sehr engen Orbit. Die Umlaufzeit liegt unter zehn Tagen. Sie entstehen entweder, weil ein Gasriese im System nach innen wandert – oder weil ein Gesteinsplanet so viel Gas aufsaugt, dass er zum Gasriesen wird. Durch die Nähe zum Stern sind sie außergewöhnlich heiß; man hat bei einigen mehrere tausend Grad gemessen. Die Chance, dass auf ihnen Leben existieren kann, ist minimal. Durch ihre hohe Masse und die kurze Umlaufzeit gehörten sie zu den ersten Exoplaneten, die man entdeckt hat. Manche unter ihnen werden von der Hitze des Sterns derart aufgebläht, dass sie riesige Umfänge annehmen. Dann spricht man auch von »Hot Saturns« (der Saturn besitzt ebenfalls eine relativ geringe Dichte).

### Eisplaneten (Neptunes)

Eisplaneten besitzen einen ähnlichen Aufbau wie Gasriesen, nur bestehen sie primär nicht aus leichten Wasserstoff- und Helium-

Atomen, sondern aus Verbindungen mit Stickstoff, Sauerstoff, Kohlenstoff oder Schwefel. Das »Eis« im Namen bezieht sich hier nicht auf Wassereis; Wasser liegt im Inneren dieser Planeten meist in flüssiger Form vor. Aber andere Verbindungen wie Methan, Ammoniak oder Schwefeldioxid können hier in gefrorenem Zustand gespeichert sein. Manchmal besitzen die Eisplaneten allerdings einen Wasserstoff-Mantel, der bis zu einem Fünftel ihrer Masse ausmachen kann.

### Heiße Eisplaneten (Hot Neptunes)

Wenn ein Eisplanet sich zu nah an seinen Stern heranwagt, wird er zum »Hot Neptune«. Ein Eisplanet ist er dann eigentlich nicht mehr – die Hitze des Sterns erwärmt natürlich auch sein Inneres.

### Erdähnliche Planeten

Gesteinsplaneten wie die Erde sind wegen ihrer geringeren Größe im Vergleich zu den Gasriesen deutlich schwerer zu entdecken. Sie treten aber recht häufig auf. Man schätzt sogar, dass jeder fünfte sonnenähnliche Stern einen erdähnlichen Begleiter in seiner habitablen Zone besitzt. Damit gäbe es allein in der Milchstraße 11 Milliarden potenziell bewohnbare Planeten. Hinzu kommen solche, die kleinere Sterne (etwa Rote Zwerge) umkreisen, für die es noch keine gute Statistik gibt.

Erdähnliche Planeten sehen der Erde nicht unbedingt zum Verwechseln ähnlich. Die einzige definitive Gemeinsamkeit besteht darin, dass sie eine feste Oberfläche haben und sich darunter Gestein befindet. Meist ist das Innere schalenförmig aufgebaut, mit einem heißen, manchmal flüssigen Kern aus Eisen und anderen schweren Stoffen. Darüber könnte sich ein Mantel aus Silikaten befinden und eine Kruste, die ebenfalls aus Silikaten sowie weiteren leichten Stoffen besteht. Daran schließt sich manchmal eine Lufthülle (Atmosphäre) an. Einige Planeten besitzen an der Oberfläche Wasservorräte, eine Hydrosphäre.

### Heiße erdähnliche Planeten (Venus-artig)

Diese Gesteinsplaneten weisen entweder durch ihre Nähe zur Sonne oder aber durch ihre sehr dichte Atmosphäre und einen damit verbundenen Treibhauseffekt hohe Temperaturen auf (einige hundert Grad), ähnlich wie die Venus im Sonnensystem.

## Super-Erden

Die meisten bisher entdeckten Gesteinsplaneten gehören zur Gruppe der Super-Erden, weil ihre Masse mehrfach größer als die der Erde ist (hierzu gibt es unterschiedliche Definitionen, die von 1- bis 14-facher bis zu 5- bis 10-facher Erdmasse reichen. Allerdings sind entsprechende Messungen oft mit Fehlern behaftet. Die Bestimmung des Durchmessers genügt nicht, um einen Planeten mit kleinem Gesteinskern und großer Gashülle von einem reinen Gesteinsplaneten zu unterscheiden.

Wenn die anfängliche Staubscheibe groß genug ist, können riesige Gesteinsplaneten entstehen, so genannte Mega-Erden. Das dürfte vor allem im Orbit von Riesensternen der Spektralklassen B und O mit bis zu 150 Sonnenmassen der Fall sein. Solche Riesenerden könnten bis zu 4000-mal so schwer wie die Erde sein.

Das ist aber bei Weitem nicht das einzig mögliche Einteilungssystem – die Forscher halten es zudem für eher unpraktisch. Eine andere Technik sieht sich das Äußere der Planeten gar nicht erst an, sondern betrachtet lediglich ihre Zusammensetzung. Dabei unterscheidet man dann:

- metallosilikatische Planeten (ähnlich Merkur und Erde)
- silikatische Planeten (wie Europa, Io und Erdmond)
- hydrosilikatische Planeten (vergleichbar Ganymed, Kallisto, Titan und Pluto)
- Eisplaneten (wie Enceladus, mit sehr geringem Silikatanteil)
- Gasriesen mit Methanwolken (unter 80 Kelvin)
- Gasriesen mit Ammoniakwolken (unter 150 Kelvin)
- Gasriesen mit Wasserdampfwolken (150 bis 350 K)
- Gasriesen mit Albedo um 12 % (350–900 K, »Hot Jupiters«)
- Gasriesen mit Alkali-Absorption (900–1500 K)
- Gasriesen mit Siliziumdioxidwolken (über 1500 K)

# Planeten in Mehrfachsystemen

Auch in Mehrfachsystemen können Planeten entstehen. Dauerhaft stabile Bahnen zu erreichen ist hier allerdings schwieriger. Am günstigsten sind die Verhältnisse, wenn die beiden Sterne sehr weit voneinander entfernt sind – oder wenn sie sich sehr nah sind. Im ersten Fall handelt es sich im Grunde um separate Planetensysteme. So umkreist Proxima Centauri b seinen Mutterstern Proxima Centauri, während dieser sich mit dem Binärsystem Alpha Centauri um einen gemeinsamen Schwerpunkt dreht. Wenn die Sterne eng beieinander stehen, umkreisen Planeten meist beide auf einmal, als zirkumbinäre Planeten. Solche Kombinationen scheinen relativ häufig zu sein. Das Kepler-Teleskop hat bei der Untersuchung von 1000 Binärsternen immerhin sieben mit Planeten entdeckt.

# Bewohnbarkeit und Leben

Ob ein Planet grundsätzlich Leben beherbergen kann, ist aus der Ferne sehr schwierig zu bestimmen. Das Problem besteht darin, dass wir bisher nur eine Art von Leben kennen – das irdische. Es basiert vor allem auf Oberflächen-Wasser in flüssigem Zustand. Es könnte allerdings auch viele andere Arten von Leben geben, die vielleicht völlig andere Voraussetzungen mitbringen.

Aber auf irgendetwas müssen sich die Forscher ja einigen. Deshalb definiert man einen Bereich rund um einen Stern als bewohnbare Zone, in dem Wasser auf der Oberfläche eines dort kreisenden Planeten existieren könnte. Das bedeutet nicht, dass dies auch der Fall ist. Und wenn das Leben seine Energie nicht aus dem Sonnenlicht gewinnt, sondern etwa aus Wärme, könnte es sich auch Wasser unterhalb der Oberfläche zunutze machen, also Wasser, das näher am Kern des Planeten vorkommt.

Wie weit die bewohnbare (habitable) Zone reicht, hängt davon ab, wie viel Energie ein Stern abgibt. Das kann sich also mit seinen Alterungsprozessen ändern. Wenn die Sonne also weiter an Leistung zulegt (eine typische Alterserscheinung), wird auch die Erde irgendwann die bewohnbare Zone verlassen, weil es zu heiß wird. Und falls die Sonne am Ende ihres Lebens zum Roten Riesen wird, herrschen plötzlich in der Nähe von Jupiter und Saturn günstige Bedingungen – dann ist der Saturnmond Titan vielleicht der fruchtbarste Ort des Sonnensystems.

Auch abseits der Größe und Entfernung der habitablen Zone wirkt sich die Natur des Hauptsterns in hohem Maße auf die Bewohnbarkeit aus. Besonders helle Riesensterne existieren oft nicht lange genug, damit sich auf ihren Planeten Leben entwickeln kann. Rote Zwerge hingegen strahlen im Röntgen- und ultravioletten

Bereich besonders stark. Da sich die bewohnbare Zone hier sehr nah am Stern befinden muss, könnte das ein Hindernis für die Entstehung von Leben sein. Überhaupt ist es für die Entwicklung des Lebens wichtig, dass der Stern über längere Zeit konstant Energie liefert. Plötzliche Ausbrüche oder Schwankungen können katastrophale Auswirkungen haben. Schon der elfjährige Sonnenzyklus beeinflusst das Klima auf der Erde deutlich, obwohl sich die Energieabgabe nur um höchstens 0,1 Prozent ändert. Sterne mit stärkeren Zyklen sind für das Leben entsprechend problematisch.

Ebenfalls berücksichtigen muss man bestimmte Eigenschaften des Planeten. Eine dichte Atmosphäre kann die Sonnenenergie durch den Treibhauseffekt besser halten als eine dünne. Der Mars etwa wäre selbst dann deutlich kälter als die Erde, wenn er an ihrer Stelle um die Sonne kreisen würde. Ein starkes Magnetfeld verhindert, dass der Sonnenwind die Atmosphäre mit der Zeit wegreißt, gleichzeitig bietet ein Magnetfeld Schutz vor Strahlungsausbrüchen des Sterns, die gerade bei Roten Zwergen wie Proxima Centauri hilfreich sind. Ob ein Planet seinem Stern stets dieselbe Seite zuwendet oder ob er eine stark elliptische Bahn besitzt, kann die Chancen von Leben auf seiner Oberfläche ebenfalls beeinflussen.

Leben, wie wir es kennen, ist wählerisch. Der Planet darf nicht zu klein sein: Kleinere Planeten haben nicht genug Kraft, eine dichte Atmosphäre zu halten, und sie kühlen nach ihrer Entstehung auch innerlich schnell aus, sodass weder Plattentektonik noch ein Magnetfeld übrigbleiben, die einen flüssigen Kern voraussetzen. So ist es wohl kein Zufall, dass die Erde der dichteste aller Gesteinskörper im Sonnensystem ist. Studien schätzen, dass die untere Grenze für die Bewohnbarkeit bei 0,9 Erdmassen liegt – so gesehen hätten wir Menschen noch Glück gehabt, denn die Erde liegt nur knapp darüber. Mit der Größe des Planeten wächst allerdings auch die Gefahr, dass die Atmosphäre zu dicht wird und ein Treibhauseffekt die Oberfläche zu heiß werden lässt, eine Supererde müsste also in größerer Entfernung als die Erde um die Sonne kreisen.

Der Planet sollte sich bitteschön auch in einem möglichst kreisförmigen Orbit um seinen Stern bewegen. Ansonsten wird es mal zu heiß, dann wieder zu kalt. Die Erde ist hier vorbildlich, die Exzentrizität ihrer Bahn (ein Maß für die »Kreisähnlichkeit«) liegt unter 0,02. Die bisher entdeckten Exoplaneten, von denen man die Exzentrizität kennt, liegen über 0,25, hier würden Ozeane mit den Jahreszeiten gefrieren und kochen.

Zwei letzte Argumente dazu: Wenn der Planet nicht passt, weil er zu groß ist oder aus Gas besteht, kommen seine Monde, die in der Regel aus Eis oder Gestein bestehen, natürlich trotzdem als Lebensträger in Frage. Und schließlich spielt auch das Leben selbst eine Rolle bei seiner Ausbreitung: Dass es in der Erdatmosphäre so viel Sauerstoff gibt, den die Tiere atmen können, liegt an der guten Vorbereitung durch pflanzliches Leben, das als Nebenprodukt Sauerstoff produziert. Sollten wir also einen Planeten finden, der gut geeignet aussieht, aber zu wenig Sauerstoff besitzt, bräuchten wir ihn nur zu bepflanzen und ein paar Millionen Jahre abzuwarten. Geduld ist im Weltall immer hilfreich.

# Planeten ohne Sterne

Es gibt eine weitere Planeten-Klasse, die so exotisch ist, dass man sich noch nicht einmal auf einen Begriff für sie geeinigt hat: Objekte, die ganz allein den interstellaren Raum durchwandern, fernab von Licht und Wärme eines Sterns. Bisher kennt man nur eine Handvoll dieser einsamen Wanderer, doch es sind wahrscheinlich viel mehr. Dabei divergieren die Schätzungen der Astronomen stark: Für jeden der etwa 200 Milliarden Sterne der Milchstraße könnte es ein paar oder auch bis zu 100.000 Einzelgänger-Planeten geben.

Der Begriff, der am häufigsten für diese Streuner verwendet wird, lautet »Objekt planetarer Masse« (Planetary Mass Object, PMO oder auch Planemo). Bevor wir ihre Herkunft (und damit auch ihre Zahl) genauer ermitteln können, müssen wir sie erst einmal finden und untersuchen – und das ist eine große Herausforderung. Denn die Suchverfahren für Exoplaneten (siehe nächstes Kapitel) scheitern hier. Ein erdähnliches PMO weit draußen im All, eine tiefgefrorene, steinerne Kugel, ist fast unmöglich zu entdecken, es sei denn, der Planet bewegt sich zufällig vor einen aus unserer Perspektive dahinter liegenden Stern und beugt dessen Licht, was Astronomen dann als Gravitationslinsen-Effekt registrieren können.

Es gibt allerdings auch einzelne solcher Planeten, die selbst noch in bestimmten Wellenlängen strahlen, etwa weil sie genügend Hitze aus ihrem Entstehungsprozess gespeichert haben. Ein spannendes Beispiel dafür, katalogisiert als PSO J318.5-22, wurde 2013 von einem Team entdeckt.

Woher kommen die einsamen Wanderer? Einige, vor allem die kleineren, erdähnlichen, sind vermutlich kosmische Ausbrecher, die sich zunächst wie normale Planeten in einer protoplanetaren

Scheibe gebildet haben, doch dann durch irgendeinen Unfall aus ihrem System geschleudert wurden, etwa durch einen schweren Nachbarn oder weil sich ein anderer Stern dem System genähert hat. Viele andere sind schon ihr ganzes Leben allein. Sie haben sich aus dem interstellaren Nebel wie Sterne oder Braune Zwerge gebildet. Astronomen glauben, dass es eine Untergrenze für die nötige Masse gibt, damit Objekte auf diese Weise entstehen können. Sie schätzen sie auf etwa zwei bis drei Jupitermassen.

# Entdeckungsverfahren für Exoplaneten

Im Vergleich zu ihren Sternen sind Exoplaneten klein, leicht und extrem dunkel. Es ist deshalb kein Wunder, dass man die ersten Exemplare nicht um gewöhnliche Sterne entdeckte, sondern um einen rotierenden Neutronenstern, den Pulsar PSR 1257+12, auch Lich genannt, 2300 Lichtjahre von der Erde entfernt. Pulsare senden durch ihre Rotation Funksignale von extremer Regelmäßigkeit – doch bei Lich fielen den Astronomen kleine Verzögerungen auf. Diese können nur von mehreren Begleitern herrühren. Zunächst vermutete man zwei Planeten, inzwischen geht man von den drei Planeten Draugr, Poltergeist und Phobetor sowie dem »Exo-Kometen« PSR 1257+12 e aus. Pulsare sind Überbleibsel einer Supernova-Expedition. Die drei Trabanten müssen also entweder die Supernova überstanden haben, danach entstanden oder vom Pulsar eingefangen worden sein. Bisher wurde auf diese Art nur ein einziger weiterer Planet gefunden. Welche Verfahren gibt es noch, mit denen Astronomen bereits erfolgreich Planeten aufgespürt haben?

## Transitmethode

Die Transitmethode setzt voraus, dass die Bahn des Planeten so verläuft, dass dieser genau in der Achse zwischen der Erde und seinem Stern vorüberzieht. Dadurch verringert sich in bestimmten Zeitabständen die Helligkeit des Sternes, was man mit Teleskopen messen kann. Besonders geeignet sind hier Weltraumteleskope wie Kepler.

Mit der Transitmethode hat man etwa 80 Prozent der derzeit 3621 (Stand 1. Juli 2017) Exoplaneten in 2712 Systemen aufgespürt.

Das Verfahren ist also erfolgreich, hat aber auch einen großen Nachteil: Die Masse und damit die Art des Planeten lassen sich so nicht ermitteln, nur seine Größe und seine Umlaufbahn. Außerdem lassen sich damit nur etwa ein Prozent aller tatsächlich vorhandenen Planeten finden, weil die sich natürlich in allen möglichen Bahnen um ihren Stern drehen könnten.

## Radialgeschwindigkeitsmethode

Wenn man an die Drehung der Erde um die Sonne denkt, stellt man sich das Bild gern so vor, als stünde die Sonne fest und zöge die Erde quasi an einem Faden um sich herum. Dieses Bild ist falsch. Tatsächlich bewegen sich beide, Erde und Sonne, Planet und Stern, um einen gemeinsamen Schwerpunkt. Auch der Stern dreht also – wenn auch kleine – Kreise, weil er von den Planeten beeinflusst wird. Diese Kreisbewegung können wir von der Erde aus nicht sehen. Aber wir sehen, dass sich der Stern nach vorn und nach hinten bewegt, von uns weg und auf uns zu. Die Geschwindigkeit, mit der das passiert, nennt man Radialgeschwindigkeit. Sie führt über den Doppler-Effekt dazu, dass sich die Spektrallinien des Sterns haarfein verschieben. Diese Verschiebung können wir mit Spezialinstrumenten messen und daraus berechnen, wie schwer der Planet oder die Planeten sein müssen, die am Stern zerren.

Bei alleiniger Anwendung dieser Technik lässt sich aber nur eine Untergrenze für die Planetenmasse angeben. Um die genaue Masse (und damit die Dichte) auszurechnen, müsste man den Planeten zusätzlich mit der Transitmethode nachweisen. Etwa ein Fünftel aller Planeten wird mit dieser Methode gefunden.

## Gravitationslinsen-Methode

Wenn das Licht eines Hintergrundsterns auf dem Weg zur Erde einen anderen Stern passiert, kann es von diesem gebeugt und wie durch eine Linse verstärkt werden. Falls der Vordergrundstern jedoch Planeten besitzt, wird sich der Effekt periodisch verändern. Mit Hilfe dieser Methode hat man bereits 19 Planeten in meist sehr großer Entfernung von mehreren tausend Lichtjahren identifiziert. Allerdings sind solche Gravitationslinsen schwer zu finden. Außerdem lassen sich solche Beobachtungen nicht wiederholen, da sich die Sterne inzwischen weiterbewegen. Das Verfahren hat aber den Vorteil, dass es auch bei Planeten mit weitem Orbit oder geringer Masse funktioniert. Die Forscher hoffen, auf diese Weise einen Überblick zu bekommen, wie verbreitet erdähnliche Planeten wirklich sind.

## Direkte Beobachtung

Vor zehn Jahren hätte noch niemand daran gedacht, einen Exoplaneten durch ein Teleskop zu beobachten. Inzwischen ist dank deutlich verbesserter Technik die Liste der damit gefundenen Planeten schon auf über 20 Exemplare gewachsen. Wenn das E-ELT der ESO oder das James-Webb-Teleskop der NASA in ein paar Jahren einsatzbereit sind, wird man damit wohl spannende neue Informationen über viele Planeten in unserer Nachbarschaft gewinnen können. Der direkte Blick auf das Ziel liefert doch noch mehr Details als der indirekte Nachweis.

Heute funktioniert das Verfahren gut bei jungen Planeten, die aus ihrer Entstehungszeit so viel Hitze bewahrt haben, dass sie noch Energie abstrahlen. Der kälteste so entdeckte Exoplanet ist der maximal 500 Millionen Jahre alte 59 Virginis b mit einer mittleren Temperatur von 240 Grad Celsius. Der kleinste direkt beobachtete Planet ist Fomalhaut b mit etwa zwei Jupitermassen.

# Exoplaneten-Rekorde

Welche Planeten weisen die extremsten Eigenschaften auf?

- Am weitesten entfernt: SWEEPS J175853.92-291120.6 b (27700 Lichtjahre)
- Am nächsten: Proxima Centauri b (4,22 Lichtjahre)
- Am schwersten: DENIS-P J082303.1-491201 b (28,5 Jupitermassen)
- Am leichtesten: Draug (0,02 Erdmassen)
- Am größten: HD 100546b (6,9 Jupiterradien)
- Am kleinsten: Kepler-37 b (0,3 Erdradien)
- Am dichtesten: PSR J1719-1438 b (mind. 23 g/cm$^3$)
- Am heißesten: Kepler-70 b (einige tausend Grad)
- Am kältesten: OGLE-2005-BLG-390L b (50 Kelvin = -223 Grad)
- Am jüngsten: V830 Tau b (2 Millionen Jahre)
- Am ältesten: PSR B1620-26 b (13 Milliarden Jahre)
- Längstes Jahr: 2MASS J2126-8140 (etwa 1 Million Erdjahre)
- Kürzestes Jahr: PSR J1719-1438 b (2,2 Stunden)
- Am weitesten von seiner Sonne entfernt: HD 106906 b (etwa 650 Astronomische Einheiten)
- Seiner Sonne am nächsten: PSR J1719-1438 b (0,004 Astronomische Einheiten)
- Am nächsten zu anderen Planeten: Kepler-70 b (kommt Kepler-70 c auf bis zu 0,0016 AE nahe)
- Schwerster Mutterstern: HD 13189 b (Mutterstern mit 4,5 Sonnenmassen)

- Leichtester Mutterstern: TRAPPIST-1b, c und d (Mutterstern mit 0,08 Sonnenmassen)
- Umfangreichstes Planetensystem: HD 10180 (9 Planeten, davon 7 bestätigt)
- Meiste Muttersterne: Kepler-64 (Kepler-64 b kreist in einem System aus 4 Sternen)

# Elf interessanteste Exoplaneten

Exoplaneten treten in den unterschiedlichsten Formen auf – fast wie aus der Feder eines Science-Fiction-Autors entsprungen.

## Proxima Centauri b

Proxima Centauri b ist der sonnennächste Exoplanet – und damit natürliches Ziel dieser Expedition. Wenn Sie irgendwann hinfliegen können, werden Sie das meiste genau wie beschrieben vorfinden. Nur das Leben dort, das habe ich mir komplett ausgedacht (allerdings auf der Basis wissenschaftlicher Erkenntnisse). Der Planet ist 30 bis 50 Prozent schwerer als die Erde. Wegen seiner nahen Umlaufbahn hat ihn sein Gestirn sicher schon dazu gezwungen, ihm stets dieselbe Seite zu zeigen wie der Mond der Erde. Ein Umlauf um den Mutterstern dauert 11,2 Tage. Allerdings merkt man auf dem Planeten davon nichts, denn es gibt keine Jahreszeiten. Proxima Centauri b liegt in der habitablen Zone, Wasser kann an seiner Oberfläche in flüssiger Form existieren. Allerdings prasseln im Vergleich zur Erde 30-mal mehr UV- und 250-mal mehr Röntgenstrahlung auf die Oberfläche ein. Wer dort leben will, muss sich also an die hohe Strahlungsdosis anpassen. Ein Magnetfeld, das noch nicht nachgewiesen ist, könnte die Auswirkungen deutlich mildern. Das gilt auch für die Strahlungsausbrüche des Muttersterns.

## WASP-17 b

Fast alle bekannten Planeten kreisen richtig herum – d. h. ihr Orbit verläuft in derselben Richtung wie die Rotation ihres Zentralgestirns. Das ist auch logisch, weil Planeten ja aus der wirbelnden

Materiescheibe um einen rotierenden Protostern hervorgehen. Bei WASP-17b ist das anders. Diese Welt hat eine Bahnneigung von 149 Grad; das heißt, sie umkreist ihren Stern alle 3,74 Erdtage rückläufig. Zudem ist sie stark aufgebläht und hat daher eine extrem geringe Dichte.

Die Ursache des seltsamen Orbits ist nicht bekannt; manche vermuten, dass ein Beinahe-Zusammenstoß oder die allmähliche Gravitationswirkung eines anderen Planeten dafür verantwortlich ist. WASP-17b war der erste von mehreren bisher entdeckten Planeten mit rückläufigem Orbit. Die Masse des Planeten beträgt etwa 0,5 Jupitermassen, sein Radius 1,5 bis 2 Jupiterradien.

## Kepler-70 b

Kepler-70b ist richtig schnell. Der Planet umkreist in nur 5,76 Erdstunden oder 0,24 Erdtagen sein Zentralgestirn, einen Roten Riesen. Damit hat er die kürzeste Umlaufperiode aller bisher bekannten Planeten und ein Tempo von knapp unter fünf Prozent Lichtgeschwindigkeit. Man nimmt an, dass der Planet früher ein großer Hot Jupiter war; heute allerdings ist nur noch der Rest eines ehemaligen Gasriesen mit weniger als halber Erdmasse übrig. Durch den engen Orbit von Kepler-70b (65-mal sonnennäher als der Merkur) herrschen dort extreme Temperaturen, die ihn zu einem der heißesten Exoplaneten machen.

Sein Zentralgestirn dürfte sich vor ca. 18 Millionen Jahren zu einem Roten Riesen ausgedehnt und dabei die Atmosphäre des Planeten weggefegt haben – was der Erde in ein paar Milliarden Jahren auch bevorstehen könnte. Der Planet war vielleicht einmal in die Atmosphäre seines Sterns gehüllt; sein Gesteinskern überlebte dennoch.

## WASP-12 b

Als WASP-12b im Jahr 2008 entdeckt wurde, widersprach er sämtlichen Erwartungen und gilt seither als einer der heißesten Planeten. Er ist mehr als 50 Prozent größer als Jupiter. Doch dieser Hot Jupiter ist auch deswegen interessant, weil er bei lebendigem Leib verzehrt wird. Er umkreist seine Sonne in so großer Nähe (ein Umlauf dauert 1,1 Erdtage), dass er wahrscheinlich in jeder einzelnen Sekunde 6 Billionen Kilogramm Masse einbüßt, während seine Atmosphäre weggeblasen wird. Man nimmt an, dass er in 10 Millionen Jahren tot sein wird.

Zudem dürfte es auf dem Planeten eine hohe Kohlenstoffkonzentration in Form von Kohlenmonoxid und Methan geben. Das bedeutet, dass er einen festen Kern haben könnte, der viel Diamant enthält. Vielleicht wird in Millionen Jahren nur ein riesiger Diamant von WASP-12b übrigbleiben … Der Planet galt außerdem lange als der sich am schnellsten fortbewegende uns bekannte Planet: Er bewegt sich immerhin mit 830.000 km/h.

## Gliese 436 b

Gliese 436 b verhält sich wie ein Komet, weil er einen langen Schweif hinter sich herzieht. Auf seiner Umlaufbahn scheint er jede Sekunde 100 bis 1000 Tonnen Wasserstoff zu verlieren. Man nimmt an, dass Gliese 436 b seit seiner Entstehung so bis zu zehn Prozent seiner Atmosphäre eingebüßt hat. Umso riesiger – ca. 50-mal so groß wie das Zentralgestirn – ist sein Schweif, der beim weniger als drei Tage dauernden Umlauf den Stern verdeckt.

Man hat zwar vermutet, dass es Planeten mit kometenartigem Schweif gibt, doch Gliese 436 b ist der erste, den wir entdeckt haben. Wegen seiner Größe und Nähe zum Zentralgestirn bezeichnet man ihn als »Hot Neptune«. Sein gasförmiger Schweif könnte sich noch längere Zeit halten, weil die Sonne, um die der Planet kreist, ein relativ kühler Roter Zwerg ist.

## Janssen

Auf dieser Welt (einer der wenigen mit richtigem Namen) sind Diamanten nicht nur der beste Freund der Frau. Janssen alias 55 Cancri e ist eine Supererde und einer von fünf Planeten, die sein Zentralgestirn umrunden, die Komponente A des Doppelsternsystems Copernicus. Früher glaubte man, dass auf 55 Cancri e viel Wasser existiert; heute nehmen die Wissenschaftler an, dass der Planet hauptsächlich aus Kohlenstoff in Form von Graphit, Diamant und anderen Mineralien besteht. Ein ganzes Drittel des Planeten – circa die dreifache Erdmasse – könnte massiver Diamant sein.

Dank dieser Erkenntnis nimmt man an, dass weit entfernte Gesteinsplaneten der Erde nicht ähneln müssen, sondern ganz unterschiedlich beschaffen sein können; Janssen war der erste entdeckte Gesteinsplanet mit einer völlig anderen Zusammensetzung als der unsere. Auf der Tagseite des Planeten wird es bis zu 2400 Grad Celsius heiß, während man sich auf der Nachtseite bei maximal 1100 Grad erfrischen kann.

## HAT-P-1 b

Als Astronomen 2006 diesen Exoplaneten entdeckten, waren sie verblüfft, weil HAT-P-1b fast doppelt so groß ist wie der Jupiter, aber nur halb so schwer. Damit beträgt seine Dichte nur ein Viertel der von Wasser, und er ist leichter als eine Korkkugel. In einer Riesenbadewanne würde er noch dreimal höher schwimmen als der Saturn. Warum das so ist, weiß man bislang nicht. Vielleicht gelangt zusätzliche Wärme ins Planeteninnere, doch auch dafür gibt es keine Erklärung. Eine Möglichkeit ist, dass der Planet »auf der Seite liegt« und senkrecht zu seiner Umlaufbahn rotiert wie unser Uranus. Da diese Lage aber äußerst selten vorkommen dürfte und bereits andere »aufgeblähte« Planeten entdeckt wurden, wird diese Interpretation sicher nicht für alle davon gelten. Sein Stern ist übrigens Teil eines Binärsystems.

## Gliese 1214 b

Gliese 1214 b ist eine Supererde. Seine Masse entspricht knapp 7 Erdmassen, sein Radius wird auf etwas mehr als zweieinhalb Erdradien geschätzt. Er umkreist seinen Stern in einer Entfernung von nur 2 Millionen Kilometern. Interessant ist er aber vor allem deswegen, weil Beobachtungen darauf hindeuteten, dass seine Atmosphäre zum Großteil aus Wasserdampf besteht.

Die Dichte des Planeten dürfte 2 Gramm pro Kubikzentimeter betragen; die der Erde liegt bei 5,5 Gramm, die von Wasser beträgt 1 Gramm. Das brachte die Wissenschaftler auf die Idee, dass es dort Unmengen Wasser aus der Zeit geben muss, als der Stern weiter weg von seinem Zentralgestirn, also in der habitablen Zone war. Durch den jetzigen engen Orbit und die hohen Temperaturen verdampft das Wasser zu einem heißen Dunst, der den Planeten einhüllt. Nach wie vor gilt der Planet als einer der Exoplaneten, auf denen höchstwahrscheinlich ein Ozean existiert – aber der wäre mit einer Oberflächentemperatur von 120 bis 280 Grad Celsius so heiß, dass man lieber nicht ins Wasser springen sollte.

## HD189733 b

Wenn Sie das nächste Mal im Regen stehen, denken Sie doch an die Bewohner von HD 189733 b (obwohl deren Existenz eher unwahrscheinlich ist). Dort herrscht nicht nur eine Gluttemperatur von 850 Grad Celsius, sondern es gibt wahrscheinlich auch einen seitwärts fallenden Glasregen, der vom Wind mit bis zu 8700 km/h durch die Atmosphäre getrieben wird. Die kobaltblaue Farbe des Planeten rührt nicht etwa von Meeren, sondern von den Silikatteilchen in den Wolken seiner Atmosphäre her. Wenn diese Silikate in der Hitze kondensieren, werden sie in kleine Glastropfen verwandelt, die nicht nur das blaue Licht erzeugen, sondern auch von den Wirbelstürmen rund um den Planeten getragen werden. Der Planet ist seinem Stern

30-mal näher als die Erde der Sonne und weist eine gebundene Rotation auf; das heißt, er wendet dem Zentralgestirn immer dieselbe Seite zu. Die enormen Temperaturunterschiede verstärken die Stürme noch.

## HD80606 b

Alle Planeten unseres Sonnensystems haben recht kreisförmige Umlaufbahnen, sodass sonnennächste und -fernste Punkte nicht allzuweit voneinander abweichen. Der Orbit von HD 80606 b ist hingegen stark elliptisch. Während seiner 111 Erdtage dauernden Umlaufzeit bewegt sich HD 80606 b von 0,03 AE (1 AE = Distanz Erde-Sonne) zu 0,88 AE Entfernung. Bei der Annäherung an den sonnennächsten Punkt steigt die Temperatur in nur sechs Stunden von 500 auf 1.200 Grad Celsius. Die Jahreszeiten werden auf HD 80606 b also nicht durch den Neigungswinkel, sondern durch den Orbit bestimmt. Hielte man sich einen Umlauf lang hoch in der Atmosphäre des Planeten auf, dann könnte man beobachten, wie sein Stern 30-mal so groß wird wie die scheinbare Größe der Sonne an unserem Himmel – und seine Helligkeit um den Faktor 1.000 steigert. Die extremen Temperaturschwankungen müssten zu ebenso extremen Stürmen führen, die mit 18.000 km/h blasen.

## TrES-2 b

Kann es eine Welt geben, die dunkler ist als schwarze Farbe? Aber natürlich! Das beste Beispiel dafür ist TrES-2 b, einer der dunkelsten bisher bekannten Exoplaneten. Er reflektiert nur ein Prozent des einfallenden Sonnenlichts, glüht aber wie eine Heizspirale in mattem Rot, weil dort eine extreme Hitze von mehr als 1.000 Grad Celsius herrscht. TrES-2 b liegt circa 750 Lichtjahre von uns entfernt, in Richtung des Sternbilds Drache, und umkreist sein Zentralgestirn in nur 5 Millionen Kilometern Entfernung. Er hat anscheinend – anders als der Jupiter – keine reflektierenden Wolken, die mehr als ein Drittel des Sonnenlichts zurückwerfen können. Stattdessen enthält er viele lichtabsorbierende Chemikalien, die 99 Prozent der Strahlung einfangen.

Tipp: Wenn Sie sich hier

www.hardsf.de/fortsetzung

eintragen, erhalten Sie eine farbige, illustrierte PDF-Version der „Biografie der Exoplaneten".

# Die neue Biografie Brauner Zwerge

Luhman-16 ist ein System aus zwei Braunen Zwergen. Aber was sind das überhaupt für Himmelskörper? Sind es noch Planeten – oder schon Sterne?

Weder noch. Es handelt sich um sogenannte substellare Objekte. Die Masse eines Braunen Zwergs liegt demnach zwischen der der schwersten Gasplaneten und der der leichtesten Sterne. Oder, wenn Ihnen Zahlen lieber sind: Braune Zwerge wiegen etwa 13 bis 75 Mal so viel wie unser Jupiter. In Kilogramm sieht die Angabe besonders beeindruckend aus: Es sind zwischen $2{,}5 \times 10^{28}$ kg und $1{,}5 \times 10^{29}$ kg. Unterhalb dieses Bereichs befinden sich die subbraunen Zwerge, während man darüber schon von den masseärmsten Roten Zwergen spricht.

Im Gegensatz zu den Sternen der Hauptreihe sind Braune Zwerge nicht massereich genug, um die Kernfusion von gewöhnlichem Wasserstoff zu Helium in ihren Kernen aufrechtzuerhalten. Man geht jedoch davon aus, dass sie durchaus Deuterium (schwerer Wasserstoff) und Lithium verschmelzen können, falls ihre Masse über etwa 65 Jupitermassen liegt.

Sind Braune Zwerge braun? Nein. Sterne werden im Allgemeinen nach Spektralklassen kategorisiert. Für die Braunen Zwerge haben die Astronomen die Klassen M, L, T und Y reserviert. Trotz ihres Namens sind Braune Zwerge also von durchaus unterschiedlicher Farbe. Die Mehrheit würde dem menschlichen Auge wahrscheinlich magentafarben erscheinen oder orange bis rot. Allerdings muss man ihnen dazu recht nah kommen, denn Braune Zwerge sind bei sichtbaren Wellenlängen nicht sehr hell.

Den der Erde am nächsten liegenden Braunen Zwerg kennen Sie schon. Es ist Luhman-16, eigentlich ein Doppelsystem von

Braunen Zwergen, das 2013 entdeckt wurde und etwa 6,5 Lichtjahre von der Erde entfernt ist. HR 2562 b wird als der wohl schwerste bekannte Exoplanet im Exoplaneten-Archiv der NASA geführt, obwohl seine Masse mit etwa 30 Jupitermassen eigentlich deutlich über der Grenze für einen Braunen Zwerg liegt.

## Aus Schwarz mach Braun

Die Objekte, die heute als »Braune Zwerge« bezeichnet werden, wurden bereits in den 1960er-Jahren vom Astronomen Shiv S. Kumar theoretisiert. Er nannte sie »Schwarze Zwerge« und dachte dabei an dunkle substellare Objekte, die frei im Raum schweben und nicht schwer genug sind, um eine Wasserstofffusion zu ermöglichen. Allerdings war dieser Begriff damals bereits für erkaltete Weiße Zwerge in Gebrauch. Aus diesem Grund wurden alternative Namen für diese Objekte vorgeschlagen, etwa »Planetar« oder »Subar«. 1975 führte Jill Tarter den Begriff »Brauner Zwerg« ein, wobei sie »Braun« im Sinne einer ungefähren Farbe verwendete.

Noch heute verwenden Forscher übrigens den Begriff »Schwarzer Zwerg« als Bezeichnung für ein abgekühltes weißes Exemplar. Allerdings braucht selbst der leichteste Weiße Zwerg länger zum Erlöschen, als das Universum alt ist. Deshalb existieren solche Objekte vermutlich noch gar nicht.

Theorien über die Natur der masseärmsten Sterne und die Grenze der Wasserstoffverbrennung legen nahe, dass ein Population-I-Objekt (das sind die heute existierenden Sterne) mit einer Masse von weniger als 0,07-0,08 Sonnenmassen ($M_\odot$) oder ein Population-II-Objekt (die Generation vor den heutigen Sternen) mit einer Masse von weniger als 0,09 $M_\odot$ niemals eine normale Sternentwicklung durchlaufen können. Allerdings betrifft das nur die Wasserstoff-Fusion. Zu einer Deuterium-Fusion kann es schon ab 0,012 Sonnenmassen kommen. Objekte, die daraus ihre Energie gewinnen, sind allerdings nur schwer zu finden, da sie fast kein sichtbares Licht aussenden. Ihre stärkste Abstrahlung liegt im Infrarot-Bereich (IR), und bodengebundene IR-Empfänger waren lange zu ungenau, um Braune Zwerge ohne weiteres identifizieren zu können.

Viele Jahre lang blieben die Bemühungen, Braune Zwerge zu entdecken, deshalb erfolglos. Im Jahr 1988 fand man jedoch bei einer Infrarotsuche nach Weißen Zwergen einen schwachen Begleiter eines Sterns mit der Bezeichnung GD 165. Das Spektrum des Begleiters, GD 165B, war sehr rot und rätselhaft und zeigte keines der Merkmale, die von einem massearmen Roten Zwerg zu erwarten waren. Es wurde klar, dass GD 165B als ein viel kühleres Objekt eingeordnet werden musste. GD 165B blieb fast ein Jahrzehnt lang einzigartig, bis der Two Micron All-Sky Survey (2MASS) viele Objekte mit ähnlichen Farben und Spektralmerkmalen entdeckte.

GD 165B blieb die Einordnung als Brauner Zwerg lange versagt. Heute jedoch gilt er als der Prototyp einer Klasse von Objekten, die als »L-Zwerge« bezeichnet werden. Bald nach der Entdeckung von GD 165B wurden weitere Kandidaten gemeldet. Die meisten stellten sich jedoch als unpassend heraus, denn in ihrem Spektrum ließ sich kein Lithium nachweisen. »Echte« Sterne verbrennen in den ersten 100 Millionen Jahren ihrer Existenz fast sämtliches Lithium. Braune Zwerge sind dazu nicht in der Lage. Wenn also ein Objekt kein Lithium mehr besitzt, muss es sich um einen »richtigen« Stern handeln.

Einer der ersten sofort als solcher benannten Braunen Zwerge wurde 1994 von den Caltech-Astronomen Kulkarni, Tadashi Nakajima, Keith Matthews und Rebecca Oppenheimer sowie den Johns-Hopkins-Wissenschaftlern Sam Durrance und David Golimowski entdeckt. Gliese 229B wurde 1995 als substellarer Begleiter von Gliese 229 bestätigt. Dass es sich wirklich um einen Braunen Zwerg handelt, wurde durch den Nachweis der 670,8 nm-Lithiumlinie im Spektrum bestätigt. Zudem fanden die Forscher ein sogenanntes Methanabsorptionsband – etwas, das zuvor nur in den Atmosphären von Riesenplaneten und vom Saturnmond Titan beobachtet worden war. Methanabsorption, also die Absorption von Sternenlicht durch Methan, ist bei keiner Temperatur eines gewöhnlichen Sterns zu erwarten. Diese Entdeckung trug dazu bei, eine weitere Spektralklasse zu etablieren, die noch kühler ist als die L-Zwerge, die sogenannten »T-Zwerge«, für die Gliese 229B der Prototyp ist.

Ebenfalls 1994 fanden die spanischen Astrophysiker Rafael Rebolo, María Rosa Zapatero Osorio und Eduardo Martín im offenen Sternhaufen der Plejaden ein substellares, keinen anderen Stern umkreisendes Objekt, das den Namen »Teide 1«erhielt. Die Entfernung, chemische Zusammensetzung und das Alter von Teide 1 konnten aufgrund seiner Zugehörigkeit zum jungen Plejaden-Sternhaufen ermittelt werden. Das Entdecker-Team schätzte für Teide 1 eine Masse von 55 Jupitermassen, was unter der Grenze der stellaren Masse liegt. Teide 1 bestand den Lithium-Test. Der Braune Zwerg besitzt noch den gleichen Betrag an Lithium wie auch die molekulare Wolke, aus der in den Plejaden neue Sterne geboren werden. Teide 1 wurde später als Brauner Zwerg der M-Klasse eingeordnet.

Für einige Zeit war Teide 1 das kleinste bekannte Objekt außerhalb des Sonnensystems, das durch direkte Beobachtung identifiziert worden war. Seitdem hat man allerdings über 1.800 weitere Braune Zwerge gefunden, darunter sogar einige sehr erdnahe wie Epsilon

Indi Ba und Bb, ein Paar Brauner Zwerge, die gravitativ an einen sonnenähnlichen Stern 12 Lichtjahre von der Sonne entfernt gebunden sind.

## Braune Zwerge vs. Gasriesen

Die Massengrenze von 13 Jupitermassen, die die Astronomen verwenden, ist ziemlich willkürlich. Was unterscheidet Braune Zwerge sonst noch von Planeten?

Nun, Braune Zwerge bilden sich wie Sterne unabhängig voneinander im Zentrum einer protostellaren Scheibe, haben aber im Gegensatz zu Sternen nicht genügend Masse, um die Wasserstofffusion zu zünden. Wie alle Sterne können sie einzeln oder in unmittelbarer Nähe zu anderen Sternen auftreten. Einige Braune Zwerge umkreisen Sterne und können, wie Planeten, exzentrische Bahnen haben.

Braune Zwerge sind zwar deutlich schwerer, aber nicht größer als Gasplaneten. Tatsächlich haben alle ungefähr den gleichen Radius wie Jupiter. Das liegt an der Gravitation, die dafür sorgt, dass das Objekt sich selbst zusammenzieht. Am oberen Ende ihres Massenbereichs (60-90 Jupitermassen) wird das Volumen eines Braunen Zwergs wie bei den Weißen Zwergen hauptsächlich durch den Druck der Elektronenentartung bestimmt. Er entsteht daraus, dass in einem Objekt alle Elektronen unterschiedliche Energieniveaus einnehmen müssen (Fermi-Prinzip). Am unteren Ende des Bereichs (10 Jupitermassen) wird ihr Volumen, wie bei den Planeten, hauptsächlich durch den Coulombdruck bestimmt, der durch die elektrische Abstoßung der Elementarteilchen entsteht. Das Nettoergebnis ist, dass die Radien der Braunen Zwerge über den kompletten Bereich ihrer möglichen Massen nur um 10 bis 15 Prozent variieren. Dies kann ihre Unterscheidung von Planeten erschweren.

Hinzu kommt, dass in vielen Braunen Zwergen keine Fusionsreaktionen ablaufen. Selbst diejenigen am oberen Ende des Massenbereichs kühlen oft so schnell ab, dass sie schon nach 10 Millionen Jahren nicht mehr die Möglichkeit zur Kernfusion haben.

Röntgen- und Infrarotspektren sind verräterische Anzeichen für Braune Zwerge. Einige senden Röntgenstrahlen aus und alle »warmen« Zwerge glühen im Rot- und Infrarotspektrum so lange, bis sie auf planetenähnliche Temperaturen (unter 1000 K) abgekühlt sind.

Gasriesen haben einige der Merkmale von Braunen Zwergen. Wie die Sonne bestehen Jupiter und Saturn beide hauptsächlich aus Wasserstoff und Helium. Saturn ist fast so groß wie Jupiter, obwohl er nur ein Drittel seiner Masse besitzt. Drei der Riesenplaneten im Sonnensystem (Jupiter, Saturn und Neptun) strahlen viel mehr (bis zu etwa doppelt so viel) Wärme ab, als sie von der Sonne erhalten, und alle vier Riesenplaneten haben ihre eigenen »planetarischen« Systeme – nämlich ihre Monde. Beobachter von außerhalb, die die Grenze zum Braunen Zwerg nicht wie wir willkürlich auf 13 Jupitermassen festgelegt haben, könnten Jupiter denn auch für einen Braunen Zwerg halten.

## Braune Unter-Zwerge

Objekte unter 13 Jupitermassen nennt man auch Braune Unter-Zwerge oder Braune Zwerge mit Planetenmasse, wenn sie sich auf die gleiche Weise wie Sterne und Braune Zwerge (also durch den Kollaps einer Gaswolke) gebildet haben. Einige Forscher bestehen auch darauf, sie als frei schwebende Planeten zu bezeichnen. Unter Astronomen gibt es derzeit keinen Konsens, ob man die Art und Weise der Entstehung eines Objekts in die Bezeichnung einfließen lassen sollte.

Damit eine Gaswolke zu einem Braunen Unter-Zwerg kollabieren kann, muss sie mindestens eine Jupitermasse schwer sein, denn um durch Gravitationskontraktion zu kollabieren, muss Energie in Form von Wärme abgestrahlt werden, und dies wird durch die Opazität (Durchsichtigkeit) des Gases begrenzt. 2007 haben Astronomen einen Kandidaten mit drei Jupitermassen in einer Arbeit beschrieben. Die tatsächliche Natur des im Sigma-Orionis-Sternhaufen gefundenen S Ori 70 ist allerdings bis heute nicht geklärt. Etwa 15 bis 20 weitere derartige Objekte sind bekannt. Einige orbitieren Braune Zwerge, andere sind allein im Weltall unterwegs und werden dann auch als »Einzelgänger-Planeten« bezeichnet.

## Die Klassifizierung Brauner Zwerge

Die für Sterne definierten Spektralklassen sind im engeren Sinne nicht auf Braune Zwerge anwendbar, da es sich bei ihnen eben nicht um Sterne handelt. Betrachtet man allerdings nur die Oberflächentemperaturen, fallen viele von ihnen bei 1800 bis 2000 K in den Bereich der L- und M-Sterne (Rote Zwerge), da die optischen Eigenschaften nur von der Temperatur und der Zusammensetzung abhängen. Man wendet die Spektralklassen deshalb auch auf Braune Zwerge an, wobei diese allerdings keine direkte Aussage über die Masse, sondern nur über die Kombination von Masse und Alter liefern.

Ein schwerer junger Brauner Zwerg startet zum Beispiel im mittleren M-Bereich bei etwa 2900 K und durchläuft alle späteren M- und L-Typen, leichtere Braune Zwerge starten bereits bei einem späteren Typ. Das untere Ende der Hauptreihe ist nicht genau bekannt, es liegt aber vermutlich zwischen L2 und L4, also bei Temperaturen unter 1800 bis 2000 K. Bei späteren, kühleren Typen handelt es sich demnach mit Sicherheit um Braune Zwerge.

Für die kühleren Braunen Zwerge wie z. B. Gliese 229B mit einer Temperatur von etwa 950 K wurde mit dem T-Typ eine weitere Spektralklasse eingeführt, die mit Temperaturen unter etwa 1450 K nicht mehr auf Sterne anwendbar ist. Da das Spektrum in diesem Temperaturbereich vor allem von starken Methanlinien geprägt ist, nennt man Braune Zwerge vom T-Typ meist Methanzwerge.

Bis 2011 galt 2MASS J04151954-0935066 als kühlster bekannter Brauner Zwerg. Er weist bei einer Temperatur von 600 bis 750 K als T9-Zwerg bereits Abweichungen von den anderen T-Zwergen auf. Vor 2MASS J0415-0935 galt Gliese 570D mit etwa 800 K als kühlster bekannter Brauner Zwerg.

2011 wurde dann für extrem kalte Braune Zwerge die Spektralklasse Y eingeführt. Da sie lediglich Oberflächentemperaturen von 25 bis 170 °C haben, senden sie kein sichtbares Licht, sondern nur Infrarotstrahlung aus und sind sehr schwer zu beobachten. Sie wurden daher lange Zeit nur theoretisch vorhergesagt, ehe 2011 die erste Beobachtung durch das Wise-Observatorium gelang. Einer dieser Y-Zwerge, WISE 1828+2650, besitzt nach den Messungen des Satelliten eine Oberflächentemperatur von 27 °C. Das 2014 gefundene Objekt WISE 0855−0714, sieben Lichtjahre von der Erde entfernt, hat sogar eine Oberflächentemperatur von höchstens −13 °C, wobei aufgrund der geringen Masse (3 bis 10 Jupitermassen) unklar ist, ob es als brauner Zwerg oder als Objekt planetarer Masse einzustufen ist.

## Eine Expedition auf einen Braunen Zwerg

Wie würde es Ihnen ergehen, wenn Sie sich mit Ihrem privaten Raumschiff auf den Weg zu einem Braunen Zwerg machten? Junge Braune Zwerge haben in der Regel eine geringe Oberflächengravitation, da sie relativ große Radien und geringere Massen haben. Typische Atmosphären bekannter Brauner Zwerge haben Temperaturen zwischen 2200 und 750 K. Im Vergleich zu Sternen, die sich mit stetiger interner Fusion erwärmen, kühlen Braune Zwerge mit der Zeit schnell ab; massereichere Zwerge kühlen langsamer ab als weniger massereiche.

Beobachtungen an bekannten Kandidaten für Braune Zwerge haben ein Muster der Aufhellung und Verdunkelung der Wärmeabstrahlung gezeigt, das auf relativ kühle, undurchsichtige Wolkenmuster schließen lässt, die ein heißes Inneres verdecken, das durch extreme Winde aufgewühlt wird. Es wird angenommen, dass das Wetter auf solchen Körpern extrem ist, vergleichbar mit den berühmten Stürmen des Jupiter, aber noch weitaus stärker als diese.

Am 8. Januar 2013 untersuchten Astronomen mit den Weltraumteleskopen Hubble und Spitzer der NASA die stürmische Atmosphäre eines Braunen Zwergs namens 2MASS J22282889-4310262 und erstellten die bisher detaillierteste »Wetterkarte« eines Braunen Zwergs. Sie zeigt vom Wind getriebene, planetengroße Wolken. Im April 2020 berichteten Wissenschaftler von Windgeschwindigkeiten von 650 Metern pro Sekunde (2340 km/h) auf dem nah gelegenen Braunen Zwerg 2MASS J10475385+2124234. Zur Berechnung verglichen die Wissenschaftler die durch Helligkeitsänderungen ermittelte Drehbewegung der atmospharischen Merkmale mit der Rotation des elektromagnetischen Feldes, das im Inneren des Braunen Zwergs erzeugt wird. Die Ergebnisse bestätigten frühere Vorhersagen, dass Braune Zwerge starke Winde aufweisen.

## Die Entstehung Brauner Zwerge

In der Regel werden Braune Zwerge in entsprechend kleinen protostellaren Wolken geboren. Aber es gibt verschiedene Möglichkeiten, warum diesen Wolke so klein sind – oder warum irgendwann die Entwicklung zum Stern gestoppt wird.

- Der Braune Zwerg beginnt seine Entwicklung als Teil eines Systems, wird jedoch herausgeschleudert, bevor er die nötige Masse zur Zündung der Wasserstofffusion erreicht. Dafür kann es verschiedene Gründe geben.
- In jungen, massereichen Sternhaufen kann die ionisierende Strahlung massiver Sterne in unmittelbarer Umgebung die protostellare Akkretionsscheiben zerstören, bevor der Zwerg ausreichend Masse für die Wasserstofffusion anreichern kann. Aber auch enge Begegnungen mit anderen Sternen können diese Wirkung erzielen.
- In engen Doppelsternsystemen könnte ein Weißer Zwerg von einem Roten Zwerg Masse abschöpfen und damit seinem Begleiter so viel Masse entziehen, dass dieser zu einem Braunen Zwerg wird. Dieser Vorgang läuft tatsächlich in vielen sogenannten kataklysmischen Veränderlichen ab. Sie entwickeln sich in einem Zeitraum von einigen Hundert Millionen Jahren zu einem Doppelsternsystem, das aus einem Weißen und einem Braunen Zwerg besteht.

## Das Leben und Braune Zwerge

Da Braune Zwerge aus kollabierenden Materiewolken entstehen, greifen die gleichen Mechanismen wie in anderen Systemen. Es können also auch Planeten geboren werden. Allerdings sind die Ursprungswolken relativ leicht, sodass vermutlich nur wenige, kleine Planeten möglich sind.

Bewohnbar könnten diese durchaus sein. Die bewohnbare Zone schrumpft allerdings mit der Zeit wegen der Abkühlung des Braunen Zwergs. Die Bahnen der Planeten müssten außerdem beinahe ideale Kreisbahnen sein, weil die sonst starken Gezeitenkräfte auf den Planeten einen Treibhauseffekt auslösen und sie damit unbewohnbar machen würden.

Aber damit Leben entstehen kann, ist eine feste Oberfläche nicht unbedingt Voraussetzung. Wissenschaftler um Jack Yates von der University of Edinburgh zeigen, dass auch in den oberen Schichten der Atmosphäre eines kühlen Braunen Zwergs angenehme Bedingungen herrschen können, etwa Zimmertemperatur und ein ähnlicher Druck wie auf der Erde sowie Wasser in flüssigem Zustand.

In dieser »atmosphärischen habitablen Zone« würden Organismen ihr Leben in einem ewigen Schwebezustand verbringen – völlig losgelöst, wie es im Lied von Major Tom heißt. Das ist nicht ungewöhnlich, auch in der Erdatmosphäre schweben Mikrolebewesen. Energie bezögen die Schweber entweder aus der Wärme des Braunen Zwergs oder aber aus chemischen Prozessen innerhalb der Luftschichten.

Die Edinburgh Forscher haben in einer Studie das Ökosystem eines Braunen Zwergs vom Y-Typ simuliert. Es zeigte sich, dass die Körpergröße der dort lebenden Wesen vor allem von den Windverhältnissen abhängt. Ist die Atmosphäre ruhig, bleiben die Lebewesen zehnmal kleiner als in der Erdatmosphäre. Bei starker Thermik und den damit verbundenen Temperatur- und Dichteschwankungen hingegen würden größere Organismen leichter überleben, denn sie könnten einfacher auf Aufwinde reagieren, die sie sonst aus den habitablen Zonen in die kalten Randbereiche transportieren würden. Gleichzeitig müssten sie allerdings vermeiden, von ihrem höheren Gewicht in die lebensfeindlichen, heißen und dichten Tiefen des Braunen Zwergs gezogen zu werden. Möglich wären auch noch komplexere Strategien, etwa der Zusammenschluss zu Kolonien, die sich den Aufwinden gemeinsam entgegenstellen.

Tatsächlich weiß man etwa von dem oben schon erwähnten Braunen Zwerg WISE 0855-0714, dass in seiner Atmosphäre fast alle lebensnotwendigen Elemente vorhanden sind. Statistisch müssten sich im Umkreis von 30 Lichtjahren um die Erde noch zehn weitere kühle Braune Zwerge befinden. Nach Schätzungen der Astronomen könnte es in der gesamten Milchstraße insgesamt sogar zwischen 50 und 100 Milliarden Braune Zwerge geben, also etwa halb so viele wie Sterne. Die Forscher hoffen, sie mit Hilfe des künftigen James-Webb-Weltraumteleskops aufspüren und analysieren zu können. Dann ließen sich dort vielleicht sogar direkte Spuren außerirdischen Lebens finden.

Tipp: Wenn Sie diesen populärwissenschaftlichen Einschub als reich illustriertes PDF lesen möchten, tragen Sie doch unter hardsf.de/fortsetzung/ Ihre Adresse ein.

# Die neue Biografie von Sirius

Sirius ist der hellste Stern am Nachthimmel. Damit ist er natürlich auch der leuchtkräftigste Stern seines Sternbilds Großer Hund und heißt deshalb auch α Canis Majoris. Sein Name leitet sich vom griechischen Wort Σείριος ab, das »glühend« oder »sengend« bedeutet. Der »Hundsstern« markierte für die alten Griechen denn auch die »Hundstage«, die besonders heißen Tage des Sommers.

Mit einer visuellen scheinbaren Größe von −1,46 ist Sirius fast doppelt so hell wie Canopus, der zweithellste Stern. Sirius ist ein Doppelstern, der aus einem Hauptreihenstern des Spektraltyps A0 oder A1 mit der Bezeichnung Sirius A und einem Weißen Zwerg des Spektraltyps DA2 mit der Bezeichnung Sirius B besteht. Der Abstand zwischen beiden variiert zwischen 8,2 Astronomischen Einheiten (etwa zwischen Jupiter und Saturn) und 31,5 AE (etwas mehr als der Abstand von Neptun und Sonne). Die beiden Sterne brauchen für eine Umkreisung rund 50 Jahre.

Sirius erscheint sowohl aufgrund seiner intrinsischen Leuchtkraft als auch wegen seiner Nähe zum Sonnensystem hell. Mit einer Entfernung von nur 8,6 Lichtjahren ist das Sirius-System einer der nächsten Nachbarn der Erde. Sirius rückt sogar allmählich näher an das Sonnensystem heran, sodass seine Helligkeit in den nächsten 60.000 Jahren leicht zunehmen wird. Danach entfernt sich Sirius wieder, doch auch für die nächsten 210.000 Jahre wird es sich noch um den hellsten Stern am Nachthimmel der Erde handeln.

## Beobachtungsgeschichte von Sirius

Sirius ist bereits in einigen der frühesten astronomischen Aufzeichnungen zu finden. Die alten Ägypter verehrten ihn als Göttin Sopdet, Garantin für die Fruchtbarkeit ihres Landes, weil er extrem genau die Nilfluten vorhersagte. Die alten Griechen beobachteten, dass das Erscheinen von Sirius den heißen und trockenen Sommer ankündigte. Sie nahmen an, dass Sirius Pflanzen welken, Männer schwächen und Frauen erregen würde.

1717 entdeckte Edmond Halley die Eigenbewegung der »Fixsterne«, die man sich bis dahin als fest am Himmelszelt verankert gedacht hatte, indem er zeitgenössische astrometrische Messungen mit Daten aus Ptolemäus' »Almagest« (2. Jahrhundert n. Chr.) verglich. Dabei fand Halley heraus, dass die hellen Sterne Aldebaran, Arcturus und Sirius ihre Position deutlich verändert hatten. Sirius war ungefähr 30 Bogenminuten (etwa der Durchmesser des Mondes) nach Südwesten vorgerückt.

1868 war Sirius der erste Stern, dessen Geschwindigkeit gemessen wurde. William Huggins untersuchte das Spektrum des Sterns und beobachtete darin eine Rotverschiebung. Er schloss daraus, dass Sirius sich mit etwa 40 km / s vom Sonnensystem entfernte. Verglichen mit dem heute bekannten Wert von −5,5 km / s war dies eine Überschätzung und hatte das falsche Vorzeichen. Tatsächlich nähert sich Sirius. Vermutlich hat Huggins die Umlaufgeschwindigkeit der Erde nicht berücksichtigt, was einen Fehler von bis zu 30 km / s verursachen würde.

1844 folgerte der deutsche Astronom Friedrich Bessel aus Änderungen in der Eigenbewegung von Sirius, dass er einen unsichtbaren Begleiter haben musste. Am 31. Januar 1862 beobachtete der amerikanische Teleskopbauer und Astronom Alvan Graham Clark erstmals den schwachen Begleiter, der jetzt Sirius B oder liebevoll »der Welpe« genannt wird. Die Sichtung von Sirius B wurde am 8. März mit kleineren Teleskopen bestätigt.

Seit 1894 wurden immer wieder Unregelmäßigkeiten der Umlaufbahn im Sirius-System beobachtet, was auf einen dritten sehr kleinen Begleitstern hindeutete. Dieser wurde jedoch nie bestätigt. Die beste Anpassung an die Daten zeigt eine sechsjährige Umlaufbahn um Sirius A und eine Masse von 0,06 Sonnenmassen. »Sirius C« wäre damit fünf bis zehn Größenordnungen schwächer als der Weiße Zwerg Sirius B, was die Beobachtung erschweren würde. 2008 veröffentlichte Messungen konnten jedoch erneut weder einen dritten Stern noch einen Planeten erkennen. Es wird angenommen, dass ein scheinbarer »dritter Stern«, der in den 1920er-Jahren beobachtet wurde, in Wirklichkeit ein Hintergrundobjekt ist.

## Sirius am Nachthimmel

Mit einer scheinbaren Größe von −1,46 ist Sirius der hellste Stern am Nachthimmel, fast doppelt so hell wie der zweithellste Stern, Canopus. Von der Erde aus erscheint Sirius zu bestimmten Zeiten immer dunkler als Jupiter und Venus sowie Merkur und Mars. Sirius ist von fast überall auf der Erde sichtbar, mit Ausnahme der Breiten nördlich von 73 ° N. Aufgrund seiner Deklination von ungefähr −17 ° ist Sirius ein zirkumpolarer Stern aus Breiten südlich von 73 ° S. Von der südlichen Hemisphäre aus ist Sirius Anfang Juli sowohl am Abend, wo er nach der Sonne untergeht, als auch am Morgen, wo er untergeht, zu sehen.

Der Stern bildet zusammen mit Procyon und Beteigeuze für Beobachter auf der Nordhalbkugel einen der drei Eckpunkte des Winterdreiecks.

Aufgrund der Präzession (und der leichten Eigenbewegung) wird Sirius in Zukunft weiter nach Süden ziehen. Ab dem Jahr 9000 wird Sirius von Nord- und Mitteleuropa aus nicht mehr sichtbar sein, und ab dem Jahr 14.000 wird seine Deklination −67 ° betragen, sodass er in ganz Südafrika und in den meisten Teilen Australiens zirkumpolar sein wird.

Sirius lässt sich unter den richtigen Bedingungen sogar bei Tageslicht mit bloßem Auge beobachten. Idealerweise sollte der Himmel sehr klar sein, und die Sonne sollte schon tief am Horizont stehen.

Mit seiner Entfernung von 2,6 Parsec (8,6 Lichtjahre) enthält das Sirius-System zwei der acht der Sonne am nächsten gelegenen Sterne und ist das fünftnächste der der Sonne am nächsten gelegenen Sternensysteme. Der Sirius am nächsten gelegene große Nachbarstern ist Procyon, 1,61 Parsec (5,24 Lichtjahre) entfernt. Die 1977 gestartete Sonde Voyager 2 wird voraussichtlich in ungefähr 296.000 Jahren innerhalb von 4,3 Lichtjahren Abstand an Sirius vorbeifliegen.

## Das Sirius-System

Sirius ist ein binäres Sternensystem, das aus zwei weißen Sternen besteht, die sich mit einem Abstand von im Mittel 20 AE umkreisen. Die hellere Komponente, Sirius A genannt, ist ein Hauptreihenstern vom frühen Typ A des Spektraltyps mit einer geschätzten Oberflächentemperatur von 9.940 K. Sein Begleiter, Sirius B, ist ein Stern, der sich bereits aus der Hauptreihe verabschiedet hat und zu einem weißen Zwerg geworden ist. Heute ist Sirius B zwar 10.000-mal weniger hell als Sirius A, doch einst war er der massereichere von beiden.

Das Alter des Systems wird auf rund 230 Millionen Jahre geschätzt. Damit ist es etwa im Vergleich zum Sonnensystem mit seinen 4,6 Milliarden Jahren überaus jung. Die Astronomen nehmen an, dass es zu Beginn seines Lebens aus zwei bläulich-weißen Sternen bestand, die sich alle 9,1 Jahre in einer elliptischen Umlaufbahn umkreisten. Das System sendet heute noch eine höhere als erwartete Infrarotstrahlung aus. Dies könnte ein Hinweis auf Staubmassen sein, was für einen Doppelstern ungewöhnlich wäre. Aufnahmen des Chandra-Röntgenobservatoriums zeigen, dass der Zwerg Sirius B seinen Partner als Röntgenquelle übertrifft.

Im Jahr 2015 verwendeten Vigan und Kollegen das VLT der Europäischen Südsternwarte, um nach Beweisen für substellare Gefährten zu suchen. Dabei konnten die Forscher das Vorhandensein von Riesenplaneten mit wenigstens vierfacher Jupitermasse ausschließen. Kleinere, einen der beiden Sterne eng umkreisende Planeten könnten noch existieren.

Sirius A ist ein Hauptreihenstern vom Spektraltyp A1 mit der Leuchtkraftklasse V und dem Zusatz m für »metallreich«. Seine Masse ist etwa 2,1-mal so groß wie die der Sonne. Interferometrische Messungen zeigen, dass sein Durchmesser das 1,7fache des Sonnendurchmessers beträgt. Sirius' Leuchtkraft ist 25-mal so groß wie die der Sonne, die Oberflächentemperatur beträgt knapp 10.000 K (Sonne: 5.778 K).

Die durch die Rotation des Sterns verursachte Verbreiterung der Spektrallinien erlaubt es, eine Untergrenze für die Rotationsgeschwindigkeit am Äquator zu bestimmen. Sie liegt bei 16 km/s, woraus eine Rotationsdauer von etwa 5,5 Tagen oder weniger folgt. Diese niedrige Geschwindigkeit lässt keine messbare Abplattung der Pole erwarten. Im Gegensatz dazu rotiert die ähnlich große Wega mit 274 km/s sehr viel schneller, was eine erhebliche Ausbuchtung am Äquator zur Folge hat.

Das Lichtspektrum von Sirius A zeigt ausgeprägte metallische Linien. Dies deutet auf eine Anreicherung von schwereren Elementen als Helium hin, wie etwa von spektroskopisch besonders leicht beobachtbarem Eisen. Das Verhältnis von Eisen zu Wasserstoff ist in der Atmosphäre etwa dreimal so groß wie in der Atmosphäre der Sonne. Vermutlich ist der in der Sternatmosphäre beobachtete hohe Anteil von schwereren Elementen nicht repräsentativ für das gesamte Sterninnere, sondern durch Anreicherung der schwereren Elemente auf der dünnen äußeren Konvektionszone des Sterns zustande gekommen.

Die Gas- und Staubwolke, aus der Sirius A gemeinsam mit Sirius B entstand, hatte laut gängigen Sternmodellen nach etwa 4,2 Millionen Jahren das Stadium erreicht, in dem die Energiegewinnung durch die langsam anlaufende Kernfusion die Energiefreisetzung infolge Kontraktion um die Hälfte übertraf. Nach zehn Millionen Jahren schließlich stammte die gesamte erzeugte Energie aus der Kernfusion. Sirius A ist seither ein gewöhnlicher, Wasserstoff verbrennender Hauptreihenstern. Er erzeugt bei einer Kerntemperatur von etwa 22 Millionen Kelvin seine Energie hauptsächlich über den Bethe-Weizsäcker-Zyklus.

Sirius A wird seinen Vorrat an Wasserstoff innerhalb der nächsten knappen Jahrmilliarde verbrauchen, danach den Zustand eines Roten Riesen erreichen und schließlich als Weißer Zwerg von etwa 0,6 Sonnenmassen enden.

Dann wird Sirius B wieder der größere und schwerere von beiden sein, denn bei ihm handelt es sich um einen der massereichsten bekannten Weißen Zwerge. Mit einer Masse von 1,02 Sonnenmassen übertrifft er den Durchschnitt von 0,5 bis 0,6 Sonnenmassen deutlich. Diese Masse ist in ein Volumen gepackt, das ungefähr dem der Erde entspricht. Die aktuelle Oberflächentemperatur beträgt 25.200 K. Da es keine interne Wärmequelle gibt, wird Sirius B stetig abkühlen, indem er die verbleibende Wärme über mehr als zwei Milliarden Jahre in den Weltraum abstrahlt.

Ein weißer Zwerg bildet sich, nachdem sich ein Stern aus der Hauptreihe entfernt und dann das Stadium des Roten Riesen durchlaufen hat. Dies geschah, als Sirius B vor etwa 120 Millionen Jahren weniger als die Hälfte seines gegenwärtigen Alters hatte. Der ursprüngliche Stern hatte geschätzte 5 Sonnenmassen und war ein Stern vom Typ B (ungefähr B4–5), als er sich noch in der Hauptreihe befand. Als Sirius B sich zum Roten Riesen aufblähte, hat er vermutlich die Metallizität seines Begleiters erhöht.

Sirius B besteht heute hauptsächlich aus einem Kohlenstoff-Sauerstoff-Gemisch, das durch Heliumfusion im Vorläufer-Stern erzeugt wurde. Es wird von einer Hülle aus leichteren Elementen überlagert, wobei die Schichten durch die hohe Oberflächengravitation nach Masse getrennt sind. Die äußere Atmosphäre von Sirius B besteht damit aus fast reinem Wasserstoff, dem Element mit der niedrigsten Masse, und es sind keine anderen Elemente in seinem Spektrum zu sehen.

1909 schlug Ejnar Hertzsprung als erster vor, dass Sirius Mitglied des Ursa-Major-Stroms sein könnte, basierend auf seinen Beobachtungen der Bewegungen des Systems über den Himmel. Diese Sternengruppe besteht aus 220 Sternen, die sich gemeinsam durch den Raum bewegen und einst einen Offenen Sternhaufen bildeten. Analysen in den Jahren 2003 und 2005 ergaben allerdings, dass Sirius' Mitgliedschaft in der Gruppe fraglich ist: Der Ursa-Major-Strom hat nämlich ein geschätztes Alter von 500 ± 100 Millionen Jahren, während Sirius deutlich jünger ist. Das System könnte stattdessen Mitglied des vorgeschlagenen Sirius-Superhaufens sein, zusammen mit anderen verstreuten Sternen wie Beta Aurigae, Alpha Coronae Borealis, Beta Crateris, Beta Eridani und Beta Serpentis. Dies wäre einer von drei großen Clustern, die sich innerhalb von 500 Lichtjahren um die Sonne befinden. Die anderen beiden sind die Hyaden und die Plejaden. Jeder dieser Sternhaufen besteht aus Hunderten von Sternen.

Sirius – ein roter Stern?

Sirius erscheint dem Betrachter bläulich bis weiß. Im von Claudius Ptolemäus verfassten Almagest findet sich der Hauptstern des Sternbilds Großer Hund jedoch mit dem Eintrag »Der Stern im Maule, der hellste, der Hund[sstern] genannt wird und rötlich ist«. Seit dem 18. Jahrhundert knüpfen sich daran Spekulationen, ob Sirius tatsächlich während der letzten 2000 Jahre seine Farbe geändert haben könnte. In diesem Fall würde Ptolemäus' Bemerkung wertvolles Beobachtungsmaterial sowohl allgemein zur Sternentwicklung als auch speziell zu den Vorgängen in der Sonnenumgebung liefern.

Es lässt sich auch unter Betrachtung weiterer Quellen jedoch nicht eindeutig entscheiden, ob Sirius in der Antike als rot wahrgenommen wurde oder nicht. Ein assyrischer Text aus dem Jahre 1070 v. Chr. beschreibt Sirius als »rot wie geschmolzenes Kupfer«. Sirius wird von Aratos in seinem Lehrgedicht »Phainomena« sowie von dessen späteren Bearbeitern als rötlich bezeichnet. Bei Plinius ist Sirius »feurig« und bei Seneca sogar röter als Mars. Auch der frühmittelalterliche Bischof Gregor von Tours bezeichnet Sirius in seinem Werk »De cursu stellarum ratio« (ca. 580 n. Chr.) noch als roten Stern. Andererseits bezeichnet Manilius Sirius als »meerblau«, und vier antike chinesische Texte beschreiben die Farbe einiger Sterne als »so weiß wie [Sirius]«. Darüber hinaus wird Sirius oft als stark funkelnd beschrieben; ein eindrucksvolles Funkeln setzt aber die vollen Spektralfarben eines weißen Sterns voraus, während das mattere Funkeln eines roten Sterns kaum Aufmerksamkeit erregt hätte. Fünf andere von Ptolemäus als rot bezeichnete Sterne (u. a. Beteigeuze, Aldebaran) sind auch für den heutigen Betrachter rötlich.

Nach heutigem Verständnis der Sternentwicklung ist ein Zeitraum von 2000 Jahren bei weitem nicht ausreichend, um bei den betreffenden Sterntypen sichtbare Veränderungen bewirken zu können. Demnach ist weder ein Aufheizen von Sirius A von einigen tausend Kelvin auf die heutigen knapp 10.000 K, noch eine Sichtung von Sirius B in seiner Phase als Roter Riese denkbar. Alternative Erklärungsversuche konnten bislang allerdings auch nicht vollständig überzeugen. Eine zwischen Sirius und der Erde durchziehende interstellare Staubwolke könnte zum Beispiel eine erhebliche Rötung des Lichts durchscheinender Sterne verursacht haben. Sie hätte aber Sirius' Licht auch so stark schwächen müssen, dass er allenfalls als unauffälliger Stern dritter Größenklasse erschienen wäre. Spuren einer solchen Wolke wurden zudem nicht gefunden.

Die irdische Atmosphäre rötet das Licht tief stehender Gestirne ebenfalls, schwächt es aber nicht so stark ab. Da der Aufgang des Sirius für viele antike Kulturen ein wichtiger kalendarischer Fixpunkt war, könnte die Aufmerksamkeit besonders dem tief stehenden und dann rötlich erscheinenden Sirius gegolten haben. Diese Farbe könnte Sirius dann als kennzeichnendes Attribut beibehalten haben. Theoretische Rechnungen deuten an, dass die Atmosphäre in der Tat das Licht eines Sterns ausreichend röten kann, ohne die Helligkeit unter die Farbwahrnehmungsschwelle zu drücken. Praktische Beobachtungen konnten bisher aber keinen ausgeprägten Rötungseffekt feststellen.

»Rötlich« könnte schließlich auch ein lediglich symbolisches Attribut sein, das Sirius mit der von seinem Erscheinen angekündigten Sommerhitze in Verbindung bringt.

# Die neue Biografie von Epsilon Eridani

Epsilon Eridani (ε Eridani) ist ein Stern im südlichen Sternbild Eridanus. Er trägt seit einigen Jahren auch den Eigennamen Ran. In einer Entfernung von 10,5 Lichtjahren von der Sonne hat er eine scheinbare Helligkeit von 3,73. Er ist der drittnächste Einzelstern oder das drittnächste Sternensystem, das mit bloßem Auge sichtbar ist.

Der Eridanus gehört zu den 48 Sternbildern der antiken Astronomie, die bereits von Ptolemäus beschrieben wurden. In der griechischen Mythologie war er ein Fluss, der den Wassern des Aquarius entsprang. Eine Sage bringt ihn mit Phaeton, dem Sohn des Sonnengottes Helios, in Verbindung. Als Phaeton eines Tages den Himmelswagen seines Vaters übernahm, kam es zur Katastrophe. Der von Rössern gezogene Wagen, der die Sonne trug, geriet außer Kontrolle. Er kam der Erde zu nahe, verbrannte den Norden Afrikas und färbte die Haut der dort lebenden Menschen dunkel. Der erzürnte Zeus tötete Phaeton mit einem Blitzschlag. Das Sternbild Eridanus sollte ursprünglich den Weg darstellen, den der Himmelswagen während dieser Fahrt nahm. Später sah man darin den Fluss, in den der tote Phaeton stürzte.

Epsilon Eridani könnte ein Mitglied der Ursa Major Moving Group sein, einer Gruppe von Sternen, die sich auf einem ähnlichen Weg durch die Milchstraße bewegen, was auf einen gemeinsamen Ursprung dieser Sterne in einem offenen Sternhaufen schließen lässt. Sein nächster Nachbar, das Doppelsternsystem Luyten 726-8, wird in etwa 31.500 Jahren sehr nah an Epsilon Eridani herankommen. Sie werden dann nur noch etwa 0,93 Lichtjahre voneinander entfernt sein.

## Seine Eigenschaften

Mit einer Entfernung von 10,5 Lichtjahren ist Epsilon Eridani der 13. nächstgelegene bekannte Stern (und der neuntnächste Einzelstern) zur Sonne. Seine Nähe macht ihn zu einem der am besten untersuchten Sterne seines Spektraltyps. Bei einer Deklination von -9,46° kann Epsilon Eridani zu geeigneten Jahreszeiten von einem Großteil der Erdoberfläche aus gesehen werden. Nur nördlich von 80° nördlicher Breite ist er dauerhaft unter dem Horizont verborgen. Die scheinbare Helligkeit von 3,73 erschwert es, ihn von einem städtischen Gebiet aus mit bloßem Auge zu beobachten.

Der Stern ist etwas kleiner als unsere Sonne. Er hat eine geschätzte Masse von 0,82 Sonnenmassen und einen Radius von 0,74 Sonnenradien. Seine Leuchtkraft liegt nur bei etwa einem Drittel der Leuchtkraft der Sonne. Die geschätzte effektive Temperatur beträgt 5.084 K (zum Vergleich: bei der Sonne sind es 5.778 K). Mit einer stellaren Klassifikation von K2 V ist er der zweitnächste K-Typ-Hauptreihenstern (nach Alpha Centauri B). Seit 1943 dient das Spektrum von Epsilon Eridani als einer der stabilen Ankerpunkte, nach denen andere Sterne klassifiziert werden. Seine Metallizität, der Anteil der Elemente, die schwerer als Helium sind, ist etwas geringer als bei der Sonne.

Die Leuchtkraftklasse V (Zwerg) wird Sternen zugeordnet, die in ihrem Kern eine thermonukleare Fusion von Wasserstoff durchlaufen. Bei einem Hauptreihenstern vom K-Typ wird diese Fusion durch die Proton-Proton-Kettenreaktion dominiert, bei der eine Reihe von Reaktionen vier Wasserstoffkerne effektiv zu einem Heliumkern verbindet. Die durch die Fusion freigesetzte Energie wird vom Kern durch Strahlung nach außen transportiert, was zu keiner Nettobewegung des umgebenden Plasmas führt. Außerhalb dieses Bereichs, in der Hülle, wird die Energie durch Plasmakonvektion zur Photosphäre getragen, wo sie dann in den Weltraum abstrahlt.

Zum Vergleich: Die Sonne ist ein G2-Stern, was bedeutet, dass sie eine hohe Temperatur für einen G-Stern aufweist. Die Einteilung reicht dabei von 0-9, wobei 9 die niedrigste Temperatur der Klasse ist. Außerdem gibt es Leuchtkraftklassen, eine Skala von römischen Zahlen von I bis V, die die Größe und Leuchtkraft des Sterns angeben. I ist ein Überriese, V ist ein Hauptreihenstern. Wenn man Leuchtkraft und Spektralklasse in ein Hertzprung-Russel-Diagramm einträgt, zeigt sich, dass Epsilon Eridani zusammen mit der großen Mehrheit der Sterne in der Hauptreihe auftaucht.

Die Zugehörigkeit zur K-Klasse ist aber keineswegs eine Garantie für einen kleinen, leuchtschwachen Stern. Viele Riesensterne wie Aldebaran und Arcturus gehören zu dieser Klasse.

Arcturus etwa ist ein K1,5 III-Stern mit dem 25-fachen Radius der Sonne und der 115-fachen Leuchtkraft.

Epsilon Eridani hat eine höhere magnetische Aktivität als die Sonne, und daher verhalten sich die äußeren Teile seiner Atmosphäre (die Chromosphäre und Korona) dynamischer. Die durchschnittliche Magnetfeldstärke von Epsilon Eridani über die gesamte Oberfläche ist mehr als vierzigmal so groß wie bei der Sonne. Ähnlich wie bei unserem Stern vollzieht sich die Aktivität in Zyklen, und zwar von 2,95 und 12,7 Jahren.

Das hohe Maß an chromosphärischer Aktivität, das starke Magnetfeld und die relativ schnelle Rotationsrate von Epsilon Eridani sind charakteristisch für einen jungen Stern. Man schätzt, dass Epsilon Eridani zwischen 200 Millionen und 800 Millionen Jahre alt ist. Das ist ein gewisser Widerspruch zur geringen Häufigkeit schwerer Elemente, die normalerweise auf einen älteren Stern hindeutet. Das interstellare Medium (aus dem sich Sterne bilden) wird ja ständig mit schwereren Elementen angereichert, die von älteren Generationen von Sternen produziert werden. Diese Anomalie könnte durch einen Diffusionsprozess verursacht werden, durch den sich einige der schwereren Elemente aus der Photosphäre in eine Region unterhalb der Konvektionszone von Epsilon Eridani bewegt haben, wo sie für uns nicht mehr sichtbar sind.

Im Röntgenbereich ist Epsilon Eridani heller als die Sonne. Die Quelle für diese starke Röntgenemission ist die heiße Korona, die noch größer und heißer ist als die der Sonne.

Epsilon Eridani verliert über seinen Sonnenwind 30 Mal mehr Masse als die Sonne. Der von dem Stern produzierte Sonnenwind breitet sich aus, bis er mit dem umgebenden interstellaren Medium aus diffusem Gas und Staub kollidiert, was zu einer Blase aus erhitztem Wasserstoffgas führt (einer Astrosphäre, das Äquivalent zur Heliosphäre, die die Sonne umgibt). Diese Einflusssphäre des Sterns erstreckt sich über etwa 8.000 Astronomische Einheiten (AE); könnte man sie von der Erde aus sehen, wäre sie größer als der Vollmond. Die Heliosphäre der Sonne hingegen hat nur einen Radius von 120 AE.

Wir haben festgestellt, dass Epsilon Eridani ein kleiner, orangefarbener Hauptreihenstern ist. Orange bedeutet eine recht niedrige Temperatur und sorgt wie die geringe Größe dafür, dass der Stern seinen Wasserstoff nicht so schnell verbraucht wie zum Beispiel der weiß-blaue Sirius. Im Gegensatz zu seinen Kollegen, den rot-orangefarbenen Riesen und den helleren Hauptreihensternen, kann Epsilon Eridani sich also auf eine längere Lebenszeit als unsere Sonne freuen. Während die Lebenserwartung der Sonne bei etwa 10 Milliarden Jahren liegt (wovon 4,5 Milliarden schon vergangen sind), wird Epsilon Eridani seinen Brennstoff erst in 23,2 Milliarden

Jahren verbraucht haben. Sollte es dort einen bewohnbaren Planeten geben, wäre dieser für die Menschheit ein guter Zweitwohnsitz und spätestens dann lebensrettend, wenn unsere Sonne zum Roten Riesen anschwillt.

## Die Staubscheibe

Beobachtungen mit dem James-Clerk-Maxwell-Teleskop bei einer Wellenlänge von 850 µm (Infrarot) zeigen einen ausgedehnten Strahlungsfluss bis zu einem Winkelradius von 35 Bogensekunden um Epsilon Eridani. Das Maximum der Emission tritt bei einem Winkelradius von 18 Bogensekunden auf, was einem Radius von etwa 60 AE entspricht. Die höchste Emission tritt in einem Radius von 35-75 AE um Epsilon Eridani auf und wird innerhalb von 30 AE deutlich reduziert. Diese Emission könnte von einer Entsprechung zum Kuiper-Gürtel des Sonnensystems stammen: einer kompakten, staubigen Scheibenstruktur, die den Stern umgibt.

Staub und möglicherweise auch Wassereis aus diesem Gürtel wandern langsam auf Epsilon Eridani zu. Die Zeitskala, in der der gesamte Staub in der Scheibe dadurch weggeräumt sein müsste, ist kleiner als das geschätzte Alter von Epsilon Eridani. Daher muss die aktuelle Staubscheibe durch Kollisionen oder andere Effekte von größeren Mutterkörpern entstanden sein, und die Scheibe repräsentiert ein spätes Stadium im Prozess der Planetenbildung. Es wären Kollisionen zwischen Elternkörpern mit insgesamt 11 Erdmassen nötig gewesen, um die Scheibe über ihr geschätztes Alter hinaus in ihrem jetzigen Zustand zu erhalten.

Die Scheibe enthält eine geschätzte Masse an Staub, die einem Sechstel der Masse des Mondes entspricht, mit einzelnen Staubkörnern von mehr als 3,5 µm Größe bei einer Temperatur von etwa 55 K. Dieser Staub wird durch die Kollision von Kometen erzeugt, die einen Durchmesser von 10 bis 30 km haben und eine kombinierte Masse von 5 bis 9 Erdmassen. Das entspricht in etwa den geschätzten 10 Erdmassen im primordialen Kuipergürtel der Sonne.

Die klumpige Struktur des Staubgürtels kann durch die Gravitationsstörung eines Planeten erklärt werden, der als Epsilon Eridani b bezeichnet wird (siehe unten). Die Klumpen im Staub treten auf Umlaufbahnen auf, die eine ganzzahlige Resonanz mit der Umlaufbahn des vermuteten Planeten haben. Zum Beispiel befindet sich der Bereich der Scheibe, der zwei Umläufe für jeweils drei Umläufe eines Planeten absolviert, in einer 3:2 Orbitalresonanz. Alternativ könnte die Klumpigkeit durch Kollisionen zwischen Kleinplaneten, den sogenannten Plutinos, verursacht worden sein.

## Die Asteroidengürtel

Beobachtungen des Spitzer-Weltraumteleskops der NASA deuten darauf hin, dass Epsilon Eridani außerdem zwei Asteroidengürtel und eine Wolke aus exozodiakalem Staub besitzt. Letzterer ist ein Analogon zum zodiakalen Staub, der sich in der Ebene des Sonnensystems befindet und von der Erde aus als Zodiakallicht sichtbar wird. Der eine Gürtel befindet sich etwa an der gleichen Position wie der im Sonnensystem, umkreist in einem Abstand von 3,00 AE Epsilon Eridani und besteht aus Silikatkörnern mit einem Durchmesser von 3 µm und einer Gesamtmasse von etwa $10^{18}$ kg. Wenn der Planet Epsilon Eridani b existiert, dann ist es unwahrscheinlich, dass dieser Gürtel eine Quelle außerhalb der Umlaufbahn des Planeten hatte, sodass der Staub durch Fragmentierung und Kraterbildung von größeren Körpern wie Asteroiden entstanden sein könnte. Der zweite, dichtere Gürtel, der höchstwahrscheinlich ebenfalls von Asteroiden bevölkert ist, liegt zwischen dem ersten Gürtel und der äußeren Staubscheibe. Die Struktur der Gürtel und der Staubscheibe legt nahe, dass mehr als zwei Planeten im Epsilon-Eridani-System nötig sind, um diese Konfiguration aufrechtzuerhalten.

Die innere Region um Epsilon Eridani, ab einem Radius von 2,5 AE nach innen, scheint bis zur Nachweisgrenze frei von Staub zu sein. Die Staubkörner in dieser Region werden durch den Sternwind hinweggefegt, während das Vorhandensein eines Planetensystems dazu beiträgt, diesen Bereich frei von Trümmern zu halten. Dennoch schließt dies nicht die Möglichkeit aus, dass ein innerer Asteroidengürtel vorhanden ist, dessen Gesamtmasse nicht größer ist als die des Asteroidengürtels im Sonnensystem.

## Planet AEgir

Dieser Planet, der als Epsilon Eridani b bezeichnet wird, wurde im Jahr 2000 angekündigt, aber die Entdeckung blieb lange umstritten. Eine umfassende Studie im Jahr 2008 bezeichnete die Entdeckung als »vorläufig« und beschrieb den vorgeschlagenen Planeten als »lange vermutet, aber immer noch unbestätigt«. Viele Astronomen glauben jedoch, dass die Beweise ausreichend überzeugend sind, sodass sie die Entdeckung als bestätigt ansehen. So hat die Internationale Astronomische Union dem Planeten inzwischen den Namen AEgir gegeben.

Die grundlegenden Parameter des Planeten scheinen allerdings noch unklar zu sein. Die Werte für seine Umlaufzeit reichen von 6,85 bis 7,2 Jahren. Die große Halbachse seiner elliptischen Umlaufbahn könnte zwischen 3,38 AE und 3,50 AE liegen, und die Näherungswerte für seine Bahnexzentrizität reichen von 0,25 bis 0,7. Das wären hohe Werte. Pluto, den wir auch als ziemlich exzentrisch kennen, hat nur eine Exzentrizität von 0,24.

Falls der Planet existiert, bleibt seine Masse unbekannt, aber eine untere Grenze kann anhand der Bahnverschiebung von Epsilon Eridani abgeschätzt werden. Damit kommt man dann auf etwa 1,2 bis 1,5 Jupitermassen für die Masse des Planeten. Es ist sehr unwahrscheinlich, dass sich auf diesem Planeten oder gar auf seinen eventuellen Monden Leben entwickeln kann. Die Temperatur schwankt wegen der eiförmigen Umlaufbahn zu stark, und er ist viel zu weit von Epsilon Eridani entfernt, um warm genug zu sein, um Leben, wie wir es kennen, zu ermöglichen.

## Weitere Planeten

Computersimulationen der Staubscheibe, die Epsilon Eridani umkreist, legen nahe, dass die Form der Scheibe durch die Anwesenheit eines zweiten Planeten erklärt werden kann. Der postulierte Epsilon Eridani c würde in einer Entfernung von 40 AE kreisen, mit einer Periode von 280 Jahren. Aktuelle Modelle der Planetenentstehung können allerdings nicht ohne weiteres erklären, wie ein Planet in dieser Entfernung von Epsilon Eridani entstanden sein könnte. Eigentlich müsste sich die Staubscheibe aufgelöst haben, lange bevor sich Planet c hätte bilden können. Womöglich ist er aber auch in einem Abstand von etwa 10 AE geboren worden und dann nach außen gewandert.

Ein bewohnbarer Planet, wie ihn die Majestätische Dracht in diesem Roman besucht, müsste sich wesentlich näher am Stern befinden. In einem Abstand von 0,61 AE würde er genau dieselbe Wärmemenge empfangen wie die Erde von der Sonne bei 1 AE. Die bewohnbare Zone eines vermuteten erdähnlichen Planeten, der Epsilon Eridani umkreist, erstreckt sich derzeit von etwa 0,5 bis 1,0 AE. Wenn der Stern allerdings älter wird, wird auch seine Leuchtkraft zunehmen, sodass sich diese Zone langsam auf etwa 0,6 bis 1,4 AE ausdehnen wird.

Ein Hindernis ist allerdings die ultraviolette Strahlung, die ein junger Stern wie Epsilon Eridani erzeugen kann. Die Evolution hat hier insofern Glück, als Epsilon Eridani ja auch weniger hell als die Sonne ist. Der Orbitalradius, bei dem der UV-Fluss dem der frühen Erde entspricht, liegt bei knapp 0,5 AE, also noch nicht einmal innerhalb der habitablen Zone.

Wie immer gilt natürlich, dass Sie über hardsf.de/fortsetzung eine bebilderte Version der folgenden Biografie bestellen können. Wollen Sie sehen, wie Epsilon Eridani in Wirklichkeit aussieht? Viel Spaß dabei!

# Die neue Biografie der Dunklen Materie

# Einführung

Vermutlich bewegt sich in dieser Sekunde ein Teilchen der Dunklen Materie durch Ihr Blickfeld – und Sie haben keine Chance, es zu sehen. Das liegt nicht daran, dass Sie eine Brille bräuchten. Selbst mit dem allerschärfsten Mikroskop, das einzelne Atome zeigt, wäre die Dunkle Materie nicht zu sehen, nicht einmal als schwarzer Punkt. »Dunkel« heißt hier, dass sie mit dem Licht (physikalisch: elektromagnetische Wellen) nicht interagiert. Licht geht durch Dunkle Materie also hindurch, als wäre sie nicht da. Eigentlich müsste man sie deshalb »Unsichtbare Materie« nennen. Aber auch das würde ihr nicht gerecht, denn sie verweigert sich den anderen Naturkräften ebenso. Nur für die Gravitation macht sie eine Ausnahme. Eine korrekte Bezeichnung wäre deshalb wohl »Exklusiv gravitations-wechselwirkende Materie«. Aber warum glaubt man überhaupt, dass es etwas so Seltsames gibt? Welche Hinweise hat die Physik, und wie suchen die Forscher nach den Teilchen, aus denen sie sich zusammensetzt?

# Hinweise auf Dunkle Materie

Dass es Dunkle Materie gibt, gilt in der Physik als gesichert. Die Kosmologie, die die Entstehung und den Aufbau des Universums untersucht, hat das ΛCDM-Modell (gesprochen: Lambda-CDM) zu ihrem Standardmodell erklärt. Die Buchstaben CDM stehen hier für Cold Dark Matter, kalte Dunkle Materie. »Kalt« ist sie, weil sie ihre Energie nicht (wie etwa die Lichtteilchen) aus ihrer Bewegung bezieht (Bewegung ist mit Wärme gleichzusetzen), sondern vor allem aus ihrer Ruhemasse. Ohne diese Form der Dunklen Materie kommen die gegenwärtig von der Mehrheit der Forscher akzeptierten Modelle des Urknalls und der Zeit danach nicht aus. Das heißt nicht, dass es nicht auch heiße Dunkle Materie geben könnte, aber sie wird zumindest nicht gebraucht.

Das ΛCDM-Modell ist dabei weit mehr als Spekulation, es ist eine ausgereifte Theorie. Alles Wissen, das wir über die Welt haben, besteht aus Theorien. Manche sind sehr gut bewiesen, wie etwa die Quantenphysik und die Allgemeine Relativitätstheorie. Man weiß, dass sie Lücken haben, aber das bedeutet nicht, dass sie falsch sind. Damit eine bloße Idee, eine Spekulation also, zur Theorie werden kann, muss sie beweisbar und widerlegbar sein, und für beides ist Voraussetzung, dass sie Vorhersagen über die Realität trifft, die man nachmessen kann. All das trifft für die Dunkle Materie zu. Man weiß, wie sie wirkt, und man kann diese Wirkungen auch messen.

Doch es gibt ein Problem, das manchen Physikern Unbehagen bereitet und das der Dunklen Materie in der Öffentlichkeit einen schlechten Ruf beschert: Wir wissen nur, dass es sie gibt – aber nicht, woraus sie besteht. Im Grunde ist das ein völlig normaler Vorgang. Phänomene wie die Elektrizität, die Röntgenstrahlung oder die Radioaktivität hat man auch entdeckt, bevor man wusste, woraus sie bestehen. Aber manche Forscher vergessen diese Zeiten und haben den unangemessenen Anspruch, sofort wissen zu wollen, woraus etwas gemacht ist. Davon sollten Sie sich nicht täuschen lassen. Es gibt zwar alternative Theorien, aber die gibt es auch zur Quantenphysik. Ihre Existenz bedeutet nicht, dass ernsthafte Gründe bestehen, an der Dunklen Materie zu zweifeln. Tatsächlich ist es so, dass immer neue Experimente, die das Standardmodell widerlegen sollen, am Ende genau dieses Modell bestätigen.

Wie kam man der Dunklen Materie auf die Spur? Über ihre Wirkung! 1932 untersuchte der niederländische Astronom Jan Hendrik Oort die Anzahldichte und Geschwindigkeitsverteilung senkrecht zur Scheibe der Milchstraße von verschiedenen Sternpopulationen und für verschiedene Abstände zur Scheibe. Er ermittelte daraus eine Massendichte, die sich als weit größer herausstellte als die damals bekannte Dichte. Etwa zur selben Zeit beobachtete der Schweizer Physiker und Astronom Fritz Zwicky 1933, dass der Coma-Galaxienhaufen nicht durch die Gravitationswirkung seiner sichtbaren Bestandteile allein zusammengehalten werden kann. Vielmehr sei das 400-fache der sichtbaren Masse notwendig, damit der Haufen nicht auseinanderfliegt. Zwicky hatte wohl als erster die Idee, dass die fehlende Masse in Form von »Dunkler Materie« vorliegen könnte. Damals erntete er jedoch keinen Beifall.

Doch 1960 ergaben sich neue Hinweise. Die amerikanische Astronomin Vera Rubin maß die Umlaufgeschwindigkeit der Sterne in Abhängigkeit vom Zentrum der Galaxie. Da die sichtbare Masse im Zentrum versammelt ist, müssten sich die Sterne außen wegen des dritten Keplerschen Gesetzes und des Gravitationsgesetzes deutlich langsamer bewegen. Tatsächlich jedoch bleibt ihre Geschwindigkeit konstant und steigt sogar. Es muss demnach auch in den Außenbereichen Masse geben, die nicht in Form von Sternen, Staub oder Gas sichtbar ist.

Die Beobachtung hat der Idee echte Überzeugungskraft verliehen, sodass man Dunkle Materie nun in fast allen großen astronomischen Systemen nachgewiesen hat. Weitere Hinweise waren unter anderem:

- Der Gravitationslinseneffekt. Die Masse eines schweren Objekts kann den Raum um es herum derart krümmen, dass er für Licht wie eine Linse wirkt. Die Stärke des Effekts ist von der Masse des Objekts abhängig. Bei vielen Gravitationslinsen fand man jedoch nicht genug Masse, um den gemessenen Effekt zu verursachen.
- Die kosmische Hintergrundstrahlung, die 380.000 Jahre nach dem Urknall entstand, ist nicht völlig isotrop, also nicht absolut gleichmäßig im Raum verteilt. Aus den

speziellen, von Satelliten vermessenen Anisotropien ergeben sich deutliche Hinweise auf die Existenz Dunkler Materie.

- Die Strukturbildung im Weltall: In einem sehr frühen Zustand war das All gleichmäßig von Energie erfüllt. Irgendwann muss es zufällige Variationen gegeben haben, die sich ihrer Gravitation wegen zu Sternen und Galaxien zusammenballten. Gäbe es jedoch nur normale Materie im All, das lässt sich ausrechnen, wären diese zufälligen Abweichungen zu klein gewesen, um sich dauerhaft halten zu können.
- Die Gestalt des Universums: Das Universum, das haben Messungen ergeben, ist beinahe flach. Seine gesamte Energiedichte muss deshalb nahe 1 liegen. Aus der Expansionsgeschwindigkeit des Alls können wir die Dichte Dunkler Energie berechnen, durch Beobachtung der sichtbaren Materie die Dichte normaler Materie ermitteln. Was nun noch zu 1 fehlt, muss der Dunklen Materie entsprechen.
- Baryonische akustische Oszillationen: Normale Galaxien sind etwa 1 Prozent öfter um 147 Megaparsec voneinander entfernt als um 130 oder 160 Megaparsec. Das ist ein kleiner, aber signifikanter Hinweis auf die Existenz periodischer Dichteschwankungen in der normalen (babylonischen) Materie, die sich im ΛCDM-Modell ergibt.

# Ohne Dunkle Materie kein Universum

Aus dem ΛCDM-Model lässt sich folgende Zusammensetzung des Universums nach Massenanteil ableiten: 68,3 Prozent Dunkle Energie, 26,8 Prozent Dunkle Materie und rund 4,9 Prozent gewöhnliche Materie. Die »gewöhnliche Materie« unterteilt sich dabei etwa hälftig in selbstleuchtende (beispielsweise Sterne) und nicht selbstleuchtende Komponenten wie Planeten und vor allem kaltes Gas. Rein auf die Masse bezogen macht die Dunkle Materie 84,5 Prozent aus.

Dieses Verhältnis war allerdings über die Lebenszeit des Alls hinweg nicht konstant. Eine derartige Dominanz der Dunklen Energie (die weiter wächst) hat es zum Beispiel in der Anfangszeit nicht gegeben. Kurz nach dem Urknall hatte die Dunkle Materie die wichtigste Funktion. Werfen wir am besten einen Blick zurück.

Was am Anfang der Zeit passierte, vor ungefähr 13,8 Milliarden Jahren, wissen Forscher bis heute nicht mit Sicherheit. Sämtliche Materie des Universums, heute $10^{53}$ Kilogramm, damals aber wahrscheinlich viel weniger, befand sich in diesem Moment in einem Punkt, einer Singularität, in der die heutigen Naturgesetze noch keine Wirkung hatten. Man stellt sich deshalb eine Art unendlich dichten Urbrei vor, der aus heute nicht mehr bekannten Teilchen bestand. Eine Kraft, die Urkraft, beschreibt die Bewegungen dieser Teilchen. Die Temperatur des Urbreis, wenn der Begriff der Temperatur überhaupt anwendbar war, muss bei $10^{32}$ Grad gelegen haben. Das ultraheiße Etwas steht unter ungeheurem Druck – der Kosmos dehnt sich aus. Die Länge dieser Zeitspanne ergibt sich aus den bekannten Naturgesetzen: Sie entspricht der Planck-Zeit, also der Zeit, die das Licht braucht, um eine Planck-Länge zurückzulegen. Das sind $10^{-43}$ Sekunden. Allerdings gibt es zu diesem Zeitpunkt auch die Zeit noch nicht – hier genügt die deutsche Sprache nicht, das Paradoxon korrekt darzustellen. Erst $10^{-43}$ Sekunden nach dem Urknall haben wir überhaupt die Chance, die Physik zur Erforschung der Welt einzusetzen. Der winzige Materietropfen steht noch immer unter unglaublichem Druck. Doch er ist ein bisschen kälter geworden, weil er sich ausgedehnt hat. Aus der Urkraft friert zunächst die Schwerkraft aus, die sich als Anziehungskraft der Ausdehnung des Weltalls entgegenstellt.

Sie ist allerdings viel schwächer als der Druck des Urknalls – das Universum dehnt sich weiter mit rasanter Geschwindigkeit aus. Da dadurch die mittlere Energiedichte des Urbreis sinkt, enthält dieser immer weniger der exotischen Teilchen des Anfangs. Nach Ablauf von $10^{-38}$ Sekunden spalten sich auch die Starke Kernkraft und die elektroschwache Kraft aus der Urkraft ab. Es folgt eine Phase, die so genannte Inflationsphase, in der sich das Universum um einen Faktor zwischen $10^{30}$ und $10^{50}$ ausdehnt. Ist es zunächst noch so groß wie ein Proton, hat es danach die Ausdehnung eines Fußballs. Die Dichte des Universums ist nun, $10^{535}$ Sekunden nach dem Urknall, groß genug, dass erste der heute noch bekannten Teilchen entstehen können. Etwa Elektronen und Positronen, Quarks (die sich später zu Protonen und Neutronen zusammensetzen) und Antiquarks, Neutrinos, Vorläufer der Photonen sowie die Gluonen, die für die Vermittlung der Starken Kernkraft zuständig sind. Teilchen und Antiteilchen sind in gleicher Zahl vorhanden, treffen sie sich, annihilieren sie sich gegenseitig. Es herrscht ein ständiges Kommen und Gehen. Die neu entstandenen Teilchen verhalten sich unter Einfluss der Gravitation normal: Sie ziehen sich an, wodurch die Ausdehnung des Universums etwas gebremst wird. Dominierend ist zu dieser Zeit ein Quark-Gluonen-Plasma, das sich heute zumindest schon im Computer simulieren lässt.

Die Forscher sind sich da heute noch nicht einig, aber falls die Naturgesetze je der Supersymmetrie unterlagen, dann wird diese nun gebrochen. Die Theorie der Supersymmetrie nimmt an, dass es zu jedem bekannten Teilchen einen Super-Partner gibt, der sich um einen halben Spin davon unterscheidet. Die Supersymmetrie würde auf elegante Weise Teilchen und Kraft-Teilchen (die die bekannten Wechselwirkungen vermitteln) vereinen.

Solche Superpartner müssten so schwer sein, dass sie nur in der Anfangszeit des Universums existieren konnten. Heute hingegen beobachtet man nur noch die gewöhnlichen Teilchen, die Supersymmetrie ist gebrochen. Im Moment des Aufbrechens der Super-Symmetrie, nimmt man an, bekommen die Teilchen über das Higgs-Feld ihre Masse verliehen.

Etwa $10^{-10}$ Sekunden nach dem Urknall entstehen endlich die letzten beiden der heute bekannten Kräfte, die Schwache Kernkraft (spielt bei der Kernfusion eine große Rolle) und die Elektromagnetische Kraft. Etwas später ist der Raum nun mit nur noch zwei Billionen Grad so abgekühlt, dass Quarks nicht mehr allein existieren können und sich mit Protonen, Neutronen, Antiprotonen oder Antineutronen zusammenschließen. Als Klebstoff dienen dabei die Gluonen. Noch immer stehen Materie und Antimaterie im Gleichgewicht. Doch dieser Zustand hält nicht lange an: Teilchen und Antiteilchen zerstrahlen zu Photonen, das nun 10 Billionen Kilometer (etwa ein Lichtjahr) große und eine Billion Grad heiße Universum leert sich zusehends. Dass wir trotzdem existieren, verdanken wir einem kleinen Überschuss an Materie: Auf eine Milliarde Teilchen-Antiteilchen-Paare kam damals ein Überschuss von einem Teilchen, das nicht zerstrahlt wurde. Woher diese Asymmetrie kommt, darüber gibt es bisher nur Vermutungen. Offenbar wirken die Naturgesetze nicht in jeder Hinsicht symmetrisch. Eine Fünftelsekunde nach dem Urknall ist das Universum schon 500 Billionen Kilometer (grob gerechnet 50 Lichtjahre) groß. Sein Inneres hat sich auf 20 Milliarden Grad abgekühlt. Nun geht es Neutronen und Elektronen an den Kragen: Die in freiem Zustand instabilen Neutronen werden von der Schwachen Kernkraft in ein Elektron, ein Proton und ein Neutrino zerrissen. Elektronen und Positronen annihilieren sich gegenseitig, dabei trägt erneut der Materieüberschuss den Sieg davon. Etwa eine Sekunde nach dem Urknall ist die Schwache Wechselwirkung, auf die inzwischen großen Entfernungen des Kosmos bezogen, nicht mehr stark genug, dass es noch zu Wechselwirkungen zwischen Neutrinos und gewöhnlicher Materie kommen könnte. Seitdem durcheilen die damals freigewordenen Neutrinos fast ohne jede Wechselwirkung als messbarer, konstanter Neutrino-Hintergrund das Universum. Von nun an vollzieht sich die Entwicklung deutlich langsamer. Die Rettung der verbliebenen Neutronen erfolgt, als sich etwa zwei bis drei Minuten nach T-Zero Deuterium- und schließlich Helium-Kerne bilden. Hier schützt die Starke Kernkraft die Neutronen vor der Zerstörung. Das Universum wächst und wächst unterdessen, wobei es sich ständig weiter abkühlt.

Nach etwa 17 Minuten ist es dann zu kalt, so dass es zu keinen weiteren Kernfusionen kommen kann. Zu diesem Zeitpunkt sind alle noch vorhandenen Neutronen dann in Atomkernen gebunden. Etwa drei Viertel der Kerne sind Wasserstoffkerne, der Rest Helium – schwerere Kerne sind nur in Spuren zu finden. Als es noch etwas kälter wird, binden sich auch Elektronen elektromagnetisch an positiv geladene Atomkerne. Sie werden aber von den Photonen der immer noch heißen Ursuppe dauernd aus der Bahn geworfen. Das Universum, dessen Zusammensetzung von den Lichtteilchen dominiert wird, muss auf den Beobachter zu diesem Zeitpunkt wie ein glühender Nebel wirken.

Das ändert sich für verhältnismäßig lange Zeit nicht. Ab etwa 70.000 Jahren nach dem Urknall liegt das Verhältnis von atomarer Masse und Strahlung bei 1:1. Nun wird das Universum von der Dunklen Materie beherrscht! Sie ist es, die dazu führt, dass von der Inflationsphase übrig gebliebene inhomogene Bereiche noch stärker kontrahieren, eine Voraussetzung für die spätere Entstehung von Sternen. Die Dunkle Materie verstärkt die Inhomogenitäten in der Struktur des Weltalls so, dass es Bereiche mit einer höheren Konzentration an Wasserstoff gibt. Es kommt zur Bildung riesiger Blasen, so genannter Halos, noch weit vor der Entstehung von Galaxien, die die dem Universum durch die Inflation und die Dunkle Materie aufgeprägte Struktur umsetzen. Die Dunkle Materie ist zwar unsichtbar, wirkt aber durch ihre Gravitation auch auf die uns bekannte Materie. In den Halos Dunkler Materie ballt sich deshalb auch der interstellare Wasserstoff zusammen. Je näher sich die Teilchen kommen, desto mehr steigt der Druck in dem Gas – bis Druck und Gravitation im Gleichgewicht sind. Die Wolke kühlt durch die bei Teilchenkollisionen abgegebene Strahlung ab. Dadurch sinkt der Druck und die Wolke kann weiter kontrahieren. Je mehr Masse sich auf kleinem Raum sammelt, desto stärker wirkt sie anziehend auf die Atome im Umkreis. Erneut wachsen Temperatur und Druck im Inneren der Wolke, die im Infrarotbereich zu strahlen beginnt. Damit ist das Stadium des Protosterns erreicht. Je schwerer die Wolke wird, desto schneller zieht sie sich zusammen – und irgendwann sind Temperatur und Druck so hoch (nämlich 3 Millionen Kelvin), dass ein atomarer Fusionsprozess gezündet wird: Jeweils zwei Protonen prallen aufeinander und verwandeln sich dabei unter Energieabgabe in einen Deuteriumkern aus einem Proton und einem Neutron. Das Deuterium reagiert dann mit einem weiteren Proton zu einem Heliumkern (3He), wobei erneut Energie frei wird. Wenn das Sterninnere schon heiß genug ist (ab 10 Millionen Kelvin) können die 3He-Kerne später auch noch zu 4He verschmelzen, wobei zwei Protonen frei werden. Der Effekt: Etwa 100 Millionen Jahre nach dem Urknall leuchten nacheinander die ersten Sterne auf. Ohne Dunkle Materie wäre es nie dazu gekommen!

Aber die Dunkle Materie wird weiter gebraucht. Im Vergleich zur heutigen Zeit ging es im frühen Universum sehr lebhaft zu. Kleinere Galaxien schließen sich zu größeren zusammen. Es kommt zu Zusammenstößen und feindlichen Übernahmen. Heute weiß man, dass die Entwicklung nicht rein zufällig abläuft. Vielmehr konzentriert sich die Sternenbildung auf feine, von Dunkler Materie vorgezeichnete Strukturen im Universum, so genannte Filamente. Wo sich diese Filamente treffen, entstehen Galaxien und Galaxienhaufen – insgesamt zählt das beobachtbare Universum heute einige Millionen dieser Galaxien-Superhaufen. Einer davon, der Virgo-Superhaufen, vereint zum Beispiel bei einem Durchmesser von 110 Millionen Lichtjahren ein paar Tausend Galaxien, darunter als Teil der Lokalen Gruppe auch die Milchstraße.

Wie sich die verschiedenen Typen von Galaxien bilden, das weiß man heute nicht mit Sicherheit. Bei den häufigen Spiralgalaxien, zu denen auch unsere Milchstraße gehört, vermutet man, dass die Dunkle Materie eine wichtige Rolle spielt. Sie interagiert ja nur über die Gravitation, während die gewöhnliche Materie auch vom Strahlungsdruck der Sterne beeinflusst wird. Deshalb dürfte sich die Dunkle Materie in den Außenbereichen der Galaxis konzentrieren, dort, wo sie das Halo gebildet hat. Das interstellare Gas, gleichzeitig vom Kern der Galaxis (stark) und von ihrem Äußeren (schwach) angezogen, bewegt sich deshalb auf einer Spiralbahn auf den Kern zu, quasi als würde man eine Katze an ihrem Schwanz festhalten.

Das Problem bei diesem Modell: Die Kontraktion stoppt irgendwann, und die Kosmologen wissen noch nicht, warum. Außerdem sind Spiralgalaxien sehr fragile Gebilde – durch Galaxienkollisionen müssten sie sich eigentlich längst stärker verformt haben als es den Anschein hat. Als Endpunkt der Entwicklung sehen die Wissenschaftler inzwischen die Elliptische Galaxis. Sie entstand meist in Folge der Verschmelzung kleinerer Galaxien. Das könnte, so eine Simulation, auch der Milchstraße und unserem Nachbarn M31, Andromeda, bevorstehen: In etwa 3 bis 4,5 Milliarden Jahren wird es eine Kollision zwischen den beiden etwa gleich schweren Systemen geben. In ihrer Folge dürfte eine gigantische Elliptische Galaxis entstehen.

# Woraus Dunkle Materie besteht

Dunkle Materie ist nicht zwangsläufig etwas, das wir noch nicht kennen. Sie muss nur eine Bedingung erfüllen: mit anderer Materie nur über die Anziehungskraft der Gravitation wechselzuwirken. Das trifft zum Beispiel auf Schwarze Löcher zu. Auch Neutronensterne, fast erloschene Weiße Zwerge oder Braune Zwerge (Objekte zwischen Stern und Planet) könnten den Teil der Masse der Galaxien bilden, den die Astronomen vermissen. Man fasst sie unter dem Begriff MACHO (Massive Compact Halo Objects) zusammen. Allerdings sprechen mehrere Argumente dagegen, dass diese MACHOs genügen, um die Dunkle Materie zu erklären. Messungen haben zum Beispiel ergeben, dass fünf Sechstel der normalen Materie auch anders als über die Gravitation wechselwirkt (was für Dunkle Materie nicht zutrifft).

Demnach muss die Dunkle Materie aus bisher unbekannten Teilchen bestehen. Hier hat man eine Unterteilung der Kandidaten in kalte, warme und heiße Dunkle Materie vorgenommen. Wie oben schon beschrieben, geht es dabei nicht um eine messbare Temperatur, sondern um die Geschwindigkeit. »Kalte« Dunkle Materie konnte im frühen Universum keine langen Wege zurücklegen, »warme« Dunkle Materie war mittelschnell und »heiße« Dunkle Materie war schnell und energiereich. Im Standardmodell, das nicht umsonst »CDM« im Namen trägt, findet nur kalte Dunkle Materie Platz.

Was kommt als kalte Dunkle Materie in Frage? Zum einen haben wir da das Axion, ein hypothetisches Elementarteilchen. Seine Existenz würde ein Problem lösen, vor dem die Quantenchromodynamik steht – die Theorie, die die starke Wechselwirkung (von Quarks und Gluonen) beschreibt. Sie sagt nämlich voraus, dass das elektrisch neutrale Neutron ein messbares elektrisches Dipolmoment besitzen müsste – das heißt, dass die Ladung in ihm nicht ganz homogen verteilt ist. Allerdings ist kein Dipolmoment nachweisbar – nicht mal ein viel schwächeres, als die Theorie behauptet. Das Axion würde hier Abhilfe schaffen und das Fehlen erklären. Es müsste sich um ein sehr leichtes Teilchen handeln, bis zu zehn Milliarden Mal leichter als das Elektron, das schon selbst sehr leicht ist. Aber mit seiner schieren Zahl könnte es trotzdem den überwiegenden Teil der Masse des Universums ausmachen. Wenn ein Axion mit starken Magnetfeldern in Berührung kommt, könnte es sich in ein Photon umwandeln. So etwas könnte in der Sonne passieren, deshalb versucht man, Axionen der Sonne anhand ihrer charakteristischen Strahlung im Röntgenbereich nachzuweisen. Was bisher nicht gelungen ist.

Der zweite Kandidat für die Dunkle Materie ist das komplette Gegenteil des Axion. Das »WIMP« (Weakly Interacting Massive Particle«) verhält sich ganz und gar nicht wie ein »Wimp« (englisch für Schwächling), sondern ist im Gegenteil sogar besonders schwer, schwerer noch als die meisten bekannten Elementarteilchen und etwa so schwer wie zwei Goldatome. Trotzdem könnte es ganze Planeten ungestört durchfliegen – was seinen Nachweis kompliziert macht. Dafür bewegen sie sich bloß gemächlich voran – was es ihnen erleichtert, sich zu Haufen zusammenzuklumpen, wie es der Dunklen Materie eigen ist.

Da die WIMPs schwer sind, bräuchte man bei weitem nicht so viele davon wie von den Axionen. Die Theorie der Supersymmetrie hat solche Teilchen auch tatsächlich auf Lager, nur hat man bisher keins davon gefunden, und auch die Supersymmetrie selbst harrt noch ihrer Bestätigung.

Neutrinos galten lange Zeit als aussichtsreiche Kandidaten für die Dunkle Materie. Ihr riesiger Vorteil ist, dass man sie bereits kennt. Allerdings weiß man inzwischen zu viel über sie, als dass sie noch den Hauptanteil der Dunklen Materie ausmachen könnten: Dafür sind sie leider zu leicht. Es sei denn, das sogenannte sterile Neutrino existiert. Während normale Neutrinos für die schwache Wechselwirkung (eine der vier Grundkräfte) empfindlich sind, wäre das sterile Neutrino dafür unempfindlich. Es könnte relativ schwer sein und würde, wie das für Dunkle Materie erforderlich ist, nur über die Gravitation Kräfte austauschen. Forscher versuchen schon seit einiger Zeit, sterile Neutrinos zu entdecken, waren bisher aber nicht erfolgreich.

# Wie man nach Dunkler Materie sucht

Aufgrund der extrem seltenen Wechselwirkung mit Materie lassen sich WIMPs am einfachsten indirekt durch ihre Zerfälle nachweisen. Dazu muss man sie in Gebieten beobachten, wo der Blick möglichst wenig durch normale Materie getrübt wird, etwa in fernen Galaxien. Beim Zerfall eines WIMPs müsste energiereiche Gammastrahlung entstehen. Wenn es nun gelingt, mehr Gammastrahlung zu messen, als durch normale Materie im fraglichen Gebiet produziert worden sein kann, hat man WIMPs indirekt nachgewiesen.

Einer weitere WIMP-Quelle könnte die Sonne sein. Durch ihre hohe Masse zieht sie auch die WIMPs an. Manche davon werden vielleicht so langsam, dass sie von der Sonne eingefangen werden. Dadurch müsste sich mit den Jahrmillionen ein Pool von WIMPs in der Sonne bilden. Dort stoßen diese dann miteinander zusammen und zerstören sich gegenseitig. Man hofft, dann die Zerfallsprodukte (etwa Neutrinos) auffangen zu können.

Doch auch der direkte Nachweis wird versucht. In äußerst seltenen Fällen kann es passieren, dass ein WIMP mit einem Atomkern zusammenstößt, der dadurch instabil und in einen radioaktiven Kern umgewandelt wird. Die zum Nachweis nötigen Detektoren werden meist tief unter der Erde betrieben, um den Untergrund aus radioaktiver Hintergrundstrahlung und sekundärer kosmischer Strahlung zu vermeiden.

# Alternativen zur Dunklen Materie?

Die Existenz der Dunklen Materie ergibt sich aus Einsteins Allgemeiner Relativitätstheorie (ART). Diese ist in vielerlei Hinsicht experimentell überprüft. Aber es könnte natürlich eine Theorie geben, die die Realität besser oder vollständiger erklärt. Bei der ART weiß man zum Beispiel, dass sie in sehr kleinen Maßstäben und bei sehr, sehr hohen Energien versagt (also kurz nach dem Urknall zum Beispiel).

Auch zur Erklärung der Dunklen Materie haben Forscher Alternativen vorgeschlagen. Diese sind bisher nicht allgemein anerkannt, weil ihnen in der Regel für bestimmte Vorhersagen noch Beweise fehlen.

So haben Physiker zum Beispiel die »Modifizierte Newtonsche Dynamik« (MOND) entwickelt, bei der bei sehr kleinen Beschleunigungen träge Masse (Beschleunigung) und schwere Masse (Gravitation) nicht mehr äquivalent sind, sodass das Newtonsche Gesetz, dass Sie in der Schule gelernt haben, dann also nicht mehr exakt gilt. Solche geringen Beschleunigungen treten im astronomischen Maßstab auf. Im Alltag spielen sie keine Rolle, dort würden wir davon also nichts bemerken. Doch bei der Rotation von Galaxien muss man dann die Bewegungsgleichungen modifizieren. Daraus ergeben sich dann ohne Dunkle Materie die beobachteten Messwerte. Allerdings kann diese Theorie im Standardmodell der Evolution des Universums die Dunkle Materie bisher nicht ersetzen – dort bräuchte man sie also weiterhin. Außerdem beschreibt sie die Bewegung von Galaxienhaufen weniger gut als das gute alte Newtonsche Gesetz.

Die Tensor-Vektor-Skalar-Gravitationstheorie (TeVeS) hat ihre Ursprünge in der MOND und bezieht zusätzlich die Spezielle Relativitätstheorie ein. Modifiziert wird die Abhängigkeit der Stärke des Gravitationsfeldes von der Entfernung zur Masse, die die Gravitation verursacht. Damit kann die TeVeS einige Probleme der MOND vermeiden und zusätzlich auch die Stärke des Gravitationslinseneffekts erklären. Auch hier fehlt allerdings der Bezug zur Frühzeit des Universums. Außerdem konnte ein Forscher zeigen, dass unter dem Einfluss der TeVeS Sterne sehr instabil würden und nach wenigen Wochen kollabierten.

Die Skalar-Tensor-Vektor-Gravitationstheorie (STVG) geht davon aus, dass die Gravitation bei großen Entfernungen stärker als von Einstein berechnet ist, ihr aber auf kurze Entfernungen eine fünfte, abstoßende Kraft entgegenwirkt. Auf dieser Grundlage lassen sich viele der oben beschriebenen Phänomene ohne Dunkle Materie herleiten. Das gilt hier auch für die sich beschleunigende Expansion des Universums, für die sonst die Dunkle Energie benötigt wird. Auf Skalen, in denen wir nachmessen können, gibt es keine Unterschiede zur gewohnten Gravitation, was es erschwert, die STVG tatsächlich zu beweisen. Schwierigkeiten hat sie zudem damit, die Struktur der kosmischen Hintergrundstrahlung zu erklären.

Die neue Biografie Schwarzer Löcher

## Einführung

Ein Schwarzes Loch ist ein Objekt, dessen hohe Gravitation Materie und Information daran hindert, einen bestimmten Umkreis um das Objekt zu verlassen. Schwarze Löcher ergeben sich aus der Allgemeinen Relativitätstheorie für den Fall, dass eine konzentrierte Masse den Raum derart krümmt, dass er in sich geschlossen ist.

Aber schon der Begriff hat eine interessante Geschichte. Gern wird er dem Physiker John Archibald Wheeler zugeschrieben, der sich mit der Thematik beschäftigte. Wheeler selbst benutzte aber zunächst den Begriff »gravitationell komplett kollabierter Stern«, der das Phänomen exakt umschreibt, aber nicht sehr eingängig ist. Bei einem Vortrag 1967 in New York fragte er deshalb das Publikum nach einer besseren Bezeichnung. Einer der Zuhörer – Wheeler erinnerte sich nicht mehr an den Namen – schlug »Schwarzes Loch« vor, und der Begriff setzte sich durch.

Später stellte man bei Archivrecherchen fest, dass die Journalistin Ann Ewing den Begriff bereits 1964 im Magazin *Science News* verwendet hatte. Vielleicht hatte der Unbekannte, der ihn Wheeler vorschlug, ihn dort gelesen oder etwas später in einem Artikel im *LIFE-Magazine*. Womöglich war er auch in den einschlägigen Forscherkreisen längst inoffiziell verbreitet – dafür spricht, dass andere Forscher ihn bereits 1960 und 1961 auf Konferenzen gehört haben wollen, ohne sagen zu können, von wem.

Oder Ewing und der Unbekannte haben den Begriff unabhängig voneinander erfunden.

Auf die Idee, dass es »Dunkle Sterne« geben könnte, kamen Forscher übrigens schon lange vor der modernen Physik. Sie ergab sich, als die Forscher Licht im Sinne der Korpuskulartheorie betrachteten, die lange mit der Wellentheorie konkurrierte (und schließlich mit ihr in der Quantennatur des Lichtes verschmolz). Denkt man sich Licht in Teilchenform, dann muss für diese Teilchen natürlich auch die Newtonsche Gravitation gelten. 1783 rechnete der Naturforscher John Michell in diesem Zusammenhang aus, dass auf einem Stern, der bei gleicher Dichte 500 Mal so groß wie unsere Sonne ist, das Licht wegen der großen Anziehungskraft nicht mehr entkommen könne. Dieser Stern wäre also ein »Dunkler Stern«. 1796 beschrieb auch der französische Mathematiker Laplace eine solche Möglichkeit.

Das moderne Schwarze Loch ist allerdings gerade erst 100 Jahre alt geworden. Nachdem Einstein 1915 die Allgemeine Relativitätstheorie veröffentlicht hatte, stellte im Jahr darauf Karl Schwarzschild als spezielle Lösung der Feldgleichungen erstmals die nach ihm benannte Metrik auf. Sie beschreibt ein nicht rotierendes und nicht elektrisch geladenes Schwarzes Loch, dessen Ereignishorizont sich dann bei einem Radius $r = 2*G*M*c^{-2}$ ergibt (G ist die Gravitationskonstante, M die Masse des Objekts, c die Lichtgeschwindigkeit). Seit Ende der 1930er-Jahre weiß man, dass im Endstadium von Sternen oberhalb einer bestimmten Masse ein Schwarzes Loch entsteht. 1963 berechnete der Mathematiker Roy Kerr die Kerr-Metrik, die ein rotierendes Schwarzes Loch beschreibt.

# Ihre Eigenschaften

Auf den ersten Blick sind Schwarze Löcher erstaunlich simpel – jedenfalls soweit man das von außen beurteilen kann, und zu mehr ist der Mensch wegen ihrer Natur prinzipiell nicht in der Lage. Sie besitzen eine bestimmte Masse, einen Drehimpuls und eine elektrische Ladung. Mehr nicht! Aus diesen drei Werten lässt sich alles andere ableiten, also etwa der Umfang oder das magnetische Feld.

Diese Ableitung mit Hilfe der Gleichungen der Allgemeinen Relativitätstheorie ist allerdings nicht ganz einfach. Den simpelsten Fall hat sich Karl Schwarzschild 1916 herausgesucht: den des nicht rotierenden, nicht geladenen Schwarzen Loches. Schon kurz danach entwickelten zwei Physiker die heute nach ihnen benannte Reissner–Nordström-Metrik, die geladene, aber nicht rotierende Schwarze Löcher beschreibt. Es sollte jedoch bis in die 1960er-Jahre dauern, bis auch die entsprechenden Gleichungen für rotierende Objekte gefunden wurden.

Die speziellen Lösungen für die einzelnen Fälle nennt man Metriken (Einzahl Metrik).

- Ungeladen, nicht rotierend: Schwarzschild-Metrik
- Geladen, nicht rotierend: Reissner–Nordström-Metrik
- Ungeladen, rotierend: Kerr-Metrik
- Geladen, rotierend: Kerr-Newman-Metrik

Im Normalfall dürfte jedes Schwarze Loch sowohl Ladung als auch Drehimpuls besitzen. Trotzdem spielen die anderen Metriken immer noch eine große Rolle, weil sich bestimmte Einsichten besser aus ihnen ableiten lassen, denn sie sind schlichtweg simpler konstruiert.

# Von klein zu groß

Es ist eine Grundeigenschaft der Masse, dass sie eine Gravitationskraft hervorruft. Das liegt daran, dass sie den Raum um sich herum krümmt, so wie etwa ein Stein ein straff gespanntes Laken eindellt. Ein anderes Objekt in der Nähe, etwa ein Tischtennisball, spürt diese Delle im Raum und wird auf das massereiche Objekt hin beschleunigt.

Das gilt natürlich auch für die Teilchen, aus denen ein Körper besteht, also seine Atome. Die Masse aller Teilchen innen zieht die Teilchen weiter außen an. Es wirken allerdings stets auch Gegenkräfte, etwa die elektrische Abstoßung oder auch ein thermischer Druck aus dem Inneren. Ein Schwarzes Loch entsteht, wenn die Gegenkräfte die Gravitation nicht mehr aufhalten können, weil sie aus irgendeinem Grund erlahmen. Wenn etwa ein Stern am Ende seines Lebens nicht mehr genug Brennstoff besitzt, um daraus Wärme zu erzeugen, dann bricht der Druck in seinem Kern zusammen, und die Gravitation übernimmt die Regie. Oft führt das zu einem neuen Gleichgewicht: Der Stern schrumpft, dabei erhitzt sich sein Kern und ein neuer Fusionsprozess kann zünden, der vorher nicht möglich war. Aber es gibt eben auch Fälle, wo es dann ganz zu spät ist.

Das ist regelmäßig bei Sternen mit mehr als 40 Sonnenmassen der Fall. Leichtere Sterne hingegen enden als Neutronensterne; hier genügt der spezielle Druck der entarteten Teilchen in ihrem Inneren, um die Gravitation doch noch aufzuhalten.

Falls die Gravitation aber gewinnt, kennt sie kein Ende. Das Objekt schrumpft immer weiter, bis seine Dichte gegen unendlich geht. Man spricht dann von einer Singularität, für die die heute bekannten physikalischen Gesetze nicht mehr gelten. Der Raum wird so stark gekrümmt, dass er in sich selbst zusammenfällt, es entsteht ein Loch in der Raumzeit. Jede Materie, die dieser Singularität zu nahe kommt, kann nicht mehr entfliehen. Der Radius, in dem das passiert, heißt Schwarzschild-Radius; die Fläche, die man nicht durchqueren darf, ohne für immer verloren zu sein, nennt man Ereignishorizont.

Im Grunde besitzt jedes Objekt einen solchen Ereignishorizont. Der Schwarzschild-Radius der Erde beträgt neun Millimeter. Ein Schwarzes Loch entsteht jedoch erst, wenn sich sämtliche Masse des Objekts innerhalb dieses Radius befindet. Die gesamte Masse der Erde müsste also in Murmelgröße konzentriert sein, um sie in ein Schwarzes Loch zu verwandeln.

Geht man von dem bekannten Entstehungsprozess eines Schwarzen Loches aus, dürfte es die Objekte nur in einer bestimmten Klasse geben, als sogenanntes stellares Schwarzes Loch. Solche Überbleibsel toter Sterne sind mindestens zehn Sonnenmassen schwer und haben einen Schwarzschild-Radius von 30 Kilometern. Die gesamte Masse von zehn Exemplaren unserer Sonne ist dabei also im Inneren einer Kugel etwa vom Durchmesser Berlins enthalten. Das ist phänomenal.

Allerdings haben die Astronomen nachgewiesen, dass es noch bedeutend schwerere Schwarze Löcher gibt. Sagittarius A* im Zentrum der Milchstraße wiegt so viel wie 4,3 Millionen Sonnen! Es gehört damit zur Klasse der supermassiven Schwarzen Löcher. Der Rekord liegt allerdings fast beim Zehnfachen von Sagittarius A*. In der Regel findet man solche Riesen (ihr Ereignishorizont kann größer als das Sonnensystem sein!) im Zentrum einer Galaxie. Man geht davon aus, dass sie über Milliarden von Jahren aus normalen Exemplaren herangewachsen sind, indem sie sich Materie aus ihrer Umgebung angeeignet (akkretiert) haben. Die theoretische Obergrenze für ein supermassives Schwarzes Loch liegt bei etwa 10 Milliarden Sonnenmassen. Bei einer noch höherem Masse würde sich ein Gleichgewicht zwischen dem von der unmittelbaren Umgebung ausgehenden Strahlungsdruck und der Gravitation ergeben.

Wenn es Schwarze Löcher in den Größen M und XXL gibt, müssen sich irgendwo auch Zwischengrößen herumtreiben. Man spricht hier von mittelschweren Schwarzen Löchern, die hunderte bis tausende Sonnenmassen schwer sind. Sie sind nicht so leicht zu finden. Stellare Schwarze Löcher erkennt man an den Resten der Supernova-Explosion um sie herum, supermassive Exemplare an der Strahlung, die von ihnen ausgeht, aber mittelschwere Vertreter dieser Gattung geben wenig Hinweise ab. Deshalb hat man derzeit auch noch keine klaren Beweise für ihre Existenz. Was man allerdings gemessen hat, sind Echos der Verschmelzungen und Kollisionen, bei denen sie entstehen und wachsen: Das LIGO-Experiment hat bereits mehrere Gravitationswellen nachgewiesen, die bei der Kollision Schwarzer Löcher entstanden sind. Wir haben ihnen quasi bei ihrem Vereinigungsspiel zugehört, sie aber noch nicht auf frischer Tat beobachtet.

Noch komplizierter wird es in den Größenklassen S und XS. Kurz nach dem Urknall war das Universum noch sehr klein und vollgepackt mit Materie und Energie. Damals, also vor 13,8 Milliarden Jahren, müsste es eigentlich auch Bereiche gegeben haben, in denen die Materie zufällig so dicht verteilt war, dass die Voraussetzungen für die Entstehung eines Schwarzen Lochs gegeben waren. In diesem Fall hat die Materie keine Wahl, sie muss der Gravitation nachgeben und kollabieren. Die auf diese Weise entstandenen, sogenannten primordialen Schwarzen Löcher waren deutlich kleiner als ihre stellaren Vertreter. Sie könnten so schwer sein wie der Mond und hätten einen Schwarzschild-Radius von einem Zehntel Millimeter. Entdecken lassen sie sich damit noch viel schwieriger als jedes andere Exemplar. Allerdings liegt ihre Lebensdauer »nur« etwa in der Größe des Alters des Universums. Es könnte also gelingen, zwar nicht ihre Existenz, aber das Ende ihrer Existenz nachzuweisen, das in Form eines Gammablitzes zu beobachten sein müsste. Bisher gibt es bei den gemessenen Gammaausbrüchen im All jedoch noch keine konkreten Hinweise, dass ein sterbendes primordiales Schwarzes Loch die Ursache gewesen sein könnte.

Die theoretische untere Grenze für die Masse eines Schwarzen Loches liegt unterhalb der kleinstmöglichen Masse, der Planck-Masse. Es könnte deshalb auch XS-, XXS- oder XXXXXXXS-Löcher geben, die als Schwarze Mikro-Löcher bezeichnet werden. Die Diskussion darüber ist vor allem im Zusammenhang mit den energiereichen Experimenten am Teilchenbeschleuniger LHC des Forschungsinstituts CERN aufgekommen. Was passiert, wenn dabei zufällig auf kleinstem Raum die Bedingungen für die Entstehung eines Schwarzen Lochs erfüllt werden? Nichts. Erstens ist die Lebensdauer eines Mikro-Loches sehr kurz. Zweitens ist sein Ereignishorizont winzig. Schwarze Löcher sind keine Staubsauger, die alles aufsaugen, was sich in ihrer Umgebung befindet. Sie schlucken nur, was ihren Ereignishorizont überquert. Wenn der jedoch viel kleiner ist als der mittlere Abstand zwischen zwei Atomen, dann verhungert das Mikro-Loch und verschwindet in kurzer Zeit wieder.

Forscher haben sogar schon ausgerechnet, was die Begegnung mit einem – bedeutend schwereren – primordialen Schwarzen Loch mit der Erde machen würde. Das Schwarze Loch würde in etwa einer Minute durch unseren Planeten hindurchflitzen und dabei schwache Erdbeben von einer Stärke von maximal 4 verursachen. Interessant ist die Form der Druckwellen, die dabei entstehen würden. Diese treten bei normalen Beben nämlich nicht auf. Das heißt, dass wir die Begegnung mit einem primordialen Schwarzen Loch seismologisch nachweisen könnten. Die Wahrscheinlichkeit dafür ist allerdings sehr gering; die Forscher erwarten nur alle paar Millionen Jahre eine derartige Kollision.

Wie stellt man ein Schwarzes Loch auf die Waage? Ganz einfach: man betrachtet die Galaxie, in deren Zentrum sich das Schwarze Loch befindet. Ein Forscherteam der Swinburne University of Technology, Australien, und der University of Minnesota Duluth, USA, hat durch den Vergleich zahlreicher Spiralgalaxien eine simple Beziehung zwischen der Masse des Schwarzen Lochs in ihrem Zentrum und der Art und Weise gefunden, wie die Galaxie ihre Arme an sich presst.

Je lockerer sie die Arme hält, desto leichter ist das Schwarze Loch demnach. Diese Beziehung gilt allerdings nur für Spiralgalaxien. Wenn Sie selbst nachrechnen wollen – die Formel lautet: $\log (MBH/M_\odot) = (7.01 \pm 0.07) - (0.171 \pm 0.017)[|\varphi| - 15°]$, wobei $\varphi$ der Winkel ist, in dem der Arm ins All ragt, und $MBH/M_\odot$ die Masse des Schwarzen Lochs in Sonnenmassen bezeichnet.

# Leben und Tod Schwarzer Löcher

Wie Schwarze Löcher geboren werden, haben wir oben schon beschrieben. Sie behalten ihren Zustand aber nicht dauerhaft bei; sie wachsen, und sie sterben auch irgendwann wieder.

Das Wachstum vollzieht sich über zwei Prozesse: Akkretion normaler Materie und Verschmelzung mit anderen Schwarzen Löchern. Beide Prozesse können die Astronomen inzwischen gut beobachten und nachweisen.

Während Schwarze Löcher an sich keine (genauer: kaum) Strahlung abgeben, können ihre Akkretionsscheiben zu den hellsten Objekten im Universum gehören. Material in der Umgebung des Schwarzen Lochs stürzt nie auf geradem Weg hinein.

Akkretionsscheiben bilden sich nicht nur um Schwarze Löcher, sondern allgemein um massereiche Objekte, sogenannte Akkretoren. Auch junge Sterne gehören zum Beispiel dazu. Wenn man davon ausgeht, dass ein Objekt zunächst in allen Richtungen gleichmäßig von Staub und Gas umgeben ist, warum bildet sich dann eine Scheibe aus? Das liegt daran, dass es immer ein Wechselspiel zweier Kräfte gibt. Die Gravitation will das Material möglichst nah heranziehen. Dabei entsteht jedoch Wärme, sodass sich ein Druck dagegen aufbaut, der nach außen wirkt. Die Gravitation hat nur eine Chance zu gewinnen, wenn die Wolke die Wärme irgendwie loswird. Das funktioniert über Strahlung, und dafür ist die Gestalt einer Scheibe das effizienteste Mittel. Die anfängliche Wolke nimmt also mit der Zeit die Gestalt einer Scheibe an (das gilt auch für die Entstehung von Sonnensystemen). Innerhalb der Scheibe findet ständig von außen nach innen ein Materialtransport statt, während Drehimpuls nach außen transportiert wird. Die Scheibe besitzt einen Innenrand, wo sie fast mit Lichtgeschwindigkeit rotiert. Material, das sich dem Schwarzen Loch noch weiter nähert, kann sich nicht mehr halten (schneller als das Licht kann der Staub nicht werden) und fällt endgültig hinein.

Es bewegt sich zunächst durch die Ergosphäre. Das ist ein Bereich, der noch vor dem Ereignishorizont liegt. Hier können sich nur noch Photonen halten, also Lichtteilchen, die unendlich lange um das Schwarze Loch rotieren können. Erst noch weiter innen folgt dann der Ereignishorizont und damit die Grenze zum Ungewissen.

Mit jedem Teilchen, das in das Schwarze Loch fällt, wird es ein bisschen schwerer und dadurch auch größer. Das ist derzeit (also 13,8 Milliarden Jahre nach dem Urknall) der dominierende Prozess, jedenfalls für die meisten Schwarzen Löcher.

Sie können aber auch Masse verlieren, und zwar über die Hawking-Strahlung. Sie dürfen raten, wer sich das Konzept ausgedacht hat. Im Vakuum entstehen nämlich ständig paarweise Teilchen aus dem Nichts. Das ist kein Problem, die Energieerhaltung wird dadurch nur kurz verletzt, das verkraftet sie. Denn normalerweise vernichten sich die virtuellen Teilchen auch gleich wieder gegenseitig und zahlen ihre Energieschuld zurück.

Aber was passiert, wenn das eine Teilchen im Ereignishorizont verschwindet, das andere aber nicht? Dann muss irgendwer anders die Schulden bezahlen – und zwar das Schwarze Loch. Das übrige Teilchen wird als Hawking-Strahlung abgegeben und das Loch verliert ein kleines bisschen Masse. Die Wellenlänge der Strahlung ist umso kürzer und ihr Energiegehalt umso größer, je kleiner das Schwarze Loch ist. Kleine Schwarze Löcher verdampfen dadurch in relativ kurzer Zeit (man rechnet mit ein paar Milliarden Jahren). Auch viel größere Schwarze Löcher lösen sich so irgendwann auf. Allerdings wird das noch sehr, sehr lange dauern. Im Moment liegt die Temperatur stellarer Schwarzer Löcher noch unterhalb der Temperatur der Hintergrundstrahlung. Schon dadurch nehmen sie mehr Energie auf als sie abgeben. In vielen Milliarden Milliarden Jahren werden Schwarze Löcher die letzten Zeugen dafür sein, dass es in diesem Universum mal etwas anderes gab als eine Gleichverteilung von Materie und Energie. Es sei denn, das Universum endet auf andere, spektakulärere Weise, etwa weil es in einem Zusammenstoß mit einem anderen Universum zerstört wird.

# Das älteste Schwarze Loch

800 Millionen Sonnen. Wer Sagittarius A*, das Schwarze Loch im Zentrum der Milchstraße, für einen schweren Brocken gehalten hat, multipliziere dieses Ungetüm mit 200 – und erhält die Masse des Schwarzen Lochs im Zentrum des Quasars ULAS J134208.10+092838.61 (seine Freunde, zu denen naturgemäß viele Astronomen gehören, dürfen ihn auch kurz J1342+0928 nennen). Quasare sind Radiogalaxien, aktive Geschwister der Milchstraße, die besonders im Radiobereich so große Energiemengen ausstoßen, dass man sie aus sehr großer Entfernung von der Erde aus beobachten kann.

J1342+0928 treibt das auf die Spitze. Der Quasar stellt mit einer Rotverschiebung von z=7,54 einen neuen Rekord auf und befindet sich damit nah am Rand des beobachtbaren Universums. Doch das ist es nicht, was die Forscher an der so hell wie 400 Billionen Sonnen leuchtenden Galaxie so spannend finden: Weil ihr Licht so lange braucht, bis es uns erreicht, können wir damit bis in die Frühzeit des Kosmos zurückblicken. Als das Licht, das uns jetzt erreicht hat, ausgesandt wurde, hatte das Universum mit 690 Millionen Jahren gerade fünf Prozent seines heutigen Alters.

Wenn man es jetzt als erwachsen betrachtet, war es damals ein Teenager, mitten in der Pubertät und wichtigen Veränderungen unterworfen, zumindest, wenn das Standardmodell der Evolution des Universums stimmt. Tatsächlich fanden die Astronomen wichtige Spuren davon. Mit hoher Wahrscheinlichkeit konnten sie im Spektrum des Quasars einen signifikanten Anteil neutralen Wasserstoffs messen. Als die Riesengalaxie in ihrer von uns erst heute zu bestaunenden Pracht leuchtete, befand sich das All nämlich in der Epoche der Reionisation. Das in der vorhergehenden Ära der

Rekombination neutral gewordene Wasserstoffgas wurde dabei durch die neu aufgeflammten Sterne und Galaxien wie J1342+0928 seiner Elektronen beraubt, also ionisiert. Dieser Prozess war offenbar 690 Millionen Jahre nach dem Urknall noch nicht abgeschlossen, wie die Forscher zeigen.

Dass schon damals, vergleichsweise kurz nach dem Urknall, ein derart massives Schwarzes Loch existierte, liefert den Kosmologen auch neue Hinweise zur Entstehung und zum Wachstum Schwarzer Löcher. J1342+0928 ist nur möglich, wenn bereits in sehr früher Zeit Schwarze Löcher mit Massen von wenigstens 10.000 Sonnen entstanden sind – oder wenn die Schwarzen Löcher der Frühzeit anders gewachsen sind, als man bisher vermutete. Eigentlich gibt es für ihre Größenzunahme nämlich eine Grenze, die sogenannte Eddington-Grenze. Wenn zu viel Material auf ein Schwarzes Loch einstürzt, verschluckt sich dieses quasi und kann für einige Zeit gar nichts mehr aufnehmen. Es gibt aber auch Modelle, in denen eine Massenzunahme oberhalb der Eddington-Grenze möglich ist.

# Wie man Schwarze Löcher findet

Um ein Schwarzes Loch direkt zu beobachten, müsste man ihm schon sehr nahe kommen, wie es in »The Hole« der Fall ist. Das wird dem Menschen in den kommenden tausend Jahren jedoch kaum gelingen. Auch die von ihnen ausgehende Hawking-Strahlung ist für den direkten Nachweis zu schwach.

Aber Schwarze Löcher lassen sich auf andere Weise beobachten, nämlich über ihre Wirkung auf die Umgebung außerhalb des Ereignishorizonts. Diese Wirkung tritt in vielerlei Gestalt auf. Deshalb gibt es inzwischen eine ganze Reihe von Beobachtungsmethoden, die die Forscher je nach den konkreten Umständen einsetzen können.

- **Kinematisch**: Wenn wir ein Objekt finden, das sich im All auf einer elliptischen Bahn bewegt, dann muss es von einem anderen Objekt über die Gravitation dazu gezwungen werden. Ist kein anderes Objekt sichtbar, liegt die Vermutung nahe, dass es sich um ein Schwarzes Loch handelt. Seine Masse kann man dann aus der Bahn und der Masse des orbitierenden Objekts berechnen.
- **Eruptiv**: Kommt ein Stern einem Schwarzen Loch zu nahe, kann dieser Stern unter günstigen Umständen vollständig zerstört werden, was Astronomen dann u. a. als Röntgen- oder Gammaausbrüche beobachten. Falls es keine andere Ursache gibt, kommt nur ein Schwarzes Loch in Frage.
- **Akkretiv**: Gas und Staub in der Umgebung des Schwarzen Lochs bilden wie oben beschrieben eine

Scheibe aus, die im gesamten Spektrum strahlt und damit sichtbar ist.

- **Spektro-relativistisch**: Falls sich in der Umgebung eines Schwarzen Lochs ein Stern befindet, wird dessen Spektrum durch Gravitationseffekte verändert – das lässt sich messen.
- **Obskurativ**: Wo starke Gravitationskräfte herrschen, also insbesondere rund um den Rand des Schwarzen Lochs, wird die Wellenlänge des Lichts in Richtung Rot verschoben. Ein Ring um das Objekt wird dadurch bräunlich bis schwarz. Derzeit sind unsere Teleskope zwar nicht stark genug, das zu erkennen, aber in Zukunft sollte das möglich werden, zunächst vor allem mit Radioteleskopen.
- **Aberrativ**: Eine weitere Wirkung der Gravitation besteht darin, dass sie Lichtstrahlen von Objekten hinter dem Schwarzen Loch beugt. Das Loch wird zur Linse. Mit diesem Gravitationslinsen-Effekt kann man heute schon stellare Schwarze Löcher nachweisen. Dafür ist man allerdings darauf angewiesen, dass sich ein anderes, leuchtendes Objekt passend in unserer Sichtlinie hinter dem Schwarzen Loch befindet.
- **Temporal**: In direkter Nähe eines Schwarzen Loches treten auch Effekte der speziellen Relativitätstheorie auf, insbesondere der Zeitdilatation. Dadurch verändern sich zeitliche Abläufe, was man feststellen kann, wenn man den normalen Ablauf in einem Ruhesystem genau kennt.
- **Auditiv**: Wenn ein Stein ins Wasser fällt, breiten sich konzentrische Wellen aus. Die Kollision eines Schwarzen Lochs mit einem anderen erzeugt ebenfalls Wellen – und zwar in der Raumzeit. Sie heißen Gravitationswellen und wurden bereits mehrfach mit Hilfe des LIGO-Detektors nachgewiesen. Um den genauen Ort des Ereignisses zu bestimmen, benötigt man meist noch weitere Nachweisverfahren.

## Das Informations-Paradoxon

Im ersten Abschnitt haben Sie bereits erfahren, dass Schwarze Löcher nur exakt drei Eigenschaften besitzen: Masse, Drehimpuls und Ladung. Diese Tatsache ist als das »Keine-Haare-Theorem« oder kurz als »Glatzensatz« bekannt: Wer eine Glatze kennt, kennt sie alle, zusätzliche Eigenschaften gibt es nicht. Aber was passiert dann mit den in der Materie enthaltenen Informationen, wenn ein Teilchen auf Nimmerwiedersehen im Schwarzen Loch verschwindet? Für Informationen gelten ähnliche Erhaltungssätze wie für Materie, die das Schwarze Loch offenbar verletzt. Das ist als »Informations-Paradoxon« bekannt.

Zunächst dachte man, dass die Hawking-Strahlung vielleicht ein Ausweg sei. Könnte sie nicht die verlorene Information enthalten? Aber dem ist nicht so. Sie hängt rein von der Größe des Lochs ab, also von seiner Masse.

Eine allgemein akzeptierte Lösung für dieses Paradoxon gibt es nicht. Stephen Hawking meint, dass Schwarze Löcher unter gewissen Umständen doch Haare haben könnten, was andere bekannte Physiker bestreiten. Als mögliche Lösungen wurden auch schon Wurmlöcher vorgeschlagen, die die Informationen quasi anderswo wieder ausspucken. Aber entdeckt hat man noch keine, und sie scheinen aus anderen Gründen unwahrscheinlich.

Dass Schwarze Löcher eine begrenzte Lebenszeit haben, ist also nicht das eigentliche Problem der Physiker. Immerhin braucht schon ein Exemplar mit Sonnenmasse etwa $10^{67}$ Jahre, bis es auf diese Weise ausgelöscht wird. Die spannende Frage ist vielmehr: Was passiert mit der Information, die in ein Schwarzes Loch gelangt – und von der man annimmt, dass sie unzerstörbar ist? Wäre ein Schwarzes Loch unsterblich, könnten sich die Physiker damit trösten, dass einmal hinter den Ereignishorizont gelangte Information zwar unwiederbringlich verloren ist, aber rund um die Singularität immer noch existiert. Um dieses Paradoxon auflösen zu können, brauchen die Physiker vermutlich die »Theorie von Allem«. Bis diese ausgearbeitet ist, müssen sie sich mit einem dieser Szenarien behelfen:

1. Die Information ist unwiederbringlich verloren. Unangenehmerweise verletzt dieses Ende das Prinzip der Informationserhaltung. Andererseits setzt etwa der Mathematiker Roger Penrose in seiner Kosmologie die Zerstörung von Information in einem Schwarzen Loch voraus.
2. Schwarze Löcher sind informations-inkontinent. Ihnen entweicht dauernd Information. Leider widerspricht das derzeitigen Berechnungen für makroskopische Schwarze Löcher, die gut mit der Wirklichkeit übereinstimmen.
3. Wenn das Schwarze Loch stirbt, entweicht die gesammelte Information auf einmal. Dieses Szenario lässt sich gut mit der aktuellen Physik vereinbaren – bis auf den Moment kurz vor dem gewaltsamen Tod. In diesem Augenblick müsste ein sehr, sehr kleines Schwarzes Loch eine riesige Menge an Information enthalten, was gegenwärtigen Erkenntnissen über die maximale Informationsdichte widerspricht.
4. Das Endstadium eines Schwarzen Lochs ist nicht größer als die kleinste Länge im Universum, die Planck-Länge. Darin befindet sich alle jemals gesammelte Information. Die Physiker bräuchten sich dann nicht wie in Szenario 3 einen Weg auszudenken, auf dem die Information entweicht. Allerdings würde die Informationsdichte unendlich, was nicht möglich ist.
5. Die Information bleibt in einem Tochteruniversum erhalten, das sich von unserem Universum abspaltet. Eine hübsche Idee, zu der nur leider noch keine ausgearbeitete physikalische Theorie existiert.
6. Statt in räumlichen Dimensionen bleibt die Information in zeitlichen Korrelationen erhalten. Diese Vorstellung lässt sich mit aktueller Physik gut ausarbeiten, widerspricht jedoch dem Verständnis der Natur als einer sich mit der Zeit entwickelnden Entität.
7. Die im Schwarzen Loch im dreidimensionalen Raum kodierte Information ist zusätzlich auf seiner zweidimensionalen Begrenzungsfläche gespeichert. Dieses vom Physiker Juan Malcadena entwickelte

"holographische Prinzip" geht davon aus, dass unser Universum sowohl aus einer dreidimensionalen Struktur als auch einem 2D-Element besteht. Im 3D-Universum befolgen Strings, Gravitation und Schwarze Löcher die Relativitätstheorie, im flachen Teil richten sich Elementarteilchen und deren Felder nach den Gesetzen der Quantenphysik. Jede Information aus dem einen Teil ist auch im jeweils anderen kodiert, doch für einen Angehörigen der einen Struktur ist die jeweils andere unzugänglich. Information, die mit dem Schwarzen Loch verdampft, wäre also gar nicht verloren, sondern bliebe in der 2D-Struktur des Universums erhalten.

8. Am Ereignishorizont entsteht eine so genannte Firewall. Dabei nimmt man an, dass die aus dem Nichts entstehenden Teilchen miteinander verschränkt sind. Wenn einer der Partner in das Schwarze Loch fällt, bricht die Verschränkung, und Energie wird frei. Die Information bleibt in Form einer Verschränkung aller Teilchen in dieser Firewall erhalten. Dieses Szenario widerspricht allerdings der Allgemeinen Relativitätstheorie, nach der alle Schwerefelder grundsätzlich gleich sind. Warum sollte beim Fall eines Objekts in ein Schwarzes Loch etwas anderes passieren als beim Fall eines Balles zum Erdboden?
9. Die der Allgemeinen Relativitätstheorie widersprechende Firewall rund um das Schwarze Loch ließe sich vermeiden, wenn das Schwarze Loch selbst und alle Teilchen seiner Hawking-Strahlung durch Wurmlöcher verbunden wären, Abkürzungen in der Raumzeit. Die Idee ermöglicht, dass Teilchen und Antiteilchen weiterhin verschränkt bleiben können. Durch die Verschränkung bleibt nicht nur die Information erhalten: Sie ließe sich theoretisch auch wiedergewinnen.
10. Das Verdampfen des Schwarzen Lochs kommt irgendwann zu einem Ende. Diese Idee entwickelt der Physiker George Ellis von der Cambridge University. Ein Schwarzes Loch verzerrt durch seine Gravitation die Raumzeit. Es ist damit jedoch nicht allein: Die kosmische Hintergrundstrahlung lässt unter dem Einfluss des Schwerefeldes kurz hinter dem Ereignishorizont ebenfalls Singularitäten entstehen, die die Struktur der Raumzeit verändern. Entstehen die virtuellen Teilchen der Hawking-Strahlung nun in der Nähe einer solchen Verzerrung, rutschen beide hinter den Ereignishorizont. Je mehr ein Schwarzes Loch schrumpft, desto

wahrscheinlicher wird dieser Prozess – bis er irgendwann öfter auftritt als der gegenteilige Fall und sich die Masse des Schwarzen Lochs stabilisiert. Wann genau das der Fall ist, kann Ellis nicht sagen – doch unabhängig davon würde das Schwarze Loch nicht restlos verdampfen, sondern einer bestimmten Masse entgegenstreben und dadurch die Information in seinem Inneren erhalten.

11. Neuerdings wird das Konzept der »soft hairs« diskutiert, der »weichen Haare«. Darauf stütze ich mich auch in »The Hole«. Unmittelbar an der Oberfläche eines Schwarzen Lochs würde es demnach energielose Austauschteilchen (Photonen, Gravitonen u. ä., als »soft hairs« zusammengefasst) geben, die wie eine Matrix die sonst hinter dem Ereignishorizont verschwindende Information aufnehmen. Die Verfechter des Konzepts haben zumindest für Lichtteilchen (Photonen) bereits gezeigt, dass es dafür unendlich viele Speicherstellen auf der Oberfläche eines Schwarzen Lochs gibt und dass einfallende Teilchen diese weichen Haare auch tatsächlich anregen können. Für die endgültige Anerkennung bräuchte man allerdings den Nachweis, dass es auch für Gravitonen funktioniert (deren Existenz noch nicht einmal bewiesen ist). Außerdem bietet das Konzept keinen Hinweis darauf, wie die Informationen wieder in unsere Wirklichkeit kommen könnten. Dieser Teil der Auflösung in »The Hole« ist damit spekulativ (aber durchaus aktuell in der wissenschaftlichen Diskussion).

Was wäre eigentlich so schlimm daran, würde Information in einem Schwarzen Loch verloren gehen? Haben wir nicht alle schon einmal etwas vergessen, ohne dass gleich das Universum zusammengebrochen ist? Das Problem: Information korrespondiert mit Ordnung, ein Informationsverlust mit Unordnung oder auch Entropie. In der Thermodynamik entspricht einer Zunahme der Entropie eine Erhöhung der Temperatur. Würden Schwarze Löcher Information vernichten, müssten sie sich aufheizen, und zwar in kurzer Zeit um Trillionen Grad.

# Reise in ein Schwarzes Loch

Wie fühlt es sich an, sich einem Schwarzen Loch zu nähern? Darüber weiß die Wissenschaft schon überraschend viel, obwohl wir von einer praktischen Umsetzung Jahrhunderte entfernt sind.

Am schnellsten ist das für einen Beobachter von außen abgehandelt, der sich nicht bewegt und jemand anderem bequem dabei zusieht, wie er die gefährliche Reise auf sich nimmt. Der Proband wird einfach nur immer langsamer, während er sich dem Schwarzen Loch nähert. Das Licht, das er abgibt, wird dabei immer stärker in den roten Bereich verschoben, er sieht erst braun aus und dann fast schwarz. Den Ereignishorizont erreicht er aus der Sicht des Beobachters nie. Sie können also jede Geduld der Welt mitbringen – Sie können niemandem beim Eintauchen in den Ereignishorizont zusehen.

Das war langweilig, darum werden wir jetzt ein bisschen mutiger. Wir nehmen unser Raumschiff und bringen es in einen Orbit um ein möglichst schweres Schwarzes Loch, um das wir nun in konstanter Entfernung kreisen. Zunächst sehen wir einen kreisrunden schwarzen Fleck, der von einer seltsam verzerrten Scheibe umgeben ist. Sie entsteht dadurch, dass das Schwarze Loch von hinter ihm kommendes Licht ablenkt. Wenn wir genau hinsehen, erkennen wir in einem schmalen Streifen direkt am Rand des schwarzen Flecks einen Bereich, der den kompletten Himmel unendlich oft wiederholt.

Nun verringern wir den Bahnradius. Das Schiff muss dabei immer schneller fliegen, damit es nicht ins Schwarze Loch stürzt. Der schwarze Fleck wächst und wächst. Er füllt zunächst den Vordergrund aus; drehen wir den Kopf nach rechts und links, sehen wir noch den normalen Himmel. Noch ein Stück näher (bei einem stellaren Schwarzen Loch sprechen wir hier von 45 Kilometern Abstand, wir sind also noch 15 Kilometer vom Ereignishorizont entfernt), und die Schwärze nimmt fast das gesamte Gesichtsfeld ein. Wenn wir nach links oder rechts schauen, sehen wir unseren eigenen Hinterkopf! Nur hinten ist noch normales Universum, das wir allerdings so beobachten, als könnten wir Infrarot-Strahlung sehen (faktisch wird das Infrarot in den Bereich des sichtbaren Lichts verschoben).

Wir sind damit in der Photonensphäre (in anderen Metriken Ergosphäre) angekommen, wo sich nur noch Photonen halten können. Das von unserem Hinterkopf ausgehende Licht hat also das Schwarze Loch einmal umrundet und ist wieder bei uns angekommen. Je näher wir dem Ereignishorizont nun kommen, desto kleiner wird der Ausblick ins All, bis er zu einem winzigen Punkt zusammenschrumpft.

Pro-Tipp: Suchen Sie sich ein möglichst schweres Schwarzes Loch, dann können Sie diese spannende Reise auch in aushaltbarer Beschleunigung erleben.

Das gilt auch für unseren dritten Versuch. Jetzt sind wir ganz mutig, steigen im Raumanzug aus und lassen uns fallen. Wir haben natürlich darauf geachtet, ein Loch ohne Akkretionsscheibe zu wählen, sonst wird es unangenehm heiß.

Wir fangen wie zuvor weit außen an. Die Gravitation macht uns schneller und schneller, sodass wir bald 99 Prozent der Lichtgeschwindigkeit erreichen. Bei einem kleinen Schwarzen Loch hätten wir nun das Problem der Spagettisierung: Durch die unterschiedlich großen Kräfte, die an unseren Beinen (näher am Loch) und unserem Kopf (weiter entfernt) angreifen, würde unser Körper schmerzhaft in die Länge gezogen. Bei einem supermassiven Schwarzen Loch sind die Kräfte zwar größer, nehmen aber langsamer zu, da blüht uns dieses Schicksal erst, nachdem wir den Ausblick genossen haben.

Anders als vorhin bleibt die Schwarze Scheibe, auf die wir zustürzen, relativ klein. Das Phänomen nennt man Aberration. Sie kennen es vom Autofahren bei Schneefall: Der Schnee kommt, obwohl er senkrecht fällt, scheinbar auf sie zu. So funktioniert es auch hier: Lichtstrahlen, die für den ruhenden Zuschauer von oben kommen, kommen für uns schräg von vorn. Tatsächlich werden wir den Eindruck haben, dass der schwarze Fleck selbst beim Durchqueren des Ereignishorizonts noch ungefährlich klein ist.

Aber dann ist es zu spät. Es gibt kein Zurück mehr. Im freien Fall sehen wir Licht von vorn übrigens blauverschoben (also Infrarot als sichtbares Licht), von hinten jedoch erreicht uns rotverschobenes Licht (also Ultraviolett als sichtbares Licht). In dem Moment, in dem wir den Ereignishorizont überqueren, sehen wir einen Blitz. Er enthält Photonen aus der ganzen Geschichte des Universums, allerdings in Richtung Blau verschoben. Hätten wir mehr Zeit, könnten wir die komplette Vergangenheit aufzeichnen. Wir hätten jedoch keine Gelegenheit mehr, jemandem davon zu berichten.

Wie es innerhalb des Schwarzen Lochs aussieht, weiß niemand. Unser Blick dürfte aber durch die hohen Kräfte und die relativistischen Effekte sowieso stark verzerrt sein. Alles, was wir sehen, hat zunächst Nierenform, dann die eines Donuts, der sich um unsere Hüfte gelegt hat, und schließlich die eines engen Kegels. Gleichzeitig ruft unsere Anwesenheit hier extreme Störungen des Gleichgewichts hervor. Wir werden in einem fort gestaucht und gestreckt, nicht einmal die Teilchen unseres Körpers bleiben erhalten, die vier Grundkräfte vereinen sich wieder zu einer einzigen, während wir zu einer Art Ursuppe werden. Wohl bekomm's!

Die Form der Singularität wird von der Art unseres Schwarzen Lochs bestimmt. Da es sicher rotiert, ist sie ringförmig, sonst wäre sie punktförmig. Sie wirbelt vor unseren Augen wie ein eindimensionaler Reifen durch den Quantenschaum, der sie umgibt. Wir versuchen, einen Blick hindurch zu werfen, und erkennen in unerreichbarer Ferne zahlreiche weitere Universen, die so ganz anders sind als unseres.

Der letzte Satz war nun allerdings vollkommene Spekulation. »Erkennen« ist nicht einmal das richtige Wort, weil es in der Singularität weder Licht noch Gravitation noch starke und schwache Kraft gibt, alles ist dort eins, so etwa wie kurz vor dem Urknall in der Singularität, aus der unser ganzes Universum entstand.

# Ein Universum im Schwarzen Loch?

Einfache Antworten – danach sucht der Mensch besonders gern in schwierigen Zeiten. Ob sie nun »42« lauten, »Gott« oder »Merkel ist schuld«, sie haben einen besonderen Charme, dem sich auch Physiker nicht entziehen können. Und man muss ja auch zugeben, dass gerade die Physiker jedes Recht der Welt haben, nach einfachen Antworten zu suchen. Schließlich wird ihre Wissenschaft von Jahr zu Jahr immer komplexer.

Je genauer die Physiker (der Verfasser ist selbst einer) unsere Welt betrachten, desto mehr Dimensionen brauchen sie, um sie perfekt zu beschreiben. Zunächst reichten drei, mit der Allgemeinen Relativitätstheorie wurden es dann schon vier. Damit kam man über einige Jahre gut aus, bis klar wurde, dass weder Relativität noch Quantentheorie das Universum komplett erfassen können. Einen Ausweg boten die Stringtheorien mit ihren zunächst zehn, dann elf und schließlich bis zu 21 Dimensionen. Natürlich kann man sich schwer vorstellen, dass die zusätzlichen Dimensionen so eng gefaltet sind, dass der Mensch sie nicht wahrnimmt. Mathematisch spricht jedoch einiges dafür. Dass man aber damit rechnen kann, hat ja schon in der Quantentheorie dazu geführt, dass man die mangelnde Vorstellungskraft ignoriert und genau das tut, wozu Theorien da sind, nämlich auf ihrer Grundlage Dinge zu berechnen und dann nachzumessen, ob Prognose und Wirklichkeit übereinstimmen (»shut up and calculate«).

Aber womöglich ist die fassbare Wirklichkeit ja nur eine komplexe Illusion – eine holografische Projektion einer viel simpleren Realität? Dieses erfrischende Konzept versuchen Forscher in der holografischen Kosmologie einzusetzen (und es spielt auch in »The Hole« eine Rolle). Das Hologramm auf Ihrer EC-Karte etwa:

Es wirkt dreidimensional – und ist doch eben, also in zwei Dimensionen gespeichert. Wenn Sie mit einer VR-Brille durch beeindruckende virtuelle Landschaften marschieren, sehen Sie einen dreidimensionalen Raum – doch dieser wird von zwei flachen Bildschirmen vor Ihren Augen aufgespannt. Allgemein bezeichnet man als das »holografische Prinzip« einen Zusammenhang zwischen einer räumlichen Struktur und deren Äquivalent auf einer Fläche.

Das Prinzip lässt sich zum Beispiel einsetzen, um das oben beschriebene Informations-Paradoxon des Schwarzen Loches zu lösen. Wenn wir eine komplette Beschreibung aller Eigenschaften eines Objekts zu einer bestimmten Zeit besitzen, müssten wir demnach herausfinden können, wie es sich kurz zuvor verhalten hat. Wenn diese Information jedoch zerstört wurde, ist das nicht mehr möglich. Es sei denn, die Information wäre irgendwie in der Fläche des Ereignishorizonts kodiert. Damit wären die räumlichen Entsprechungen zuvor nie etwas anderes als Hologramme gewesen.

Vielleicht können wir uns das Universum ja als das Innere eines riesigen Schwarzen Lochs vorstellen, auf dessen Ereignishorizont die Wirklichkeit in der Fläche stattfindet, der Rest ist Illusion. Doch wenn das so ist, muss es einen Projektionsmechanismus geben: Mehrdimensionale Theorien müssen sich in niederdimensionale überführen lassen (oder umgekehrt), ohne dass etwas verloren geht. Lange war das nur für negativ gekrümmte Räume nachgewiesen, seit 2015 weiß man, dass es auch in unserem fast flachen Universum möglich ist. Eine Studie in den Physical Review Letters ging 2017 noch einen Schritt weiter: Die Autoren haben dazu verschiedene holografische Quantenfeldtheorien dreidimensional, also um eine Dimension reduziert, in Simulationen auf das frühe Weltall kurz nach dem Urknall angewendet und verglichen, bei welchen Parametern dann welche Eigenschaften des Kosmos herauskommen. Tatsächlich eignen sich einige der holografischen Theorien nicht schlechter zur Beschreibung der Wirklichkeit als das Standardmodell der Kosmologie (»Λ CDM«). Die für gut befundenen Theorien können auch bestimmte Phänomene wie etwa gemessene Anomalien in der kosmischen Hintergrundstrahlung voraussagen.

Natürlich ist das noch kein Beweis, dass wir in einem holografischen Universum leben. Dazu müssen die Forscher noch nachweisen, dass die kleinen Unwägbarkeiten der zugrundeliegenden Quantentheorien auch im Raum deutlich werden. Das heißt, der Raum selbst müsste in den allerkleinsten Dimensionen unscharf werden. Das soll zum Beispiel das Holometer des Fermi-Lab mit Messungen zeigen (holometer.fnal.gov).

Der Urknall selbst könnte ebenfalls Hinweise auf die holografische Natur unseres eigenen Universums liefern. Denn der Urknall, der ja gemeinhin als Beginn von Raum und Zeit gilt, hat ein im

Wortsinn kleines Problem: Er muss sich auf winzigstem Raum abgespielt haben. Je näher man ihm kommt, desto stärker muss sich die komplette Energie des Kosmos in einer Raumeinheit zusammengedrängt haben, bis alles in einem Punkt unendlicher Dichte konzentriert war.

Dieser Zustand ist mit der Allgemeinen Relativitätstheorie nicht fassbar. Physiker betrachten den Urknall deshalb notgedrungen mit einer Theorie, die Großes (das Weltall) und Kleines (die Quantenwelt) vereint. Allerdings gibt es darüber noch keine Einigkeit – nur ein paar konkurrierende Kandidaten.

Da wäre etwa die Stringtheorie, nach der der Raum aus winzigen, Klaviersaiten ähnlichen Objekten aufgebaut ist. Diese »strings« sind eindimensional, sie vibrieren mit einer bestimmten Frequenz, der sich eine Energie zuordnen lässt. Inzwischen haben Physiker diese Idee um andere Strukturen zur »M-Theorie« ausgebaut: um Punktteilchen nämlich und vor allem um Membranen (»branes«), die bis zu neun Dimensionen besitzen können. Um zu den Elementarteilchen und den Naturgesetzen zu kommen, wie wir sie kennen, muss man die überzähligen Dimensionen auf ganz bestimmte Art »aufwickeln«, wie die Forscher diesen Vorgang nennen. Es gibt ganz unterschiedliche Möglichkeiten, die Membranen und Strings aufzuwickeln, und je nachdem, welche man wählt, entsteht ein andersartiges Universum. Insgesamt sind so $10^{100}$ verschiedene Universen möglich, und viele davon können gleichzeitig existieren, ohne dass die Bewohner des einen irgendetwas von den in anderen Universen existierenden Lebewesen mitbekommen würden. Kämen sich allerdings bei der Bewegung über eine zusätzliche elfte Dimension hinweg zwei dreidimensionale Welten zu nahe, könnten diese kollidieren – und im Urknall unser Universum gebären.

Noch etwas ergiebiger ist der Konkurrent der Stringtheorie, die Schleifenquantengravitation. Nach ihr ist das Universum nur scheinbar kontinuierlich. Tatsächlich aber ist alles, wirklich alles, quantisiert, das heißt in kleine Häppchen aufgeteilt, auch die Gravitation. Der Raum ist nicht mehr der Behälter für das Universum, sondern er ist ein Teil davon, der ebenfalls zerstückelt ist und die Form eines Netzes aus Linien und Knoten annimmt. Die Elementarteilchen entsprechen dann verschiedenen Knotentypen und zwischen den Linien und Knoten befindet sich: nichts. Die Theorie der Schleifenquantengravitation führt zu einigen seltsam anmutenden Folgerungen, beschreibt dafür aber einige interessante Phänomene auch besser als andere Theorien.

Was sich aus ihr für den Urknall ergibt, hat erstmals 2004 der deutsche Physiker Martin Bojowald simuliert. Zunächst vermeidet man das Konzept der Singularität, denn das Schleifenquanten-Universum hat eine bestimmte Mindest-Strukturgröße, die es nicht unterschreiten kann. Rechnet man sich immer näher an den Urknall heran, erreicht man ein neues, anderes oder auch Vorgänger-Universum, in dem alle Richtungen (auch die der Zeit) umgekehrt sind. Dieses Universum vor dem Universum zieht sich in Richtung des Urknalls zusammen. Hat sich das Weltall unter dem Einfluss der Gravitation sehr weit zusammengezogen, zerreißt irgendwann das aus den Quantenschleifen bestehende Gewebe der Raumzeit – und die Gravitation verwandelt sich unter dem Einfluss dieses »Quanten-Rückstoßes« in eine stark abstoßende Kraft, die das Universum wieder auseinandertreibt.

Aber vielleicht brauchen wir die schönen neuen Theorien gar nicht, um den Urknall zu erklären? Drei kanadischen Physikern fiel auf, dass die dem Beginn des Universums zugrunde liegende Singularität eine Besonderheit aufweist: Im Gegensatz zu allen anderen bisher bekannten Singularitäten (die sich innerhalb von Schwarzen Löchern befinden) kann sie nicht von einem Ereignishorizont umgeben gewesen sein.

In einem Artikel beschreiben die Forscher, welche Vermutung sie daraus entwickelt haben: Womöglich sehen wir diesen Ereignishorizont ja gerade deshalb nicht, weil wir ein Teil davon sind. Das Universum, wie wir es kennen, wäre damit der dreidimensionale Ereignishorizont eines Schwarzen Lochs mit vier Raumdimensionen, das beim Kollaps eines ebenfalls vierdimensionalen Sterns entstanden ist. Das klingt umso plausibler, als die Simulation der Physiker ergab, dass sich ein solcher dreidimensionaler Ereignishorizont ständig ausdehnen müsste – ein Vorgang, den wir als Expansion des Universums wahrnehmen.

Der Prozess würde auch erklären, warum das Weltall so ausgesprochen homogen ist. Bisher mussten die Kosmologen dafür eine besonders schnelle Expansionsphase kurz nach dem Urknall bemühen, die sogenannte Inflationsphase. Als das All zwischen $10^{-38}$ und $10^{-35}$ Sekunden alt war, hätte es sich demnach um einen Faktor zwischen $10^{30}$ und $10^{50}$ ausgedehnt. Ist es zunächst noch so groß wie ein Proton, hat es danach die Ausdehnung eines Fußballs. Diese Inflation braucht für eine vernünftige (das heißt ins bisherige kosmologische Weltbild passende) Erklärung die so genannten Inflatonen. Diese später komischerweise nie wieder auftauchenden Teilchen werden von der Schwerkraft nicht zueinander hin gezogen, sondern sie stoßen sich ab. Das fiktive vierdimensionale Universum jedoch, in dem der 4D-Stern kollabiert sein müsste, hätte durch seine vergleichsweise ewige Existenz genug Gelegenheit gehabt, zu einer homogenen Struktur zu gelangen.

Ein Problem hat jedoch auch diese Idee: Ihre Vorhersagen weichen um vier Prozent von den Daten des Planck-Observatoriums der ESA ab, das Fluktuationen der kosmischen Hintergrundstrahlung genau kartiert hat. Diese Daten stimmen jedoch mit der bisherigen Theorie genau überein. Die Forscher wollen ihr Modell nun so erweitern, dass auch diese Differenz verschwindet. Dann gibt die neue Theorie zwar nicht notwendigerweise die Wahrheit wieder – aber da sie alle Beobachtungen am besten erklärt, wäre sie die bisher wahrscheinlichste Erklärung für die Entstehung des Universums. Mehr verlangen Physiker nicht von einer guten Theorie.

Eine anderes spannendes Szenario beschreiben spanische Forscher. Sie beginnen kurz nach dem Urknall. Damals muss es Unregelmäßigkeiten in der Verteilung der Materie gegeben haben. Diese könnten zu Blasen herangewachsen sein (oben haben wir sie schon als Kerne primordialer Schwarzer Löcher ausgemacht). Nach der Inflationsphase sind folgende Szenarien möglich:

- Die Blase bildet ein (primordiales) Schwarzes Loch.
- Die Blase bildet ein Schwarzes Loch, das ein Baby-Universum enthält, das mit der Außenwelt durch ein Wurmloch verbunden ist.
- Die Blase wird mit der Zeit zu einem supermassiven Schwarzen Loch.

Ein Baby-Universum hat die interessante Eigenschaft, das es stetig expandiert (ganz wie unser eigenes Universum!). Zudem entstehen in ihm immer wieder neue Blasen, für die die oben beschriebenen Szenarien möglich sind, die also auch wieder Baby-Universen generieren können. Es entsteht ein Multiversum aus lauter miteinander durch Wurmlöcher verbundenen Universen. Ob wir in solch einem Universum leben, wäre sogar relativ einfach herauszubekommen: Die Schwarzen Löcher müssten eine bestimmte, charakteristische Energieverteilung besitzen. Falls wir diese also je an einem Schwarzen Loch messen, wäre das ein Beweis für die Existenz eines Multiversums.

# Gibt es auch nackte Singularitäten?

Es mehren sich die Zeichen, dass das Universum neben Schwarzen Löchern auch nackte Singularitäten beherbergen könnte. Diese »Weißen Löcher« ohne Ereignishorizont würden einen direkten Blick auf die Singularität in ihrem Zentrum erlauben – einen Blick, den Physiker momentan eher fürchten als herbeiwünschen.

Kosmologen haben nämlich derzeit ein Problem, das mancher von Nacktbade-Stränden kennt: Es ist unter Umständen sehr angenehm, wenn gewisse Dinge verhüllt bleiben. Das gilt auch für das Phänomen des Schwarzen Lochs. Weil dieses kosmische Ungetüm von einem Ereignishorizont umgeben ist, braucht sich die Wissenschaft nicht dafür zu interessieren, was innerhalb von dessen Radius wirklich passiert. Weil aus einem Schwarzen Loch nichts mehr nach außen dringt, könnten wir zwar Mutmaßungen anstellen, diese aber nie mit Beobachtungen belegen. Das ist deshalb praktisch, weil uns momentan noch die Physik fehlt, um die Vorgänge in der im Zentrum des Schwarzen Lochs schwebenden Singularität zu verstehen. Die physikalischen Gesetze, wie wir sie kennen, werden nämlich darin von der gegen unendlich strebenden Gravitation ebenso pulverisiert wie alles andere, das die Grenze des Ereignishorizonts überschreitet.

Leider macht den Physikern zunehmend ein Phänomen zu schaffen, dessen Existenz bisher nicht durch Beobachtungen belegt ist: die nackte Singularität. Bisher hat man versucht, das Problem einfach durch ein Theorem aus der Welt zu schaffen: Der Physiker Roger Penrose postulierte 1969, dass Singularitäten wohl immer von einem Ereignishorizont umgeben sein müssten. Das Universum selbst verhindere als »kosmischer Zensor« den Blick auf die Hässlichkeit einer Singularität. Es spricht sogar einiges dafür, dass Penrose Recht haben könnte. Denn ein Weißes Loch könnte unter anderem zu Verletzungen der Kausalität führen. Was in der Umgebung einer nackten Singularität passiert, wäre theoretisch zumindest mit den uns zur Verfügung stehenden Mitteln nicht vorhersagbar – ebensogut könnte man die Vorgänge dort als pure Magie betrachten.

Andererseits würden Weiße Löcher ein anderes kosmisches Phänomen erst ermöglichen, von dem Science-Fiction-Autoren bereits fleißig Gebrauch machen: das des Wurmlochs, in der Physik auch Einstein-Rosen-Brücke genannt. Wurmlöcher könnten direkte Verbindungen durch das Raum-Zeit-Kontinuum, vielleicht auch von verschiedenen Universen, ermöglichen - an ihren Enden stünden ein Schwarzes und ein Weißes Loch. Mathematisch ließ sich bereits zeigen, dass eine Abart dieser Verbindungen sogar für einen Menschen passierbar sein könnte. Als Toröffner bräuchte man nur ein Minimum an exotischer Materie - exotisch in dem Sinne, dass sie eine negative Energiedichte aufweisen müsste.

So weit in die Theorie wagen sich allerdings nur wenige Physiker vor - und, man muss es klar sagen, es geht hier bisher nicht um mehr als um rein mathematische Spielereien. Allerdings ist den Forschern bisher auch noch nicht gelungen, die Theorie des kosmischen Zensors zu beweisen. Zwar haben im vergangenen Jahr Simulationen des Zusammenstoßes zweier Schwarzer Löcher zumindest diesen Weg der Bildung einer nackten Singularität ausgeschlossen – es bleiben aber noch eine ganze Menge Fragen offen.

Simuliert man den Zusammenbruch eines massereichen Sterns, erscheint nämlich die Bildung eines Weißen Lochs durchaus möglich. Die Physiker stehen hier vor zwei Problemen: Einerseits ist es bisher kaum möglich, eine Nova im Computer mit allen nötigen Variablen zu simulieren. Sterne sind nicht homogen und nicht zu 100 Prozent kugelförmig – Annahmen, die bei vielen Simulationen zur Entstehung von Schwarzen Löchern benötigt werden. Andererseits zeigte sich in den Modellen, dass schon leichte Veränderungen der Anfangsbedingungen zu völlig unterschiedlichen Ergebnissen führen können. Mal entsteht im Computer kurzzeitig eine nackte Singularität, die bald ein Ereignishorizont versteckt, mal liegt von Anfang an ein Schwarzes Loch vor, und ab und zu ist ein stabiles Weißes Loch das Ergebnis.

Die Voraussetzungen für dessen Herstellung sind jedenfalls gar nicht so exotisch, wie man annehmen könnte. Man nehme einen unter der Gravitationskraft zusammenbrechenden Riesenstern, dessen Dichte nach außen hin abnimmt, ähnlich einer Zwiebel. Weil die Gravitationskraft von der Dichte der einzelnen Zwiebelschalen abhängt, wirkt sie innen stärker als außen. Die inneren Teile des

Sterns kollabieren deshalb schneller als die äußeren zu einer Singularität. Wenn der Stern ausreichend inhomogen ist, könnte es dabei passieren, dass die einzelnen Schalen nicht genug Masse besitzen, um das Licht wie ein Schwarzes Loch einzufangen – die Singularität bliebe nackt.

Und warum nicht lieber hinschauen? Nackte Singularitäten, wenn es sie gäbe, würden immerhin einen direkten Blick auf die Effekte der Quantengravitation erlauben, die dereinst die Allgemeine Relativitätstheorie mit der Quantentheorie vereinen soll. Bisher versucht die Physik, sich Anregungen dafür aus der Frühgeschichte des Universums zu holen, als die Verhältnisse ebenfalls noch so extrem waren, dass die Allgemeine Relativitätstheorie sie nicht beschreiben kann.

Tipp: Wenn Sie sich hier …

www.hardsf.de/fortsetzung

eintragen, erhalten Sie rechtzeitig einen Hinweis auf weitere HardSF-Titel (sowie die **farbige PDF-Version** der Biografie der Schwarzen Löcher).

# Die neue Biografie außerirdischen Lebens

# Einführung

WIE REALISTISCH SIND DIE BESCHREIBUNGEN DES LEBENS AUF »Einsonne« oder »Zweisonne«? Die Antwort auf diese Frage fällt in das Fachgebiet der Astrobiologie, einer interdisziplinären Wissenschaft, die sich mit dem Ursprung, der Entwicklung und der Zukunft des Lebens im All befasst.

Die Astrobiologie ist noch relativ jung. Früher nannte man sie Exobiologie, aber dieser Begriff schließt einen wichtigen Teil des Lebens im Universum aus: das Leben auf der Erde. Das ist besonders ungünstig, weil die Erde der bisher einzige Planet ist, von dem wir mit Sicherheit wissen, dass hier Leben entstanden ist (bezüglich seiner Intelligenz gehen die Meinungen bekanntlich auseinander, aber das ist ein anderes Thema). Die Behauptung, die Astrobiologie sei die einzige Wissenschaft, deren Forschungsobjekt erst noch gefunden werden müsse, ist deshalb falsch. Aber es ist natürlich eine beträchtliche Einschränkung, wenn die Forscher für all ihre Thesen bisher nur ein einziges konkretes Beispiel anführen können.

Trotzdem lassen sich schon allein aus den Grundeigenschaften der Elemente, also aus Chemie und Physik, überraschende Erkenntnisse gewinnen, die wir uns in den folgenden Kapiteln ansehen werden.

# Was ist überhaupt Leben?

DIE SPINNE, DIE GERADE AN DER WAND NEBEN MEINEM Schreibtisch entlangkrabbelt, ist ganz sicher lebendig. Das feine Netz, das sie zwischen den beiden Streben der Heizung gesponnen hat, ist es nicht. Warum ist mir das sofort klar, obwohl beide Objekte doch so viele Gemeinsamkeiten haben?

- Beide bewegen sich (die Spinne von selbst, das Netz durch die warme Heizungsluft).
- Beide wachsen und vermehren sich (wenn ich nicht einschreite).
- Beide sind vor allem aus Kohlenstoff, Wasserstoff und Sauerstoff aufgebaut.

Diese Eigenschaften genügen offenbar nicht, um Leben zu definieren. Zu besseren Kriterien kommen wir, wenn wir uns ansehen, wer jeweils wofür verantwortlich ist. Weder vermehrt sich das Spinnennetz von selbst, noch bewegt es sich eigenständig. Leben könnte man deshalb als sich selbst vermehrendes System definieren. Doch das genügt immer noch nicht. Diese Eigenschaft trifft zum Beispiel auch auf Programme zu oder auf Roboter, die andere Roboter herstellen. Beide Systeme werden uns in Zukunft sicher öfter begegnen. Womöglich sind sie dann sogar der Evolution unterworfen (es gibt heute bereits evolutionäre Algorithmen). Aber es handelt sich nicht um Leben im eigentlichen Sinn, sondern um Systeme, die vom Menschen geschaffen wurden. In einer natürlichen Evolution können sie nicht aus den Grundbausteinen des Universums entstehen.

Eine hilfreiche Abgrenzung entsteht deshalb, wenn wir Leben als sich selbst replizierendes chemisches System definieren. Aber auch hier gibt es noch Gegenbeispiele, die nicht passen. Kristalle, die man schwerlich zu den Lebewesen zählt, können sich in einer gesättigten Lösung zum Beispiel exakt kopieren. Und genau das liefert uns ein Argument, um sie von der Definition des Lebens auszuschließen. Ihre Kinder sehen nämlich nicht ganz genauso aus wie Sie. Lebendige Systeme vervielfältigen sich nicht exakt, sondern fehlerbehaftet – und diese Fehler setzen sie der Evolution aus, der Weiterentwicklung der Arten. Leben wäre deshalb als sich selbst replizierendes, der Evolution unterworfenes chemisches System zu definieren.

Damit ist, das ist wichtig, nie das Individuum gemeint. Nicht jeder Mensch pflanzt sich fort, bei manchen Arten pflanzen sich sogar nur sehr wenige Individuen fort (denken Sie an die Bienenkönigin). Leben ist also nur als System auch als solches erkennbar. Falls einer der Mars-Rover mal auf etwas stößt, das aussieht wie ein einzelnes Mars-Bakterium, können wir von einer Entdeckung außerirdischen Lebens also noch immer nicht sprechen.

# Wie erkennt man Leben?

Aus der Definition ergeben sich bestimmte Eigenschaften, die Leben besitzen sollte. Hier ist die Liste:

- Energie- und Stoffwechsel
- Organisiertheit und Selbstregulation
- Reaktion auf Reize
- Fortpflanzung
- Vererbung
- Wachstum

Falls Sie auf einem fremden Planeten unterwegs sind und etwas Unbekanntes finden, können Sie es auf diese sechs Eigenschaften testen. Doch selbst, wenn das Ding alle sechs besitzt, muss es noch nicht lebendig sein. Und wenn es in einer Kategorie scheitert, kann es trotzdem Teil des Lebens sein. Sie brauchen also auf jeden Fall ein zweites Exemplar. Spaßeshalber können Sie ja beim nächsten Waldspaziergang auf der Erde mit der Familie mal belebte und unbelebte Objekte auf diese Weise auf ihre Lebendigkeit überprüfen.

# Chemische Grundlagen

NACHDEM DAS UNIVERSUM IM URKNALL GEBOREN WORDEN WAR, bestand es vor allem aus Wasserstoff- und Helium-Atomen. Helium ist ein reaktionsunfähiges Edelgas, Wasserstoff bildet höchstens ein Molekül. Für die Entstehung vielfältigen Lebens reicht das nicht. Aber zum Glück entstanden irgendwann die ersten Sterne. Erst sie erbrüteten in ihrer Mitte durch Kernfusion schwerere Elemente, darunter auch Sauerstoff, Kohlenstoff oder Silizium.

Welche dieser Elemente werden für das Leben gebraucht? Wenn wir uns die Erde ansehen, scheinen Kohlenstoff, Wasser (eine Verbindung aus Wasserstoff und Sauerstoff) und Sauerstoff am wichtigsten zu sein. Aber das muss natürlich nicht für das gesamte Universum gelten.

Grundsätzlich scheint es der Vielfalt des Lebens zuträglich, wenn die Basis-Elemente zahlreiche verschiedene Verbindungen eingehen. Erinnern Sie sich noch an das Periodensystem? In der Mitte, in der vierten Hauptgruppe, finden Sie die Elemente, die in chemischen Verbindungen am flexibelsten sind, weil sie bis zu vier Bindungen frei haben. Das sind vor allem Kohlenstoff und Silizium. Beide kommen relativ häufig vor, zumindest auf Gesteinsplaneten. Silizium dominiert dabei neben dem Sauerstoff die Kruste. Sowohl Kohlenstoff als auch Silizium können langkettige Moleküle bilden, wie sie für Leben typisch sind.

Trotzdem erscheint die Entstehung von Leben auf Silizium-Basis eher unwahrscheinlich. Silizium fühlt sich nämlich sehr zu Sauerstoff hingezogen. Während Kohlenstoff sich von Pflanzen in der Photosynthese aus Kohlendioxid leicht wieder in andere Verbindungen übertragen lässt, ist ein solcher Prozess für Silizium fast unmöglich. Hinzu kommt, dass Siliziumdioxid fest ist (die Gesteinskruste besteht daraus), es lässt sich also nur schwer »einatmen«. Kohlenstoff macht es dem Leben wirklich in vielen Aspekten deutlich einfacher.

Aber das gilt natürlich nur unter Bedingungen wie auf der Erde. Bei großer Hitze und hohem Druck verändern sich die Verhältnisse. Auf einem Planeten, der seiner Sonne sehr nah ist, könnte in der Atmosphäre gasförmiges Siliziumdioxid vorhanden sein. Dort würden entsprechende Reaktionen unter Beteiligung von Silizium auch viel schneller ablaufen als auf der kalten Erde.

Und die anderen Elemente? Sie gehen je nach Hauptgruppe noch weniger Verbindungen ein als Kohlenstoff oder Silizium. Die Metalle wie Natrium oder Kalium bilden statt Atombindungen sogar lieber (schwächere) Ionenbindungen aus. In einem Lösungsmittel würde das Leben dann in seine Einzelteile zerfallen.

APROPOS LÖSUNGSMITTEL: DASS DAS LEBEN AUF DER ERDE AUS dem Meer kommt, ist weit mehr als ein Zufall. In der flüssigen Phase haben die Reaktionsteilnehmer viel bessere Möglichkeiten, sich auf vielfältige Weise miteinander zu verbinden, und es steht auch eine größere Zahl von potenziellen Partnern bereit. In einem Gas sind die Partner zwar auch sehr flexibel, aber sie müssen eben alle gasförmig sein. In einem festen Stoff ist die Beweglichkeit der Partner stark eingeschränkt.

Auf der Erde diente dem Leben denn auch Wasser als Lösungsmittel. Noch immer bestehen wir zum überwiegenden Teil daraus! Aber kämen auch andere Lösungsmittel in Frage? Leider wird es schwierig, geeigneten Ersatz zu finden. Wasser hat ein paar Riesen-Vorteile. Denken Sie allein an die Anomalie des Wassers, von der Sie in der Schule gehört haben. Wasser dehnt sich als einer von ganz wenigen Stoffen aus, wenn es gefriert. Das hat den Vorteil, dass Seen und Ozeane immer von oben her zufrieren, denn Eis ist leichter als flüssiges Wasser. Wäre das nicht so, würden die Meere mit der Zeit von unten her zufrieren, und allenfalls gäbe es im Sommer oben eine dünne Schicht flüssigen Wassers.

Hinzu kommen die hohe Wärme-Aufnahmefähigkeit und die hohe Verdampfungswärme des Wassers (gut für ein ausgeglichenes Klima), der breite Temperaturbereich, in dem es flüssig bleibt (immerhin 100 Grad), die gute Lösungsfähigkeit und die hohe Verfügbarkeit im Universum. Auch die hohe Dichte spielt eine Rolle: Wasser zwingt andere Moleküle dazu, sich gegen die Außenwelt abzuschirmen. So müssen die ersten Zellwände entstanden sein.

Theoretisch gibt es natürlich auch Alternativen. Fluorwasserstoff (HF, in wässriger Lösung als Flusssäure bekannt) kommt dem Wasser in vielen Aspekten nahe. Leider ist das Element Fluor jedoch im Universum eher selten. Verbindungen wie Methan oder Ammoniak sind deutlich häufiger. Sie sind zwar auf der Erde als Lösungsmittel untauglich, aber unter anderen Bedingungen könnte es anders aussehen. Der Saturnmond Titan besitzt zum Beispiel einen ausgeprägten Methan-Kreislauf, der dem Wasser-Kreislauf der Erde erstaunlich ähnelt – nur bei viel tieferen Temperaturen.

### Trappist-1: Wenn Planeten zu viel Wasser besitzen

Trappist-1 ist ein Roter Zwerg, der etwa 40 Lichtjahre von der Sonne entfernt ist. Er ist selbst zwar kaum größer als Jupiter, doch um ihn kreisen immerhin sieben Planeten, wie Forscher schon im vergangenen Jahr entdeckt haben. Bei allen sieben handelt es sich um erdähnliche Planeten.

Allerdings mit einer Besonderheit: sie sind allesamt erstaunlich leicht. Ihre Dichte ist niedriger als die von Gestein. Sie müssen also zum Teil aus einem anderen Stoff bestehen. Im Magazin Nature Astronomy beschreibt ein Forscherteam jetzt die Details. Normalerweise würde man die leichte Komponente für atmosphärisches Gas halten. Die sieben Planeten sind jedoch zu leicht, um eine derartig dichte Atmosphäre festzuhalten. Also muss ein anderer leichter Stoff in großer Menge vorhanden sein: Wasser.

Aber wie viel? Das haben die Forscher nun berechnet. Demnach liegt bei den inneren Planeten b und c etwa 15 Prozent der Gesamtmasse in Form von Wasser vor – zum Vergleich: bei der Erde sind es ganze 0,02 Prozent. Selbst die 15 Prozent sind also eine Menge. Doch die äußeren Planeten f und g müssen sogar zur Hälfte aus Wasser bestehen; das entspricht der Wassermenge Hunderter Erd-Ozeane.

Ein großer Teil des Wassers liegt allerdings wohl nicht flüssig vor, sondern als Eis. Das ist bei den hohen Drücken im Inneren eines Planeten nicht ungewöhnlich. Verwunderlich ist jedoch, dass diese Planeten sich innerhalb der Eis-Linie des Systems befinden. Innerhalb der Eis-Linie ist Wasser gasförmig, außerhalb ist es fest. Eiswelten wie Neptun und Uranus konnten sich nur außerhalb der Eislinie bilden. Das gilt für die Planeten von Trappist-1 ebenso. Diese müssen also im Lauf ihrer Geschichte näher an ihren Stern gerutscht sein – und zwar mindestens um die halbe Entfernung zu Beginn.

Was bedeutet das für die Entstehung von Leben? Womöglich besitzen die Planeten von Trappist-1 schlichtweg zu viel Wasser. Leben ist auf der Erde an den Greenzschichten zwischen Gestein und Wasser entstanden. Nur dort finden sich alle nötigen Voraussetzungen. Eine reine Wasserwelt ist zumindest für die irdische Art der Entstehung von Leben kaum geeignet. Womöglich sind das schlechte Nachrichten für alle Roten Zwerge der M-Klasse, die häufigste Sternart in der Milchstraße: Die Planeten, die sie umkreisen, könnten generell an einem Überangebot an Wasser leiden.

## Energie!

Leben ist aus physikalischer Sicht ein ganz unglaubliches Phänomen, weil es den wichtigsten Trend bei der Entwicklung des Universums zumindest zeitweise umkehrt: Es schafft Ordnung aus Unordnung. Tatsächlich geht das All seit dem Urknall den umgekehrten Weg. Die Entropie, ein Maß für die Unordnung, nimmt stetig zu. Beim Leben jedoch erhöht sich durch die Evolution der Grad der Ordnung. Das funktioniert jedoch nicht ohne eine ganz wichtige Zutat: Energie! Dabei muss es sich um verfügbare Energie handeln, die überall dort vorhanden ist, wo es ein Ungleichgewicht gibt.

Das ist zum Beispiel in der Nähe eines Sternes der Fall. Hier haben wir auf der einen Seite den Stern, der Energie produziert, und auf der anderen seinen Planeten, der diese Energie in Form von Licht empfängt. Das Leben muss dann Wege finden, die Energie des Lichts zu nutzen und zu speichern. Pflanzen machen das mit Hilfe der Photosynthese, aber es wären auch andere Wege denkbar. Tiere nutzen dann die gespeicherte Energie für ihren Stoffwechsel.

Die vom Stern empfangene Energie hat noch einen weiteren hilfreichen Nebeneffekt: Sie ermöglicht es dem Planeten, seine Atmosphäre so weit aufzuheizen, dass das Lösungsmittel (meist Wasser, siehe oben) an seiner Oberfläche flüssig auftritt. Die Definition der »bewohnbaren Zone« um einen Stern bezieht sich denn auch genau darauf.

Das heißt aber nicht, dass ein Planet außerhalb der bewohnbaren (habitablen) Zone zwingend unbewohnbar wäre. Am schädlichsten ist dabei wohl zu viel Energie. Wenn es zu heiß wird, weil der Planet seinem Stern zu nahe ist, wird er über kurz oder lang seine Atmosphäre verlieren. Vielleicht hat bei hohen Temperaturen

Silizium-basiertes Leben eine Chance, aber das ist sehr spekulativ. Wird es zu kalt, könnten andere Energiequellen eine Rolle spielen. Leben muss ja nicht unbedingt auf der Oberfläche stattfinden. Im Mantel und im Kern eines Planeten sind die Bedingungen vielleicht günstiger. Tatsächlich sind Biologen immer wieder überrascht, in welchen Tiefen der Erde sich noch Spuren biologischen Lebens finden. Das könnte auch auf den Mars zutreffen, an dessen Oberfläche die Lebensbedingungen seit drei Milliarden Jahren unzureichend sind.

# Der Ursprung des Lebens

Seit seiner Geburt vor 13,8 Milliarden Jahren musste sich das Universum stark verändern, um zu dem heutigen Hort des Lebens zu werden. Gesteinsplaneten wie die Erde hätten sich rund um die ersten Sterne überhaupt nicht bilden können, weil die schweren Elemente noch nicht existierten, aus denen sie bestehen. Die ersten Sterngenerationen mussten erst die Elemente in ihrem Inneren erzeugen und dann bei ihrem Tod in Supernova-Explosionen ins All schleudern (wobei gleichzeitig auch noch Elemente schwerer als Eisen entstanden). Wir alle bestehen aus den Atomen, die bei diesen Sternentoden entstanden.

Dass das alles genau so funktioniert hat, hat die Wissenschaftler immer wieder erstaunt. Wäre nur einer der physikalischen Parameter anders gewesen, gäbe es uns jetzt nicht. Die einfachste Erklärung dafür ist: Ein Universum, in dem die Parameter nicht zur Entstehung von Leben geeignet sind, könnten wir gar nicht beschreiben, weil es uns ja nicht gäbe. Das nennt man das anthropische Prinzip. Es existiert dazu noch eine weitere, stärkere Formulierung: Sie fordert, dass in allen Universen die Entstehung von Leben möglich sein muss. Eine Anregung dafür hat die Quantenphysik geliefert, die sich so interpretieren lässt, dass die Wirklichkeit erst durch den Beobachter entsteht.

Aber es ist im Grunde müßig, darüber nachzudenken. Der einzige überprüfbare (und bereits überprüfte) Fakt ist, dass in dem Universum, in dem wir existieren, die Wahrscheinlichkeit der Entstehung von Leben größer als Null sein muss.

Aber wie groß ist diese Wahrscheinlichkeit? Dazu haben sich viele Menschen Gedanken gemacht. Bekannt ist vor allem die Drake-Gleichung geworden, die die Anzahl kommunikationswilliger galaktischer Zivilisationen berechnet. In ihr stecken allerdings so viele Unbekannte, dass das Ergebnis je nach konkreter Auslegung zwischen eins und vier Millionen liegt. Das sagt jedoch noch wenig über unsere Chancen, außerirdisches Leben zu finden, denn die Drake-Gleichung bezieht sich ja auf Zivilisationen, also intelligentes Leben. Allein auf der Erde gibt es ja rund 50 Milliarden Spezies, und nur eine davon hat Intelligenz entwickelt.

Welche Sterne sollten Sie sich genauer ansehen, wenn Sie nach Leben suchen? Bei dieser Frage haben sich in den letzten Jahren viele Glaubenssätze in Luft aufgelöst. Aktuell geht man davon aus, dass im Mittel pro Stern auch ein Planet vorhanden ist. Ein ordentlicher Teil dieser Planeten hätte auch die richtige Größe und die passende Entfernung zu seinem Stern. In der Milchstraße mit ihren bis zu 300 Milliarden Sternen gibt es, so aktuelle Daten, rund 40 Milliarden Gesteinsplaneten in Erdgröße in der habitablen Zone ihres Sterns. Elf Milliarden davon orbitieren um sonnenähnliche Sterne. Und die Milchstraße ist nur eine von zahlreichen Galaxien im Universum.

Manche Sterne bringen Eigenschaften mit, die sie auf den ersten Blick weniger geeignet erscheinen lassen. Bei Roten Zwergen (wie Proxima Centauri) etwa liegt die habitable Zone so nah am Stern, dass der Planet nur noch gebunden rotieren kann, dem Stern also immer dieselbe Seite zuwendet. In den Übergangszonen könnte sich trotzdem Leben entwickeln. Sie wären auch durch den Planeten selbst vor den häufigen Ausbrüchen des Roten Zwergs geschützt; alternativ könnte ein gut dimensioniertes Magnetfeld hier Schutz bieten.

# Die Geburt des Lebens

Gehen wir zunächst davon aus, dass wir einen der Gesteinsplaneten unter den 40 Milliarden in der Milchstraße gefunden haben. Es existiert Wasser an der Oberfläche, das dort von einschlagenden Kometen deponiert wurde. Der Planet hat auch eine Proto-Atmosphäre. Wie geht es jetzt weiter?

Ganz genau weiß das die Wissenschaft bis heute nicht. Das wichtigste Experiment dazu führten 1952 Stanley Miller und Harold Urey an der Universität Chicago aus. Sie mischten einfache chemische Substanzen einer hypothetischen frühen Erdatmosphäre – Wasser, Methan, Ammoniak, Wasserstoff und Kohlenmonoxid, jedoch keinen Sauerstoff – und setzten diese Mischung elektrischen Entladungen aus, die die Energiezufuhr durch Gewitterblitze nachbilden sollten. Das Ergebnis: Im Versuch entstehen nach einer gewissen Zeit organische Moleküle.

Das Miller-Urey-Experiment sorgte damals für großes Aufsehen, zeigte es doch, dass sich die für die Entstehung des Lebens nötigen Bausteine unter den richtigen Bedingungen spontan bilden können. Allerdings löste es die Frage nach der Entstehung des Lebens noch nicht. Geologen zeigten später, dass die Erde in der Frühzeit doch etwas andere Bedingungen aufwies, als das Experiment sie voraussetzte. Zudem fanden sich im Ergebnis zwar Aminosäuren, jedoch keine Kohlenhydrate, ein weiterer wichtiger Baustein des Lebens. Diese müssen sich in einem zweiten Schritt gebildet haben. Ähnliches gilt für Lipide (Fette).

Für all diese Komponenten haben Chemiker allerdings inzwischen Wege gefunden, wie sie aus den ursprünglich vorhandenen Chemikalien gebildet worden sein könnten. Es fehlt jedoch noch das Szenario, das das alles vereint. Zu oft unterscheiden sich zudem die

Bedingungen, unter denen der eine oder der andere Grundbaustein des Lebens entstanden sein soll. Praktisch müsste das ja alles gleichzeitig vor vier Milliarden Jahren an einem bestimmten Ort auf der Erde passiert sein. Womöglich ist das alles auch gar nicht in der Atmosphäre geschehen, sondern an einem Vulkanschlot im Meer oder tief in der Erdkruste.

Wie der eigentliche Funke des Lebens in die Welt kam, ist nach wie vor Gegenstand eifriger Forschung. Hier stehen sich vor allem zwei Theorien gegenüber. Die erste geht davon aus, dass alles mit dem Metabolismus begann, dem Energiekreislauf. Das könnte in vulkanischen Gebieten im Meer passiert sein, entweder auf der Grundlage von Eisen und Schwefel oder basierend auf Zink. Zunächst hätte es nur einen primitiven Stoffwechsel gegeben; die Vererbung über RNS-Moleküle (einen primitiveren Vorläufer der DNS) wäre erst später hinzugekommen. Oder stand doch die RNS am Anfang? RNS-Moleküle wären dann durch Zufall innerhalb von abgekapselten Protozellen entstanden. Bekannt ist, dass einige RNS-Varianten gleichzeitig Informationen kodieren und als Katalysator für bestimmte Reaktionen wirken. Allein das plötzliche Vorhandensein des RNS-Moleküls könnte also den Stoffwechsel der Protozelle angekurbelt haben, sodass sie gegenüber anderen Zellen im Vorteil war. Es wird auch diskutiert, ob der RNA nicht noch primitivere Code-Moleküle wie PNA, TNA oder GNA vorangingen. Womöglich waren die Bedingungen für die Entstehung von Leben auf dem Mars damals sogar besser als auf der Erde – Meteoriten könnten dann Frühformen des Lebens zur Erde transportiert haben.

Wenn Sie sich einmal die englischsprachige Wikipedia unter dem Stichwort »Abiogenesis« ansehen, werden sie noch mindestens fünfzehn weitere Theorien finden, wie das Leben in die Welt gekommen sein könnte. Für die Biologen wird nur eine davon korrekt sein. Welche es ist, das wird sich auch danach entscheiden, welche genauen Bedingungen auf der Erde vor vier Milliarden Jahren herrschten, was ebenfalls Gegenstand aktueller Forschung ist.

Aber aus der Sicht der Astrobiologie könnten all diese Theorien richtig sein – nämlich dann, wenn die Bedingungen auf einem Exoplaneten denen in der Theorie entsprechen. Das Leben muss nicht immer auf dieselbe Weise entstehen. Die Erde ist nicht mehr und nicht weniger als ein Beispiel dafür.

Auf der Erde war das Ergebnis irgendwann LUCA – der »Last Universal Cellular Ancestor«. Das ergibt sich aus der DNS-Analyse des heutigen Lebens. LUCA, die Urform aller heutigen Spezies, von den Bakterien bis zum Menschen, lebte vor etwa 3,5 Milliarden Jahren. Damals handelte es sich vermutlich nicht um die einzige Lebensform – aber die Nachfahren aller anderen, die gleichzeitig lebten, sind inzwischen restlos ausgestorben. LUCA war ein biologisch schon recht komplizierter Einzeller. Ganz sicher war auch sie schon das Produkt der Evolution. Der Organismus speicherte Erbinformationen in RNA und besaß Ribosomen als Eiweißfabriken. LUCA muss gelebt haben, bevor die Erdatmosphäre mit Sauerstoff angereichert wurde. Auch das ist eine astrobiologisch interessante Information: ein Planet ohne Sauerstoff in der Atmosphäre kann also durchaus Leben beherbergen.

# Die Aufgliederung des Lebens

Das Leben auf der Erde hat sich offenbar recht frühzeitig in drei Bereiche – Domänen genannt – aufgeteilt, nämlich Bakterien, Archaeen und Eukaryoten. Die Bakterien kennen Sie als Krankheitserreger. Ein Eukaryot sind Sie selbst – wie jeder andere Vielzeller. Neuere Forschungen deuten darauf hin, dass es sogar nur zwei Domänen gibt. Die Bakterien hätten sich dann als Zweig der Archaeen entwickelt.

Archaeen sind aus astrobiologischer Sicht besonders spannend, denn unter den heute lebenden Arten befinden sich viele Extremophile, die so heißen, weil sie sich unter besonders widrigen Bedingungen wohlfühlen, wie sie vielleicht auf fernen Welten herrschen. So gibt es Arten, die bevorzugt bei Temperaturen von über 80 °C wachsen, andere leben in hoch konzentrierten Salzlösungen, unter hohen Drücken oder in stark saurem oder stark basischem Milieu. Auch Methan erzeugende Archaeen sind in gewisser Weise extrem: Sie wachsen ausschließlich ohne Sauerstoff und benötigen häufig molekularen Wasserstoff für ihren Stoffwechsel. Viele Archaeenarten sind relativ weit verbreitet und kommen in Süßwasser, Meer und Boden vor, aber auch im Darmtrakt von Tieren und Menschen. Archaeen konnten sogar in den Falten des menschlichen Bauchnabels nachgewiesen werden.

Die größte Veränderung des Lebens auf der Erde hat sich aber mit der Photosynthese vollzogen. Sie entstand vermutlich zuerst unter Bakterien und Archaeen. Nicht immer ist damit die Herstellung von Sauerstoff verbunden. Die Schwefelbakterien erzeugen aus Kohlendioxid die für den Stoffwechsel benötigten Kohlenhydrate, indem sie aus Schwefelverbindungen elementaren Schwefel herstellen. Andere greifen auf Wasserstoff oder kleine organische Moleküle zurück. Es ist unser Glück, dass diese Arten sich nicht weltweit durchgesetzt haben, sonst wäre die Erdatmosphäre heute nicht für uns atembar. Stattdessen gewannen Arten die Oberhand, die das Sauerstoffatom aus dem Wasser zu molekularem Sauerstoff umsetzten, um Kohlenhydrate zu produzieren. Die Pflanzen erbten dieses System später von den Cyanobakterien.

Als unser Planet noch keine zwei Milliarden Jahre auf dem Buckel hatte, herrschten auf seiner Oberfläche noch paradiesische Verhältnisse. Die Temperaturen hatten eine Milliarde Jahre nach der Entstehung der Erde gerade mal die 100 Grad unterschritten. Mit der Abkühlung kondensierte der Wasserdampf der Atmosphäre zu riesigen Meeren, in deren lauschiger Wärme sich zunächst organische Moleküle und dann erstes Leben bildeten. Vor 3,2 Milliarden Jahren müssen die Ozeane bereits von florierenden Gesellschaften urtümlicher Bakterien erfüllt gewesen sein, ein wahres Paradies.

Doch dann traten Umweltschädlinge auf den Plan.

Blaualgen (heute nennt man sie richtigerweise Cyanobakterien, weil sie anders als Algen noch keinen echten Zellkern besitzen) begannen in Massen, ein tödliches Gift zu produzieren – Dioxygen. Sie nutzten die Energie des Sonnenlichts, um das in ausreichender Menge vorhandene Kohlendioxid in diesen lebensfeindlichen Stoff zu verwandeln. Ihre Konkurrenten, allesamt anaerobe Bakterien, hatten noch keine parlamentarische Vertretung ausgebildet, die diese Umweltzerstörung aufhalten konnte.

Zunächst schien ja auch noch alles in Ordnung: In den Ozeanen waren genügend Metallionen gelöst, die den freiwerdenden Sauerstoff unschädlich machen konnten, und ein aktiver Vulkanismus lieferte dauernd ausreichend Reaktionsmasse nach. Die noch heute erhaltenen Erzformationen, die sich damals bildeten, stellen inzwischen die weltweit wichtigsten Eisenquellen dar. Doch die Erde beruhigte sich, und parallel entwickelten sich die Cyanobakterien weiter. Erste multizellulare Organismen entstanden – und das muss ungefähr der Moment gewesen sein, an dem die große Sauerstoff-Katastrophe begann. Vor 2,3 bis 2,4 Milliarden Jahren stieg der Anteil des für das damalige Leben großteils tödlichen Gases in der Erdatmosphäre derart, dass die allermeisten Arten dem Aussterben geweiht waren. Denn durch den Sauerstoff bildeten sich in ihrem Organismus sehr reaktive Peroxide, die die Zellen beschädigten.

Gleichzeitig verursachte der wachsende Sauerstoff-Anteil eine globale Klimakatastrophe. Das schützende Treibhausgas Methan wurde mit $O_2$ zu Kohlendioxid (das eine weit geringere Klimawirkung besitzt) und Wasser abgebaut. Die Erde, vermuten Forscher, muss für 300 bis 400 Millionen Jahre eisbedeckt gewesen sein, und zwar komplett.

Das reaktive Gas beschleunigte zugleich die Verwitterung der

Erdoberfläche. Neue Verbindungen und Minerale entstanden – und das ist auch der Punkt, mit dessen Hilfe ein internationales Forscherteam im Wissenschaftsmagazin *Nature* eine neue zeitliche Einordnung der Katastrophe versucht. Die Wissenschaftler haben Ablagerungen von Chromverbindungen in südafrikanischen Gesteinen untersucht, die sich vor etwa 2,98 Milliarden Jahren gebildet haben müssen.

Bereits diese erwiesen sich als in erheblichem Maße verwittert – also von Prozessen beeinflusst, die sich nur unter Anwesenheit signifikanter Sauerstoff-Anteile zugetragen haben können. Die Forscher berechneten den damaligen Dioxygen-Anteil in der Erdatmosphäre auf etwa drei Zehntausendstel des heutigen. Das ist signifikant mehr, als man bisher für diesen Zeitpunkt vermutet hatte. Die Tatsache deutet darauf hin, dass Blaualgen schon vor drei Milliarden Jahren weit verbreitet gewesen sein müssen – und damit die Photosynthese als effizientes Mittel der Energiegewinnung.

Die weltweiten Folgen sind noch heute spürbar:

- Ein großer Teil der anaeroben Organismen wurde ausgelöscht, die zu dieser Zeit die Erde bevölkerten.
- Die Oxidation von Methan in der Atmosphäre zu Kohlendioxid löste eine 300 Millionen Jahre währende, die ganze Erde umspannende Eiszeit aus.
- Die Vielfalt der auf der Erde vorkommenden Mineralien verdoppelte sich beinahe.
- Das Leben bekam durch den erhöhten Sauerstoffgehalt neue Chancen; der Energiestoffwechsel wurde erleichtert, denn bei einer großen Anzahl von Stoffen setzt die Oxidation mit Sauerstoff wesentlich mehr nutzbare Energie frei als ein Stoffumsatz ohne Oxidation. Das war letztlich der Auslöser für die Durchsetzung der Mehrzeller.

# Ein anderes Leben?

Die Suche nach außerirdischem Leben beschäftigt nicht nur die Weltraumforscher, sondern auch Philosophen, Regisseure, Schriftsteller – und die meisten Menschen. Während früher, vom Glaubens-Hintergrund geprägt, eher die Angst vor dem Verlust der exklusiven Stellung des Menschen im Universum diese Suche prägte, scheinen wir uns heute, historisch gesehen noch ganz frisch aufgeklärt, vielleicht eher eine Art großen Bruder zu wünschen, eine kluge Zivilisation in der Art der Vulkanier aus dem »Star Trek«-Universum, die unsere Probleme längst gelöst hat und uns mit Technologie zur Hand geht, wo wir politisch zu keiner Einigung kommen.

Alternativ darf es gern die übermächtige Bedrohung aus dem All sein, die uns unsere Differenzen vergessen lässt und auf diese Weise zumindest spirituell rettet – wenn man auch (anders als im Hollywood-Film) realistisch sehen muss, dass die Menschheit gegen auch nur um 200 Jahre fortgeschrittenere Angreifer auf absolut verlorenem Posten stünde wie die Indianer in Amerika vor ungefähr 200 Jahren. Wobei 200 Jahre Technologie-Differenz vermutlich nicht einmal ausreichen, eine Zivilisation zu interstellaren Reisen zu befähigen.

So weit zu den Träumen von Hollywood und Perry Rhodan – die Realität bei der Suche nach außerirdischem Leben sieht allerdings anders aus. Noch ist nicht einmal die Frage geklärt, woran wir fremdes Leben überhaupt erkennen. Dazu lieferte der Molekularbiologe Gerald Joyce jetzt in einem Paper im frei verfügbaren Magazin PLoS Biology einen interessanten Beitrag. Denn eigentlich sind ja die Voraussetzungen für die Arbeit von Exobiologen sehr gut: Man kennt bereits an die 1000 Exoplaneten. Ein Teil davon, das weiß man, liegt in einem Gebiet rund um ihren Heimatstern, den wir für die Entstehung von Leben als geeignet ansetzen. In einem Umkreis von 1000 Lichtjahren um die Erde, haben die Astronomen berechnet, dürfte es einige Zehntausend Schwesterplaneten geben, auf denen ähnliche Bedingungen wie bei uns herrschen. In zehn Jahren, schätzungsweise, dürften sogar Atmosphären-Daten von einigen dieser Himmelskörper vorliegen.

Trotzdem tun wir uns einigermaßen schwer damit, fremdes Leben zu identifizieren. Das liegt natürlich auch daran, dass uns die Erfahrung fehlt: Wir haben eben nur eine biologische Lebensform zum Vergleich. Deshalb setzen wir voraus, dass Leben auf Zellen basiert, in denen eine Geninformation in Eiweiße übersetzt wird. Deshalb definieren wir, dass Leben sich reproduziert, Informationen von Generation zu Generation weitergibt und dabei der Darwinschen Evolution unterliegt. Aber was passiert, wenn eine Lebensform eine dieser Voraussetzungen nicht erfüllt? Wenn es sich zum Beispiel um ein komplexes chemisches System handelt, das aber keine Vererbung kennt?

Gerald Joyce schlägt deshalb eine etwas andere Sichtweise vor, die den Informationsgehalt des Systems analysiert. In diesem Sinn besitzen biologische Systeme eine Art molekularen Speicher, ihren Genotyp, der durch Selbstreproduktion erhalten und durch Erfahrung und Umwelt bearbeitet wird. Der Informationsinhalt dieses Gedächtnisses berechnet sich aus der Anzahl möglicher Kombinationen, wovon die Anzahl tatsächlich realisierter Kombinationen (Phänotyp) subtrahiert wird. Ein fiktives Molekül, das sich selbst repliziert und gleichzeitig Stoffe in seiner Umgebung benutzt, um Kopien von sich selbst herzustellen, hätte in dieser Rechnung einen Informationsgehalt von 0: Jede mögliche Kombination (eine) wird auch umgesetzt. Schlussfolgerung: kein Leben. Leben kann nach dieser Sichtweise auf unterschiedlichen Wegen entstehen: direkt aus der Chemie zum Beispiel, nachdem eine genügend hohe molekulare Komplexität entstand, um ein Informations-Gedächtnis zu formen. Leben könnte sich auch aus früheren Lebensformen entwickeln, ohne von diesen Informationen zu übernehmen. So geschah es vermutlich auch auf der Erde: Frühe, RNA-basierte Lebensformen machten den Weg zu DNA-basiertem Leben erst frei.

In seinem Paper entwickelt Joyce ein komplexes Verfahren, den Informationsgehalt von Lebens-Kandidaten zu bestimmen. Gleichzeitig gibt diese Methode auch Hinweise darauf, wo es lohnt, nach Leben zu suchen, denn damit ein dauerhaftes Gedächtnis entstehen kann, müssen bestimmte Voraussetzungen in Sachen potenzieller Informationsdichte gegeben sein. Joyce rechnet zum Beispiel vor, dass sich in einem kleinen Teich selbst unter besten Bedingungen etwa 27 Kilogramm RNA auf chemische Weise ansammeln müssten, damit mit hoher Wahrscheinlichkeit Leben entsteht. Die erste echte Alternative zu dem Leben, wie wir es kennen, schätzt Joyce, wird deshalb wohl nicht auf dem Mars oder dem Saturnmond Titan gefunden werden, sondern in Labors auf der Erde.

## Schneller Aliens entdecken

Wenn ET nicht gerade vom Mars kommt, sondern aus einem weit entfernten Sternensystem, wird ihm die Erde als belebter Planet gar nicht unbedingt auffallen. Zu sehen ist unser Heimatplanet aus ein paar Tausend Lichtjahren Entfernung jedenfalls nicht. Der Gesteinsbrocken ist im Vergleich etwa zu Jupiter und Saturn winzig, sodass er die Bewegung der Sonne kaum sichtbar beeinflusst. Die Radiowellen, die unsere Zivilisation ins All schickt, taugen ebenso wenig als kosmisches Leuchtfeuer, schließlich haben wir überhaupt erst vor wenigen Generationen das erste Radio konstruiert. Und unseren kompletten Planeten in einer Explosion zu zerstören, ist der Menschheit noch nicht gelungen.

Diese Einschränkungen gelten natürlich andersherum auch, wenn wir uns selbst auf die Suche nach fremden Lebensformen machen. Woran sollen wir sie aus großer Ferne erkennen? Es gibt einen Stoff, der unter Astronomen als typisches (wenn auch bei weitem nicht zwingendes) Zeichen von Leben gilt – und den wir seit ein paar hundert Jahren in verstärktem Maße freiwillig in der Atmosphäre aussetzen: Methan, unter den Bedingungen auf der Erde gasförmig, kann unter Umständen biologischen Ursprungs sein.

Um herauszufinden, welche Stoffe sich in der Atmosphäre eines Planeten befinden, benötigt man ein Spektrum des Lichts, das von diesem ausgestrahlt oder reflektiert wird. In der Schule haben wir gelernt, wie Spektren entstehen: Angeregte Elektronen bewegen sich in ein niedrigeres Energieniveau und lassen dabei ein Photon fahren. Dessen Farbe (beziehungsweise Wellenlänge und damit Energie) hängt vom Energieunterschied der beiden Ebenen ab, zwischen denen das Elektron wechselt.

Die Realität entspricht zwar im Wesentlichen diesem Schulstoff, ist aber doch noch ein bisschen komplizierter. Methan besteht zwar nur aus einem Kohlenstoff- und vier Wasserstoff-Atomen und ist dabei noch hoch symmetrisch, doch selbst dieses bescheidene Mehrkörpersystem stellt die Physiker vor erhebliche Schwierigkeiten. So kommt es, dass selbst bei Zimmertemperatur das Spektrum von Methan noch nicht komplett charakterisiert wurde. Wenn die Temperaturen aber steigen, etwa auf ein Niveau wie auf einem Braunen Zwerg, sind gleich Millionen verschiedener Übergänge möglich. Das aktuelle Wissen über das Methan-Spektrum in verschiedenen Bereichen ist Stückwerk: zum Teil aus dem Aufbau des Moleküls berechnet, zum Teil halb-empirisch bestimmt und zum Teil experimentell gemessen.

In einem Paper in den *Veröffentlichungen der US-Akademie der Wissenschaften* stellt ein britisches Team neue Spektrallisten vom Methan vor, die eine weitaus höhere Auflösung besitzen. Im Temperaturbereich bis zu 1500 Kelvin sind sie anscheinend komplett – und zwar mit 9,8 Milliarden Übergängen. Für den selben Bereich war man experimentell auf 340.000 Übergänge gekommen. Die Forscher haben für ihre Arbeit das Methan-Molekül im Supercomputer COSMOS simuliert. Die Forscher weisen auch nach, dass die neu berechneten Spektren die Wirklichkeit wiedergeben. Zugleich ergibt sich, dass durch das unvollständige Wissen der Methangehalt von Himmelskörpern offenbar systematisch unterschätzt wurde. Das ist nicht nur für die Suche nach eventuellen Außerirdischen von Bedeutung, sondern auch für unser Verständnis von Aufbau und Evolution der Himmelskörper.

## Wie man bewohnbare Planeten besser von unbewohnbaren unterscheidet

Es ist noch gar nicht so lange her, da galt es als utopische Vorstellung, Planeten zu identifizieren, die um Sterne jenseits der Sonne kreisen. Inzwischen finden die Astronomen jedes Jahre Hunderte neuer Planeten. Gleichzeitig sammeln sie mit unglaublicher Akribie Informationen über die fremden Welten, analysieren ihre Oberflächen-Temperaturen, versuchen, die Zusammensetzung der Oberfläche zu bestimmen – über den Saturnmond Titan wusste man vor 50 Jahren noch weniger, als man heute über manchen Exoplaneten weiß.

Am meisten interessiert die Forscher dabei natürlich immer, wie es um die Bewohnbarkeit einer Welt bestellt ist. Dabei scheut man sich nicht, die rein menschliche Perspektive einzunehmen (eine andere haben wir ja auch nicht) und nach Leben zu suchen, wie wir es schon kennen. Immerhin hat das den Vorteil, dass wir die dafür nötigen Voraussetzungen bereits recht gut erforscht haben.

Welche der Exoplaneten erfüllen nun diese Voraussetzungen? Das ermittelt man mit einer Art Ausschlusssystem. Davon ausgehend, dass Wasser in flüssiger Form existieren sollte, ergeben sich je nach der Wärmemenge, die ein Mutterstern abgibt, bestimmte maximale und minimale Entfernungen für den Orbit des Planeten. Aber das genügt nicht. Manche Sterntypen geben zum Beispiel überdurchschnittlich viel schädliche Strahlung ab, sodass ein Planet in der habitablen Zone dann doch unbewohnbar werden kann.

Als deutliches Zeichen, dass sich ein Stern im nicht mehr bewohnbaren Zustand befindet, galt bisher Wasserdampf in seinen obersten Luftschichten, in der Stratosphäre. Wenn Planet und Sonne richtig stehen, kann es gelingen, auf der Erde das Licht des Sterns aufzufangen, nachdem es die Planeten-Atmosphäre durchdrungen hat. Wenn sich dann im Spektrum Anzeichen für Wasserdampf finden, ging man davon aus, dass es am Boden heißer als 66 Grad Celsius sein musste – der Planet galt als unbewohnbar, als "feuchtes Treibhaus".

Ein neues Atmosphärenmodell von NASA-Forschern zeigt jedoch, dass diese Annahme nicht stimmen muss. Unter bestimmten Bedingungen, etwa wenn der Planet seinen Stern gebunden umkreist (ihm also stets dieselbe Seite zuwendet), kann es passieren, dass sich Wolken herausbilden, die eine Art Sonnenschirm darstellen. Nun hängt es von der Energieabgabe des Sterns im Bereich des nahen Infrarots ab (und damit vom Typ des Sterns), was dann passiert. Insbesondere Rote Zwerge als Muttersterne strahlen einen großen Teil ihrer Energie im nahen Infrarot ab. Diese Infrarot-Strahlung wird vom Wasserdampf sehr gut aufgenommen. Die Berechnungen der Forscher zeigen, dass dadurch auf dem Planeten ein Klima herrschen dürfte, das etwas wärmer ist als in den Tropen der Erde. Da die meisten Sterne, um die man Planeten gefunden hat, Rote Zwerge sind, verbessere das die Chancen der Suche nach Leben deutlich, so die NASA.

## Mit Darwin ins Weltall: Wie sich extraterrestrisches Leben entwickelt

Die Milchstraße enthält etwa 100 Milliarden Planeten. Ein bis zwei Fünftel davon orbitieren in der habitablen Zone des jeweiligen Sterns. Würde nur auf einem Tausendstel Prozent dieser Himmelskörper Leben entstehen, also sehr konservativ gerechnet, wären das insgesamt schon 200.000 bewohnte Planeten oder etwa ein Planet mit Leben in einem Würfel mit einer Kantenlänge von 230 Lichtjahren.

Aber wie könnte außerirdisches Leben aussehen? Darüber spekulieren Forscher und Science-Fiction-Autoren gern. Das Problem: Wir haben nur eine Vorlage, und das ist das irdische Leben, also sind wir tendenziell geneigt, dieses als Maßstab zu benutzen. Schon das Konzept der bewohnbaren Zone setzt darauf auf – aber wer sagt denn, dass für Lebewesen auf Siliziumbasis nicht ganz andere Umweltbedingungen optimal sind? Auf der Erde hat sich ein augenähnliches Sehorgan über 40 Mal unabhängig voneinander entwickelt – also gehen Astrobiologen davon aus, dass auch Außerirdische Augen haben sollten.

Das ist eine mechanistische Sichtweise, meint ein Forscherteam in einem Artikel im International Journal of Astrobiology. Es ist nicht unbedingt falsch, solche Vermutungen anzustellen, aber diese Vorgehensweise hat eine entscheidende Begrenzung darin, dass wir eben bisher nur ein praktisches Beispiel für Leben kennen. Deshalb schlagen die Verfasser vor, zusätzlich auch theoriebasierte Prognosen abzugeben. Denn es gibt eine Theorie, die sich bei der Erklärung der Vielfalt des Lebens auf der Erde sehr gut bewährt hat: die Theorie der natürlichen Selektion.

Dabei handelt es sich um einen Grundbaustein von Darwins Evolutionstheorie. Da es sich um eine auf vielfältige Weise bestätigte Theorie handelt, muss sie auch auf anderen Planeten gültig sein, so wie die Quantenphysik auch universell gültig ist. Wenn wir also irgendwann im All Leben finden, wird es seine Gestalt der natürlichen Selektion zu verdanken haben, es sei denn, es ist so primitiv, dass bei jeder Reproduktion eine exakte Kopie entsteht.

Doch in allen anderen Fällen gilt die Evolutionstheorie. Sie führt mit der Zeit dazu, dass sich die Komplexität des Lebens erhöht. Und zwar insbesondere immer dann, wenn es einen "großen Übergang" gegeben hat. Damit aus einzelnen, unabhängigen Zellen ein komplexerer Organismus entstehen kann, müssen die Zellen konfliktfrei, aber voneinander abhängig existieren, ohne sich einzeln fortpflanzen zu können. Die Zellen Ihrer Hand sind zum Beispiel von den Zellen im Fuß abhängig, und sie befinden sich nicht im Konflikt. Im Gegenteil, sie können sich nur gemeinsam fortpflanzen, also Ihre Gene weitergeben. Damit so ein Zustand entsteht, müssen in der Natur bestimmte Bedingungen herrschen. Auch das ist etwas, das sich auf das Leben im All übertragen lässt. Große Übergänge werden zum Beispiel provoziert, wenn bestimmte Ressourcen (Nahrung, Platz...) knapp werden.

Was leiten die Forscher daraus über außerirdisches Leben ab? Drei Punkte:

- Es wird sich um Individuen handeln, die aus kleineren Einheiten bestehen. Vermutlich findet man Varianten der einzelnen Untereinheiten auch noch einzeln in freier Wildbahn.
- Es muss zwischen diesen Untereinheiten etwas geben, das die Interessen ausgleicht, sodass sie gemeinsam das Wohlergehen des Ganzen im Blick haben.
- Irgendein Prozess muss das Wachstum der Population begrenzen, damit sich unterschiedliche Interessen aneinander anpassen können.

## Gute Lebensbedingungen auf dem Saturnmond Enceladus

Carboxydothermus hydrogenoformans ist ein Bakterium, genauer gesagt: die Endospore eines Bakteriums, mit der es schlechte Zeiten überstehen kann. Schlechte Zeiten, das bedeutet für Carboxydothermus hydrogenoformans eklige frische Luft, die kein bisschen (für den Menschen giftiges) Kohlenmonoxid enthält, sowie eisige Temperaturen von unter 100 Grad Celsius. Denn das Bakterium wächst und gedeiht in heißen Quellen, wo es 1991 auf der russischen Vulkaninsel Kunashir auch gefunden wurde. Dass die Verhältnisse dort auf den ersten Blick lebensfeindlich sind, hat Carboxydothermus hydrogenoformans noch nie gestört – vielmehr handelt es sich sogar um eine sehr schnell wachsende Bakterienart.

Ihr Überleben sichert sie – und das gelingt ihr anscheinend schon seit vielen Millionen, wenn nicht gar Milliarden Jahren – mit einem Prozess, der in der Welt des Lebens zumindest auf der Erde nur noch relativ selten zum Einsatz kommt: Carboxydothermus hydrogenoformans gewinnt Energie aus Kohlenmonoxid (CO), das es zu Kohlendioxid ($CO_2$) umwandelt, und atmet dabei Wasser ($H_2O$), wobei molekularer Wasserstoff entsteht ($H_2$). Das ist auf der Erde eine ziemliche Nische, denn es gibt zwar jede Menge Wasser, aber kaum Kohlenmonoxid. Doch das war nicht immer so. In der Frühzeit unseres Planeten musste das Leben noch ohne Sauerstoff auskommen. Damals gab es wesentlich mehr Wege, sich das täglich Brot zu sichern, ob nun mit Hilfe von Ammoniak (Bakteriengattung Planctomycetes), von Schwefel (Thiobacillus denitrificans) oder gar von Eisen (wie Acidithiobacillus ferrooxidans). All diese Mikroorganismen leben noch immer auf der Erde, auch wenn sie sich bestimmt von uns Sauerstoff-Atmern diskriminiert fühlen.

Auf anderen Welten hingegen sind vielleicht wir die Aliens. Natürlich schon deshalb, weil wir bisher keinen anderen Himmelskörper mit Sauerstoff-Atmosphäre kennen. Aber wie steht es um die Lebensbedingungen all der Arten, die auf der Erde ein Nischendasein führen? Carboxydothermus hydrogenoformans jedenfalls könnte es auf dem Saturnmond Enceladus gut gehen, wie Forscher jetzt in einem Paper in Science nachweisen. Die entscheidenden Hinweise verdanken wir – wieder einmal – der Cassini-Sonde, die Ende des Jahres in den Saturn stürzen wird.

Die Daten selbst gewann Cassini schon vor einiger Zeit, und zwar beim letzten nahen Vorbeiflug im Jahre 2015. Damals hat sich die Sonde in einer Höhe von minimal 49 Kilometern entlang der "Tiger Stripes" bewegt, durch die Gas aus dem Ozean unter der Eiskruste bis ins Weltall strömt. Die Zusammensetzung der Gaswolken hat das Ion Neutral Mass Spectrometer (INMS) gemessen. Und da wird es spannend: Es zeigte sich nämlich, dass bis zu

1,4 Prozent molekularer Wasserstoff enthalten ist, $H_2$, das von Carboxydothermus hydrogenoformans ausgeatmet wird (auch 0,8 Potent $CO_2$ fanden sich, was aber weniger verräterisch ist).

Das heißt natürlich nicht, dass es im Enceladus-Ozean Wasserstoff ausatmendes Leben geben muss. Vielleicht ist sogar das Gegenteil der Fall: Gäbe es dort Bakterien, die wie Cupriavidus metallidurans Wasserstoff in Wasser veratmen, dann müsste eigentlich weniger Wasserstoff nach außen dringen. Die Forscher haben sich jedoch Gedanken gemacht, wo das $H_2$ herkommen könnte – und schließen geologische Vorkommen aus. Der Wasserstoff kann z. B. nicht im Eis gespeichert gewesen sein. Vielmehr scheint es eindeutig, dass er am Grund des Enceladus-Ozeans entstehen muss, und zwar in Prozessen, die genügend Energie liefern, um damit die Existenz von Leben zu ermöglichen. Energie ist schließlich die entscheidende Voraussetzung für die Entstehung von Leben – ist diese gegeben, findet das Leben schon irgendwie seinen Weg, wie die Erforschung lebensfeindlicher Umgebungen auf der Erde immer wieder beweist.

## Außerirdischen-Watch: Welche fremden Zivilisationen uns sehen können

Zur Entdeckung von Exoplaneten nutzen Astronomen meist eines von zwei Verfahren: die Transitmethode oder die Radialgeschwindigkeitsmethode. Wenn man an die Drehung der Erde um die Sonne denkt, stellt man sich das Bild gern so vor, als stünde die Sonne fest und zöge die Erde quasi an einem Faden um sich herum. Dieses Bild ist falsch. Tatsächlich bewegen sich beide, Erde und Sonne, Planet und Stern, um einen gemeinsamen Schwerpunkt. Auch der Stern dreht also – wenn auch kleine – Kreise, weil er von den Planeten beeinflusst wird. Diese Kreisbewegung können wir von der Erde aus nicht sehen. Aber wir sehen, dass sich der Stern nach vorn und nach hinten bewegt, von uns weg und auf uns zu.

Die Geschwindigkeit, mit der das passiert, nennt man Radialgeschwindigkeit. Sie führt über den Doppler-Effekt dazu, dass sich die Spektrallinien des Sterns haarfein verschieben. Diese Verschiebung können wir mit Spezialinstrumenten messen und daraus berechnen, wie schwer der Planet oder die Planeten sein müssen, die am Stern zerren – das ist dann die so genannte Radialgeschwindigkeitsmethode. Bei alleiniger Anwendung dieser Technik lässt sich aber nur eine Untergrenze für die Planetenmasse angeben.

Um die genaue Masse (und damit die Dichte) auszurechnen, müsste man den Planeten zusätzlich mit der Transitmethode nachweisen. Die Transitmethode setzt voraus, dass die Bahn des Planeten so verläuft, dass dieser genau in der Achse zwischen der Erde und seinem Stern vorüberzieht. Dadurch verringert sich in bestimmten Zeitabständen die Helligkeit des Sternes, was man mit Teleskopen messen kann.

Wenn eine fremde Zivilisation die Erde als terrestrischen Planeten entdecken will, braucht sie also, um wirklich alle nötigen Informationen zu erhalten, beide Methoden. Das heißt, dass sich aus Sicht ihrer Heimatwelt die Erde und die Sonne auf einer Ebene befinden müssen (siehe Grafik unten) – anderenfalls bewegt sich die Erde ja nicht vor der Sonnenscheibe vorbei, bedeckt diese also nicht.

In einer spannenden Forschungsarbeit haben Astronomen unter anderem des Max-Planck-Instituts für Sonnensystem-Forschung in Garching ermittelt, für welche fremden Welten diese Bedingung denn erfüllt ist. Tatsächlich gilt das nur für einen Bruchteil. Grundsätzlich ist es so, dass die terrestrischen Welten (Merkur, Venus, Erde, Mars) trotz ihrer geringeren Größe leichter zu entdecken sind als die Gasriesen – je näher ein Planet seiner Sonne ist, desto öfter bedeckt er sie. Zudem gibt es keinen Ort im All, von dem aus mehr als drei Planeten des Sonnensystems per Transitmethode zu entdecken sind. Im Mittel beträgt die Chance, wenigstens einen der Planeten zu finden, etwa 1:40, bei 2 Planeten nur noch 1:400 und bei 3 Planeten gar 1:4000. Unter den über 3600 bekannten Exoplaneten gibt es 68, von denen wenigstens einer der Planeten des Sonnensystems zu entdecken wäre. Neun dieser Planeten haben direkte Sicht auf die Erde, doch keine dieser Welten befindet sich selbst in der habitablen Zone. Insgesamt, schätzen die Forscher, sollte es zehn (bisher noch unentdeckte) Welten im All geben, die sowohl die Erde vermessen könnten als auch im habitablen Bereich kreisen. Das ist nicht eben viel – und vielleicht ist das ja der Grund, warum bisher noch kein Anruf von ET kam?

## Wer wird das letzte Lebewesen auf der Erde sein?

Es heißt ja immer, Kakerlaken würden jede Katastrophe überstehen. Aber falls jemals eine Supernova in unserer Nachbarschaft die Erde in ein Gammastrahlungs-Bad taucht, wäre dies das Ende auch der hiesigen Kakerlaken-Population. Überlebende gäbe es trotzdem noch, wie Astrobiologen in einem Bericht in Scientific Reports beschreiben. Sie sind meist weniger als einen Millimeter groß und gehören zum Stamm der Bärtierchen.

Bärtierchen leben im Meer und an Land. Dass sie auch in Extremfällen noch überlebensfähig sind, weiß die Biologie schon länger. Trockenheitsperioden, Kälteeinbrüche, starke Schwankungen im Salzgehalt des Wassers oder Sauerstoffmangel überstehen sie mit Hilfe ausgeklügelter Strategien. An Bord des Satelliten FOTON-M3 hat die ESA 2007 die Tiere dem Vakuum, der Kälte und der Strahlung des Alls ausgesetzt – und trotzdem überlebten sie. Temperaturen bis -273 Grad Celsius und Austrocknung können ihnen nicht den Garaus machen.

Das sind natürlich gute Voraussetzungen, um zum ultimativen Überlebenden auf der Erde zu werden. Die Forscher zeigen, dass weder eine Supernova noch ein gewaltiger Asteroideneinschlag die Bärtierchen ausrotten würden. Lediglich eine sterbende Sonne, die im Roter-Riese-Stadium die Erde in ihre Atmosphäre einhüllt, würde unseren Planeten komplett sterilisieren.

Das zeige, so die Forscher, dass Leben wohl, wenn es einmal entstanden sei, auch anderswo nur schwer wieder auszurotten sein dürfte. Ein gutes Zeichen also für die Bemühungen, auf dem Mars oder in den Ozeanen der Eismonde Leben aufzuspüren.

# Die neue Biografie der extremen Sterne

Der Planet Suran kreist um ein Schwarzes Loch – ein extremes Objekt, das am Ende eines langen Sternlebens entstehen kann. Was kann sonst noch am Ende der Karriere eines Sternes stehen?

## Die Zukunft der Sonne: Weiße Zwerge

Was aus einem Stern nach dem Verbrauch seines Brennstoffs wird, hängt vor allem von der Masse des Sterns ab: Bei weniger als 2,3 Sonnenmassen erlischt das Heliumbrennen irgendwann – typischerweise nach einer Million Jahren. Der Stern kollabiert dann unter seiner eigenen Gravitation und wird zum Weißen Zwerg. Dieses Schicksal steht auch der Sonne bevor. Weiße Zwerge bestehen meist aus einem Kern aus Sauerstoff, auf den eine Kohlenstoff- und schließlich eine Helium-Schicht folgen. Dass der Stern nicht immer weiter kollabiert, liegt an dem Gleichgewicht, das sich zwischen der Gravitation und dem Gegendruck des Kerns aufbaut. Bis etwa 1,44 Sonnenmassen Restmasse, der so genannten Chandrasekhar-Grenze, kann das Sterninnere dem Druck der Gravitation so weit widerstehen, dass die Entwicklung beim Weißen Zwerg stoppt.

Liegt die Masse des Sterns hingegen zwischen 2,3 und 3 Sonnenmassen, kann nach dem Heliumbrennen das Kohlenstoffbrennen einsetzen. Dabei entstehen Elemente bis hin zum Eisen. Danach ist Schluss, denn Eisen lässt sich nicht mehr exotherm fusionieren: Weitere Fusionsreaktionen schlucken Energie, statt welche abzugeben. Geht auch, nach einigen 10.000 Jahren, der Kohlenstoff als Brennstoff aus, blasen solche Sterne üblicherweise einen Teil ihrer Hülle als planetaren Nebel ins All. Schließlich teilen sie das Schicksal der Sonne und verwandeln sich in einen Weißen Zwerg.

Dieser Weiße Zwerg kühlt mit der Zeit ab und wird irgendwann zum Schwarzen Zwerg – es sei denn, er erleidet eine Supernova vom Typ I: Das kann ihm in Binärsystemen passieren, in denen zwei (oder auch mehr) Sonnen umeinander kreisen. Falls sich der Begleiter irgendwann zum Roten Riesen aufbläht, kann es der Gravitation des Weißen Zwergs gelingen, dessen Materie abzuziehen. Der Zustrom frischen Materials bringt den Weißen Zwerg aus dem Gleichgewicht – und er explodiert in einer Supernova.

## Extrem dicht: Neutronensterne

Ein spektakuläres Ende erleiden Sterne, die mindestens etwa dreimal so schwer wie die Sonne sind. Ihnen gelingt es, in verschiedenen Schalen in ihrem Inneren alle Elemente bis hin zum Eisen als Brennstoff zu verwenden. Ihr nur 10.000 Kilometer durchmessender Kern besteht dann in der Regel aus Eisen und schwereren Elementen.

Was dem sterbenden Stern nun passiert, hängt vor allem von diesem Kern ab. Wenn er die oben beschriebene Chandrasekhar-Grenze überschreitet, kann seine Materie der eigenen Gravitation nicht mehr widerstehen und kollabiert zu einem Neutronenstern. Seine Materie wird so stark zusammengepresst, dass die Elektronen der Atomhülle mit den Protonen des Atomkerns zu Neutronen verschmelzen (dabei werden Elektron-Neutrinos frei). Der Kern stößt gleichzeitig in einer gigantischen Explosion, einer Supernova, seine Hülle ab.

Bei einem Neutronenstern handelt es sich um ein sehr kompaktes Objekt – bis zu drei Sonnenmassen befinden sich in einer Kugel mit 20 Kilometern Durchmesser. Ein Kubikzentimeter davon wiegt etwa so viel wie ein Eisenwürfel mit einem Kilometer Kantenlänge. An der Oberfläche herrscht eine 200 Milliarden mal stärkere Gravitation als auf der Erde. Fiele dort ein Gegenstand aus einer Höhe von einem Meter auf den Boden, schlüge er nach einer Mikrosekunde mit 7,2 Millionen Kilometern pro Stunde auf.

Neutronensterne leuchten zwar nicht mehr von sich aus. Wegen ihrer oft ungewöhnlichen Eigenschaften hat man sie aber schon früh entdeckt. Bei der plötzlichen Kontraktion des Sterns wird zum Beispiel auch dessen Magnetfeld mit eingefroren. Wenn der Neutronenstern nun auch noch rotiert, gibt der Stern Radiostrahlung ab, die Astronomen als Pulsar auffangen können.

Vom Aufbau eines Neutronensterns konnten sich die Forscher natürlich noch nicht persönlich ein Bild machen. Aus der Theorie ergibt sich aber eine Schalenstruktur: Die äußere Kruste besteht aus

Eisenatomen und -ionen, die ein Kristallgitter bilden. Ab einer Tiefe von zehn Metern beginnt die innere Kruste. Der Druck ist hier schon so hoch, dass auch freie Neutronen überleben können. Ab zwei Kilometern Tiefe beginnt der äußere Kern, der von Neutronen dominiert wird, aber auch Protonen und Elektronen enthält. Er müsste nach der Theorie sowohl supraleitend als auch superflüssig sein. Das heißt, es gibt keine innere Reibung mehr. Wie der innere Kern aussieht, darüber kann man nur spekulieren. Entweder setzt er sich aus exotischeren Teilchen wie Pionen und Kaonen zusammen, die dort ein Bose-Einstein-Kondensat bilden, also alle denselben Quantenzustand einnehmen. Oder es treten sogar freie Quarks auf, die Bausteine der Elementarteilchen.

## Die Seltsamen: Quarksterne

Wenn das der Fall ist, spricht man auch von einem Quarkstern. Theoretisch – denn solche Objekte konnte man bisher nicht nachweisen – könnte jeder Neutronenstern zu einem Quarkstern werden, wenn sich seine Masse der sogenannten Tolman-Oppenheimer-Volkoff-Grenze annähert, ohne sie zu überschreiten. Diese Grenze liegt zwischen 1,5 und 3 Sonnenmassen.

Physiker interessieren sich für Quarksterne, weil sie einer der wenigen Orte sein müssten, an denen auch die hypothetische Seltsame Materie existieren kann. Sie besteht aus den zum Standardmodell der Physik gehörenden Strange-Quarks. Seltsame Materie müsste, wenn sie mit mehr als 1000 Protonenmassen schwer genug ist, stabil sein.

Zwar dürfte es schwer möglich sein, Quarksterne direkt von gewöhnlichen Neutronensternen zu unterscheiden. Bei der Verschmelzung zweier Objekte dieses Typs zu einem Schwarzen Loch zeigen Computersimulationen des MPA Garching aber deutliche Unterschiede. Die dabei abgestrahlten Gravitationswellen sollten höhere Frequenzen als bei Neutronensternen aufweisen – so könnte man die seltsamen Sterne indirekt nachweisen.

## Wo Raum und Zeit bedeutungslos sind: Schwarze Löcher

Überschreitet der Neutronenstern allerdings die Tolman-Oppenheimer-Volkoff-Grenze (das entspricht acht Sonnenmassen beim Ausgangsstern), können auch die Neutronen der Gravitation nicht mehr genug entgegensetzen und es formiert sich ein Schwarzes Loch. Dessen Anziehungskraft ist so groß, dass ihr nicht einmal Licht entkommen kann. Was einmal hinter dem sogenannten Ereignishorizont verschwindet, kommt nie wieder ans Tageslicht. Dieser Bereich hätte bei einem Schwarzen Loch mit der Masse der Sonne einen Radius von einigen Kilometern. Wegen der Rotation der meisten Schwarzen Löcher ist er jedoch selten kugelförmig, sondern hat die Form eines Rotationsellipsoids (ein Körper, aufgespannt aus einer rotierenden Ellipse).

Vorhergesagt wurden Schwarze Löcher schon im neunzehnten Jahrhundert. Bis in die 1960er-Jahre hielt man sie jedoch eher für eine mathematische Kuriosität, eine spezielle Lösung von Einsteins Gleichungen der Allgemeinen Relativitätstheorie für punktförmige Massen. Als man 1967 jedoch Pulsare (Neutronensterne) entdeckte, rückten sie in den Bereich des Möglichen. 1971 identifizierte man dann mit Cygnus X-1/HDE 226868 den ersten Kandidaten für ein Binärsystem aus Schwarzen Löchern.

Beobachten lassen sich Schwarze Löcher nicht direkt – wohl aber über ihre Wirkung. So kann man zum Beispiel die Bahnen anderer Sterne in Mehrfachsystemen untersuchen, die auf das Vorhandensein eines unsichtbaren Objekts schließen lassen. Schwarze Löcher können durch ihre Anziehungskraft auch als Gravitationslinsen wirken und das Licht eigentlich weit hinter ihnen stehender Sterne verstärken. Bei der Beobachtung ergibt sich dann ein Unterschied zwischen tatsächlicher und nach der Natur des Himmelsobjekts zu erwartender Helligkeit.

Wie es im Inneren eines Schwarzen Lochs aussieht, ist ebenso schwer zu ermitteln wie der Zustand des Universums kurz nach dem Urknall. Das Hauptproblem besteht darin, dass es sich um eine Singularität handelt, in der die derzeit bekannten Gesetze nicht mehr gelten. Die Dichte des Schwarzen Lochs geht gegen unendlich. Die Begriffe Raum und Zeit verlieren ihren Sinn, deshalb spricht man auch von einem Loch in der Raumzeit. Womöglich bilden Schwarze Löcher Übergänge in andere Universen – das sind aber Spekulationen, mit denen sich vor allem die Science Fiction befasst.

Schwarze Löcher gibt es aber nicht nur als Überbleibsel einer Sternenexplosion: Fast jede Galaxis besitzt in ihrem Zentrum ein überschweres Schwarzes Loch. Man vermutet, dass diese Riesen sich zum einen an Materie aus der Galaxis groß gefressen haben, zum anderen aber auch bei Galaxien-Verschmelzungen ihre heutige Masse erreicht haben.

Auch im Kern der Milchstraße vermutet man mit Sagittarius A* ein solches riesiges Schwarzes Loch. Es ist ungefähr so schwer wie vier Millionen Sonnen. Diese Masse konzentriert sich auf eine Kugel mit 44 Millionen Kilometer Durchmesser. Im Sonnensystem würde dieses Schwarze Loch bis halb an den innersten Planeten Merkur heranreichen.

## Die Alternative zum Schwarzen Loch: Bosonensterne

Bosonen sind Teilchen mit einem geradzahligen Spin. Dazu gehören die Grundteilchen, die die einzelnen Wechselwirkungen vermitteln (etwa Photonen für den Elektromagnetismus), aber auch zusammengesetzte Teilchen wie Helium-4-Atome. Ihre Besonderheit besteht darin, dass beliebig viele von ihnen den gleichen Grundzustand einnehmen können. Sie sind dann nicht mehr voneinander unterscheidbar und bilden ein Bose-Einstein-Kondensat mit ungewöhnlichen Eigenschaften. Unter anderem kann die Dichte des Kondensats gegen unendlich gehen.

Damit wären Bosonen gute Kandidaten für sehr schwere Himmelskörper, bei denen sich riesige Massen auf engem Raum drängen. Wer denkt dabei nicht an ein Schwarzes Loch? Aber ein Himmelsobjekt aus Bosonen wäre zwar bei gleicher Masse kaum größer als ein Schwarzes Loch und es würde das Licht ebenso beugen, aber es besäße keinen Ereignishorizont. Ein solcher Bosonenstern bliebe sogar durchsichtig, und wir könnten sehen, was in ihn hineinfällt. Damit würden Bosonensterne einige Probleme Schwarzer Löcher vermeiden, die den Wissenschaftlern zu schaffen machen, etwa das Informationsparadoxon.

Trotzdem ist die Wissenschaft skeptisch, was die Existenz von Bosonensternen betrifft. Unklar ist nämlich, aus welcher Art von Bosonen diese bestehen könnten. Wenn ein Bosonenstern das Endergebnis einer Supernova sein soll, müssten die Teilchen des Sterns während der Supernova irgendwie in Bosonen umgewandelt werden. Möglich wäre aber auch, dass Bosonensterne kurz nach dem Urknall aus damals sehr dicht gedrängten Bosonen entstanden. Diese könnten nun zur Dunklen Materie gehören oder aber als zentrale Objekte die Galaxien beherrschen. Wie lässt sich das nachweisen? Nur schwer.

Es gibt allerdings Prozesse, bei denen sich Bosonensterne anders verhalten als Schwarze Löcher. Zum Beispiel bei ihrer Verschmelzung. Forscher haben nun die Daten von Gravitatationswellendetektoren untersucht, die Signale von der Verschmelzung zweier Schwarzer Löcher nachgewiesen haben sollen. Aus den Simulationen der Forscher ergibt sich allerdings, dass eine Verschmelzung von Bosonensternen die vorhandenen Daten noch ein kleines bisschen besser erklären würde. Dieses »kleines bisschen« reicht noch nicht, um Schwarze Löcher für nicht existent zu erklären. Aber die Wissenschaftler hoffen, dass weitere Beobachtungen ihre Daten bestätigen.

Laut einem Mitautor der Studie, Professor Carlos Herdeiro von der Universität Aveiro, handelt es sich bei der Entdeckung nicht nur um die erste Beobachtung von Bosonensternen, sondern auch um die eines neuen Teilchens, das als Ultraleichtboson bekannt ist. Solche ultraleichten Bosonen wurden als Bestandteile dessen vorgeschlagen, was wir als Dunkle Materie kennen. Außerdem kann das Team die Masse dieses mutmaßlichen neuen Teilchens der dunklen Materie tatsächlich messen, und ein Wert von Null wird mit hoher Sicherheit verworfen. Wenn es durch die anschließende Analyse von GW190521 und anderen Gravitationswellenbeobachtungen bestätigt wird, würde das Ergebnis den ersten Beobachtungsnachweis für einen lange gesuchten Kandidaten für die Dunkle Materie liefern.

## Noch seltsamer: Exotische Sterne

Quarksterne sind zwar aus Seltsamer Materie, stellen aber nicht die seltsamsten Objekte dar, die sich Wissenschaftler vorstellen können. Es gibt noch drei merkwürdigere Arten von Sternen. Da wäre zunächst der Elektroschwache Stern. Er erzeugt Energie, indem er Quarks zu Leptonen (dazu gehören unter anderem Elektronen) »verbrennt«, ein Prozess, der der elektroschwachen Wechselwirkung zuzuordnen ist. So ein Stern könnte die letzte Stufe vor dem Schwarzen Loch darstellen, weil die dadurch erzeugte Energie womöglich den Gravitationskollaps noch aufhält. Der Kern, in dem die Reaktion stattfindet, wäre gerade einmal so groß wie ein Apfel, hätte aber die Masse von zwei Erden. Die elektroschwache Verbrennung könnte als letzte Phase vor der Entstehung eines Schwarzen Lochs bis zu zehn Millionen Jahre andauern.

Ebenfalls reine Theorie sind die Preonensterne. Preonen sind hypothetische, punktförmige Teilchen, aus denen sich Quarks und Leptonen aufbauen. Aktuelle Experimente sprechen eher gegen ihre in den 1970er-Jahren populäre Existenz. Preonensterne müssten nach der Theorie ungeheuer dicht sein, dürften aber nur einen Radius von 40 Metern haben und so viel wie 0,013 Sonnen wiegen.

Schließlich haben wir noch den Gravastern (von »GRAvitational VAcuum«). Nach einer 2001 publizierten Hypothese von Pawel Mazur und Emil Mottola könnte ein sehr massereicher Stern sich in einen Gravastern verwandeln. Statt bis zu einer physikalisch problematischen Singularität (wie beim Schwarzen Loch) würde ein solcher Stern nur so weit kollabieren, bis ein Phasenübergang in der Raumzeit genug Gegendruck aufbaut. Der Theorie nach soll dieser Übergang durch Quanteneffekte entstehen. Mazur und Mottola haben vorgeschlagen, dass die Gravasterntheorie eine Lösung des Informationsparadoxons von Schwarzen Löchern darstellt und dass Gravasterne Quellen für Gammablitze sein könnten. Es taugen allerdings auch weniger spekulative Theorien zur Erklärung dieser Phänomene. Von außen würde ein Gravastern einem Schwarzen Loch ähneln. Im Inneren des Gravasterns würde eine Blase aus

Dunkler Energie den zur Stabilität nötigen Gegendruck erzeugen. Die supermassive Wand dieser Blase bildete dann die Quelle der Gravitation des Gravasterns.

Mit ein bisschen Geduld können Sie auch noch den Eisenstern in freier Wildbahn erleben. Ein Eisenstern ist ein hypothetischer Typ eines kompakten Sterns, der in extrem ferner Zukunft, vielleicht nach $10^{1500}$ Jahren, im Universum entstehen könnte. Die Voraussetzung dafür ist, dass kalte Fusion, die durch Quantentunnelung stattfindet, alle leichten Kerne in gewöhnlicher Materie dazu bringt, in Eisen-56-Kerne zu fusionieren. Durch Spaltung und Alphateilchenabgabe würden zudem alle schwereren Kerne in Eisen zerfallen und Objekte stellarer Masse in kalte Eisenkugeln verwandeln. Die Bildung dieser Sterne ist allerdings nur möglich, falls Protonen nicht zerfallen (das ist noch nicht ganz klar). Aber auch Eisensterne sind nicht das Ende jeder Entwicklung. Sie kollabieren nach 10 hoch $10^{26}$ bis 10 hoch $10^{76}$ Jahren zu Neutronensternen oder Schwarzen Löchern.

Tipp: Wenn Sie sich bei hardsf.de/fortsetzung eintragen, erhalten Sie diesen Text mit hübschen Illustrationen als kostenloses PDF.

# Die neue Biografie des Andromeda-Nebels

Die Andromedagalaxie ist das am weitesten entfernte Himmelsobjekt, das wir noch mit bloßem Auge sehen können. Mit einer scheinbaren Helligkeit von 3,4 gehört die Andromeda-Galaxie zu den hellsten Messier-Objekten, sodass sie von der Erde aus in mondlosen Nächten mit bloßem Auge sichtbar ist, selbst wenn man sie aus Gebieten mit mäßiger Lichtverschmutzung betrachtet.

Die Andromedagalaxie, auch bekannt als Messier 31, M 31 oder NGC 224 und ursprünglich der Andromedanebel, ist eine Balkenspiralgalaxie, die etwa 2,5 Millionen Lichtjahre (770 Kiloparsec) von der Erde entfernt ist und die nächstgelegene größere Galaxie zur Milchstraße darstellt. Der Name der Galaxie stammt von dem Bereich des Erdhimmels, in dem sie zu sehen ist, dem Sternbild Andromeda, das wiederum nach der äthiopischen (oder phönizischen) Prinzessin benannt ist, die in der griechischen Mythologie die Frau von Perseus war.

Die Masse der Andromeda-Galaxie liegt in der gleichen Größenordnung wie die der Milchstraße, bei 1 Billion Sonnenmassen. Die Masse beider Galaxien lässt sich nur schwer genauer abschätzen, aber man ging lange Zeit davon aus, dass die Andromedagalaxie um etwa 25 bis 50 % massereicher ist als die Milchstraße. Dies wurde durch eine Studie aus dem Jahr 2018 in Frage gestellt, die eine niedrigere Schätzung der Masse der Andromedagalaxie angab, während eine Studie aus dem Jahr 2019 zugleich eine höhere Masse der Milchstraße schätzt.

Klarer sind die Größenannahmen: Die Andromedagalaxie hat einen Durchmesser von etwa 220.000 Lichtjahren und ist damit das größte Mitglied der Lokalen Gruppe. Die Anzahl der in der Andromedagalaxie enthaltenen Sterne wird auf eine Billion geschätzt, das ist etwa das Doppelte der für die Milchstraße geschätzten Anzahl.

Aus der Entfernung sind die herausragenden Merkmale Andromedas dunkle Staubbänder, die um den Zentralbereich der Galaxie gewickelt sind. Da wir Andromeda nur aus einem flachen Winkel sehen können, lässt sich der genaue Aufbau der Spiralarme schwer wahrnehmen. Durch Analysen der Staubbänder und der wasserstoffreichen Sternentstehungsregionen gelangten Astronomen zum Schluss, dass es zwei solcher Spiralarme geben muss. Sie entspringen den Enden des Balkens und umschlingen einander, bevor sie ca. 50.000 Lichtjahre vom Zentrum entfernt zu einem diffusen Halo aus Sternen werden.

## Andromedas Entdeckung

Gesehen haben die Menschen Andromeda schon, seit es Menschen gibt. Sie haben aber sehr lange gebraucht, um das scheinbar winzige Objekt als das zu erkennen, was es ist: eine gewaltige Ansammlung von Sternen.

Schriftliche Aufzeichnungen zur Andromedagalaxie gibt es seit gut tausend Jahren. Bereits um das Jahr 964 beschrieb sie der persische Astronom Abd al-Rahman al-Sufi als Erster. Er bezeichnete sie in seinem Buch der Fixsterne als »nebligen Schmierfleck«. Sternkarten dieser Zeit bezeichneten sie als Kleine Wolke.

Im Jahr 1612 gab der deutsche Astronom Simon Marius eine frühe Beschreibung der Andromedagalaxie, die auf teleskopischen Beobachtungen basierte. Pierre Louis Maupertuis vermutete 1745, dass es sich bei dem verschwommenen Fleck um ein Inseluniversum handele. Im Jahr 1764 katalogisierte Charles Messier Andromeda als Objekt M 31 und gab Marius fälschlicherweise als Entdecker an, obwohl sie mit bloßem Auge sichtbar war. Im Jahr 1785 bemerkte der Astronom William Herschel einen schwachen rötlichen Farbton in der Kernregion von Andromeda. Er glaubte, dass Andromeda der nächstgelegene aller »großen Nebel« sei und schätzte aufgrund der Farbe und Helligkeit des Nebels fälschlicherweise, dass er nicht mehr als das 2.000-fache der Entfernung von Sirius oder etwa 18.000 Lichtjahre entfernt sei. 1850 fertigte William Parsons die erste Zeichnung der Spiralstruktur von Andromeda an.

Im Jahr 1864 zeigte Sir William Huggins, dass sich das Spektrum von Andromeda von dem eines normalen Gasnebels unterscheidet. Es ähnelt vielmehr den Spektren einzelner Sterne, woraus sich die Folgerung ergab, dass Andromeda eine stellare Natur haben müsste. Im Jahre 1885 entdeckten Astronomen eine Supernova (bekannt als S Andromedae) in Andromeda, die erste und bisher einzige, die in dieser Galaxie beobachtet wurde. Zu dieser Zeit wurde Andromeda noch als ein nahegelegenes Objekt betrachtet, so dass man als Ursache ein viel weniger leuchtkräftiges und nicht damit zusammenhängendes Ereignis, eine Nova genannt, vermutete und das Ereignis entsprechend »Nova 1885« nannte.

Im Jahr 1888 machte Isaac Roberts eine der ersten Fotografien von Andromeda, von der man damals noch dachte, dass sie ein Nebel innerhalb unserer Galaxie sei. Roberts hielt Andromeda und ähnliche »Spiralnebel« fälschlicherweise für im Entstehen begriffene Sternsysteme.

Im Jahr 1912 nutzte Vesto Slipher die Spektroskopie, um die Radialgeschwindigkeit von Andromeda in Bezug auf unser Sonnensystem zu messen. Er kam auf die größte bis dato gemessene Geschwindigkeit von 300 km/s.

Im Jahr 1917 beobachtete Heber Curtis eine Nova (eine kleinere Sternexplosion) innerhalb von Andromeda. Bei der Suche nach der fotografischen Aufzeichnung des Vorfalls fand man elf weitere Novae. Curtis bemerkte, dass diese im Durchschnitt zehn Größenordnungen schwächer waren als die Novae, die anderswo am Himmel auftraten. Als Ergebnis konnte er eine Entfernungsschätzung von 500.000 Lichtjahren vornehmen. Curtis schloss sich daraufhin den Verfechtern der sogenannten Inseluniversen-Hypothese an, die besagt, dass Spiralnebel eigentlich unabhängige Galaxien sind.

Im Jahr 1920 fand die große Debatte zwischen Harlow Shapley und Curtis über die Natur der Milchstraße, Spiralnebel und die Dimensionen des Universums statt. Um seine Behauptung zu untermauern, dass der Andromedanebel tatsächlich eine externe Galaxie ist, beschrieb Curtis auch das Auftreten von dunklen Bahnen innerhalb von Andromeda, die den Staubwolken in unserer eigenen Galaxis ähnelten, sowie historische Beobachtungen der signifikanten Rotverschiebung der Andromedagalaxie. Im Jahr 1922 präsentierte Ernst Öpik eine Methode zur Abschätzung der Entfernung von Andromeda anhand der gemessenen Geschwindigkeiten ihrer Sterne. Sein Ergebnis platzierte den Andromedanebel weit außerhalb unserer Galaxie in einer Entfernung von etwa 1,5 Millionen Lichtjahren.

Edwin Hubble beendete die Debatte im Jahr 1925, als er zum ersten Mal extragalaktische Cepheid-Veränderliche Sterne auf astronomischen Fotos von Andromeda identifizierte. Diese wurden mit dem 2,5-Meter-Hooker-Teleskop fotografiert und ermöglichten endlich eine relativ genaue Bestimmung der Entfernung des Andromedanebels. Die Messung bewies eindeutig, dass es sich nicht um einen Stern- und Gashaufen innerhalb unserer Galaxis handelt, sondern um eine völlig separate Galaxie, die sich in erheblicher Entfernung von der Milchstraße befindet.

Im Jahr 1943 war der deutsche Astronom Walter Baade der erste, der Sterne in der zentralen Region der Andromedagalaxie auflöste. Baade identifizierte zwei verschiedene Sternpopulationen anhand ihrer Metallizität und nannte die jungen, schnellen Sterne in der Scheibe Typ I und die älteren, roten Sterne in der Ausbuchtung Typ II. Diese Nomenklatur wurde später für Sterne innerhalb der Milchstraße und anderswo übernommen. Baade entdeckte auch, dass es zwei Arten von veränderlichen Sternen gibt, was zu einer Verdoppelung der Entfernungsschätzung zu Andromeda führte.

1950 entdeckten Hanbury Brown und Cyril Hazard am Jodrell Bank Observatory die Radioemission der Andromedagalaxie. Die ersten Radiokarten der Galaxie wurden in den 1950er-Jahren von John Baldwin und Mitarbeitern der Cambridge Radio Astronomy Group erstellt. Der Kern der Andromedagalaxie wird im 2C-Radioastronomiekatalog als 2C 56 bezeichnet.

## Andromedas Sehenswürdigkeiten

Die Andromedagalaxie ist für eine genaue Kartographierung viel zu weit entfernt, doch ein paar ihrer wichtigsten Eigenschaften sind auch aus einer Distanz von 2,5 Mio. Lichtjahren noch erkennbar. M 31 hat durch ihre starke Gravitation viele kleinere Galaxien in ihren Orbit gezogen. Deren bekannteste sind M 32 und M 110, die beide ungewöhnliche elliptische Zwerggalaxien sind – dichte Sternansammlungen mit nur wenigen tausend Lichtjahren Durchmesser, aber vielen Millionen Sonnen. Die Schwerkraft dieser Begleiter beeinflusst wahrscheinlich die Umlaufbahnen von Gas, Staub und Sternen in den Ausläufern der M-31-Scheibe und erzeugt Verzerrungen im Spiralmuster der Galaxie.

Die meisten anderen Begleitgalaxien Andromedas sind wesentlich lichtschwächer und kleiner, mit einer möglichen Ausnahme: dem Dreiecksnebel M 33, der nur 750.000 Lichtjahre von Andromeda entfernten dritten Spiralgalaxie der Lokalen Gruppe, die viel kleiner ist als M 31 und die Milchstraße. Die Astronomen wissen bis heute nicht, ob diese Galaxie wirklich im Orbit von Andromeda kreist, entdeckten im Jahr 2012 aber Hinweise auf eine vor Milliarden Jahren stattgefundene Begegnung der beiden Spiralgalaxien, die bis heute durch eine Brücke aus Wasserstoffgas miteinander verbunden sind.

Heute ist das hellste Merkmal der Galaxie eine Sternwolke namens NGC 206, die voller massereicher, kurzlebiger blauer Sterne steckt. Es handelt sich um eine „OB-Assoziation" – einen lockeren Sternhaufen, der aufgrund seines Alters den Nebel abgeschüttelt hat, aus dem er entstanden ist, und sich jetzt langsam auflöst. 1885 war in Andromeda eine der erdnächsten bisher beobachteten außergalaktischen Supernovae mit bloßem Auge sichtbar. Der Überrest dieser „S Andromedae" genannten Supernova ist leider nur schwer zu erkennen, da sich die Explosion nahe beim galaktischen Zentrum ereignete. Früher oder später werden wir aber wohl eine weitere spektakuläre Andromeda-Supernova sehen können.

Eine letzte Attraktion ist im Zentralbereich von Andromeda angesiedelt, wo sich zwischen Milliarden alternder roter und gelber Sterne ein superschweres zentrales Schwarzes Loch befindet, das im Umkreis von nur 1.000 Lichtjahren von mindestens sieben weiteren Schwarzen Löchern umgeben ist.

Doppelter Kern

Hubble-Bilder zeigten einen seltsamen Doppelkern von M 31. Das zentrale Schwarze Loch ist von einem dichten Haufen junger blauer Sterne umgeben, die in einem viel größeren Ring älterer roter Sterne eingebettet sind.

NGC 206

Diese helle OB-Assoziation enthält vor ca. 50 Mio. Jahren entstandene Sterne, darunter auch pulsationsveränderliche Cepheide, dank deren Flackern die Astronomen die Entfernung zu Andromeda messen können.

Mayall II

Der größte Kugelsternhaufen im Orbit von M 31 ist zugleich der hellste Sternhaufen der gesamten Lokalen Gruppe. Seine Größe lässt vermuten, dass es sich um den Kern einer Galaxie handeln könnte, deren andere Sterne durch die Andromeda-Gravitation losgelöst wurden.

Ausgedehnter Halo

Andromeda ist von einem Halo aus Sternen und Kugelsternhaufen umgeben, der sich viel weiter ausdehnt als der Milchstraßen-Halo – eventuell sogar 500.000 Lichtjahre vom Galaxienkern.

## Die Entstehung von Andromeda

Die Andromedagalaxie entstand vor etwa 10 Milliarden Jahren durch die Kollision und anschließende Verschmelzung kleinerer Protogalaxien.

Diese heftige Kollision formte den größten Teil des (metallreichen) galaktischen Halos und der ausgedehnten Scheibe der Galaxie. Während dieser Epoche war die Sternentstehungsrate sehr hoch, sodass die Galaxie sich für etwa 100 Millionen Jahre in eine hell leuchtende Infrarotgalaxie verwandelte. Vor zwei bis vier Milliarden Jahren kam es zwischen Andromeda und dem Dreiecksnebel M 33 (auch eine Spiralgalaxie) zu einer schicksalhaften Begegnung.

Sie führte zu hohen Sternentstehungsraten in der gesamten Scheibe der Andromedagalaxie – sogar in einigen Kugelsternhaufen – und störte die äußere Scheibe von M 33.

Die Forscher nehmen an, dass die Sternentstehung in der gesamten Andromedascheibe in den letzten zwei Milliarden Jahren bis zu einem Punkt der Beinahe-Inaktivität abgenommen hat. Es kam zu Wechselwirkungen mit Satellitengalaxien wie M 32 (Andro-Beta), M 110 oder anderen, die bereits von der Andromedagalaxie absorbiert wurden. Diese Wechselwirkungen haben Strukturen wie den Andromeda-Riesenstrom gebildet. Man nimmt an, dass eine galaktische Verschmelzung vor etwa 100 Millionen Jahren für eine gegenläufige Gasscheibe im Zentrum von Andromeda verantwortlich ist, sowie für das Vorhandensein einer relativ jungen (100 Millionen Jahre alten) stellaren Population.

## Das Ende von Andromeda

Milchstraße und Andromeda-Galaxie, die beiden mit Abstand schwersten Mitglieder der Lokalen Gruppe, bewegen sich mit 120 Kilometern pro Sekunde aufeinander zu. In drei bis vier Milliarden Jahren (also noch zu Lebzeiten unserer Sonne) werden sich ihre bis zu 1,3 Billionen Sterne deshalb treffen. Nach weiteren etwa drei Milliarden Jahren wird sich daraus eine gigantische Elliptische Galaxie entwickelt haben, die »Milkomeda« heißen könnte.

Doch der Zusammenstoß hat längst begonnen, wie Forscher mit Hilfe des Hubble-Weltraumteleskops herausgefunden haben. In einer im Astrophysical Journal veröffentlichten Studie beschreiben sie, wie sie im Rahmen eines Programms namens AMIGA (Absorption Map of Ionized Gas in Andromeda) den Bereich rund um die eigentliche Galaxie untersuchten, das sogenannte Halo.

Dazu betrachteten sie das Licht von 43 Quasaren – den sehr weit entfernten, hellen Kernen aktiver Galaxien, die von Schwarzen Löchern angetrieben werden und sich weit hinter Andromeda befinden. Die Quasare sind hinter dem Halo verstreut, so dass die Wissenschaftler mehrere Regionen untersuchen konnten. Beim Blick durch das Halo auf das Licht der Quasare beobachtete das Team, wie dieses Licht durch das Andromeda-Halo absorbiert wird und wie sich diese Absorption in verschiedenen Regionen verändert. Das immense Andromeda-Halo besteht offenbar aus dünnem, ionisiertem Gas, das keine leicht nachweisbare Strahlung abgibt. Daher ist die Verfolgung der Absorption von Licht, das von einer Hintergrundquelle kommt, ein besserer Weg, um diese Region zu untersuchen.

Die Wissenschaftler waren überrascht, als sie feststellten, dass sich dieses fast unsichtbare Halo aus diffusem Plasma 1,3 Millionen

Lichtjahre von der Andromeda-Galaxie – etwa auf halber Strecke bis zu unserer Milchstraße – und in manchen Richtungen bis zu 2 Millionen Lichtjahre weit erstreckt. Das bedeutet, dass das Halo von Andromeda bereits mit dem Halo unserer eigenen Galaxis zusammenstößt.

Die Forscher fanden zudem heraus, dass das Halo eine geschichtete Struktur mit zwei ineinander verschachtelten Gasschalen aufweist. »Wir stellen fest, dass die innere Schale, die sich über etwa eine halbe Million Lichtjahre erstreckt, weitaus komplexer und dynamischer ist«, erklärte Studienleiter Nicolas Lehner von der Notre Dame University in Indiana. »Die äußere Schale ist glatter und heißer. Dieser Unterschied ist wahrscheinlich auf den Einfluss von Supernova-Aktivität in der Scheibe der Galaxie zurückzuführen, die sich direkt auf das innere Halo auswirkt«. Ein Hinweis auf diese Aktivität ist die Entdeckung einer großen Menge schwerer Elemente im gasförmigen Halo. Sie werden im Inneren von Sternen geboren und dann in den Raum ausgestoßen – manchmal gewaltsam, wenn ein Stern stirbt. Das Halo wird dann durch Sternexplosionen mit diesem Material kontaminiert.

## Andromeda beobachten

Ein paar einfache Grundlagen reichen aus, um Andromeda betrachten zu können. Ein Fernglas mit einer Auflösung von 10x50 ist das geeignete Instrument, wenn man die Galaxie in ihrer ganzen Ausdehnung erfassen möchte. Sie zeigt sich dann als weißlicher, langgezogener Fleck mit einem hellen Zentrum. Im Okular eines Teleskops werden die Details sichtbar, wenngleich auf Kosten des Gesamtpanoramas. Ein farbenprächtiges Bild wie auf den bekannten Fotos darf man so oder so nicht erwarten. Mit einem großen 10-Zoll-Fernrohr lassen sich aber bereits Einzelheiten der Spiralarme und des Kerns ausmachen.

1 Den Startpunkt wählen

Alpha Andromedae (auch Sirrah oder Alpheratz genannt) ist ein heller, leicht zu lokalisierender Ausgangspunkt. Eine Sternkarte hilft dabei.

2 Nach Westen

Nun schwenkt man langsam nach Westen, bis der nächste helle Stern der Konstellation in Sicht kommt: Delta Andromedae.

3 Beta Andromedae

Von hier aus geht es Richtung links oben. Nach einer ähnlichen Wegstrecke wie zuvor erscheint Beta Andromedae (Mirach).

4 Nu Andromedae

Nordöstlich davon findet sich ν Andromedae (das ν ist ein griechisches n – „nü“), und gleich daneben M 31.

5 Das helle Zentrum

Jetzt kann man sich mit einem Teleskop die Einzelheiten heranholen. Der Kern wird durch einen H-alpha-Filter schön herausgearbeitet.

6 Die Begleiter

In der nächsten Umgebung liegen die Galaxien M 32 und M 110. Sie sind auch mit einem kleinen Teleskop als helle Flecken erkennbar.

Tipp: Wenn Sie sich unter hardsf.de/fortsetzung/ anmelden, erhalten Sie das illustrierte PDF der »Biografie des Andromeda-Nebels« kostenlos.

# Die neue Biografie des Nichts

Der Riss, nehmen die Protagonisten des gleichnamigen Romans an, besteht aus Nichts. Im Laufe der Handlung versteht niemand so richtig, worum es sich dabei handelt. Auch die Wissenschaftler werden nicht so recht schlau daraus. Das ist kein Zufall, denn das Nichts ist ein abstraktes, ein philosophisches Konzept. Es beschreibt hier das Gegenteil oder die Abwesenheit des Seins. Das Nichts existiert nicht, also kann es natürlich auch keine Geschichte besitzen, keine Biografie.

Sehr gut – dann kann ich die Biografie des Nichts also an dieser Stelle abschließen und Sie in den wohlverdienten Feierabend entlassen? Das wäre verfrüht, und es wäre auch wirklich schade. Denn auch wenn das Nichts gar nicht existiert, kann man es paradoxerweise auf verschiedene Weise beziehungsweise in verschiedenen Aspekten beschreiben. Das werde ich auf den folgenden Seiten versuchen.

## Das Ende des Nichts

Das Standardmodell der Kosmologie geht davon aus, dass unser Universum erst seit 13,8 Milliarden Jahren existiert – vorher gab es weder Raum noch Zeit, also das Nichts im weiteren Sinne. Eine Explosion, deren Ursache man bis heute nicht kennt, hat die Vorherrschaft des Nichts dann gebrochen.

Ob es allerdings überhaupt je einen echten, einmaligen Beginn von Raum und Zeit gab, ist unklar. Womöglich verändert sich das Universum auch in Zyklen aus Geburt und Tod. Vielleicht wurde im Urknall nur unser vierdimensionaler Kosmos geboren, als bestimmte Strukturen, so genannte Branen, in einem höherdimensionalen Universum aufeinanderstießen.

Es wäre also möglich, dass das Nichts im weiteren Sinne, also die Abwesenheit sämtlicher Existenz, nie existiert hat. Ein Physiker würde darauf sogar bestehen, denn falls der Urknall überhaupt ein einmaliges Ereignis war, das All also wirklich »aus dem Nichts« entstand, ist dieses Nichts keine physikalische Realität. Es ist vielmehr ein Begriff der Alltagssprache, den unser gesunder Menschenverstand benötigt, um sich diese zwei Fakten vorzustellen:

- Vor der Entstehung des Universums gab es nichts.
- Außerhalb des Universums gibt es nichts

Aber das Nichts hatte nichtsdestotrotz eine wichtige Funktion: Sein Ende markierte den Anfang von Allem.

## Der Anfang von Allem

Was am Anfang der Zeit passierte, vor ungefähr 13,8 Milliarden Jahren, wissen Forscher bis heute nicht mit Sicherheit. Sämtliche Materie des Universums, heute $10^{53}$ Kilogramm, befand sich in diesem Moment in einem Punkt, einer Singularität, in der die heutigen Naturgesetze noch keine Wirkung hatten. Man stellt sich deshalb eine Art unendlich dichten Urbreis vor, der aus heute nicht mehr bekannten Teilchen bestand. Eine Kraft, die Urkraft, beschreibt die Bewegungen dieser Teilchen. Die Temperatur des Urbreis, wenn der Begriff der Temperatur überhaupt anwendbar war, muss bei $10^{32}$ Grad gelegen haben. Es gibt weder Elektronen noch Photonen, also auch kein Licht. Hätte es ein Außen gegeben (aber wir wissen ja: draußen lauerte bloß das Nichts) – ein Beobachter von dort hätte gar nicht gemerkt, was sich da gerade abspielt.

Das ultraheiße Etwas steht unter ungeheurem Druck – der Kosmos dehnt sich aus. Die Länge dieser Zeitspanne ergibt sich aus den bekannten Naturgesetzen: Sie entspricht der Planck-Zeit, also der Zeit, die das Licht braucht, um eine Planck-Länge zurückzulegen. Das sind $10^{-43}$ Sekunden. Allerdings gibt es zu diesem Zeitpunkt auch die Zeit noch nicht – hier genügt die deutsche Sprache nicht, das Paradoxon korrekt darzustellen.

Erst $10^{-43}$ Sekunden nach dem Urknall haben wir überhaupt die Chance, die Physik zur Erforschung der Welt einzusetzen. Der winzige Materietropfen steht noch immer unter unglaublichem Druck. Doch er ist ein bisschen kälter geworden, weil er sich ausgedehnt hat. Aus der Urkraft friert zunächst die Schwerkraft aus, die sich als Anziehungskraft der Ausdehnung des Weltalls entgegen stellt.

Sie ist allerdings viel schwächer als der Druck des Urknalls – das Universum dehnt sich weiter mit rasanter Geschwindigkeit aus. Da dadurch die mittlere Energiedichte des Urbreis sinkt, enthält dieser immer weniger der exotischen Teilchen des Anfangs. Nach Ablauf von $10^{-38}$ Sekunden spalten sich auch die Starke Kernkraft und die elektroschwache Kraft aus der Urkraft ab.

Es folgt eine Phase, die so genannte Inflationsphase, in der sich das Universum um einen Faktor zwischen $10^{30}$ und $10^{50}$ ausdehnt. Ist es zunächst noch so groß wie ein Proton, hat es danach die Ausdehnung eines Fußballs. Diese Inflation, die Forscher zwischen $10^{-38}$ und $10^{-35}$ Sekunden nach dem Urknall ansiedeln, braucht für eine vernünftige (das heißt ins kosmologische Weltbild passende) Erklärung die so genannten Inflatonen. Diese später nie wieder auftauchenden Teilchen werden von der Schwerkraft nicht zueinander hin gezogen, sondern stoßen sich ab.

Nur so kann das All in diesem kurzen Zeitraum so stark wachsen. Dass die Erklärung nicht an den Haaren herbeigezogen ist, erkennt man daran, dass sie auch andere Phänomene des heutigen Kosmos gut erklärt, wie etwa die Homogenität des Universums und seine geringe Krümmung.

Die Dichte des Universums ist nun, $10^{-35}$ Sekunden nach dem Urknall, groß genug, dass erste der heute noch bekannten Teilchen entstehen können: etwa Elektronen und Positronen, Quarks (die sich später zu Protonen und Neutronen zusammensetzen) und Antiquarks, Neutrinos, Vorläufer der Photonen sowie die Gluonen, die für die Vermittlung der Starken Kernkraft zuständig sind.

Teilchen und Antiteilchen sind in gleicher Zahl vorhanden, treffen sie sich, annihilieren sie sich gegenseitig. Es herrscht ein ständiges Kommen und Gehen. Die neu entstandenen Teilchen verhalten sich unter Einfluss der Gravitation normal: Sie ziehen sich an, wodurch die Ausdehnung des Universums etwas gebremst wird. Dominierend ist zu dieser Zeit ein Quark-Gluonen-Plasma, das sich heute zumindest schon im Computer simulieren lässt.

Die Forscher sind sich da heute noch nicht einig, aber falls die Naturgesetze je der Supersymmetrie unterlagen, dann wird diese nun gebrochen. Die Theorie der Supersymmetrie nimmt an, dass es zu jedem bekannten Teilchen einen Super-Partner gibt, der sich um einen halben Spin davon unterscheidet. Die Supersymmetrie würde auf elegante Weise Teilchen und Kraft-Teilchen (die die bekannten Wechselwirkungen vermitteln) vereinen.

Solche Superpartner müssten so schwer sein, dass sie nur in der Anfangszeit des Universums existieren konnten. Heute hingegen beobachtet man nur noch die gewöhnlichen Teilchen, die Supersymmetrie ist gebrochen. Im Moment des Aufbrechens der Super-

Symmetrie, nimmt man an, bekommen die Teilchen über das (ebenfalls noch hypothetische) Higgs-Boson ihre Masse verliehen.

Etwa $10^{-10}$ Sekunden nach dem Urknall entstehen endlich die letzten beiden der heute bekannten Kräfte, die Schwache Kernkraft (spielt bei der Kernfusion eine große Rolle) und die Elektromagnetische Kraft. Etwas später ist der Raum nun mit nur noch zwei Billionen Grad so abgekühlt, dass Quarks nicht mehr allein existieren können und sich Protonen, Neutronen, Antiprotonen oder Antineutronen zusammenschließen. Als Klebstoff dienen dabei die Gluonen.

Noch immer stehen Materie und Antimaterie im Gleichgewicht. Doch dieser Zustand hält nicht lange an: Teilchen und Antiteilchen zerstrahlen zu Photonen, das nun 10 Billionen Kilometer (etwa ein Lichtjahr) große und eine Billion Grad heiße Universum leert sich zusehends. Dass wir trotzdem existieren, verdanken wir einem kleinen Überschuss an Materie: Auf eine Milliarde Teilchen-Antiteilchen-Paare kam damals ein Überschuss von einem Teilchen, das nicht zerstrahlt wurde. Woher diese Asymmetrie kommt, darüber gibt es bisher nur Vermutungen. Offenbar wirken die Naturgesetze nicht in jeder Hinsicht symmetrisch.

Eine Fünftelsekunde nach dem Urknall ist das Universum schon 500 Billionen Kilometer (grob gerechnet 50 Lichtjahre) groß. Sein Inneres hat sich auf 20 Milliarden Grad abgekühlt. Nun geht es Neutronen und Elektronen an den Kragen: Die in freiem Zustand instabilen Neutronen werden von der Schwachen Kernkraft in ein Elektron, ein Proton und ein Neutrino zerrissen. Elektronen und Positronen annihilieren sich gegenseitig, dabei trägt erneut der Materieüberschuss den Sieg davon.

Etwa eine Sekunde nach dem Urknall ist die Schwache Wechselwirkung, auf die inzwischen großen Entfernungen des Kosmos bezogen, nicht mehr stark genug, dass es noch zu Wechselwirkungen zwischen Neutrinos und gewöhnlicher Materie kommen könnte. Seitdem durcheilen die damals freigewordenen Neutrinos fast ohne jede Wechselwirkung als messbarer, konstanter Neutrino-Hintergrund das Universum.

Von nun an vollzieht sich die Entwicklung deutlich langsamer. Die Rettung der verbliebenen Neutronen erfolgt, als sich etwa zwei bis drei Minuten nach T-Zero Deuterium- und schließlich Helium-Kerne bilden. Hier schützt die Starke Kernkraft die Neutronen vor der Zerstörung. Das Universum wächst und wächst unterdessen, wobei es sich ständig weiter abkühlt.

Nach etwa 17 Minuten ist es dann zu kalt, so dass es zu keinen weiteren Kernfusionen kommen kann. Zu diesem Zeitpunkt sind alle noch vorhandenen Neutronen dann in Atomkernen gebunden.

Etwa drei Viertel der Kerne sind Wasserstoffkerne, der Rest Helium – schwerere Kerne sind nur in Spuren zu finden.

Als es noch etwas kälter wird, binden sich auch Elektronen elektromagnetisch an positiv geladene Atomkerne. Sie werden aber von den Photonen der immer noch heißen Ursuppe dauernd aus der Bahn geworfen. Das Universum, dessen Zusammensetzung von den Lichtteilchen dominiert wird, muss auf den Beobachter zu diesem Zeitpunkt wie ein glühender Nebel wirken.

Das ändert sich für verhältnismäßig lange Zeit nicht. Ab etwa 70.000 Jahren nach dem Urknall liegt das Verhältnis von atomarer Masse und Strahlung bei 1:1. Nach dem sogenannten Lambda-CDM-Modell wird das Universum nun von Dunkler Materie beherrscht, über deren Natur man heute nur Theorien hat. Sie führt dazu, dass von der Inflationsphase übrig gebliebene inhomogene Bereiche noch stärker kontrahieren, eine Voraussetzung für die spätere Entstehung von Sternen.

Die weitere Entwicklung vollzieht sich in gemäßigtem Tempo. Sterne flammen auf und erlöschen wieder, Galaxien ballen sich zusammen und bilden riesige Haufen, Schwarze Löcher entstehen. Das alles soll hier nicht mehr Thema sein. Aber die Entwicklung führt zu einem Zustand, der uns wieder mit dem Nichts bekanntmacht. Das Nichts – in diesem Fall als Gegenteil sämtlicher Materie – ist mitten unter uns. Sie selbst bestehen größtenteils daraus! Die fast $10^{28}$ Atome, aus denen ein Mensch aufgebaut ist, bestehen zu 99,9 Prozent aus leerem Raum. Stellen Sie sich beim Fußballschauen eine Erbse in der Mitte des Spielfelds vor. Das ist der Atomkern. Die Elektronen der sogenannten Atomhülle sind zehntausend Mal kleiner und schweben irgendwo auf den Rängen umher. Könnte man alle materiellen Bestandteile ihres Körpers ohne diese riesigen Abstände zusammenpacken (in Neutronensternen passiert so etwas), hätte ihr ganzer gestählter Körper noch ein Volumen von 70 Millilitern, das ist etwa die Größe eines kleinen Apfels. Der Rest ist, wie gesagt, Nichts.

## Das Vakuum ist nicht leer

Es handelt sich allerdings um eine andere Form von Nichts. Die Physiker nennen es Vakuum. Früher dachte man, das Vakuum wäre leer, aber heute ist klar, dass es alles andere als leer ist. Wie das kommt, erklärt die Quantenphysik, die sich mit dem Zustand der Welt im Kleinsten befasst. Sie ist seit langem bewährt; auf ihrer Grundlage funktioniert Elektronik und andere moderne Technik.

Die Quantenphysik beschreibt dabei nicht nur einzelne Teilchen, sondern auch Systeme aus vielen Teilchen, elektromagnetische Felder – und, so hoffen die Forscher, auch die Gravitation. Dabei zeigt sich, dass nichts ist, wie es scheint – und sogar der leere Raum mit Teilchen gefüllt ist.

Das Universum verhält sich manchmal etwas pubertär. Solange wir hinsehen, bleibt alles ruhig – aber sobald sich das Vakuum allein fühlt, füllt es sich plötzlich mit Teilchen aus dem Nirgendwo. Und das, obwohl wir doch in der Schule den Energieerhaltungssatz lernen mussten, der genau dies verbietet?

Quelle dieses kindischen Verhaltens ist die Heisenbergsche Unschärferelation, und zwar in ihrer Verknüpfung von Energie und Zeit. Je genauer wir die Energie messen wollen, desto weniger wissen wir über den exakten Zeitpunkt der Messung. Das ist anschaulich gut erklärbar. Wir wissen ja vielleicht (hoffentlich) noch aus der Schule, dass die Energie einer Schwingung von ihrer Frequenz abhängt, also davon, wie schnell das Pendel ausschlägt. Stellen Sie sich ein Uhrpendel vor, das sich langsam bewegt. Meine Großmutter hatte so eine altertümliche Uhr mit Pendel in ihrem Wohnzimmer hängen.

Das Pendel braucht vielleicht zwei Sekunden für einen Ausschlag. Wenn ich es neun Sekunden lang beobachte, also eine kurze Zeit, kann ich vier ganze Ausschläge zählen. Der Fehler, die Abweichung, beträgt einen halben Ausschlag auf vier, also ein Achtel, 12,5 Prozent. Schaue ich jedoch viel länger, vielleicht 99 Sekunden lang hin, liegt der Fehler zwar immer noch bei einem halben Ausschlag, doch bei einer viel größeren Basis – prozentual nur noch rund ein Prozent. Ich kann zwar durch längeres Hinsehen die Energie der Pendelbewegung genauer bestimmen – doch das geht auf Kosten der Genauigkeit der Zeitmessung. Diese Unschärferelation ist nicht in der Unfähigkeit menschlicher Beobachter begründet, sondern eine prinzipielle Eigenschaft unserer Welt.

Also auch des Vakuums. Zwar verbietet der Energieerhaltungssatz, dass irgendetwas aus dem Nichts entsteht. Doch wenn dieses Etwas nur schnell genug wieder verschwindet, ist es im Grunde nie da gewesen. Wenn wir den Energieinhalt eines bestimmten Stücks Weltraum über längere Zeit messen, stellen wir fest, dass das Vakuum leer ist. Doch wenn wir nur ganz kurz hinsehen, können wir aufgrund der Unschärferelation nicht mehr sicher sein, dass wirklich nichts da ist. Es könnten auch ganz legal Teilchen entstanden und wieder verschwunden sein. Und die Quantenphysik sagt: Jeder Zustand, der eintreten kann, tritt auch ein (in der Praxis gibt es ein großes Problem mit dieser Aussage, aber dazu später).

Wie groß dürfen diese virtuellen Teilchen sein, und welche Eigenschaften müssen sie haben? Zunächst sind sie gezwungen, andere Erhaltungssätze einzuhalten, etwa den der Ladung. Wenn ein negativ geladenes Elektron aus dem Nichts geboren wird, gehört dazu auch immer ein positiv geladenes Positron als Antiteilchen.

Wenn beide zusammentreffen, zerstrahlen sie sich – das Ergebnis sind zwei Photonen, die die bei der Entstehung der virtuellen Teilchen aufgetretene Energieschuld beim Universum wieder begleichen (Nebenbemerkung: wenn eines von beiden in ein Schwarzes Loch gesogen wird, wird das andere als sogenannte Hawking-Strahlung sichtbar, die Sie aus dem Roman kennen).

Wie lange die virtuellen Teilchen existieren dürfen, entscheidet ihre Energie. Aus der lässt sich über die berühmte Einsteinsche Formel $E=m{\cdot}c^2$ (wobei c die Lichtgeschwindigkeit ist und 300.000 km/s beträgt) auch die Masse berechnen. Die Kombination aus Elektron und Positron überdauert zum Beispiel höchstens $10^{-21}$ Sekunden, also den Milliardsten Teil einer Billionstel Sekunde. In dieser Zeit legt Licht etwa eine Strecke zurück, die der Größe eines Durchschnitts-Atoms entspricht. Damit ein Proton und ein Antiproton entstehen können, darf der Beobachter sogar nur für $10^{-24}$ Sekunden hinsehen.

Praktische Probleme lassen sich auf diese Weise allerdings kaum lösen, wie es gewisse Ideen vom »Wunsch ans Universum« implizieren. Angenommen, Sie haben wieder vergessen, frische Milch zu kaufen – wollte sich ihr Partner beim Frühstück aus einer virtuellen, aus dem Nichts entstandenen, ein Kilogramm schweren Milchpackung bedienen, müsste er beim Eingießen $10^{-52}$ Sekunden schnell sein. Die kleinstmögliche Zeiteinheit ist aber die Planck-Zeit, die etwa $5{\cdot}10^{-44}$ Sekunden dauert, darunter verliert die Zeit ihre Bedeutung. Die größtmögliche Masse eines virtuellen Teilchens liegt deshalb ungefähr bei einem Hundertstel Milligramm – das klingt wenig, entspricht aber immerhin der Masse von rund 10 Milliarden Viren.

Es ist bisher nicht gelungen, virtuelle Teilchen direkt nachzuweisen. Was aber spürbar sein sollte, sind ihre Wechselwirkungen mit dem Rest des Universums. Wenn das Vakuum des Weltraums mit dauernd neu erscheinenden und verschwindenden Teilchen gefüllt ist, müsste sich das auf seine Eigenschaften auswirken. Manche Forscher vermuten, dass diese sogenannten Quanten-Fluktuationen die Quelle der Dunklen Energie sind, die man für die beschleunigte Expansion des Universums verantwortlich macht. Das wäre eine schöne Erklärung, für die man keine exotischen neuen Theorien mehr bräuchte (wenn man mal die Quantenphysik als normal betrachtet).

Allerdings gibt es da ein kleines, nein, ein riesiges Problem: Der Physiker John Wheeler hat auf den bekannten Planck-Konstanten basierend ausgerechnet, dass das Universum eine Energiedichte von $10^{94}$ Gramm pro Kubikzentimeter haben müsste. Ein aus dem Weltall geschnittener Würfel mit einem Zentimeter Kantenlänge würde demnach Milliarden Milliarden Milliarden Milliarden Milliarden Milliarden Milliarden Milliarden Milliarden Milliarden Kilogramm wiegen. Die praktische Beobachtung sagt jedoch, dass dieser Wert ein bisschen kleiner ist. Ein Kubikzentimeter Steak wiegt ein paar Gramm, und der leere Raum ist noch deutlich leichter – im Mittel liegt der Wert, so die Messungen der Physiker, um 120 Größenordnungen darunter.

Lässt sich diese Berechnung wegdiskutieren? Mit den heutigen Möglichkeiten der Quantenphysik nicht. Die Forscher hoffen, den berechneten Wert der Vakuumenergie in Zukunft irgendwie renormalisieren zu können, um ihn mit der Realität unter einen Hut zu bekommen. Renormalisieren, das heißt auf gut Deutsch, dass die Forscher irgendwo eine (physikalisch sinnvolle) Zahl finden wollen, durch die sich der irrwitzige Wert teilen lässt, um dann in die Realität zu passen.

Doch dass Quanten-Fluktuationen existieren, dafür sprechen auch andere Beobachtungen. Stephen Hawking nutzte zum Beispiel die Vakuum-Energie, um das Verhalten Schwarzer Löcher zu erklären. Diese besitzen einen sogenannten Ereignis-Horizont, der sich wie eine Kugelschale um das Objekt erstreckt. Alles, was dahinter passiert oder in diesen Radius gelangt, ist dem normalen Weltall für immer entzogen: Die riesige Gravitationskraft des Schwarzen Lochs lässt nichts mehr entweichen. Deshalb müssten diese Objekte eigentlich enorm stabil sein und nur einen Trend kennen: zu wachsen.

Hawking nutzt nun Quanten-Fluktuationen, um eine Art Verdampfungs-Prozess für Schwarze Löcher zu postulieren. Falls nämlich ein Teilchen-Antiteilchen-Paar in der Nähe des Ereignishorizonts entsteht, kann es passieren, dass einer der Partner in das Schwarze Loch gezogen wird, während der andere gerade noch entweicht. Aus dem virtuellen Teilchen wird ein reales Teilchen. Die Energie, die dafür nötig ist, geht dem Schwarzen Loch verloren, sodass es mit der Zeit Masse verliert und schrumpft. Das geht nach Hawking umso schneller, je kleiner das Schwarze Loch ist. Die sogenannte Hawking-Strahlung konnte bisher allerdings noch nicht nachgewiesen werden. Das liegt unter anderem daran, dass sie relativ schwach ist. Vor allem aber ist sie umso größer, je kleiner das Schwarze Loch ist. Schwarze Mini-Löcher zu beobachten, ist den Astronomen bisher jedoch nicht gelungen.

Dass die Vakuum-Energie tatsächlich existiert, zeigt der experimentell schon 1958 erstmals bestätigte Casimir-Effekt. Vorhergesagt hat ihn der niederländische Physiker Hendrik Casimir 1948. Aus der Quantentheorie ergibt sich demnach, dass auf zwei parallele, elektrisch leitende Platten im Vakuum eine Kraft wirkt, die diese zusammendrückt. Die beiden Platten müssen dafür sehr eng zusammenstehen. Damit der Effekt messbar ist, dürfen es nur einige Nanometer Abstand sein. Die Kraft entsteht, weil im Zwischenraum lediglich solche virtuellen Teilchen entstehen können, deren Wellenlänge zum Abstand der Platten passt – der Abstand muss ein ganzzahliges Vielfaches der Teilchen-Wellenlänge betragen. Außerhalb der Platten jedoch fehlt diese Einschränkung. So entsteht eine Druckdifferenz der virtuellen Teilchen zwischen innen und außen, die die Platten zusammenschiebt. Bei 11 Nanometern Abstand liegt der Druck immerhin bei 100 Kilopascal.

Der russische Physiker Jewgeni Lifschitz hat Casimirs Berechnungen schon in den 1950er-Jahren auf allgemeinere Fälle erweitert. Er konnte zeigen, dass die Casimir-Kraft nicht nur anziehend, sondern auch abstoßend sein kann. Das hängt vor allem von den Eigenschaften des Materials ab. Diese Vorhersage wurde 2009 experimentell verifiziert. Sie könnte sich, hoffen Forscher, nutzen lassen, um Objekte reibungslos schweben zu lassen.

Eine Erweiterung des Konzepts stellt der dynamische Casimir-Effekt dar. Bewegt man die beiden Platten des klassischen Casimir-Effekts sehr, sehr schnell gegeneinander, sollte es gelingen, reale Photonen zu erzeugen. Ob das wirklich funktioniert, ist bisher nicht bewiesen. Immerhin hat die NASA in dem (inzwischen ausgelaufenen) Programm »Breakthrough Propulsion Physics Project« den dynamischen Casimir-Effekt auf seine Eignung als Antrieb für ein Raumschiff untersucht. Der Rückstoß der erzeugten Photonen hätte das Schiff durch das All treiben lassen sollen.

Der Effekt scheint jedoch dafür deutlich zu klein zu sein. Der Physiker Steve Lamoreaux, der den Casimir-Effekt ausführlich untersucht und dazu publiziert hat, zerstört sämtliche Hoffnungen – selbst wer Benzin verbrennt, erhält eine bessere Energieausbeute als durch Nutzung des Casimir-Effekts. Dieser habe seine praktische Bedeutung wohl eher darin, chemische Verbindungen überhaupt erst zu ermöglichen, so Lamoreaux.

Ebenso Humbug sind übrigens die Behauptungen mancher Esoteriker, mit Hilfe des Casimir-Effekts Energie aus dem Nichts gewinnen zu können: Wie vorhin schon erklärt, verstößt der Casimir-Effekt kein bisschen gegen den Energieerhaltungssatz, was zum Bau eines Perpetuum Mobile nötig wäre.

## Das falsche Vakuum

Ein weiterer spannender Begriff, der Ihnen beim Umgang mit dem Nichts begegnen könnte, ist der des falschen Vakuums. Kurz nach dem Urknall, in der Zeit der Inflation, hat sich das Universum sehr schnell ausgedehnt. Es wäre möglich, dass diese Inflation entstanden ist, weil das Vakuum damals von einem angeregten Zustand in seinen Grundzustand überging, so wie ein Pendel, das vom ausgelenkten Zustand in die Mitte zurückschwingt.

Das wäre zunächst mal eine schöne Erklärung für diese rätselhafte Inflationsphase. Aber es entsteht auch eine neue Gefahr: Womöglich ist das All auf halbem Wege stehengeblieben, und was wir für Vakuum halten, ist gar nicht der Grundzustand des leeren Raums, sondern ein angeregter Zustand, ein sogenanntes falsches Vakuum. Das Pendel hätte quasi auf dem Weg nach unten kurz gestoppt. In diesem Fall wäre es möglich, dass das Universum die damals abgebrochene Inflation plötzlich wieder aufnimmt, das Pendel seine Bewegung also zu Ende führt. Aus dem falschen Vakuum würde ein echtes, und das Universum, wie wir es kennen, gäbe es anschließend nicht mehr.

Eine solche Implosion würde sich mit Lichtgeschwindigkeit über das All ausdehnen. Vielleicht ist sie sogar schon im Gange, und sie ist nur noch nicht bei uns angekommen. Forscher haben berechnet, dass wir eine Vorwarnzeit von drei Minuten hätten, wenn der Ernstfall einträte.

Lesen Sie das Buch also lieber erst zu Ende, essen können Sie ja später noch. Kurzfristig gab es sogar die Befürchtung, man könnte aus Versehen diesen Vakuumzerfall anstoßen, etwa in Teilchenbeschleunigern. Doch es lässt sich leicht zeigen, dass die Natur viel bessere Teilchenbeschleuniger besitzt, als wir sie in absehbarer Zeit bauen können. Wenn der Vakuumzerfall durch so etwas anzustoßen wäre, dann müsste das längst passiert sein.

Aber ich kann Sie beruhigen. Es gibt derzeit keine Hinweise darauf, dass wir in einem falschen Vakuum leben könnten.

## Welche Rolle spielt der Riss?

Der Riss als Grundidee dieses Buches dürfte physikalisch am ehesten dem elfdimensionalen Raum des Multiversums entsprungen sein. Wenn man den Ideen der String- und der Quantentheorie folgt, wäre es möglich, dass es unzählbar (aber nicht unendlich) viele vierdimensionale Universen wie unseres auf einer elfdimensionalen Matrix gäbe. Was darin verschwände, würde sich auflösen oder in einem der zahlreichen Universen wieder auftauchen.

Diese Basis des Multiversums müsste den in einem ihrer Universen geltenden physikalischen Gesetzen nicht gehorchen. Sie hätte ihre eigenen Gesetze, die wir jedoch noch nicht kennen. Ich behaupte im Buch *Der Riss*, dass zumindest das Verhältnis von Ursache und Wirkung erhalten bleiben muss. Ob das wirklich so ist, kann niemand sagen. Es erscheint mir logisch, aber auch diese Logik gilt vielleicht nur in unserem Universum, und sonst herrscht überall das totale Chaos. Bleiben Sie also besser hier, falls der Riss einmal wirklich auftaucht.

# Die neue Biografie der Relativität

*Die Gravitation, von Newton als gegeben hingenommen, findet in der Allgemeinen Relativitätstheorie ihre Erklärung als simple Eigenschaft des vierdimensionalen Raumes, der die Welt ausmacht.*

Nachdem Newton 1687 seine drei Bewegungsgesetze veröffentlicht hatte, galt die Physik schon fast als abgeschlossen. Alles, was dem unmittelbaren Blick des Menschen damals zugänglich war, von den Planetenbahnen bis zur Flugbahn einer Kanonenkugel, ließ sich damit erklären und berechnen. Das Bild, das Newton und seine Kollegen vom Kosmos zeichneten, erinnert an ein Theater: Raum und Zeit bilden als absolute Größen die Bühne, auf der sich das eigentliche Leben abspielt.

## Die klassische Relativität

Dieser Alltag ist (anders als der göttliche Raum) von Relativität geprägt. Menschen sind relativ arm oder reich. Es geht ihnen relativ gut oder schlecht. Auch ihre Bewegungen sind relativ, wie der gesunde Menschenverstand zeigt. Wenn Sie etwa im ICE aufstehen und zum Speisewagen laufen, bewegen Sie sich relativ zu ihren Mitreisenden mit fünf Kilometern pro Stunde. Ein Beobachter draußen hingegen sieht Sie mit 300 km/h plus/minus 5 km/h an sich vorüberrasen: plus 5 km/h, wenn Sie in Fahrtrichtung laufen, minus 5 km/h, wenn der Speisewagen gegen die Fahrtrichtung liegt. Ihre Geschwindigkeit und die des Zuges addieren sich, wenn man das System von außen betrachtet.

Doch auch die Form der Bewegung ist je nach Blickrichtung verschieden: Wenn Sie im Zug einen Ball nach oben werfen und wieder fangen, sieht Ihr Sitznachbar eine lineare Bewegung des

Balls. Der Beobachter von außen hingegen bemerkt, dass der Ball einen Bogen beschreibt, denn während er in der Luft ist, haben Sie sich ja schon ein ganzes Stück weiter bewegt. Dasselbe gilt, wenn wir die Rolle von Beobachter und Betrachtungsobjekt vertauschen. Ein Radfahrer auf der Straße, den Sie durch das schmutzige Zugfenster betrachten, bewegt sich aus Ihrer Sicht mit 320 oder 280 km/h. Der Radler selbst sieht aber nur 20 km/h auf seinem Tacho. Falls er während der Fahrt auch noch jongliert, fällt der Ball aus seiner Sicht gerade, während er aus Ihrer Sicht eine Kurve beschreibt. Ein Physiker sagt dazu: Die Beschreibung der Bewegung ist von der Wahl des Bezugssystems abhängig.

Was dem gesunden Menschenverstand so gut einleuchtet, ist die klassische Sicht. Lange Zeit haben die Physiker versucht, Beobachtungen damit in Einklang zu bringen. Schwierig wurde das, als sich die Forscher die Ausbreitung des Lichtes ansahen. Licht, so nahm man an, besteht aus Wellen, die sich mit konstanter Geschwindigkeit in einem Trägermedium namens Äther ausbreiten. Dieses Medium befindet sich in absoluter Ruhe – ebenso wie der Raum, den es ausfüllt. Alle Himmelskörper bewegen sich also in Relation dazu, auch die Erde.

## Licht ist anders

Damit müsste es also möglich sein, mit einem einfachen Experiment die Geschwindigkeit der Erde relativ zum Äther zu bestimmen: Man schickt zwei Lichtstrahlen in entgegengesetzter Richtung zu einem gleich weit entfernten Empfänger. Durch die Bewegung der Erde durch den Äther kommt der eine Empfänger dem Lichtstrahl entgegen, während sich der andere von ihm entfernt. Das Ergebnis müssten unterschiedliche Laufzeiten des Lichts sein, weil es unterschiedliche Wege zu bewältigen hat.

Diesen Versuch setzten die Physiker Albert Michelson und Edward Morley 1887 etwas abgewandelt um. Sie verwendeten zwei Lichtstrahlen: der eine bewegte sich entlang der Bewegungsrichtung der Erde, der andere senkrecht dazu. Um einen messbaren Effekt zu erreichen, ließen die Forscher das Licht sehr oft zwischen zwei Spiegeln hin- und herlaufen.

Ob ein Geschwindigkeitsunterschied auftrat, maßen Michelson und Morley mit Hilfe des Phänomens der Interferenz: Wenn zwei Wellenberge gleichzeitig eintreffen, verstärkt sich die Auslenkung, wenn nicht, schwächt sie sich ab. Wenn beide Strahlen also auch nur ein wenig unterschiedlich lange brauchen, sollte das anhand der Lichtintensität nachweisbar sein. Allerdings zeigte sich – sehr zur Überraschung der Forscher – kein Unterschied. Offenbar ist die Lichtgeschwindigkeit von der Wahl des Bezugssystems unabhängig.

Das Experiment wurde später von vielen anderen Physikern wiederholt, die jedes Mal zum selben Null-Ergebnis kamen, wenn auch mit unterschiedlichen Fehlergrenzen. Fairerweise muss man ergänzen, dass der Äther damit noch nicht ganz aus dem Spiel war: Es kam dann prompt die These auf, dass massebehaftete Körper Äther mit sich herumschleppen. Eine andere Idee bestand darin, dass der in Bewegungsrichtung zeigende Arm des Experiments einer Verkürzung unterworfen ist, sodass deswegen kein Unterschied mehr messbar ist. Andere Experimente zeigten allerdings, dass die beiden Ersatzthesen jeweils unterschiedliche Schwächen haben.

Zur selben Erkenntnis gelangt man, wenn man die Maxwellschen Gleichungen der Elektrodynamik löst: Auch diese führt zu einer konstanten, Bezugssystem-unabhängigen Lichtgeschwindigkeit.

Auf dieser (zum damaligen Zeitpunkt noch nicht endgültig bewiesenen) Tatsache beruhend, formulierte Albert Einstein 1905 seine Spezielle Relativitätstheorie, und zwar in einem Aufsatz namens »Zur Elektrodynamik bewegter Körper«. Einstein trifft darin einige sehr gewagte Vorhersagen:

- Raum und Zeit hängen vom Bewegungszustand ab. Bewegte Objekte erscheinen in Bewegungsrichtung verkürzt (Längenkontraktion), bewegte Uhren laufen langsamer (Zeitdilatation).
- Masse und Energie sind äquivalent.
- Die Lichtgeschwindigkeit im Vakuum ist absolut und nicht zu überschreiten.

Einstein gibt in seinem Aufsatz auch konkrete Formeln an, die eine Überprüfung seiner Aussagen ermöglichen. Die berühmt gewordene Formel $E=mc^2$ für den Energiegehalt eines Körpers lautet eigentlich:

$$E^2 = m^2*c^4 + p^2*c^2$$

So hat sie erstmals Max Planck 1906 formuliert. Dabei sind E die Energie, m die Masse, c die Lichtgeschwindigkeit und p der Impuls (also das Produkt aus Masse und Geschwindigkeit). Für einen ruhenden Körper mit v=0 ergibt sich durch Wurzelziehen auf beiden Seiten daraus die bekannte Einstein-Formel.

Lichtteilchen (Photonen) hingegen haben keine Ruhemasse m. Für sie bleibt der hintere Teil der langen Formel mit $E = p*c$. Welche Bedeutung hat dabei der Impuls? Das ergibt sich daraus, dass die Energie einer Lichtwelle auch über $E = h*f$ zu berechnen ist. h ist das schon aus der Quantenphysik bekannte Plancksche Wirkungsquantum, f ist die Frequenz des Lichts.

Aus Einsteins Formel leitete Paul Dirac 1928 das Konzept der

Antimaterie ab. Aus dem Mathematik-Unterricht wissen Sie vielleicht noch, dass beim Wurzelziehen in einer Gleichung eigentlich zwei Lösungen entstehen, also neben $E=mc^2$ auch $E=-mc^2$. Das von Dirac vorhergesagte erste Anti-Teilchen, das Anti-Elektron (Positron) wurde schon vier Jahre später in der kosmischen Strahlung entdeckt.

## Abschied von der Gleichzeitigkeit

Die Konstanz der Lichtgeschwindigkeit hat Folgen, mit denen sich der gesunde Menschenverstand nicht mehr anfreunden will. Betrachten wir etwa die Situation im Zug. Statt selbst zum Speisewagen zu laufen, leuchten Sie mit einem Laserpointer in Fahrtrichtung. Mit einem anderen Pointer leuchten sie nach hinten, wo sich in derselben Entfernung eine Wand befindet.

Aus Ihrer Sicht kommt das Licht in beiden Fällen gleich schnell an. Aber das ist ja auch klar, denn für Sie ist das System Zug in Ruhe. Ein Beobachter von außen müsste aber eigentlich das Licht mit Lichtgeschwindigkeit plus Zuggeschwindigkeit sich ausbreiten sehen – doch dem ist nicht so. Die Lichtgeschwindigkeit ist von der Wahl des Bezugssystems unabhängig. Das führt zunächst einmal dazu, dass das Konzept der Gleichzeitigkeit zusammenbricht. Stellen Sie sich vor, Sie sitzen erneut im Zug, und zwar in der Mitte des Waggons. Vorn und hinten schalten die Lampen für »Toilette frei« gleichzeitig auf Rot, weil simultan zwei Menschen das Örtchen aufgesucht haben.

Während Sie da so gemütlich sitzen, bewegt sich ein anderer Fahrgast an Ihnen vorbei in Richtung auf die eine Toilette. Der Mann ruht nicht wie Sie, sondern er hat eine Eigengeschwindigkeit. Doch da die Lichtgeschwindigkeit auch für ihn konstant sein muss, sieht er zuerst das Lämpchen, auf das er zugeht, und dann das andere Lämpchen aufleuchten. Weil die Lichtgeschwindigkeit so groß ist, ist der Effekt kaum messbar, aber er ist im Experiment nachgewiesen. Ein Vorgang, der für Sie simultan stattfand, verlor seine Gleichzeitigkeit für den bewegten Beobachter, obwohl sich dieser am genau selben Ort befand wie Sie.

## Langsamere Uhren, kürzere Raumschiffe

Die Konstanz der Lichtgeschwindigkeit führt je nach System schließlich auch zu den beiden interessanten Phänomenen der Zeitdilatation und der Längenkontraktion. Die Zeit vergeht demnach umso langsamer, je schneller Sie sich bewegen, jedenfalls aus der Sicht des ruhenden Beobachters. Ein Astronaut, der sich beinahe mit Lichtgeschwindigkeit bewegt, ist aus seiner Sicht vielleicht nur

Monate unterwegs – und trotzdem sind bei seiner Rückkehr auf die Erde womöglich schon all seine Verwandten gestorben. Bei der Reise zu einem 28 Lichtjahre entfernten Planeten und zurück würden bei Beschleunigung mit Erdbeschleunigung für den Astronauten zum Beispiel knapp 14 Jahre vergehen, während auf der Erde über 60 Jahre vergangen sind.

Die Zeitdilatation berechnet sich mit dieser Formel

$T_0' = T / \gamma$

wobei $T_0'$ die Zeit der bewegten Uhr ist, T die Zeit der ruhenden Uhr und $\gamma$ der Lorentz-Faktor. Dieser ergibt sich wie folgt aus Geschwindigkeit und Lichtgeschwindigkeit:

$$\gamma = \frac{1}{\sqrt{1 - \frac{v^2}{c^2}}}$$

Es wird klar, dass bei niedrigen Geschwindigkeiten $\gamma$ gegen 1 geht, also die Uhren wieder synchron laufen.

Der Lorentzfaktor lässt sich gut am Beispiel der Lichtuhr erläutern (Grafik unten). Dabei handelt es sich um eine gedachte Uhr, die immer dann um eine Zeiteinheit weiter schaltet, wenn ein ausgesandter Lichtblitz gespiegelt wieder eintrifft. Eine Zeiteinheit ist damit 2*d/c Sekunden lang (d = Abstand zwischen Spiegel und Sender). Setzt man die Lichtuhr nun in Bewegung, hat das Licht aus der Sicht eines äußeren Beobachters einen längeren Weg zurückzulegen. Die Uhr geht also langsamer, denn die Lichtgeschwindigkeit ist ja konstant. Wer allerdings mit der Uhr mitreist, bemerkt davon nichts. Die Länge des zusätzlichen Weges lässt sich über den Satz des Pythagoras berechnen, das Ergebnis ist obenstehende Formel.

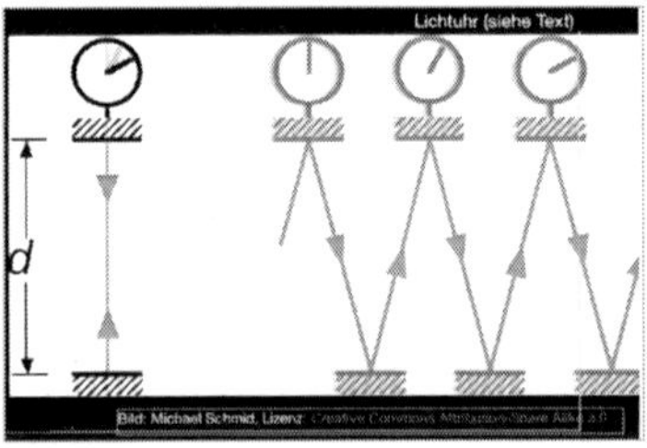


Doch nicht nur mit einer Zeitumstellung muss der arme Astronaut leben – auch die Längenmaße sind nicht mehr, was sie auf der Erde waren. Wenn er objektiv Maß nehmen könnte, würde er feststellen, dass sein Raumschiff in Flugrichtung schrumpft, und zwar nach der Formel

$L = L_0 / \gamma$

Der Effekt heißt Lorentzkontraktion. Wieder ist $\gamma$ der Lorentzfaktor (siehe oben). Der Astronaut wird davon allerdings nichts bemerken, weil sein Zollstock um den gleichen Betrag schrumpft.

Für einen ruhenden Beobachter ergibt sich übrigens ein spannender Effekt: Er wird keinen schrumpfenden Körper beobachten, sondern eine scheinbare Drehung. Das liegt daran, dass eigentlich unsichtbare Seiten (in der Grafik rot, links Körper in Ruhe, rechts Körper in Bewegung) sichtbar werden, weil der Körper sich selbst aus dem Weg schafft und damit kein Hindernis mehr ist. Je schneller sich der Körper bewegt, desto stärker wird der Eindruck einer Drehung.

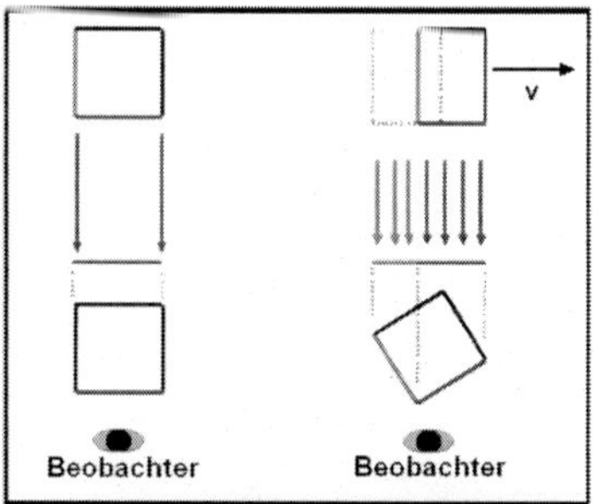


Scheinbare Drehung eines Körpers bei Längenkontraktion

Bild: Raptor82, Lizenz:

Schon Einstein fiel auf, dass die Zeitdilatation scheinbar zu einem Paradoxon führt. Der vorn beschriebene Astronaut muss bei seiner Rückkehr ja feststellen, dass seine Uhr stark nachgeht. Aber warum eigentlich? Müssten die Systeme des Beobachters auf der Erde und des Astronauten nicht gleichwertig sein? Das hieße, dass aus Sicht des Astronauten die Uhren auf der Erde nachgehen müssten (»Zwillingsparadox«).

Tatsächlich trifft das nicht zu. Das liegt daran, dass die Zeitdilatation zwar symmetrisch ist, aber der Astronaut in seiner Bewegung die Richtung gewechselt hat. Bei seiner Ankunft auf dem fernen Planeten hätte er noch behaupten können, dass nicht seine, sondern unsere Uhren nachgehen. Doch mit der Umkehr wechselt er das Bezugssystem, und dadurch zerstört er selbst die Symmetrie.

Ein anderes interessantes Gedankenexperiment ist das Panzer-Paradoxon. Ein 10 Meter langer Panzer bewegt sich auf einen 10 Meter breiten Graben zu. Ist er nur schnell genug, kontrahiert der Graben aus seiner Sicht auf eine geringere Breite. Aus der Sicht des Grabens hingegen schrumpft der Panzer, und der Graben bleibt 10 Meter breit. Fällt der Panzer nun in den Graben, oder überquert er ihn ganz leicht? Das Problem hierbei: Aus Sicht der Relativitätstheorie gibt es keine starren Körper, da sich Wirkungen im Körper maximal mit Lichtgeschwindigkeit ausbreiten. Das Vorderende des Panzers – und dafür ist auch aus dessen Sicht genug Platz – fällt dadurch sofort in den Graben. Nun befindet es sich aber in dessen Bezugssystem und ist sowieso klein genug. Das passiert Schritt für Schritt auch mit den anderen Teilen des Panzers. So landet der Panzer im Graben, egal aus welchem Blickwinkel man das betrachtet.

Edmund Dewan und Michael Beran dachten sich 1959 ein ebenso spannendes Gedankenexperiment aus. Wir haben zwei Raumschiffe, zwischen denen ein dünnes Seil gespannt ist, das schnell reißt. Beide Raumschiffe werden identisch beschleunigt. Reißt dabei das Seil? Aus Sicht der Astronauten in beiden Schiffen befindet sich das Seil in Ruhe, verändert also seine Länge nicht. Und da die Raumschiffe gleich schnell fliegen, bleibt auch ihr Abstand konstant. Das Seil reißt nicht.

Versetzt man sich nun jedoch in den Beobachter von außen, wird das Seil der Längenkontraktion unterworfen (es bewegt sich ja). Da aber der Abstand gleich bleibt (identische Beschleunigung), muss das Seil reißen. Was trifft zu? Das Seil reißt immer. Aus Sicht der Besatzung kann es keine Gleichzeitigkeit geben. Der Kapitän der vorderen Rakete gibt aus Sicht der Besatzung (nicht aus der des Beobachters) früher Gas als sein Kollege hinten. Dadurch reißt das Seil.

Die Zeitdilatation ist experimentell mehrfach bestätigt. So wies man zum Beispiel nach, dass kurzlebige Myonen der kosmischen Strahlung nur deshalb auf der Erde ankommen, weil sie durch ihre hohe Geschwindigkeit langsamer altern. Das Zwillingsparadoxon lässt sich über den Vergleich einer ruhenden und einer bewegten Atomuhr nachvollziehen.

Damit fehlt nun noch die Äquivalenz von Energie und Masse. Sie hat ganz praktische Auswirkungen – etwa dass sich kein Raumschiff auf Lichtgeschwindigkeit bringen lässt. Das Problem: Mit steigender Geschwindigkeit wächst die Bewegungsenergie des Raumschiffs – und damit auch seine Masse. Je schneller es wird, desto größer ist der Aufwand für eine zusätzliche Beschleunigung. Ganz nah an der Lichtgeschwindigkeit geht die zu beschleunigende Masse dann gegen unendlich. Sie brauchen allerdings nicht in ein Raumschiff zu steigen, um der Energie-Masse-Äquivalenz zu begegnen. Mit voll geladener Autobatterie wiegt Ihr Fahrzeug zum Beispiel drei Hunderttausendstel Gramm mehr als mit leerem Akku. Die Masseerhaltung bei chemischen Reaktionen ist genau genommen nur annähernd gültig, weil auch die Bindungsenergie eine Rolle spielt.

Mit der Atombombe hat Einsteins berühmte Formel übrigens

nichts zu tun. Die Energiefreisetzung bei der Kernspaltung liegt bei etwa einem Prozent des Maximums.

## Das Äquivalenzprinzip

Die spezielle Relativitätstheorie zieht zwei Faktoren nicht in Betracht: die beschleunigte Bewegung und die Gravitation. Nun stellen Sie sich folgende Situation vor: Sie sind als Astronaut im Weltall unterwegs. Beim Schlafengehen in der Schwerelosigkeit haben Sie vergessen, einen Gurt anzulegen. Mitten in der Nacht stürzen Sie schmerzhaft auf den Boden. Was ist passiert? Hat der Autopilot die Rakete beschleunigt? Oder ist ein schwerer Körper an Ihrem Raumschiff vorbeigezogen? Ohne einen Blick aus dem Fenster können Sie nicht entscheiden, ob Sie durch die Beschleunigung (also Ihre träge Masse) oder durch die Gravitation (Ihre schwere Masse) aus dem Bett gefallen sind.

Die träge Masse (wie sie in Newtons Bewegungsgesetz erscheint) und die schwere Masse (aus Newtons Gravitationsgesetz) sind offenbar eng verwandt, sie sind Ergebnis desselben Phänomens – das bezeichnet man als Äquivalenzprinzip. Es zeigt sich, und das erkannte auch Albert Einstein, dass die beiden »Auslassungen« der speziellen Relativitätstheorie auf dasselbe Problem hinauslaufen: Die Gravitation ist offenbar keine gewöhnliche Kraft wie etwa die Kräfte des Elektromagnetismus. Sie ist vielmehr eine Eigenschaft des Raumes an sich.

Einstein erweiterte daraufhin das Newtonsche Trägheitsgesetz auf den allgemeinen Fall: »Solange keine Kraft auf ihn wirkt, bewegt sich ein Körper in der Raumzeit entlang der kürzesten Verbindung zwischen zwei Punkten«. Im Alltag, bei geringen Geschwindigkeiten, ergibt sich daraus das Newtonsche Gesetz. Denn auf kurze Distanz betrachtet, ist die kürzeste Verbindung zwischen zwei Punkten näherungsweise eine Gerade.

## Die Krümmung des Raumes

Allgemein gilt das jedoch nicht. Das haben Sie vielleicht schon mal auf einem längeren Flug bemerkt. Wenn der Bildschirm im Vordersitz die geplante Flugroute anzeigt, sehen Sie eine Kurve – obwohl der Pilot ganz gewiss die kürzeste Strecke wählt. Denn die Erde ist eine Kugel. Der kürzeste Weg von A nach B wäre nur dann eine Gerade, wenn das Flugzeug durch das Erdinnere fliegen könnte. Es ist aber auf die Erdoberfläche beschränkt. Und die Geometrie der Erdoberfläche ist die einer Kugeloberfläche. Hier ist die kürzeste Verbindung zwischen zwei Orten stets ein Großkreis, also ein Kreis, dessen Mittelpunkt der Erdmittelpunkt ist und auf dessen Umfang beide Orte liegen. Deshalb fliegt der Pilot eine Kurve, die in der Fachsprache Geodäte genannt wird.

Auch die Raumzeit ist nicht flach, wie es lange Zeit angenommen wurde. Sie besitzt eine Geometrie, die von den sich in ihr bewegenden Massen bestimmt wird. Wie eine Masse die Geometrie beeinflussen kann, führt Ihnen gern Ihr Haustier oder Ihr Lebensabschnittspartner vor: Die Masse hinterlässt in einem sanft gewölbten Kissen einen unübersehbaren Abdruck. Eine Ameise, die auf dem Kissen entlang spaziert, muss unterschiedliche Wege zurücklegen, je nachdem, ob die Masse gerade die Geometrie beeinflusst oder nicht. (Der Vergleich hinkt allerdings ein wenig, da im Fall von Katze oder Partner die Umrisse der Masse die Geometrie festlegen, nicht der Betrag.)

Aber wie sieht die Geometrie des Kosmos genau aus? Ich erwähnte ja schon den Begriff der Raumzeit, die aus den vier Dimensionen Raum (Länge, Höhe, Breite) und Zeit besteht. Nun ist die Zeit offensichtlich keine gewöhnliche Dimension, da sich ein Körper in ihr nur vorwärts bewegen kann.

Zur Veranschaulichung stellen wir ein vierdimensionales Koordinatensystem auf, ein so genanntes Raum-Zeit-Diagramm. Da dies auf einem flachen Medium wie Papier oder Bildschirm unmöglich ist, verflachen wir den Raum auf eine Ebene (Koordinaten x und y) und tragen die Zeit in der z-Richtung auf. Jeder Punkt in diesem Diagramm ist ein »Ort« in der Raumzeit, den wir wegen der Zeitkomponente und zur Unterscheidbarkeit von einem Ort im gewöhnlichen Raum »Ereignis« nennen.

Wenn wir nun in z-Richtung alle möglichen Bahnen von Lichtteilchen eintragen, ergibt sich ein Kegel (Zukunfts-Lichtkegel). Auf ihm liegen alle Ereignisse, die ein Photon vom Ursprung (Beobachter) aus erreichen kann. Spiegeln wir den Kegel in die Vergangenheit, erhalten wir alle Ereignisse, von denen aus ein Photon den Beobachter erreichen kann (Vergangenheits-Lichtkegel). In der Nullebene der Zeit liegt die dreidimensionale Gegenwart, die man auch als Hyperfläche bezeichnen kann.

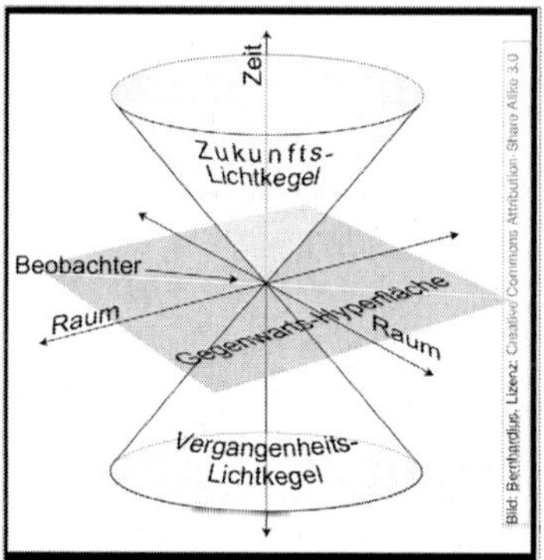

Raum-Zeit-Diagramm

Im Raum-Zeit-Diagramm gibt es nun drei Typen von kürzesten Verbindungen, die unterschiedlichen Geschwindigkeiten zugeordnet sind. Zeitartige Geodäten sind Kreise auf der Oberfläche des Kegels. Auf ihnen bewegen sich gewöhnliche Teilchen, die keiner Kraft ausgesetzt sind. Nullgeodäten führen vom Ursprung als Geraden entlang der Kegeloberfläche. Sie sind Teilchen vorbehalten, die sich mit Lichtgeschwindigkeit bewegen, also dem Licht, und werden deshalb auch lichtartige Geodäten genannt. Verbindungen außerhalb des Lichtkegels wären raumartige Geodäten. Zu ihnen gehört eine Geschwindigkeit größer als c – deshalb sind sie physikalisch sinnlos (falls es nicht doch überlichtschnelle Teilchen wie die Tachyonen gibt, wonach es derzeit nicht aussieht).

Leider reicht der Lichtkegel zur Beschreibung der Geometrie des Universums noch nicht aus. Wir brauchen eine Methode, Entfernungen zu berechnen, denn die Entfernungen in der Raumzeit entsprechen den klassischen Bewegungsgleichungen. Eine solche Methode heißt Metrik. Metriken kennen Sie aus dem Alltag: Die Bahn wendet etwa eine Metrik an, um die zurückzulegende Entfernung in einen Fahrpreis umzurechnen. Dabei ist die Metrik trotz gleicher Grundstruktur (Züge, Gleise...) durchaus ortsabhängig: In Indien zahlen sie viel weniger für eine Bahnfahrt als in Deutschland. Die Metrik der Bahn besteht (vermutlich) aus einem einfachen Umrechnungsfaktor. Sie braucht aber auch nur einen eindimensionalen Raum zu beschreiben (einziges Maß hier ist die Entfernung). Will man die Krümmung einer Fläche beschreiben (etwa einer Kugel- oder Zylinderoberfläche), braucht man für jeden Punkt auf der Fläche zwei Angaben: die Krümmung in Nord-Süd-Richtung und die Krümmung in Ost-West-Richtung.

Die vierdimensionale Raumzeit macht es uns da leider deutlich schwerer. Sie braucht zehn unabhängige Angaben zur Beschreibung der Krümmung an jedem Ort. Als weiteres Hindernis taucht die Zeit als gerichtete Dimension auf. Als Lösung bot sich den Physikern die Nutzung der Riemannschen Geometrie an, die auch negative Abstände erlaubt.

## Die Einsteinschen Feldgleichungen

Das sind dann auch schon die grundlegenden Zutaten für die Feldgleichungen der Allgemeinen Relativitätstheorie. Einstein war 1915 der erste, der sie in der heute noch als korrekt geltenden Form veröffentlichte:

$$R_{\mu\nu} - \frac{R}{2} g_{\mu\nu} + \Lambda g_{\mu\nu} = \frac{8\pi G}{c^4} T_{\mu\nu} \text{ mit } \mu, \nu = 1,2,3,4,...$$

Die Gleichung sieht einfacher aus, als sie ist (okay, kleiner Scherz). Das große R stellt dabei Eigenschaften des Raumes dar (»Ricci-Krümmungstensor«), das große T entspricht Eigenschaften der Materie (»Energie-Impuls-Tensor«, hier stecken Masse und Energie) und g ist der metrische Tensor (der die Definition von Abständen und Winkeln bereitstellt). Tensoren sind dabei mathematische Funktionen, die sich (im Fall der Feldgleichung) als Matrizen darstellen lassen, also Reihen und Spalten von Variablen oder Zahlen. Lambda ist die kosmologische Konstante (dazu später mehr), G die Gravitationskonstante. Die in der Feldgleichung vertretenen Tensoren sind praktischerweise symmetrisch, deshalb ergeben sich nicht 4 x 4 = 16, sondern nur zehn unabhängige Gleichungen.

Was sagt dieses Gleichungssystem grundsätzlich aus? Es fasst die Allgemeine Relativitätstheorie wunderbar zusammen: Die Masse (im Energie-Impuls-Tensor) sagt dem Raum (im Krümmungstensor), wie er sich zu krümmen hat. Gleichzeitig bestimmt der Raum über seine Krümmung, wie sich die darin befindlichen Massen bewegen. Die Gravitationswirkung ist nur eine Scheinkraft: Körper bewegen sich rein aufgrund der Geometrie des Raumes auf bestimmten Bahnen. Konkrete Aussagen lassen sich allerdings nur treffen, wenn man das Gleichungssystem löst.

Bevor wir uns damit befassen, erst noch ein paar Worte über die Besonderheiten des Raums in der Riemannschen Geometrie. Krümmung ist nämlich nicht gleich Krümmung. Zunächst müssen wir dazu mit einem Vorurteil über Parallelen aufräumen. Dass diese sich nie schneiden, wie wir es in der Schule gelernt haben, gilt nur für die flache, die euklidische Geometrie. Im Allgemeinen nennt man zwei Geodäten parallel, die in einem Punkt parallel sind (messbar daran, dass ihre Schnittwinkel mit einer anderen Geodäte an diesem Punkt gleich groß sind).

Die Längengrade der Erde erfüllen diese Bedingung zum Beispiel, denn sie schneiden den Äquator (ebenfalls eine Geodäte) alle im rechten Winkel, sind hier also parallel. Trotzdem schneiden sie sich gegenseitig, nämlich im Nord- und Südpol. Die Erdoberfläche ist positiv gekrümmt. Das klassische Gegenbeispiel ist ein Pferdesattel (mathematisch: Hyperboloid). Hier sind die Geodäten in der Mitte des Sattels parallel. Aber dann streben sie in beide Richtungen auseinander, ihr Abstand wächst und sie treffen sich nie. Eine solche Krümmung heißt negativ. Schließlich kann die Krümmung auch noch Null sein wie auf einer Zylinderoberfläche oder in der euklidischen Geometrie.

Die Art der Krümmung hat interessante Folgen für die Innenwinkelsumme eines Dreiecks: In einem flachen Raum beträgt diese immer 180 Grad. Bei positiver Krümmung ist sie größer als 180 Grad, bei negativer Krümmung kleiner. Die verschiedenen Arten der Krümmung lassen sich deshalb nicht nur am Verhalten der Geodäten erkennen, sondern auch an der Form eines Dreiecks.

Sowohl der Zylinder als auch ein Blatt Papier haben eine Krümmung von Null. Trotzdem unterscheiden sie sich in einem wichtigen Punkt: eine Ameise kann einer Geodäte folgen und so zum Ausgangspunkt zurückfinden (sie läuft um den Zylinder herum). Auf einem Blatt Papier wird sie auf diese Weise nie an den Ausgangspunkt kommen. Das liegt daran, dass ein Zylinder – anders als ein Blatt Papier – auch eine Äußere Krümmung besitzt (die andere Krümmung nennen wir Innere Krümmung). Das Vorhandensein einer Äußeren Krümmung ist im Allgemeinen daran erkennbar, dass die auf einer Geodäte errichteten Senkrechten nicht parallel sind.

Um die Natur der Raumzeit zu erfassen, müssen wir nun nur noch eine einzige Tatsache akzeptieren: dass die Krümmung nicht konstant ist (wie bei Kugel oder Zylinder). Die Beziehung zwischen Krümmung, Masse / Energie und vierdimensionalem Ort stellen die Feldgleichungen her.

Aus der Nähe betrachtet, wirkt die Raumzeit für jeden Beobachter übrigens flach. Oder ist Ihnen beim Blick aus dem Fenster schon einmal aufgefallen, dass die Wiese vor dem Haus gekrümmt ist? Deshalb gelten in diesen Dimensionen die Newtonschen Gleichungen auch in sehr guter Näherung.

## Beweise im All

Wir müssen also etwas weiter blicken, wenn wir Beweise für die Allgemeine Relativitätstheorie (ART) finden wollen. Schnell gelang es damals, ein bis dahin nicht zufriedenstellend erklärtes Phänomen mit Hilfe der ART zu analysieren. Der Planet Merkur weist nämlich in seiner Bewegung um die Sonne eine Besonderheit auf, die Astronomen schon länger kannten. Der sonnennächste Punkt seiner Bahn verändert sich auf eine Weise, die nicht mit den Newtonschen Gesetzen aus der Gravitation der Sonne und der anderen Planeten zu berechnen ist. 1919 fiel den Forschern ein weiterer Beweis in die Hände: Bei der Beobachtung einer Sonnenfinsternis vor der Küste Afrikas konnte Arthur Eddington zeigen, dass sich durch die von der Masse der Sonne verursachte Raumkrümmung die Position der Sternbilder in unmittelbarer Nähe der Sonne verändert, und zwar so stark, dass nur die ART als Erklärung taugt.

Die frühen Beweise waren allerdings noch nicht endgültig geeignet, andere Theorien auszuschließen. Einstein erhielt seinen Nobelpreis 1921 deshalb nicht für die ART, sondern für die Erklärung des fotoelektrischen Effekts. Dass Tests fehlten, lag auch daran, dass zunächst gar keine Alternativen zur Verfügung standen, von denen sich die Allgemeine Relativitätstheorie durch experimentelle Messungen abgrenzen ließ.

Das änderte sich erst in den 1960er-Jahren, etwa mit der Brans-Dicke-Theorie. Diese führte in die Feldgleichungen zusätzliche Faktoren ein, die die Raumkrümmung beeinflussen. Hier ließe sich mit modernen Messmethoden eine sichere Klärung herbeiführen.

Die höchste Genauigkeit erreicht man dabei, indem man mit Radioteleskopen den Gravitationslinsen-Effekt misst. Die Radiowellen ferner Galaxien werden auf ihrem Weg durch das Weltall durch große Massen derart abgelenkt, dass sich ihre Position im All für den Beobachter auf der Erde scheinbar verschiebt.

Eine weitere Konsequenz des Äquivalenzprinzips der ART (von Einstein schon 1911 vorhergesagt) besteht in der gravitativen Zeitdilatation. Sie hat nichts mit der Zeitdilatation der speziellen Relativitätstheorie zu tun. Wenn sich ein Körper von einer gravitativen Masse wegbewegt, beschleunigt sich seine Uhr. Bewegt er sich auf die Masse zu, fließt die Zeit langsamer (was bei der Annäherung an ein Schwarzes Loch sehr interessant wird). Für Photonen mit ihren Wellen- und Teilcheneigenschaften heißt das, dass die Frequenz sinkt (es werden ja pro Zeiteinheit weniger Schwingungen gemessen), respektive die Wellenlänge wächst. Das Photon kommt also mit einer in Richtung Rot verschobenen Wellenlänge beim Beobachter an. Der Effekt hat mit der Hubbleschen Rotverschiebung des Sternenlichts (die auf die Expansion des Weltalls hinweist) nichts zu tun. Er ist allerdings sehr klein und ließ sich erst in den 1970ern mit Hilfe von Atomuhren nachmessen.

## Das Schwarze Loch als Lösung

Heute gilt die Allgemeine Relativitätstheorie neben der Quantenphysik als eine der am besten überprüften Theorien der modernen Physik. Doch was sagen ihre Lösungen über das Universum?

Dazu muss man die Feldgleichungen lösen. Das gelingt den Physikern derzeit stets nur für Spezialfälle. Wenn wir ein Raumgebiet ohne Materie ansetzen (näherungsweise im Außenraum eines Sternes gegeben), können wir den Energie-Impuls-Tensor gleich Null setzen. Wir erhalten die Vakuum-Feldgleichungen (immer daran denken: was aussieht wie eine Gleichung, sind in Wirklichkeit zehn):

$$R_{\mu\nu} - \frac{R}{2} g_{\mu\nu} = 0$$

Für den Fall einer homogenen, nicht rotierenden und nicht geladenen Kugel als einziger Feldquelle (Masse) im Zentrum ergibt sich daraus die Schwarzschild-Lösung, die schon 1916 der Astronom Karl Schwarzschild ausrechnete. Sie besteht aus zwei Komponenten, einer äußeren und einer inneren Lösung. Die äußere Lösung genügt zum Beispiel zur Beschreibung unseres Sonnensystems und zur Herleitung der Besonderheiten der Merkur-Bahn.

In einem Spezialfall beschreibt diese Lösung ein Schwarzes Loch beziehungsweise ein Wurmloch. Der Fall tritt ein, wenn der Körper vollständig innerhalb seines Schwarzschild-Radius' liegt, berechnet mit:

$$r_S = \frac{2GM}{c^2} \approx M \cdot 1{,}485 \cdot 10^{-27} \frac{\mathrm{m}}{\mathrm{kg}}$$

Bei der Masse der Sonne liegt dieser Radius bei 2952 Metern, die Erde müsste auf 9 Millimeter Radius schrumpfen. Was passiert dann? Im Inneren des Körpers entsteht eine Singularität, die von einem Ereignishorizont umgeben ist. Alles, was hinter diesem Horizont verschwindet, ist für immer im Schwarzen Loch gefangen, weil der Raum derart gekrümmt ist, dass keine Fluchtmöglichkeit mehr besteht. Die raumartigen Geodäten werden zu zeitartigen – und umgekehrt. Man könnte das so interpretieren, dass aus der Bewegung durch den Raum eine Bewegung in der Zeit wird. Und umgekehrt.

Nähert sich ein Raumschiff dieser Grenze, hängt es vom Beobachter ab, was passiert. Für den äußeren Zuschauer erreicht das Fahrzeug den Ereignishorizont nie; je näher es ihm kommt, desto langsamer bewegt es sich. Für den Astronauten hingegen vergeht eine endliche Zeit.

Die Singularität im Inneren des Schwarzen Lochs, wo alle physikalischen Begriffe ihren Sinn verlieren, könnte theoretisch (also mathematisch) mit einem »Weißen Loch« verbunden sein. Das verhält sich entgegengesetzt zum Schwarzen Loch und lässt Materie nur heraus, nicht hinein. Die Verbindung wäre dann ein Wurmloch, auch Einstein-Rosen-Brücke genannt. In der Science Fiction nutzt man Wurmlöcher gern, um trotz begrenzter Lichtgeschwindigkeit schnell durch das All reisen zu können. Leider zeigten Wheeler und Fuller 1962, dass Wurmlöcher in der Allgemeinen Relativitätstheorie instabil sind. Nur Materieformen mit negativer Energiedichte (die zugleich anti-gravitativ wirken würden) könnten den Zusammenbruch eines Wurmlochs aufhalten – aber solche sind bisher weder bekannt noch vom Standardmodell prognostiziert. Zudem müsste das Wurmloch auf eine Art und Weise entstehen, bei der die Ausbildung der Singularität verhindert wird.

## Die kosmologische Konstante

Den Term mit der kosmologischen Konstante Lambda hatte Einstein in seine Feldgleichungen eingefügt. Ihren Wert wählte er derart, dass das Universum statisch wird – entsprechend der damals vorherrschenden Meinung. Nachdem Hubble die Expansion des Weltalls nachgewiesen hatte, wurde die kosmologische Konstante von Einstein selbst verworfen. Anscheinend handelte er damit voreilig, denn heute deuten alle Messungen darauf hin, dass sie einen zwar kleinen, aber positiven Wert haben muss.

Ihre Interpretation hängt vom verwendeten Modell ab. Grundsätzlich gilt sie heute jedoch nicht mehr als wählbarer Parameter der Theorie, sondern als Ausdrucksform der Energiedichte des Vakuums. Der gedankliche Hintergrund: Falls die Vakuum-Energiedichte wie angenommen trotz der Expansion des Kosmos zeitlich konstant ist, muss ein negativer Druck entstehen, der die Ausdehnung noch beschleunigt. Damit wäre eine Erklärung für die Dunkle Energie gefunden, der die Verantwortung für die tatsächlich beobachtete beschleunigte Expansion zugeordnet wird.

## Das expandierende FLRW-Universum

Das Friedmann-Lemaître-Robertson-Walker-Universum (auch in anderen Kombinationen der Nachnamen der beteiligten Forscher und deren Abkürzungen bekannt) ist eine Näherungslösung der Einstein-Gleichungen, die das kosmologische Standardmodell gut beschreibt. Der Unterschied zur Realität besteht darin, dass das Modell die Homogenität des Universums voraussetzt. Tatsächlich ist der von uns beobachtbare Teil des Kosmos aber klumpig.

Was das FLRW-Universum aber gut kann: Es sagt voraus, dass das Universum gar keine andere Wahl hat, als zu expandieren.

Außerdem muss seine Ausdehnung zum Zeitpunkt t = 0 einmal winzig gewesen sein – der Urknall lässt grüßen. Das Schicksal des Universums hängt hier an seiner äußeren Krümmung. Ist diese positiv, muss irgendwann ein erneuter Kollaps folgen. Bei nicht vorhandener oder negativer Krümmung hingegen wird sich das All immer weiter ausdehnen. Wie groß die Krümmung ist, wird von der mittleren Dichte der Materie im Universum bestimmt. Ist diese höher als die kritische Dichte ($10^{-29}$ Gramm pro Kubikzentimeter), muss das Universum positiv gekrümmt und damit räumlich und zeitlich endlich sein. Ist die Dichte exakt gleich der kritischen Dichte, leben wir in einem flachen, stationären Universum, das allerdings instabil ist. Liegt sie schließlich niedriger, ist das Weltall unendlich und wird sich auch auf unendliche Zeit ausdehnen. Die tatsächliche Dichte muss jedenfalls nahe an der kritischen Dichte liegen, sonst wäre entweder das Universum schon wieder kollabiert oder so schnell expandiert, dass sich keine Sterne und Galaxien hätten bilden können. Aber ob die Krümmung positiv oder negativ ist, lässt sich derzeit nicht abschließend entscheiden.

Es deutet allerdings einiges darauf hin, dass sich das Universum ewig ausdehnt – und zwar immer schneller. Weit entfernte Supernovae etwa werden auf der Erde weniger hell registriert, als es auf Grund ihrer Entfernung zu erwarten ist. Das würde (wenn nicht ein bisher unbekannter Effekt daran schuld ist) eine positive kosmologische Konstante implizieren, die abstoßende Wirkung hat. Diese Abstoßung verstärkt sich mit der Entfernung, was die beschleunigte Expansion erklärt. Als physikalische Grundlage dieser Expansion nimmt man die (ansonsten mysteriöse) Dunkle Energie an, die etwa 60 Prozent des Energiegehalts des Universums ausmacht.

Ein anderes Problem zeigt sich, wenn man die Rotation ferner Galaxien vermisst. Dabei stellen die Forscher oft fest, dass die Masse der Galaxie eigentlich nicht genügt, um all ihre Sterne in ihrer Bahn zu halten. Als Ursache vermutet man, dass zur Masse einer Galaxie noch etwa ein Viertel Dunkle Materie hinzukommt, die nicht zu beobachten ist, aber trotzdem anziehend wirkt.

## Gravitationswellen

Während Newton noch annahm, dass sich die Wirkung der Gravitation unbegrenzt schnell ausbreitet, ist spätestens seit der Relativitätstheorie klar: Auch hier ist die Lichtgeschwindigkeit die oberste Grenze. Jedes System bewegter Körper muss Gravitationswellen erzeugen. Ihre Existenz ergibt sich auch aus den Feldgleichungen der ART. Allerdings haben die Physiker noch keine allgemeine Form der Ausbreitungs-Gleichungen gefunden.

Sicher ist nur, dass Gravitationswellen sehr schwach sind. Durch den Umlauf der Erde um die Sonne werden zum Beispiel Gravitationswellen mit einer Leistung von etwa 300 Watt abgestrahlt. Damit ist der Effekt an dieser Stelle auf keinen Fall messbar. Die Forscher erhoffen sich aber Hilfe von anderer Stelle – bei Supernovae, sich umkreisenden Neutronensternen oder Schwarzen Löchern und natürlich beim Urknall müssten intensivere Wellen entstehen beziehungsweise entstanden sein.

Für ihren Nachweis muss man keine exotischen Messinstrumente konstruieren. Gravitationswellen sind zeitliche Veränderungen des metrischen Tensors. Es genügt also, Längenmessungen mit hinreichender Präzision auszuführen, dann sollten sich periodische Effekte zeigen. Dabei haben die Forscher nur ein Problem: die Messapparatur muss von ihrer Umgebung sehr gut isoliert sein. Die Längenänderungen, um die es geht, liegen etwa im Bereich eines Zehntausendstels der Größe eines Protons. Schon seit Jahren laufen in verschiedenen Ländern entsprechende Messungen. Inzwischen hat man auch in mehreren Fällen Gravitationswellen gefunden (etwa bei Virgo in Italien oder Ligo in den USA).

## Die Natur der Dunklen Energie

Über die genaue Zusammensetzung der Dunklen Energie haben die Forscher im Moment nur ungefähre Ideen. Am einfachsten, aber zugleich am unbefriedigendsten ist es, einen geeigneten Wert der kosmologischen Konstanten zu postulieren und als Eigenschaft des Universums zu akzeptieren.

Die Quantenfeldtheorie (QFT) geht vom Vorhandensein einer Energie des leeren Raums aus, der Vakuumenergie. Hier ergibt sich allerdings ein Wert für die kosmologische Konstante, der um viele Dimensionen zu groß ist. Diesen Unterschied konnte bisher noch niemand erklären.

Manche Forscher betrachten die Dunkle Energie als Wirkung eines Skalarfeldes, das sie Quintessenz nennen (ein Skalarfeld ordnet jedem Punkt im Raum einen Wert zu). Die Fluktuationen eines solchen Feldes breiten sich meist fast mit Lichtgeschwindigkeit aus. Es verhält sich im Grunde wie ein Gas, das heißt, aus dichten Regionen strömen die Fluktuationen schnell in weniger dichte, sodass sich eine gleichmäßige Verteilung ergibt. Die Elementarteilchen, die zu einem solchen Skalarfeld gehören würden, wären sehr, sehr leicht (ungefähr $10^{-82}$ Elektronenmassen) und dürften außer über die Gravitation nicht mit normaler Materie wechselwirken.

## Beweise für Dunkle Energie

**Die kosmische Hintergrundstrahlung**

Der kosmische Mikrowellen-Hintergrund ist ein fernes Echo aus der Frühzeit des Universums. Aus seiner Analyse lässt sich ableiten, dass die Geometrie des Universums annähernd flach ist. Dazu müsste aber die mittlere Massendichte des Alls mit seiner Größe multipliziert die Gesamtmasse ergeben. Doch Messungen des Mikrowellen-Spektrums zeigen, dass dies nicht der Fall ist. Etwas fehlt. Materie macht nur 30 Prozent der Gesamtdichte aus.

**Explodierende Sterne**

Eine Typ-Ia-Supernova erfolgt in Binärsystemen, in denen ein Weißer Zwerg Masse von seinem Begleiter absaugt, bis er – überfressen – explodiert und dabei kurzzeitig heller als alle anderen Sterne im All strahlt. Die Explosionen sind im ganzen All sichtbar. Ihre Helligkeit ist bekannt, sodass man die Entfernung bestimmen kann. Damit haben Forscher gezeigt, dass sich die Expansion des Alls beschleunigt.

**Die Form des Universums**

Die Gestalt des Kosmos lässt sich aus der Allgemeinen Relativitätstheorie ableiten. Wir wissen, dass das All weitgehend flach ist. Doch es gibt nicht genug Materie für diese Diagnose. Könnte, wir erinnern uns an $E = m^*c^2$, die Dunkle Energie den fehlenden Anteil liefern, als die intrinsische Energie des Raums?

**Die Expansion des Alls**

Die Expansionsrate des Universums bestimmt sich aus der Zeit, die es braucht, um um einen bestimmten Betrag zu wachsen. Was immer diese Expansion hervorruft, wird davon nicht verdünnt, obwohl es ständig neuen Raum schafft. Damit die Stärke dieser Energie erhalten bleibt, muss also mit neuem Raum auch mehr davon entstehen. Das deutet darauf hin, dass die Dunkle Energie eine Eigenschaft des Raumes selbst ist.

## Dunkle Energie und der Untergang des Universums

Kosmologen haben es nicht leicht. Wie das Universum begann, lässt sich mit ein bisschen Geduld durch den Blick ins Weltall herausfinden: Denn Spuren der Vorgänge vor rund 13,7 Milliarden Jahren sind noch immer nachweisbar. Doch wie wird es mit dem Universum zu Ende gehen? Um diese Frage zu beantworten, gilt es, die bisherige Entwicklung in die weit entfernte Zukunft zu extrapolieren, aus Daten also, die maximal einer Momentaufnahme entsprechen.

Stellen Sie sich vor, Sie dürften zwei Sekunden eines Krimis ansehen - und müssten daraus eine Theorie entwickeln, wer der

Mörder ist. Selbst, wenn Sie die Gesetze des Genres kennen, ist das keine leichte Aufgabe.

Es sollte deshalb nicht verwundern, dass durchaus verschiedene Todesarten für den Kosmos in der Diskussion sind. Mit den exotischeren beginnend (die Bezeichnungen sind zum Teil vom Autor, zum Teil aus der Literatur) wären das:

- Big Trick: Vielleicht sitzen wir schon seit ewiger Zeit einem Trick der Natur auf - was wir für Raum im Grundzustand halten, das Vakuum, könnte sich auch in einem quantenphysikalisch höheren Zustand befinden. Messtechnisch lässt sich das nicht ausschließen. In diesem Fall könnte sich das Vakuum eines Tages, mir nichts, dir nichts, in diesen energetisch niedrigeren Zustand bewegen. Was für den gegenwärtigen Zustand der Materie vermutlich ungünstig wäre.
- Big Collapse: Falls unser Universum Teil eines Multiversums ist, in dem auch Universen aus Antimaterie existieren, könnte es zu einem Zusammenstoß mit fatalen Folgen kommen.
- Big Squeeze: Falls die Dunkle Energie (die das Universum auseinander treibt) noch schneller zunimmt, als das Universum expandiert, würde sich die Dichte des Weltalls stetig erhöhen. Irgendwann würde der Raum zähflüssig und schließlich fest, es gäbe für ewige Zeiten keine Bewegungsmöglichkeit mehr und damit kein Leben.
- Big Crunch: Die Expansion des Universums stoppt irgendwann, danach zieht es sich wieder zusammen. Ein Urknall mit umgekehrter Zeitrichtung – der zum »Big Bounce« würde, falls es danach erneut zur Expansion kommt.
- Big Freeze: Das Universum dehnt sich immer stärker aus - wodurch seine Temperatur stetig sinkt, bis irgendwann keine freie Energie mehr vorhanden ist. Die Teilchen und damit die Welt bleiben stehen, und in diesem Moment stoppt auch die Zeit. Eine beinahe gleichwertige Alternative ist der "Hitzetod", der eintritt, wenn sich die Temperatur einem im ganzen Weltall gleichen Mittelwert näher. Auch dann fehlen die Temperaturunterschiede, die Leben erst möglich machen.

Für am wahrscheinlichsten halten die Forscher allerdings den

»Big Rip«. Denn messbar beschleunigt sich die Expansion des Universums schon seit etwa sechs Milliarden Jahren. Schuld ist die Dunkle Energie, von der man davon abgesehen im Grunde nichts weiß. Möglich ist, dass sie eine Komponente enthält, die Forscher Phantom-Energie nennen. Sie hat die Eigenschaft, falls sie denn existiert, die Beschleunigung der Expansion noch zu beschleunigen. Als praktische Konsequenz ergäbe sich aus diesem Szenario, dass alles, inklusive der kleinsten Bausteine der Materie, im Big Rip irgendwann auseinander gerissen wird. Für diesen Fall haben jetzt chinesische Forscher eine Abschätzung getroffen, wann es mit uns zu Ende geht.

Die Computersimulation, gefüttert mit den bekannten Parametern der aktuellen Expansion des Kosmos und diversen Unbekannten, gibt dem Universum noch wenigstens 16,7 Milliarden Jahre - es wäre damit noch nicht einmal in der Lebensmitte angekommen. Ungemütlich wird es demnach schon etwas früher: etwa 32,9 Millionen Jahre vor dem Big Rip löst sich die Struktur der Milchstraße auf. Dass bis zum Untergang nur noch zwei Monate bleiben, werden wir daran erkennen, dass die Erde ihre Umlaufbahn um die Sonne verlässt. Fünf Tage vor Schluss müssen wir uns vom Erdmond verabschieden. Und 16 Minuten vor Ultimo wird die Erde explodieren.

## Mehr vom Big Trick

Eines der Szenarien für einen möglichen Tod des Universums ist der »Big Trick« (siehe oben). Er beruht auf der Annahme, dass sich unser Weltall nicht im Grundzustand befindet, sondern in einem metastabilen Zustand, etwa wie ein Ball, der in das Tal zwischen zwei Bergen gerollt ist. Er lässt sich zwar im klassischen Verständnis nicht mehr aus der Ruhe bringen, selbst wenn das Tal zwei Berge weiter noch viel tiefer ist– müsste er doch, um den noch an Lageenergie ärmeren Zustand dort zu erreichen, erst einmal von selbst die Berge wieder hinaufrollen.

Die Quantenphysik erlaubt ihm allerdings eine Abkürzung: das Tunneln. Quantenphysikalisch befindet sich der Ball nämlich nicht nur in dem einen Tal, in dem ihn der Beobachter gerade gesehen hat. Vielmehr bildet er eine Wahrscheinlichkeitsverteilung über alle Täler dieser Welt. Diese besitzt zwar ein extremes Maximum an dem einen Ort, an dem er sich gerade befindet – doch zumindest theoretisch könnte er ohne Zeitverlust auch plötzlich in einem tieferen Tal auftauchen. Als makroskopisches, komplexes und sehr schweres Objekt ist die Chance dafür fast unendlich gering. Sie ist aber größer als Null. Wenn wir nur lange genug warten (statistisch gesehen länger, als das Universum alt ist), können wir diesen so genannten Phasenübergang sicher beobachten. Aber wie das mit der Statistik so ist, kann er natürlich auch übermorgen auftreten.

Beim Universum verhält es sich ähnlich. Als seine Bewohner halten wir den Zustand des Vakuums, die Vakuum-Energie, zwar wie die Bewohner eines Gebirgstals für den Grundzustand. Aber tatsächlich gibt es keinen sachlichen Grund, warum es nicht ein noch geringeres Energieniveau geben sollte, dass also nicht irgendwo ein noch tieferes Tal existiert. Tatsächlich ergibt sich diese Vermutung sogar aus dem Standardmodell der Teilchenphysik. Tatsächlich könnte es einen solchen Phasenübergang bereits einmal gegeben haben – Milliardstel Sekunden nach dem Urknall. Dessen Ergebnis war, dass der Raum sich mit dem Higgs-Feld füllte. Erst durch die Interaktion der Elementarteilchen damit (über die Higgs-Bosonen, die die Physiker inzwischen beinahe sicher sind, gefunden zu haben) gewannen die Teilchen ihre Masse.

Wie wahrscheinlich ist ein neuer Phasenübergang? Eine Arbeitsgruppe der University of Southern Denmark ist dieser Frage in einem Paper nachgegangen. Die Forscher befassen sich dabei primär mit der Frage, wie stabil das Standardmodell insbesondere in der Größenordnung der Planck-Länge ist. Dafür weiß man schon länger, dass der Grundzustand sehr nah an der Grenze zwischen Stabilität und Instabilität liegen muss. Dem dänischen Team ist gelungen, die mathematischen Grundlagen für die Diagnose zu systematisieren und zu verfeinern. Als praktischer Aspekt ergibt sich daraus, dass sich das Universum offenbar deutlich stärker auf der instabilen Seite befindet als bisher gedacht – und sich das Risiko eines Phasenübergangs deutlich erhöht.

Auch diese Berechnung ist aber mit erheblichen Unsicherheiten belastet. Zum einen weiß man, dass das Standardmodell nicht komplett sein kann – das betrifft etwa die Neutrinomasse und die für die Erklärung der Expansion des Universums benötigte Dunkle Materie und Dunkle Energie. Zum anderen würde ein solcher Phasenübergang, so die Forscher, wohl länger dauern, als das Universum noch an Lebenszeit vor sich hat. Ob das Universum also eines Kältetodes stirbt oder am katastrophalen Übergang in den Grundzustand, ist damit längst nicht entschieden.

## Dunkle Materie + Dunkle Energie = Flüssigkeit mit negativer Masse?

Das Konzept der Dunklen Materie haben die Physiker eingeführt, nachdem sie festgestellt haben, dass u.a. den Galaxien Masse fehlt, um ihre Rotation zu erklären. Die Dunkle Energie mit ihren seltsamen Eigenschaften brauchen sie, um zum Beispiel die Entwicklung des Universums in seiner frühen Kindheit zu erklären, als es plötzlich einen gewaltigen Wachstumsschub gehabt haben muss. Beide Konzepte werden im aktuellen Modell des Universums, LambdaCDM genannt, zusammengefasst.

Dieses Modell hat allerdings einen kleinen Nachteil: Es sagt nichts darüber, woraus Dunkle Materie und Dunkle Energie bestehen. Die Experimentalphysiker sind der Antwort auf diese Frage in den letzten Jahren auch kein Stück näher gekommen. Man bräuchte neuartige Physik, aber alles, was die Experimente ergeben, ist eine Bestätigung der gegenwärtigen physikalischen Erkenntnisse.

Das könnte ja eigentlich eine gute Nachricht sein, hinterließe sie nicht einen bitteren Nachgeschmack. Denn das Universum scheint sich ein bisschen anders zu verhalten, als unsere Physik es vorhersagt. Vielleicht hilft ein neues Modell? Ein solches stellen Physiker der Universität Oxford im Magazin *Astronomy and Astrophysics* vor. Ihr Modell vereint Dunkle Materie und Dunkle Energie zu einem neuen Stoff, der die Eigenschaften einer Flüssigkeit mit negativer Masse besitzt und deshalb auch eine negative Gravitationswirkung erzeugt, also alles um ihn herum abstößt.

Diese negative Masse wird gemäß dieser Theorie, während sich das Universum ausdehnt, kontinuierlich neu erzeugt und ahmt dabei die Wirkung Dunkler Energie nach. Gleichzeitig würde die negative Masse jedoch auch die in der Praxis beobachtete Galaxienrotation erzeugen und damit die Dunkle Materie ersetzen. Die positive Masse des Universums schwimmt in dem neuen Modell quasi auf einem riesigen See negativer Masse, in dessen Grund sich eine Quelle befindet, durch die immer neue negative Masse hereinströmt.

Testen lässt sich die neue Theorie wahrscheinlich mit einem neuen, internationalen Radioteleskop, dem Square Kilometre Array.

## Kann Masse negativ sein?

Oft sind die einfachsten Dinge am schwierigsten zu erklären. Die Masse etwa: jeder Mensch hat ein intuitives Verständnis davon. »Was ist schwerer, ein Kilo Federn oder ein Kilo Blei?« Auf diese Scherzfrage fallen nur Vorschulkinder herein. Und doch wurde ausgerechnet das Konzept der Masse bisher von den Physikern nur grob verstanden. Die elektrische Ladung hat es uns da viel leichter gemacht. Immerhin wissen wir seit Entdeckung und Nachweis des Higgs-Mechanismus, wie Masse entsteht. Aber könnte es so etwas wie eine negative Masse geben?

Wenn wir einen Blick ins Universum werfen, dessen Verhalten analysieren und versuchen, es mit dem aktuellen Stand unseres Wissens zu erklären, dann lautet die Antwort: Es muss negative

Masse geben. Denn die sich beschleunigende Ausdehnung des Alls führen wir auf »Dunkle Energie« zurück, ein mysteriöses Feld mit negativer Energiedichte, dem über die Einstein-Formel auch eine negative Massedichte zuzuordnen sein muss. Es müsste also »Dinge« geben, bei denen die Masse in Kilogramm einen negativen Wert annimmt. Mehr, als dass es »Dinge« sind, lässt sich derzeit allerdings nicht sagen. Immerhin können wir jetzt schon überlegen, wie sich eine solche negative Masse verhalten würde, auch im Bezug auf positive Masse. Die gute Nachricht: beide würden sich wohl ganz gut vertragen, denn mit der Materie-Antimaterie-Dualität hat das nichts zu tun. Antimaterie hat eine positive Masse!

Aus den Einstein-Gleichungen ergibt sich immerhin, dass positive Masse andere positive Masse, aber auch negative Masse anzieht. Negative Masse hingegen stößt sowohl jede andere negative Masse als auch positive Masse ab. Das führt dazu, dass zwei gleich große Massen mit unterschiedlichem Vorzeichen eine konstante Beschleunigung des Gesamtsystems in Richtung der positiven Masse erzeugen würden. Das System würde ohne jeglichen äußeren Einfluss immer schneller und schneller, hätte jedoch den konstanten Gesamtimpuls von 0 und würde damit keinen der Erhaltungssätze verletzen (»Runaway-Bewegung«). In einem Gas, das aus Teilchen negativer und positiver Masse besteht, würde der positive Anteil seine Temperatur bis ins Unendliche erhöhen, der negative Anteil jedoch müsste negative Temperaturen erreichen.

Besonders kompliziert wird es, wenn sich zwei gleiche Massen mit unterschiedlichem Vorzeichen und Impuls begegnen, es also zu einer Kollision kommt. Befinden sie sich an einem Ort, müssten sie sich gegenseitig auslöschen, ohne dass Masse (und damit Energie) übrig bliebe. Doch damit wäre die Impulserhaltung verletzt. Massen mit verschiedenem Vorzeichen können dadurch nur in Form der Runaway-Bewegung koexistieren, was zu der Annahme verleitet, dass es dann eben doch keine negative Masse geben kann. Aber was sagt die Expansion des Universums dazu?

Es ist kompliziert, so viel ist klar. Die Natur der Dunklen Energie ist noch völlig ungeklärt. Sie im Labor zu erzeugen, um daran forschen zu können, scheint derzeit utopisch. Darum wäre es als zweitbeste Alternative natürlich schön, mit Systemen arbeiten zu können, die sich so verhalten, als hätten sie eine negative Masse. Bei anderen physikalischen Größen ist das ja gang und gäbe. So erforschen Astronauten an Bord der ISS die Auswirkungen von Mikro-Gravitation, obwohl sie so dicht an der Erde von unserem Planeten nur wenig schwächer als auf dessen Oberfläche angezogen werden. Sie spüren die – vorhandene – Gravitation nur nicht, weil sie sich zusammen mit der Raumstation im freien Fall befinden. Gäbe es hier wirklich keine Erdanziehung, würde die ISS ins Weltall hinaus trudeln.

Ein ähnliches Modellsystem haben Forscher von der Washington State University im Labor erzeugt. Ihr Paper wurde in den *Physical Review Letters* veröffentlicht. Sie zielen damit auf den Aspekt der Masse ab, den man als träge Masse bezeichnet – also die Masse als Proportionalitätsfaktor zwischen Kraft und Beschleunigung. Normalerweise haben in der Newton-Formel F = m * a die Kraft F und die Beschleunigung m dieselbe Richtung. Eine negative Masse führt hier nachvollziehbarerweise dazu, dass sich die Beschleunigung umkehrt. Wenn Sie eine Billard-Kugel mit negativer Masse anstoßen würden, würde diese sich also genau entgegengesetzt zur Richtung Ihres Stoßes bewegen.

Um ein solches System im Labor zu konstruieren, muss man einigen Aufwand betreiben. Die Forscher haben dazu eine Wolke von etwa 10.000 Rubidium-Atomen auf Temperaturen nahe des absoluten Nullpunkts gekühlt. Die Atome befinden sich dann im Grundzustand, in dem sie nicht mehr voneinander unterscheidbar sind und zu einem Bose-Einstein-Kondensat (BEC) werden. Dieses lässt sich über eine gemeinsame Wellenfunktion beschreiben, nicht mehr durch die Bewegung individueller Teilchen.

Nun kommt das eigentliche Kunststück. Die Forscher erzeugen mit Hilfe von Lasern eine Art virtuellen Behälter mit besonderen Eigenschaften für das BEC, aus dem die Atome nur unter bestimmten Verhaltensmustern ausbrechen können – sie manipulieren die Dispersionsrelation, unter der sich die dem Diktat ihrer gemeinsamen Wellenfunktion stehenden Teilchen ausbreiten können (ein sehr grober Vergleich dafür wäre der Effekt, der entsteht, wenn Sie einen in ein Glas Wasser gestellten Teelöffel beobachten, der dann scheinbar einen Knick bekommt). Tatsächlich verhält sich die Superflüssigkeit genau wie erwartet, als besitze sie eine effektive negative Masse, und bewegt sich entgegengesetzt zu Richtung eines Impulses von außen.

Man beachte das Wort »effektiv«, das große internationale Medien bei Berichten über den Versuch weggelassen haben. Die gesamte Apparatur ist kein Mikrogramm leichter geworden, so wie auch die ISS die Gravitation nicht abschalten kann. Es ist also keine negative Masse erzeugt worden, sondern ein System, das unter ganz bestimmten Umständen so tut, als hätte es eine negative Masse. Das ist immer noch sehr hilfreich und schmälert die Leistung der Forscher nicht, lassen sich doch damit viele Eigenschaften negativer Masse untersuchen, auf die wir anders gar keinen Zugriff haben.

## Das Universum ist vor allem leer

Die Frage, was leerer Raum ist und ob es so etwas überhaupt gibt, beschäftigt die Forscher schon seit Jahrhunderten. Nach Aristoteles war der Raum jenseits der Mondsphäre mit Quintessenz gefüllt, lateinisch für »fünftes Element«. Anders als Feuer, Wasser, Erde und Luft sollte dieser »Äther« als einziges Element unvergänglich sein. Später war es dann die Fernwirkung – etwa des Lichts – die in den Vorstellungen der klassischen Physik nach einem Transportmedium verlangte. Huygens, der eine erste Wellentheorie des Lichts formuliert hatte, ging zum Beispiel von einem Lichtäther aus, der feste Materie ebenso wie das Weltall durchdringt, und auf dem sich die Lichtwellen ausbreiten.

Erst in der speziellen Relativitätstheorie konnte Einstein dann auf den Äther verzichten, weil er sich von der Idee des absoluten Raums verabschiedete. Für eine kurze Zeit betrachtete man das Vakuum als absolut leer, auch wenn der Raum der Allgemeinen Relativitätstheorie natürlich physikalische Eigenschaften besitzt, es sich also um kein »Nichts« handelt. Das Universum stellte man sich zunächst statisch vor; als man seine Expansion bemerkte, benötigte man für eine passende Lösung der Gleichungen der ART aber doch wieder eine Art Vakuumenergie, der man den Namen kosmologische Konstante gab.

Spätestens mit der Einführung von Quantenfeldtheorien wurden die Dinge kompliziert. Im kleinsten Maßstab müssen, das verlangt die Quantenphysik und das ist erfolgreich nachgewiesen, ständig subatomare Teilchen aus dem Nichts in die Existenz springen, um sich in kürzestmöglicher Zeit wieder zu verabschieden, sodass im Mittel dann doch die Energieerhaltung gilt. Diese virtuellen Teilchen existieren zwar nur kurz, aber sie tragen in ihrem knappen Leben natürlich zum Energiegehalt des Vakuums bei. Wenn man nun aber die Energie aller virtuellen Teilchen zu einem bestimmten Zeitpunkt summiert, dann erhält man einen Wert von $1{,}4 * 10^{128}$ $GeV/m^3$ (eine 1 mit 128 Nullen). Doch welche mittlere Vakuumenergie muss der Raum besitzen, damit das All so wächst, wie das in der Praxis der Fall ist? Der experimentell bestätigte Wert beträgt etwa 4 $GeV/m^3$ . Zwischen Theorie und Praxis liegen also über 100 Größenordnungen!

Das ist das Problem der kosmologischen Konstante, eine offene Frage, offener geht es kaum. Das Problem besteht darin, dass das Vakuum eine weitaus kompliziertere Struktur hat, als man naiv annehmen könnte, wenn man einfach nur in die Leere des Alls blickt. Es schillert und schlägt Blasen, es verändert sich, je nachdem, aus welcher Perspektive man es sich ansieht. Das elektromagnetische Vakuum verhält sich anders als das Vakuums der Gravitation, dieses unterscheidet sich vom Vakuum der schwachen Wechselwirkung (das man sich als Kondensat aus über das gesamte All verteilten, nicht lokalisierten Higgs-Teilchen vorstellen kann) und vom Vakuum der starken Wechselwirkung (das ein See aus Quark-Gluonen-Materie im Grundzustand wäre).

Man kann sich das vorstellen wie einen See, der mit unterschiedlichen Flüssigkeiten gefüllt ist. Das Vakuum ist die Oberfläche des Sees. Die Materie hingegen ist die wellenförmige Anregung, die entsteht, wenn Sie Murmeln verschiedener Größen hineinwerfen. Wie diese Welle konkret aussieht, hängt einerseits von der Masse der geworfenen Kugel ab, andererseits von der Viskosität des Sees. Auf einem Wasser-See entstehen andere Anregungen als auf einem See aus Öl, Teer oder Wackelpudding. Jetzt müssen Sie bloß noch einen klitzekleinen gedanklichen Sprung vollführen und sich den See als quantenphysikalische Überlagerung aller möglichen See-Varianten vorstellen, die sich auch noch dauernd ineinander umwandeln – dann haben Sie eine realistische Idee vom Aufbau des Vakuums. Geschafft? Glückwunsch! Ich steige immer beim Wackelpudding aus und gehe zum Kühlschrank.

Die gute Nachricht: Um die Entwicklung des Universums einigermaßen vorherzuahnen, brauchen wir den genauen Aufbau des Vakuums gar nicht zu kennen. Es reicht, wenn wir ein hinreichend genaues Modell finden, das Vergangenheit und Gegenwart im Rahmen der Messgenauigkeit beschreibt. Dann können wir davon ausgehen, dass auch die vom Modell über die Zukunft getroffenen Aussagen zuverlässig sind. Auch damit befassen sich Physiker sinnvollerweise, etwa in einem Paper im *Astrophysical Journal*. Hier interessieren sich drei spanische Forscher speziell für kosmologische Modelle, die – anders als das ΛCDM-Modell, das Standardmodell der Kosmologie – von einer sich mit der Zeit und in Abhängigkeit von der Hubble-»Konstanten« verändernden Vakuum-Energiedichte ausgehen. Solche »Running Vacuum«-Modelle nehmen zum Teil sogar an, dass die Gravitationskonstante G sich verändert – oder sie verzichten gar auf die Masse-Erhaltung. Die aktuelle Arbeit der Spanier befasst sich nicht damit, die physikalische Haltbarkeit dieser Modelle zu diskutieren. Stattdessen nehmen sie einfach die gegebenen Formeln und Parameter und vergleichen diese mit den tatsächlichen Werten, nach der Devise, dass eine Theorie nicht dann gut ist, wenn wir sie verstehen, sondern wenn sie die Wirklichkeit beschreibt.

Das Ergebnis ist für die Theoretiker hinter den Running-Vacuum-Modellen ermutigend: Die getesteten Modelle mit veränderlicher kosmologischer »Konstante« sind der Standard-Theorie deutlich darin überlegen, die Wirklichkeit so wiederzugeben, wie sie nach unseren eigenen Messungen aussieht. Allerdings reicht die

Genauigkeit des Abgleichs noch nicht ganz, um von einem sicheren Ergebnis zu sprechen. Die Forscher hoffen deshalb auf genauere Messungen der von ihnen verwendeten Parameter.

Tipp: Sie erhalten eine farbige PDF-Version der Biografie, wenn Sie sie hier anfordern:

www.hardsf.de/abonnieren

# Die neue Biografie des Standardmodells

Das Standardmodell der Elementarteilchenphysik betrachtet alle Teilchen und ihre Wechselwirkungen – bis auf die Gravitation. Bei sehr hohen Energien, wie sie etwa beim Urknall auftraten oder in einem Schwarzen Loch vorhanden sein müssen, ergeben sich deshalb Konflikte mit der Allgemeinen Relativitätstheorie.

Welche Vorstellung sich der Mensch vom inneren Aufbau seiner Welt machte, schwankte im Lauf der Geschichte zwischen zwei Polen. Das ist leicht nachvollziehbar, wenn Sie sich einen Spaziergang am Meer vorstellen. Solange Sie mit nackten Füßen durch den Sand stapfen, spüren Sie kleine, harte Krümel an der Fußsohle, die sich scheinbar nicht mehr weiter aufspalten lassen. Doch das Wasser, das in Form einer neugierigen Welle über Ihre Füße leckt, fühlt sich ganz anders an – kontinuierlich, als ließe es sich nicht auf einzelne, kleinste Teilchen zurückführen.

Was unsere Vorfahren unter den Jägern und Sammlern dazu gedacht haben, ist heute nicht mehr nachweisbar. Aber wir können auf die Griechen Demokrit und Aristoteles zurückgreifen. Demokrit dachte sich die Welt aus unteilbaren Atomen zusammengesetzt, Aristoteles hingegen aus den Elementen.

## Die Welt der Atome

Es sollte aber noch bis ins 19. Jahrhundert dauern, Demokrits Ideen wissenschaftlich zu beweisen. Den Anfang machte dabei der Brite John Dalton, der einzelnen Elementen erstmals ein Atomgewicht zuwies. Wasserstoff, das erkannte er 1803, ist das leichteste Element (und noch immer an der Spitze des Periodensystems der Elemente).

Ihm wies er ein relatives Gewicht von 1 zu. Doch auch Alkohol und Kohlendioxid hielt Dalton noch für elementar. 1808 stellte Dalton in seinem Buch »A New System of Chemical Philosophy« seine Vorstellungen dar, die sich von denen Demokrits durch das spezifische atomare Gewicht unterschieden. Die Atome eines Elementes sind demnach grundsätzlich alle identisch, unterscheiden sich von anderen aber durch ihr Gewicht. Außerdem konnten sich Daltons unzerstörbare und ewig währende Atome mit anderen in ganzzahligen Verhältnissen vereinigen.

Einige seiner Nachfolger präzisierten die Vorstellungen. So fand Amedeo Avogadro 1811 das noch heute in der Schule gelehrte Avogadrosche Gesetz, nach dem sich im gleichen Gasvolumen stets gleich viele Teilchen befinden müssen. Allerdings machte der Atomtheorie die zunehmende Präzision der Messinstrumente zu schaffen. Es stellte sich heraus, dass in Verbindungen eben nicht immer ganzzahlige Verhältnisse herrschen.

In anderen Bereichen jedoch feierte die Theorie Erfolge: Ludwig Boltzmann konnte Phänomene wie Druck und Temperatur eines Gases erklären, indem er annahm, dass darin lauter winzige Billardkugeln herumfliegen, die sich gegenseitig anstoßen – die kinetische Gastheorie entstand.

Albert Einstein leistete 1908 seinen eigenen Beitrag, indem er die Brownsche Molekularbewegung nachrechnete: Schon 1827 hatte der Botaniker Robert Brown beobachtet, dass sich Pollenkörner unter dem Mikroskop wie von Geisterhand bewegen. Einstein konnte nun zeigen, dass die Ursache in der Bewegung der umgebenden Atome liegen muss.

## Das erste Elementarteilchen

Parallel dazu vollzog sich in der Elektrizitätslehre eine andere spannende Entwicklung. Die Physiker hatten gelernt, Luft aus einem Glaskolben zu entfernen. Legte man an beiden Enden der Röhre eine hohe Spannung an, zeigte sich zunächst ein diffuses Leuchten. Pumpte man nun noch mehr Luft aus dem Kolben (das schaffte erstmals der Brite William Crookes), verschwand das Licht wieder. Stattdessen zeigte sich auf der der negativen Quelle (Kathode) gegenüberliegenden Seite ein Lichtschein. Hatten die Forscher mit den »Kathodenstrahlen« eine neue Form des Lichts gefunden? Crookes zeigte mit Hilfe eines Hindernisses, dass die Strahlung exakt umrissene Schatten warf und damit wohl Teilchencharakter haben musste – während man Licht damals noch als Welle ansah.

Er versuchte sogar, ein Rädchen von der Strahlung antreiben zu lassen. Das funktionierte tatsächlich – allerdings wurde später gezeigt, dass der Effekt thermische Ursachen hatte: Die Strahlung heizte die verbliebene Luft hinter dem Rädchen auf.

Joseph Thomson gelang dann der nächste Schritt. Er wies nach, dass die Kathodenstrahlen sowohl von einem magnetischen als auch von einem elektrischen Feld abgelenkt wurden, dass sie also negativ geladen sein mussten. Zudem bestimmte er gleich noch ihre Masse zu als weniger als einem 1700-stel des Wasserstoffatoms. Damit war klar, dass es sich um ein subatomares Teilchen handeln musste. Thomson nannte es Korpuskel, doch der Begriff Elektron setzte sich durch. Atome, so stellte er es sich vor, bestünden aus einer positiven Ladung, in der die Elektronen wie Rosinen eingebettet seien – mit dem Unterschied, dass sich die Elektronen zusätzlich auf Kreisbahnen bewegen.

## Des Pudels Kern

Das späte 19. Jahrhundert muss eine spannende Zeit für Physiker gewesen sein, denn dauernd gab es Neues zu entdecken. So fand Wilhelm Conrad Röntgen eher zufällig, dass vom Ende einer Kathodenstrahlröhre eine andere Strahlung ausging, die er zunächst X-Strahlen nannte. Sie sollten sich als besonders energiereiche und kurzwellige Form des Lichts erweisen, nicht als Teilchen. Henri Becquerel wiederum wollte lediglich prüfen, ob Uransalze ähnliche Wirkung wie X-Strahlen zeigten – und fand dabei heraus, dass Uran auch ohne Energiezufuhr Strahlung absonderte. Die spontane Radioaktivität war entdeckt.

Dieser kam dann Ernest Rutherford auf die Schliche, der zeigte, dass sich in Folge der Radioaktivität ein Element in ein anderes umwandelt. Rutherford erkannte den Charakter von Alpha-, Beta- und Gammastrahlung (Heliumkerne, Elektronen, Licht) und nutzte Alphateilchen, um damit das Atommodell von Thomson zu untersuchen.

Die Überlegung dazu war simpel: Wenn die Elektronen tatsächlich als Rosinen im Teig steckten, sollten sie die Flugbahn positiv geladener Alpha-Teilchen kaum beeinflussen. In der Praxis war jedoch das Gegenteil der Fall: Es kam zu deutlichen Richtungsänderungen bis hin zur Totalreflektion. Das war nur erklärbar, indem man in der Mitte des Atoms einen vergleichsweise schweren Kern annahm. Rutherford berechnete dessen Größe auf unter $3{,}4 * 10^{-14}$ Meter, das ist 3000 Mal kleiner als ein Goldatom (daran hatte Rutherfords Team experimentiert, tatsächlich ist der Atomkern noch eine Größenordnung kleiner). Dass sich die Masse des Atoms in diesem winzigen Bereich befinden musste, wirkte damals sehr überraschend. Die Elektronen würden sich auf Bahnen um diesen Kern bewegen, die Rutherford nicht genauer spezifizierte. Dem Modell des Planetensystem entsprechend ging man zunächst von Kreisbahnen aus. Allerdings hätten die Elektronen bei dieser klassischen Betrachtung allmählich ihre Energie verlieren müssen. Dieses Problem löste dann 1912 der Däne Niels Bohr, der in Rutherfords Labor arbeitete, mit Hilfe der noch ganz neuen Quantenmechanik.

Die Rätsel des Atomkerns waren damit allerdings noch nicht gelöst. Hier mussten sich die Forscher mit einigen Seltsamkeiten herumschlagen. So wusste man, dass die Eigenschaften eines Elements von dessen Platz im Periodensystem (Ordnungszahl) abhingen. Klar war auch, dass die Elektronenzahl gleich der Ordnungszahl war. Aber die Atommasse, die eigentlich ein Vielfaches der Masse des leichtesten Elementes Wasserstoff hätte sein sollen, entzog sich dieser Betrachtung. Es gab sogar Atome gleicher Ordnungszahl und verschiedener Masse (»Isotope«).

Ernest Rutherford griff in dieser Situation erneut zu den Alphateilchen und beschoss Luft damit. Es zeigte sich, dass unter bestimmten Umständen Stickstoff in Sauerstoff und einen Wasserstoffkern umgewandelt wurde. Dieser musste sich also zuvor im Stickstoffkern befunden haben. Offenbar waren alle Atomkerne aus Wasserstoffkernen zusammengesetzt, die man später Protonen nannte.

Die Erklärung reichte allerdings nicht aus. Noch immer waren die Atome einfach zu schwer. Befanden sich vielleicht noch weitere Protonen im Kern, deren Ladung von zusätzlichen Elektronen (ebenfalls im Kern) abgeschirmt wurde? Das ließ sich zwar nicht mit der Quantenphysik vereinbaren. Sie erinnern sich bestimmt an die Unschärferelation? Elektronen, deren Ort so genau bestimmt ist, müssten so große Impulsunterschiede aufweisen, dass sie sich dort nicht lange halten könnten.

1932 fand James Chadwick das letzte Puzzleteil: Der britische Physiker wies nach, dass die (von anderen Forschern bereits nachgewiesene) bei verschiedenen Prozessen entstehende neutrale Strahlung keine Gamma-Strahlung darstellte, sondern aus Neutronen bestand. Diese sind demnach ein wenig schwerer als Protonen und nicht elektrisch geladen. Das so entstandene Atommodell konnte alle Erscheinungen der Chemie und alle bis dahin bekannten physikalischen Phänomene erklären.

## Teilchen und Antiteilchen

Leider kam den Forschern die Erfindung und Weiterentwicklung eines interessanten Werkzeugs dazwischen: Die Nebelkammer ist eine Glasröhre, in der sich ein übersättigter Dampf befindet. Schon bei der geringsten Störung kondensiert dieser zu Tröpfchen, die sich fotografisch nachweisen lassen. Den Physikern fiel nun auf, dass nicht nur radioaktive Stoffe Strahlung aussenden, sondern auch aus dem Weltall ständig Teilchen auf uns hernieder prasseln.

Die meisten kannten sie schon, aber 1929 entdeckte der sowjetische Physiker Dmitri Skobeltsyn Spuren, die wie die von Elektronen aussahen, aber unter dem Einfluss eines elektrischen Feldes in die falsche Richtung wiesen. 1932 gelang Carl Anderson in den USA der Nachweis, dass es sich tatsächlich um ein neues Teilchen handeln musste, das Positron genannt wurde. Seinen Platz im Elementarteilchen-Zoo erhielt es über Paul Dirac, dem es 1927 gelungen war, die spezielle Relativitätstheorie zu quantisieren, also mit der Quantenmechanik zu vereinen. Aus dieser Quantenfeldtheorie ergab sich der Hinweis, dass es zu jedem Teilchen ein Anti-Teilchen gleicher Masse, aber verschiedener Ladung geben müsse. Die Theorie lieferte weitere Beweise für Einsteins Äquivalenzprinzip, die sich alle in der Nebelkammer bestätigen ließen. So können energiereiche Photonen Elektron-Positron-Paare quasi aus dem Nichts erzeugen, die sich später wieder gegenseitig vernichten, unter Zurücklassen von Photonen.

Das Photon bekam zudem eine Rolle als Austauschteilchen – dieser Begriff wird später noch öfter auftauchen. Stoßen sich etwa zwei negativ geladene Elektronen gegenseitig ab, dann vermittelt ein virtuelles Photon die gegenseitige Übergabe des Impulses. Das Photon spielt also den Boten. Das Konzept, dass Materie-Teilchen wie Elektronen über Austauschteilchen wie Photonen miteinander wechselwirken, ist noch immer eines der Kernelemente des Standardmodells.

Als weitere Konsequenz ergab sich aus Diracs Gleichungen die Existenz eines weiteren Kennzeichens von Teilchen: des Spins. Wenn ein Fußballspieler einen Ball mit Effet tritt, bekommt dieser eine Eigendrehung aufgeprägt, einen Drall – physikalisch Drehimpuls genannt. Der Spin ist dazu äquivalent. Allerdings beruht er nicht darauf, dass sich die Masse des Teilchens um sich selbst dreht. Sogar masselose Teilchen können einen Spin haben. Der Spin muss zudem nicht ganzzahlig sein, beim Elektron beträgt er etwa 1/2. Zwar dreht sich ein Teilchen mit Spin also nicht um sich selbst – es verhält sich aber so. So wie ein Ball mit Effet eine ungewöhnliche Flugbahn nimmt, lässt sich bei einem Elektron im Magnetfeld zeigen, dass es abgelenkt wird, als würde es sich drehen.

Allerdings hatten die Dirac-Gleichungen auch einen gewichtigen Nachteil: Immer wieder bekamen es die Physiker beim Lösen der Gleichungen für verschiedene Fälle mit Unendlichkeiten zu tun. Das Gegenmittel dazu nennt man »Renormierung«. Dabei handelt es sich im Grunde um die Angabe eines Gültigkeitsbereichs. Die praktische Umsetzung für die Wechselwirkung geladener Punktteilchen mit Photonen, Quantenelektrodynamik genannt, gelang erst Ende der 1940er Jahre. Richard Feynman, Julian Schwinger und Shin'ichirō Tomonaga erhielten dafür 1965 den Nobelpreis.

Wenn Elektronen und Photonen auf diese Weise wechselwirken, liegt die Annahme nahe, dass andere Elementarteilchen ähnlich verfahren. Der japanische Physiker Hideki Yukawa betrachtete darum, wie Protonen und Neutronen im Kern miteinander umgehen. Auch hier, vermutete er, müsste es ein Austauschteilchen geben. Yukawa berechnete 1935, dass dessen Masse zwischen der von Elektron und Proton liegen müsse, also nannte er es Meson. Das Meson konnte nicht wie das Photon masselos sein, weil die Wechselwirkung im Atomkern (»Starke Wechselwirkung« genannt) sonst weitaus weiter in die Umgebung reichen müssten.

## Seltsame Teilchen

Tatsächlich fanden schon ein Jahr später Carl Anderson und Seth Neddermeyer in der kosmischen Strahlung Spuren eines Teilchens mit 200-facher Elektronenmasse, das ansonsten dem Elektron glich, also ebenfalls Spin 1/2 und negative Ladung besaß. Das Teilchen bekam zunächst den Namen My-Meson (heute heißt es Myon).

Dummerweise erfüllte jedoch dieses Teilchen manchmal nicht alle Vorhersagen der Theorie. Erst 1947 konnte das eigentliche Yukawa-Teilchen identifiziert werden, das Pion. Pionen, zeigte sich, sind instabil und zerfallen (unter anderem) in Myonen – deshalb war es zuvor zu Verwechslungen gekommen. Pionen haben einen Spin von 0 und treten sowohl neutral als auch positiv und negativ geladen auf.

Nun hatte man also eine funktionierende Theorie der Starken Wechselwirkung mit allen benötigten Komponenten – doch ein Elementarteilchen (Myon) zu viel, das nirgendwo hin passen wollte. Nobelpreisträger Isidore Rabi beschwerte sich denn auch mit den Worten »Who ordered that?« (»Wer hat das bestellt?«).

Es sollte nicht das letzte derartige Teilchen bleiben, denn die Untersuchung kosmischer Strahlung wurde bald durch Teilchenbeschleuniger ergänzt. In diesen inzwischen riesigen Geräten (der Large Hadron Collider des CERN in Genf hält derzeit den Rekord) beschleunigt man Teilchen oder ganze Atomkerne und lässt sie aufeinander prallen. So erreicht man wesentlich höhere Energien als in der kosmischen Strahlung vorhanden.

Die ersten Ringbeschleuniger (Zyklotrone) entstanden in den 1930-er Jahren. Weltweit lieferten sich die Teams einen Wettlauf um immer höhere Energien. Dabei ging die Initiative oft von den Physikern aus, die in Nebelkammern die kosmische Strahlung auffingen. Sie fanden interessante Spuren, die sie einem bestimmten Energiebereich zuordnen konnten, und lieferten diese Beschreibung an die

Beschleuniger-Teams. Zunächst (1947) fiel den Wissenschaftlern dabei das Kaon in die Hände (beziehungsweise in die Nebelkammer). Im selben Jahr folgte das Lambda-Baryon Λ0. Die Teilchen besaßen eine Besonderheit: Eigentlich hätte man sie gar nicht entdecken dürfen, weil ihre Lebenszeit viel zu kurz sein müsste. Doch der Zerfall, der ihr Leben beendet, tritt seltener ein als eigentlich zu erwarten.

Die Forscher hatten dafür keinerlei Erklärung, deshalb packten sie Tau und Theta in die Kategorie „Seltsame Teilchen“. Die Bezeichnung blieb an ihnen haften. Der US-Physiker Murray Gell-Mann erkannte schließlich, dass die Seltsamkeit (strangeness) tatsächlich eine Teilcheneigenschaft war, die bei den damals bekannten Wechselwirkungen erhalten blieb. Heute hat man dafür eine simple Erklärung, aber ich will nicht vorgreifen …

Parallel dazu gab es eine weitere spannende Entwicklung. Der schon länger bekannte Beta-Zerfall gab bei genauer Messung Rätsel auf. Man wusste bereits, dass sich dabei ein Neutron in ein Proton umwandelt. Die Masse des Kerns bleibt also ungefähr gleich, die Ordnungszahl (Anzahl der Protonen) steigt. Die überschüssige negative Ladung wird als Elektron abgegeben. Die auf diese Weise aus dem Kern ausgestoßenen Elektronen weisen jedoch keine scharf definierte Energie auf, sondern ein kontinuierliches Spektrum. Das ist in einem Zwei-Teilchen-System aber eigentlich unmöglich und würde die Energie- und Impulserhaltung verletzen (Energie und Impuls sind ja seit Einstein miteinander verknüpft).

## Schwach, aber oho

Die einzig mögliche Lösung: es muss ein dritter Partner im Spiel sein. Wolfgang Pauli hatte die Idee etwa 1930. Der italienische Physiker Enrico Fermi entwickelte daraus eine Theorie, die Quantenfeldtheorie des Betazerfalls, und gab dem unbekannten Teilchen den Namen Neutrino.

Die dem Betazerfall zugrunde liegende Wechselwirkung ist im Vergleich zu den Kernkräften sehr schwach (etwa elf Größenordnungen schwächer als die elektromagnetische und 13 Größenordnungen schwächer als die starke Wechselwirkung) und heißt deshalb auch schwache Wechselwirkung. Sie ist neben der elektromagnetischen Wechselwirkung, der starken Kernkraft und der Gravitation die vierte Grundkraft der Natur. Sie wirkt ähnlich wie die starke Wechselwirkung nur über sehr geringe Abstände. Als einzige der vier Grundkräfte kann sie keine gebundenen Zustände erzeugen (etwa einen Atomkern wie die starke Wechselwirkung oder ein Planetensystem wie die Gravitation).

Aber ohne die schwache Wechselwirkung gäbe es kein Leben

auf der Erde: Bei der Fusion von Wasserstoff (Protonen) zu Heliumkernen in der Sonne könnten sonst keine Neutronen entstehen und damit kein stabiles Reaktionsprodukt. Und wäre die Wechselwirkung stärker, liefen die Fusionsprozesse weitaus schneller ab – und die Sonne wäre längst ausgebrannt, bevor die Menschheit entstand.

Das Neutrino, das die Theorie der schwachen Wechselwirkung vorhersagt, wurde 1956 von Clyde Cowan und Frederick Reines mit Hilfe eines Kernreaktors entdeckt – genauer gesagt das Elektron-Antineutrino, denn das superleichte Teilchen tritt in verschiedenen Formen auf. Dass die Forscher so lange brauchten, liegt ganz einfach daran, dass das Neutrino fast überhaupt nicht mit anderen Teilchen reagiert – es lässt sich nur auf die Gravitation und die schwache Wechselwirkung ein. Die ständig von der Sonne ausgesandten Neutrinos durchdringen die Erde zum Beispiel fast ungeschwächt – nur drei von einer Milliarde Sonnen-Neutrinos gehen bei ihrem Weg durch das Erdinnere durch eine Interaktion verloren.

Wie alle Teilchen, die an der schwachen Wechselwirkung teilnehmen, trägt das Neutrino eine schwache Ladung (das Äquivalent zur elektrischen Ladung der elektromagnetischen Wechselwirkung). Seine Geschwindigkeit liegt sehr nahe an der Lichtgeschwindigkeit, seine Masse fast bei Null – wobei die Messung der Neutrinomasse noch immer nicht endgültig gelungen ist. Dass das Neutrino eine geringe Ruhemasse besitzt, gilt nach heutigem Stand der Forschung jedoch als gegeben. Denn nur so lässt sich die (im Experiment mehrfach bestätigte) Tatsache erklären, dass sich Neutrinos unterschiedlicher Arten ineinander umwandeln können (Neutrino-Oszillation).

## Im Zweifel links

Die schwache Wechselwirkung hat aber außer dem mysteriösen Neutrino noch weitere Überraschungen in petto. So sehen es klassische Physik einschließlich Elektromagnetismus als gegeben an, dass die Spiegelung eines Systems nichts an seiner physikalischen Beschreibung ändert. Man weist einer Größe, die bei räumlicher Spiegelung ihren Wert behält, positive Parität zu. Wechselt dabei ihr Vorzeichen, besitzt sie negative Parität. In der klassischen Physik bleibt bei allen Vorgängen die Parität erhalten. Dadurch kann man durch Beobachtung eines Vorgangs auch nicht beurteilen, ob zuvor eine Spiegelung stattfand oder nicht.

Für die schwache Wechselwirkung gilt das nicht. Das hatte bei der Entdeckung des Kaons bereits für Verwirrung gesorgt. Denn scheinbar hatte man zwei unterschiedliche Teilchen gefunden: Eines (Theta genannt) zerfiel in zwei Pionen, das andere (Tau) in drei. Ansonsten unterschieden sich beide in nichts. Die beiden Endzustände weisen allerdings unterschiedliche Parität auf – weshalb nach damals herrschender Meinung auch Tau und Theta unterschiedliche Parität haben mussten.

Tsung-Dao Lee und Chen Ning Yang publizierten 1956 dann ihre Idee, dass die Paritätserhaltung bei der schwachen Wechselwirkung nicht gilt. Nach einer experimentellen Bestätigung durch Chien-Shiung Wu gab es dafür schon 1957 den Nobelpreis. Das Experiment der Forscher war schlau ausgedacht: Man beobachtet eine Kobalt-60-Quelle, die im Betazerfall entstehende Elektronen aussendet. Diese werden von einer Magnetspule beschleunigt. Eine zweite Apparatur wird genau so aufgebaut, wie es das Spiegelbild erfordert. Die Spiegelung sollte nach klassischer Meinung nichts daran ändern, wie viele Elektronen der Detektor registriert. Tatsächlich maßen die Forscher einen deutlichen Unterschied. Die im Kobalt 60 in einer anderen Zerfallsart produzierten Gammastrahlen hingegen beachteten die Parität (in der Praxis drehten die Forscher einfach die Stromrichtung um, das führt zum selben Ergebnis).

Die Verletzung der Parität bei der schwachen Wechselwirkung ist kein Ausrutscher. Später zeigte sich, dass unser Universum auch noch weitere für universell gehaltene Symmetrien verletzt – ja dass es geradezu auf gebrochenen Symmetrien aufbaut. Diese sind auch die Ursache, dass es das Universum überhaupt in der von uns beobachteten Form gibt – denn eigentlich hätte in gleicher Menge Materie und Antimaterie entstehen müssen, die sich sofort wieder zu reiner Energie annihiliert hätten. Die Naturgesetze favorisieren offenbar Materie gegenüber Antimaterie.

Die Paritätsverletzung zeigt zudem, dass »links« und »rechts« nicht willkürlich gewählt sind, sondern eine reale Basis besitzen: Die schwache Wechselwirkung setzt nur an linkshändigen Teilchen (und rechtshändigen Antiteilchen) an. Ein Teilchen heißt dabei linkshändig, wenn sein Spin vorwiegend gegen seine Bewegungsrichtung orientiert ist. Entsprechend zeigt bei einem rechtshändigen Teilchen der Spin in Bewegungsrichtung.

Das lässt sich anschaulich so erklären: Wenn Sie den Daumen Ihrer rechten Hand nach oben strecken, zeigt er die Bewegungsrichtung eines rechtshändigen Teilchens, und Ihre Finger zeigen seinen Spin. Nehmen wir an, dass die schwache Wechselwirkung irgendwie auf Ihre Hand wirkt. Wenn Sie nun aber das Spiegelbild Ihrer rechten Hand betrachten, zeigen Ihre Finger in eine andere Richtung als zuvor. Die schwache Wechselwirkung, das ist ihr Merkmal, wirkt dadurch nicht mehr auf Ihre Hand – obwohl Sie doch nur eine Spiegelung im Raum vorgenommen haben. Reale Teilchen mit Ruhemasse – und hier verlässt uns die Vorstellungskraft – haben allerdings immer zu einem mehr oder minder großen Anteil beide Händigkeits-Komponenten, sind also je nach Geschwindigkeit »sehr rechtshändig und ein bisschen linkshändig« (Geschwindigkeit nahe der Lichtgeschwindigkeit) oder auch mal »halb linkshändig, halb rechtshändig« (dann ist die Paritätsverletzung nicht mehr nachweisbar).

## Alles Quarks

Mit der Zeit lieferten die Experimentalphysiker den Theoretikern immer neue Kandidaten für Elementarteilchen – teils scherzhaft und teils ängstlich sprach man schon vom Teilchenzoo. Es bestand die Gefahr, dass irgendwann alle Buchstaben des griechischen Alphabets vergeben wären …

Deshalb war die Überlegung nur natürlich, dass vielleicht gar nicht alle der Teilchenzoo-Bewohner im eigentlichen Sinn elementar sein könnten. Insbesondere den schweren Teilchen im Atomkern, Protonen und Neutronen, traute man eine Substruktur zu. Anders als bei den auch bei schärfstem Nachmessen noch punktförmigen Elektronen und Myonen ergaben Messungen hier nämlich eine gewisse räumliche Ausdehnung. Die Bezeichnung »Quark« führte Gell-Mann ein, der sie einem Werk von James Joyce entnommen hatte (der wiederum hatte das Wort auf einem deutschen Jahrmarkt aufgeschnappt). Zunächst ging man von zwei verschiedenen Quarks aus: »Up« mit der Ladung von +2/3 und »Down« mit einer Ladung von -1/3. Zwei Down-Quarks und ein Up-Quark bilden ein Neutron (Gesamtladung Null), zweimal Up plus einmal Down ergeben eine Gesamtladung von +1 und formen damit ein Proton.

Als nächstes kam das »Strange«-Quark hinzu. Es wurde zur Erklärung der vorhin schon genannten seltsamen Teilchen gebraucht und brachte eine Strangeness von 1 ins Spiel. Ein Kaon besteht je nach Ladung aus einem Up- oder einem Down-Quark und einem Strange-Quark.

Eine Besonderheit beim Zerfall von Kaonen führte 1970 dazu, dass die Existenz des »Charm«-Quarks postuliert wurde. In Form des J/ψ-Mesons (das aus einem Charm-Quark und einem Anti-Charm-Quark besteht) wurde die Idee 1974 experimentell bestätigt.

Auch bei den letzten beiden Quarks hatten Kaonen ihre Hand im Spiel: »Top« und »Bottom« wurden schon 1973 vorhergesagt, weil ohne die beiden keine vollständige Erklärung des Kaonenzerfalls möglich schien. Während Bottom 1977 in Form des Ypsilon-Mesons nachgewiesen wurde, brauchten die Forscher für Top viel länger. Top ist nämlich extrem schwer (etwa so schwer wie ein Atom des Metalls Wolfram!) und sehr kurzlebig – es zerfällt so schnell wieder, dass es nicht einmal genug Zeit hat, mit anderen Quarks Teilchen zu bilden.

Zu den Seltsamkeiten der Quarks gehört, dass sie eine Ladung tragen, die Farbladung genannt wird und die Werte rot, grün und blau annehmen kann (beziehungsweise antirot, antigrün und antiblau bei den jeweiligen Antiquarks). Isoliert existieren können nur farblose Zustände. Dazu müssen sich entweder wie beim Neutron drei normale Quarks zusammentun oder aber wie beim Kaon ein Quark und ein Antiquark (»antirot« und »rot« ergeben zusammen ebenfalls »farblos«). Die Farben der Quarks haben mit den Farben natürlicher Objekte nichts zu tun, es sind reine Parameter, die sich aus der Theorie ergeben, die die Quarks und ihre Wechselwirkungen beschreibt, der Quantenchromodynamik. Die elektrische Ladung der Quarks beträgt im übrigen entweder +2/3 oder -1/3, bei den Anti-Quarks entsprechend mit umgedrehtem Vorzeichen.

## Das Standardmodell

Vom Quarkmodell zum Standardmodell, das den aktuellen Stand der Wissenschaft spiegelt, war es zwar noch sehr viel mathematische Arbeit. Doch die Konzepte, die in der Vereinigung der drei Grundkräfte (die Gravitation muss außen vor bleiben) stecken, waren damit bekannt. Protonen und Neutronen gelten nicht mehr als elementar.

Materie besteht demnach aus Fermionen und nicht-elementaren Teilchen, zu denen diese sich verbinden. Fermionen existieren in zwei Varianten: als Quarks, die der starken Wechselwirkung unterliegen (auch Farbwechselwirkung genannt) und aus Leptonen, die der elektroschwachen Wechselwirkung unterliegen, also der Kombination aus Elektromagnetismus und schwacher Wechselwirkung. Zu den Leptonen gehört das Elektron ebenso wie die verschiedenen Neutrinos.

Zu jedem der Elementarteilchen gibt es ein Antiteilchen. Sowohl Leptonen als auch Quarks unterscheidet man in Generationen. Zu jeder Generation gehören zwei Partner (etwa Elektron und Elektron-Neutrino), die bei Umwandlungen meist gemeinsam auftreten, aber sich bezüglich der elektroschwachen Wechselwirkung unterschiedlich verhalten. Von Generation zu Generation wächst die Masse. Allen Fermionen gemeinsam ist ein halbzahliger Spin.

Für die Wechselwirkungen zwischen den Fermionen sind die Vektor- oder Eichbosonen zuständig: das Photon für die elektromagnetische, das Gluon für die Farbwechselwirkung und Z- und W-Bosonen für die schwache Wechselwirkung. Etwas abseits steht in diesem Bild das Higgs-Boson: Es vermittelt keine Wechselwirkung und ist damit auch nicht als Austauschteilchen tätig. Stattdessen hat es eine andere wichtige Funktion. Dass die schwache Wechselwirkung so schwach ist, lässt sich nur dadurch erklären, dass ihre Austauschteilchen, die Z- und W-Bosonen, besonders schwer ausfallen (und sich, anschaulich formuliert, nicht besonders weit bewegen können, ohne zu zerfallen). Das W-Boson ist zum Beispiel 80 Mal so schwer wie ein Proton und hat damit etwa die Masse eines Kalium-Atoms.

In der Theorie der elektroschwachen Wechselwirkung ist es jedoch nur schwer möglich, diese Massen direkt in die Formeln einzupflegen – sie würden als eigene Terme dafür sorgen, dass sich bei einer Änderung einiger Parameter die komplette Theorie ändert (was die Theorie ad absurdum führen würde). Die Physiker sagen, die Gleichungen sind dann nicht mehr »eichinvariant«. Deshalb braucht man einen externen Mechanismus, der über eine Wechselwirkung den Z- und W-Bosonen Masse verleiht.

Die Idee dazu hatten gleich drei Teams in den 1960er-Jahren. Dabei griffen die Physiker auf einen Trick zurück, der ursprünglich bei der Erklärung der Supraleitung eingesetzt worden war: den spontanen Symmetriebruch. Damit die Gleichungen transformationsinvariant bleiben (und weil das besser aussieht), müssen sie symmetrischer Art sein. Der Trick besteht nun darin, diese Symmetrie so zu gestalten, dass sie zwar in den Formeln vorhanden ist, aber in der Natur nicht realisiert wird. Eine solche Symmetrie nennen die Forscher versteckte Symmetrie: Sie ist zwar vorhanden, aber nicht zu beobachten.

Zur praktischen Umsetzung wählte man ein Feld, dessen Struktur an den Boden einer Sektflasche erinnert. Stellen Sie sich vor, Sie müssten eine Metallkugel in einer Sektflasche genau auf die Spitze der Wölbung bugsieren. In diesem Moment wäre die Flasche samt Kugel exakt rotationssymmetrisch. Doch die Kugel bleibt dort nicht liegen: Die Symmetrie bricht spontan, und die Kugel rollt ins Tal.

## Das Higgs-Boson

1961 bewies Jeffrey Goldstone, dass diesem (später Higgs-Feld genannten) Konstrukt die Existenz eines masselosen Teilchens ohne Spin (Spin = 0, also ganzzahlig, damit ist es ein Boson) entspricht, das die Bezeichnung Nambu-Goldstone-Boson erhielt. Zunächst sah alles nach einem bloßen Trick aus, denn ein solches Teilchen war experimentell bisher nicht gefunden worden. 1964 wiesen die vorn schon genannten Physikerteams unabhängig voneinander nach, dass sich die Technik auch in die Theorie der schwachen Wechselwirkung einbauen lässt. Doch erst Peter Higgs zeigte, dass auch nach der die Masse verleihenden Interaktion mit Z- und W-Bosonen noch etwas übrig bleiben müsste – ein schweres Teilchen ohne Spin, eben das Higgs-Boson oder Higgs-Teilchen. Genau genommen verbleibt eine der insgesamt vier Komponenten des Higgs-Feldes übrig, während die anderen drei von den Z- und W-Bosonen (experimentell 1983 identifiziert) konsumiert werden (und ihnen Masse verleihen).

Diese Prognose lässt sich überprüfen – was allerdings wegen der hohen Energie beziehungsweise Masse (etwa die eines Zinn-Atoms) und kurzen Lebensdauer ($10^{-22}$ Sekunden) des Higgs-Bosons lange gedauert hat. Tatsächlich zeigen Messungen des Beschleunigers am Schweizer CERN, dass es das Higgs-Boson mit großer Wahrscheinlichkeit gibt. Anderenfalls hätte man das Standardmodell vergessen und sich eine neue Theorie ausdenken müssen – was schade gewesen wäre: Die anderen Wechselwirkungsarten reagieren zwar auf die Einführung von eigenen Termen für die Masse nicht so empfindlich wie die schwache Wechselwirkung. Aber auch hier lässt sich das Higgs-Feld ankoppeln. Die Physiker hätten damit den Mechanismus ausgemacht, der Teilchen überhaupt erst ihre Masse verleiht.

Das Higgs-Feld durchdringt demnach den gesamten Raum, es ist eine Eigenschaft des Raums. Einige Teilchen (die mit Ruhemasse) interagieren damit und werden abgebremst, andere (Photonen) kümmern sich nicht darum und flitzen weiter mit Lichtgeschwindigkeit durch das Universum. Anschaulich wird das Higgs-Feld gern über eine Analogie erklärt. Stellen Sie sich eine Party mit vielen Menschen vor – das ist das Higgs-Feld. Nun betritt ein Promi den Saal, unser Teilchen. Neugierige Gäste scharen sich um ihn, fragen nach Autogrammen. Der VIP zieht eine Menschentraube mit sich durch den Raum, die ihn bremst. Der Promi, das Teilchen, bekommt Masse, es kann sich nicht mehr so frei wie zuvor bewegen.

Wie kommt das Higgs-Boson ins Spiel? Statt eines VIPs macht im Saal ein Gerücht die Runde. Da vorn am Büffet soll sich ein Promi aufhalten. Alle Gäste, die davon Wind bekommen, bewegen sich in diese Richtung. Das Gerücht zieht durch den Saal, als hätte es selbst Masse.

Der Vergleich beantwortet auch die Frage danach, wie das Teilchen, das anderen Masse verleiht, selbst eine Masse haben kann: Das Higgs-Boson ist die Rest-Wechselwirkung, die beim Übertragen der Masse übrig bleibt – so wie das Gerücht, das dieselbe Wirkung entfaltet wie der Prominente.

## Grenzen des Standardmodells

Derzeit gibt es keine beweiskräftigen Argumente, die das Standardmodell in Frage stellen. Aber achten Sie auf die Formulierung: Den Physikern ist nämlich völlig klar, dass es nicht die ganze Wahrheit abbildet. Dafür gibt es drei wesentliche Hinweise.

Das geringste Problem ist dabei noch der Higgs-Mechanismus selbst. Es gibt nämlich unterschiedliche Vorstellungen dazu. In einigen Theorien könnte es auch mehrere Higgs-Bosonen geben. Das können die derzeitigen CERN-Ergebnisse nicht ausschließen.

Viel bedeutsamer ist jedoch das so genannte Hierarchie-Problem. Warum ist die Gravitation im Vergleich selbst zur schwachen Wechselwirkung so schwach? Leitet man die Masse aus einer quantisierten Allgemeinen Relativitätstheorie ab, müsste sie irgendwo im Bereich von $10^{19}$ GeV liegen, in der Größenordnung der Planckschen Masse. Beim Herantasten über die elektroschwache Wechselwirkung hingegen, unter Nutzung des Higgs-Mechanismus, landen wir bei 103 GeV (das Higgs-Boson hat eine Masse von ca. 125 GeV). Das sind 16 Größenordnungen Unterschied. Die Physiker erwarten deshalb, dass im weiten Bereich dazwischen noch »neue Physik« auf sie wartet.

Den einzigen konkreten Hinweis darauf liefert derzeit das Neutrino. Seine Masse ist noch nicht endgültig bestimmt, doch die Fachwelt geht weitgehend einmütig davon aus, dass sie nicht bei 0 liegt – wie das Standardmodell meint. Darauf weist (siehe vorn) unter anderem die Neutrino-Oszillation hin, die als experimentell nachgewiesen gilt. Für die Neutrinos bedeutet eine noch so geringe Ruhemasse, dass sie auch rechtshändige Anteile besitzen, Antineutrinos entsprechend auch linkshändige Anteile. Da die schwache Wechselwirkung an diesen Anteilen nicht angreift, könnte ein bisher unbekannter Teil der Neutrino-Welt mit dem restlichen Universum nicht wechselwirken und wäre dadurch auch nicht messbar.

Neutrinos eigneten sich damit als Erklärung für die Dunkle Materie, die die Evolution des Weltalls mit beeinflusst.

Eine Idee, wie sich das Standardmodell ergänzen lassen könnte, haben die Forscher schon seit den 1970ern. Die Supersymmetrie ordnet jedem Fermion (halbzahliger Spin) als »Superpartner« ein Boson (ganzzahliger Spin) zu, wobei sich beide ineinander umwandeln können. Quarks werden zu Squarks, Leptonen zu Sleptonen … Die Supersymmetrie wird in den Stringtheorien erneut aufgegriffen. Das Problem: die Supersymmetrie sieht nur auf den ersten Blick elegant und einfach aus. Bei genauerer Betrachtung entstehen unschöne Details. Das Higgs-Boson bekommt zum Beispiel gleich vier Brüder, die alle jeweils ein anderes Higgsino als Superpartner mitbringen. Tatsächlich sind in der Natur keine dieser Superpartner beobachtet worden, obwohl ihre Energien teilweise in experimenteller Reichweite liegen. Womöglich brach die Supersymmetrie auch kurz nach dem Urknall. Ein Überbleibsel könnten dann stabile, aber sich der Beobachtung entziehende Teilchen sein, die zur Dunklen Materie gehören.

# Die neue Biografie der Stringtheorie

Die Stringtheorie und ihre Weiterentwicklung, die M-Theorie, versuchen, die bisher bekannten Naturkräfte zu vereinen. Ihre Basis sind eindimensionale Strings (Saiten) beziehungsweise zweidimensionale Branes (Membranen), aus denen sich die Materie zusammensetzen soll.

Vielleicht durften (mussten?) Sie in Ihrer Kindheit ein Streich- oder Zupfinstrument erlernen. Erinnern Sie sich an das Gefühl, wenn Sie auf eine schwingende Saite gefasst haben? Sie haben dabei gespürt, dass jede Schwingung der stählernen Saite Energie enthält.

Selbst als absoluter Laie merken Sie schnell, dass jede einzelne Saite einen bestimmten »Standard-Modus« besitzt. Wenn Sie daran zupfen, gibt sie einen Ton von sich. Dessen Höhe hängt unter anderem vom Material der Saite und von der Länge ab, mit der sie schwingt. Gitarren- oder Geigenspiel wäre bedeutend einfacher (die entstehende Musik aber auch viel langweiliger), wenn das schon alles wäre. Denn im Grunde würde schon eine einzige Saite genügen, um dem Instrument jeden Ton in beliebiger Lautstärke zu entlocken. Dass trotzdem vier, sechs oder acht Saiten gespannt sind, dient der Bequemlichkeit des Musikers. Außerdem lassen sich nur so mehrere Töne gleichzeitig anstimmen.

Der Physiker schreibt einer Saite nicht einen bestimmten Ton zu, sondern einen Schwingungsmodus. Zu jedem Schwingungsmodus gehört ein bestimmtes Maß an Energie. Eine Saite (englisch »string«) ist also ein Objekt, das verschiedene Energiemengen aufnehmen beziehungsweise speichern kann. Jedem dieser Beträge lässt sich eine Masse zuordnen.

## Was sind Strings?

Ein simples Objekt, aus dem sich alle Materie des Universums konstruieren lässt? Das erschien Ende der 1960er-Jahre einigen Physikern interessant genug, um darauf eine Theorie aufzubauen. Denn ein String hat gegenüber den Elementarteilchen (Quarks und Elektronen) des Standardmodells einen gewichtigen Vorteil: Während die Elementarteilchen punktförmig angenommen werden (also sich in 0 Dimensionen ausdehnen), ist ein String eindimensional. Es sollte doch wesentlich leichter sein, einen ja wohl eindeutig mehrdimensionalen Raum aus Bestandteilen mit je einer Dimension aufzuspannen als mit nulldimensionalen Punkten. Schon die Anschauung zeigt, dass sich aus Linien jede geometrische Figur konstruieren lässt. Man braucht hingegen unendlich viele Punkte, um auch nur eine einen Zentimeter lange Strecke zu zeichnen (wenn Sie dazu einen realen Stift verwenden, schummeln Sie, denn dessen Punkte sind gar nicht punktförmig, sondern kleine Kreise – wie ein Blick durch die Lupe zeigt).

Dass noch nie jemand einen String gesehen hat, liegt (falls die Theorie irgendetwas mit der Wirklichkeit zu tun hat) an der Winzigkeit dieser Objekte. Ihre typische Länge liegt im Bereich der Planck-Länge bei rund $1{,}6 * 10^{-35}$ Metern. Kein von Menschenhand gebautes Instrument wird je in der Lage sein, Objekte dieser Größenordnung zu zeigen. Das ist aber nicht problematisch, solange die Theorie nur die beobachtbare Wirklichkeit perfekt vorhersagt.

Ein String allein genügt allerdings nicht, damit Materie entstehen kann – so wie die bloße Existenz einer Gitarrensaite nicht reicht, Musik erklingen zu lassen. Entscheidend sind die Vibrationen der Strings. Jedes dieser winzigen Objekte kann auf mehrere verschiedene Arten schwingen. Je stärker die Schwingung ist, desto mehr Energie steckt darin – und desto größer ist das Teilchen, das sich dadurch manifestiert. Das ist jedenfalls die Kurzversion dieser Erklärung.

Tatsächlich wissen wir ja vom Gitarrenspiel, dass auch Länge und Spannung der Saite eine Rolle spielen. Eine straff gespannte Saite gibt einen anderen Ton ab, als wenn sie nur locker befestigt ist. Auch Strings besitzen eine Spannung, die mit dem Quadrat der Länge sinkt. Diese Spannung ist vergleichsweise riesig – das erwies sich als eines der ersten Probleme, vor das sich die Theoretiker gestellt sahen. Sie führt im Normalfall zu Energien, die etwa $10^{19}$ Größenordnungen über der eines Protons liegen. Strings mit so hohen Energien wurden bisher nicht entdeckt. Eventuell gab es sie in der Frühzeit des Universums.

Diese Energiebereiche liegen auch außerhalb dessen, was sich in absehbarer Zeit mit Teilchenbeschleunigern erreichen lassen wird.

Deshalb ist ein direkter Nachweis von einzelnen Strings kaum zu erwarten.

Es gibt allerdings auch Schwingungsmodi mit niedrigerer Energie. Je nach Ansatz ergeben sich daraus interessante Teilchen: Gravitonen, Photonen oder auch Tachyonen. Aber dazu später.

## Arten von Strings

Wir werden später sehen, dass der Begriff »die Stringtheorie« unpassend ist. Vielmehr gibt es jede Menge Stringtheorien. Und nicht jede Art von String wird in jeder dieser Theorien benötigt.

Die einfachsten Strings sind der Gitarrensaite noch am ähnlichsten, weil sie einen Anfang und ein Ende besitzen. Nur sind Anfang und Ende nirgends eingespannt, sondern schweben frei in der Raumzeit. Man nennt sie deshalb auch offene Strings.

Dementsprechend muss es auch geschlossene Strings geben, deren Ende zugleich ihr Anfang ist. Sie sehen also aus, wie man sich einen Kreis vorstellt. Auch sie haben eine Länge, die ihrem Umfang entspricht.

Ein weiteres Unterscheidungsmerkmal stellt bei Strings das Vorhandensein einer Orientierung dar. Einige Exemplare besitzen eine eingeprägte Richtung, wie bei einem Pfeil, die sie von ansonsten identischen Strings mit entgegengesetzter Richtung abhebt. Anderen fehlt dieses Merkmal komplett.

## Wechselwirkungen von Strings

Strings sind keine unveränderlichen, immergleichen Gebilde. Führt man ihnen Energie zu, verändern sie sich. Ein String kann auf zwei Arten Energie aufnehmen: indem er seinen Schwingungsmodus verändert (Sie zupfen an der Saite, sodass sich die Lautstärke des Tons erhöht) oder indem er seine Länge ändert (Sie regulieren die Saitenlänge des Instruments). Eine Längenänderung muss dabei immer so erfolgen, dass die Spannung des Strings konstant bleibt.

Das genügt aber nicht. Um den Aufbau der Welt beschreiben zu können, müssen Strings auch interagieren können. Dazu haben sie unterschiedliche Möglichkeiten, je nachdem, ob sie offen oder geschlossen sind.

Wenn sich offene Strings an einem Endpunkt berühren, können sie sich vereinen. Es entsteht ein neuer String. Auch das Gegenteil ist möglich, das Aufbrechen eines Strings in zwei kleinere. Treffen beide Enden eines offenen Strings aufeinander, entsteht daraus ein geschlossener String. Geschlossene Strings können sich in zwei kleinere geschlossene Strings teilen. Es kann aber auch ein offener String einen geschlossenen String gebären – das muss man sich dann wie die Abschnürung einer Schlinge im Verlauf des offenen Strings vorstellen. In den Stringtheorien, die nur geschlossene Strings vorsehen, können sich diese nicht in offene Strings aufteilen.

Was heißt das praktisch? Jede Interaktion von Strings entspricht dem Entstehen neuer Teilchen. Wenn wir im Teilchenmodell etwa ein Elektron und sein Antiteilchen, das Positron, aufeinandertreffen lassen, entstehen daraus zwei Photonen und die beiden Ursprungsteilchen verschwinden. Im Stringmodell würden sich zwei Strings vorübergehend zu einem dritten vereinen, der sich danach wieder in zwei andere Strings aufteilt.

## Die Duale Resonanztheorie

Wie es in der Wissenschaftsgeschichte oft passiert, ist die Stringtheorie zu einem Zweck entstanden, der inzwischen längst anders gelöst ist. Der Physiker Gabriele Veneziano, 1968 am Genfer CERN tätig, versuchte, die am Beschleuniger gewonnenen Daten zur starken Kernkraft in eine Formel zu pressen. Die starke Kernkraft oder starke Wechselwirkung hält die Quarks in Neutronen, Protonen oder allgemein den Hadronen so fest zusammen, dass die beobachteten Elementarteilchen entstehen.

Was dabei übrig bleibt, die sogenannte Restwechselwirkung, ist immer noch so stark, dass die sich eigentlich gegenseitig elektrisch abstoßenden, weil positiv geladenen Protonen in den Atomkernen trotzdem zusammenbleiben.

Wenn Physiker Messergebnisse über ein bisher nicht verstandenes Phänomen erklären wollen (das Konzept »Quark« kannte man damals auch noch nicht), testen sie in der Regel alle möglichen mathematischen Ansätze, selbst wenn sie keinen Schimmer davon haben, wie Theorie und Praxis zusammenpassen sollten. Falls sich dann zeigt, dass der verwendete Ansatz, die Formel, tatsächlich reale Messergebnisse vorhersagen kann, muss es ja einen Grund dafür geben – und der Moment kommt, wo sich daraus eine Theorie formulieren lässt. Veneziano war nun mit einer Formel erfolgreich, die sich als das Ergebnis der Resonanz zweier Schwingungen interpretieren lässt.

Dieses »Duale-Resonanz-Modell« schien zunächst sehr gut zu den Messergebnissen zu passen – bis die Experimentalphysiker des CERN neue, genauere Daten lieferten. Zunächst versuchte man noch, die Formel durch das Hinzufügen weiterer Terme zu retten, aber irgendwann mussten Veneziano & Co. einsehen, dass das nicht in die richtige Richtung führt. Für die Erklärung der starken Wechselwirkung sorgte später dann die Quantenchromodynamik mit Hilfe der Einführung von Elementarteilchen mit Farbladung, den Quarks. Trotzdem hatte das von Veneziano verwendete Modell anderen Physikern imponiert. Unabhängig voneinander machten 1969 gleich drei Kollegen eine spannende Entdeckung: Leonard Susskind, Holger Nielsen und Yoichiro Nambu zeigten, dass die Formeln eine spezielle Art von Elementarteilchen beschrieben, die am besten mit eindimensionalen Saiten vergleichbar waren.

## Bosonische Stringtheorie

Das Ergebnis war 1970 eine allererste Version der Stringtheorie. Zwar zeigte sich schnell, dass sich damit nur Teilchen mit ganzzahligem Eigen-Drehimpuls (Spin) behandeln ließen. Diese Teilchen heißen Bosonen. Dazu gehören unter anderem die Lichtteilchen (Photonen, Spin = 1) und das berühmte Higgs-Boson (Spin = 0), das für die Existenz der Masse zuständig sein soll. Das Universum ist keine reine Bosonen-Welt, also ist diese Version der Stringtheorie im Grunde unbrauchbar.

Trotzdem haben die Physiker die Theorie nicht gleich aufgegeben. Bosonen haben nämlich unter anderem eine überaus wichtige Funktion: Sie sind die Vermittler aller vier Naturkräfte. Das Photon etwa ist die physikalische Grundlage für die elektromagnetische Wechselwirkung. Die starke Kernkraft wird über Gluonen zwischen den Wechselwirkungspartnern, den Quarks, übertragen. Für die schwache Wechselwirkung (Grundlage der Kernfusion in der Sonne) sind W- und Z-Bosonen zuständig. Als Naturkraft fehlt da nur noch die Gravitation – und ausgerechnet für diese hatte man den Vermittler noch nicht gefunden. Zwar ging man davon aus, dass es analog zu den anderen drei Kräften ein »Graviton« geben müsse. Man hatte anhand theoretischer Überlegungen sogar schon Ruhemasse (gleich Null wie beim Photon) und Spin (gleich 2) ermittelt. Deshalb waren die Physiker begeistert, als sich 1974 herausstellte, dass manche Schwingungszustände geschlossener Strings zu Teilchen ohne Ruhemasse und mit einem Spin von 2 äquivalent sind. Dass sich das Graviton also als logische Folge einer gar nicht zu diesem Zweck aufgestellten Theorie ergibt, ist ein starkes Indiz dafür, dass die Physiker damit auf einem guten Weg zur Vereinigung aller vier Naturkräfte sind.

## Supersymmetrie

Leider hatte die erste Version der Stringtheorie ihre hässliche Kehrseite dadurch noch nicht verloren: Einer rein bosonischen Stringtheorie fehlt nun einmal die Hälfte der Realität. Und es kamen weitere Probleme hinzu: So sagt die bosonische Stringtheorie Teilchen voraus, die sich schneller als Licht bewegen (Tachyonen). Das widerspricht zwar nicht direkt der Relativitätstheorie, denn diese sagt nur, dass zur Beschleunigung eines Teilchens auf Lichtgeschwindigkeit unendlich viel Energie nötig ist. Doch es bedingt, dass Teilchen mit imaginärer Masse existieren müssen. Imaginäre Zahlen kennen Sie aus der Gymnasiums-Mathematik. Sie ergeben sich zum Beispiel als Quadratwurzeln negativer Zahlen. Physikalisch ergibt eine imaginäre Masse aber keinen Sinn. Physiker gehen deshalb davon aus, dass eine Theorie, die die Existenz von Tachyonen vorhersagt, intern fehlerhaft sein muss.

Im Bereich der Teilchenphysik ergab sich Anfang der 1970er-Jahre ein Ausweg: Dort fand ein Konzept Anklang, das den Namen »Supersymmetrie« erhielt. Demnach besitzen alle existierenden Teilchen einen sogenannten Superpartner – jedes Fermion (halbzahliger Spin) hat ein Boson (ganzzahliger Spin) als Superpartner – und umgekehrt. Superpartner der Gluonen wären demnach die Gluinos, zum Higgs-Teilchen gehörte das Higgsino und zum Elektron das Selektron.

Physikalisch gesehen wirkt die Supersymmetrie sehr elegant: Während Bosonen dem Reich der Energie entstammen, sind Fermionen in der Welt der Masse zu Hause. Nachdem die Äquivalenz von Masse und Energie bewiesen ist, gäbe es der Familie der Elementarteilchen eine schöne Struktur, wäre jedes Fermion mit einem Boson verheiratet. Physiker lieben solche Bilder, obwohl es natürlich kein Naturgesetz gibt, das dem Universum Symmetrie zuschreibt. Tatsächlich lebt der Kosmos mit erstaunlichen Asymmetrien, etwa zwischen Materie (alles) und Antimaterie (nichts).

Leider zeigte sich bei der Durchforstung des aktuellen Elementarteilchen-Vorrats schnell, dass keine Superpartner darunter waren. Bis heute ist von diesen hypothetischen Teilchen im Experiment zwar keine Spur entdeckt worden (dafür genügt die Leistung unserer größten Teilchenbeschleuniger nicht), doch die Supersymmetrie erscheint trotzdem manchen noch als vielversprechende Lösung. Als sie in die Stringtheorie einzog, wurde diese zur Superstringtheorie. Einige Jahre hat man diesen Namen rege verwendet, doch heute spricht man wieder von der Stringtheorie. Alle aktuellen Stringtheorien sind aber im Kern supersymmetrisch. Die Entdeckung der Superpartner könnte also dabei helfen, die Stringtheorien zu beweisen. Doch bis dahin dürften noch viele Jahre vergehen.

### Eine Frage der Dimensionen

Schon beim Durchdenken der bosonischen Stringtheorie fiel den Forschern auf, dass diese nur in 26 Dimensionen mathematisch konsistent ist. Das rief zunächst große Skepsis hervor, weil zumindest in unserem Universum Raum und Zeit zusammen nur vier Dimensionen ergeben. Es gibt aber gute Argumente dafür, warum man zur Lösung vierdimensionaler Probleme manchmal weitere Dimensionen benötigt. Stellen Sie sich eine flexible, weiche Schraubenfeder vor, die auf dem glatten Fußboden liegt. Zunächst liegt sie gerade, der Länge nach dort. Sie ziehen an einem oder beiden Enden. Es entsteht eine Schwingung, die Feder zieht sich periodisch zusammen. Diese Schwingung verläuft entlang der Zentralachse der Feder in einer Dimension, nennen wir sie x. Um die Schwingung mathematisch zu beschreiben, brauchen Sie ebenfalls nur eine Raum-Dimension – plus die Zeit: Der Schwingungszustand ist dann jeweils vom Ort x und der Zeit abhängig. Nun biegen Sie die Feder, lassen sie aber auf dem Fußboden liegen. Erneut ziehen sie daran. Die entstehende Schwingung erfolgt wieder entlang der Zentralachse. Doch da die Feder nun gebogen daliegt, brauchen Sie zur mathematischen Beschreibung eine zusätzliche Dimension y. Schließlich heben Sie die Feder hoch und verdrehen sie dabei ein bisschen. Zupfen bitte – und schon haben Sie ein eindimensionales Objekt, dessen Schwingungen Sie nur noch mit drei Raumdimensionen beschreiben können.

Diese Analogie hat allerdings die Physiker Mitte der 1970er- bis Anfang der 1980er-Jahre nicht vollständig überzeugt. Die Stringtheorie, obwohl sie das Graviton vorhersagte und sich mit der Supersymmetrie verknüpfen ließ, galt damals wegen ihrer vielen Dimensionen als mathematisch nicht beherrschbar. Mit der Zeit stellten sich allerdings bei konkurrierenden Theorien wie der Quanten-Gravitation (der Anwendung der Quantenphysik auf das Gravitationsfeld) schwerwiegende Probleme heraus.

Besonders irritierend verhielten sich diese Theorien in den allerkleinsten Dimensionen. Wenn sich zwei Teilchen immer näher kommen, wächst die Anziehungskraft der Gravitation quadratisch, je geringer die Entfernung wird. Nahe Null wird das kritisch: Die Gravitation steigt ins Unendliche.

Die Stringtheorie hat hier einen großen Vorteil: Da die Strings selbst eine (wenn auch sehr kleine) Mindestgröße besitzen, kann es nicht zu solchen unendlichen (und damit physikalisch unmöglichen) Werten kommen. Das führte Mitte der 1980er-Jahre schließlich zu einem Revival der String-Theorie. Bald hatten die Forscher nicht nur eine solche Theorie, sondern viele verschiedene – Typ I, Typ IIa, Typ IIb, Typ HO... genannt. Diese unterschieden sich vor allem durch die Arten darin möglicher Strings. Typ 1 erlaubte zum Beispiel sowohl offene als auch geschlossene Strings, Typ IIa geschlossene Strings mit symmetrischen Vibrationsmustern, Typ IIb geschlossene Strings mit asymmetrischen Vibrationsmustern und Typ HO sogenannte heterotische Strings, bei denen die Bewegungsrichtung der Vibrationen entscheidend ist.

Obwohl die Superstringtheorien mit zehn Dimensionen auskamen, waren das noch immer einige zu viel. Den Physikern war lange nicht klar, was sie mit den zusätzlichen Dimensionen anfangen sollten, die das Universum ja offenbar irgendwie vor uns versteckt. Es gab aber bereits ein Vorbild, wie mit solchen Problemen umzugehen ist: Schon in den 1920er-Jahren hatten Theodor Kaluza und Oskar Klein die später nach beiden benannte Kaluza-Klein-Theorie entwickelt, die Gravitation und Elektromagnetismus in fünf Dimensionen vereint. Die fünfte Dimension, so ein Vorschlag von Klein, sei in der Wirklichkeit unsichtbar, weil sie auf kleinste Ausmaße aufgerollt ist.

Vorstellbar ist das gut anhand eines Strohhalmes. Aus der Nähe handelt es sich dabei ganz klar um einen Zylinder mit zwei Dimensionen: Länge und Durchmesser. Wenn Sie den Strohhalm jedoch aus großer Entfernung beobachten, sieht er aus wie eine Linie, also eindimensional. Die zweite Dimension erscheint uns dann »aufgerollt«. In der Realität müsste der Strohhalm dabei ungefähr den Durchmesser einer Planck-Länge haben, damit er von jedem neugierigen Beobachter als Linie erkannt wird.

Mathematisch ist das Aufrollen deutlich komplizierter als im Beispiel. Wir haben es ja auch gleich mit sechs überflüssigen Dimensionen zu tun. Dabei muss die Aufwickel-Methode, Kompaktifizierung genannt, auch noch sämtliche Eigenheiten der Stringtheorie aufrechterhalten, etwa die Supersymmetrie.

Als Mittel der Wahl dafür erwiesen sich Mitte der 1980er-Jahre die Calabi-Yau-Mannigfaltigkeiten. Mannigfaltigkeiten sind spezielle Räume, die zwar lokal unserem gewohnten (euklidischen) Raum gleichen, aber insgesamt gesehen andere Eigenschaften haben (können). Bestes Beispiel ist die Oberfläche der Erdkugel: Für einzelne Länder lassen sich 2D-Karten drucken. Wenn Sie den Rand einer Karte erreichen, geht diese nahtlos in die nächste Karte über, solange man beim Erstellen der Karte bestimmte Regeln beachtet. Aber wenn Sie den gesamten Globus einmal umfahren, wird es Ihnen nicht gelingen, aus den dabei erstellten Karten eine nahtlose Figur der Erdkugel zu rekonstruieren. Ein anderes Beispiel für eine Mannigfaltigkeit wäre ein Donut: Zwei Linien, die für einen auf dem Donut lebenden Betrachter parallel erscheinen, sind global betrachtet nicht parallel. Wir haben also örtlich die gewohnte Geometrie – insgesamt aber nicht.

Calabi-Yau-Mannigfaltigkeiten entziehen sich leider der Vorstellungskraft, weil es sich um sechsdimensionale Gebilde handelt. Man kann von ihnen aber dreidimensionale Schnitte anfertigen (ein zweidimensionaler Schnitt eines 3D-Donuts wäre ein Kreis), die für sich schon sehr beeindruckend aussehen und oft als Illustration für die Stringtheorie dienen müssen. Tatsächlich symbolisieren sie allenfalls das Verschwinden der zusätzlichen Dimensionen. Wo die eine zusätzliche Dimension beim Strohhalm also als Kreis (Umfang des Strohhalms) kompaktifiziert wurde, benutzt man nun sechsdimensionale Modelle.

Praktischerweise kann man anhand der Eigenschaften der Calabi-Yau-Mannigfaltigkeit wählen, welche Besonderheiten die daraus resultierende Physik haben soll. Ein 6D-Körper mit drei (mehrdimensionalen) Löchern lässt zum Beispiel drei Teilchenfamilien zu, einer mit fünf Löchern würde zu fünf Teilchenfamilien führen.

Was stellen wir mit den Calabi-Yau-Mannigfaltigkeiten nun an? Beginnen wir anschaulicher. Stellen Sie sich ein Schachfeld mit richtigen Figuren vor. Das Spielfeld hat zwei Dimensionen, die Figuren erstrecken sich in die dritte Dimension. Nun nehmen wir alle Höhen (lassen aber Längen und Breiten unangetastet) und rollen diese nach einem festgelegten Verfahren zu einem winzigen Kreis zusammen. Wir haben nun eine im Großen und Ganzen zweidimensionale Welt, an deren x-y-Koordinaten kleine, fast unsichtbare Kreise aufragen. Diese Kreise enthalten wichtige Informationen über unsere Welt, etwa den Typ der Schachfigur auf diesem Feld. In Wirklichkeit rollen wir aber nicht die dritte Raumdimension der Schachfiguren auf, sondern sechs zusätzliche Dimensionen. An jedem Punkt der Raumzeit befindet sich dadurch, bildlich gesprochen, eine $10^{-34}$ Meter hohe Calabi-Yau-Mannigfaltigkeit. Auf deren Oberfläche wiederum existieren die Strings. Sie sind klein genug, um in allen zehn Dimensionen vibrieren zu können. Es ist klar, dass sich die Eigenschaften und Vibrationsmodi der Strings ändern, wenn wir eine andere Vorgehensweise für die Kompaktifizierung verwenden.

Leider ist die Auswahl der zur Verfügung stehenden Calabi-Yau-Räume riesig, selbst wenn wir nur die Mannigfaltigkeiten mit drei Löchern aussuchen (denn es gibt ja nur drei Teilchenfamilien). Es existieren insgesamt $10^{500}$ Möglichkeiten (eine 1 mit 500 Nullen), die Stringtheorie zu kompaktifizieren, und es ist nicht absehbar, welche davon die Richtige ist und ob es überhaupt die einzig richtige Variante gibt. Manche Forscher meinen deshalb sogar, dass jede dieser Möglichkeiten in einem eigenen Universum verwirklicht würde. Wir müssten dann bloß noch herausfinden, in welchem dieser Universen wir leben und welche Mannigfaltigkeit dafür zuständig ist.

## Strings und die Struktur des Universums

Doch zurück zu den Strings, die auf den Mannigfaltigkeiten vibrieren. Ich stelle mir das gern vor wie die Adapterkabel in meiner Computertasche. Wenn ich versuche, eine dieser lose herumliegenden Schnüre herauszuziehen, halte ich immer ein ganzes Knäuel in der Hand. Auch manche Strings bilden solche Knäuel. Sie wickeln sich um die kompaktifizierten Extra-Dimensionen. Solche Strings heißen »gewunden«.

Gewundene Strings besitzen eine Besonderheit: Zur Vibrationsenergie kommt bei ihnen Windungsenergie hinzu, deren Betrag von der Anzahl der Windungen und deren Radius (also der Größe der kompaktifizierten Dimension) abhängt. Für die Eigenschaften des Strings (und des von ihm vertretenen Elementarteilchens) ist die Gesamtenergie entscheidend. Nun besitzt aber ein String, der um eine besonders kleine Dimension gewunden ist und dabei stark vibriert, dieselbe Gesamtenergie wie ein String, der um eine nicht kompaktifizierte Dimension (also eine normale Raum- oder Zeitdimension) gewunden ist und dabei schwach vibriert. Wenn aber Strings über ihre Gesamtenergie das Universum erzeugen, führt das zu einer spannenden Folgerung: Unser nach unserem Verständnis riesiges Universum wäre rein physikalisch nicht von einem Miniaturuniversum zu unterscheiden, das kleiner als eine Planck-Länge (ca. $10^{-35}$ Meter) ist. »Physikalisch« heißt hier »grundsätzlich«. Da all unsere Messmethoden und natürlich auch unsere Anschauung auf Physik beruhen, können wir nicht sicher unterscheiden, ob wir in einer Mega- oder in einer Mikrowelt leben. Dabei hilft auch ein scheinbar klarer Einwand nichts: Unsere Welt ist ja wohl deutlich größer als eine Planck-Länge und würde deshalb gar nicht in die Miniatur-Variante des Universums passen, oder?

Das Problem dabei: Wenn wir etwas messen, dann stets in Vielfachen der Stringlänge. Setzen wir auf nicht gewundene Strings, erzeugen diese das gewohnte Ergebnis, also etwa den Radius unseres Universums. Das ist die bequemere und damit üblichere Methode. Es ist im Grunde so, als ob wir einen Zollstock einmal quer durch das Weltall legen.

Wir können aber auch ebenso exakt mit gewundenen Strings messen. Diese haben die faszinierende Eigenschaft, dass sie nicht wie ein normaler Zollstock arbeiten, sondern andersherum. Andersherum? Nun, wenn Sie zwei jeweils einen Meter lange Zollstöcke aneinanderlegen, verdoppelt sich die Länge. Bei gewundenen Strings passiert das Gegenteil: Je mehr von ihnen man aneinanderreihen kann, desto kleiner (!) wird die Entfernung. Gewundene Strings messen also den Kehrwert des Radius. In einem Universum, das kleiner als die Plancklänge ist, würden sich die Verhältnisse umkehren. Gewundene Strings sind hier die Standard-Messmethode. Erst, wenn wir den Kehrwert der Messergebnisse bilden, erhalten wir plötzlich wieder riesige Dimensionen, also unsere gewohnten Zollstöcke.

## Zwei Theorien – ein Gedanke

Das Phänomen, das zu solch irrwitzigen Schlussfolgerungen führt, haben die Stringtheoretiker »T-Dualität« genannt. Sie lässt sich dafür nutzen, die Äquivalenz zweier Stringtheorien zu zeigen. So erwies sich, dass sich die Theorien von Typ IIa und IIb ebenso miteinander vereinen lassen wie die Typen HO und HE, zumindest für geschlossene Strings.

Es gibt aber noch ein weiteres Äquivalenz-Prinzip, zu dessen Erklärung ich etwas ausholen muss. Die Gleichungen der Stringtheorie, das können Sie sich bei zehn Dimensionen sicher vorstellen, sind äußerst kompliziert und derzeit nicht streng lösbar. Die Forscher sind deshalb auf Näherungen angewiesen, die ihnen die Störungsrechnung liefert. Dabei nimmt man an (oder hofft, besser gesagt), dass sich die zu berechnende Größe durch eine Summe aus vielen Termen beschreiben lässt:

$Z = Z0 * g + Z1 * g2 + Z2 * g3 + Z3 * g4 + Z4 * g5 + \ldots$

Dabei sind Z0, Z1, Z2 und so weiter zu bestimmende Parameter. g nennt sich Kopplungskonstante. Wenn g kleiner als 1 ist, werden die Zusatzterme immer kleiner, bis man irgendwann bei der weiteren Berechnung auf sie verzichten kann. Heureka! Die Näherungslösung ist damit gefunden. Eine Theorie mit $g < 1$ nennt sich schwach gekoppelt.

Ist g hingegen größer als 1, führt das Verfahren nicht ans Ziel, weil die Terme immer größer werden. Die Physiker sprechen dann von einer starken Kopplung. Wenn nun bei einer Theorie eine bestimmte Größe schwach gekoppelt ist, in einer anderen Theorie dieselbe Größe jedoch stark koppelt, dann lassen sich beide auf jeden Fall ineinander überführen. Man sagt auch, es besteht eine S-Dualität. Auf diese Weise konnten die Stringtheoretiker zeigen, dass Typ I und Typ HO äquivalent sind.

## Die Supergravitation

Da es zwischenzeitlich in der Stringtheorie nicht so recht voranging, versuchten manche Physiker, das vorhin schon geschilderte »Unendlichkeits-Problem« der Gravitation zu lösen, indem sie auch hier eine Supersymmetrie annahmen. Speziell für das Graviton als Austauschteilchen des Gravitationsfeldes sollte das hypothetische Gravitino ins Spiel kommen. Dabei handelt es sich um ein Fermion (also ein Teilchen mit halbzahligem Spin, in diesem Fall 3/2), das entweder sehr leicht (es wäre das leichteste supersymmetrische Teilchen überhaupt) oder aber sehr, sehr schwer sein müsste. Damit sich die Allgemeine Relativitätstheorie mit der Supersymmetrie vereinen ließ, mussten die Forscher noch eine Dimension mehr ins Spiel bringen als bei den Stringtheorien, nämlich elf (inklusive der Zeit).

Das Gravitino als Superpartner des Gravitons würde ins Spiel kommen, wenn zwei Objekte sich andernfalls unter der anziehenden Kraft ihrer Masse so stark annäherten, dass das geschilderte Unendlichkeits-Problem auftritt. Es würde dann das bekannte Kraftgesetz der Gravitation verändern und die Annäherung verhindern. Wäre es allerdings tatsächlich so schwer wie erwartet, könnte durch die erzeugten Gravitinos die Kosmologie insgesamt ein Problem bekommen: Die Massedichte des Universums wäre dann womöglich so hoch, dass die real beobachtete Expansion kaum noch realistisch ist. Zudem ergaben sich in der Praxis der mathematischen Behandlung der Supergravitation so viele Hindernisse, dass die meisten Forscher das Thema nicht länger verfolgten.

## Von Saiten zu Membranen

Das blieb so bis zu einem Vortrag des Physikers Edward Witten auf der Strings'95-Konferenz an der University of Southern California (das Programm der Konferenz ist noch immer online). Am 14. März 1995, 9 Uhr lokaler Zeit berichtete er unter der bescheidenen Überschrift »Ein paar Probleme schwacher und starker Kopplung«, dass sich die fünf Stringtheorien und die Supergravitation unter dem Dach einer umfassenden, elfdimensionalen Theorie zusammenfassen lassen, »M-Theorie« genannt. Über die Bedeutung des Namens lässt sich nur spekulieren, nach Wittens eigener Aussage hat sie mindestens zur Hälfte mit einem Konstrukt zu tun, das in ihr eine wesentliche Rolle spielt: der Membran. Um das Objekt von anderen Membranen abzugrenzen, wird es inzwischen meist »Bran« (Plural: Branen) genannt.

Witten zeigte damals, dass eine Vergrößerung der Kopplungskonstante in den Stringtheorien vom Typ IIa und HE eine interessante Wirkung hat: Es erscheint eine weitere Raumdimension, die vorher nicht bemerkt worden war. Aus dem IIa-String wird ein Torus, aus dem HE-String eine offene Membran. Mit diesen elf Dimensionen lässt sich dann auch noch die Supergravitation beschreiben. Gleichzeitig bewies Witten, dass eine Membran, bei der man eine Dimension aufwickelt, sich genau wie ein String verhält. Die übergeordnete Theorie enthält also die Stringtheorien, wie es sich gehört.

Die Theorie selbst entwickelte Edward Witten damals nicht, er beschrieb sie nur. Sie ist bis heute nicht fertig. Witten bewies lediglich, dass es die M-Theorie als Beschreibung unseres Universums geben könnte, dass sie die fünf Stringtheorien umfasst und dass sie bei niedrigen Energien als Näherung die Supergravitation ergibt.

Inzwischen sind die Physiker ein Stück weiter. Sie haben zumindest eine Vorstellung davon, was Branen sind und wie sie gemeinsam mit den noch immer existierenden Strings die Welt beschreiben.

Branen haben demnach folgende Eigenschaften:

•Sie besitzen eine bestimmte Raum-Dimension, von 0 bis 9. Eine Bran der Dimension 0 heißt D0-Bran, eine dreidimensionale Bran D3-Bran.

•Sie können eine Ladung enthalten.

•Sie dehnen sich zusätzlich in die zeitliche Richtung aus.

•Sie haben eine Oberflächenspannung. Je stärker die Oberflächenspannung, desto weniger lassen sich Branen durch Interaktionen beeinflussen.

Eine Bran mit der Dimension 1 kennen Sie bereits – es handelt sich um einen String. Auch die D0-Bran (der Punkt) hat einen eigenen Namen bekommen: Soliton (hat nichts mit der aus Star Trek bekannten Soliton-Welle zu tun). Ursprünglich hatten die Stringtheoretiker sogar zwei verschiedene Arten von Branen auf dem Schirm: So genannte D-Branen erstrecken sich entweder unendlich oder endlich in all ihre Dimensionen. P-Branen hingegen können in einer Dimension endlich, in den anderen jedoch unendlich sein. Später zeigte sich, dass beide Arten äquivalent sind. Deshalb spricht man heute nur noch von Branen. Doch welche Funktion haben sie?

Zunächst einmal zeigte sich bei der genaueren Analyse der Stringtheorien, dass offene Strings ein Problem haben. Sie können ihre Enden nicht frei im Weltall herumhängen lassen. Mathematisch müssen sie Randbedingungen genügen, die sich aus den zugrunde liegenden Differenzialgleichungen ergeben, den sogenannten Dirichlet-Randbedingungen. Sie können sich dadurch nur entlang bestimmter Ebenen im Universum bewegen. An diesen Ebenen haften sie mit ihren Enden. Dabei können Sie entweder beide Enden an derselben Bran anheften oder aber auch zwei verschiedene Branen miteinander verbinden. Doch die Branen können sich auch selbst als Objekte im Weltall bewegen. Durch Ladung und Oberflächenspannung interagieren sie mit anderen Branen. Wickeln sie sich fest um einen winzigen Raumabschnitt, können sie an dieser Stelle ein Teilchen erzeugen – das bleibt also nicht mehr nur den Strings (die ja D1-Branen sind) vorbehalten.

## Das Universum als Bran

Während also die offenen Strings auf die Dimension der Bran beschränkt sind, an die sie sich geheftet haben, müssen geschlossene Strings keine solchen Begrenzungen einhalten. Sie können sich frei durch den elfdimensionalen Raum bewegen, den »Bulk«. Die Forscher halten deshalb die Gravitonen der Schwerkraft für heiße Kandidaten für geschlossene Strings. Der Bran-Mechanismus würde erklären, warum etwa die Gravitation sofort wirkt, während die Ausbreitung der anderen Naturkräfte auf die Lichtgeschwindigkeit begrenzt ist. Das Graviton bewegt sich demnach außerhalb unserer drei Raumdimensionen. Die Entfernungen, die für uns gelten, interessieren es nicht. Die Photonen des Lichts hingegen müssen sich als von offenen Strings gebildete Teilchen entlang der Bran bewegen, an die sie gebunden sind.

Das Modell erklärt auch, warum die Naturkraft Gravitation so schwach ist: Die geschlossenen Strings der Gravitonen bewegen sich außerhalb unserer Realität und berühren diese gewissermaßen nur leicht. Branen können sehr viel Energie aufnehmen. Beim Urknall ist vermutlich genau das passiert. Womöglich besteht unser komplettes Universum auch aus einer einzigen D3-Bran, die sich im Bulk bewegt.

Die gewöhnlichen Teilchen wären dann mit uns in unseren drei Raumdimensionen gefangen und wir hätten keine Möglichkeit, darüberhinaus zu blicken. Es sei denn mit Hilfe der Gravitonen, die sich frei im Überraum ausbreiten können. Falls die Idee eine reale Grundlage hat, ist es nicht nur möglich, sondern wahrscheinlich, dass viele andere Universen mit ganz unterschiedlichen Eigenschaften durch den Bulk wandern. Vielleicht schwebt ein komplettes Weltall nur wenige Millimeter (in der vierten Dimension gemessen) über uns – und wir merken nichts davon. Allerdings müsste es dann zumindest eine Interaktionsmöglichkeit geben: über die Gravitonen der Schwerkraft, die ja nicht an unsere Bran gebunden sind. Solche Wechselwirkungen müssten sich anhand von lokalen Abweichungen im Gravitationsgesetz nachweisen lassen. Das ist derzeit allerdings reine Spekulation, die zudem von Jahr zu Jahr unwahrscheinlicher wird. Den Forschern gelingt es nämlich immer besser, das Gravitationsgesetz bei geringen Abständen zu testen. Schon jetzt ist klar, dass die aufgewickelten Extra-Dimensionen höchstens einen Zehntel Millimeter groß sein können.

## Das Multiversum

Ein anderes Modell, 2000 von Lisa Randall vorgeschlagen, beruht auf einer fünfdimensionalen Bran, in der die Gravitation konzentriert ist. Diese interagiert mit der vierdimensionalen Bran unseres eigenen Universums. Die Wechselwirkung führt schließlich dazu, dass sich die Gravitation an verschiedenen Orten des Weltalls unterschiedlich verhalten könnte.

Von dieser Theorie ist es nur noch ein kleiner Schritt bis zum

Multiversum. Wie wäre es, wenn nicht unser Universum örtlich unterschiedliche Eigenschaften hätte, sondern tatsächlich für jede mögliche Lösung der M-Theorie (man schätzt, dass es etwa $10^{500}$ geben könnte) jeweils ein eigenes Universum existiert? Mit dieser Vorstellung können sich nicht alle String-Forscher anfreunden. Klassischerweise sucht man in der Physik nach einer Theorie, aus der sich gewissermaßen automatisch die Eigenschaften des Universums ergeben. Mit der M-Theorie hingegen scheint das umgekehrte Verfahren nötig: Man verändert die Parameter der Theorie so lange, bis dabei die Wirklichkeit herauskommt. Das erscheint so manchem Physiker ungewohnt, um nicht zu sagen falsch. Wer sich deshalb nicht von der Stringtheorie abwendet (wir werden nachher noch sehen, dass sie durchaus interessante Aussagen liefert), behilft sich gern mit dem anthropischen Prinzip. Es lässt sich in zwei Formen formulieren, die »schwach« und »stark« genannt werden:

•»Das Universum besitzt Bereiche, in denen Gesetze gelten, die unsere Existenz als Beobachter erlauben.«

•»Das Universum muss Bereiche mit Gesetzen besitzen, die unsere Existenz als Beobachter erlauben.«

Die schwache Form ist natürlich die obere. »Schwach« täuscht aber, immerhin liefert sie die Begründung, warum sich aus einem Meer von Theorien ausgerechnet eine ganz bestimmte realisiert hat. Lassen Sie es mich so ausdrücken: Wäre der Bereich des Universums rund um das Sonnensystem nicht für Leben geeignet, könnten Sie dieses Buch nicht lesen. Das sagt aber noch lange nichts darüber, wie es anderswo aussieht. Womöglich ist, wie Lisa Randall vorgeschlagen hat, schon unser eigenes Universum nicht homogen. Vielleicht ist es aber auch nur eines von vielen. Dass die Quantenphysik zu ähnlichen Schlussfolgerungen kommt, spricht schon mal nicht gegen die M-Theorie. Es gibt aber trotzdem Physiker, die die Stringtheorien wegen dieser scheinbar endlosen Möglichkeiten ablehnen. Die Schleifen-Quanten-Gravitation (siehe Anhang von Möbius 2) bietet diesen Forschern einen Ausweg.

## Branen und der Urknall

Viele Vorhersagen der Stringtheorie – das ist ja gerade ihr Ziel – beziehen sich auf extreme Verhältnisse, unter denen bisherige Theorien versagen. Solche Zustände muss es vor 13,8 Milliarden Jahren gegeben haben, als das Universum im Urknall entstand. Die Stringtheorie könnte zum Beispiel die Frage beantworten, was da überhaupt explodiert ist.

Idee Nummer 1: Am Anfang waren alle Dimensionen des Universums auf die Planck-Länge gebunden. Strings hielten sie an Ort und Stelle zusammen. Irgendwann kam es dazu, dass die

Strings ihre Umklammerung lösten, die die ersten drei Raumdimensionen zusammenhielten (es lässt sich zeigen, dass das bei wenigen Dimensionen nicht unwahrscheinlich ist). Peng – diese drei Dimensionen, unter unglaublicher Spannung stehend, schnellten auseinander. Tatsächlich zeigt die Stringtheorie, dass auf diese Weise mit größter Wahrscheinlichkeit ein dreidimensionales Universum entsteht, während die anderen Dimensionen auf ewig zusammengerollt bleiben.

Idee Nummer 2: Es könnten auch zwei Branen im elfdimensionalen Universum zusammengestoßen sein. Allein die Bewegungsenergie dieser Branen würde genügen, unser Universum mit Masse und Strahlung zu füllen.

Interessant ist für die Physiker aber auch, ob vor dem Urknall bereits irgendetwas existierte. Wenn man von einem Multiversum ausgeht, dann existierte vor dem Big Bang der Rest der Universen vermutlich schon. Doch auch ohne Multiversum könnte der elfdimensionale Raum schon von Branen und Strings erfüllt worden sein. Ein interessantes Modell dafür hat Gabriele Veneziano aufgestellt: Unser Universum ist demnach ein Schwarzes Loch in einem höherdimensionalen String-Universum.

## Branen und Schwarze Löcher

Als wirklich nützlich hat sich die Stringtheorie bei der Erforschung Schwarzer Löcher erwiesen. Diese Bereiche im Weltall, durch ihre selbst das Licht einfangende Schwerkraft jeder direkten Beobachtung entzogen, sind auch deshalb interessant, weil die Physik hier an ihre Grenzen stößt. 1996 gelang es zum Beispiel zum ersten Mal, den Informationsgehalt (die Entropie) Schwarzer Löcher mit Hilfe der Stringtheorie abzuschätzen – man erhielt dasselbe Ergebnis wie Stephen Hawking 1974 auf anderem Weg.

Außerdem löst die Stringtheorie ein Problem, auf das ebenfalls Hawking hingewiesen hat: Der Physiker konnte zeigen, dass Schwarze Löcher über sehr lange Zeit aufgrund quantenphysikalischer Vorgänge verdampfen müssen. Dabei geht jedoch ihr kompletter Informationsgehalt verloren – was die Quantenphysik in ernsthafte Schwierigkeiten bringt. Die Quantentheorie geht nämlich davon aus, dass Information mit Ordnung verknüpft ist. Wenn Ordnung verloren geht, nimmt die Unordnung zu (physikalisch Entropie genannt). Und Entropie wiederum ist über die Thermodynamik mit Wärme verknüpft. Verdampfende Schwarze Löcher müssten also heiß werden – was in der Realität aber ausbleibt. Die M-Theorie bietet für dieses Problem nun einen praktischen Ausweg – etwa mit der Idee, dass die verlorene Information ihren Weg in eins der anderen Universen findet.

## Zeitreisen per Stringtheorie?

Die Wurmlöcher, die sich als spezielle Lösungen der Allgemeinen Relativitätstheorie ergeben können, bieten in der Stringtheorie keine Abkürzung durch Raum und Zeit. Es ist zwar möglich, dass ein Calabi-Yau-Raum in zwei neue Räume zerreißt. Das kann man sich wie die Abschnürung zweier Zellen aus einer Mutterzelle vorstellen. Wenn sich beide Mannigfaltigkeiten dann wieder vereinen, ist das Ergebnis nicht mehr dasselbe wie zu Anfang, sondern hat eine andere Form. Es verändert sich nämlich eine der Dimensionen des Raums, und das führt zu einem Riss in der Raumzeit, der sich ausbreitet. So etwa stelle ich mir vor, was in der Möbius-Trilogie im Sonnensystem geschehen ist.

Dass das Universum trotzdem kein plötzliches Ende nimmt, haben wir geschlossenen Strings zu verdanken. Diese umwinden den Riss in der Raumzeit, verschließen ihn dadurch und heben die möglichen Folgen auf.

Ermöglicht die M-Theorie vielleicht einen anderen Weg der Zeitreise? Der Physiker Itzhak Bars zeigte 1995, dass sie auch mit zwei Zeit-Dimensionen formulierbar ist. Eine solche M-Theorie bräuchte dann insgesamt 13 Dimensionen (elf Raum- und zwei Zeit-Dimensionen). Leider erkannte Bars bei der genaueren Analyse seiner Variante der M-Theorie, dass sie nur eine eingeschränkte Bewegung von Objekten zulässt. Und ausgerechnet diese Einschränkung verbietet Zeitreisen.

## Die F-Theorie

Zum Abschluss dieses Kapitels möchte ich Ihnen eine weitere Ableitung der Stringtheorie nicht vorenthalten: Die F-Theorie, von Cumrun Vafa vorgeschlagen, genießt seit 1996 die Aufmerksamkeit der Physiker.

Vafa war aufgefallen, dass sich Typ IIb der Stringtheorie einfacher formulieren lässt, wenn man sie auf zwölf Dimensionen statt auf zehn aufbaut. Das ermöglicht eine Besonderheit – man könnte es auch Trick nennen: Während in der M-Theorie alle elf Dimensionen prinzipiell gleich sind, besitzen zwei Dimensionen der F-Theorie eine Besonderheit: Sie sind immer kompaktifiziert. Das ermöglicht es, in diesen zwei Dimensionen zusätzliche Informationen unterzubringen, etwa über Art und Form der in dem jeweiligen Universum vorhandenen Branen. Die F-Theorie (das »F« steht für »Father«) ist damit einem Ikea-Bausatz vergleichbar: Zehn Dimensionen bestehen aus dem Baumaterial, die restlichen zwei entsprechen der gedruckten Anleitung. Natürlich kann man sich darüber streiten, ob die Natur nach dem Ikea-Prinzip aufgebaut ist, ob sie also stets Bauanleitungen in Form zweier zusätzlicher Dimensionen mitbringt. Aber wenn es gelingt, mit der F-Theorie sinnvolle Vorhersagen zu berechnen, wird sich kein Physiker über den Trick beschweren.

Die Kompaktifizierung der zwei zusätzlichen Dimensionen erfolgt in der F-Theorie über einen Torus – den Sie vermutlich als Donut kennen. Ein Torus ist zwar nicht flach, aber ein zweidimensionales Gebilde. Es entsteht, wenn ein Kreis einen anderen Kreis auf dessen Umfang umfährt. Den Radien der beiden Kreise entsprechen die beiden eingerollten Dimensionen.

Alles klar so weit? Sie haben es vielleicht erkannt – manche der im Buch verwendeten verrückten Ideen sind an die Stringtheorie angelehnt. Wenn Ihnen immer noch einiges Spanisch vorkommt, versuchen Sie es doch mal mit der illustrierten Version. Diese erhalten Sie kostenlos im PDF-Format per E-Mail, wenn Sie sie hier anfordern: hardsf.de/fortsetzung. Ein Bild, heißt es ja, sagt manchmal mehr als tausend Worte. Der kleine Exkurs hier umfasst übrigens etwa fünftausend davon. Wörter, meine ich. Viel Spaß noch beim Grübeln!

# Die neue Biografie der Schleifen-Quanten-Gravitation

In »Möbius« haben wir es mit topologischen Schleifen zu tun. Aber auch die Physiker setzen auf Schleifen, um die Natur der Gravitation zu erkunden. Könnten sie etwas mit den Schleifen in diesem Roman zu tun haben? Das wäre »Physik Plus«, wie dieser Härtegrad der Hard Science Fiction heißt. Damit Sie wissen, was die Physik derzeit darüber denkt, folgt nun der aktuelle Stand.

Sowohl die Quantenmechanik als auch die Allgemeine Relativitätstheorie (ART) haben sich in der Praxis bewährt. Beide Theorien beschreiben unser Universum in ihren jeweiligen Größenordnungen korrekt. Doch unter bestimmten Umständen kommt es zum Konflikt: Die Verhältnisse im Inneren eines Schwarzen Lochs oder kurz nach dem Urknall lassen sich mit keiner der beiden Theorien zufriedenstellend beschreiben.

Doch es gibt weitere Rätsel: Das Universum muss eine gewisse Zeit nach dem Urknall (aber nicht sofort danach) eine Phase sehr, sehr schnellen Wachstums durchgemacht haben. Diese Phase lässt sich mit den Mitteln der Quantenphysik gut erklären. Aber wie passt das zu der Tatsache, dass sonst die Allgemeine Relativitätstheorie die Entwicklung des Weltalls beschreibt?

Ein ähnliches Phänomen, das die Kosmologen derzeit noch ratlos zurücklässt, ist die Tatsache, dass sich die Expansion des Weltalls heute sogar noch beschleunigt. Woher kommt die Dunkle Energie, die dafür verantwortlich gemacht wird?

## Das Weltall ist zu groß

Dass es also eine Vereinigung von ART und Quantenmechanik geben muss, war den Forschern schon in den 1950er-Jahren klar.

Allerdings zeigte sich schnell, dass es nicht genügt, die Parameter der ART einfach zu quantisieren. Eine solche Theorie funktioniert dann zwar noch bei niedrigen Energien – aber für sie braucht man die Quantisierung gar nicht. Bei hohen Energien jedoch, wo es spannend wird, geht die Zahl der experimentell zu bestimmenden Parameter einer solchen Theorie gegen unendlich. Das ist nicht nur unpraktisch, sondern auch einer ernsthaften Theorie unwürdig. Außerdem ergaben darauf beruhende Berechnungen der Dunklen Energie einen Wert, der $10^{107}$-mal so groß ist wie in Wirklichkeit – ein Kandidat also für die schlechtesten Vorhersagen der Geschichte. Zum Vergleich: das gesamte Universum besitzt nur etwa $10^{82}$ Atome.

Eine solche Vereinigung aus ART und Quantenphysik nennen die Forscher inzwischen denn auch »naive Quantisierung«.

## Raum ohne Zeit

John Archibald Wheeler startete 1961 einen weiteren Versuch, indem er das Gravitationsfeld und damit den Raum an sich in Quanten zerlegte. Er nannte die Theorie Quantengeometrodynamik. Die Gravitationsquanten, Geonen genannt, wären für die Krümmung der Raumzeit verantwortlich. 1967 führte diese Arbeit, gemeinsam mit Bryce DeWitt, zu einer inzwischen Wheeler-DeWitt-Gleichung genannten Formel.

Sie führt zu ähnlichen Problemen wie die naive Quantisierung, besitzt aber einen interessanten Aspekt: Die Zeit verschwindet als Parameter. Wie von der Quantenphysik gewohnt, lässt sich die Realität damit als Wellenfunktion im Raum beschreiben. Doch keine Sorge: Die Zeit bleibt nicht stehen. Was wir unter Zeit verstehen, entsteht dadurch, dass die Wellenfunktion unterschiedlichste Räume beschreibt. Der Physiker Martin Reuter erklärt das mit einer schönen Analogie: Wenn Sie diesen Text lesen, liegt er in zeitloser Unveränderlichkeit vor Ihnen. Trotzdem entsteht beim Lesen der Eindruck eines Zeitablaufs. In allen Bereichen, die für die Alltagsbeobachtung eine Rolle spielen, ergibt sich die Zeit als gute Näherungslösung.

Allgemein bezeichnet man Wheelers Herangehensweise als Quantengeometrie. Die Wheeler-DeWitt-Gleichung gilt aus verschiedensten Gründen als nicht mathematisch beherrschbar. Doch ihre Grundidee wird immer wieder gern aufgegriffen, nämlich dass die Raumzeit im Bereich der Planck-Skala quantisiert vorliegt, also in Häppchen.

Die Stringtheorien hingegen setzen auf gewöhnliche Geometrien (wenn auch mit weitaus mehr Dimensionen). Das hat den Charme, dass der Übergang zu den Elementarteilchen des Standardmodells einfacher erscheint. Doch es berücksichtigt die dynamische Natur der Raumzeit nicht, die ein Kernergebnis der Allgemeinen Relativitätstheorie darstellt. Aber es gibt einen anderen, vielversprechenden Kandidaten für eine Physik auf Basis der Quantengeometrie: die Schleifen-Quanten-Gravitation (»loop quantum gravity« oder LQG, wenn Sie darüber im Netz nachlesen wollen).

## Der Raum als Schleife

Grundlage der LQG ist die anschauliche Vorstellung, dass der Stoff, aus dem das Universum besteht, sehr viel mit dem Stoff gemein hat, in den sich Menschen kleiden. Er besteht aus Fasern, die sich umeinander winden (Schleifen) und Knoten bilden. Die Schleifen sind winzig. Ein Quadratzentimeter »Universums-Stoff« besteht aus etwa $10^{66}$ solcher Fäden. Das kleinste physikalisch sinnvolle Volumen liegt im Schleifenraum bei $10^{-99}$ Kubikzentimetern. Dadurch müsste sich unsere Vorstellung von »riesig« eigentlich umdrehen, denn das Weltall selbst ist »nur« ungefähr $10^{85}$ Kubikzentimeter groß. In einen Kubikzentimeter passen aber theoretisch $10^{99}$ Schleifen-Quanten. Das heißt, dass ein perfektes Mikroskop, das beliebig scharf in die Mikrowelt blicken kann, etwa 100 Billionen Ereignisse mehr registrieren könnte als ein perfektes Teleskop, das das gesamte Weltall im Blick hat. Gigantisch ist also nicht mehr das Universum, sondern das Sandkorn unter ihrem Schuh. Oder jedes Sandkorn ist ein Kosmos – während das Weltall schrumpft.

In diesen Maßstäben fühlt sich die Raumzeit dann nicht mehr kontinuierlich an, sondern diskret. Es ist, als lebten sie in einem Käfig aus Drähten, wobei lediglich die Drähte und ihre Verbindungen existieren, nicht aber der Raum zwischen ihnen. Der Raum selbst kann höchstens durch Hinzufügen mindestens eines Knotens oder einer Schleife wachsen, nicht weniger.

Die physikalischen Größen der Theorie beziehen sich einerseits auf die Schleifen selbst, andererseits auf die Flächen, die sie umschließen, ähnlich wie bei einer Spule, die ja auch einen von einem Magnetfeld erfüllten Raum umschließt. Die Schleifen sind gleichzeitig die Feldlinien der als Feld betrachteten Raumzeit – die LQG ist eine Quantenfeldtheorie des Raums. Allerdings müssen Sie die Frage vergessen, wo sich die Schleifen befinden: Sie sind nicht in irgendeinen Raum eingebettet. Vielmehr stellen sie selbst den Raum dar. Die offenen und geschlossenen Strings und die Branen der Stringtheorie hingegen bewegen sich in der vieldimensionalen Raumzeit.

In diesem Raum, den die Schleifen-Quanten bilden, steckt überraschend viel Freiheit. So ist es zum Beispiel möglich, dass neue

Knoten und Verbindungen entstehen. Der Raum expandiert dabei in sich selbst – ein Beobachter von außen würde makroskopisch nichts merken.

Die Elementarteilchen lassen sich Knoten oder Kombinationen von Knoten zuordnen. Ihren Bewegungen im Raum entsprechen Verschiebungen der Knoten im Spin-Netzwerk. Die Art, wie sich die Struktur der Spin-Netzwerke in der Raumzeit verändert, bezeichnen die Forscher als Spin-Schaum. Die Zeit ist dabei als Komponente der Raumzeit den Bestandteilen des Netzwerks eingeprägt, sie ist kein unabhängiger Parameter.

Erste Ideen, die später zur Schleifen-Quanten-Gravitation führen sollte, entwickelte Anfang der 1970er-Jahre der Mathematiker Roger Penrose. Er schlug sogenannte Spin-Netzwerke vor, um die Gravitation zu quantisieren. Zu einer Theorie der Quantengravitation entwickelten vor allem Abhay Ashtekar, Lee Smolin und Carlo Rovelli diese Idee bis in die Mitte der 1980er-Jahre weiter.

Wie die Quantengeometrodynamik ist die LQG zeitlos. Während die Quantengeometrodynamik das Problem aber von oben her angeht und die Verhältnisse im Kleinsten offen lässt, beginnt die Schleifen-Quanten-Gravitation ganz unten und arbeitet sich mit ihren Werkzeugen schrittweise hoch. Dabei ist es für die Physiker ganz praktisch, dass zu Spin-Netzwerken bereits mathematische Theorien existieren, die sie nutzen können. Diese Werkzeuge geben auch den Weg vor, wie sich aus den winzigen Strukturen Erkenntnisse gewinnen lassen, die sich mit bekannten Eigenschaften des Universums vergleichen lassen.

Die Forscher, die sich mit der Schleifen-Quanten-Gravitation befassen, sind derzeit noch nicht an diesem Ziel angekommen. Es gibt immerhin einige Prognosen, die die Theorie aufstellen kann. So lässt sich zumindest in Spezialfällen zeigen (nämlich bei niedrigen Energien), dass sich zwei Massen auch in der LQG gemäß den Newtonschen Gravitationsgesetzen anziehen. Einen echten Durchbruch würde die Theorie bedeuten, ließen sich Allgemeine Relativitätstheorie und Quantenphysik in ihren jeweiligen Gültigkeitsbereichen daraus herleiten.

Interessant ist, was die Schleifen-Quanten-Gravitation über Schwarze Löcher sagt. Zum einen bestätigt sie Vorhersagen über die Entropie und die Abstrahlung Schwarzer Löcher, etwa von Stephen Hawking. Zum anderen verschwindet aber die Singularität mit ihren Unendlichkeiten aus ihrem Inneren. Stattdessen bekommt das Schwarze Loch eine Art Fassungsvermögen, einen begrenzten Raum. Zusätzliche Materie, die in ein Schwarzes Loch fällt, expandiert stattdessen in andere Bereiche der Raumzeit.

Überprüfen wird man die Schleifen-Quanten-Gravitation können, sobald es gelingt, Laufzeiten des Lichts von Sternenexplosionen genauer zu vermessen. Das Licht bewegt sich ja notgedrungen entlang der Spin-Netzwerke. Falls nun die Wellenlänge des Lichts in die Größenordnung der Planck-Länge kommt, muss sich nach der LQG die Lichtgeschwindigkeit verändern. Das könnte an Gammablitzen aus fernen Bereichen des Kosmos nachweisbar sein.

Der deutsche Physiker Martin Bojowald hat 2008 im Rahmen der Schleifen-Quanten-Gravitation gezeigt, dass schon vor dem Urknall ein Universum existiert haben könnte. Die LQG erlaubt es, recht elegant über die Singularität des Urknalls hinauszurechnen. Bojowald fand heraus, dass das Universum davor in einer Phase schnellen Schrumpfens begriffen war.

Leider taugt die Herangehensweise aber nicht zu einer Überprüfung der Theorie, denn die Zeit vor dem Urknall wird für immer der Beobachtung unzugänglich bleiben. Falls jedoch die Physiker andere Beweise für die Existenz eines Universums vor dem Urknall finden, sind das gute Aussichten für die weitreichende Nutzbarkeit der LQG.

## Ein Universum aus Dreiecken

Die Schleifen-Quanten-Gravitation ist zwar vielversprechend, aber bei weitem nicht der einzige Kandidat für die Quantisierung der Raumzeit. Die »kausale dynamische Triangulation« (causal dynamic triangulation, kurz CDT) verfolgt einen anderen interessanten Ansatz.

Aus der Schule kennen Sie vielleicht noch die Methode der kleinsten Schritte, mit der sich der Kreisumfang über kleine Geradenabschnitte (Strecken) annähern ließ. Sind diese nur kurz genug, kommt man dem Umfang des »krummen« Kreises erstaunlich nahe.

Auf ein ähnliches Konstrukt setzt die CDT. Sie tut so, als bestünde das Universum aus Dreiecken beziehungsweise deren mehrdimensionalen Äquivalenten – im dreidimensionalen Raum wäre das ein Tetraeder. Dass man diese Form benutzt, ist willkürlich – und es ist praktisch, weil Dreiecke nicht allzu kompliziert sind und man eine Menge darüber weiß. Nun setzt man all diese Tetraeder derart zusammen, dass die von Relativitätstheorie und Quantenphysik gegebenen Randbedingungen erfüllt sind. Das ist im zweidimensionalen Fall noch am einfachsten vorstellbar: Eine Fläche lässt sich gut aus Dreiecken zusammensetzen. Um einen 3D-Raum zu erzeugen, muss man Tetrapacks so stapeln, dass kein Platz dazwischen bleibt. In der vierdimensionalen Raumzeit schließlich haben wir vierdimensionale »Dreiecke«, deren Seiten-»Flächen« Tetraeder sind – und die ebenfalls nahtlos aneinandergereiht werden müssen.

Das Rezept wird mit dem Kausalitätsprinzip ergänzt, indem man nur Lösungen zulässt, bei denen die Ursache vor der Wirkung erscheint. Jetzt braucht man das Ganze nur noch in den Mixer zu packen (diese Funktion übernimmt der Computer), und nach einem mehr oder weniger langen Rechenprozess haben wir eine Simulation des gesamten Universums oder einzelner Zeitabschnitte daraus. Diese bekommt physikalische Bedeutung, wenn wir nun die 4D-Dreiecke zu Punkten schrumpfen. Danach ist es dann auch egal, welche geometrische Form vorher an Stelle der Punkte stand. Die CDT ist damit keine Theorie, bei der sich im klassischen Sinn ein Gleichungssystem formulieren ließe, das das gesamte Weltall beschreibt. Vielmehr ist sie ein Untersuchungsinstrument: Ist der Zustand »vorher« und »nachher« bekannt, können die Forscher darüber den wahrscheinlichsten Verlauf berechnen, der vom Start zum Ende geführt hat. Am wahrscheinlichsten ist in der Natur dabei stets der Weg mit dem geringsten Energieaufwand.

Nun kennen wir ja den Zustand des Universums zur Stunde Null und jetzt. Was ergibt die CDT für die Zeit dazwischen? Die Forschungsrichtung, 2007 wurde erstmals darüber publiziert, ist noch recht neu, hat aber schon einige interessante Ergebnisse erbracht. So zeigt sie – rein auf Bekanntem aufbauend –, dass unser Universum vier Dimensionen besitzen muss. Allerdings hängt die genaue Zahl der Dimensionen von der Größe eines Objekts ab. Ein Atom oder ein Elementarteilchen »spürt« die Raumzeit anders als ein Mensch – nämlich nur noch in zwei Dimensionen.

Die Forscher vergleichen sie deshalb gern mit Schnee: Ein Elementarteilchen bekommt es im kleinen Maßstab ($10^{-34}$ Meter) mit einer verzweigten und verästelten (fraktalen) Schneeflocke zu tun. Im Großen und Ganzen jedoch stellt sich das Universum als kontinuierlich dar, wie die weiche Schneedecke über einem winterlichen Feld. Dabei hat es die Forscher überrascht, wie weit dieses klassische Aussehen der Raumzeit gültig bleibt. Man muss schon sehr genau hinsehen, um von ihrer fraktalen Natur etwas zu bemerken. Eine Konsequenz daraus könnte lauten, dass es womöglich weder Strings noch Schleifchen gibt – sondern dass das Universum in sehr kleinen Maßstäben selbstähnlich wird. Das heißt, je genauer man hinsieht, desto öfter wiederholen sich im kleineren Maßstab die Strukturen, die man schon aus größeren Maßstäben kennt.

## Ein Universum aus negativer Energie

Schon 1928 formulierte der britische Physiker Paul Dirac die nach ihm benannte Gleichung, die unter Einbeziehung von Relativitätstheorie und Quantenmechanik die Wellenfunktion von Teilchen mit halbzahligem Spin beschreibt, von Fermionen also. Unter bestimmten Umständen hat diese Gleichung auch Lösungen mit negativer Energie. Typischerweise interpretieren das die Forscher als ein Meer virtueller Teilchen (»Dirac-Meer«), die nach den Gesetzen der Quantenphysik zufällig auch einmal in der Realität auftauchen können – wo es dann aussieht, als kämen sie aus dem Nichts. Solange sie schnell genug wieder verschwinden (und das tun sie, da sie immer paarweise auftreten und sich gegenseitig annihilieren) stört sich das Universum nicht daran, auch wenn für ganz kurze Zeit mal die Masse- und Energieerhaltung verletzt werden. Die Schulden am Universum werden ja stets wieder so schnell beglichen, dass wir schon genau hinsehen müssen, um diesen Prozess nachzuweisen.

Die Theorie der kausalen fermionischen Systeme (causal fermion systems) betrachtet diesen Mechanismus nun nicht als Nebenerscheinung, sondern als Hauptsache. Sie geht davon aus, dass die Wellenfunktionen aller möglichen Zustände (inklusive derer im Dirac-Meer) die grundlegenden physikalischen Objekte darstellen. Ihre Wechselwirkungen erzeugen erst die Strukturen der Raumzeit. Die Theorie erlaubt eine sehr abstrakte mathematische Behandlung, bei der sich verschiedene Formen der Raumzeit leicht integrieren lassen. Dadurch lässt sich eine diskrete Feinstruktur der Raumzeit in sehr kleinen Dimensionen ganz natürlich herbeiführen (und somit die hässlichen Singularitäten der Relativitätstheorie vermeiden). Die Schwierigkeit besteht dann jedoch darin, die Verbindung zur Wirklichkeit wiederherzustellen, und zwar in einer Art und Weise, dass das Dirac-Meer darin weitgehend verschwindet.

## Erst die Ursache, dann die Wirkung

Was ist die wirkliche Grundlage der Realität, was ergibt sich nur nebenbei aus Gleichungen und Formeln? Je nachdem, was man in den Vordergrund stellt, benötigt man eine andere Herangehensweise. Die Schleifen-Quanten-Gravitation priorisiert zum Beispiel die Quantisierung des Raums, die Stringtheorie sieht den Raum nur als Bühne, auf der etwas mit der Materie passiert.

Aber könnte nicht das Kausalitätsprinzip die alles verbindende Grundlage sein? »Keine Wirkung ohne Ursache«, auch auf dieser Basis lassen sich Relativität und Quantentheorie vielleicht vereinen. Das vermuten jedenfalls die Forscher, die sich mit der »Causal Sets«-Theorie befassen. Als zweite Ingredienz wird dazu die Annahme benötigt, dass die Raumzeit in kleinsten Maßstäben diskret ist, also gewissermaßen aus Scheiben besteht. Die vollständige Entwicklung eines Systems lässt sich nun beschreiben, wenn man weiß, welche Ereignisse zu welchen anderen führen können (das sind die »causal sets«) und welche räumlichen und zeitlichen Maßstäbe dabei von der quantisierten Raumzeit vorgegeben werden.

An diese Kausal-Sets werden dabei einige Anforderungen gestellt:

- Wenn x zu y führt und y zu z, führt auch x zu z.
- Wenn x zu y führt und y zu x, dann sind x und y identisch.
- Die Anzahl der Zwischenschritte zwischen x und y ist endlich.
- x führt auch immer zu x.

Forderung 1 entspricht der Kausalität. Durch Forderung 2 sind zum Beispiel geschlossene zeitartige Kurven (also Zeitreisen) unmöglich. Forderung 3 entspricht der Quantisierung der Raumzeit. Forderung 4 schafft eine grundlegende Symmetrie.

Die Kausalset-Theorie nutzt nun die mathematischen Instrumente der Kombinatorik, um die Bewegung der Sets zu beschreiben. Zusätzlich bezieht man die Wellenfunktion der Quantenmechanik ein, indem man für jedes Kausalset über alle möglichen, von der Wellenfunktion ermöglichten Wege integriert. Der Vorteil gegenüber der gewöhnlichen Quantenphysik: Die Aufgabe besteht nur aus endlich vielen Schritten, weil ja die Raumzeit diskret ist und nicht kontinuierlich.

Wohin die Kausalset-Theorie führt, ist derzeit nicht absehbar. Immerhin hat ihr Initiator Rafael Sorkin damit schon die fortwährende Expansion des Weltalls prognostiziert, als diese noch nicht belegt war. Das haben andere Theorien allerdings auch geschafft.

## Das Vakuum als Superflüssigkeit

Über Jahrhunderte hat die Wissenschaft den Äther als Ausbreitungsmedium des Lichts betrachtet. Erst in der Moderne wurde dank der Speziellen Relativitätstheorie klar, dass das Licht kein Medium braucht, sondern sich auch im Vakuum ausbreitet. Inzwischen scheint es aber, dass eine moderne Form des Äthers tatsächlich zumindest ein hilfreiches Bild darstellen könnte, um Relativität und Quantenphysik zu vereinen.

Den Anfang dazu machte schon 1951 Paul Dirac. Der Physiker wies darauf hin, dass eine quantenmechanische Betrachtung des Äthers viele der früheren Gegenargumente beseitigen würde. Es sollte sogar möglich sein, den Äther als Wellenfunktion eines perfekten Vakuums zu betrachten. Physikalisch können wir nämlich nicht unterscheiden, ob wir tatsächlich den »absoluten« Grundzustand vor uns haben oder einen konstanten Hintergrund. Denn all unsere Messungen beziehen sich auf das, was wir für Vakuum halten, das aber ebenso gut ein Hintergrund sein könnte, den man früher Äther genannt hätte.

Die Superfluid Vacuum Theory (Theorie des superfluiden Vakuums, SVT) untersucht nun, welcher Natur dieser Hintergrund sein könnte. Der Name impliziert, dass es eine Nähe zu einer Superflüssigkeit gibt. Superflüssigkeiten sind Materiezustände, bei denen ein Stoff maximal flüssig ist, seine Viskosität (das Maß für die Zähigkeit einer Flüssigkeit) ist Null. Superflüssigkeiten können entgegen der Schwerkraft fließen und besitzen auch keine Oberflächenspannung – das heißt, sie können beinahe unendlich dünne Schichten ausbilden.

Superflüssigkeiten können sich in bosonischer Materie ausbilden, deren Teilchen alle einen ganzzahligen Spin besitzen, also etwa in Helium-4. Bei niedrigen Energien (niedrigen Temperaturen) können alle Teilchen des Stoffes den Grundzustand besetzen, es entsteht ein auch Bose-Einstein-Kondensat genannter Stoff.

In einem solchen Kondensat sind die einzelnen Teilchen nicht mehr voneinander zu unterscheiden. Sie gehorchen alle gemeinsam derselben Wellenfunktion. Und hier kommen wir wieder bei Dirac an: Wenn wir eine Wellenfunktion des Vakuums gefunden haben, können wir dieses ebenso gut als Superflüssigkeit oder Bose-Einstein-Kondensat betrachten.

Dabei gibt es allerdings eine kleine Schwierigkeit: Wir sehen ja nur die Flüssigkeit (das Vakuum), nicht ihre Bestandteile. Deshalb können wir nicht so einfach herausfinden, woraus sich das Vakuum zusammensetzt. Indische Forscher schlugen 1975 vor, dass es gebundene Paare von Fermionen und Anti-Fermionen sein könnten (Gesamtspin 0).

Ein anderer Forscher, der deutschstämmige US-Physiker Friedwardt Winterberg, setzt auf hypothetische Teilchen mit der Planck-Masse. Jedes dieser Teilchen nimmt dabei das Planck-Volumen ein und sorgt auf diese Weise für die Quantisierung des Raums.

Die Teilchen kämen mit positiver und negativer Masse vor, und zwar zu gleichen Teilen. Gleich gepolte Teilchen stoßen sich dabei ab, unterschiedlich gepolte ziehen sich an, und zwar mit einer Wechselwirkung, die nur in den winzigen Planck-Dimensionen spürbar ist.

Die Idee klingt ungewöhnlich, um nicht zu sagen phantastisch. Aber sie hat ein paar Vorteile. So lässt sich zum Beispiel die Quantenmechanik daraus herleiten. Dazu muss man beachten, dass die Planck-Massen zwar winzig, aber wegen der Unschärferelation enorm schwer und energiereich sind. Damit sollen sich, so Winterberg, seltsame Phänomene der Quantenphysik wesentlich anschaulicher herleiten lassen.

Dunkle Energie und dunkle Materie, die 70 beziehungsweise 26 Prozent des Universums ausmachen, erklärt die Theorie mit Hilfe von Schwingungs- und Rotationsanregungen in der Superflüssigkeit.

Die Elementarteilchen entstehen in dieser Suppe entweder als lokale Kondensate (Quarks) oder als Wirbel (Leptonen). Was wir bisher als Elementarteilchen betrachtet haben, sind nun allerdings in Wirklichkeit Quasiteilchen, die aus dem kollektiven Verhalten der Planck-Massen entstehen.

Leider sind Winterbergs Thesen derzeit unmöglich zu testen – bis auf eine Schlussfolgerung: Schwarze Löcher existieren in ihrer bisher vermuteten Form nicht. Planck-Materie, die sich dem Ereignishorizont annähert, desintegriert – dadurch wird aus dem Schwarzen ein »Rotes Loch« (das Infrarot-Strahlung abgibt).

Vielleicht handelt es sich also um eine geniale Idee (immerhin kann man dadurch auf zusätzliche Dimensionen komplett verzichten), vielleicht um völligen Humbug. Schon 2014 konnten Physiker immerhin zeigen, dass das Vakuum, wenn es denn eine Flüssigkeit sein sollte, auf jeden Fall superflüssig sein muss. Nur diese wirken nämlich so wenig dämpfend auf Licht, dass es uns auch von fernsten Sternen ungestört erreicht.

Sie sehen, es gibt eine ganze Menge Theorien, die versuchen, den Aufbau von Raum und Zeit zu erklären. Wir können gespannt sein, ob das tatsächlich irgendwann gelingt. Immerhin haben die gegenwärtigen Unsicherheiten der Wissenschaftler einen Vorteil: Als Science-Fiction-Autor kann ich mir die für die Handlung passendsten und spannendsten Theorien aussuchen, ohne zu irgendwelcher Magie greifen zu müssen.

Wie immer erhalten Sie diesen Teil des Buches in einer farbig illustrierten PDF-Version, wenn Sie sich unter hardsf.de/fortsetzung dafür eintragen.

# Die neue Biografie der Antimaterie

Wäre es wirklich möglich, dass Andromeda aus Antimaterie besteht? Kurze Antwort: ja. Die Unterschiede zwischen Materie und Antimaterie sind so gering, dass wir über die enorme Entfernung zu Andromeda nicht feststellen können, ob die Sterne dort aus Materie oder Antimaterie gemacht sind.

Für eine ausführliche Antwort müssen wir uns zunächst damit befassen, was Antimaterie überhaupt ist. Die Definition klingt simpel, hat es aber in sich: Antimaterie ist Materie, die aus Antiteilchen besteht. Man beachte den ersten Teil des Satzes. Antimaterie ist Materie. Sie ist kein spezieller Stoff, sie ist keine Energie, sie gehört auch nicht zur Dunklen Materie. Nur bestehen Atome eben statt aus Protonen und Elektronen aus Antiprotonen und Positronen, die genau entgegengesetzt geladen sind. Ohne die Ladung zu messen, könnte man nicht einmal feststellen, dass es sich um Antimaterie handelt.

Es sei denn, man bringt die Teilchen und ihre Antiteilchen zusammen. Dann verpuffen beide (sie annihilieren) zu reiner Energie. Deshalb trifft man die eine und die andere Form der Materie nicht einfach so nebeneinander an. Das macht es auch so schwierig, Antimaterie zur Energiegewinnung einzusetzen, denn man muss sie so lagern, dass sie auf keinen Fall mit normaler Materie in Berührung kommt.

Schon seit wir wissen, dass es Antimaterie gibt, existiert das Mysterium, das Teilchenphysiker und Kosmologen gleichermaßen fesselt: Warum besteht das uns bekannte Universum aus Materie – und nicht wenigstens zur Hälfte aus Antimaterie? Müssten beim Urknall nicht beide Formen zu gleichen Teilen entstanden sein?

Der Vergleich von Modellrechnungen im Rahmen der Urknalltheorie und astronomischen Messdaten spricht dafür, dass das Verhältnis von Materie und Antimaterie anfangs fast 1 zu 1 betrug. Fast. Ein winziges Ungleichgewicht – etwa ein Teilchen Überschuss auf eine Milliarde Teilchen-Antiteilchen-Paare – bewirkte, dass der kleine Rest an Materie übrig blieb, der in unserem heutigen Universum messbar ist. Dieses Ungleichgewicht von Materie und Antimaterie ist eine der Voraussetzungen für die Stabilität des Universums und somit auch für das Leben auf der Erde. Bei genauem Gleichgewicht gäbe es im ganzen Universum exakt 0 Teilchen, denn jedes Teilchen hätte kurz nach dem Urknall, als alles noch schön dicht gepackt war, mit seinem Antiteilchen annihiliert.

Dass unsere Welt – zumindest, so weit wir es überblicken können – beinahe komplett aus Materie besteht, dürfte als bekannt vorauszusetzen sein. Wer genügend Science-Fiction-Romane gelesen hat, weiß auch sehr gut, was beim Zusammentreffen von Materie und Antimaterie passiert. Insofern müsste das Mysterium doch eigentlich sehr simpel aufzuklären sein: weil es praktisch ist! Nennen wir diese Erklärung doch praktischerweise Praktisch-Theorie. Zwar fordert Ockhams Rasiermesser von wissenschaftlichen Theorien, möglichst wenige Annahmen vorauszusetzen (eine Forderung, die die Praktisch-Theorie glänzend besteht), doch Wissenschaftler geben sich nicht gern mit kurzen Erklärungen ab.

Sie wollen die ganze Wahrheit, nichts als die Wahrheit, und tun sich doch immer wieder schwer damit. Denn eigentlich, das haben wir mal in der Schule gelernt, sind doch Materie und Antimaterie genau gleich, bis auf den kleinen Unterschied. Quantenmechanik und Relativitätstheorie geben jedem Teilchen sein gegensätzlich geladenes, aber ansonsten exakt gleiches Antiteilchen an die Hand. Hat hier unser Physiklehrer geirrt, oder wollte er uns nicht die ganze Wahrheit zumuten? Es ist tatsächlich in all den schönen Theorien nicht viel Platz für die Asymmetrie, die wir praktischerweise im Weltall beobachten. Teilchen und Antiteilchen müssen sich manchmal (wohl immer, wenn wir nicht hinschauen) auf ganz unscheinbare (um nicht zu sagen arglistige) Weise unterschiedlich verhalten.

Dazu treibt sie anscheinend die Schwache Wechselwirkung, eine der Grundkräfte der Physik, die nur über sehr kleine Abstände hin wirksam ist. Bei ihr kann es nämlich unter Umständen zur CP-Verletzung kommen, einer Verletzung der Spiegelbildlichkeit jeglicher physikalischer Prozesse. Im Standardmodell der Teilchenphysik ist die CP-Verletzung bisher aber nicht erfolgreich verankert. Die Physiker haben zwar Ideen dazu entwickelt, diese aber bisher noch nicht komplett im Experiment nachweisen können.

Als hervorragende Kandidaten dafür gelten die B-Mesonen, relativ schwere Teilchen mit ungefähr fünffacher Protonenmasse, die ein Bottom-Quark (oder Bottom-Antiquark) enthalten und für gerade einmal zwei Billionstel Sekunden überleben. Gleich zwei Hochenergie-Experimente, BaBaR in den USA und Belle in Japan, beobachten nun seit einiger Zeit genau, wie B-Mesonen zerfallen.

Dass geladene B-Mesonen anders zerfallen als ungeladene, konnten die Forscher schon 2002 nachweisen. Vor Jahren gelang es den japanischen Wissenschaftlern, die Genauigkeit der Messergebnisse um den Faktor 1,7 zu verbessern. 535 Millionen Paare aus B- und Anti-B-Mesonen ließen die Forscher dafür miteinander reagieren, in einem Teilchenbeschleuniger, der ein Quadrat von einem Zentimeter Kantenlänge pro Sekunde mit $1{,}7 * 10^{37}$ Teilchen (eine 1 mit 37 Nullen) bombardieren könnte.

Sind wir damit der Lösung des Kriminalfalls ein Stück näher gekommen? Leider nicht. Das Modell, das die Forscher mit BaBar und Belle gerade nachzuweisen versuchen, produziert lediglich Asymmetrien, die um zehn Größenordnungen zu klein dafür sind, um die Ungleichverteilung von Materie und Antimaterie im Kosmos erklären zu können. Woher kommt das Ungleichgewicht dann? Eine Quelle könnte die Existenz noch größerer, bisher unentdeckter Elementarteilchen sein. Die Suche nach ihnen läuft unter anderem in der Schweiz – am Large Hadron Collider des CERN.

## Wo die Antimaterie herkommt

Unser Universum besteht aus Materie, nicht aus Antimaterie. Es enthält aber auch Antiteilchen – nur konnte die Wissenschaft deren Quelle bisher nicht ausmachen.

Nach allem, was wir heute wissen, sind Materie und Antimaterie physikalisch völlig gleichwertig. Ob ein Atom aus Positron und Antiproton oder aus Elektron und Proton aufgebaut ist, sollte die Natur nicht interessieren. Und trotzdem besteht unser Universum nicht etwa zur Hälfte aus Antimaterie – es muss in seiner Entwicklung einen Punkt gegeben haben, wo die eine Form der anderen vorgezogen wurde.

Das heißt allerdings nicht, dass es Antimaterie nur in der Science Fiction (wer erinnert sich noch an die Positroniken von Perry Rhodan?) oder im Labor gäbe. Das Vorhandensein von Anti-Elektronen wurde schon vor dreißig Jahren erstmals gezeigt – anhand der typischen Gamma-Emissionslinien mit einer Energie von 511 keV, die verraten, dass hier ein Elektron einem Positron in die Quere gekommen ist (oder umgekehrt). Wie diese Positronen aber entstanden sind, war der Wissenschaft bisher ein Rätsel.

Es gab immerhin einige Kandidaten. Kandidat Nummer 1: Wenn ein Stern sein Leben in einer Supernova beendet, entstehen dabei auch schwere radioaktive Isotope, die beim Zerfall Positronen aussenden. Darunter ist einerseits Kobalt 56 – hier bezweifeln die Wissenschaftler, dass die beim Zerfall entstehenden Positronen genug Energie besitzen, um die Supernova zu verlassen und dann mit Elektronen zu annihilieren. Darunter ist auch Aluminium 26, das nach aktuellen Berechnungen tatsächlich für ein Viertel der Positronen verantwortlich sein könnte. Bleibt also immer noch die Frage nach dem Rest.

Als Antwort bietet sich hier die Dunkle Materie – die wird offenbar stets gern ins Feld geführt, wenn sich anderweitig keine Antwort findet. Nach dieser Theorie würden die fraglichen Positronen beim Zerfall von Bestandteilen dieser Dunklen Materie entstehen. Dass diese in Form eines Halos um die Galaxis angeordnet sein soll, stützt die Theorie zusätzlich.

Im Zweifel ist der Wissenschaft aber doch immer eine Antwort lieber, die mit bekannter Materie auskommt. Im Verdacht standen nämlich auch schon Doppelsternsysteme aus einem Stern in Sonnengröße und einem kompakten stellaren Objekt, sprich einem Neutronenstern oder gar einem Schwarzen Loch. In solchen Systemen saugt das kompakte Objekt Gas von seinem Begleiter ab – und zwar mit einer so starken Anziehungskraft, dass das Gas sehr stark an Energie gewinnt und Röntgenstrahlung abgibt. Die kann wieder so groß werden, dass in der Folge aus zwei Strahlungsteilchen ein Elektron-Positron-Paar entstehen kann.

Der Mechanismus ist nun wirklich nicht neu. Neu ist aber, dass Wissenschaftler die Verteilung solcher Doppelsternsysteme mit der Verteilung der für die Positronen-Annihilation charakteristischen Gammastrahlung verglichen haben. Dazu haben die Forscher von dem ESA-Satelliten Integral über vier Jahre gesammelte spektroskopische Daten ausgewertet. Ist die Übereinstimmung mehr als ein Zufall, dann sollte mehr als die Hälfte der im Weltall festgestellten Positronen aus solchen Doppelsternsystemen stammen. Für den Rest wären dann Supernovae oder ein ähnlicher Prozess an dem riesigen Schwarzen Loch im Zentrum der Galaxis zuständig. Einschränkend geben die Forscher allerdings zu Protokoll, dass über die Population der Röntgen-Doppelsternsysteme womöglich noch zu wenig bekannt ist.

## Eingesperrte Antimaterie

Lässt sich mit Antimaterie ein Raumschiff antreiben? Das wird schwierig. Wenn Science-Fiction-Schriftsteller gewusst hätten, wie kompliziert die Konstruktion eines Behälters für Anti-Wasserstoff ist, hätten sie sich einen anderen Treibstoff ausgedacht. Antimaterie ist für Autoren phantastischer Romane überaus verführerisch. Ermöglicht sie doch die Konstruktion eines Treibstoffs mit der ultimativen Energiedichte, weil die Annihilation mit Teilchen gewöhnlicher Materie mit einer nicht zu übertreffenden Energieausbeute endet. Allerdings ist es nicht so einfach, diese Reaktion zu steuern. In der Praxis ist es Anti-Atomen völlig egal, auf welches Normal-Atom sie gerade stoßen. Die Star-Trek-Autoren haben sich deshalb 2.5.6-Dilizium-2.:.1-Diallosilikat-1:9:1-Heptoferranid, umgangssprachlich Dilithium, ausgedacht, einen Stoff, der angeblich nicht mit Antimaterie reagiert.

Näher an der Realität sind die Erfinder von Kirk, Spock & Co., wenn es um die Aufbewahrung des Anti-Treibstoffs geht: Er wird in sogenannten Eindämmungskammern gespeichert, und zwar auf magnetischer Basis. Das ist tatsächlich der einzige Punkt, an dem man neutrale Atome packen kann – oder besser packen könnte, denn die Dimensionen der Kräfte, die sich zwischen elektrischen und magnetischen Dipolen ergeben, sind leider stark unterschiedlich. Während es relativ einfach ist, Antiprotonen in einem elektrischen Feld zu halten, ist es umso schwieriger, Antiwasserstoff-Atome magnetisch auf einen bestimmten Ort zu beschränken. Eine Grundvoraussetzung dafür besteht so schon einmal darin, dass sie nur sehr wenig kinetische Energie besitzen dürfen, also sehr kalt (etwa 0,5 Kelvin) sein müssen.

Trotzdem ist Forschern des CERN das Kunststück gelungen, Antiwasserstoff-Atome für gewisse Zeit zu speichern. Der Prozess ist überaus kompliziert. Zunächst müssen die Forscher dazu die Ingredienzien vorbereiten. Sie benötigen zum einen Antiprotonen. Dazu schickten sie $3{,}7 * 10^7$ Teilchen durch einen Entschleuniger – auch das gibt's in den Hallen des weltgrößten Beschleunigers. Die übrig gebliebenen etwa 30.000 Antiprotonen lagern in einer mit elektrischem Potenzial arbeitenden Falle. Das Plasma, das sie bilden, hat einen Durchmesser von etwa 0,8 Millimetern und ist mit 200 Kelvin immer noch recht heiß.

Die nötigen Positronen hingegen stammen aus dem Betazerfall einer 22Na-Quelle, werden in einem Akkumulator gesammelt und mit Hilfe von Verdampfungskühlung (bei der man den energiereichsten Teilchen jeweils die Flucht erlaubt) auf etwa 40 Kelvin gebracht. In dem 0,9 Millimeter durchmessenden Plasma stecken noch 2 Millionen Positronen. Nun bringt man die beiden Elementarteilchen-Pools in unmittelbare Nähe, und zwar in Form von zwei elektrisch erzeugten Potenzialbrunnen, aus denen die Teilchen zunächst nicht fliehen können. Mit Hilfe eines oszillierenden elektrischen Feldes erhöht man schrittweise die Energie der Antiprotonen, bis sie ihren eigenen Brunnen verlassen und in den Positronen-Brunnen fallen können – und zwar mit sehr geringer Relativgeschwindigkeit, sodass die sich bildenden Antiwasserstoffatome sehr wenig kinetische Energie besitzen. Schon nach einer Sekunde bricht man den Prozess ab, die restlichen geladenen Teilchen werden einfach per Feldumpolung aus dem Nest geworfen.

Da der komplette Prozess in einem geschickt konstruierten Magnetfeld stattfindet, bleiben nur neutrale Antiwasserstoffatome an Ort und Stelle. Jedenfalls wenn sie kalt genug sind – für alle anderen registrieren die Forscher in Silizium-Detektoren die passenden Zerfallsereignisse. Ob jetzt tatsächlich noch Antiwasserstoff in der Falle steckt, ist gar nicht so leicht herauszufinden. Sehen kann man die Atome ja nicht. Die CERN-Forscher behelfen sich mit einem Trick: Sie schalten das Magnetfeld des Supraleiters einfach ab und messen, was passiert. Und wirklich registrieren sie sofort nach dem Abschalten eine ganze Anzahl weiterer Annihilationen. Um ganz sicher zu gehen, haben die Forscher das Experiment 335 Mal wiederholt. Insgesamt zählen sie dabei 38 Annihilationen nach Abschalten des Supraleiters – 38 Annihilationen, die insgesamt 38 gespeicherten Antiwasserstoff-Atomen entsprechen. Das klingt nach einem eher bescheidenen Ergebnis. Die Forscher sind aber trotzdem hoffnungsvoll: Zum einen sollten sich Temperatur und Dichte der Positronen noch optimieren lassen, um mehr Antiwasserstoff-Atome zu erhalten, zum anderen sind auch die Antiprotonen im Vergleich zu ihrer Umgebung noch sehr warm.

Bis zu den Star-Trek-Eindämmungskammern ist es also noch ein weiter Weg. Die Raumfahrt ist aber auch gar nicht das Ziel: Es geht darum, an Antiwasserstoff unsere Physik überprüfen zu können. Denn eigentlich müssten die Spektren von Wasserstoff und Antiwasserstoff ziemlich gleich aussehen – eine Bestätigung dieser theoretischen Vorhersage würde die Theorie stützen.

## Der Weg zur Antimaterie

1892 Der englische Mathematiker Karl Pearson schlägt in seinem Buch »Die Grammatik der Wissenschaft« das Konzept negativer Teilchen vor, basierend auf der Äther-Theorie. 1898 verwendet der Physiker Arthur Schuster dafür erstmals den Begriff Antimaterie.

1928 Der französische Physiker Paul Dirac passt die Schrödinger-Gleichung an die spezielle Relativitätstheorie an. Daraus ergibt sich die Folgerung, dass jedes Teilchen ein Anti-Teilchen haben muss.

1929 Der sowjetische Physiker Dimitri Skobeltsin und der chinesische Physiker Zhào Zhōngyáo entdecken bei Versuchen in der Nebelkammer bzw. bei der Streuung von Gammastrahlen in Blei Elektronen, die sich falsch verhalten.

1932 Der Amerikaner Carl D. Anderson identifiziert die Nebelkammer-Spuren von Teilchen der kosmischen Strahlung mit elektronenähnlichen Eigenschaften erstmals korrekt als Anti-Teilchen des Elektrons und führt den Namen Positron ein.

1954 Gründung des »Conseil Européen pour la Recherche Nucléaire«, des europäischen Kernforschungszentrums CERN mit Sitz in Genf. Das CERN hat heute 22 Mitgliedsstaaten.

1955 Die Physiker Emilio Segrè (Italien) und Owen Chamberlain (USA) entdecken am Bevatron-Beschleuniger der University of California das Anti-Proton. 1959 erhalten sie dafür den Nobelpreis.

1956 Ebenfalls am Bevatron wird das Anti-Neutron entdeckt. Als Entdecker gilt der Physiker Bruce Cork.

1964 James Cronin und Val Fitch stellen fest, dass bei der schwachen Wechselwirkung im Zerfall des Kaons die CP-Symmetrie indirekt verletzt werden kann. Das bringt ihnen 1980 den Nobelpreis ein.

1995 Das CERN gibt bekannt, dass es mit Hilfe des Low Energy Antiproton Ring (LEAR) bis zu 9 Anti-Wasserstoff-Atome erzeugt hat. Konkurrent Fermilab legt mit 100 Anti-Atomen noch eins drauf.

2002 Forscher des ATHENA-Experiments des CERN erzeugen erstmals kalte, also sich langsam bewegende Anti-Wasserstoff-Atome, und zwar mit Hilfe des »Antiproton Decelerator«.

2011 Dem CERN gelingt es, über 300 Anti-Wasserstoff-Atome für 16 Minuten im Rahmen des ALPHA-Experiments aufzubewahren. So können die Forscher seine Eigenschaften genauer studieren, insbesondere sein Spektrum.

2016 Das japanische T2K und das NOvA-Experiment des Fermilab veröffentlichen Hinweise darauf, dass Neutrinos und Antineutrinos unterschiedlich oszillieren. Wenn sich das bestätigt, wäre es eine CP-Verletzung.

## Materie und Antimaterie zur Energiegewinnung?

Woher nehmen? Antimaterie lässt sich in Teilchenbeschleunigern herstellen, doch das würde sehr teuer. Wir könnten Antiteilchen aber auch aus dem Van-Allen-Strahlungsgürtel oder der kosmischen Strahlung »ernten«.

Sichere Aufbewahrung: Das größte Problem, zumal es einen Stoff wie Dilithium (Star Trek) nicht geben kann. Geladene Anti-Teilchen lassen sich noch am einfachsten in Penning-Fallen speichern. Aber das Katastrophen-Potenzial ist hoch.

Energie aus Annihilation: Während Elektronen und Positronen zu reiner Energie zerstrahlen, sieht es bei Baryonen (also Protonen oder Neutronen) anders aus. Dabei entstehen zunächst Zwischenprodukte wie Mesonen, Elektronen, Positronen und Neutrinos, die einen Teil der Reaktionsenergie davontragen. Das müsste man beim Design der »Brennkammer« berücksichtigen.

### Und was ist mit Antigravitation?

Nichts.

Na gut. Es gibt auch eine längere Antwort: Gravitation wirkt auf jede Form der Materie identisch, und zwar anziehend. Antigravitation kann es nicht geben. Das liegt letztlich daran, dass Gravitation gar keine eigene Kraft ist, sondern eine intrinsische Eigenschaft der Materie, die die Raumzeit so verzerrt, dass der Eindruck eines Gravitationsfelds entsteht. Auch Dunkle Materie wirkt übrigens anziehend, denn auch sie verzerrt über ihre Masse die Raumzeit.

Die bloße Existenz von Antigravitation würde die Physik in ihren Grundfesten erschüttern. Trotzdem gibt es Forscher, die Antigravitation gemessen haben wollen. Der Russe Jewgeni Podkletnow etwa behauptet, dass über einem sehr schnell rotierenden Supraleiter die Gravitationswirkung abnimmt. Bis heute ist es nicht gelungen, das Ergebnis von Podkletnow zu reproduzieren.

Das Institut für Gravitationsforschung der Göde-Stiftung hat weitere Experimente, die angeblich einen antigravitativen Effekt zeigen, zu reproduzieren versucht – stets erfolglos. Die Stiftung hat deshalb schon 2004 einen Preis von einer Million Euro für einen reproduzierbaren Versuch ausgelobt. Die Aufgabe: »Ein Objekt mit einem Gewicht von mind. 20 g soll für eine Dauer von 1 Minute oder mehr ca. 10 cm über einer Auflage schweben.« Kandidaten, die sich für diesen Preis bewerben, müssen dabei nachweisen, »dass sie diesen Effekt einzig durch Beeinflussung der Schwerkraft erreicht haben«. Der Preis ist noch nicht vergeben. Also falls Sie eine geniale Idee haben … Die Stiftung selbst schreibt allerdings: »Wir gehen davon aus, dass das ›Rätsel der Gravitation‹ in absehbarer Zeit nicht gelöst wird.«

Tipp: Diese Biografie können Sie wie immer unter hardsf.de/fortsetzung als illustriertes PDF anfordern.

# Die neue Biografie der Zeit

Was ist Zeit? Für die einen ist sie ein Luxus, andere haben zu viel davon. In der Physik ist sie ein Exot, über den wir noch viel zu wenig wissen. Einen Sinn ergibt sie nämlich nur, wenn sich ein System in Bewegung befindet, wenn es Veränderung gibt. Wenn Sie Ihre Umgebung mit der Fotokamera aufnehmen, bleibt in Ihrem Bild die Zeit stehen. Würden Sie versuchen, Bewegungsgleichungen aus der Schule auf das Foto anzuwenden, würde die Rechnung scheitern.

Die Zeit ist ein Parameter, der eine Abfolge von Ereignissen beschreibt. Ohne Abfolge keine Zeit. Die Zeit ist nicht wegzudenken. Das Foto vergilbt oder, wenn es sich auf einer Speicherkarte befindet, löst langsam seine Dateistruktur auf. Das Foto selbst hat ein ganz bestimmtes Jetzt dokumentiert, die Gegenwart des Moments, in dem es entstanden ist. Aber diese Gegenwart ist ultrakurz, kürzer als ein Wimpernschlag. Die Vergangenheit und die Zukunft hingegen sind überproportional länger. Im Grunde besteht unser Leben nur aus Vergangenheit und Zukunft, wobei sich ihr Anteil verschiebt. Zu Beginn überwiegt die Zukunft, später die Vergangenheit.

Trotzdem ist die Gegenwart, so kurz sie auch ist, von überragender Bedeutung. Denn in ihr finden alle Vorgänge statt, deren Ablauf von der Zeit beschrieben wird. In der Gegenwart leben wir, und nur in ihr, selbst, wenn wir dauernd in die Vergangenheit zurückschauen oder versuchen, die Zukunft vorherzusagen.

Bei welcher anderen physikalischen Größe gibt es solche Diskrepanzen und qualitative Unterschiede? Bei der Zeit kommt ein weiterer Faktor hinzu: Sie besitzt eine eindeutige Richtung. Stets verläuft sie von der Vergangenheit in die Zukunft. Umkehr ist unmöglich.

Es gibt eine weitere physikalische Größe mit ähnlichen Eigenschaften: die Entropie, ein Maß für die Unordnung (von Teilchen u.a.). Nach dem zweiten Hauptsatz der Thermodynamik nimmt sie stetig zu. Es ist deshalb verlockend, Zeit und Entropie zusammenzubringen. Aber es gibt einen wichtigen Unterschied: Die Entropie ist eine rein statistische Größe. Manchmal sinkt sie auch, zufallsgesteuert und für einen Moment. Und durch Energieaufwand lässt sie sich fast beliebig senken – zumindest innerhalb bestimmter Grenzen (anderswo steigt sie dadurch – das sollte man immer im Kopf behalten, wenn man mit Energieaufwand die Entropie im Kinderzimmer senkt).

All das funktioniert bei der Zeit nicht. Sie springt nicht rückwärts, und selbst mit dem größten Energieaufwand lässt sie sich nicht zurückdrehen.

## Die Physik der Zeit

Als physikalische Größe hat die Zeit das Formelzeichen t und die Einheit Sekunde. Lange dachte man, dass die Zeit absolut und unbeeinflussbar ist. Die Allgemeine Relativitätstheorie (ART) veränderte unser Verständnis der Zeit. Sie zeigt, dass Zeit relativ ist und ihr Ablauf von der Umgebung abhängt. Indem Einstein Raum und Zeit zur vierdimensionalen Raumzeit zusammenfasste, machte er die Zeit zum Spielball der Materie. Wenn eine große Masse die Raumzeit krümmt, verändert sie auch den Ablauf der Zeit, verlangsamt oder beschleunigt sie.

Aber die ART war nicht der erste Angriff auf die absolute Zeit. Schon die spezielle Relativitätstheorie führte durch die Entdeckung der Lichtgeschwindigkeit als konstanter Größe dazu, dass der Zeitablauf relativiert wurde. Seitdem ist klar, dass er vom Beobachter und seiner Geschwindigkeit abhängt. Es wird immer schwieriger, eine Gleichzeitigkeit festzustellen, weil sich in der Realität alle Bezugssysteme bewegen. Es gibt keinen Stillstand.

Trotzdem bleibt aber etwas erhalten: Die Symmetrie der Zeit. Wenn wir uns Vorgänge aus dem Elektromagnetismus oder der Gravitation ansehen, dann ist zu jedem Ablauf, der ihren Gesetzen gehorcht, auch das genaue Gegenteil möglich. Möglich heißt nicht, dass er wahrscheinlich ist: Ein Ball fällt im Gravitationsfeld. Er könnte aber auch steigen. Das ist anders, wenn man zwei andere Grundkräfte betrachtet: die starke und die schwache Wechselwirkung. Bei beiden gibt es Vorgänge, die sich auf keinen Fall umkehren lassen. Vermutlich sind sie dafür verantwortlich, dass es unser Universum überhaupt gibt, denn durch sie ist das Übergewicht der Materie über die Antimaterie entstanden.

Ebenfalls nicht reversibel sind die Vorgänge in der Thermodynamik. Wir haben oben schon gesehen, dass sie sich deshalb dafür eignen, die Richtung des Zeitablaufs festzulegen. Wenn Sie sich einmal nicht sicher sind, was Vergangenheit und was Gegenwart ist, machen Sie es wie Max Webber und testen Sie den Verlauf der Entropie.

Die meisten Kosmologen sind sich einig, dass die Zeit eine dem Universum innewohnende Eigenschaft ist, deren Richtung durch die Gesetze der Physik bestimmt wird. Eine umstrittene neue Theorie besagt jedoch, dass die Ausdehnung des Universums den Verlauf der Zeit bestimmt – was bedeutet, dass sie theoretisch auch einmal rückwärts laufen könnte.

Die Zeit ist zwar nur schwer zu visualisieren, wird jedoch oft als vierte Dimension dargestellt: eine Richtung, in der Phänomene ihre Position ändern können, ähnlich wie die bekannten drei Dimensionen, die Objekte im Raum verorten.

„Zeit ist gar nicht so schwer zu verstehen“, sagt Professor Sean Carroll, Forschungsprofessor am California Institute of Technology und Verfasser des Buchs »From Eternity to Here: The Quest for the Ultimate Theory of Time«. »Ich glaube nicht, dass sie ein Geheimnis ist. Zeit ist nur das Etikett, das wir den verschiedenen Versionen der Ereignisse umhängen, die eines nach dem anderen in unterschiedlichen Positionen passieren, wie die Seiten eines Buchs.«

Er erläutert weiter, dass unsere moderne Betrachtungsweise der Zeit vor etwas mehr als einem Jahrhundert durch die wissenschaftlichen Erkenntnisse Albert Einsteins geformt wurde: »Bei Einstein gibt es die ‚Raumzeit‘ [eine vierdimensionale Struktur, die festlegt, wie Objekte im Universum lokalisiert sind]. Wie ein Beobachter die Raumzeit in Zeit und Raum zerlegt, ist ein bisschen willkürlich. Auf diese Frage gibt es unterschiedliche Antworten, und keine davon ist falsch. In jedem Standpunkt kommt aber eine Aufeinanderfolge von Augenblicken vor. Eine Definition der Zeit ist also ein wenig komplizierter, aber nicht wirklich schwieriger als eine des Raums. Ich schmuggle da allerdings eine eternalistische Perspektive hinein, in der jeder Moment gleichwertig ist – im Gegensatz zur gegenwärtigen Perspektive, die nur den momentanen Augenblick für real hält. Aber so denken nach Einstein ohnehin nicht mehr viele Physiker.«

Wenn aber jeder Moment gleichwertig ist, warum können wir uns dann nicht beliebig in der Zeit vor- und zurückbewegen? Warum fließt die Zeit nur in eine Richtung – und fließt sie überhaupt wirklich?

»Der Unterschied zwischen Zeit als Etikett an verschiedenen Punkten und dem ‚Zeitpfeil‘ ist ein wichtiges Detail«, erläutert

Carroll. »Im Raum sind alle Richtungen gleich, zumindest außerhalb des Einflusses der Gravitation. In der Zeit jedoch sind die beiden Richtungen, also Vergangenheit und Zukunft, sehr unterschiedlich für uns. Wir bewegen uns nur in eine Richtung.«

Wenn man Physiker auf den Zeitpfeil anspricht, werden sie ihn höchstwahrscheinlich mit dem zweiten Hauptsatz der Thermodynamik erklären. Dieser Hauptsatz besagt, dass die Menge an Unordnung oder Entropie in einem geschlossenen System mit der Zeit zunimmt, wenn keine Ordnung schaffende Energie zugeführt wird.

Das System kann alles sein – und als Entropie kann man die darin enthaltene nutzlose Energie betrachten. Ein klassisches Beispiel sind zwei Behälter, die heißes bzw. kaltes Gas enthalten und durch eine Klappe miteinander verbunden sind. Die Entropie dieser speziellen Anordnung ist zunächst gering, weil die meiste Energie in nützlicher Form vorliegt, also als heiße, sich schnell bewegende Gasmoleküle in dem einen Behälter, mit denen sich etwa ein Kolbenmotor antreiben ließe.

Öffnet man aber die Klappe, werden sich die Gasmoleküle unterschiedlicher Temperatur mit der Zeit zwangsläufig vermischen. Heißere Moleküle kollidieren mit kühleren, sich langsamer bewegenden, und übertragen dabei Energie, bis irgendwann beide Behälter mit Gas in einer Zwischentemperatur gefüllt sind. So wird aus einem geordneten System mit niedriger Entropie eines mit hoher Entropie und ungeordneten Molekülen, die weniger nützliche Arbeit verrichten können.

Nach aktueller kosmologischer Auffassung kann man das Universum als geschlossenes System betrachten, in dem es nur eine gewisse Energiemenge gibt und wo von außen keine Energie zugeführt werden kann, um die Entropie umzukehren. In seinen Anfängen war das Universum hochgradig geordnet und hatte eine geringe Entropie – schließlich hatte beim Urknall die gesamte Materie dieselbe hohe Temperatur. Seither nimmt die Entropie zu. Heute ist ein großer Teil der Materie des Universums in Systemen mit niedriger Entropie wie Sternen konzentriert, doch in ferner Zukunft, wenn immer mehr Sterne erloschen sein werden, wird der Kosmos den Wärmetod sterben, in dem Materie und Energie immer dünner und gleichmäßiger verteilt sind.

»Aus meiner Sicht resultiert der Zeitpfeil aus der Tatsache, dass das Universum früher wenig Entropie aufwies, die danach immer stärker wurde«, sagt Carroll. »Es gibt nichts, was das Universum in der Zeit vorwärts bewegt; es gibt nur diese unterschiedlichen Augenblicke, die sich dadurch auszeichnen, dass ‚früher' weniger Entropie und ‚später' mehr Entropie bedeutet. Deswegen kann man sich auch an die Vergangenheit erinnern und nicht an die Zukunft, kann aber nur Entscheidungen über die Zukunft und nicht über die Vergangenheit treffen. Es gibt gute Gründe, warum ein Mensch – wenn man ihn als eine Reihe von Menschen zu Zeitpunkten mit zunehmender Entropie betrachtet – das Gefühl hat, dass die Zeit in diese Richtung fließt.

Dabei handelt es sich aber eher um einen psychologischen Effekt. Wir tragen in unseren Köpfen ein Bild dessen herum, was wir vor einer Sekunde waren und was wir in einer Sekunde sein werden. Dieses Bild aktualisieren wir aufgrund neuer Informationen und sich verändernder Umgebungen permanent. Wir reiten auf der Welle der zunehmenden Entropie des Universums und nehmen sie als Fluss der Zeit wahr. Die Vorstellung, dass es ein aktives Element der Realität gibt, das unser Universum vorwärts bewegt, um Änderungen herbeizuführen, deckt sich nicht mit den physikalischen Erkenntnissen.«

Dennoch könnte die Vorstellung einer treibenden Kraft hinter dem Fluss der Zeit bei einer umstrittenen neuen Idee des Physikers Richard Muller von der University of California, Berkeley ins Spiel kommen. Muller bezeichnet die Zeit in seinem Buch »Jetzt: Die Physik der Zeit« als reales Phänomen und behauptet, dass mit dem Wachstum des Raums auch mehr Zeit geschaffen werde. Er schlägt auch eine plausible Methode zur Überprüfung seiner Theorie vor: Seiner Idee liegen Gravitationswellen zugrunde – die winzigen Verwerfungen der Raumzeit, die sich nach kataklysmischen Ereignissen durch das Universum ausbreiten.

Einstein sagte diese Wellen bereits Anfang des 20. Jahrhunderts voraus, doch nachgewiesen wurden sie erst 2016 am hochempfindlichen Laser Interferometer Gravitational-Wave Observatory (LIGO). Muller und sein Caltech-Kooperationspartner Shaun Maguire sind der Ansicht, dass die Kollisionen zwischen Schwarzen Löchern, von denen Gravitationswellen ausgehen, nicht nur neuen Raum schaffen, sondern auch eine kleine Menge neue Zeit. Die dabei gebildete Zeitmenge (etwa eine Millisekunde) ist groß genug, um mit LIGO-Instrumenten gemessen werden zu können. Das heißt, dass Mullers faszinierende Theorie sich in naher Zukunft als falsch erweisen oder durch Beobachtungen bestätigt werden könnte.

Mullers Zeitmodell stellt eine radikale Abweichung von den Konzepten der meisten Kosmologen dar, lässt den Zeitfluss auf intuitive Art aber real und nicht nur als durch die zunehmende Entropie definiert erscheinen. Rein formal gesehen besteht der Unterschied zwischen der Zeit und den anderen Dimensionen in ihrer fehlenden Symmetrie. In der Physik versteht man unter Symmetrie die Eigenschaften eines Systems, nach einer Transformation oder Bewegung in einer oder mehreren Dimensionen unverändert zu bleiben. Bleibt ein System in den drei räumlichen Dimensionen trotz Transformation gleich, gilt es als symmetrisch im

Raum, aber wahrscheinlich nicht symmetrisch in der Zeit. Prinzipiell ist die Wahrscheinlichkeit für Interaktionen, die die Entropie vermehren, höher als für Entropie reduzierende Interaktionen – Omelettes werden eben nur sehr selten wieder zu Eiern.

Muller behauptet, dass sein Jetzt-Modell die Asymmetrie der Zeit erkläre, während die herkömmliche Kosmologie sie nur durch den Anstieg der Entropie definiere. Carroll hat eine alternative Lösung für dieses Problem parat, die sich ganz natürlich aus einem anderen brisanten Thema der modernen Kosmologie ergibt: »Das Symmetrieproblem ist deshalb so schwierig, weil man in Wahrheit davon ausgehen muss, dass die fundamentalen physikalischen Gesetze keine der Richtungen bevorzugen«, sagt er. »Immer wieder gehen Leute in die Falle, irgendeine Eigenschaft des Urknalls zu erfinden, die erklären soll, warum das Universum damals eine so niedrige Entropie hatte. Sie erklären aber dabei nie, warum diese besondere Eigenschaft nicht auch auf die Zukunft zutreffen sollte.«

Carroll legte mit seiner damaligen Doktorandin Jennifer Chen eine Lösung vor, indem er das Problem durch die Linse der unendlichen Ausdehnung betrachtete. Sie gehen davon aus, dass unser Universum nicht einzigartig ist, sondern nur eine aus einer unendlichen Folge von Raumzeitblasen darstellt, die sich spontan bilden und entwickeln können. »Wir sagten, dass der Grund für die zunehmende Entropie sein könnte, dass die Entropie einfach unbegrenzt zunimmt«, erläutert Carroll. »Betrachtet man das Universum als Behälter voll Gas, so kann die Entropie darin zunehmen und auf einem hohen Niveau bleiben. Wird die Entropie aber ewig größer, dann ist es nur natürlich, dass wir ihre Zunahme beobachten können – weil sie nie gesättigt ist. Warum sollte die Entropie in diesem Fall auf eine Art zunehmen, die zu Beginn wie unser Urknall aussieht und sich von da an weiterentwickelt? Unsere Theorie besagte, dass das Universum seine Entropie erhöht, indem es Baby-Universen erschafft. Wenn Sie ein Universum wie unseres haben, das sich ausdehnt, abkühlt und leert, kann dieses leere Universum ewig weiterbestehen. Es passiert zwar nichts darin, aber für jede winzige Region besteht in einer gegebenen Zeit die endliche Möglichkeit, dass sich daraus eine kleine Blase abkoppelt, die ihren eigenen Weg geht und wächst. Nun haben wir also nicht mehr nur das alte, strukturlose Universum, sondern auch diese Blase – und damit nimmt die Gesamtentropie zu. Aber die Entropie in der Blase beginnt sehr klein, weil es einfacher ist, eine kleine Blase herzustellen als eine große. Wächst die Blase jedoch, so wächst auch die Entropie.«

Im Modell von Carroll und Chen ist die ewig zunehmende Entropie des Universums darauf zurückzuführen, dass wir in einem der schnell expandierenden Blasenuniversen eingeschlossen sind und wegen der begrenzten Lichtgeschwindigkeit nicht darüber hinaussehen können. Daher scheint die kosmische Geschichte für uns mit der Explosion des Urknalls zu beginnen, nach dem die Entropie stetig ansteigt. Die Zeit spielt hier weiterhin ihre Rolle als vierte Dimension, doch der Zeitpfeil und die zunehmende Energie bedeuten, dass wir uns an die Vergangenheit erinnern und die Zukunft planen können. »Ich weiß nicht, ob dieses Szenario stimmt«, gibt Carroll zu, »aber für mich ist es das einzige, das keine Asymmetrie zwischen dem frühen Universum und der Gegenwart postuliert.«

Heute lässt sich noch nicht sagen, ob Mullers Theorie von der ständig neu geschaffenen Zeit, Carrolls Annahme zunehmender Entropie in einem ewigen Universum oder eine andere Hypothese den Ursprung der Zeit erklären können. Wir können nur hoffen, dass mit zunehmender Entropie auch unser Wissen über dieses faszinierende Phänomen zunehmen wird.

## Zeitreisen ohne Paradoxon?

In der Science Fiction gehen Zeitreisen meistens schief, weil Ereignisse in der Vergangenheit die Zukunft zum Schaden des Helden beeinflussen. Das muss nicht sein – gleich zwei Theorien haben eine plausible Erklärung.

Filme wie »Butterfly-Effekt« oder »Zurück in die Zukunft« spielen mit der Idee, dass ein Zeitreisender mit seinen Handlungen in der Vergangenheit der Gegenwart eine neue Form geben könnte. Meist scheitern die Helden dabei, denn es ist unmöglich, jegliche Auswirkungen einer Veränderung vorherzusehen. Irgendwann stößt jeder Zeitreisende auf das so genannte Großvater-Paradoxon: Tötet jemand in der Vergangenheit seinen eigenen Opa, löscht er damit unweigerlich die eigene Existenz aus und verhindert gleichzeitig sowohl die Zeitreise als auch den Mord.

Es ist dieses Paradoxon, das in seinen vielen Abwandlungen dazu führt, dass jeder Streifen mit Zeitreise-Thematik auf die ein oder andere Art unlogisch wird. Der Zuschauer empfindet das so, weil die zeitliche Abfolge von Ursache und Wirkung, die Kausalität, im gesunden Menschenverstand tief eingebrannt ist. Das heißt aber nicht, dass Zeitreisen nur deshalb unmöglich sein müssten: Auch die Quantenphysik samt ihren Erscheinungen wie der Quanten-Teleportation oder der Verschränkung ist der menschlichen Logik nicht zugänglich.

Tatsächlich erlaubt die Allgemeine Relativitätstheorie Lösungen, die zur Möglichkeit von Zeitreisen führen. Der erste Mathematiker, der das ausrechnete, war 1937 der Niederländer Willem Jacob van Stockum. Wirklich bekannt wurde das mathematische Konstrukt, die »closed timelike curves« (CTCs, übersetzt etwa »geschlossene zeitähnliche Kurven«) erst 1949 mit den Berechnungen von Kurt Gödel. Geschlossene Kurven im Raum sind nichts Besonderes: Wer einmal um sein Haus läuft, hat eine solche Kurve beschritten. Eine CTC ist aber in allen vier Dimensionen geschlossen, also in Raum und Zeit. Ein Objekt, das sich auf einer solchen Kurve bewegt, kommt irgendwann wieder am selben Ort in seiner eigenen Vergangenheit an.

CTCs wären, gäbe es sie, ziemlich praktisch. Forscher schlagen zum Beispiel vor, einen Computer auf Zeitreise zu schicken. Das Prinzip: Man schickt den Computer einfach so lange und so oft in die Vergangenheit, bis das Problem zum heutigen Zeitpunkt gelöst ist. Auf diese Weise wären universelle Computer möglich, die sogar dem Quantenrechner weit überlegen sind. Das Großvater-Paradoxon ist dabei leider ein echtes, nicht nur logisches Hindernis, denn jedes kleinste Photon, das in die Vergangenheit reist, kann den Effekt auslösen – Großväter werden dazu gar nicht benötigt.

Doch man muss nicht so radikal wie Stephen Hawking sein und Zeitreisen deshalb gleich ganz ausschließen. Hawking denkt, dass sich das Zeitreise-Problem mit einer künftigen Theorie der Quantengravitation komplett auflösen wird, weil diese eine Art »Vergangenheits-Schutz« enthält.

MIT-Physiker Seth Lloyd schlägt eine andere Lösung vor. Er setzt auf das aus der Quantenphysik bekannt Prinzip der »Post-Selection«. Ein quantenmechanisches System mit dieser Fähigkeit lässt von vornherein nur bestimmte Ergebnisse zu. Kombiniert man dies mit einer Quanten-Teleportation, dann sind gewissermaßen nur Kurven begehbar, die garantiert nicht zu einem Paradoxon führen, also selbst-konsistent sind.

Der theoretische Physiker David Deutsch schlägt eine andere Lösung vor, die zwei seiner Kollegen kürzlich in einer Simulation überprüft haben. Demnach löst sich das Paradoxon auf Quantenebene in Nichts auf, weil hier statt eindeutiger Abläufe (Determinismus) die Gesetze von Zufall und Wahrscheinlichkeit herrschen. Es kommt nur darauf an, dass jedes Teilchen, das sich auf eine geschlossene zeitähnliche Bahn begibt, am Ende mit Eigenschaften mit gleicher Wahrscheinlichkeit erscheint. Wenn es also am Anfang eine 50-prozentige Chance hat, ein bestimmtes Ereignis auszulösen, muss es am Ende (das ja auch der Anfang ist) dieselbe Wahrscheinlichkeit haben.

Der Scientific American überträgt das so auf das Großvater-Paradoxon: Wenn eine Person geboren wird, kommt sie bereits mit einer bestimmten (sagen wir: 50-prozentigen) Wahrscheinlichkeit auf die Welt, ihren eigenen Großvater umzubringen. Reist dieser Mensch nun aber in die Vergangenheit, hat der Opa eine entsprechend hohe (hier auch 50-prozentige) Chance, dem Anschlag zu entgehen. Der Killer bliebe also trotz des Mordes am Leben. Jedenfalls wenn er den Gesetzen der Quantenphysik genügt – wozu er allerdings sehr, sehr klein sein müsste.

Falls Sie sich an dieser Stelle an die Schrödinger-Katze erinnert fühlen, die ebenfalls zwischen Leben und Tod schwebt: Richtig, auch diese ist (wie jedes Teilchen im Quantenregime) einer Überlagerung verschiedener Wahrscheinlichkeiten unterworfen. Einer echten Zeitreise bringt uns die (durch die Simulation längst nicht bewiesene) Idee also nicht näher – wohl aber einer Anwendung von CTCs im Allerkleinsten, etwa bei Quantencomputern. Allerdings treten CTCs auch nicht einfach so im Alltag auf. Sie entstehen als Lösungen der Allgemeinen Relativitätstheorie nur, wenn der Raum extrem verzerrt wird, etwa in der Nähe eines Schwarzen Lochs.

## Die Zeit vor der Zeit

Der Urknall hat ein im Wortsinn kleines Problem: Er muss sich auf winzigstem Raum abgespielt haben. Je näher man ihm kommt, desto stärker muss sich die komplette Energie des Kosmos in einer Raumeinheit zusammengedrängt haben, bis alles in einem Punkt unendlicher Dichte konzentriert war. Dieser Zustand ist mit der Allgemeinen Relativitätstheorie nicht fassbar, Einsteins Werk versagt hier. Physiker würden den Urknall deshalb gern mit einer Theorie betrachten, die Großes (das Weltall) und Kleines (die Quantenwelt) vereint.

Würden – weil es leider mehr als einen Kandidaten für diese Alles-Theorie gibt. Geschichtlich gesehen noch sehr jung, aber doch die älteste aktuell diskutierte Vertreterin ist die Stringtheorie, nach der der Raum aus winzigen, Klaviersaiten ähnlichen Objekten aufgebaut ist. Diese *strings* sind eindimensional, sie vibrieren mit einer bestimmten Frequenz, der sich eine Energie zuordnen lässt. Inzwischen haben Physiker diese Idee zur »M-Theorie« um andere Strukturen ausgebaut: Punktteilchen und vor allem Membranen, die bis zu 9 Dimensionen besitzen können.

Um zu den Elementarteilchen und den Naturgesetzen zu kommen, wie wir sie kennen, muss man die überzähligen Dimensionen auf ganz bestimmte Art »aufwickeln«, wie die Forscher diesen Vorgang nennen. Es gibt ganz unterschiedliche Möglichkeiten, die Membranen und Strings aufzuwickeln, und je nachdem, welche man wählt, entsteht ein andersartiges Universum. Insgesamt sind so 10 hoch 100 verschiedene Universen möglich. Und nicht nur möglich, sondern sogar wahrscheinlich. Wobei kein Bewohner eines speziellen Exemplars irgendetwas von den im Nachbar-Kosmos existierenden Lebewesen mitbekommen würde. Allerdings kann auch ein großer Teil dieser Universen aus den besagten Membranen bestanden haben oder bestehen, ohne dass es je zur Entstehung von Elementarteilchen kam. Wenn sich allerdings, so die Idee der Forscher, bei der Bewegung über eine zusätzliche elfte Dimension hinweg zwei dreidimensionale Welten zu nahe kamen, könnten diese kollidiert sein – wodurch im Urknall unser Universum geboren wurde. Was dann passiert, hängt mit dem weiteren Verhalten der kollidierten Membranen zusammen: Nähern diese sich irgendwann erneut, könnte mit einem neuen Urknall ein ganzer Zyklus entstehen.

In Sachen Welt vor der Welt noch ergiebiger ist der Konkurrent der Stringtheorie, die Schleifenquantengravitation. Nach ihr ist das Universum nur scheinbar kontinuierlich. Tatsächlich aber ist alles, wirklich alles, quantisiert, auch die Gravitation. Der Raum ist nicht mehr der Behälter für das Universum, sondern er ist ein Teil davon, der ebenfalls zerstückelt ist und die Form eines Netzes aus Linien und Knoten annimmt. Die Elementarteilchen entsprechen dann verschiedenen Knotentypen, zwischen den Linien und Knoten befindet sich: nichts. Kein leerer Raum, sondern ganz und gar nichts.

Die Theorie der Schleifenquantengravitation führt zu einigen seltsam anmutenden Folgerungen, beschreibt aber manch interessante Phänomene besser als andere Theorien. Was sich aus ihr für den Urknall ergibt, hat erstmals 2004 der deutsche Physiker Martin Bojowald simuliert. Zunächst vermeidet man das Konzept der Singularität, denn das Schleifenquanten-Universum hat eine bestimmte Mindest-Strukturgröße, die es nicht unterschreiten kann. Rechnet man sich immer näher an den Urknall heran, erscheint dieser nicht mehr als unüberwindbare Schranke. Stattdessen erreicht man mit einem »Plopp« die Minuszeit – ein neues, anderes oder auch Vorgänger-Universum, in dem alle Richtungen (auch die der Zeit) umgekehrt sind.

Für die Physiker ist das kein großes Problem, weil die Naturgesetze praktischerweise symmetrisch sind. Dieses Universum vor dem Universum zieht sich in Richtung des Urknalls zusammen. Die Theorie hat damit den früher schon einmal populären »Big Bounce« wiederbelebt, der das Universum sich periodisch zusammenziehen und ausdehnen sieht. Hat sich das Weltall unter dem Einfluss der Gravitation sehr weit zusammengezogen, zerreißt irgendwann das aus den Quantenschleifen bestehende Gewebe der Raumzeit – und die Gravitation verwandelt sich unter dem Einfluss dieses »Quanten-Rückstoßes« in eine stark abstoßende Kraft, die das Universum wieder auseinander treibt.

Einen dritten Mechanismus für ein sich zyklisch veränderndes Universum hat der britische Mathematiker Roger Penrose 2011 vorgeschlagen. In seinem Buch »Zyklen der Zeit« widmet er sch dem Phänomen Zeit. Der »Big Freeze«, eine gängige Vorstellung vom Ende des Universums, besteht darin, dass sich irgendwann sämtliche Materie in Energie umgewandelt hat, in Photonen, die sich auf ewig mit Lichtgeschwindigkeit bewegen – und für die deshalb die Zeit stillsteht (auch ein Astronaut, der lichtschnell fliegt, altert nicht). Der Raum verliert damit seine Bedeutung, denn seine Ausdehnung ist nicht messbar, wenn es keine Zeit mehr gibt. Wer könnte widerlegen, dass die Milliarden Lichtjahre nicht doch nur ein paar Zentimeter sind?

Ganz genau so sah ja das Universum kurz nach dem Urknall aus: Es bestand aus purer Energie, für die kein Zeitbegriff existierte. Nur ein Mathematiker traut sich aber wohl, scheinbar so weit auseinander liegende Zustände zu einem einzigen zusammenzusetzen: Wenn die räumliche Ausdehnung nicht definiert ist, könnte das gerade in ewiger Energie verendete Universum auch den Keim für einen neuen Urknall darstellen.

Lässt sich eine dieser Theorien irgendwie beweisen? Bisher handelt es sich im Grunde um plausible Fiktion. Die Forscher haben aber Ideen, wie man Hinterlassenschaften des Vorgänger-Universums ausfindig machen könnte. Denn nicht alles muss beim »Big Crunch« vergänglich sein. Im vergangenen Jahr haben Bernard Carr und Alan Coley gezeigt, dass eine bestimmte Art Schwarzer Löcher die ungemütlichen Bedingungen beim Urknall überstehen könnte. Leider wird die Suche nach solchen, dann uralten Objekten dadurch erschwert, dass auch während des Urknalls massearme Schwarze Löcher entstehen können. Ihre Existenz hat erstmals Stephen Hawking in den 70er-Jahren hergeleitet. Gefunden hat man diese primordialen Schwarzen Löcher bisher ebenso wenig wie ihre noch älteren Vettern aus dem Vorgänger-Universum – ein solches Objekt ist umso schwerer nachzuweisen, je weniger Masse es besitzt. Auch im Penrose-Universum kann es prinzipiell Überbleibsel des Vorgängers geben: Dessen Masse muss nicht komplett zerstrahlt worden sein. Es genügt, wenn die Energie bei weitem das Übergewicht hat.

## Das Zeitversteck

Ein Objekt vor einem Beobachter zu verstecken, ist zwar noch immer eine Domäne von Science Fiction (»Tarnfeld«) oder Fantasy (»Tarnumhang«). Doch auch in der experimentellen Physik ist das Problem längst gelöst. Zumindest prinzipiell – der Trick besteht darin, das Licht so um das zu versteckende Objekt zu leiten, dass es nie von diesem reflektiert wird. Und ein Gegenstand, der weder durch Aussendung von eigenem Licht noch durch Reflexion oder Absorption auf sich aufmerksam macht, ist für das Auge, aber auch für ein Messinstrument unsichtbar. Zumal bei den Tarnvorrichtungen der Physiker peinlich genau darauf geachtet wird, dass das optische Feld vor dem Objekt nicht anders aussieht als dahinter.

Den Schlüssel dazu, solche zunächst nur theoretisch vorhergesagten Konstrukte tatsächlich bauen zu können, haben Meta-Materialien geliefert – (künstliche) Stoffe mit einer derartigen Struktur, dass ihr Brechungsindex negativ wird. Sie ermöglichen es, das Licht, das eigentlich auf das Objekt treffen und damit dessen Existenz verraten würde, geschickt darum herum geleitet wird. In der Praxis muss man allerdings noch mit diversen Einschränkungen leben. Diese beruhen darauf, dass man Meta-Materialien noch nicht wirklich jede gewünschte Eigenschaft verleihen kann. Deshalb gilt der Tarneffekt in der Regel nur für elektromagnetische Wellen bestimmter Frequenzen. Angefangen hat man da im Terahertz-Bereich, doch allmählich dringen die Forscher auch in den Bereich des sichtbaren Lichts vor.

Parallel dazu eröffnen nun allerdings Forscher der Cornell University im US-Bundesstaat New York eine weitere spannende Tarn-Möglichkeit, die im Grunde auf der Schaffung eines Zeit-Lochs basiert. Vielleicht trifft der Begriff Zeit-Pause das Prinzip noch besser. Ein Ereignis, das weiß die Physik (selbst wenn es der Alltagslogik widerspricht), das man nicht nachweisen kann, hat nicht stattgefunden. Keine Ursache ohne Wirkung. Wenn es nun gelingt, den Nachweis auszuschließen, hätte man das Ereignis perfekt in der Zeit versteckt. Im Wissenschaftsmagazin *Nature* beschreiben die Forscher, wie ihr Zeit-Loch funktioniert.

Wie machen sich Ereignisse irgendwelcher Art dem Beobachter bemerkbar? Indem sie eine elektromagnetische Welle verursachen (oder in charakteristischer Form beeinflussen) – ganz allgemein gesprochen. Diese breitet sich mit der Lichtgeschwindigkeit c aus. Allerdings ist c materialabhängig – und lässt sich damit auch in sehr weiten Grenzen von den Forschern manipulieren. Der Trick besteht nun darin, den vorderen Teil der Welle zu beschleunigen, während man den hinteren dehnt – tatsächlich ist die Experimentaltechnik heute zu solchen Kunststücken in der Lage. Dadurch bleibt eine, wenn auch kurze, Lücke – alles, was darin passiert, wird sich nie nachweisen lassen. Ein skeptischer Beobachter würde allerdings die Manipulation des Lichts bemerken, deshalb muss man anschließend den umgekehrten Weg gehen und den hinteren Teil der Welle beschleunigen, während man den vorderen bremst.

Das ist den Forschern zwar noch nicht auf ideale Weise, aber doch mit erstaunlicher Genauigkeit gelungen. Jedenfalls ließ sich ein im Zeitloch initiiertes Ereignis nur noch mit einer auf den zehnten Teil reduzierten Amplitude nachweisen - sprich: die Tarnung war weitgehend, aber nicht komplett. Wer jetzt schon das perfekte

Verbrechen plant, sollte allerdings eine wichtige Einschränkung beachten: Der Zeithorizont, für den ein Ereignis unsichtbar wird, lag gerade einmal bei 50 Pikosekunden, also 50 Billionstel Sekunden. In dieser Zeit legt Licht im Vakuum labortaugliche 15 Millimeter zurück. Außerdem ist der Effekt winkel- und polarisationsabhängig. Die Forscher hoffen aber, die Pause in Zukunft auf den Mikro- oder gar Millisekunden-Bereich ausdehnen zu können. Dafür können sie sich sogar schon einen praktischen Nutzen vorstellen: Bei der optischen Informationsverarbeitung könnte man zum Beispiel, falls zwei Datenstreams gleichzeitig eintreffen, einen der beiden auf diese Art bremsen, so dass er etwas später bequem verarbeitet werden kann.

## Kristalle in der Raumzeit

Es gibt eine ganze Reihe von Konzepten, die den, der sie vertritt, unter Physikern sehr schnell zu einer Art Outlaw werden lassen. Die Idee, dass sich die Masse eines Körpers abhängig von seiner Geschwindigkeit verändert, gehörte lange dazu. Manche Konzepte kommen zurecht auf die Schwarze Liste, weil diejenigen, die zuerst davon berichteten, mit Lug und Trug vorgingen – die kalte Kernfusion ist so ein Thema.

Die Vorstellung, etwas könne aus dem Nichts entstehen, hat erst die moderne Quantentheorie wieder in die Physik einfließen lassen. Das Konzept des Perpetuum Mobile jedoch, einer Maschine, die sich unaufhörlich bewegt, lässt jeden halbwegs vernünftigen Physiker verächtlich den Mund verziehen. Insofern spricht es für Frank Wilczek, dass er sich trotzdem nicht davon abbringen ließ, die Existenz so genannter Zeitkristalle zu postulieren.

Dabei handelt es sich, abstrakt formuliert, um physikalische Strukturen, die sich in einem zeitlichen Muster wiederholen, ohne dabei jemals Energie abzugeben. Der Begriff ist in Analogie zu einem gewöhnlichen Kristall gewählt, bei dem die Atome gewissermaßen in den räumlichen Dimensionen gefrieren. In einem Kristall gibt es Orte, an denen sich Atome befinden können, und andere Stellen, wo sie sich nicht aufhalten können. Ein Kristall bricht also die Symmetrie des Raumes: Es sind nicht mehr alle Orte gleichberechtigt. Die berechtigte Frage ist: Lässt sich dieses Konzept auf die vierdimensionale Raumzeit erweitern? Falls ja, müsste es ebensolche Strukturen in der Zeit geben, die wir im Zeitablauf als fortdauernde Wiederholung wahrnehmen.

Dass Wilczek zufällig Nobelpreisträger ist, erhöhte natürlich die Aufmerksamkeit, die seine Ideen bekamen – als rangniedriger Assistent an irgendeinem Patentamt wäre es ihm vermutlich schwerer gefallen, sie zu publizieren. Beispiele für mögliche Zeitkristalle ließ

Wilczek sich ebenfalls einfallen – etwa einen supraleitenden Ring, in dem die Elektronen reibungslos fließen, sodass sich für sie das Vergehen der Zeit gar nicht mehr nachweisen lässt.

Inzwischen gibt es allerdings auch die ersten ausgereiften Reaktionen aus der Forschergemeinde. Der Physiker Patrick Bruno zeigte etwa, dass sich viele der Systeme, die als Kandidaten für Zeitkristalle in der Diskussion waren, nicht in ihrem energetischen Grundzustand befinden. Die Elektronen etwa müssten irgendwann Energie aufgenommen haben, um ihre Reise zu beginnen. Es muss aber rein statistisch für jedes System, das nicht im Grundzustand ist, irgendwann der Moment kommen, in dem es in diesen wechselt, wo es also Energie abgibt – doch damit genügt es der Definition eines Zeitkristalls nicht mehr.

Das Paper der Schweizer Physikers ist allerdings nicht genereller Art. Er zeigt nur, dass das von Wilczek erdachte Beispiel nicht passt (und viele ähnliche Konzepte ebenfalls nicht). Deshalb sind die Physiker nun auf der Suche nach neuen Beispielen. Die sollen allerdings nicht zur Konstruktion eines Perpetuum Mobile dienen. Da ein Zeitkristall ja per Definition keine Energie abgibt, taugt er dafür auch gar nicht. Die spannende Frage ist vielmehr eine, die nach den grundlegende Eigenschaften des Phänomens Zeit fragt: Lässt sich die Symmetrie der Dimension Zeit brechen?

## Die Zeit messen

Wie hat der Mensch die Zeit im Lauf der Geschichte verfolgt?

ca. 3000 v. Chr.: Den Jahreszeiten folgen

Die meisten Lebewesen der Erde haben ein bewusstes oder unbewusstes Zeitgefühl, das sich in der Anpassung an die Jahreszeitenzyklen manifestiert.

ca. 2000 v. Chr.: Wasseruhren

Die ersten Geräte zur Messung kürzerer Zeiträume waren Wasseruhren, die durch die Ansammlung gleichmäßiger Wassertropfen den Zeitablauf schätzten.

ca. 1500 v. Chr.: Sonnenuhren

Sonnenuhren, die den Weg des Sonnenschattens nachzeichnen, gibt es seit dem Alten Ägypten. Sie sind aber ungenau, weil der Schatten im Jahreslauf nicht gleich bleibt.

ca. 3000–1200 v. Chr.: Mechanische Zeitmesser

Komplexere Wasseruhren arbeiteten mit einer Hemmung, die die Kraft des fallenden Wassers nutzte und es in kleinen geregelten Bewegungen freigab.

1656: Erste Pendeluhr

Der niederländische Wissenschaftler Christiaan Huygens beobachtete, dass ein Pendel mit fester Länge unabhängig vom Schwingungsbogen im selben Takt schwingt. Mit Hilfe von Gewichten und einer Hemmung schuf er einen genauen Zeitmesser.

17.–18. Jahrhundert: Längengradproblem

Wenn Seeleute wussten, wie spät es im Heimathafen war, konnten sie durch Beobachtungen ihre Position ermitteln. Ein Zeitmesser, der auf See funktionierte, war aber noch nicht erfunden.

1735–1761: Längenuhr

Der Uhrmacher John Harrison aus Yorkshire konstruierte eine Reihe zunehmend genauer Zeitmesser, die zur Navigation auf See verwendbar waren und das Längengradproblem lösten.

1927: Quarzschwingungen

1927 fanden Ingenieure der amerikanischen Bell Laboratories heraus, wie sich mit Quarzkristallen extrem regelmäßige Vibrationen zum Antrieb einer Uhr erzeugen lassen.

1955: Atomuhren

Louis Essen und Jack Parry vom britischen National Physical Laboratory bauten die erste genaue Atomuhr – den bis heute besten Zeitmesser.

Quellenhinweis: Der Text enthält Auszüge aus dem Magazin SPACE, für das der Autor arbeitet. Sie können es hier bestellen: shop.heise.de/magazine/space/magazine/ .

Die illustrierte Version der Biografie der Zeit erhalten Sie wie immer über hardsf.de/fortsetzung.

# Die neue Biografie der Tieftemperaturphysik

Der Parasit, der die Crew der Shepherd-1 beschäftigt, ist nur wenige Kelvin warm. Deshalb befindet er sich in einem ganz besonderen Zustand, der im Roman auch eine Rolle spielt. Was hat es damit auf sich? Das soll dieses Kapitel klären.

## Temperatur und ihre Skalen

Bevor wir uns ansehen, was bei tiefen Temperaturen geschieht, müssen wir zunächst klären, was das überhaupt ist, die Temperatur. »Warm« und »kalt« kennen wir schon aus der frühen Kindheit. Dort haben wir auch Kontakt mit dem Thermometer, das uns sagt, welche Temperatur unser Körper hat. Die dabei verwendete Skala ist recht willkürlich und historisch entstanden. Das Messprinzip eines Quecksilberthermometers beruht auf der Temperaturabhängigkeit des Volumens einer Flüssigkeit. Diese ist nicht für alle Stoffe gleich, deshalb muss man jedes so arbeitende Thermometer erst eichen.

Aber was messen wir da überhaupt? Wir messen, makroskopisch gesehen, den Wärmeinhalt eines Körpers. Wärme fließt immer vom wärmeren zum kälteren Körper. »Kälte« gibt es nicht – nur weniger Wärme. Wenn wir lüften, lassen wir nicht Kälte von draußen herein, sondern Wärme von drinnen nach außen. Dadurch kühlt es im Zimmer ab, und wir spüren die weniger gewordene Wärme als Abkühlung.

Wie sieht Wärme in einem Stoff genau aus? Sie besteht in der Bewegung der Teilchen eines Stoffes. Je schneller sie sich bewegen, desto mehr kinetische Energie besitzen sie. Die Gesamtmenge der kinetischen Energie der Teilchen einer Probe entspricht der Wärmemenge in dieser Probe. So kann man sich mikroskopisch auch gut vorstellen, warum es zu unterschiedlichen Aggregatzuständen eines Stoffes kommt: Wenn die einzelnen Moleküle und Atome zu sehr herumzappeln, lassen sie sich eben nicht mehr in einem Kristallgitter halten. Wenn sie noch mehr Energie bekommen, reicht ihnen auch das Herumtollen in einer Flüssigkeit nicht mehr, und sie befreien sich daraus und werden zu Gas, wo sie sich von den anderen Teilchen überhaupt nichts mehr sagen lassen müssen und einfach ihrer Wege gehen, bis sie zufällig mit anderen Teilchen kollidieren (Brownsche Bewegung).

Aus der mikroskopischen Betrachtung ergibt sich, dass es einen absoluten Nullpunkt der Temperatur geben muss: Er tritt ein, wenn alle Bewegung der Teilchen aufhört. Heute ist er der Nullpunkt der Kelvinskala. Als die ersten Thermometer erfunden wurde, wusste man das noch nicht. Der absolute Nullpunkt kommt im Alltag auch nicht vor. Der Mensch selbst kann mit seiner Haut nur Temperaturen zwischen 5 und 40 Grad Celsius fühlen. Das liegt am Aufbau der Thermorezeptoren in der Haut. Deshalb wählte man für die ersten Thermometer Werte, die man erreichen konnte. Der dänische Astronom Ole Rømer war 1701 der Erste, der ein Thermometer entwickelte, das mit Hilfe zweier Fixpunkte kalibriert wurde. In der Rømer-Skala liegt der Gefrierpunkt des Wassers bei ca. 7,5 °Rø, der Siedepunkt bei 60 °Rø und die durchschnittliche Körpertemperatur eines Menschen bei 26,9 °Rø.

Auf diesem System baute der deutsche Physiker Daniel Gabriel Fahrenheit nach einem Besuch bei Rømer seine eigene Skala auf. Er versuchte allerdings, negative Werte zu vermeiden, und verwendete deshalb als Nullpunkt die tiefste Temperatur, die er mit einer Mischung aus Eis, Wasser und Ammoniumchlorid erzeugen konnte: −17,8 °C. Später fügte er als weitere Fixpunkte den Schmelzpunkt von Wasser bei 32 °F und die Körpertemperatur des Menschen bei 96 °F hinzu, wobei die letzte Angabe nicht ganz korrekt ist (sie entspricht 35,6 °C, was etwas zu kalt ist). Der Siedepunkt von Wasser liegt in der Fahrenheit-Skala bei 212 °F. Die Fahrenheit-Skala war in Europa lange populär, ist aber heute nur noch in den USA in Gebrauch. In Europa, vor allem in Deutschland und Frankreich, konkurrierte sie lange mit der Réaumur-Skala. Sie beginnt beim Schmelzpunkt von Wasser mit 0 °R und setzt den Siedepunkt von Wasser auf 80 °R.

Weltweit durchgesetzt hat sich inzwischen die »hundertteilige Skala« des schwedischen Astronomen Anders Celsius. Dieser entwickelte damit die Réaumur-Skala weiter. Den Schmelzpunkt von Wasser setzte er auf 100 Grad, den Siedepunkt auf 0 Grad. Dies ist kein Tippfehler. Ein wärmerer Körper hätte demnach eine niedrigere Temperatur. Erst nach Celsius' Tod drehte man die Skala so, wie man sie heute kennt.

In der Wissenschaft nutzt man heute die Kelvin-Skala. In der Mitte des 19. Jahrhunderts untersuchte der britische Physiker William Thomson, der spätere Lord Kelvin, das Konzept der »unendlichen Kälte« – einen Zustand, den wir heute als absoluten Nullpunkt bezeichnen. Im Jahre 1848 schätzte er ihn in einem Artikel auf -273 °C. Erstaunlich korrekt! Deshalb ist es nur fair, dass heute die Einheit der Temperatur nach ihm benannt ist: das »Kelvin« (nicht »Grad Kelvin«).

Bei der Einführung des SI-Systems im Jahre 1960 legte man fest, dass die Temperatur des Tripelpunkts von Wasser exakt 273,16 K entspricht. Dies entspricht der Temperatur, bei der (in Abwesenheit von Luft) flüssiges Wasser, Eis und Wasserdampf im Gleichgewicht sind. Die Temperatur dieses Fixpunktes wählte man, weil sie sehr genau reproduzierbar ist. Nun ist diese Definition zwar praktisch, aber nicht an die Grundkonstanten der Physik angebunden. 2019 gab es deshalb eine Neudefinition der Temperatureinheit. Das Kelvin wird jetzt nicht mehr über die Tripelpunkttemperatur von Wasser definiert. Stattdessen werden Temperaturen nun mit direktem Bezug zur Energie definiert. Die neue, thermodynamische Temperatur ist direkt proportional zur thermischen Energie in Joule, mit der Boltzmann-Konstanten als Proportionalitätsfaktor. Dabei legt man den Wert der Boltzmann-Konstanten k auf exakt 1,380649 $\times 10^{-23}$ J/K fest. An der Skala selbst ändert sich dadurch nichts.

## Wasser und Eis

Was passiert nun, wenn wir in der Temperaturskala langsam aus den gewohnten Bereichen nach unten wandern? Der erste wichtige Punkt liegt 3,98 °C. Ich spreche von der Dichteanomalie des Wassers. Während die meisten Stoffe schrumpfen, wenn sie abkühlen, dehnt Wasser sich aus, wenn es unter 3,98 °C abkühlt. Das führt dazu, dass geschlossene Wasserflaschen bei Frost im Auto platzen. Es hat aber auch wichtigere Auswirkungen: Es ermöglicht Leben im Universum, zumindest Leben, wie wir es kennen. Sie führt dazu, dass kaltes Wasser nicht nach unten sinkt, sondern oben bleibt, wo es gefriert. Gewässer frieren deshalb von oben nach unten zu, sodass Pflanzen und Tiere unter Wasser auch im Winter überleben können. So konnte das Leben auf der Erde auch die zahlreichen Eiszeiten überstehen. Bei Methan-Seen auf dem Titan zum Beispiel ist es anders. Dort bilden sich Eisschollen auf dem Grund des Gewässers.

Der Grund für diese Anomalie sind die Brückenbindungen im Wassermolekül. Ihre Struktur braucht im festen Zustand mehr Platz als bei frei beweglichen (flüssigen) Molekülen. Diese Veränderung vollzieht sich bereits vor dem Phasenübergang zum Eis.

Dichteanomalien treten nicht nur bei Wasser, sondern unter anderem auch bei den chemischen Elementen Antimon, Bismut, Gallium, Germanium, Lithium, Plutonium und Silicium auf. Aber nur bei Wasser hat die Anomalie solche entscheidenden Folgen.

Wenn das Wasser erst einmal gefroren ist, verhält es sich übrigens wieder wie gewohnt, das heißt, es verringert sein Volumen mit der Temperatur. Eis bleibt aber trotzdem ein sehr interessanter Stoff, denn je nach Temperatur und Druck kann es verschiedene Formen annehmen. Auf der Erde findet man nur wenige davon, aber in den großen Gas- und Eisplaneten kommt ein großes Spektrum vor. Hier eine Auswahl:

- Amorphes Eis: Gibt man dem Wasser nur sehr wenig Zeit zum Einfrieren (etwa indem man sehr kalte Flächen mit Wasser bedampft), schaffen es die Moleküle nicht, regelmäßige Strukturen auszubilden. Es entsteht amorphes Eis.
- Eis Ih: In Eis, wie es auf der Erde vorkommt, kristallisieren die Sauerstoffatome zu regelmäßigen Sechsecken, die über die Wasserstoffatome miteinander verbunden sind. Praktisch das gesamte Eis in der Biosphäre ist Eis Ih, mit Ausnahme einer kleinen Menge von Eis Ic. Genau genommen bildet Eis Ih gar keine Kristalle, weil nur die Sauerstoffatome ein Gitter formen, die Wasserstoffatome aber zufällig angeordnet sind.
- Eis Ic: Eine metastabile Variante von Eis, bei der die Sauerstoffatome eine würfelförmige Diamantstruktur bilden. Es entsteht bei Temperaturen zwischen 130 und 220 K und kann bis zu 240 K existieren, bevor es sich in Eis Ih umwandelt. Es bildet sich aus unterkühltem Wasser oder amorphem Eis. Kommt es in der oberen Atmosphäre vor, kann es dort ein Halo von Sonne oder Mond erzeugen.
- Eis II: Setzt man Eis Ih bei 198 K einem Druck von 300 Megapascal (MPa) aus, entsteht diese rhomboedrische Form. Bei Erwärmung wandelt sie sich in Eis III um.
- Eis III: Diese tetragonale Form entsteht durch Abkühlen von Wasser auf 250 K bei 300 MPa, einem Druck, wie er auf der Erde in 12 km Tiefe herrscht.
- Eis V: Eis V hat eine komplizierte Struktur mit 4-, 5-, 6- und 8-gliedrigen Ringen und insgesamt 28 Molekülen in der Einheitszelle. Es bildet sich durch Abkühlen von

Wasser auf 253 K bei 500 MPa. Womöglich besteht der Boden des Ganymed-Ozeans aus Eis V.

- Eis VI: Dieses Eis existiert bei hohem Druck in der Größenordnung von etwa 1 Gigapascal (GPa) (= 10 000 bar) und Temperaturen von 130 bis 355 Kelvin. Man vermutet, dass der Mantel des Saturnmondes Titan eine Eis-VI-Schicht besitzt.
- Eis VII: Diese kubische Phase bildet sich, wenn man Eis bei 8 GPa Druck auf Zimmertemperatur kühlt. Wissenschaftler vermuten, dass der Ozeanboden von Europa sowie von anderen extrasolaren Planeten (wie Gliese 436 b und Gliese 1214 b), die größtenteils aus Wasser aufgebaut sind, aus Eis VII bestehen könnte. Im Jahr 2018 fand man Eis VII als Einschluss in natürlichen Diamanten.
- Eis VIII: Eis VIII ist das Eis mit der größten Dichte. Es bildet sich aus Eis VII, wenn man es bei 2,1 GPa auf unter 5 K abkühlt.
- Eis XI: Diese Form sieht dem gewöhnlichen Eis Ih sehr ähnlich. Allerdings sind hier nicht nur die Sauerstoffatome regelmäßig angeordnet, sondern auch die Wasserstoffatome. Es sind also »echte« Kristalle. Eis XI entsteht bei niedrigen Temperaturen und höheren Drücken aus Eis Ih. Es ist ferroelektrisch und damit auch pyro- und piezoelektrisch; eine Eigenschaft, die das Enceladus-Wesen in meinem Roman »Enceladus« für die Kommunikation nutzt, indem es durch Druck elektrische Spannung erzeugt.
- Eis XVIII: Superionisches Eis oder Eis XVIII ist eine Phase, die bei extrem hohen Temperaturen und Drücken existiert. In superionischem Eis brechen die Wassermoleküle auseinander und die Sauerstoffionen kristallisieren in einem gleichmäßig verteilten Gitter, während die Wasserstoffionen frei im Sauerstoffgitter umherschweben. Dadurch wird superionisches Wasser fast so leitfähig wie typische Metalle.
- Eis XVI: Das »leichteste« Eis. Es wurde erstmals 2014 gewonnen, indem man im Vakuum bei Temperaturen unter 147 K Gasmoleküle aus Neonclathrat entfernt hat. Das resultierende leere Kristallgerüst ist Eis XVI.

## Unsere Atmosphäre friert aus

Bei sehr niedrigen Temperaturen, wie sie auf Enceladus oder Titan herrschen, ist Eis hart wie Gestein. Aber auch andere Bestandteile unserer Atmosphäre frieren unter solchen Bedingungen aus. Es geht mit dem wegen der Klimaerwärmung lästigen, aber für Pflanzen unentbehrlichen Kohlendioxid ($CO_2$) los, das bei -78,5 °C zu Trockeneis ausfriert. Es bildet bei Normaldruck keine flüssige Phase. Sauerstoff kondensiert bei -183 °C zu einer bläulichen Flüssigkeit, die bei -218 °C zu blauen Kristallen gefriert. Argon, der dritthäufigste Bestandteil der Atmosphäre (und seit 2014 auf der Dopingliste der WADA), kondensiert bei -186 °C und friert bei -189 °C ein. Stickstoff kondensiert bei -196 °C und kristallisiert bei -210 °C. Diese Temperaturen sind bei Normaldruck definiert.

Falls Sie einer solchen Umgebung ohne Schutzanzug ausgesetzt sind, sterben Sie sehr schnell. Schon Temperaturen von 4 °C überlebt man nicht lange. Fällt die Körperkerntemperatur unter 26 °C, ist Schluss. Der Überlebenstrick ist also, die Kerntemperatur nicht so weit sinken zu lassen. Das macht der Körper auch ohne Hilfe von ganz allein, indem er Blutgefäße zusammenzieht, die Schweißabgabe einstellt und die Wärmeproduktion ankurbelt. So kann man durchaus eine Stunde bei -120 °C in einer Kältekammer sitzen – wenn die Luft dort so trocken ist, dass der Körper nicht auskühlt.

## Widerstandslos: Supraleitung

Ein spannendes Phänomen tritt ein, wenn die Temperatur nur tief genug ist. Der niederländische Physiker Heike Kamerlingh Onnes hat die Supraleitung 1911 bei Quecksilber entdeckt. Als er es mit Hilfe von flüssigem Helium auf eine Temperatur von 4,2 K brachte, verschwand jeglicher elektrischer Widerstand.

Das Phänomen ist allerdings deutlich komplexer, als man zunächst annahm. Zunächst einmal verschwindet nicht nur der elektrische Widerstand, sondern es werden auch alle magnetischen Flussfelder aus dem Material verdrängt (Meissner-Effekt genannt). Widerstand entsteht normalerweise, weil die im Gitter des Leiters schwingenden Atome dauernd mit den frei beweglichen Elektronen zusammenstoßen und sie dadurch bremsen und aufhalten. Auch bei einem gewöhnlichen metallischen Leiter nimmt der Widerstand mit der Temperatur ab. Das liegt daran, dass die zunehmend weniger schwingenden Gitterkomponenten den frei beweglichen Elektronen weniger im Weg sind. Ein Supraleiter jedoch hat eine charakteristische kritische Temperatur, unterhalb derer der Widerstand abrupt auf null sinkt. Ein elektrischer Strom, der durch eine Schleife aus supraleitendem Draht fließt, kann deshalb ohne Stromquelle unbegrenzt weiterfließen.

Eine Erklärung für den Effekt liefert die Quantenmechanik über die Annahme sogenannter Cooper-Paare. Ein Elektron, das sich durch einen Leiter bewegt, zieht in der Nähe befindliche positive

Ladungen des Gitters an. Diese Verformung des Gitters führt dazu, dass sich ein anderes Elektron mit entgegengesetztem Spin in den Bereich mit der höheren positiven Ladungsdichte bewegt. Die beiden Elektronen werden dann miteinander verschränkt und bilden ein Cooper-Paar. Da es in einem Supraleiter sehr viele solcher Elektronenpaare gibt, überlappen sich diese Paare sehr stark und bilden ein hoch kollektives Kondensat. In diesem kondensierten Zustand verändert das Aufbrechen eines einzelnen Paares gleich die Energie des gesamten Kondensats – nicht nur die eines einzelnen Elektrons oder eines einzelnen Paares. Zum Aufhalten eines einzelnen Paares benötigen die Atome des Gitters also ebenso viel Energie wie für das Brechen aller Paare. Gemeinsam sind sie stark! Da die Paarung also die Energiebarriere erhöht, reichen die Stöße der schwingenden Atome im Leiter (die bei ausreichend niedrigen Temperaturen sowieso schon gering sind) nun nicht mehr aus, um das Kondensat als Ganzes oder ein einzelnes Paar innerhalb des Kondensats zu beeinflussen. Die Elektronen bleiben also gepaart und widerstehen allen Tritten, und der Elektronenfluss als Ganzes (der Strom durch den Supraleiter) erfährt keinen Widerstand. Das kollektive Verhalten des Kondensats ist also eine entscheidende Voraussetzung für die Supraleitung. Das ist die sogenannte BCS-Theorie von John Bardeen, Leon Cooper und John Robert Schrieffer, für die sie 1972 den Nobelpreis erhielten.

1986 entdeckte man, dass bestimmte keramische Materialien eine kritische Temperatur von über 90 K (-183 °C) aufweisen. Eine derart hohe Übergangstemperatur ist für einen herkömmlichen Supraleiter theoretisch unmöglich, weshalb diese Materialien als Hochtemperatursupraleiter bezeichnet werden. Das billig erhältliche Kühlmittel Stickstoff siedet bei 77 K, sodass nun viele Experimente und Anwendungen möglich sind, die zuvor kaum machbar erschienen. Die BCS-Theorie reicht für diese unkonventionellen Supraleiter nicht mehr aus. Eine genaue Klärung, warum die Elektronen auch hier Paare bilden, fehlt noch, aber es scheint so, als spielten zusätzliche Effekte unter den Elektronen eine Rolle.

### Flüssiger als flüssig: Suprafluidität

Noch näher am absoluten Nullpunkt begegnet uns die Suprafluidität. Stellen Sie sich einen Eimer vor, gefüllt mit einer Flüssigkeit. Plötzlich kriecht die Flüssigkeit am Rand des Eimers hoch, läuft auf der anderen Seite herunter und tropft ab, bis der Behälter leer ist. So etwas kann Ihnen mit Helium-4 bei unter 2,17 K passieren. Suprafluidität ist die charakteristische Eigenschaft einer Flüssigkeit mit einer Viskosität von Null, die daher ohne Verlust an kinetischer Energie fließt. Wenn ein Suprafluid gerührt wird, bildet es Wirbel, die unbegrenzt weiter rotieren. Superfluidität tritt bei zwei Heliumisotopen (Helium-3 und Helium-4) auf, wenn sie durch Abkühlung verflüssigt werden. Sie ist auch eine Eigenschaft verschiedener anderer exotischer Materiezustände, deren Existenz in der Astrophysik, der Hochenergiephysik und in Theorien der Quantengravitation vermutet wird. Die Theorie der Suprafluidität haben die sowjetischen theoretischen Physiker Lew Landau und Isaak Khalatnikov entwickelt.

Entdeckt haben die Superfluidität in Helium-4 Pjotr Kapitsa und unabhängig davon John F. Allen und Don Misener. In flüssigem Helium-4 tritt sie bei weit höheren Temperaturen auf als in Helium-3. Das liegt daran, dass jedes Helium-4-Atom aufgrund seines ganzzahligen Spins ein Boson darstellt. Ein Helium-3-Atom ist ein Fermion. Es muss sich erst mit einem anderen Fermion zusammentun, um ein Boson zu bilden, was nur bei sehr niedrigen Temperaturen möglich ist. Dieser Prozess ähnelt der Elektronenpaarung in der Supraleitung.

Was zeichnet die suprafluide Phase aus?

- Die Flüssigkeit dringt reibungsfrei durch engste Kapillaren.
- Die Flüssigkeit leitet Wärme nahezu ideal.
- Bei Rotation des Behälters dreht sich die Flüssigkeit nicht als Ganzes mit. Bei sehr langsamer Rotation bleibt sie einfach stehen. Bei schnellerem Drehen entstehen Wirbel, die sich in einem sechseckigen Gitter anordnen.
- Ein nicht geschlossener Behälter leert sich von selbst (Onnes-Effekt), denn an den Wänden entsteht ein sogenannter Rollin-Film, benannt nach Bernard Vincent Rollin. Er ist etwa 100 Atomschichten dick und breitet sich aus, weil die Gefäßwand die Atome der Flüssigkeit anzieht, sie aber nicht von Kräften untereinander zurückgehalten wird. Jeder ist sich hier selbst der Nächste. Fließgeschwindigkeiten von 20 bis 40 cm pro Sekunde (!) sind typisch.

Die Suprafluidität lässt sich bisher nicht vollständig theoretisch erklären. Einen guten Ansatz habe ich bereits bei der Supraleitung beschrieben: das Modell der Bose-Einstein-Kondensation, denn Helium-4-Atome sind Bosonen. Demnach besetzt in diesem Zustand ein großer Anteil aller Bosonen (Teilchen mit ganzzahligem Spin) denselben Quantenzustand. Dadurch können sämtliche Heliumatome, die in diesen Grundzustand kondensiert sind, durch eine einzige Wellenfunktion beschrieben werden. Es handelt sich also um einen makroskopischen Quanteneffekt.

## Bose-Einstein-Kondensation

Da wir gerade bei der Bose-Einstein-Kondensation sind: Vorhergesagt hat Einstein diesen Zustand schon 1924. Allerdings hat er damals nur entfernt geahnt, wie ein solches Kondensat wirklich aussieht. Dass alle Atome im selben Zustand sind, heißt nämlich, dass sie komplett ununterscheidbar sind. Sie sind identisch und überall, denn wir können auch ihren Ort nicht unterscheiden. In dem Kondensat ist die Materie deshalb komplett verschmiert. In dieser Hinsicht hat es große Ähnlichkeiten mit Laserlicht.

Die Lichtteilen (Photonen) sind ebenfalls Bosonen, und im Laserlicht sind sie alle identisch. Dadurch können die Forscher das Licht besser kontrollieren, und das erhoffen sie sich nun auch von den Atomen im Kondensat. Die Forscher können exakt kontrollieren, wo sie sind und wie schnell sie sich bewegen, zumindest, soweit es die Heisenbergsche Unschärferelation erlaubt.

Wie wir bei Helium-3 und den Elektronen im Supraleiter gesehen haben, können auch Fermionen Kondensate bilden. Dazu müssen sie sich aber zuerst paarweise zusammenfinden, denn zwei Fermionen können nie denselben Zustand einnehmen – das nennt man das »Pauli-Prinzip«.

Wenn Fermionen sehr stark gekühlt werden – oder unter großem Druck stehen – und dabei nicht die Chance zur Paarbildung besteht, entsteht entartete Materie. Sie ist im Weltall weit verbreitet. Das Pauli-Prinzip lässt einen Entartungsdruck entstehen, der etwa in Weißen Zwergen oder Neutronensternen der Gravitation entgegenarbeitet, die die Fermionen weiter zusammenpressen und damit auf gleiche Energieniveaus zwingen will. Ohne das Pauli-Prinzip gäbe es weder Weiße Zwerge (wo die Elektronen entarten) noch Neutronensterne (mit entarteten Neutronen).

Kämen genügend Bosonen zusammen, um einen Stern zu formen, könnte dabei ein Bosonenstern entstehen. Er wäre, anders als normale Sterne, durchsichtig und unsichtbar. Der mittlere Felddruck des Bose-Einstein-Kondensats würde dabei der Gravitation Paroli bieten.

## Gibt es negative Temperaturen?

Tatsächlich könnte man sich auch negative Temperaturen vorstellen. Das liegt an der Definition der Temperatur. In einem System, das im thermischen Gleichgewicht ist, also eine einheitliche Temperatur hat, haben trotzdem nicht alle Teilchen dieselbe Energie. Das wäre gar nicht möglich, da die Teilchen ja auch dauernd untereinander Energie austauschen und mal langsamer und mal schneller werden. Ihre Zustände sind statistisch verteilt, und zwar nach der sog. Boltzmann-Statistik. Dabei sind Zustände geringer Energie deutlich wahrscheinlicher als Zustände hoher Energie. Aber wenn es uns gelingt, diese Wahrscheinlichkeit umzudrehen, sodass Zustände höherer Energie wahrscheinlicher sind als solche niedriger Energie, ergibt sich thermodynamisch eine negative Temperatur. Der Kölner Physiker Achim Rosch schlug vor einigen Jahren zusammen mit seinen Kollegen Akos Rapp und Stephan Mandt eine Methode vor, Atome auf diese Weise unter den absoluten Nullpunkt zu bringen. Er will dazu Atome in der stehenden Welle eines Lasers fangen, einem sogenannten optischen Gitter, um sie dann mit einer Kraft auseinander zu ziehen. Durch dieses Vorgehen werden die Atome in einen höheren energetischen Zustand gesperrt. Sie erreichen eine negative absolute Temperatur, jenseits von -273,15 Grad Celsius.

Die paradoxe Folge: Brächte man sie mit einem anderen Atom in Verbindung, würde immer Wärme von ihnen ausgehen, egal wie warm das andere Teilchen ist. Sie sind demnach immer heißer als heiß, sogar heißer als unendlich heiß. »Man muss sich auch als Physiker daran gewöhnen, über negative absolute Temperaturen nachzudenken«, gibt der Wissenschaftler in einer Pressemitteilung zu. »Viel funktioniert dabei gegen die menschliche Intuition.« Denn normalerweise sind Temperaturen immer positiv. Und wie Temperatur hier funktioniert, das weiß die Physik schon seit langem: Für Atome im positiven Temperaturbereich gilt, dass atomare Zustände mit niedriger Energie wahrscheinlicher sind als Zustände mit höherer Energie. Denn um ein Atom zu erwärmen oder es zu beschleunigen, muss man erst einmal Energie zuführen. Passiert dies nicht, so bleiben die Atome in ihrem niedrigeren energetischen Zustand, der damit auch der wahrscheinlichere ist. Rosch nennt ein bekanntes Beispiel eines solchen Systems: »Luft oben auf einem Berg ist dünner ist als unten, denn um hoch auf den Berg zu kommen, benötigt man auch mehr Energie. Dort gibt es weniger Luft, die Zustände mit hoher Energie sind weniger wahrscheinlich.«

Doch jenseits des absoluten Nullpunkts gilt das Gegenteil. Negative Temperaturen bedeuten, dass Zustände mit höherer Energie wahrscheinlicher sind als Zustände mit niedriger Energie. »Die Gesetze der Thermodynamik erlauben erst einmal beides«, erläutert Rosch. »Voraussetzung für ein System mit Temperaturen jenseits des absoluten Nullpunkts ist allerdings, dass es darin so etwas wie eine maximale Energie gibt.« Und das ist der Knackpunkt des vorgeschlagenen Experiments. Denn in allen Systemen gibt es eine minimale Energie – eine Untergrenze. Doch normalerweise ist die Menge von Energie, die ein System aufnehmen kann, unendlich, denn man kann ein Atom immer weiter beschleunigen. Damit nimmt es immer mehr Energie auf. Ein System also ohne Obergrenze, so wie die Luft aus dem Beispiel auf der Bergspitze die

Möglichkeit hat, bei Energieaufnahme bis ins Weltall zu diffundieren. Einen Zustand mit maximaler Energie gibt es dabei nicht.

Um ein System mit fester energetischer Obergrenze, mit maximaler Energie zu schaffen, müssen die Physiker das System »deckeln«. »Die einzige Chance, negative Temperatur zu bekommen, ist dafür zu sorgen, dass die Teilchen nicht schneller und schneller werden«, so Rosch. Dafür muss man einzelne Atome in der stehenden Welle eines Lasers einfangen, einem sogenannten optischen Gitter. Stehende Wellen werden erzeugt, indem ein Laser so reflektiert wird, dass sich die gegenläufigen Wellen gleicher Frequenz und Amplitude überlagern. »Wenn jetzt das Atom in der stehenden Welle ist und gleichzeitig beschleunigt, dann wird es wieder zurückgeworfen«, so Rosch. Das System ist gefesselt, eine Obergrenze an möglicher Energie festgelegt. »Damit hat man dann ein Maximum an kinetischer Energie«, so Rosch. Die Fesselung der Atome im Laserstrahl ist die Grundlage der Idee der theoretischen Physiker. Doch wie erzeugt man jetzt die negativen Temperaturen? Dazu müssen die Atome ja in einen Zustand mit höherer Energie versetzt werden. Die Kölner Physiker schlagen vor, eine Kraft auf die Atome einwirken zu lassen, die sie auseinanderzieht. Dadurch müssten die Teilchen eigentlich beschleunigen. Sie folgen dabei einer Idee, die der niederländische Physiker Alan Mosk im Jahr 2005 vorschlug. »Die Atome können aber wegen des festgelegten Maximums an kinetischer Energie nicht auseinanderfliegen«, erklärt Rosch. Das System ist energetisch nach oben hin geschlossen und erlaubt keine Bewegung. Die Atome nehmen aber durch die Behandlung trotzdem einen höheren energetischen Zustand an. Das Resultat: »Dann gibt es negative Temperaturen«, erklärt der Physiker. »Man steuert auf einen Zustand zu, in dem Zustände mit hoher Energie wahrscheinlicher sind als Zustände mit niedriger Energie.«

Sind negative Temperaturen nun kälter als kalt? Nein, im Gegenteil: Sie sind sogar heißer als unendlich heiß. Denn für alle positiven Temperaturen gilt: Die Zustände mit niedriger Energie sind mehr besetzt, als die mit hoher Energie. Bei negativen Temperaturen ist das aber umgekehrt, so Rosch: »Wenn ich Zustände mit höherer Energie mehr besetze, dann heißt das, dass die Atome eine höhere Temperatur haben als selbst ein unendlich heißer Zustand.« Bringt man ein System mit negativer absoluter Temperatur in thermischen Kontakt mit einem System mit einer beliebigen positiven Temperatur, dann fließt die Energie immer von den negativen Temperaturen zu den positiven Temperaturen. »Das Atom ist heißer als unendlich heiß: Der Wärmefluss geht immer in Richtung positiver Temperatur«, so Achim Rosch. »Die eigentliche Arbeit für uns war, abzuschätzen, ob man das unter experimentellen Bedingungen erreichen kann und wie lange es dauert, bis sich so ein neuer

Zustand eingestellt hat«, resümiert Rosch seine Arbeit. Wie lange wird das dauern? »Sehr lange«, sagt der Wissenschaftler. »Das können Sie in Millisekunden messen.« Eine Ewigkeit in der Welt der Atome.

2013 haben Münchner Forscher diesen Zustand tatsächlich erreicht. Die Wissenschaftler kühlten dazu rund hunderttausend Atome in einer Vakuumkammer auf eine Temperatur von wenigen Milliardstel Kelvin ab und fingen sie in optischen Fallen aus Laserstrahlen. Das umgebende Ultrahochvakuum sorgte dabei dafür, dass die Atome thermisch vollkommen von der Umwelt isoliert waren. Die Laserstrahlen bildeten dabei ein sogenanntes optisches Gitter, in dem sich die Atome regelmäßig auf Gitterplätzen anordnen. Die Atome konnten sich in dem Gitter zwar durch den Tunneleffekt von Gitterplatz zu Gitterplatz bewegen, ihre Bewegungsenergie ist dabei jedoch nach oben beschränkt und hat somit die benötigte Grenze. Die Temperatur berücksichtigt allerdings nicht nur die Bewegungsenergie, sondern die gesamte Energie der Teilchen, in diesem System also auch Wechselwirkungs- und potenzielle Energie. Auch diesen setzt das System der Münchner und Garchinger Forscher eine obere Grenze. Die Physiker bringen dann die Atome an diese obere Grenze der Gesamtenergie – die Temperatur ist damit negativ, bei minus einigen Milliardstel Kelvin.

Materie bei negativer absoluter Temperatur hat eine ganze Reihe von verblüffenden Konsequenzen: Mit ihrer Hilfe könnte man Wärmekraftmaschinen wie zum Beispiel Motoren bauen, deren Effizienz über 100 Prozent beträgt. Das heißt jedoch nicht, dass der Energieerhaltungssatz verletzt wird. Vielmehr könnte die Maschine im Unterschied zum üblichen Fall nicht nur Energie aus einem heißen Medium ziehen und damit Arbeit verrichten, sondern auch aus dem kalten.

Bei rein positiven Temperaturen heizt sich im Gegensatz dazu das kältere Medium zwangsläufig auf, nimmt also einen Teil der Energie des heißen Mediums auf und limitiert dadurch die Effizienz. Ist das heiße Medium dagegen bei einer negativen Temperatur, so kann gleichzeitig aus beiden Medien Energie entnommen werden. Die Arbeit, die die Maschine verrichtet, ist somit größer als die Energie, die nur dem heißen Medium entnommen wird – die Effizienz liegt also bei über 100 Prozent.

Die Arbeit der Münchner Physiker könnte zudem für die Kosmologie interessant sein. Denn die negative Temperatur weist in ihrem thermodynamischen Verhalten Parallelen zur sogenannten dunklen Energie auf. Diese postulieren Kosmologen als jene rätselhafte Kraft, die den Kosmos dazu bringt, sich immer schneller auszudehnen, obwohl er aufgrund der anziehenden Gravitation der Materie im Universum eigentlich kontrahieren müsste. In der Atomwolke des Münchner Labors gibt es ein ähnliches Phänomen: Das Experiment beruht unter anderem darauf, dass sich die Atome des Gases nicht abstoßen wie in einem gewöhnlichen Gas, sondern anziehen. Das heißt, sie üben einen negativen und keinen positiven Druck aus; die Atomwolke will sich also zusammenziehen und müsste eigentlich kollabieren – genauso wie man das vom Universum unter dem Einfluss der Schwerkraft erwarten würde. Doch wegen ihrer negativen Temperatur tut sie dies gerade nicht. Sie bleibt ebenso vor dem Kollaps bewahrt wie das Universum.

## Gibt es eine maximale Temperatur?

Wenn sämtliche Bewegung aufhört, haben wir das Minimum der Temperaturskala erreicht, das per Definition bei 0 liegt. Aber gibt es auch eine höchste Temperatur? Man könnte das annehmen, weil es ja nicht nur eine minimale Geschwindigkeit (0), sondern auch eine maximale Geschwindigkeit (die Lichtgeschwindigkeit c) gibt. So einfach ist es dann aber doch nicht, weil die Energie massebehafteter Teilchen, die sich c annähern, gegen unendlich geht. Damit wäre ihre Temperatur auch unendlich.

Also starten wir am besten in bekannten Gefilden. Wasser verdampft bei Normaldruck bei 100 Grad Celsius. Bei 5930 Grad Celsius siedet Wolfram, das Metall mit dem höchsten Siedepunkt (200 Grad wärmer als an der Oberfläche der Sonne). Bei mehr als 6000 Grad Celsius und Normaldruck existiert also keine feste oder flüssige Materie mehr (bei hohem Druck sieht es anders aus). Wenn Sie weiter heizen, verlieren Atome ihre Elektronen und werden zu Ionen, die ein Plasma bilden, den vierten Aggregatzustand. Im Kern der Sonne ist es über 15 Millionen Grad heiß. Eine Supernova erreicht um die 10 Milliarden Grad Celsius.

Aber das ist nicht das Ende. Wenn Sie immer weiter Wärme zuführen, erreicht das aufgeheizte Plasma irgendwann die Hagedorn-Temperatur, die bei 1,7 Billionen ($10^{12}$) Kelvin liegt. Hier passiert etwas Seltsames: Die Temperatur steigt erst einmal nicht weiter, wie sich auch die Temperatur beim Sieden von Wasser nicht mehr erhöht. Die Ursache ist aber eine andere: Bei dieser enormen Hitze ist so viel Energie vorhanden, dass aus dem Nichts Quark-Antiquark-Kombinationen entstehen können. Ihre Erzeugung schluckt einerseits einen Teil der zugeführten Energie, führt aber auch dazu, dass das System neue Freiheitsgrade bekommt, die ebenfalls Energie aufnehmen können. Alle Hadronen (Elementarteilchen aus Quarks) lösen sich dabei in ihre Bestandteile auf und schwimmen gemeinsam mit ihrem Klebstoff, den Gluonen, und vielen aus dem Nichts hinzugekommenen Quarks in einer ultraheißen Suppe, dem Quark-Gluon-Plasma. Im Labor (nämlich in

Teilchenbeschleunigern) werden solche Temperaturen von mehreren Billionen Kelvin heute regelmäßig erreicht.

Aber auch diese Quark-Gluonen-Suppe lässt sich weiter aufheizen – spätestens, wenn nicht mehr genug Platz zum Hinzufügen neuer Quarks ist, denn Quarks sind nicht punktförmig, sondern nehmen einen gewissen Raum ein (wenn er auch sehr klein ist). Jetzt ist es ein weiter Weg bis zur nächsten Grenze. Die gibt die Stringtheorie vor, die davon ausgeht, dass sämtliche Materie aus schwingenden Saiten besteht, den Strings. Diese erstrecken sich über mehr als unsere vier bekannten Dimensionen – über bis zu 21 Dimensionen insgesamt. Dass wir von diesen zusätzlichen Dimensionen nichts bemerken, liegt daran, dass sie »aufgerollt« sind, und zwar zu winzigen Maßen, deren Nachweis uns heute noch nicht möglich ist.

Es gibt aber Physiker, die etwas anderes vermuten: Die Zusatzdimensionen könnten auch sehr groß sein, sodass man sie nur bei hohen Energien (und Temperaturen) findet. Würde man diese Temperaturen erreichen, würden sich alle Grundkräfte zu einer vereinigen. Das müsste bei etwa 100 Trilliarden Grad ($10^{17}$) geschehen, die im Teilchenbeschleuniger heute fast greifbar sind. Genau deshalb sieht es für diese Theorie nicht gut aus. Im Experiment ließ sie sich bisher nicht bestätigen, im Gegenteil, die Forscher haben schon einige Versionen der Theorie ausschließen können.

Damit bleibt aber die Stringtheorie mit winzigen Extradimensionen im Spiel. Sie würde bei etwa $10^{30}$ Grad zur Vereinigung aller Grundkräfte führen. Damit liegt sie aber immer noch ein Stück unter der Planck-Temperatur von $10^{32}$ Grad (eine 1 mit 32 Nullen), die kurz vor dem Urknall im Universum geherrscht haben muss.

Bei dieser Temperatur erreicht die Wellenlänge des von der Wärmestrahlung ausgesandten Lichts die Planck-Länge, also die kleinstmögliche Länge. Es sind keine physikalischen Modelle bekannt, die in der Lage wären, Temperaturen größer als die Planck-Temperatur zu beschreiben. Eine Quantentheorie der Gravitation wäre erforderlich, um die erreichten extremen Energien zu modellieren. Theoretisch könnte ein System, das sich bei der Planck-Temperatur im thermischen Gleichgewicht befindet, winzige Schwarze Löcher im Planck-Maßstab enthalten, die sich ständig aus Wärmestrahlung bilden und gleich wieder durch Hawking-Verdampfung zerfallen. Ist das dann die höchste Temperatur? Vielleicht. Würde man nämlich einem solchen System Energie zuführen, mit der Absicht, es weiter zu erwärmen, müsste sich seine Temperatur tatsächlich verringern. Denn durch die Zufuhr würden größere Schwarze Löcher entstehen, deren Hawking-Temperatur jedoch niedriger ist.

Aber das gilt natürlich nur für dieses Universum. Im Universum nebenan mit seinen ganz anderen physikalischen Konstanten kann es anders aussehen.

Tipp: Wenn Sie sich unter hardsf.de/fortsetzung/ eintragen, erhalten Sie automatisch die bebilderte PDF-Version der »Welt der Tieftemperaturphysik«.

# Die neue Biografie der Klassischen Physik

In meinen Büchern geht es ziemlich oft darum, die Grenzen unserer Physik zu überschreiten. Gemeint ist damit das Standardmodell der Physik mit seinen beiden Säulen Quantentheorie und Allgemeine Relativitätstheorie. Aber viele Jahrhunderte lang – und im Alltag fast jederzeit – hatten und haben wir es mit einer Untermenge daraus zu tun, der klassischen Physik. Was hat die Forschung gewusst, bis Einstein, Schrödinger, Heisenberg und andere ihre bahnbrechenden Theorien aufgestellt haben? Das soll der folgende kleine Abriss verdeutlichen.

»Klassisch« heißt übrigens in diesem Zusammenhang nicht »alt« oder gar »veraltet«. In den Grenzen, in denen sie gewonnen wurden, gelten ihre Erkenntnisse bis heute. Viele sind auch in der Raumfahrt von großer Bedeutung. So etwa die Impulserhaltung, auf der jeder Antrieb eines Raumschiffs basiert, aber etwa auch Newtons Bewegungsgleichungen und die Formeln der klassischen Elektrodynamik.

Ein Pfeil, der von einer gespannten Sehne schnellt, bewegt sich auf einer vorhersehbaren Bahn, bis er das Herz der Beute trifft. Dreht man einen Stock auf einer Unterlage, entsteht Wärme, die zum Entzünden trockener Grashalme reicht. Ein hohles, oben offenes Gefäß, aus Holz gefertigt, schwimmt auf einem Fluss, obwohl es schwerer als Wasser ist. Riesige Gesteinsbrocken lassen sich auf Baumstämmen rollend mit weniger Kraftanstrengung ans Ziel bringen als auf Kufen.

Über Jahrzehntausende hinweg hat der Mensch zwar ein Phänomen der Natur nach dem anderen für sich entdeckt und eingesetzt. Doch das »Warum« spielte zunächst keine Rolle. Unsere Vorfahren haben noch keine Theorien darüber entwickelt, warum eine neue Erfindung so wunderbar funktioniert. Das Überleben in der Welt spielte eine weitaus wichtigere Rolle als das Verständnis ihrer Funktionsweise.

Eines der ersten physikalischen Probleme, das die Menschheit auf eine Art und Weise gelöst hat, die mit heutiger Wissenschaft vergleichbar wäre, plagte die Babylonier. Das Reich, das ab 2000 vor unserer Zeitrechnung im Süden der von den Flüssen Euphrat und Tigris (heute Irak) rund um die Stadt Babylon entstand, erlebte vor allem durch bisher nicht gekannte Ertragssteigerungen der Landwirtschaft eine mehrere Jahrhunderte währende Blütezeit.

Wer erfolgreich sein Land bestellen will, muss Aussaat und Ernte gut planen. Neben dem Wetter spielt der Kalender dabei die wichtigste Rolle, sagt er doch die Jahreszeiten voraus. Allerdings war damals noch der Mondkalender üblich. Von Neumond zu Neumond vergehen genau 29,5 Tage, eine Einheit, die den Namen »Monat« bekam. Nach zwölf Monden sind 354 Tage vergangen, nach 13 Monden 383 Tage.

Egal, wie man zählt: Das Mondjahr stimmte nicht mit der Dauer einer Umkreisung der Sonne durch die Erde überein. Dadurch verschoben sich Jahreszeiten und Feiertage im Kalender – wie sollte der babylonische Bauer da ordentlich planen? Priester erkannten das Problem. Sie gingen wissenschaftlich vor und beobachteten den Lauf der Sonne. Dabei stellten sie fest, dass sich die Frühlings-Tag-und-Nacht-Gleiche alle 365 Tage wiederholt. Diese Zeit legten die Babylonier als Dauer eines Sonnenjahres fest.

## Die wissenschaftliche Methode

Das Vorgehen der Babylonier zeigt sehr schön, was (moderne) Wissenschaft ausmacht – auch wenn sie erst im Zeitalter der Aufklärung formuliert wurde. Neues Wissen entsteht grundsätzlich im Zusammenspiel von Theorie und Experiment (neuerdings spielt auch die Simulation eine Rolle, aber daran dachten die Babylonier noch nicht). Dabei gibt es weder Ei noch Henne: Mal zeigt ein Experiment ein unerwartetes Ergebnis, das die bisherige Theorie über den Haufen wirft, ein andermal lässt sich eine bahnbrechende Theorie mit clever erdachten Versuchen bestätigen.

Damit die wissenschaftliche Methode nachvollziehbar ist, formulieren Forscher ihre Erkenntnisse in möglichst eindeutiger Sprache. Ideal dafür geeignet ist die Mathematik. Leider ist ausgerechnet diese Sprache nicht für jedermann verständlich – wäre es anders, bestünde an Büchern wie diesem hier kein Bedarf.

Dass ich die wissenschaftliche Methode schon an dieser Stelle in den Vordergrund rücke, hat einen wichtigen Grund. Sie steht nämlich in direktem Widerspruch zum sogenannten gesunden

Menschenverstand, zur Empirie. Das haben die Wissenschaftler und Philosophen der Frühzeit noch nicht so gesehen – aber spätestens im nächsten Kapitel werden Sie mir zustimmen. Quantenphysik oder Relativitätstheorie haben erstmals Ideen bewiesen, die dem gesunden Menschenverstand nicht zugänglich sind.

Doch selbst dass überhaupt ein Experiment zum Nachweis einer These notwendig sein soll, leuchtete den frühen Forschern nicht unbedingt ein. Aristoteles (384 bis 322 v. Chr.) begründete zwar zahlreiche moderne Wissenschaften, war aber der Meinung, dass echtes Wissen einzig und allein aus einer Anstrengung des Geistes resultieren müsse. Wissen entstehe demnach durch eine nur vom Menschen vollführbare Verallgemeinerung von Erfahrung, die durch Erinnerung und Wahrnehmung gespeist werde. Wissen zeichnet sich dadurch aus, dass es in allgemeiner Form die Ursache eines Sachverhalts angibt.

## Die peripatetische Dynamik

Interessant ist, zu welcher Bewegungslehre Aristoteles und seine Schüler dadurch gelangten. Vielleicht betrachten Sie die Welt selbst einmal ganz unvoreingenommen und vergessen dabei, was Sie in der Schule gelernt haben. Da gibt es Scheiben und Punkte am Himmel, die Tag für Tag, Jahr für Jahr gleichförmig und auch für die damaligen Forscher schon vorhersagbar ihren immer gleichen Weg nehmen. Sie sind unserem Einfluss offenbar entrückt. In ihren Sphären müssen andere Gesetze gelten als im irdischen Jammertal, denn hier beobachten Sie ganz andere Bewegungen. Da gibt es zum einen solche, die einen natürlichen Zustand wiederherstellen: Ein Stein fällt nach unten, Rauch steigt auf, Wasser fließt nach unten. Diese Bewegungen sind naturgegeben. Und dann gibt es das Auto, das auf der Straße an Ihnen vorüberfährt, oder den Nachbarn, der mit dem Hammer einen Nagel einschlägt. Hier sind ein Lebewesen oder ein Motor daran schuld, dass eine erzwungene Bewegung ausgeführt wird.

Diese aristotelische (auch peripatetische) Mechanik beruht damit auf drei Gesetzen:

- Irdische und himmlische Sphären sind unterschiedlichen Gesetzen unterworfen.
- Aus der Natur eines Körpers folgt die von ihm ausführbare Bewegung: ein »leichter« Körper (Feuer, Luft) bewegt sich nach oben, ein »schwerer« Körper (Erde) nach unten.

- Jede Bewegung hat eine Ursache, eine Kraft, die durch direkten Kontakt übertragen wird. Erlischt diese Kraft, stoppt die Bewegung.

Das klingt völlig logisch und entspricht dem gesunden Menschenverstand: Je stärker Sie auf das Gaspedal treten, desto schneller fährt Ihr Wagen. Je stärker Sie sind, desto mehr Bierkästen können Sie gleichzeitig in den Keller tragen. Je kräftiger Sie auf den Nagel hauen, desto schneller verschwindet er in der Wand (oder desto stärker schmerzt der Daumen). Mit heutigen Rechengrößen und Formelzeichen würde man sagen: Die Geschwindigkeit einer Bewegung ist dem Quotienten aus Kraft und Widerstand proportional.

Diese Art der Beschreibung einer Bewegung hat die Physik für etwa 2000 Jahre beherrscht. Und das, obwohl es schon damals Probleme gab. Wieso fliegt etwa ein Pfeil weiter, nachdem er von der Sehne geschnellt ist? Die Erklärung im aristotelischen Sinne: Die Sehne hat als Motor der Bewegung nicht nur den Pfeil in Bewegung versetzt, sondern auch die ihn umgebende Luft. Und da diese sich mit dem Pfeil mitbewegt, treibt sie nun statt der Sehne die Bewegung voran.

Eine natürliche Folge der peripatetischen Bewegungsgleichung besteht darin, dass die Existenz eines Vakuums unmöglich wird. Denn wenn an einem Ort nichts existiert, gibt es auch keinen Widerstand mehr. Die Geschwindigkeit eines Körpers geht dann gegen Unendlich. Interessant ist, wie Aristoteles selbst gegen die Existenz eines Vakuums polemisierte: Er brachte nämlich die ja ganz offensichtlich absurde Idee auf, dass unter dem Einfluss eines Vakuums mangels Widerstand eine einmal erreichte Geschwindigkeit für unendliche Zeit beibehalten würde. Zufällig ist das genau die Idee, die später zur Grundlage der Newtonschen Dynamik wurde.

Wie ist die Welt ansonsten bei Aristoteles beschaffen? Er hält nichts von den Ideen seiner (älteren) Kollegen Demokrit oder Leukipp, die die Welt zusammengesetzt sehen aus Atomen im leeren Raum (wobei diese wenig mit den »modernen« Atomen zu tun haben, sondern vielmehr geometrische Formen wie Würfel, Zylinder oder Kugeln annehmen). Materie kann nach Aristoteles nicht entstehen oder vergehen. Sie verändert sich jedoch dauernd, weil sich ihre Grundelemente Erde, Wasser, Luft und Feuer entmischen und neu mischen.

In den Himmelssphären hingegen währt ewige Harmonie. Alle Körper bewegen sich hier auf Kreisbahnen um einen gemeinsamen Mittelpunkt. Abweichungen lassen sich leicht erklären, indem man zueinander versetzte Kugelsphären als Bewegungsebenen annimmt. Die äußerste Schale wird dabei von den Fixsternen gebildet. Der

Himmel besteht aus einer ebenso unveränderlichen Substanz, dem Äther oder der »Quintessenz«.

## Die Impetus-Theorie

Nach dem Zusammenbruch des Römischen Reiches gingen zunächst viele der Erkenntnisse des klassischen Altertums verloren – oft, um Europa später über arabische Übersetzungen neu zu erreichen. An der peripatetischen Dynamik kam immer wieder Zweifel auf. Der Engländer Thomas Bradwardine versuchte sich 1328 an einer Reform, die die Geschwindigkeit und den Logarithmus des Quotienten aus Kraft und Widerstand zueinander proportional setzte (wobei der Begriff des Logarithmus damals noch nicht bekannt war). So erreichte Bradwardine, dass bei Gleichheit von Kraft und Widerstand die Geschwindigkeit gegen Null geht – was logisch ja sehr anschaulich ist.

Fast zur selben Zeit entwickelte der Franzose Jean Buridan das Konzept des Impetus: Das ist ein Phänomen, das im Moment des Abwurfs auf den Körper übertragen wird und diesem die Fähigkeit verleiht, seine Bewegung fortzusetzen, obwohl er eben nicht mehr angeschoben wird. Dieser Impetus ähnelt bereits dem heute verwendeten Impuls, wobei Buridan ihn nie als Produkt aus Masse und Geschwindigkeit berechnete. Weil der Körper im Laufe seiner Bewegung Widerstand überwinden muss, verliert er einen Teil des Impetus und kommt schließlich zur Ruhe. Das Konzept eignete sich gut dazu, Gott oder Götter aus der dauernden Arbeit an der Himmelsmechanik zu entlassen. Denn nach Aristoteles' Ideen müssten diese ja ständig angeschoben werden. Da in der himmlischen Sphäre kein Widerstand zu überwinden ist, genügt mit Buridans Impetus nun ein einmaliger Anstoß zu Zeiten der Schöpfung. Zugleich aber näherten sich dadurch Himmel und Erde einander an, zumindest in ihrer physikalischen Beschreibung, weil man keine unterschiedlichen Gesetze für beide mehr brauchte.

## Revolution am Himmel

Im Mittelalter und in der aufflammenden Renaissance waren die Forscher zunächst damit beschäftigt, altes, teilweise verloren gegangenes Wissen neu zu katalogisieren. Die größten Lorbeeren hat sich hierbei zweifelsohne Leonardo da Vinci erworben. Der Künstler und Erfinder hat die Nachwelt weit weniger, als es heute oft vermittelt wird, durch seine originären Gedanken beeinflusst als durch seine Katalogisierung des Wissensschatzes, dem nur noch eine gewisse Systematik fehlte.

Darauf aufbauend konnten dann Forscher wie Regiomontanus

(eigentlich Hans Müller, 1436-1476, der wohl zu früh verstarb, um seine revolutionären Gedanken bis zur letzten Konsequenz zu entwickeln) und Nikolaus Kopernikus zunächst das Himmelsbild umstürzen – und zwar mit einem großen Schritt in die Vergangenheit.

Kopernikus (1473-1543) ist Anfang des 16. Jahrhunderts an italienischen Universitäten wohl mit dem Werk des Griechen Aristarch von Samos in Berührung gekommen. Den Freizeit-Astronomen (eigentlich Jurist und Arzt) störte am vorherrschenden heliozentrischen Weltbild, dass sich die Planeten eben nicht, wie es die göttliche Harmonie vorsehen sollte, mit konstanter Geschwindigkeit auf idealen Kreisbahnen bewegten, sondern dabei gewissermaßen Haken schlugen und sich auch mal in Rückwärtsbewegung befanden.

Kopernikus ließ sich mit der Ausarbeitung einer Alternative viel Zeit. Zunächst beschrieb er in einem 1514 herausgegebenen Kommentar nur die Grundzüge seiner Ideen. Die Aufgeschlossenheit neuen Meinungen gegenüber war damals recht groß, auch die Kirche war am wissenschaftlichen Fortschritt interessiert. Die neugierige Forschergemeinde musste noch bis 1543 warten (Kopernikus' Sterbejahr), erst dann erschien »De revolutionibus orbium coelestium« (»Über die Umdrehungen der Himmelsbahnen«). Darin verlegt er den Mittelpunkt des Universums von der Erde in die Sonne. Die Erde ist ein Planet von vielen, der sich innerhalb eines Jahres einmal um sein Zentralgestirn bewegt. Allerdings nahm auch Kopernikus noch an, dass es sich bei den Planetenbahnen nur um ideale Kreise handeln könne. Heute wissen wir, dass es sich um Ellipsen handelt, also »eingedrückte« Kreise. Kopernikus musste deshalb auf ähnliche Tricks zurückgreifen wie die Anhänger des geozentrischen Weltbilds. Um den Aufbau des damals bekannten Kosmos so zu beschreiben, dass er mit der beobachtbaren Wirklichkeit übereinstimmt, brauchte er insgesamt 34 Kreise: Sieben für den Merkur, fünf für die Venus, drei für die Erde, vier für den Mond und je fünf für Mars, Jupiter und Saturn. All diese Kreise haben in ihrem Mittelpunkt zudem nicht die Sonne, sondern einen imaginären Punkt im Weltraum, der dabei die Kraftwirkung ausstrahlen soll, alle Planeten an sich zu binden.

Kopernikus selbst hat die unmittelbare Wirkung seines Werkes wohl überschätzt: Immerhin hatte er es, obwohl schon 1530 beendet, noch 13 Jahre unveröffentlicht gelassen. Es erschien dann mit einem Vorwort, das es als simple Hypothese ausweisen sollte. Als solche wurde es denn auch weitgehend entspannt aufgenommen.

Beruhigend wirkte sicher auch, dass gewisse Widersprüche es als unglaubwürdig erscheinen ließen. So hätte doch, glaubte man, die Bewegung der Erde vor dem Fixstern-Hintergrund dazu führen müssen, dass abhängig vom jeweiligen Ort auf der Bahn die Sterne unter wechselnden Winkeln zu beobachten sind. Kopernikus nahm (richtig) an, dass diese Parallaxe wegen der riesigen Entfernung der Sterne von der Erde nicht messbar ist. Doch die Größe des Universums, die sich daraus rechnerisch ergab, erschien damals weit ab von jeglicher Vorstellungskraft und erschwerte die Akzeptanz des Kopernikanischen Modells (im geozentrischen Weltbild gibt es allein deshalb keine Fixstern-Verschiebung, weil die Erde still steht).

Einen interessanten Kompromiss schlug daraufhin der dänische Hofastronom Tycho Brahe (1546-1601) vor. Er beließ die Erde im Zentrum, ließ aber die anderen Planeten um die Sonne kreisen. Das gab ihm die Gelegenheit, zwei spannende Beobachtungen in sein Weltbild zu integrieren: Zum einen registrierte der Astronom eine Sternenexplosion, eine Nova – die für Brahes Instrumente dem Erscheinen eines neuen Fixsterns am bisher für unveränderlich gehaltenen Himmel gleichkam. Zum anderen beobachtete er einen Kometen, dessen Bahn die Planetenbahnen kreuzte. Damit war eindeutig widerlegt, dass diese sich auf kristallenen Sphären bewegen, wie man angenommen hatte.

Sein Schüler Johannes Kepler (1571-1630), ein Deutscher, nutzte Brahes umfangreiches Archiv an Beobachtungen und seine eigenen Messungen, um daraus die drei Keplerschen Gesetze der Planetenbewegung abzuleiten. Das ist eine geniale Leistung, wenn man die Verhältnisse betrachtet, unter der sie entstand. Kepler selbst war zutiefst religiös und stets auf der Suche nach göttlicher Harmonie im Universum. Diese fand er in seinem eigenen Modell der Planetenbahnen, das er auf die regelmäßigen geometrischen Körper Oktaeder (acht Seitenflächen als Dreiecke), Ikosaeder (20 Seitenflächen als Dreiecke), Dodekaeder (12 Seitenflächen als Fünfecke), Tetraeder (vier Seitenflächen als Dreiecke) und Hexaeder (Würfel, sechs Seitenflächen) zurückführen konnte.

Bei der Berechnung der Planetenbahnen (Kepler begann mit der Marsbahn) kam erschwerend hinzu, dass alle Beobachtungen von einem Körper (der Erde) auf einer anderen Bahn aus durchgeführt werden mussten, die selbst gar nicht genau bekannt war. Es zeigte sich, dass es alle Berechnungen enorm vereinfacht, wenn man die Idee der Kreisbahn aufgibt: Die Planeten, so Kepler, bewegen sich auf elliptischen Bahnen, in deren einem Brennpunkt die Sonne steht (1. Keplersches Gesetz), und zwar so, dass der Fahrstrahl zwischen Sonne und Planet in gleichen Zeiten gleiche Flächen überstreicht (2. Keplersches Gesetz). Dabei verhalten sich die Quadrate ihrer Umlaufzeiten zueinander wie die dritten Potenzen ihrer Entfernung zur Sonne (3. Keplersches Gesetz).

Probleme mit der Inquisition bekam Kepler zu Lebzeiten nicht – anders als seine Mutter, die 1620 im Rahmen der Hexenverfolgung nur knapp einem Todesurteil entging und später wohl an den Folgen der Folter starb. Ganz anders erging es da dem Mönch und Astronomen Giordano Bruno, der 1600 in Rom auf dem Scheiterhaufen starb. Er hatte die Unendlichkeit des Weltalls und seine ewige Existenz postuliert: Eine Welt also, in der kein Platz für das Jenseits und für die Schöpfung war.

## Irdische Umwälzung

Galileo Galilei (1564-1642) hat sich um Keplers Entdeckungen wenig gekümmert. Er war zwar etwa ab 1600 ein Verfechter der heliozentrischen Systems, ging aber auch nach Keplers Veröffentlichungen weiter davon aus, dass sich die Planeten auf Kreisbahnen bewegten. In der Astronomie setzte er erstmals ausgiebig das Fernrohr ein. Er konnte die Natur der Milchstraße zeigen (die aus Sternen, nicht aus Nebel besteht), die Berge auf dem Mond (der damit offenbar erdähnlich ist), die Phasen der Venus und die sich bewegenden Sonnenflecken, und er entdeckte Jupitermonde. Solche Beobachtungen ließen die Welt immer stärker daran zweifeln, dass zwischen Himmel und Erde physikalisch große Unterschiede zu machen wären. In manchen Dingen irrte er sich aber auch: So nahm er an, dass die Lichtabstrahlung des Mondes aus der Reflektion des Sonnenlichts durch Mondmeere entstehe. Die Gezeiten auf der Erde schrieb er einzig dem Einfluss der Sonne zu.

Das größere Verdienst als in der öffentlichen Rezeption (wohl durch sein tragisches Schicksal, das anders als bei Bruno immerhin nicht im gewaltsamen Tod endete) kommt Galilei nicht für seine Himmelsbeobachtungen zu, sondern für seine physikalische Forschung auf der Erde. Er trieb die wissenschaftliche Methode mit Hypothese und Experiment voran. Er untersuchte Bewegungen auf der Schiefen Ebene und das Verhalten eines Pendels. In seinen »Discorsi«, seinem physikalischen Hauptwerk, begründet er, warum die Bewegung eines Geschosses aus zwei Komponenten besteht: einer nach vorn gerichteten und einer nach unten zeigenden. In der Summe ergibt sich die heute noch bekannte Wurfparabel. Bei der Untersuchung des freien Falls nahm er an, dass die Geschwindigkeit mit gleicher Zeit um gleiche Beträge anwächst. Was heute Schulstoff ist (Körper fallen gleich schnell, unabhängig von ihrer Masse), war für Galilei zunächst nur eine These. Um diese zu überprüfen, entwarf er ein Experiment. Der Legende nach warf er Kanonenkugeln vom Schiefen Turm in Pisa. Dieser Versuch fand aber nie statt: Weil kurze Zeitabschnitte mit den damaligen Uhren nur schwer genau messbar waren, ersetzte Galileo den Fall vielmehr durch die schiefe Ebene, um die dort gefundenen Gesetzmäßigkeiten schließlich zu verallgemeinern.

So fand er heraus, dass sich die zurückgelegten Wege zueinander verhalten wie die Quadrate der für diese Wege benötigten Zeiten (und landete damit knapp vor den Newtonschen Bewegungsgleichungen). Die Versuchsbedingungen notierte Galileo dabei gewissenhaft und für andere Forscher nachvollziehbar, wie es heute in der wissenschaftlichen Literatur erwartet wird. Ganz nebenbei schrieb er seine Discorsi in Italienisch statt wie üblich in Latein, sodass sie auch dem gemeinen Volk verständlich waren (soweit es Interesse an den Naturwissenschaften hegte und lesen konnte).

## Alles wird gestoßen

Der nächste wichtige Forscher in der Geschichte der klassischen Physik ist eindeutig René Descartes (1596-1650) – obwohl seine Erkenntnisse heute fast komplett als überholt gelten. Immerhin hat er der Mathematik das kartesische Koordinatensystem mit x- und y-Achse geschenkt.

Descartes war der Ansicht, dass der einzig mögliche Weg, sicheres Wissen zu erlangen, über die Mathematik führt. Eine ähnliche Bedeutung hat diese Wissenschaft noch heute in der Physik. In Descartes' Ideal lassen sich aber alle Schritte, ausgehend von den Grundprinzipien, eindeutig klar und logisch belegen und nachvollziehen. Als perfektes Vehikel dazu erschien ihm die Mechanik. Einzig über die Bewegungen der Körper sollte sich das Universum beschreiben lassen. Dabei erkannte Descartes bereits zwei wichtige Gesetze: Ein Körper bleibt in Ruhe, wenn keine Wirkung auf ihn ausgeübt wird, und eine Bewegung setzt sich gleichmäßig und in gerader Richtung fort, bis etwas eintritt (ein Stoß), das diese Bewegung verändert. Galileo glaubte hingegen noch, dass auch die Kreisbahn naturgegeben sei. Was bei einem Stoß passiert, hängt nach Descartes von der der Bewegung innewohnenden Kraft ab. Ist sie klein, verändert sich nur die Richtung (Reflektion), ist sie groß, nimmt der Körper den gestoßenen Körper mit und verleiht ihm einen Teil seiner Bewegung. Descartes leitete davon insgesamt acht Bewegungsregeln ab, von denen man heute weiß, dass sie großteils falsch sind oder nur in Spezialfällen gelten.

Das Universum ist dabei vollständig von einer Mischung aus drei unterschiedlichen Urstoffen gefüllt. Die von diesen Stoffen gebildeten Wirbel bilden durch Konzentration die Fixsterne und Planeten und sorgen auch für deren Bewegung, indem sie sie mitreißen. Alle Naturerscheinungen sind damit rational erklärbar – und nicht nur das: Da alles auf den Stoßgesetzen beruht, ist das Universum komplett deterministisch. Wer nur lange genug rechnet, kann den Lauf der Welt also vorhersagen. Erst die moderne Quantenphysik hat diese Annahme widerlegt.

## Der klassische Klassiker

Das Zeitalter der modernen Physik beginnt mit Isaac Newton (1642-1726). Der Engländer hat in seinen »Philosophiæ Naturalis Principia Mathematica« die klassische Mechanik begründet, die bis zur Entwicklung der Quantenmechanik Gültigkeit behalten sollte (und noch immer als Spezialfall der Quantenmechanik korrekt ist). Newton war, das wurde in den vorigen Kapiteln deutlich, kein einzigartiges Genie. Viele Forscher hatten wichtige Vorarbeiten geleistet und aus den unterschiedlichsten Gründen ganz knapp vor Newtons Erkenntnissen haltgemacht. Trotzdem tat sich Newton nicht leicht. Erst nach einer sechsjährigen depressiven Phase begann er um 1684 damit, sein Hauptwerk zu verfassen. 1687 erschienen die Principia, in denen er die später nach ihm benannten Bewegungsgesetze formulierte:

- Ein Körper bleibt im Zustand der Ruhe oder der gleichförmigen Bewegung, solange keine Kraft auf ihn wirkt (»Trägheitsgesetz«).
- Die Änderung der Bewegung ist der einwirkenden Kraft proportional und erfolgt in Kraftrichtung (»Gravitationsgesetz«).
- Übt ein Körper A auf einen Körper B eine Kraft aus, so wirkt eine gleich große, aber entgegengesetzt gerichtete Kraft von Körper B auf Körper A (»Wechselwirkungsprinzip«).

Getreu der Annahme, dass in Himmel und Erde dieselben Gesetze gelten, leitete Newton (angeregt von den Keplerschen Gesetzen) aus seinen drei Grundregeln die Planetenbewegung ab. Er zeigte, dass zur Aufrechterhaltung einer Bewegung um die Sonne das ständige Einwirken einer Zentripetal-Kraft nötig ist – und dass die Gravitation der Sonne diese Kraft sein muss. Der berühmte Gedankenblitz, der Newton unter einem Apfelbaum traf, ist demnach Fiktion. Vermutlich hat ihn sich Newton selbst als harmlose Episode ausgedacht.

In der heute in der Schule gelehrten Form:

$F = m * a$

(Kraft = Masse * Beschleunigung) wurde das Gravitationsgesetz erstmals 1750 von Leonard Euler aufgeschrieben. Auch die moderne Form:

$F = G (m_1 * m_2) / r^2$

hat Newton so noch nicht aufgeschrieben. Die Größe der in dieser Form des Gravitationsgesetzes verwendeten Konstante G bestimmte erstmals 1798 der britische Forscher Henry Cavendish indirekt.

In anderen Bereichen der Wissenschaft blieb Isaac Newton übrigens durchaus dem Aberglauben seiner Zeit verhaftet. So beschäftigte er sich lange mit Alchemie und der Suche nach dem Stein der Weisen. Das Licht betrachtete er als aus kleinsten Teilchen zusammengesetzt, die je nach Farbe unterschiedlich groß sind und sich durch einen Äther bewegen. Damit befand er sich in direkter Konkurrenz zur Wellentheorie des Christian Huygens, die nach beider Tod zur dominierenden Meinung aufsteigen sollte – nur um dann in der Quantenphysik wieder mit der Teilchentheorie vereinigt zu werden.

## Die Elektrizität

Das Phänomen der Elektrizität kannte der Mensch schon lange, bevor er es systematisch untersuchte. Vielleicht schenkten uns Blitze gar das Feuer. Fischer kannten die Entladungen von Zitterrochen. Schon die Griechen wussten, dass sich Bernstein durch Berührungen elektrostatisch aufladen lässt.

Im 18. Jahrhundert bauten Forscher die ersten »Elektrisiermaschinen«, die vor allem als Jahrmarkts-Belustigung dienten. 1733 bemerkte der Franzose Charles du Fay, dass es zwei Arten elektrischer Ladung geben müsse. Der Kondensator als Speicher für elektrische Energie wurde 1745 als »Leidener Flasche« erfunden. 1752 stellte der amerikanische Erfinder Benjamin Franklin Zusammenhänge zur atmosphärischen Elektrizität her und baute den ersten Blitzableiter. 1770 zeigte der Italiener Luigi Galvani in aufsehenerregenden Versuchen, dass Elektrizität auch Bewegung hervorrufen kann. 1775 erfand Alessandro Volta ebenfalls in Italien die Batterie (»Voltasche Säule«), durch die man Strom auch ohne Reibung erzeugen konnte.

Das Coulomb-Gesetz, das die Anziehungskraft zweier punktförmiger Ladungen beschreibt, entdeckte der Physiker Charles Augustin de Coulomb 1785. Es ähnelt auf merkwürdige Weise dem Gravitationsgesetz:

$F = k * (q_1 * q_2) / r^2$

(k ist dabei eine Konstante, die die elektrische Feldkonstante enthält)

Dass Elektrizität und ein anderes Phänomen, der Magnetismus, unmittelbar zusammenhängen, stellte erstmals der französische Physiker André-Marie Ampère fest. Er wies nach, dass stromdurchflossene Leiter sich anziehen (bei gleicher Stromrichtung) oder abstoßen.

1831 entdeckte der Brite Michael Faraday die elektrische Induktion – die Tatsache, dass ein veränderliches Magnetfeld in einem Leiter einen Stromfluss hervorruft. Faraday zeigt im folgenden Jahr auch, dass alle Arten des elektrischen Stroms gleichwertig sind, egal, wie sie gewonnen wurden.

Im physikalischen Zweig des Elektromagnetismus geht es nun Schlag auf Schlag. So sollte es nun auch nur noch bis 1864 dauern, die Wissenschaft im Wesentlichen abzuschließen: James Clerk Maxwell veröffentlichte in diesem Jahr erstmals seine berühmten Gleichungen, die das Verhalten von elektrischen und magnetischen Feldern und ihre Wechselwirkung mit Materie beschreiben. Maxwell gelangt aus seinen Gleichungen auch zu einer interessanten Prognose: Im Vakuum müsste es schwingende elektromagnetische Felder geben, die sich durch den Raum bewegen. Ihre Geschwindigkeit berechnete er mit 310.000 Kilometern pro Sekunde. Das war nach damaligem Wissensstand so nah an der Lichtgeschwindigkeit, dass Maxwell selbst davon ausging, dass Licht und jede andere Strahlung eine elektromagnetische Welle ist. Experimente von Heinrich Hertz bestätigten diese Annahme später.

Maxwell glaubte allerdings, dass sich die Lichtwellen durch ein Trägermedium bewegen würden – den Äther, der das komplette Universum gleichmäßig erfüllt. Dieser Äther sollte sich jedoch auf die Bewegung des Lichtes auswirken. Das versuchten die US-Physiker Albert Michelson und Edward Morley 1887 mit dem nach ihnen benannten Experiment nachzuweisen. Bewegt sich nämlich die Erde relativ zum Äther, müsste sich je nach Bewegungsrichtung (»gegen« oder »mit« dem Äther) die Lichtgeschwindigkeit verändern, was Morley und Michelson über ein Interferometer nachweisen wollten. Tatsächlich erhielten sie kein Ergebnis – ebenso wenig die nachfolgenden Experimentatoren. Eine plausible Begründung dafür sollte erst Albert Einstein mit der speziellen Relativitätstheorie finden.

## Die klassische Physik zusammengefasst

Bevor ich Sie wieder in Ihre gewohnte Welt entlasse, hier noch in aller Kürze eine Zusammenfassung dessen, was Physiker Ende des 19. Jahrhunderts für ein für alle Mal bestätigt und absolut wahr hielten – und was sich bald als kleiner Ausschnitt einer umfassenderen Wirklichkeit erweisen sollte.

- Die drei Dimensionen und die Zeit sind absolut, also unabhängig von der Wahl des Bezugssystems. Geschwindigkeiten hängen demnach vom Bewegungszustand des Beobachters ab.

- Alle physikalischen Vorgänge laufen in einem dreidimensionalen kartesischen Raum ab, in dem die Gesetze der euklidischen Geometrie gelten. Zeit und Raum sind unabhängig voneinander.
- Die Gravitationskraft wird vom Gravitationsgesetz als Fernwirkung beschrieben. Mit der Trägheitskraft der Masse hat sie nichts zu tun.
- Masse und Energie sind Erhaltungsgrößen.
- Elektromagnetische Wellen können mit beliebigem Energieinhalt existieren.
- Ort und Impuls eines physikalischen Objekts sind zu jedem Zeitpunkt gleichzeitig mit beliebig hoher Genauigkeit bestimmbar.
- Bei genauer Kenntnis aller Naturgesetze und Parameter lässt sich das Verhalten eines physikalischen Systems exakt vorhersagen.

Tipp: Wie stets erhalten Sie meine kleine Einführung in einer bebilderten Version, indem Sie sie unter hardsf.de/fortsetzung anfordern. Wünschen Sie sich ein Thema, das ich noch gar nicht behandelt habe? Dann schreiben Sie mir gern!

# Die neue Biografie der Multimessenger-Astronomie

Für Jahrtausende hat der Mensch den Himmel mit dem bloßen Auge betrachtet. Dann wurde das Teleskop erfunden. Der Blick wurde schärfer, aber prinzipiell gewann man immer noch dieselben Informationen. Doch dann fanden Wissenschaftler heraus, dass es ein kontinuierliches elektromagnetisches Spektrum gibt. Gamma- und Röntgenstrahlung, Mikrowellenstrahlung, ultraviolettes und sichtbares Licht, Infrarot und Radioemissionen sind alle derselben Natur, weisen aber verschiedene Frequenzen auf und übertragen damit verschiedene Informationen.

Doch es gibt nicht nur den Elektromagnetismus. Auch die anderen Grundkräfte vermitteln Informationen über kosmische Objekte. Heute spricht man deshalb von der Multi-Messenger-Astronomie. Sie beruht auf der koordinierten Beobachtung und Interpretation unterschiedlicher Botensignale. Interplanetare Sonden können zwar Objekte innerhalb des Sonnensystems besuchen, aber darüber hinaus müssen sich die Wissenschaftler auf spezielle extrasolare Boten verlassen. Diese vier extrasolaren Boten sind elektromagnetische Strahlung, Gravitationswellen, Neutrinos und kosmische Strahlung. Sie werden durch unterschiedliche astrophysikalische Prozesse erzeugt und geben daher unterschiedliche Informationen über ihre Quellen preis.

Die für die Forschung wichtigsten Multi-Messenger-Quellen außerhalb der Heliosphäre sind voraussichtlich kompakte binäre Paare (Schwarze Löcher und Neutronensterne), Supernovae, irreguläre Neutronensterne, Gammastrahlenausbrüche (GRBs), aktive galaktische Kerne (AGNs) und relativistische Jets. Aber so gut wie jedes Objekt verrät mehr über sich, wenn man es in allen verfügbaren Wellenlängen und mit allen Boten beobachtet. Im Folgenden beschreibe ich deshalb einzelne Messverfahren und ihre Besonderheiten.

## Gammaastronomie

Gammastrahlen stellen die energiereichste Form der elektromagnetischen Strahlung dar. Ihre Photonen (Lichtteilchen) erreichen Energien von über 100 keV. Die kosmischen Prozesse, die Gammastrahlung emittieren, sind vielfältig, dabei allerdings meist identisch mit denen, die Röntgenstrahlung emittieren, nur dass sie bei höheren Energien ablaufen. Wo man Gammastrahlung findet, trifft man also oft auch auf Röntgenstrahlung. Dazu gehören die Elektron-Positron-Annihilation, der inverse Compton-Effekt und in einigen Fällen auch der Zerfall von radioaktivem Material (Gammazerfall) im Weltraum, der bei extremen Ereignissen wie Supernovae und Hypernovae möglich ist sowie wenn Materie unter extreme Bedingungen gerät, wie etwa in Pulsaren und Blazaren.

Die höchsten bisher gemessenen Photonenenergien liegen im TeV-Bereich, den Rekord hält der Krebsnebel, der im Jahr 2004 Photonen mit bis zu 80 TeV lieferte.

Lange bevor Experimente die von kosmischen Quellen emittierten Gammastrahlen nachweisen konnten, wussten Wissenschaftler, dass das Universum sie produzieren muss. Zu diesen Prozessen gehören Wechselwirkungen der kosmischen Strahlung mit interstellarem Gas, Supernova-Explosionen und Wechselwirkungen von energiereichen Elektronen mit Magnetfeldern. Es dauerte jedoch bis in die 1960er-Jahre, bis wir in der Lage waren, diese Emissionen tatsächlich nachzuweisen.

Die meisten Gammastrahlen, die aus dem Weltraum kommen, werden nämlich von der Erdatmosphäre absorbiert, sodass sich die Gammastrahlenastronomie erst entwickeln konnte, als es möglich war, Detektoren mit Hilfe von Ballons und Raumfahrzeugen über den größten Teil der Atmosphäre hinaus zu bringen. Das erste Gammastrahlenteleskop, das 1961 auf dem US-Satelliten Explorer 11 in die Umlaufbahn gebracht wurde, fing weniger als 100 kosmische Gammastrahlenphotonen auf. Sie schienen aus allen Richtungen des Universums zu kommen, was auf eine Art einheitlichen Gammastrahlen-Hintergrund schließen ließ. Einen solchen Hintergrund würde man durch die Wechselwirkung von kosmischer Strahlung mit interstellarem Gas erwarten.

Die ersten echten astrophysikalischen Gammastrahlenquellen waren Sonneneruptionen, die eine starke 2,223 MeV-Linie enthüllten. Diese Linie entsteht bei der Bildung von Deuterium durch die Vereinigung eines Neutrons mit einem Proton. Signifikante Gammastrahlenemissionen aus der Milchstraße wurden erstmals 1967 durch den Detektor an Bord des Satelliten OSO 3 entdeckt. Er fand 621 Ereignisse, die auf kosmische Gammastrahlung zurückzuführen sind. Das Gebiet der Gammastrahlenastronomie machte mit den Satelliten SAS-2 (1972) und Cos-B (1975-1982) große Sprünge nach vorn. Diese beiden Satelliten ermöglichten einen Blick in das hochenergetische Universum. Sie bestätigten die früheren Erkenntnisse über den Gammastrahlenhintergrund, erstellten die erste detaillierte Karte des Himmels bei Gammastrahlen-Wellenlängen und entdeckten eine Reihe von Punktquellen. Allerdings war die Auflösung der Instrumente nicht ausreichend, um die meisten dieser Punktquellen als bestimmte sichtbare Sterne oder Sternsysteme zu identifizieren.

Eine wichtige Entdeckung in der Gammastrahlenastronomie kam in den späten 1960er- und frühen 1970er-Jahren durch Militärsatelliten zustande. Detektoren an Bord der Vela-Satellitenserie, die Gammastrahlenblitze von Atombombenexplosionen aufspüren sollten, begannen, stattdessen Gammastrahlenausbrüche im Weltraum aufzuzeichnen. Spätere Detektoren stellten fest, dass diese Gammastrahlenausbrüche (GRBs) Sekundenbruchteile bis Minuten andauern und plötzlich aus unerwarteten Richtungen auftauchen, flackern und dann verblassen, nachdem sie kurz den Gammastrahlenhimmel dominiert haben. Bis heute bleiben die Quellen dieser rätselhaften hochenergetischen Blitze ein Geheimnis. Sie scheinen jedenfalls von weit her aus dem Universum zu kommen. Die derzeit wahrscheinlichste Theorie vermutet, dass zumindest einige von ihnen von sogenannten Hypernova-Explosionen stammen – Supernovae, die eher Schwarze Löcher als Neutronensterne erzeugen.

## Röntgenastronomie

Die Röntgenastronomie beschäftigt sich mit der Beobachtung von Röntgenstrahlung astronomischer Objekte. Röntgenstrahlung wird allerdings von der Erdatmosphäre absorbiert, daher müssen Instrumente zu ihrer Erkennung mit Ballons, Höhenforschungsraketen und Satelliten in große Höhen gebracht werden.

Röntgenstrahlung senden astronomische Objekte aus, die extrem heiße Gase mit Temperaturen von etwa einer Million Kelvin (K) bis zu Hunderten von Millionen Kelvin enthalten. Obwohl die Wissenschaft vorhersagte, dass die Sonne und die Sterne wichtige Röntgenquellen sein müssten, gab es für lange Zeit keine Möglichkeit, dies zu überprüfen.

Die Existenz von solarer Röntgenstrahlung wurde erst in der Mitte des 20. Jahrhunderts durch V-2-Raketen bestätigt, die zu Höhenforschungsraketen umgebaut worden waren. Die Entdeckung extraterrestrischer Röntgenstrahlung war seit 1958 die primäre oder sekundäre Aufgabe mehrerer Satelliten. Die erste kosmische Röntgenquelle außerhalb des Sonnensystems wurde 1962 von einer Höhenforschungsrakete entdeckt. Sie wurde Scorpius X-1 (Sco X-1) genannt. Die Röntgenabstrahlung von Scorpius X-1 ist 10.000-mal größer als im visuellen Bereich, während die der Sonne etwa eine Million Mal geringer ist. Darüber hinaus ist die Energieabgabe des Objekts im Röntgenbereich 100.000-mal größer als die gesamte Emission der Sonne in allen Wellenlängen. Heute weiß man, dass es sich bei Sco X-1 um einen Neutronenstern handelt, der Materie von seinem Begleiter absaugt.

Inzwischen haben die Astronomen viele Tausend Röntgenquellen entdeckt. Zudem weiß man, dass der Raum zwischen den Galaxien in Galaxienhaufen mit einem sehr heißen, aber stark verdünnten Gas mit einer Temperatur zwischen 100 und 1000 Megakelvin gefüllt ist. Die Gesamtmenge des heißen Gases beträgt in den sichtbaren Galaxien das Fünf- bis Zehnfache ihrer Gesamtmasse.

Heute nutzt man zur Beobachtung von Röntgenquellen vor allem darauf spezialisierte Teleskope an Bord von Satelliten. Dazu gehören aktuell das Observatorium XMM-Newton (nieder- bis mittelenergetische Röntgenstrahlung 0,1-15 keV) und der Satellit INTEGRAL (hochenergetische Röntgenstrahlung 15-60 keV). Beide wurden von der Europäischen Weltraumorganisation gestartet. Die NASA hat die Observatorien Swift und Chandra im Orbit.

Die Raumsonde GOES 14 hat einen Solar X-ray Imager an Bord, der die Röntgenstrahlung der Sonne zur frühzeitigen Erkennung von Sonneneruptionen, koronalen Massenauswürfen und anderen Phänomenen, die sich auf die Weltraumumgebung auswirken, überwacht. Sie wurde am 27. Juni 2009 vom Space Launch Complex 37B auf der Cape Canaveral Air Force Station in die Umlaufbahn gebracht.

Am 30. Januar 2009 startete die Russische Raumfahrtagentur erfolgreich die Koronas-Foton, die mehrere Experimente zur Erkennung von Röntgenstrahlen an Bord hat, darunter das TESIS-Teleskop/Spektrometer FIAN mit dem Spektrophotometer für weiche Röntgenstrahlen SphinX.

ISRO (Indien) brachte 2015 das Multi-Wellenlängen-Weltraumobservatorium Astrosat in den Orbit. Eine der einzigartigen Eigenschaften der Astrosat-Mission ist, dass sie die gleichzeitige Multi-Wellenlängen-Beobachtung verschiedener astronomischer Objekte mit einem einzigen Satelliten ermöglicht. Astrosat beobachtet das Universum im optischen, ultravioletten, nieder- und hochenergetischen Röntgenbereich des elektromagnetischen Spektrums, während die meisten anderen wissenschaftlichen Satelliten nur einen schmalen Bereich des Wellenlängenbandes beobachten können.

Der Gammastrahlen-Observatoriums-Satellit Astro-rivelatore Gamma a Immagini LEggero (AGILE) der italienischen Raumfahrtbehörde (ASI) hat den Super-AGILE-Detektor für harte Röntgenstrahlung von 15-45 keV an Bord. Er wurde am 23. April 2007 mit der indischen PSLV-C8 gestartet.

Das Hard X-ray Modulation Telescope (HXMT) ist ein chinesisches Röntgen-Weltraumobservatorium, das am 15. Juni 2017 gestartet wurde, um Schwarze Löcher, Neutronensterne, aktive galaktische Kerne und andere Phänomene anhand ihrer Röntgen- und Gammastrahlenemissionen zu beobachten.

Der »Lobster-Eye X-ray Satellite« wurde am 25. Juli 2020 von der chinesischen CNSA gestartet. Er ist das erste In-Orbit-Teleskop, das ein ultra-großes Sichtfeld nutzt, um nach Signalen der Dunklen Materie im Röntgenenergiebereich zu suchen.

Wo kommt Röntgenstrahlung her und welche Arten von Objekten lassen sich in diesem Teil des Spektrums beobachten? Ganz verschiedene Arten von astrophysikalischen Objekten emittieren, fluoreszieren oder reflektieren Röntgenstrahlung, von Galaxienhaufen über Schwarze Löcher in aktiven galaktischen Kernen (AGN) bis hin zu galaktischen Objekten wie Supernova-Überresten, Sternen und Doppelsternen, die einen Weißen Zwerg (kataklysmische variable Sterne und superweiche Röntgenquellen), einen Neutronenstern oder ein Schwarzes Loch enthalten (Röntgendoppelsterne).

Aber auch einige Objekte im Sonnensystem geben Röntgenstrahlung ab. Das bemerkenswerteste ist der Mond, wobei der größte Teil seiner Röntgenhelligkeit von reflektierter solarer Röntgenstrahlung herrührt.

Man nimmt an, dass eine Kombination aus vielen unaufgelösten Röntgenquellen den über das gesamte Himmelszelt beobachteten Röntgenhintergrund erzeugt. Das Röntgenkontinuum kann aus Bremsstrahlung, Schwarzkörperstrahlung, Synchrotronstrahlung oder der sogenannten inversen Compton-Streuung niederenergetischer Photonen an relativistischen Elektronen sowie Kollisionen schneller Protonen mit atomaren Elektronen und atomarer Rekombination mit oder ohne zusätzliche Elektronenübergänge entstehen.

## Radioastronomie

Die Radioastronomie ist ein Teilgebiet der Astronomie, das Himmelsobjekte bei Radiofrequenzen untersucht. Die erste Entdeckung von Radiowellen eines astronomischen Objekts gelang 1932, als Karl Jansky in den Bell Telephone Laboratories Strahlung aus der Milchstraße beobachtete. Spätere Beobachtungen haben eine Reihe von verschiedenen Quellen von Radioemission identifiziert.

Dazu gehören Sterne und Galaxien, aber auch völlig neue Klassen von Objekten wie Radiogalaxien, Quasare und Pulsare. Mit Hilfe der Radioastronomie hat man auch die kosmische Mikrowellen-Hintergrundstrahlung entdeckt, die als Beweis für die Urknalltheorie gilt.

Radioastronomie erfolgt mit großen Radioantennen, den sogenannten Radioteleskopen, die entweder einzeln oder zu mehreren miteinander verbunden eingesetzt werden. Durch den Einsatz der Interferometrie kann die Radioastronomie eine hohe Winkelauflösung erreichen, da das Auflösungsvermögen eines Interferometers durch den Abstand zwischen seinen Komponenten und nicht durch die Größe seiner Komponenten bestimmt wird.

Radioastronomen verwenden verschiedene Techniken, um Objekte im Radiospektrum zu beobachten. Sie richten ihre Instrumente einfach auf eine energiereiche Radioquelle, um deren Emission zu analysieren. Um eine Region des Himmels detaillierter abzubilden, nehmen sie mehrere sich überlappende Scans auf und setzen sie zu einem Mosaikbild zusammen. Die Art des dabei verwendeten Instruments hängt von der Stärke des Signals und dem benötigten Detailgrad ab.

Beobachtungen von der Erdoberfläche sind allerdings auf Wellenlängen beschränkt, die die Atmosphäre durchdringen können. Bei niedrigen Frequenzen bzw. großen Wellenlängen begrenzt die Ionosphäre der Erde die Übertragung, weil sie Wellen mit Frequenzen unterhalb einer bestimmten Frequenz reflektiert. Auf der anderen Seite stört Wasserdampf die Radioastronomie bei höheren Frequenzen. Deshalb baut man Radioobservatorien gern an sehr hohen und trockenen Standorten, da dort der Wasserdampfgehalt in der Sichtlinie minimal ist. Außerdem können sendende Geräte auf der Erde hochfrequente Störungen verursachen. Aus diesem Grund werden viele Radioobservatorien an abgelegenen Orten errichtet.

Die Schwierigkeit, mit einzelnen Radioteleskopen hohe Auflösungen zu erreichen, führte zur Radiointerferometrie, die 1946 von dem britischen Radioastronomen Martin Ryle, dem australischen Ingenieur, Radiophysiker und Radioastronomen Joseph Lade Pawsey und der ebenfalls australischen Radioastronomin Ruby Payne-Scott entwickelt wurde. Sie basiert darauf, dass man Bilder aus zwei oder mehr räumlich voneinander entfernten Quellen überlagert.

Moderne Radiointerferometer bestehen aus weit voneinander entfernten Radioteleskopen, die dasselbe Objekt beobachten und über ein Koaxialkabel, einen Wellenleiter, eine optische Faser oder eine andere Art von Übertragungsleitung miteinander verbunden sind. Dies erhöht nicht nur das Gesamtsignal, sondern kann auch in einem Prozess namens Apertursynthese verwendet werden, um die Auflösung erheblich zu erhöhen. Diese Technik funktioniert durch Überlagerung (»Interferenz«) der Signalwellen aus den verschiedenen Teleskopen nach dem Prinzip, dass sich Wellen, die mit der gleichen Phase zusammenfallen, addieren, während sich zwei Wellen mit entgegengesetzten Phasen gegenseitig auslöschen. Dadurch entsteht ein kombiniertes Teleskop, das die Größe der am weitesten auseinander liegenden Antennen im Array hat.

Um ein qualitativ hochwertiges Bild zu erzeugen, ist eine große Anzahl verschiedener Abstände zwischen den einzelnen Teleskopen erforderlich (der projizierte Abstand zwischen zwei Teleskopen, von der Radioquelle aus gesehen, wird als "Basislinie" bezeichnet). Es werden so viele verschiedene Basislinien wie möglich benötigt, um ein qualitativ gutes Bild zu erhalten. Zum Beispiel hat das Very Large Array (VLA) 27 Teleskope, die gleichzeitig 351 unabhängige Basislinien liefern.

Seit den 1970er-Jahren ermöglichten Verbesserungen in der Stabilität von Radioteleskop-Empfängern die Kombination von Teleskopen aus aller Welt (und sogar aus der Erdumlaufbahn), um Interferometrie mit sehr langen Basislinien durchzuführen. Anstatt die Antennen physisch miteinander zu verbinden, werden die an jeder Antenne empfangenen Daten mit Zeitinformationen gepaart, normalerweise von einer lokalen Atomuhr, und dann für eine spätere Analyse gespeichert. Zu diesem späteren Zeitpunkt werden die Daten mit den Daten anderer Antennen korreliert, die auf ähnliche Weise aufgezeichnet wurden, um das resultierende Bild zu erzeugen. Mit dieser Methode ist es möglich, eine Antenne herzustellen, die effektiv die Größe der Erde hat. Durch die großen Abstände zwischen den Teleskopen können sehr hohe Winkelauflösungen erreicht werden, größer als in jedem anderen Bereich der Astronomie.

Die Radioastronomie hat zu einem erheblichen Zuwachs an astronomischem Wissen beigetragen, insbesondere durch die Entdeckung mehrerer Klassen neuer Objekte, darunter Pulsare, Quasare und Radiogalaxien oder etwa Sagittarius A*, das Schwarze Loch im Zentrum der Milchstraße. Das liegt daran, dass die Radioastronomie uns erlaubt, Dinge zu sehen, die in der optischen Astronomie nicht nachweisbar sind. Solche Objekte repräsentieren einige der extremsten und energiereichsten physikalischen Prozesse im Universum.

Auch die kosmische Mikrowellen-Hintergrundstrahlung wurde zuerst mit Radioteleskopen entdeckt. Radioteleskope wurden jedoch auch eingesetzt, um Objekte zu untersuchen, die viel näher an uns liegen, wie z. B. die Sonne und ihre Aktivität sowie die Radarkartierung der Planeten.

## Ultraviolettastronomie

Ultraviolettastronomie ist die Beobachtung elektromagnetischer Strahlung im ultravioletten Wellenlängenbereich zwischen etwa 10 und 320 Nanometern. Ultraviolettes Licht (bekannt für die Sonnenbrände, die es auf der Haut hervorruft) ist für das menschliche Auge nicht sichtbar. Obwohl manch krebsroter Arm oder Rücken etwas anderes zu sagen scheint, absorbiert die Erdatmosphäre den größten Teil des Lichts bei diesen Wellenlängen, sodass astronomische Beobachtungen von der oberen Atmosphäre oder vom Weltraum aus durchgeführt werden müssen.

Messungen des ultravioletten Linienspektrums (Spektroskopie) verraten die chemische Zusammensetzung, die Dichte und die Temperatur des interstellaren Mediums sowie die Temperatur und die Zusammensetzung von jungen Sternen. UV-Beobachtungen liefern auch wesentliche Informationen über die Entwicklung von Galaxien. Das ultraviolette Universum sieht ganz anders aus als die bekannten Sterne und Galaxien, die man im sichtbaren Licht sieht. Die meisten Sterne sind relativ kühle Objekte, die einen Großteil ihrer elektromagnetischen Strahlung im sichtbaren oder nahinfraroten Teil des Spektrums aussenden.

Ultraviolette Strahlung ist die Signatur von heißeren Objekten, typischerweise in den frühen und späten Stadien ihrer Entwicklung. Am irdischen Himmel im ultravioletten Licht betrachtet, würden die meisten Sterne verblassen. Dafür wären vor allem einige sehr junge, massereiche Sterne und einige sehr alte Sterne und Galaxien, die kurz vor ihrem Tod heißer werden und hochenergetische Strahlung produzieren, sichtbar. Gas- und Staubwolken würden allerdings auch die Sicht in viele Richtungen entlang der Milchstraße blockieren.

Mit Hilfe der Ultraviolettastronomie gelang es, deutlich mehr über Gasflüsse um heiße Sterne und in Doppelsternsystemen zu erfahren. Aber auch innerhalb unseres Sonnensystems gewannen Forscher mit Daten aus Ultraviolettbeobachtungen neue Erkenntnisse. So ließ sich durch die Untersuchung des durch den Sonnenwind ionisierten Gases im Schweif von Kometen deren Beschaffenheit bestimmen. Zudem lieferte UV-Licht Daten über die Zusammensetzung der Atmosphären von Planeten, z. B. der Venus.

## Infrarotastronomie

Die Infrarotastronomie untersucht Objekte, die im Infrarot (IR) sichtbar sind. Die Wellenlänge des infraroten Lichts, auch Wärmestrahlung genannt, reicht von 0,75 bis 300 Mikrometern. IR ist für das menschliche Auge unsichtbar.

Die Infrarot-Astronomie begann bereits in den 1830er-Jahren, ein paar Jahrzehnte nach der Entdeckung des infraroten Lichts durch William Herschel im Jahr 1800. Aber erst, als in den 1950er- und 1960er-Jahren die Radioastronomie wichtige Entdeckungen machte, erkannten die Astronomen den wahren Wert der Informationen, die außerhalb des sichtbaren Wellenlängenbereichs zur Verfügung standen, und die moderne Infrarotastronomie wurde begründet.

Praktisch mussten dazu keine neuen Techniken entwickelt werden. Infrarot- und optische Astronomie werden oft mit denselben Teleskopen betrieben, da dieselben Spiegel oder Linsen normalerweise über einen Wellenlängenbereich wirksam sind, der sowohl sichtbares als auch infrarotes Licht umfasst. Der Wasserdampf in der Erdatmosphäre schluckt allerdings einen Teil des Infrarotlichts. Daher befinden sich die meisten Infrarotteleskope ähnlich wie Radioteleskope in großer Höhe an trockenen Orten, also oberhalb eines möglichst großen Teiles der Atmosphäre. Es gibt auch Infrarot-Observatorien im Weltraum, darunter das Spitzer- und das Herschel-Weltraumteleskop. Das James-Webb-Teleskop, das 2021 starten soll, wird ebenfalls vor allem im Infrarot beobachten.

Infrarotteleskope haben dazu beigetragen, gerade entstehende Sterne, Nebel und stellare Kinderstuben zu finden. Sie sind ebenfalls nützlich, um extrem weit entfernte Objekte wie etwa Quasare zu beobachten. Denn Quasare entfernen sich durch die Expansion des Universums von der Erde. Die daraus resultierende große Rotverschiebung macht sie für ein optisches Teleskop zu schwierigen Zielen. Infrarotteleskope liefern viel mehr Informationen über sie.

Im Mai 2008 wies eine Gruppe internationaler Infrarot-Astronomen nach, dass intergalaktischer Staub das Licht entfernter Galaxien stark abschwächt. In Wirklichkeit sind die Galaxien fast doppelt so hell wie sie aussehen. Der Staub absorbiert einen Großteil des sichtbaren Lichts und gibt es als infrarotes Licht wieder ab.

Um eine höhere Winkelauflösung zu erreichen, werden einige Infrarotteleskope zu Interferometern kombiniert. Die effektive Auflösung eines Interferometers wird wie im Radiobereich durch den Abstand zwischen den Teleskopen bestimmt und nicht durch die Größe der einzelnen Teleskope. In Verbindung mit adaptiver Optik, die die Einwirkungen der Atmosphäre ausgleicht, können Infrarot-Interferometer eine besonders hohe Winkelauflösung erreichen.

Ein spezielles Problem der Infrarotastronomie besteht in der nötigen Kühlung. Infrarotlicht ist Wärmestrahlung. Jede Wärmequelle ist also eine Störquelle. Vor allem Weltraumteleskope werden dauernd von der Sonne erwärmt und müssen deshalb intensiv abgeschirmt und gekühlt werden. Die niedrige Temperatur wird oft durch ein Kühlmittel erreicht, das ausgehen kann. Weltraummissionen wurden bereits mehrfach entweder beendet oder auf Beobachtungen in kürzeren Wellenlängen umgestellt, wenn der Kühlmittelvorrat aufgebraucht war. Zum Beispiel ging dem Weltraumteleskop WISE im Oktober 2010 das Kühlmittel aus, schon etwa zehn Monate nach dem Start.

## Gravitationswellenastronomie

Die Gravitationswellenastronomie zielt darauf ab, winzige Verzerrungen der Raumzeit, wie sie von Albert Einsteins Allgemeiner Relativitätstheorie vorhergesagt werden, zu nutzen, um Daten über massive Objekte und Prozesse zu sammeln, die solche Verzerrungen auslösen. Das können etwa Neutronensterne und Schwarze Löcher, Ereignisse wie Supernovae und das frühe Universum kurz nach dem Urknall sein.

Die Existenz von Gravitationswellen hat Einstein erstmals 1916 vorhergesagt. Lange waren sich die Forscher allerdings unsicher, ob sie tatsächlich existieren oder ob es sich nur um Artefakte der Theorie handelt. Indirekte Beweise für ihre Existenz lieferte in den späten 1980er-Jahren erstmals die Untersuchung eines Binärsystems aus Neutronenstern und Pulsar, wobei sich der Pulsar genau so bewegte, wie er es beim Vorhandensein einer Gravitationswellenemission tun müsste. Die Entdecker Hulse und Taylor erhielten dafür 1993 den Nobelpreis für Physik.

Am 11. Februar 2016 wurde bekanntgegeben, dass die LIGO-Kollaboration im September 2015 zum ersten Mal Gravitationswellen direkt nachgewiesen hatte. Barry Barish, Kip Thorne und Rainer Weiss wurden dafür 2017 mit dem Nobelpreis für Physik ausgezeichnet. LIGO arbeitet mit zwei senkrecht zueinander angeordneten Armen, über die Laserimpulse geschickt werden. Beim Eintreffen einer Gravitationswelle werden diese Arme unterschiedlich verzerrt. Die Laufzeit des Laserlichts ändert sich minimal, was durch ein verändertes Interferenzmuster sichtbar wird.

Dass die Messinstrumente bisher vor allem katastrophale Ereignisse aufgezeichnet haben, hat eine klare Ursache: Die Frequenzen gewöhnlicher Gravitationswellen sind sehr niedrig (ihre Wellenlängen also sehr hoch). Sie sind deshalb von LIGO viel schwieriger nachzuweisen. Höhere Frequenzen (kürzere Wellenlängen) treten bei dramatischeren Ereignissen auf. Sie verzerren die beide Arme der Messkonstruktion stärker und konnten daher als erste beobachtet werden. Für die Zukunft setzen die Astronomen deshalb auf weltraumgestützte Detektoren, für die längere Arme möglich sind. Die ESA plant zum Beispiel eine Gravitationswellenmission, die

2034 starten soll und sich »evolved Laser Interferometer Space Antenna« nennt (eLISA).

Eine weitere Alternative besteht darin, Pulsare exakt auszumessen. Wenn diese von Gravitationswellen getroffen werden, müsste es Laufzeitveränderungen ihrer Signale geben. Weltweit arbeiten Forscher in sogenannten »Pulsar Timing Arrays« zusammen, um Gravitationswellen niedriger Frequenzen auf die Schliche zu kommen. Finale Ergebnisse sind zwar erst in einigen Jahren zu erwarten, doch gerade kürzlich erst haben die Forscher einen hoffnungsvollen Zwischenstand vermeldet.

## Neutrinoastronomie

Die Neutrinoastronomie beobachtet astronomische Objekte mit Neutrinodetektoren. Neutrinos entstehen bei bestimmten Arten von radioaktivem Zerfall oder bei Kernreaktionen, wie sie in der Sonne, in Kernreaktoren oder beim Auftreffen kosmischer Strahlen auf Atome stattfinden. Aufgrund ihrer schwachen Wechselwirkung mit Materie bieten Neutrinos eine einzigartige Möglichkeit, Prozesse zu beobachten, die für optische Teleskope unzugänglich sind.

Neutrinos durchqueren die Erde ständig in riesiger Zahl. Sie wechselwirken allerdings so selten mit normaler Materie, dass pro $10^{36}$ Zielatomen nur eine einzige Wechselwirkung registriert wird. Und jede Wechselwirkung erzeugt nur wenige Photonen oder ein verändertes Atom. Die Beobachtung erfordert deshalb eine riesige Detektormasse aus vielen Atomen sowie ein empfindliches Verstärkungssystem.

Angesichts des sehr schwachen Signals müssen Quellen des Hintergrundrauschens so weit wie möglich reduziert werden. Die Detektoren müssen gut abgeschirmt werden. Man baut sie deshalb tief unter der Erde oder unter Wasser. Sie erfassen aufwärts fliegende (also von unter ihnen kommende) Teilchen. Aufwärts, weil eben kein anderes bekanntes Teilchen die gesamte Erde durchqueren kann, sodass man vor Einstreuungen sicher ist. Der Detektor muss dabei in mindestens einem Kilometer Tiefe liegen, und trotzdem gibt es noch einen unvermeidbaren Hintergrund von extraterrestrischen Neutrinos, die in der Erdatmosphäre wechselwirken. Die Detektoren bestehen aus einem Feld von Lichtvervielfacherröhren, die in transparenten Druckkugeln untergebracht sind, die wiederum in einem großen Volumen von Wasser oder Eis schweben.

Wozu braucht man Neutrinodetektoren? Betrachtet man Himmelskörper wie die Sonne in Licht egal welcher Wellenlänge, ist nur die Oberfläche direkt zu sehen. Jegliches Licht, das im Kern eines Sterns erzeugt wird, interagiert mit Gasteilchen in den äußeren Schichten des Sterns und braucht Hunderttausende von Jahren, um an die Oberfläche zu gelangen, sodass es unmöglich ist, den Kern direkt zu beobachten. Da allerdings Neutrinos auch im Kern von Sternen entstehen (als Ergebnis der Kernfusion), ist der Kern für die Neutrinoastronomie sichtbar. Auch andere Quellen von Neutrinos, etwa Neutrinos, die von Supernovae freigesetzt werden, haben die Forscher schon entdeckt. Mehrere Neutrinoexperimente haben sich zum Supernova-Frühwarnsystem (SNEWS) zusammengeschlossen und suchen nach einem Anstieg des Neutrinoflusses, der auf ein Supernova-Ereignis hindeuten könnte. Derzeit versuchen die Astronomen, Neutrinos aus anderen Quellen wie aktiven galaktischen Kernen (AGN) oder Gammastrahlenausbrüchen nachzuweisen. Die Neutrinoastronomie müsste indirekt auch Dunkle Materie nachweisen können.

Damit Sie auch ganz praktisch etwas davon haben und Peter vielleicht bei seinen Beobachtungen zur Hand gehen können, zum Abschluss noch ein ganz anderes, aber doch verwandtes Thema. Sie besitzen ja schon ein Teleskop: Ihre Augen.

## Astronomie mit freiem Auge

Es ist ein verbreitetes Märchen, dass man ein Teleskop brauche, um Astronom zu sein. Einsteiger hören es oft, wenn sie nach Ratschlägen fragen, wie sie das neu entdeckte Hobby angehen sollen. Es stimmt natürlich schon, dass man mit einem Fernrohr viel mehr sieht als mit bloßem Auge oder einem Feldstecher. Aber im Grunde benötigt man kein Teleskop, um den Himmel zu studieren. Das heißt, der Einstieg in die Astronomie ist tatsächlich gratis.

Anfänger sind gut beraten, wenn sie ganz einfach ihre Augen gebrauchen, um sich mit dem Firmament vertraut zu machen – am besten mit einer Sternkarte. Auch wenn man sich später ein Fernrohr zulegt, ist es wesentlich, ungefähr Bescheid zu wissen. So oder so, wenn Sie vorerst einmal mit den Instrumenten loslegen, die Mutter Natur Ihnen mitgegeben hat, werden Sie erfreut feststellen, was man mit freiem Auge alles aufspüren kann.

Bevor Sie jetzt gleich ins Freie laufen, hier noch ein paar Dinge, die man berücksichtigen sollte, wenn man die Sternbeobachtung genießen will. Erstens sollten Sie Ihren Augen Zeit geben, sich an die Dunkelheit zu gewöhnen, und zweitens sollten Sie einen möglichst dunklen Standort wählen. Jede Lichtverschmutzung ist beim Sterngucken mehr als lästig. Wenn man zum Beispiel den Mond nicht selbst ins Visier nehmen möchte, kann er ziemlich störend sein. Besser, es herrscht gerade Neumond, oder der Erdtrabant zeigt sich nur als schmale Sichel.

Eine sternenklare Nacht ist eine atemberaubende Erfahrung, und Sie werden staunen, was sich dem unbewehrten Auge alles darbietet. Sternhaufen wie die Plejaden sind leicht zu entdecken, ebenso die Sternformationsregion des Orionnebels. Das Band der Milchstraße ist von jedem dunklen Standort aus erkennbar. Mit einem einfachen Sternführer oder einer Planisphäre wissen Sie gleich, wo Sie suchen müssen, aber die Objekte sind so auffallend, dass man sie auch ohne jedes Zubehör findet. Bis hierher kostet Astronomie buchstäblich keinen Cent.

Der Nachthimmel hält viele Wunder bereit, die man auch ohne jedes Instrument wahrnehmen kann. Laut Theorie erkennt der Mensch unter perfekten Bedingungen alles ab einer Magnitude von +6,0 am Firmament – gute Augen natürlich vorausgesetzt. Was bedeutet, dass Sie mit einem Blick 9.000 Sterne auf einmal erfassen können. Wenn es rundherum dunkel genug ist, zeigt sich aber noch viel mehr; da sind Galaxien, Planeten und Sternhaufen, wenn man nur weiß, wohin man schauen muss.

Dass Sie Ihren Augen Zeit geben müssen, um sich an die Dunkelheit zu gewöhnen, habe ich bereits erwähnt. Ebenso, dass man Lichtverschmutzung und bewölkten Himmel vermeiden sollte. Sie sollten aber lieber auf Glühwein verzichten, so kalt es auch draußen sein mag – Alkohol beeinträchtigt die Adaptionsfähigkeit nämlich ebenso wie Nikotin.

Die beste Zeit, um mit der Beobachtung anzufangen, vorausgesetzt natürlich, Sie wollen nicht den Mond beobachten, ist die Zeit rund um Neumond, wenn der Trabant nicht alle Schätze in seiner Umgebung überstrahlt. Ein erhöhter Standort ist ebenfalls empfehlenswert – oder jedenfalls ein Punkt, an dem keine Häuser, Berge oder Bäume über den Horizont hinausragen.

Sind Sie erst einmal an den bestmöglichen Standort gelangt, wollen Sie natürlich so viel wahrnehmen, wie es die Bedingungen erlauben. Bedenken Sie, dass Sterne und Planeten viel leichter aufzuspüren sind als Galaxien und Nebel, selbst wenn sie die gleiche Magnitude haben – letztere Objekte sind über einen größeren Himmelsbereich verstreut und somit wesentlich diffuser als konzentrierte Lichtpunkte.

Im Verlauf der Jahreszeiten werden Ihnen die Konstellationen allmählich vertraut werden. Je nachdem, ob gerade Winter, Frühling, Sommer oder Herbst ist, wandern Sternbilder und Asterismen wie der Orion, der Große Wagen, das Sommerdreieck oder das große Quadrat des Pegasus durch Ihr Blickfeld. Sie bieten auch stets gute Anhaltspunkte, von denen aus man sich am Firmament vorantasten kann.

Wenn Sie erst einmal auf den Geschmack gekommen sind, erwacht vermutlich dann doch der Wunsch nach einem Fernglas oder einem Teleskop. Aber diese Instrumente müssen nicht teuer sein. Wenn Sie sorgfältig auswählen, wird Ihnen die erste Ausrüstung viele Jahre lang Freude bereiten und später als Reserve dienen.

Hat man ein Teleskop zur Verfügung, womöglich mit passenden Filtern bestückt, so kann man Tausende von Lichtjahren weit blicken – und ebensoweit in die Vergangenheit zurück. Eine faszinierende Vorstellung, mit der ich Sie jetzt verlasse und Ihnen viel Freude bei der Beobachtung der Sterne wünsche.

## Die Top-Drei-Ziele

**Orionnebel (M42)**

Rektaszension: 05h 35m 17s
Deklination: -05° 23′28″
Beste Jahreszeit: Winter
Sternbild: Orion
Magnitude: +4,0

Wenn Sie unterhalb der drei Sterne des Oriongürtels schauen, erkennen Sie bei klarem Himmel ohne Lichtverschmutzung den Orionnebel als blassen Fleck. Es handelt sich um eine mächtige Gaswolke, in der neue Sterne entstehen. Sie ist 1.344 Lichtjahre weit weg und auch vom Stadtrand aus zu erkennen.

**Plejaden (M45)**

Rektaszension: 03h 47m 24s
Deklination: +24° 07′00”
Beste Jahreszeit: Winter
Sternbild: Stier
Magnitude: +1.6

Im Winter und im Frühling ist der Plejaden-Sternhaufen gar nicht zu verfehlen. Man kann sechs oder sieben Sterne unterscheiden, die in einem Muster ähnlich dem des Großen Wagens angeordnet sind. Die Gruppe ist selbst bei moderater Lichtverschmutzung mit bloßem Auge gut zu erkennen.

**Andromedagalaxie (M31)**

Rektaszension: 00h 42m 44s
Deklination: +41° 16′09″
Beste Jahreszeit: Herbst
Sternbild: Andromeda

Magnitude: +3.5

Mit einer Distanz von 2,5 Millionen Lichtjahren ist die Andromedagalaxie – auch Messier 31 genannt – das fernste Objekt, das wir mit unbewehrtem Auge wahrnehmen können. Die Umgebung sollte ausreichend dunkel sein, dann kann man die Galaxie in mondlosen Nächten im gleichnamigen Sternbild sehen.

## Fachjargon

**Rektaszension (RA)**

Sie entspricht am Himmel dem Längengrad auf der Erde, mit den Richtungen West und Ost. Sie wird in Stunden, Minuten und Sekunden angegeben, da wir aufgrund der Erdrotation im Verlauf der Nacht unterschiedliche Himmelsabschnitte sehen.

**Deklination (Dec)**

Sie gibt an, wie hoch ein Objekt am Firmament steigen wird. Genau wie beim Breitengrad gibt es bei der Deklination Norden und Süden. Die Einheiten sind Grad, Bogenminute und Bogensekunde, jeweils unterteilt in Sechzigerschritte.

**Magnitude**

Sie wird auch als scheinbare Helligkeit bezeichnet und gibt an, wie hell ein Objekt von der Erde aus gesehen erscheint. Die Skala sorgt anfangs oft für Verwirrung, weil ein Objekt umso heller ist, je niedriger die Zahl ausfällt. So ist zum Beispiel ein Stern mit Magnitude -1 (mag -1) heller als einer mit +2.

# Nachwort

Liebe Leserinnen und Leser,

Ich hoffe, Sie hatten bis hierher eine spannende Reise. Gern sende ich Ihnen auch die farbige PDF-Version des Bandes zu. Dazu müssten Sie Ihre E-Mail-Adresse hier

www.hardsf.de/fortsetzung

eintragen. Auf der Website finden Sie auch mehrmals wöchentlich spannende Artikel zu Themen aus dem Universum.

Falls Sie sich auch für Science Fiction interessieren, empfehle ich Ihnen zum Einstieg meinen Roman »Enceladus« – ab 2,99 € bei Amazon.

https://hardsf.de/links/201373

All meine Bücher sind sogenannte »Hard Science Fiction« – alles, was darin passiert, ist wissenschaftlich möglich und könnte irgendwann tatsächlich so eintreten.

Oder sparen Sie Geld, indem Sie die komplette, vierteilige »Eismond«-Reihe im Sammelband »Eismond« kaufen. Statt 14,97 € für alle Teile zahlen Sie hier nur 9,99 €.

https://hardsf.de/links/201367

Made in United States
North Haven, CT
04 November 2026

21770483R00337